分子与表观遗传学

Molecular Genetics and Epigenetics

主　　编	李珊珊　余希岚
副　主　编	陈学峰　李海涛　叶　鹏
编　　者	（以姓氏笔画为序）
	王姗姗　湖北大学
	叶　鹏　武汉大学人民医院
	池江洋　湖北大学
	许鑫璘　湖北大学
	李珊珊　湖北大学
	李海涛　湖北大学
	吴银盛　湖北大学
	余　奇　湖北大学
	余希岚　湖北大学
	陈学峰　重庆医科大学附属儿童医院
秘书、绘图	何　斐　王雪杰

华中科技大学出版社
http://press.hust.edu.cn
中国·武汉

内 容 简 介

本书为国家级一流本科课程配套教材。

本书内容根据分子与表观遗传学的学科特点分为十二章,包括分子与表观遗传学发展历史概述、核酸和蛋白质的结构与功能、染色体的结构和功能、DNA 复制、DNA 损伤修复及其表观遗传调控、原核生物的转录及转录调控、真核生物的转录、真核生物的转录调控、RNA 加工与转录后调控、蛋白质翻译与合成、表观遗传与疾病及分子与表观遗传学研究技术。

本书可作为生物学、遗传学、生物化学等专业的教学用书。

图书在版编目(CIP)数据

分子与表观遗传学 / 李珊珊,余希岚主编. -- 武汉 : 华中科技大学出版社,2025. 6. -- ISBN 978-7-5772-1642-3

Ⅰ. Q75;Q3

中国国家版本馆 CIP 数据核字第 2025JQ0737 号

分子与表观遗传学　　　　　　　　　　　　　　　　　　　　　　　李珊珊　余希岚　主编

Fenzi yu Biaoguan Yichuanxue

策划编辑:汪飒婷

责任编辑:汪飒婷　袁梦丽

封面设计:原色设计

责任校对:刘小雨

责任监印:曾　婷

出版发行:华中科技大学出版社(中国·武汉)　　　电话:(027)81321913

　　　　　武汉市东湖新技术开发区华工科技园　　　邮编:430223

录　　排:华中科技大学惠友文印中心

印　　刷:武汉科源印刷设计有限公司

开　　本:889mm×1194mm　1/16

印　　张:17.5

字　　数:550 千字

版　　次:2025 年 6 月第 1 版第 1 次印刷

定　　价:79.00 元

前言
Qianyan

自 20 世纪 50 年代以来，生命科学领域取得了举世瞩目的重大成就与显著进步。以生物大分子为研究目标的分子生物学逐步形成了独立的学科，并迅速成为现代生物学领域中最具活力的科学分支，新理论、新技术和新概念层出不穷。在分子生物学蓬勃发展的同时，表观遗传学悄然崛起，并与分子生物学的交叉渗透越来越深入。特别是在 DNA 复制、损伤修复、基因表达等分子遗传学方面，表观遗传调控发挥着非常重要的作用，使得分子生物学和表观遗传学之间的关联愈加不可分割。

目前，分子与表观遗传学的研究已经深入生物学科的各个领域，改变了或正在改变着整个生物学的面貌。其研究成果已在工业、农业、医学以及生物制药等领域得到广泛的应用。随着相关学科研究的不断深入，分子与表观遗传学的内容也日益丰富。因此，真正全面系统地掌握分子与表观遗传学的知识并非易事，而一本优质的教材对于帮助教师和学生在有限的教学时间内有效掌握分子生物学与表观遗传学的基础知识至关重要。本教材编者为长期奋斗在分子与表观遗传学教学和科研一线的人员。编者综合国内外最新的教材和研究论文，博采众长，精心编写了这本教材。

本教材共十二章，以中心法则为主线，围绕 DNA 复制、损伤修复、基因转录、蛋白质翻译等遗传信息学过程，涵盖从原核生物到真核生物、从经典的分子调控到表观调控、从基础研究到实际应用的广泛领域。本教材既概括了基本理论，也突出介绍了学科发展的前沿动态。鉴于广义的分子生物学还涉及中心法则以外的生物学过程，本教材重点突出了分子遗传学与表观遗传学的深度交融。本教材具有如下四个方面的特点。第一，我们在每章节系统介绍了分子生物学的基础知识，并且紧密关联了相关的表观遗传调控内容，让学生在学习分子生物学的同时，对表观遗传学的全貌也有较为深入的了解。第二，本教材图文并茂，不仅提高了学生的视觉感受，而且使学生更容易理解生命科学的基本原理。第三，本教材取材新颖，条理清晰，语言精练，知识点全面且涵盖了最新的研究进展。它不仅仅适用于教学，对科研人员也有一定的参考价值。第四，我们致力于培养学生的实践能力。在讲述理论知识的基础上，特别强调了理论知识在疾病诊断和治疗中的应用，旨在实现知识的应用价值转化，学以致用。我们希望学生在掌握知识的同时，也能激发对生命科学研究的热情。

尽管我们在编写过程中力求全面、完整地反映该学科各领域的最新进展，但是由于分子与表观遗传学发展迅速，资料浩如烟海，书中难免存在未能尽善尽美之处，加上编者水平和理解能力有限，书中可能存在疏漏和不足之处。我们诚挚地期待广大读者的宝贵意见和建议，以帮助我们不断改进和完善。

在本教材的编写过程中，我们得到了各编者所在单位的大力支持。在此，一并表示衷心感谢！

编　者

目录

▓▓▓ Mulu

第 1 章
分子与表观遗传学
发展历史概述

扫码看课件

1.1　分子与表观遗传学简介

分子生物学(molecular biology)是 1938 年由科学家 Weaver 在写给洛克菲勒基金会的报告中首次提出的。广义而言,分子生物学致力于研究生物大分子的结构和功能,进而理解生物学现象。除了研究核酸的结构和功能,分子生物学还研究蛋白质的结构和功能、酶的作用机制、膜的结构和功能、细胞的信号转导等多个方面。狭义而言,分子生物学专注于在分子水平研究遗传物质的结构与功能,具体内容包括 DNA 复制及损伤修复、RNA 的生物合成及其转录后加工、蛋白质的生物合成和加工、基因表达调控、基因的重组和转座等。当然,其中也包括与上述过程密切相关的蛋白质和酶的结构和功能。在此,我们更侧重于阐述分子遗传学的相关内容。

经典遗传学与分子生物学均聚焦于 DNA 突变如何导致可遗传性状的改变。但往往有些现象无法被解释。这就诞生了表观遗传学这个分支学科。表观遗传学(epigenetics)最早由英国发育生物学家 Conrad H. Waddington 提出,用于描述一些尚未完全明晰的过程,例如受精卵如何逐步发育为成熟的复杂个体。1942 年,Waddington 将其定义为“研究基因与决定表型的基因产物之间的相互作用及其因果关系的科学”。1994 年,Holliday 对表观遗传学进行了较为精确的阐述,他认为表观遗传学不仅关注发育过程,还研究成体阶段可遗传的基因表达改变,这些基因表达改变能够经过有丝分裂和减数分裂在细胞和个体世代间传递,而不依赖于 DNA 序列的改变,即表观遗传是非 DNA 序列差异的核遗传现象。随着对基因表达调控机制的深入理解,目前表观遗传被定义为“不依赖于 DNA 序列改变的、可遗传的个体表型的改变,或者在基因本身的 DNA 序列未发生改变的情况下,基因在表达与功能上发生的可遗传的变化”。

表观遗传学的历史与生物进化和发育过程紧密相关。在过去的很长时间里,随着科学家们对基因表达调控分子机制的深入了解,表观遗传学的定义也发生了巨大的改变。如今大家对表观遗传学的理解是,虽然个体内 DNA 的序列信息一致,但是基因表达模式在不同细胞间存在差异,且该差异具有遗传性。

经典遗传学是研究 DNA 序列突变导致的等位基因差异,而表观遗传学则关注不涉及 DNA 序列变化的非细胞质遗传的非孟德尔遗传现象。无论是经典遗传学还是表观遗传学,都涉及遗传信息的传递、调控和表达等问题。因此,表观遗传学作为遗传学的重要组成部分,在新的历史时期极大地丰富和发展了遗传学的研究领域。

1.2 分子生物学的发展简史

分子生物学在人类文明史上取得了辉煌成就,它以前所未有的速度推动着生物学的发展,使整个生物学的面貌发生了巨大的变化。在本书中,我们将仔细回顾从遗传学到分子生物学发展的一百多年间所取得的关键进展。这里面有三个重要的里程碑事件:一是生物遗传特性规律的发现;二是遗传物质的证实和结构解析;三是遗传物质在人类和其他物种中的互补分析。

1.2.1 孟德尔和遗传法则

虽然遗传学是在 20 世纪发展起来的,但是其根源可追溯至 19 世纪中期孟德尔所做的基础工作。可以说,孟德尔的研究是遗传学乃至分子遗传学的基础。孟德尔是奥地利的一名传教士,在当时,人们普遍认为遗传是以混合的方式发生的,孟德尔在此观点背景下开始了他的研究工作,提出了遗传是颗粒式的见解,孟德尔因此被后世誉为“遗传学之父”。孟德尔选择了种在教堂花园里的豌豆作为研究对象,观察不同特点或表型(phenotype)的遗传性。他选用了可观察特征的杂交植株,如矮小植株和高秆植株杂交、不同颜色花朵的植株杂交,观察这些特征是如何遗传给子代的。孟德尔通过仔细分析后提出亲本的这些特征是以颗粒或被称为遗传因子的遗传单位传给子代的(图 1.1)。这些颗粒或遗传因子即基因(gene)。

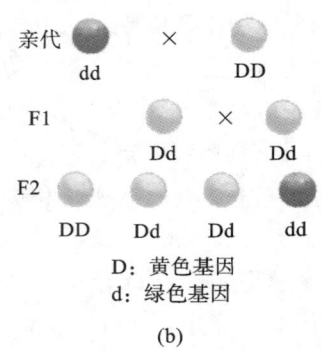

亲代　●　×　○
　　　dd　　　DD

F1　　　○　×　○
　　　Dd　　　Dd

F2　○　○　○　●
　DD　Dd　Dd　dd

D:黄色基因
d:绿色基因

(a)　　　　　(b)

图 1.1　孟德尔和遗传法则
(a)孟德尔。(b)遗传法则

孟德尔研究了花园中豌豆的几对遗传因子,每一对遗传因子都与一种性状关联,如植株的高度、花的颜色、种子的饱满度等。他发现这些遗传因子以不同的形式存在,即等位基因。例如,控制植株高度的等位基因中,一个等位基因可以使豌豆长到 2 m 高,而另一个等位基因只能让豌豆长到 0.5 m 的高度。控制种子颜色的等位基因中,一个等位基因产生黄色种子,另一个等位基因则产生绿色种子。在一对等位基因中,还存在显性和隐性之分。顾名思义,显性基因是在杂交子一代中能够表现出该性状的等位基因,而隐性基因则在杂交子一代中无法表现出该性状。例如,在黄色豌豆和绿色豌豆杂交实验中,子一代的种子全部为黄色,然而若将子一代的豌豆进行自交,绿色种子又会出现在子二代中,而且黄色种子和绿色种子出现的比例为 3∶1。此时,控制黄色种子的基因为显性基因,而控制绿色种子的基因为隐性基因。

孟德尔进一步指出对于上述决定性状的基因,每个亲本植株里有两个拷贝,这些拷贝可以是相同的,也可以是不同的,即二倍体(diploid)。如果上述两个拷贝是相同的等位基因,则为纯合子(homozygote);如果两个拷贝是不同的等位基因,则为杂合子(heterozygote)。在生殖过程中,这些拷贝中的一个会随机分配到每一个性细胞或者配子中,即单倍体(haploid)。雌性配子(卵子)与雄性配子(精子)结合后形成一个叫作合子的单细胞,然后发育成一个新的植株。在生殖过程中,基因的拷贝数从 2 减少到 1,然后通过受精作用恢复到两个拷贝。这构成了孟德尔遗传规律的核心基础。孟德尔发现的遗传因子是一个分离的实体。一个基因的不同等位基因可以通过杂交被携带到同一个植株中,然后又可以通过生殖过程分别进入不同的配子中。在植株中,共存的等位基因并不同时表达。孟德尔通过分析 7 个不同性状(豆粒饱满和皱缩、豆粒黄色和绿色、豆荚黄色和绿色、豆荚饱满和皱缩、花瓣白色和紫色、花开位置的高与低、植株的高与矮)的等位基因,发现这些等位基因的遗传过程是彼此独立的。

孟德尔在 1865 年将他的上述发现发表在捷克布尔诺市的自然历史协会的杂志上。遗憾的是,受"混合遗传"这一传统学说的影响,这篇文章在当时并没有引起人们太多的注意,孟德尔的研究成果在当时并未受到其他科学家的重视。直到孟德尔去世后的 1900 年,这篇文章才见到了光明,遗传学作为一门学科正式诞生。

1.2.2 Avery 的肺炎链球菌转化实验

孟德尔的遗传学理论激发了人们对微生物、植物和动物遗传学的大量研究。但是一个困扰着科学界的关键问题是"遗传物质(即基因)是什么"。这个问题直到 1944 年才由美国科学家 Oswald Avery 通过肺炎链球菌转化(transformation)实验得到了解答。肺炎链球菌(*Streptococcus pneumoniae*)是一种病原菌,其球形细胞可被黏液外壳所包裹,形成大而亮的菌落,即光滑型(smooth,简称 S 型)球菌。S 型菌株能够产生荚膜,有毒,在人体内能够导致肺炎,在小鼠体内能够导致败血症,并使小鼠死亡。如果由于基因突变导致肺炎链球菌无法产生荚膜,则其菌落呈现粗糙外观。这种菌株由于缺乏保护性外壳,在人体或者小鼠体内容易被白细胞消灭,因此是无毒的,不会导致疾病,即粗糙型(rough,简称 R 型)球菌。1928 年,Frederick Griffith 以 R 型和 S 型菌株为实验材料进行遗传物质的探索实验,他将单独活的、无毒的 R 型肺炎链球菌或加热后被杀死的有毒 S 型肺炎链球菌注入小鼠体内,结果小鼠均未出现感染症状;将活的、有毒的 S 型肺炎链球菌或将大量经加热后被杀死的有毒的 S 型肺炎链球菌和少量无毒、活的肺炎链球菌混合后分别注入小鼠体内,结果小鼠死亡,并从小鼠体内分离出活的 S 型菌(图 1.2)。这一现象表明有毒的 S 型死菌里含有一种物质(毒性基因)能将无毒 R 型活菌转化为有毒 S 型活菌。Griffith 称这一现象为转化作用。然而,当时这种转化因子具体是什么物质尚不清楚。

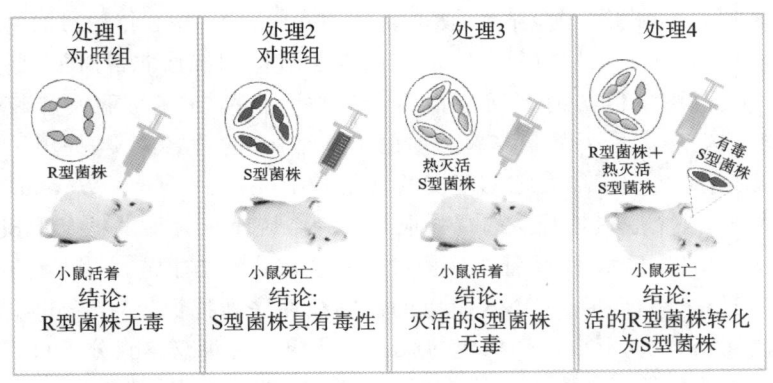

图 1.2 肺炎链球菌转化实验

转眼又过了 16 年,时间来到 1944 年,美国科学家 Oswald Avery、Colin MacLeod 和 Maclyn McCarty 等人在 Griffith 研究工作的基础上,应用生物化学和物理化学的方法对转化本质进行了深入研究(即体外转化实验)(图 1.3)。他们首先从 S 型活菌细胞内提取了 DNA、RNA、蛋白质和荚膜多糖,然后分别将它们与 R 型活菌混合均匀后注入小鼠体内。结果发现只有注射了 S 型菌 DNA 和 R 型活菌混合液的小鼠死亡,这一现象由部分 R 型菌被转化为有毒的、有荚膜的 S 型菌所致,并且这些转化后的 S 型菌的后代同样保持有毒、有荚膜的特征。这说明是 DNA 而不是 RNA、蛋白质和荚膜多糖引起转化。如果用 DNA 酶处理 DNA,则转化作用消失。由此,Avery 等人提出,实际上是 S 型菌的 DNA(或基因)与 R 型活菌的 DNA 之间发生了重组,使得 R 型活菌获得了新的遗传信息,从而证实了遗传物质是 DNA 而不是蛋白质。1952 年,Alfred Hershey 和 Martha Chase 采用同位素示踪技术,用 ^{32}P 标记 T2 噬菌体的 DNA,用 ^{35}S 标记 T2

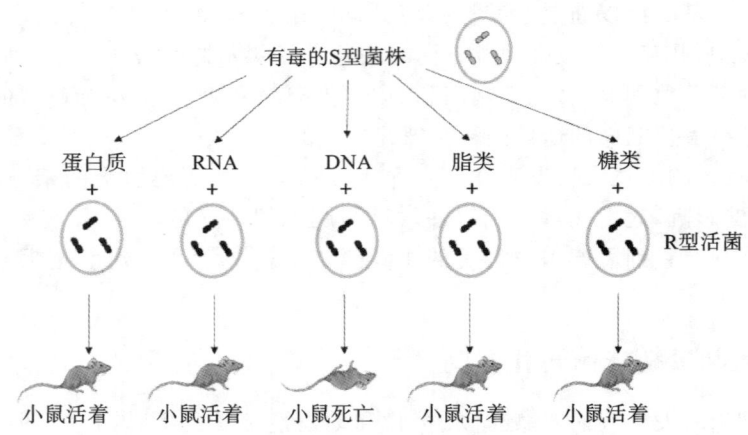

图 1.3 肺炎链球菌体外转化实验

噬菌体的蛋白质,将标记后的 T2 噬菌体侵染大肠杆菌细胞,实验结果证明了 ^{32}P 标记的 DNA 是遗传物质。他们的发现打破了长期以来许多科学家认为的只有像蛋白质那样的大分子才能作为细胞遗传物质的观点,推动了科学家们接受 DNA 是遗传物质这一事实。

1.2.3 Watson 和 Crick 发现的 DNA 双螺旋结构

早在 20 世纪 40 年代,研究人员通过分解 DNA,揭示了其基本单位是脱氧核苷酸。每个核苷酸有三种成分:脱氧核糖(deoxyribose)、磷酸基团(phosphate)和具有微弱碱性的含氮碱基(nitrogenous base)。RNA 则由核糖(ribose)、磷酸基团和含氮碱基组成。在 DNA 分子中,四种含氮碱基分别是腺嘌呤(A)、鸟嘌呤(G)、胞嘧啶(C)和胸腺嘧啶(T)。而在 RNA 中,四种含氮碱基分别是腺嘌呤(A)、鸟嘌呤(G)、胞嘧啶(C)和尿嘧啶(U)。DNA 和 RNA 中都有四种含氮碱基,其中三种在两种类型的核酸分子中是相同的。DNA 的三维结构是什么样的呢?

虽然有众多研究者致力于解析 DNA 结构,Rosalind Franklin 于 1952 年拍摄的关于 DNA 的 X 射线衍射照片无疑提供了重要依据(图 1.4(a)、(b))。DNA 的 X 射线衍射图像非常简单,是由一系列点构成的 X 形状,说明虽然 DNA 分子很大,但其内部结构很简洁有序。核酸研究的重大突破是在 1953 年,James Watson 和 Francis Crick 发表了题为"脱氧核糖核酸的一种结构"的著名论文,提出了 DNA 的双螺旋结构模型,为深入揭示遗传信息的传递规律奠定了坚实的理论基础(图 1.4(c))。Watson 和 Crick 认为脱氧核苷酸彼此连接成一条长链,一个脱氧核苷酸的磷酸根与另一个脱氧核苷酸的糖基形成化学键连接,而含氮碱基并不参与这些连接。这样,磷酸-核糖骨架就构成了脱氧核苷酸的主链,一个碱基与核糖相连位于骨架的内侧,从长链的一端到另一端,形成了 DNA 特有的链的线性序列特征。Watson 和 Crick 进一步研究发现,DNA 分子的两条链互相缠绕,形成一个稳定的双螺旋结构。这些双螺旋分子可以非常庞大,包含数以亿计的核苷酸对。它们头尾相接可达到 10 cm。由于 DNA 特别纤细,尽管 1 亿个碱基相连可长达 1 cm,但是我们用肉眼仍然无法直接观察到它们。这种规则、重复的双螺旋结构完美地解释了 Franklin 拍摄的那张照片。DNA 双螺旋结构模型的建立极大地推动了分子生物学的发展,具有里程碑意义。

1.2.4 中心法则

在 DNA 双螺旋结构确立之后,分子遗传学家的研究重点一方面是 DNA 复制,另一方面是探究 DNA 中的遗传信息如何决定蛋白质的氨基酸序列。1956 年,美国生物化学家 Arthur Kornberg 利用细菌抽提物阐明了 DNA 的复制过程,并且鉴定出了催化 DNA 复制的酶——DNA 聚合酶Ⅰ。该酶以 DNA 为模板,将 4 种脱氧核苷酸按照特定顺序连接成最终的多聚核苷酸产物。1958 年,Matthew Meselson 和 Frank W. Stahl 利用同位素标记技术结合密度梯度离心方法发现 DNA 复制过程中两条链是分开的,提出了 DNA 复制是半保留复制的模型,即在复制过程中,每条亲本 DNA 链会作为模板,指导合成一条新的互补

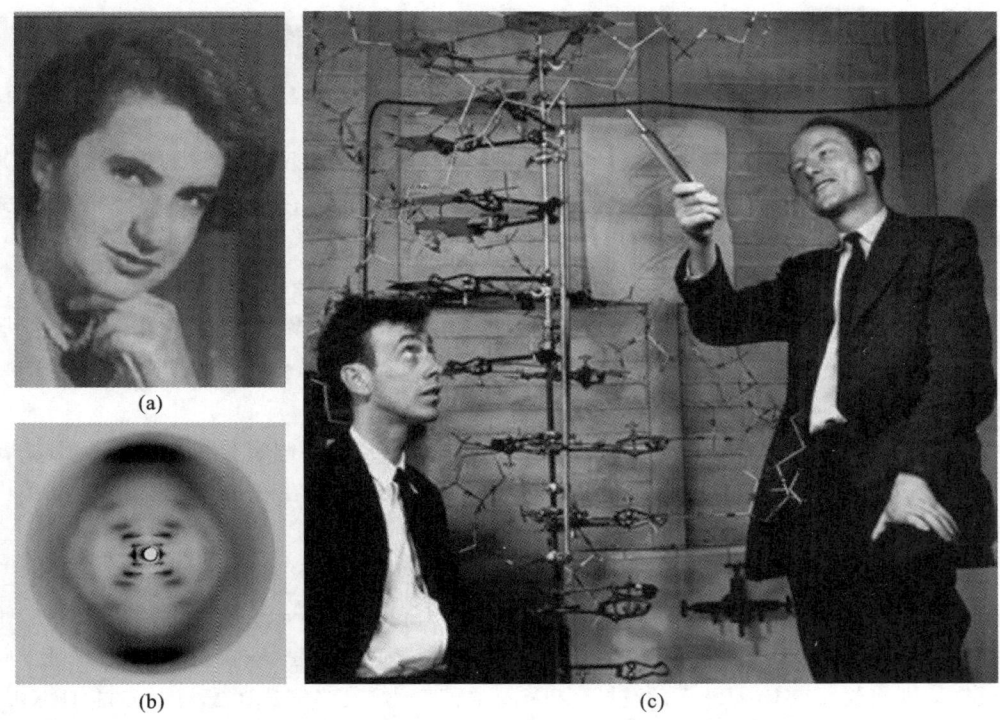

图 1.4 X 射线衍射照片和 DNA 双螺旋结构模型

(a)(b)Franklin 和她拍摄的 DNA X 射线衍射照片。(c)Watson 和 Crick 发现的 DNA 双螺旋结构模型

链,从而确保每个新合成的 DNA 分子都包含一条原始的亲本链和一条新合成的子链。那么,DNA 是如何发挥功能的呢?

早在 1941 年,美国斯坦福大学的 Edward Tatum 与遗传学家 George Beadle 通过遗传突变研究粗糙链孢霉(*Neurospora crassa*)的生化反应,提出了"一个基因一个酶"的概念,他们也因此获得了 1958 年的诺贝尔生理学或医学奖。关于 DNA 控制氨基酸序列的第一个实验证据来自剑桥大学 Vernon M. Ingram 关于镰状细胞贫血遗传病的研究。Ingram 证明了镰状血红蛋白与正常血红蛋白的区别在于 β 亚基的第 6 个氨基酸从谷氨酸变成缬氨酸。这种改变只有在带有 S 型 β 珠蛋白基因的患者中才会出现。一个简单的假设是 S 型等位基因决定了 β 珠蛋白基因的突变。虽然 DNA 携带着决定氨基酸序列的遗传信息,但是没有 DNA 的场所仍然可以进行蛋白质合成,所以蛋白质不是直接在染色体 DNA 上合成的。

虽然早在 1909 年就鉴定出了 RNA 的组成成分,然而在相当长的时间内关于 RNA 的研究进展缓慢。Torbjorn Caspersson 和 Jean Brachet 发现 RNA 主要存在于细胞质中。在排除了蛋白质直接在 DNA 上合成后,人们开始将目光转向 RNA。1955 年,罗马尼亚科学家 George E. Palade 利用细胞组分分离技术将肝脏组织匀浆离心后获得了附着于内质网膜上的核糖体颗粒,并发现这些核糖体颗粒由 RNA(核糖体 RNA,rRNA)和蛋白质组成。1956 年,Crick 提出遗传信息流动中心法则(central dogma),该法则阐明了 RNA 在 DNA 将遗传信息传递给蛋白质的过程中发挥着中介作用,DNA 可以自我复制,然后以 DNA 为模板转录合成 RNA,最后以 RNA 为模板翻译合成蛋白质(图 1.5)。但最初他错误地认为 rRNA 就是蛋白质合成的模板。直到 1960 年,法国科学家 Francois Jacob 和 Matthew Meselson 才确定了蛋白质是在细胞质的核糖体上组装的。这一重要发现表明,细胞核内的染色体和细胞质中的核糖体之间必然有一种特定的联系方式,即细胞内存在一种将细胞核内的遗传信息转移到细胞质中以指导蛋白质合成的机制。于是,他们提出了信使 RNA(message RNA,mRNA)假说。1964 年,Sydney Brenner 使用 T2 噬菌体结合同位素标记实验证明了 mRNA 假说是正确的。Brenner 首先将大肠杆菌放在含有重同位素(^{13}C 和 ^{15}N)的培养基中培养,以确保所有物质均被标记,随后用 T2 噬菌体感染大肠杆菌后迅速转移到含有轻同位素(^{12}C 和 ^{14}N)的培养基(还含有 ^{32}P)中培养一段时间,破碎细菌并进行密度梯度离心后,结果发现只有重同位素标记的核糖体存

$$复制\ \overset{\curvearrowleft}{DNA}\ \xrightarrow{\text{转录}}\ RNA\ \xrightarrow{\text{翻译}}\ 蛋白质$$

图 1.5　Crick 提出的中心法则

在,表明在噬菌体感染后没有新 rRNA 生成(若有生成,则必然有轻同位素标记的核糖体出现)。对^{32}P 标记的物质检测发现其只存在于完整核糖体中(参与蛋白质合成),而不存在于分离开的核糖体大小亚基中(说明其并非 rRNA)。杂交实验进一步表明^{32}P 标记的物质不与大肠杆菌的 DNA 互补,而是与噬菌体的 DNA 互补,这些结果表明新型 RNA(即 mRNA)的存在。

1956 年,美国科学家 Paul C. Zamecnik 及其合作者通过结合放射性标记的氨基酸和大鼠肝脏匀浆的无细胞体系,确定蛋白质合成过程需要核糖体、氨基酸活化形式的氨酰 tRNA 以及转运 RNA(transfer RNA,tRNA)。tRNA 占细胞总 RNA 的 10%~15%。

早在 1954 年,理论物理学家 George Gamow 基于立体化学模型和逻辑分析提出了密码子概念,即每 3 个碱基组成 1 个密码子,对应 1 个氨基酸。1959 年,Crick 和 Brenner 在理论上确立遗传密码由 3 个连续核苷酸构成的观点,即三联体密码,并于 1961 年用精心设计的实验证实了这种观点,确定了 3 个核苷酸与氨基酸间的具体对应关系。美国科学家 Marshall W. Nirenberg 通过多聚核苷酸策略成功确定共 61 种编码氨基酸的密码子。与此同时,威斯康星大学生物化学家 Har G. Khorana 采用合成二核苷酸重复序列和三核苷酸重复序列的多核苷酸策略,最终完成 61 种对应氨基酸的密码子和 3 种终止密码子的解析。Robert W. Holley 则将目标转向 tRNA,经过 3 年多的艰苦努力,最终完成了酵母丙氨酸 tRNA 全序列(77 个核苷酸)测定。这一成就解决了 2 个基本科学问题:一是 tRNA 与氨基酸结合的问题(氨基酸臂);二是 tRNA 携带氨基酸准确运输到核糖体参与蛋白质合成的问题(mRNA 密码子和 tRNA 反密码子互补配对)。1968 年,三位科学家(Nirenberg、Khorana、Holley)因"对遗传密码及其在蛋白质合成过程方面作用的解释"而共同获得诺贝尔生理学或医学奖。

1.2.5　基因组学

随着中心法则的阐明,到 20 世纪 60 年代中期,人们对于蕴含在核苷酸序列内的遗传蓝图如何决定表型这一问题有了清晰的认识。这为从 DNA 序列中揭示生物体的本质及进化的奥秘提供了可能。假如在 20 世纪前 50 年,遗传学家梦想着明确基因的物质组成,那么在 20 世纪后 50 年,遗传学家则梦想着解析 DNA 分子中的碱基组成。随着 DNA 测序技术的出现,数百种有机体的全基因组序列测定工作已经完成,甚至包含约 30 亿个碱基对的人类基因组序列也得到了测定。如果获得一个生物体 DNA 的碱基序列,原则上应该能够分析该生物体所有基因的所需信息。我们把一个生物体内特有的 DNA 分子的总和称为基因组(genome)。因此,分析基因组的序列与分析该生物体所有基因的序列具有同等的价值。基因能在分子水平相当容易地被研究。数量庞大的基因组同时也可以被研究,这种从根本上解析 DNA 序列的方法被称为基因组学。ΦX174 是第一个被人们获知序列的基因组。酿酒酵母的 16 条染色体全部序列的测序工作已于 1996 年完成,其基因组全长 12068 kb,含有 5885 个可能编码蛋白质的基因、140 个编码 rRNA 的基因、40 个编码 snRNA 的基因和 275 个编码 tRNA 的基因,共计 6340 个基因。

所有序列分析项目中最完美的是人类基因组计划。通过全世界科学家的共同努力,人们确定了人类 DNA 约 30 亿个碱基对的序列。这个项目刚开始酝酿的时候,仅涉及几个国家的相关实验室科学家,部分工作则由政府资助。个人对这个项目的资助始于集科学家和企业家于一身的 Craig Venter。到 2001 年,这些努力的意义在两篇长篇论文被发表之后达到了巅峰。这两篇论文报道了被分析出来的人类基因约 27 亿个碱基对。对这些序列的分析表明,人类基因组中可能含有 3 万~4 万个基因。更进一步的分析则认为人类基因的数量更少,只有 2 万~2.5 万个。人们已经根据这些基因的位置、结构和可能的功能对它们进行了分类。编码蛋白质的序列只占基因组的 3%以下,非编码序列占约 97%,除去约 7%的非转录区,其余约 90%是非编码 RNA(non-coding RNA,ncRNA)。因此,科学家们认为基因组含有两类信息:一类是传统意义上的遗传信息,即基因编码信息,是 DNA 转录翻译为蛋白质的模板;另一类是表观遗传学信息,它通过染色体修饰,比如 DNA 甲基化、组蛋白修饰、非编码 RNA 等来决定在何时、何地、以何种方式表达这些遗传信息。

人类基因组计划的提前完成标志着人类基因组研究的重点正在由序列测定向基因功能研究过渡,进入了以基因组功能研究为主要内容的后基因组时代(post-genome era)。这一阶段的主要任务是研究细胞内全部基因的表达图谱和全部蛋白质图谱,即从基因组到蛋白质组的全面解析。由此,分子生物学研究的重点再次回到了蛋白质上,生物信息学应运而生,生命科学进入一个全新的时代。

1.3 表观遗传学的发展简史

遗传与变异是生物进化的两大基石。变异为遗传提供了多样性,是遗传物质变化的源泉。没有变异,生物将无法进化,难以适应不断变化的环境,从而影响物种的生存与繁衍。根据经典遗传学理论,遗传变异主要基于核苷酸序列的改变,包括单碱基的替换、缺失、插入,整条基因的拷贝数变化,这些变化会导致基因表达与功能的改变,进而引起性状的变异。然而生活中却存在一些与遗传学有关但用经典遗传学难以解释的现象,如人体内每个细胞都携带有相同的一组基因,但会分化成不同类型的细胞,进而发育成不同的组织和器官。此外,同卵双胞胎即使拥有完全相同的基因,也无法在外貌和言行上做到 100% 一致。

出现这些现象的原因就是表观遗传变异,表观遗传变异与遗传变异的本质区别在于前者不需要 DNA 序列的改变,这是表观遗传学最重要的特征。"表观遗传学"这一概念起源于发育生物学和遗传学的研究,最初用于指受精卵发育为成熟、复杂有机体的过程。在发育过程中,不同的细胞和组织之间存在着表型差异,而且这种特征一旦建立,就可能被分裂的细胞克隆遗传。尽管一个生物体内所有体细胞的 DNA 是相同的,但是基因表达的模式在不同细胞类型里却有很大的不同,而且这种表达模式可以遗传。那么,一个受精卵如何产生一个复杂的或具有不同表型的有机体呢?为此,胚胎学家们争论不休,并且分成了两个学派:先成论(preformation theory)和后成论(epigenesis theory)。前者认为生殖细胞或受精卵从开始就形成了动物的各个部分,发育只是展开已有的结构;后者认为受精卵并不具备成年动物的结构,这些结构是在发育过程中逐渐形成的。到了 19 世纪,这两种观点演变为胚胎发育的两种方式,取决于不同部分或不同细胞之间是否具有相互作用,还是一部分细胞可以自分化、不依赖于其他部分的作用。

英国胚胎学家、遗传学家 Conrad H. Waddington 于 1942 年提出,表观遗传学(epigenetics)是研究基因与产物的相互作用,并探讨这些相互作用如何影响生物体表型的学科。后来,"epigenetics"一词多用于强调遗传不仅取决于细胞核,还有细胞核以外的其他因素影响。虽然核酸和蛋白质都存在于染色体中,但是科学家并不认为只有核酸才能携带所有的发育信息。1957 年,Waddington 提出了著名的"表观遗传景观(epigenetic landscape)"模型(图 1.6):细胞分化就像从高处山坡滚落的小球,直到一个盆地,该盆地就代表一定的分化状态;小球开始能量较高,处于不稳定状态,对应干细胞等未分化状态;小球最终滚落于低能量的盆地,较稳定,对应分化后的稳定细胞状态。小球沿着不同的路径最终可以进入不同的盆地,对应不同的细胞分化命运。表观遗传景观通过调控基因表达模式,限制细胞的发育命运,并随着发育进程逐渐塑造表型。1958 年,美国遗传学家 David Nanney 在四膜虫上的遗传研究表明除了 DNA,还有其他因素影响表型。他认为相同基因型的细胞之间存在的表型差异并不完全由细胞核中的 DNA 决定,还存在着表观遗传系统调节基因的表达潜力。1959 年,美国分子生物学家 Joshua Lederberg 区分了核酸序列和非核酸序列对表型的贡献。1979 年,英国分子生物学家 Robin Holliday 提出 DNA 甲基化是一种表观遗传现象,并于 1987 年指出胞嘧啶的甲基化是一种表观遗传修饰,不依赖 DNA 序列改变的、可遗传的基因活性差异是由"表观突变"引起的。1996 年,美国科学家 Arthur D. Riggs 将表观遗传定义为非 DNA 序列变化导致的、可遗传的基因功能变化。这个定义与当前对表观遗传的定义非常接近。不依赖于 DNA 序列变化的基因表达调控方式很多,包括 DNA 甲基化、组蛋白修饰、染色体重塑、非编码 RNA 调控等。在本节,我们将简述表观

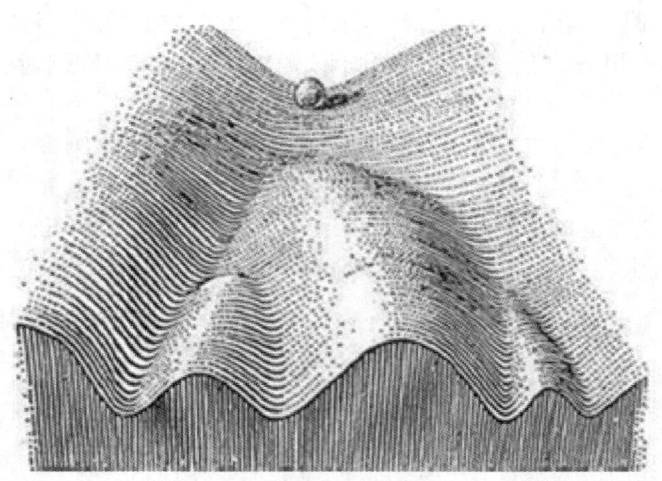

图 1.6　Waddington 提出的"表观遗传景观"模型

遗传学发展历程中的几个重大事件,包括花斑型位置效应(position effect variegation,PEV)、X 染色体失活与基因组印记、DNA 甲基化、核小体和组蛋白修饰等的发现。

1.3.1　花斑型位置效应

位置效应(position effect)这一概念由美国遗传学家 Alfred H. Sturtevant 于 1925 年根据黑腹果蝇突变型的研究结果提出,它描述了染色体上基因位置发生的改变(通常是易位)对基因表达的影响。当原来在常染色质区域的基因易位到异染色质区域时,便会出现花斑型位置效应。最经典的例子是 1930 年,美国遗传学家 Hermann J. Muller 发现一类特殊的果蝇眼睛颜色突变。正常情况下,白色基因在成年果蝇眼睛的所有细胞中表达,导致白眼表型。但在一些特定情况下,Muller 观察到果蝇有红白杂色眼睛,即白色基因在眼睛的某些细胞中表达,而在其他细胞中不表达。这种突变是由于 X 染色体的易位,将白色基因置于着丝粒周围的异染色质旁边,从而诱导了白色基因的失活,导致出现红白杂色眼睛。在酿酒酵母和裂殖酵母中也观察到类似的基因表达失活事件。这些现象表明,基因的功能可能会受到它们在基因组中具体位置的影响。美国遗传学家 Barbara McClintock 在 20 世纪 50 年代于玉米中也发现了类似的颜色斑点现象。

1.3.2　X 染色体失活与基因组印记

Muller 在黑腹果蝇中和 McClintock 在玉米中发现的花斑型位置效应为非孟德尔遗传提供了早期的线索。而 X 染色体失活(X-chromosome inactivation)以及基因组印记(genomic imprinting)现象的发现则加快让人们相信一个观点,即在同一细胞核中,相同的遗传物质可以保持开放或关闭两种截然不同的状态。1960 年,洛杉矶希望之城(癌症研究中心)的科学家 Susumu Ohno 发现,雌鼠体内有两条不同的 X 染色体:一条类似于常规的体染色体,而另一条则以浓缩且异质化的形式存在,被称为巴氏小体(Barr body)。1961 年,英国遗传学家 Mary F. Lyon 认为雌鼠胚胎发育时,细胞会随机关闭一条 X 染色体,并将其浓缩为巴氏小体,从此以后,由这些细胞复制、分化出来的子细胞都会含有一条不活化的巴氏小体,只由另一条正常的 X 染色体来表达相关基因。结果,雌鼠体内就会含有两大群不同的细胞,用不同 X 染色体影响各种性状。Lyon 认为有些异型合子的雌鼠之所以会有斑驳的毛色,是因为其中一条 X 染色体失去了活性,且控制毛色的基因位于此染色体上。1962 年,美国病理学家与血液学家 Ernest Beutler 研究异型合子女性葡萄糖-6-磷酸脱氢酶(G6PD)缺乏症时,也发现了由 X 染色体失活造成的 G6PD 正常与失活的红细胞共存的现象。

基因组印记是染色体特定片段中来源于亲本的表观遗传标记,其存在与否取决于这些染色体是来源于父系还是母系。根据孟德尔遗传定律,当一种性状从亲代传递到子代时,无论控制这一性状的基因与染色体来自父方还是母方,传递所产生的表型都应该是相同的。然而,在哺乳动物某些组织和细胞中这一定律会出现例外:控制特定表型的一对等位基因会由于父系来源或母系来源的不同而出现差异性的表达,即机体只表达来自亲本一方的等位基因,这种现象属于非孟德尔遗传学的表观遗传学领域。早在 1974 年,Derek R. Johnson 发现小鼠 17 号染色体上一个片段的缺失会导致其后代存活能力不同,且这种差异具有亲本遗传效应。通过对这种小鼠的进一步研究,Denise Barlow 在 1991 年鉴定出了第一个印记基因 Igf2r(insulin-like growth factor 2 receptor),该基因在母系来源的染色体上表达,但是在父系来源的染色体上不表达。

1.3.3　DNA 甲基化

虽然 DNA 作为重要的遗传物质已得到广泛认可,但是很多生物学现象无法由 DNA 序列得到全面解释。比如,小鼠 X 染色体失活提供了一种不涉及 DNA 序列改变的表观遗传机制的早期模型。X 染色体的沉默是随机选择的,并在体细胞中克隆遗传,在 X 染色体沉默过程中 DNA 序列本身没有发生任何变化。DNA 甲基化特别是 5-甲基胞嘧啶(5mC)是 X 染色体失活的重要机制之一。早在 1904 年,Henry Wheeler 和 Treat Johnson 发现了 5-甲基胞嘧啶。40 多年后,美国生物化学家 Rollin Hotchkiss 于 1948 年在水解的小牛胸腺样本中也检测到 5-甲基胞嘧啶。1950 年,Erwin Chargaff 观察到不同物种的 A 和 T 数量大致相等,但是 C 的数量始终比 G 略微少一点。同年,Gerard Wyatt 证实经过修饰的胞嘧啶与正常情况下的胞嘧啶非常相似,可以使 GC 比例接近 1:1,但是 DNA 甲基化的作用在相当长的时间里尚不清楚。直到 1975 年,Arthur D. Riggs、Robin Holliday 以及 John Pugh 提出 DNA 甲基化,特别是 5-甲基胞嘧啶可能作为一种表观遗传机制来介导基因的失活。Holliday 和 Pugh 预测存在 DNA 甲基转移酶来识别复制后半甲基化的 DNA,使得互补链被甲基化修饰,从而确保将甲基化状态忠实地传递给下一代。1962 年,爱丁堡大学遗传学家 Adrian P. Bird 利用甲基化敏感限制酶开发了检测 DNA 甲基化状态的方法,证明了 DNA 甲基化的半保留传递模式。1980 年,以色列希伯来大学科学家 Howard Cedar 和 Aharon Razin 利用基因转移实验证实 DNA 甲基化可以抑制基因转录。此后,DNA 甲基化被发现与生长发育过程关系密切。异常的 DNA 甲基化可能会导致机体发育异常和疾病的发生。1983 年,约翰斯·霍普金斯大学的 Andrew P. Feinberg 教授在肿瘤样本中发现了全基因组的 DNA 低甲基化现象,第一次将 DNA 甲基化与肿瘤联系起来。1984 年,约翰斯·霍普金斯大学的 Stephen Baylin 教授发现抑癌基因的启动子区域呈现高甲基化状态,并提示该区域的高甲基化是导致抑癌基因功能缺失的关键因素。1998 年,Feinberg 发现全基因组的 DNA 低甲基化导致基因组不稳定性,进而参与肿瘤的发生。2004 年,针对 DNA 甲基转移酶的抑制剂阿扎胞苷(azacytidine)被美国 FDA 批准用于治疗骨髓异常增生综合征,并取得了良好的临床效果,成为较早用于临床治疗的表观抗肿瘤药物之一。

关于催化 DNA 甲基化的酶的研究则经历了漫长的过程。哥伦比亚大学 Timothy Bestor 实验室于 1988 年克隆了第一个真核生物 DNA 甲基转移酶 1(DNMT1)。DNMT1 主要用于维持 DNA 复制后胞嘧啶上的 DNA 甲基化修饰状态,以支持在有丝分裂期间将这一表观遗传标记准确传递给子代细胞。10 年之后即 1998 年,催化从头合成的 DNA 甲基转移酶 DNMT3A 和 DNMT3B 被鉴定出来,并解释了在 DNA 独立复制的情况下,如何在双链上实现甲基化,这一现象在胚胎发育期间的基因表达调控和许多疾病(如癌症)异常基因抑制中起着特别重要的作用。相比于 DNA 甲基转移酶,DNA 去甲基化酶的发现则更为曲折,经历了相当长的时间。从 1988 年第一个 DNA 去甲基化酶被克隆出来开始,历经了 20 多年的研究,直到 2010 年,去甲基化酶 TET 家族才被哈佛大学医学院的张毅实验室成功鉴定出来。

1.3.4　核小体和组蛋白修饰

组蛋白的研究可追溯至 19 世纪末。1884 年,德国有机化学家 Albrecht Kossel 在研究核酸的同时,从细胞核内发现一种带正电荷且呈碱性的物质,并将其命名为组蛋白(histone)。1947 年,美国遗传学家 A.

Mirsky 提出真核生物染色体由 DNA、组蛋白、RNA 和非组蛋白四部分构成。然而，由于人们普遍认为 DNA 是遗传物质，在相当长的时间里，组蛋白的研究一直很缓慢。1960 年底，科学家们完成了低等生物组蛋白 H4 的氨基酸测序。不久后发现真核生物中主要存在五类组蛋白，分别是 H1、H2A、H2B、H3 和 H4。1973 年，A. L. Olins 借助显微镜观察到染色体存在一系列串珠状结构(beads-on-a-string)(图 1.7)，这一发现提示染色体由一系列重复单元组成。通过核酸酶消化染色体，得到约 200 bp 的 DNA 重复单元，并利用生物化学方法分离得到组蛋白八聚体。这些发现促使美国科学家 Roger Kornberg 在 1974 年提出组成真核细胞染色质的最小结构单元——核小体(nucleosome)模型。核小体由 DNA 双螺旋与网盘状结构的组织蛋白构成。其中 200 bp 盘绕由组蛋白 H2A、H2B、H3 和 H4 组成的八聚体外侧约 1.75 周。1976 年，Bradbury 提出组蛋白 H1 可能参与形成更高级的染色质结构。此后，大多数科学家仍然认为组蛋白是一种惰性分子，主要负责将 DNA 进一步浓缩为核小体，并不具备调控基因表达的功能。

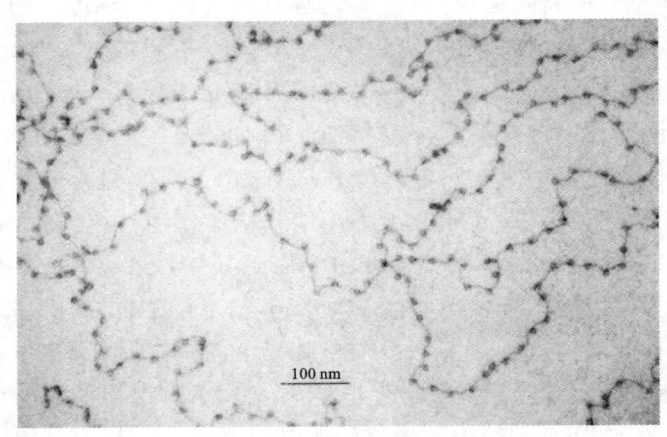

图 1.7　染色体的串珠状结构

多年来，人们已经认识到在真核细胞核中与 DNA 结合的蛋白质，特别是组蛋白，可能参与了 DNA 表达的调节。1950 年，Stedman 提出组蛋白可能为基因表达的抑制因子。实验结果显示，组蛋白确实可以降低转录水平，受其抑制后的转录水平甚至低于原核生物中常见的非活性基因的转录水平(原核生物里没有组蛋白)。在这种观点下，激活基因仅仅意味着去除组蛋白；一旦组蛋白从染色体上解离，基因的转录就会像原核生物中的转录那样容易。加州理工学院 James Bonner 通过体外实验证实，组蛋白的加入会显著降低 DNA 的转录速率，从而得出组蛋白抑制 RNA 合成的结论。然而，有证据表明，在真核细胞中并不存在大片无组蛋白结合的 DNA 开放区域。此外，即使 DNA 开放模型是正确的，细胞如何精确调控哪些有组蛋白覆盖的区域应该被清除仍是一个未解之谜。

1960 年，英国科学家 D. M. P. Philips 在长期研究小牛胸腺细胞组蛋白氨基酸组成的过程中发现，组蛋白的 N 端富含赖氨酸和精氨酸的区域存在大量的乙酰基团，这是一种由二碳单位组成的官能团。1961 年，K. Murray 在小牛胸腺细胞组蛋白中鉴定出甲基化赖氨酸。这些发现凸显了组蛋白的结构多样性，也暗示了其可能具有重要的生物学作用。1964 年，洛克菲勒大学 Vincent Allfrey 教授推测组蛋白乙酰化可能与基因激活有关，而转录活跃的染色质可能不一定需要去除组蛋白。Allfrey 向小牛胸腺细胞的核提取物中加入组蛋白的实验发现，核提取物中 RNA 的转录被显著抑制。但如果在提取组蛋白之前先用醋酸处理以获得富含乙酰化的组蛋白，则组蛋白对核提取物的转录抑制效果减弱了许多。Allfrey 基于化学原理进行分析，认为带有正电荷的组蛋白之所以能抑制转录，很可能是因为其结合了带有负电荷的 DNA 分子，进而阻碍了 RNA 聚合酶对 DNA 进行转录；而乙酰化基团的添加则中和了组蛋白上的正电荷，因此减弱了组蛋白与 DNA 的结合能力，从而解除了其对转录的抑制效果。但受限于技术，Allfrey 的工作主要基于体外实验，因此这些结果都只能说明组蛋白乙酰化与 DNA 转录之间有很强的关联性，并不能从中推导出两者存在直接的相互作用的结论。

从 1980 年开始,美国洛杉矶加州大学 Michael Grunstein 实验室通过酵母遗传学实验证明了组蛋白和核小体对基因转录的重要性,组蛋白 H4 的 N 端富含赖氨酸的片段在各物种中都高度保守,组蛋白氨基末端对基因表达的调节和沉默染色质结构的建立是非常重要的。真正将组蛋白修饰与基因表达联系起来的关键证据来自洛克菲勒大学 David C. Allis 教授及其同事的工作。1996 年,Allis 小组率先在四膜虫里鉴定出第一个组蛋白乙酰转移酶,并发现它与酵母转录激活因子 Gcn5 同源,这为组蛋白乙酰化调控基因表达提供了直接证据。Grunstein 和 Allis 因其在组蛋白研究领域的开创性贡献获得了 2018 年的拉斯克奖。与此同时,哈佛大学生物化学家 Stuart Schreiber 在人 Jurkat T 细胞中克隆出了第一个去乙酰化酶 HD1,发现其在酵母中的同源基因正是转录抑制因子 Rpd3,因此推测 HD1 可能具有调控真核细胞转录的功能。在此期间,组蛋白甲基化研究也取得了突破。增强子的 zeste 同源物 1 和 2(EZH1 和 EZH2)在 1996 年被克隆出来,作为基因抑制因子 Polycomb 复合物的成员,并于 2002 年和 2008 年被报道其在催化组蛋白 H3K27 甲基化中起重要作用。2004 年,哈佛大学 Yang Shi 教授发现第一个组蛋白去甲基化酶 LSD1。自此以后,关于组蛋白修饰的研究迎来了大爆发。组蛋白修饰成为表观遗传学的研究核心之一。越来越多的研究表明,组蛋白的异常修饰在癌症发生过程中扮演着至关重要的角色,有些靶向组蛋白乙酰化修饰的药物如今也已经获批上市造福患者。

除了组蛋白修饰外,近年来还报道了组蛋白突变与癌症之间的关联,导致了"癌组蛋白"概念的提出。2012 年和 2013 年报道的组蛋白突变包括 H3.1K27M、H3.3K27M、H3.3K36M 和 H3G34R/V 等,H3K27M 和 H3K36M 突变阻断了负责该特定氨基酸甲基化的甲基转移酶,导致这些癌症中甲基化标记的全局丢失。相反,H3G34R/V 突变的影响仅局限于包含突变体的核小体所在的染色质位点。

1.3.5 表观基因组学

20 世纪末,表观遗传学在分子水平得到了更为系统的研究。随着高通量测序技术的不断出现和发展,表观遗传学研究进入了一个新的时代,表观基因组学(epigenomics)应运而生。表观基因组学是在核苷酸序列不发生变化的情况下,研究基因组上的表观遗传修饰和空间结构如何影响基因的表达和功能的学科。1999 年,英国、德国和法国科学家成立了人类表观基因组协会。2003 年 10 月,在人类基因组计划完成后,人类表观遗传基因组协会正式宣布启动人类表观基因组计划。该计划的总体目标是绘制出人类基因组甲基化可变位点图谱,这一举措标志着与人类发育和肿瘤密切相关的表观遗传学和表观基因组研究迈上了一个新台阶。2006 年,美国启动了表观基因组学路线图计划(Roadmap Epigenomics Program,REP)。2010 年 1 月,国际人类表观遗传学合作组织(International Human Epigenome Consortium,IHEC)在巴黎成立,并计划在第一阶段 10 年内标记出 1000 个参考表观基因组。目前,IHEC 实施的表观基因组相关计划有两个:表观基因组平台计划和疾病表观基因组计划。2009 年 10 月 14 日,美国 Salk 研究所的科研人员在 *Nature* 杂志上公布了人类胚胎干细胞和肺部成纤维细胞的甲基化组,这是首张人类表观基因组图谱。

2011 年,瑞士 Friedrich Miescher 生物医学研究所和诺华生物医学研究所的科学家们针对干细胞及神经元祖细胞的甲基化模型进行比较分析,生成了高分辨率的基因组 DNA 甲基化图谱。2014 年,*Nature* 杂志发表了 4 篇重要文章,公布了人类和两种模式生物(果蝇和线虫)的表观基因组图谱,发现这三个物种中含有相似的染色质特征。2015 年,*Nature* 杂志及其旗下相关的六大杂志同时在线发布涵盖 100 多种不同类型人类细胞和组织的表观基因组数据,作为当时最全面的人类表观基因组图谱,该数据代表着表观基因组学路线图计划的巅峰成果。2015 年 6 月 1 日,美国索尔克研究所的研究人员公布了一项具有里程碑意义的成果:他们绘制了一份全面的人类表观基因组图谱,整合了来自不同捐献者的 12 个以上器官的数据。这一成就不仅极大地推动了全球范围内对表观遗传控制机制的深入探究,而且将表观基因组学确立为一个关键领域,其在精准预测、疾病诊断和治疗方面展现出巨大的潜力。

思 考 题

1. 孟德尔是如何解释性状的遗传方式的？

2. 如何证明核酸是遗传物质？

3. DNA 的双链结构是谁提出的？

4. 什么是人类基因组计划？

5. 什么是表观遗传学与表观基因组学？

6. 分子生物学与表观遗传学的区别与联系是什么？

7. 美国科学家 Michael Grunstein 和 David C. Allis 对表观遗传学的贡献是什么？

第 2 章
核酸和蛋白质的
结构与功能

扫码看课件

　　1859 年,英国伟大的生物学家达尔文(Charles Darwin)出版了著名的《物种起源》一书,他指出物种的变异是由自然环境和生物群体间的生存竞争造成的,并且这些变异在生物体的世代遗传中体现出来。正是在这种"自然选择"压力之下,新物种才不断诞生,与环境不再相容的旧物种也不断消亡。17 世纪末,荷兰显微镜专家列文虎克(Antonie Philips van Leeuwenhoek)成功制作了世界上第一台光学显微镜。通过这一工具,他看到了一系列肉眼看不到而又使人迷惑不解的微小生物,并将这些微小生物称为"微生物"(animalcule)。若干年后,人们才知道它们是单细胞生物。

　　19 世纪中叶,人们发现动物和植物细胞的提取液中主要是一些能受热或酸变性形成纤维状沉淀的物质。这些物质含有摩尔浓度大体相等的碳、氢、氧和氮。科学家将这些物质命名为蛋白质。生物化学家 Eduard Buchner 第一个实现了用酵母无细胞提取液和葡萄糖进行氧化反应生成乙醇,证明化学物质转换并不需要完整的细胞,而仅仅需要细胞中的某些成分。后续研究发现蛋白质是活细胞中所有化学反应的执行者和催化剂。19 世纪中叶到 20 世纪初,组成蛋白质的 20 种基本氨基酸被相继发现,生物化学家 Hermann Emil Fischer 还论证了连接相邻氨基酸的"肽键"的形成机制。细胞的其他组成成分,如脂质、糖类和核酸也相继在那一阶段被科学家所认识和部分纯化。如今,大家已经知道核酸和蛋白质是生命物质的基础,在遗传信息传递和维持生物体正常功能等方面发挥着至关重要的作用。核酸分为脱氧核糖核酸(DNA)和核糖核酸(RNA)两类,其中 DNA 是遗传信息的重要载体,而 RNA 在细胞内具有多种功能。蛋白质是生物体中复杂的大分子之一,由氨基酸通过肽键连接而成,在各种生命活动中发挥重要功能。在这一章,我们将详细介绍核酸和蛋白质的结构与功能、遗传信息如何从 DNA 传递给蛋白质。由于蛋白质的翻译后修饰与其结构和功能紧密相关,是表观遗传学的重要组成部分,这一章也详细介绍了蛋白质的一些重要修饰类型及其作用机制。

2.1　核酸的结构

2.1.1　DNA 是生物遗传的物质基础

　　20 世纪 50 年代前后,得益于物理学、化学领域等先进技术和设备的应用,遗传物质的研究取得了重大进展,人们证实了染色体由脱氧核糖核酸(DNA)、蛋白质和少量核糖核酸(RNA)所组成,其中 DNA 是三要的遗传物质。1944 年,Oswald Avery 用实验方法直接证明 DNA 是转化肺炎链球菌的遗传物质。1952 年,Hershey 和 Chase 在大肠杆菌(*Escherichia coli*)的 T2 噬菌体内,用放射性同位素进行标记实验,进一步证明了 DNA 在遗传信息传递过程中的作用。

　　尽管基因学说在 20 世纪初就得到了普遍承认,但在 Watson 和 Crick 提出 DNA 双螺旋结构模型之前,人们对基因的理解仍然是抽象的、概念化的,缺乏准确的实质性认识。当时的遗传学家既没有揭示基因的结构特征,也完全不能解释位于细胞核中的染色体和基因怎样调控发生在细胞质中的各种生化过程,不能解释基因是怎样在细胞繁殖过程中准确地复制和代代相传。Watson 和 Crick 在 1953 年基于Franklin 和 Maurice Wilkins 的 X 射线衍射数据提出 DNA 的反向平行双螺旋结构模型,为充分揭示遗传信息的传递规律奠定了基础。

2.1.2 核酸的基本组成

核酸(nucleic acid)是脱氧核糖核酸(DNA)和核糖核酸(RNA)的总称,是构成生命最基本的一类生物大分子化合物。核酸由众多核苷酸(nucleotide)聚合而成,而核苷酸则由含氮碱基、戊糖和磷酸基团组成。

构成核苷酸的含氮碱基(nitrogenous base)分为嘌呤和嘧啶两类。DNA 含有四种含氮碱基:嘌呤包括腺嘌呤(A)和鸟嘌呤(G),嘧啶包括胞嘧啶(C)和胸腺嘧啶(T);在 RNA 中,尿嘧啶(U)替代了结构非常相似的胸腺嘧啶(图 2.1)。

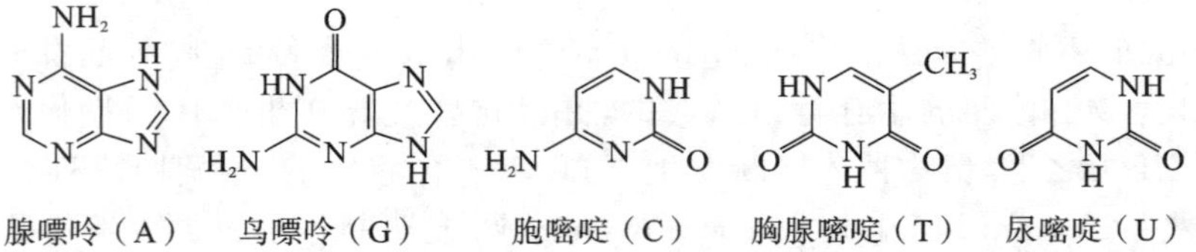

腺嘌呤(A)　　鸟嘌呤(G)　　胞嘧啶(C)　　胸腺嘧啶(T)　　尿嘧啶(U)

图 2.1　含氮碱基结构

含氮碱基共价结合于戊糖分子的 1′ 位而构成核苷(nucleoside)。DNA 中的戊糖是 2′-脱氧核糖(2′-deoxyribose),与含氮碱基结合后形成 2′-脱氧核糖核苷(2′-deoxyribonucleotide,简称脱氧核苷);RNA 中的戊糖是核糖(ribose),与含氮碱基结合后形成核糖核苷(ribonucleotide,简称核苷)。即核苷由一分子含氮碱基和一分子戊糖组成(图 2.2)。

核苷酸由一个或多个磷酸基团共价结合于核苷的 3′、5′ 或 2′(仅在核糖核苷酸中)位而形成(图 2.3)。DNA 由 5′-三磷酸脱氧核糖核苷(dNTP)构成,RNA 由 5′-三磷酸核糖核苷(NTP)构成。

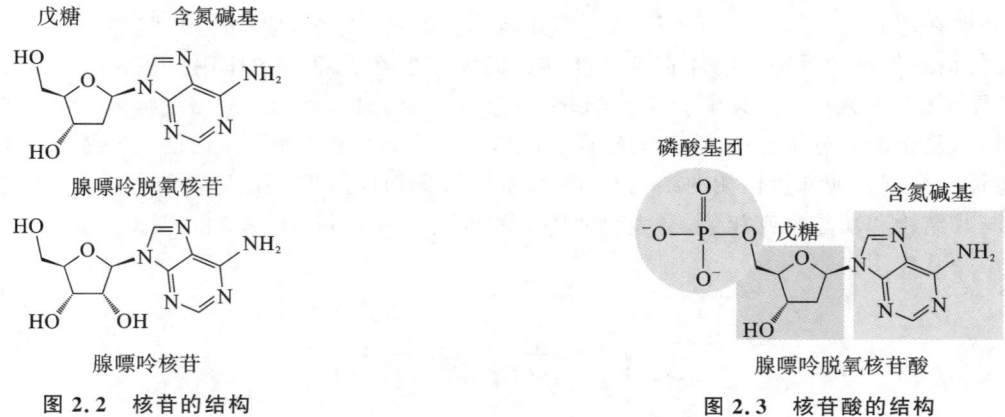

戊糖　　含氮碱基

腺嘌呤脱氧核苷

腺嘌呤核苷

图 2.2　核苷的结构

磷酸基团　　含氮碱基　　戊糖

腺嘌呤脱氧核苷酸

图 2.3　核苷酸的结构

核苷酸链由不同类型的核苷酸连接而成,核糖或脱氧核糖的 5′ 位与相邻核苷酸中戊糖的 3′ 位形成 3′,5′-磷酸二酯键,这也使得核酸分子具有方向性(图 2.4)。由于磷酸分子带负电荷,核酸成为一类具有强负电性的多聚大分子。

2.1.3 DNA 的二级结构

1953 年,Watson 和 Crick 提出 DNA 分子在自然界中以双螺旋(double helix)的形式存在,其基本特征是两条相互独立的单链 DNA 分子以螺旋方式相互缠绕,形成右手螺旋。DNA 双链的螺旋形空间结构称为 DNA 的二级结构(secondary structure)。DNA 的双螺旋结构有以下几个特点。

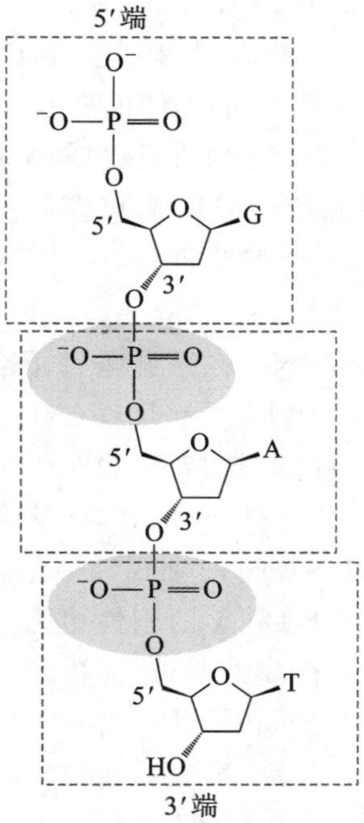

图 2.4　核苷酸链的结构

（1）反向双链结构。DNA 由两条反向平行的多聚脱氧核苷酸链构成，一条链的 5′ 至 3′ 方向是自上而下的，而另一条链的 3′ 至 5′ 方向是自下而上的，两条链沿共同的螺旋轴呈右手螺旋的方式相互缠绕。

（2）碱基互补配对。DNA 中脱氧核糖和磷酸基团构成的亲水性骨架位于双螺旋结构的外侧，而两条链的碱基均在主链内侧。内侧的碱基以氢键相互配对，形成了互补碱基对。具体来说，一条链上的腺嘌呤（A）与另一条链上的胸腺嘧啶（T）形成 2 个氢键，一条链上的鸟嘌呤（G）与另一条链上的胞嘧啶（C）形成 3 个氢键。DNA 中形成氢键的两条核苷酸链称为互补链（图 2.5）。

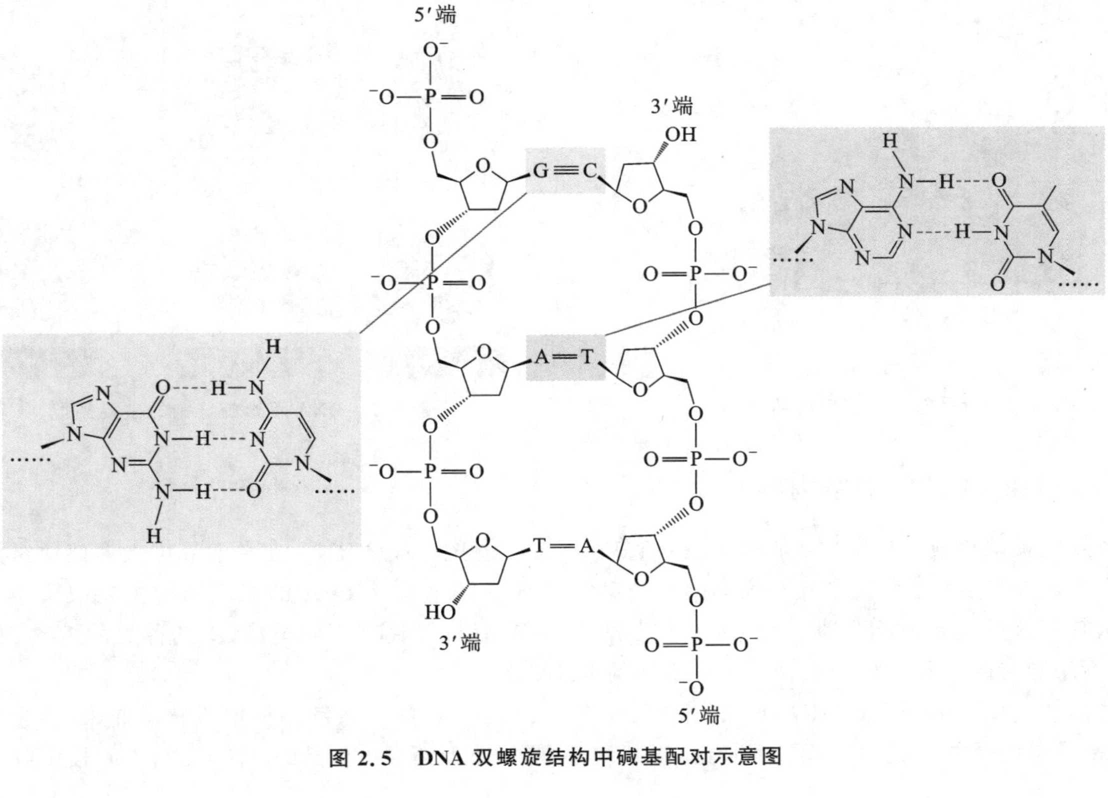

图 2.5　DNA 双螺旋结构中碱基配对示意图

(3)大沟和小沟。碱基对平面与双螺旋的螺旋轴垂直,相邻的两个碱基对平面之间的距离约为 0.34 nm,每个螺旋含有约 10.5 个碱基对,螺距约为 3.4 nm。从外观上看,DNA 双螺旋结构表面会存在凹下去的较大沟槽和较小沟槽,分别位于双螺旋的互补链之间和毗邻轨道双股之间。其中较大沟槽称为大沟(major groove),较小沟槽称为小沟(minor groove),大沟是蛋白质识别 DNA 碱基序列从而发生相互作用的基础(图 2.6)。

(4)碱基堆积力。DNA 双螺旋结构的稳定主要依靠碱基对之间的氢键和碱基平面的疏水堆积力共同维持。相邻的两个碱基对平面在旋进过程中会彼此重叠,由此产生了疏水性的碱基堆积力(base stacking interaction)。

DNA 链中有不少单键可以旋转,因此,DNA 在某些条件下会呈现不同的二级结构类型。Watson 和 Crick 提出的 DNA 双螺旋结构模型被称为 B 型 DNA(B-DNA)。这是在与细胞内相似的温度和湿度环境(相对湿度为 92%)中进行 X 射线衍射所得的分析结果,也是 DNA 在水性环境和生理条件下最稳定和最普遍的结构形式。但是在相对湿度为 75% 的条件下,DNA 钠盐会呈现出不同的右手螺旋结构,称为 A 型 DNA(A-DNA)。与 B-DNA 不同的是,A-DNA 每两个相邻碱基对平面之间的距离约为 0.23 nm,每圈螺旋含有 11 个碱基对,螺距约为 2.47 nm,比 B-DNA 的刚性更强。除此之外,1979 年,美国科学家 Rich 等将人工合成的 DNA 片段 d(CpGpCpGpCpGp)制成晶体,并进行 X 射线衍射分析,发现 DNA 大沟平坦、小沟窄深、磷酸-核糖主链形成锯齿状的左手螺旋,被称为 Z 型 DNA(Z-DNA)。后来在鼠类和多种植物的完整细胞核中也发现了这种 DNA 分子的存在。Z-DNA 中每两个相邻碱基对平面之间的距离约为 0.38 nm,每圈螺旋结构含有 12 个碱基对,螺距约为 4.56 nm(图 2.7)。

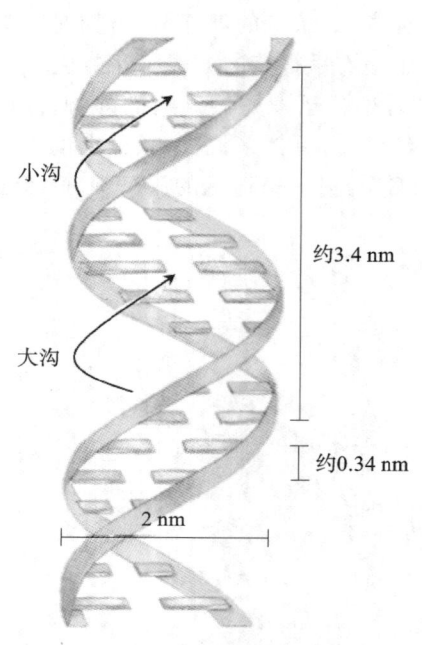

图 2.6 DNA 的反向平行双螺旋结构

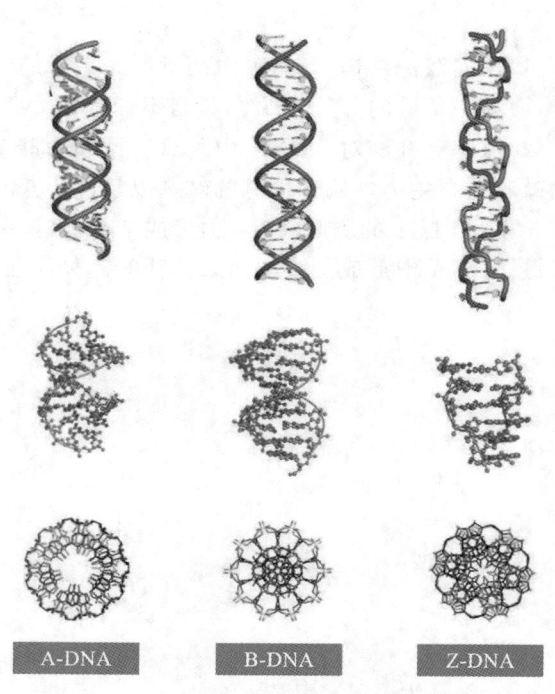

图 2.7 DNA 双螺旋结构的主要类型

2.1.4 RNA 的二级结构

RNA 的碱基组成不像 DNA 那样有 A=T 和 C≡G 的规律,因此 RNA 在自然界中大多以单链形式存在,只有少数病毒 RNA 由两条互补的多聚核苷酸链组成双链结构。RNA 的二级结构主要取决于它的碱基组成,其二级结构具有多样性。RNA 分布在细胞不同部位,并具有不同类型,不同种类的 RNA 结构和功能各不相同。以下我们将分别介绍 6 种不同的 RNA。

(1)信使 RNA(messenger RNA,mRNA)。mRNA 由 DNA 的一条链作为模板转录而来,携带的遗传信息能指导蛋白质的合成,其核酸序列对应氨基酸序列,占细胞 RNA 总量的 3%~5%。原核生物的转录和翻译在细胞的同一空间内进行,两个过程常常同时发生,因此 mRNA 不需要复杂的加工即可用于蛋白质合成。对于真核生物而言,基因中不编码的居间序列内含子(intron)和编码的外显子(exon)片段交替排列。因此真核生物在进行基因转录时,产生包含内含子和外显子且大小极不均一的转录产物,称为不均一核内 RNA(heterogeneous nuclear RNA,hnRNA)。hnRNA 需要通过剪接和加工才能变为成熟的mRNA。真核细胞 mRNA 是单顺反子(monocistron),即每种 mRNA 分子只编码一种蛋白质,只能作为一种蛋白质的翻译模板,因此真核细胞 mRNA 的种类基本上能代表蛋白质的种类。而原核细胞的 mRNA是多顺反子(polycistron),一个 mRNA 分子含有多种蛋白质编码信息,与其所编码的蛋白质种类和数目关系不大。mRNA 一般不稳定,代谢活跃,半衰期短。原核生物 mRNA 的半衰期只有 1 min 至数分钟,而真核生物 mRNA 的半衰期可达数小时至 24 h。

(2)转运 RNA(transfer RNA,tRNA)。tRNA 的主要作用是将氨基酸转运到核糖体-mRNA 复合物的相应位置,用于蛋白质合成。tRNA 在细胞中的含量相对较高,约占细胞 RNA 总量的 15%,以自由状态或与氨基酸结合成氨酰 tRNA(aminoacyl-tRNA)的状态存在。在 20 种氨基酸中,每一种都有其相应的tRNA。细胞中 tRNA 的种类很多,一种细胞内有 60~80 种 tRNA,从不同来源的细胞中能够分离出更多种类的 tRNA。tRNA 的线性序列长为 74~95 nt,常见为 76 nt。任意一种 tRNA 中均含有多种修饰碱基,其数量有时高达总碱基数目的 20%。其中胸腺嘧啶核糖核苷(T)、假尿嘧啶核苷(Ψ)、二氢尿嘧啶核苷(D)和肌苷(I)是常见的四种修饰碱基。在 tRNA 的一级结构中,约有 15 nt 是恒定的,即不变氨基酸,其他都是可变的。1965 年,Holley 等测定了酵母丙氨酸 tRNA 的结构,并提出 tRNA 的三叶草形二级结构模型(图 2.8)。氨基酸臂与 TΨC 臂形成一个连续的双螺旋区,构成"倒 L 形"立体构象中的下面短横部分二氢尿嘧啶臂与氨基酸臂和 TΨC 臂相垂直,并与反密码子臂共同构成"倒 L 形"的一竖;反密码子臂经额外环与 TΨC 臂相连接。

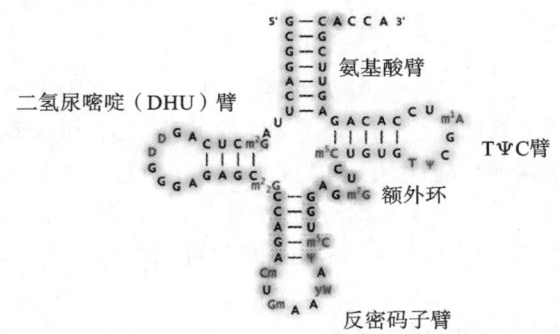

图 2.8 tRNA 的二级结构

(3)核糖体 RNA(ribosomal RNA,rRNA)。rRNA 是所有 RNA 中含量最多的一类,约占细胞 RNA总量的 80%。rRNA 在细胞内并非单独游离存在,而是与多种小分子蛋白质结合形成核糖体(ribosome)颗粒,核糖体在细胞蛋白质的生物合成以及 mRNA 前体的剪接中发挥重要作用。核糖体可分为大、小两个亚基。原核生物大亚基的沉降系数为 50S,含有 23S 和 5S 两种 rRNA;小亚基的沉降系数为 30S,含有 60S 的rRNA。而真核生物大亚基的沉降系数为 60S,含有 28S、5.8S 和 5S 三种 rRNA;小亚基的沉降系数为 40S,含有 18S 的 rRNA。rRNA 分子内部含有大量的茎-环结构,使 rRNA 具有能够折叠形成多种构象的可能性。

(4)核小 RNA(small nuclear RNA,snRNA)。真核细胞中特有的 snRNA 主要存在于细胞核、核质及核仁中,其含量约为细胞 RNA 总量的 0.1%。snRNA 是 70~300 nt 的小分子,既不是任何其他 RNA 的前体,也不是 RNA 代谢过程的中间产物。snRNA 需要与蛋白质结合在一起,形成核糖核蛋白(ribonucleoprotein,RNP)复合物。snRNA 主要参与 hnRNA 的剪接和加工,在控制细胞分裂和分化、构成染色质结构等方面有重要作用。

(5)核仁小分子 RNA(small nucleolar RNA,snoRNA)。snoRNA 广泛分布于从酵母到哺乳动物细胞的核仁区。其分子大小一般为几十到几百个核苷酸。snoRNA 主要作为 rRNA 前体加工复合物的重要成分,参与 rRNA 前体的加工。在 rRNA 前体转录过程中,snoRNA 始终与新生 rRNA 前体结合,参与 rRNA 空间构象的形成,起着分子伴侣的作用。当协助形成 rRNA 前体正确的构象后,snoRNA 在解旋酶的作用下从 rRNA 前体上分离。此外,部分 snRNA 及 tRNA 中某些核苷酸的甲基化修饰也由 snoRNA 指导完成。

(6)非编码 RNA(non-coding RNA,ncRNA)。高等生物的转录产物中,超过 97% 是不编码蛋白质、以 RNA 形式发挥作用的 ncRNA。前面提到的 rRNA、tRNA、snRNA 等均属于 ncRNA。除此之外,ncRNA 还包括长链非编码 RNA(lncRNA)、微 RNA(miRNA)、环状 RNA(circRNA)和 PIWI 相互作用 RNA (piRNA)。其中 lncRNA 长度一般为 200 nt,在表观遗传调控、转录调控和转录后调控等过程中发挥重要作用。miRNA 是植物和动物细胞中自然产生的一类长度为 20~24 nt 的单链小分子 RNA,其与靶 mRNA 转录本上 3′非翻译区(3′UTR)的互补序列配对,通过抑制这些 mRNA 的翻译来沉默基因,或导致靶 mRNA 降解。miRNA 的基因来源于染色体非编码蛋白区的一段,有自身编码的基因,位于基因间或内含子区,由长约 75 bp 的茎-环结构前体 RNA 被 Dicer 酶切割而成。circRNA 长度约为 22 nt,是一类不具有 5′末端帽子和 3′末端多聚腺苷酸尾巴(poly(A)),并以共价键形成环形结构的非编码 RNA。circRNA 可以作为 miRNA 的海绵体(结合 miRNA,竞争性抑制 miRNA 与靶标结合,从而抑制 miRNA 活性)、转录调节剂及与 RNA 结合蛋白的结合靶点,在多种生物学过程中发挥重要功能。piRNA 是一类长度为 24~31 nt 的小分子 ncRNA,能够与 Argonaute 家族的 Piwi 蛋白形成复合物,主要存在于生殖细胞和干细胞中,参与调控基因沉默途径。

2.2　核酸的理化性质与功能

2.2.1　核酸的理化性质

(1)核酸为白色固体,微溶于水,不溶于一般有机溶剂,所以常用乙醇和异丙醇从溶液中沉淀核酸。

(2)核酸既含有呈酸性的磷酸基团,又含有呈弱碱性的碱基,故核酸为两性电解质。因核酸中磷酸基团酸性较强,在正常条件下通常表现为酸性,电泳时核酸分子由负极向正极移动。

(3)核酸中的嘌呤环和嘧啶环具有共轭双键结构,使碱基、核苷、核苷酸和核酸在 240~290 nm 的紫外波段有强烈的吸收,其最高吸收峰在波长 260 nm 处,因此可以根据紫外吸收这一特性对核酸进行浓度测定。

(4)由于核酸是两性电解质,故可以用酸、碱和酶进行水解。核酸分子内的糖苷键和磷酸二酯键对酸的敏感性不同:糖苷键高于磷酸二酯键,而嘌呤糖苷键高于嘧啶糖苷键。RNA 的磷酸二酯键对碱异常敏感,可以被稀碱水解生成 2′-或 3′-核苷酸的混合物;而 DNA 对碱不敏感,不能被稀碱水解,因此作为遗传物质更稳定。核酸水解酶根据水解部位不同可以分为核酸内切酶(endonuclease)和核酸外切酶(exonuclease),核酸内切酶在核酸链内部进行水解,而核酸外切酶在核酸链末端进行水解。

(5)核酸在受到加热、极端 pH、离子强度变化或特殊化学试剂的作用时,其双螺旋空间结构被破坏,形成单链的过程称为核酸的变性(denaturation)。加热使 DNA 变性后,其在波长 260 nm 处的紫外吸收值明显增加,这一现象称为增色效应(hyperchromic effect)。同时变性后的 DNA 黏度降低,浮力密度升高,生物活性部分或全部丧失。双链 DNA 热变性是在很窄的温度范围内发生的,类似于晶体在熔点时突然熔化,因此将 DNA 变性过程中紫外吸收达到最大值一半时的温度称为 DNA 的熔解温度(melting temperature,T_m),即当 DNA 双螺旋解开一半链时的温度。T_m 值受到 DNA 均一性、G-C 碱基对含量、介质中的离子强度和特殊的化学试剂等多种因素的影响。DNA 的 T_m 值一般为 82~95 ℃。RNA 分子只有局部的双螺旋区,其变性参数没有 DNA 明显,变性曲线较为平缓,T_m 值较低。

(6)核酸变性在一定条件下是可逆的。变性核酸的互补链在适当条件下重新恢复成螺旋结构的过程称为复性(renaturation)。变性核酸复性时需缓慢冷却,故又称为退火(annealing)。复性后,DNA 在波长

260 nm 处的紫外吸收值降低,这种现象称为减色效应(hypochromic effect)。同时核酸的其他性质也恢复至变性前的状态。

2.2.2 核酸的功能

(1)储存遗传信息。DNA 作为遗传物质的载体,在细胞分裂和繁殖的过程中,能够确保遗传稳定性和连续性。当细胞复制时,DNA 中的遗传信息可以通过碱基配对方式传递给子代细胞。

(2)传递遗传信息。RNA 作为 DNA 的转录产物,能够通过核糖体进行翻译合成蛋白质发挥相应功能。RNA 中的 mRNA 将 DNA 上的遗传信息运送到核糖体,tRNA 将氨基酸转运到核糖体,而 rRNA 是核糖体的主要构成部分。

(3)控制遗传信息的表达。DNA 序列中含有许多启动子和基因调控元件,它们能够通过结合转录因子调控基因表达。ncRNA 在细菌、真菌、动物和植物等许多生物体的 DNA 复制、转录、翻译中均有一定的调控作用,还与细胞内或细胞间一些物质的运输和定位有关。

2.3 核酸的修饰

核酸的表观遗传修饰是细胞内一种重要的生物化学过程,是指在 DNA 或 RNA 碱基上引入额外的化学基团的修饰方式,它不改变基因序列的排列方式,但可以影响遗传信息的传递,为基因表达增加了一个关键的调控层面。DNA 主要发生甲基化修饰,而 RNA 修饰的数量和化学多样性更多,这些修饰能够调节核酸的多种生物学功能,进而影响细胞生命过程的运作和调控。同时,核酸修饰在肿瘤、神经系统疾病、免疫性疾病等多种疾病的诊断和治疗中发挥作用。因此,研究核酸的修饰对于理解生命过程和开发新的治疗方法具有重要意义。

2.3.1 DNA 修饰

DNA 甲基化(DNA methylation)是 DNA 的主要修饰类型,它是由 DNA 甲基转移酶(DNA methyltransferase,DNMT)催化,以 S-腺苷甲硫氨酸(S-adenosylmethionine,SAM)作为甲基供体,在 DNA 的特定碱基上以共价键结合的方式添加甲基的化学修饰过程。DNA 甲基化修饰可以发生在胞嘧啶的 C-5 位(5mC)、腺嘌呤的 N-6 位(6mA)和鸟嘌呤的 G-7 位(7mG)等位点。其中,在基因组的 CpG 二核苷酸胞嘧啶上第 5 位碳原子的甲基化(图 2.9)即形成 5mC,是植物、动物等真核生物 DNA 甲基化的主要形式。大量研究表明,DNA 甲基化能引起染色质结构、DNA 构象、DNA 稳定性及 DNA 与蛋白质相互作用方式的改变,从而调控基因表达。

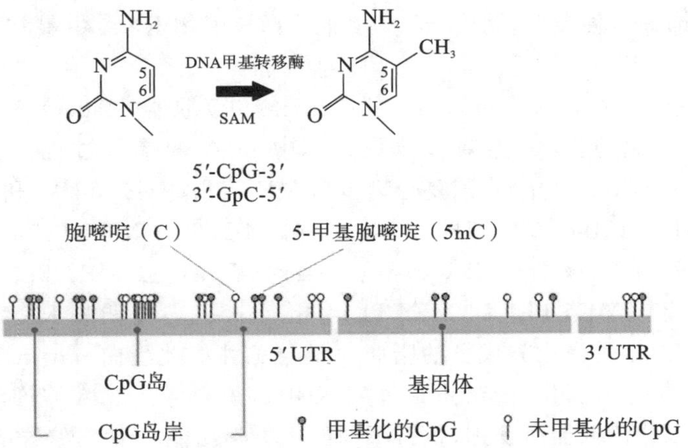

图 2.9 DNA 甲基化修饰

脊椎动物中 DNA 甲基化修饰主要发生在富含 GC 的区域,也被称为 CpG 岛(CpG island),CpG 二核苷酸胞嘧啶第 5 位碳原子在 DNA 甲基转移酶的催化下被加上甲基(—CH₃),从而发生 5mC 修饰。DNA 甲基转移酶分为两类,即维持 DNA 甲基转移酶和从头 DNA 甲基转移酶(图 2.10)。维持 DNA 甲基转移酶包括 DNMT1,可以作用于仅有一条链甲基化的 DNA 双链,使其完全甲基化,可参与 DNA 复制双链中新合成链的 DNA 甲基化。而从头 DNA 甲基转移酶主要包括 DNMT3A 和 DNMT3B,它们可以直接甲基化 CpG,使其半甲基化,继而全甲基化。

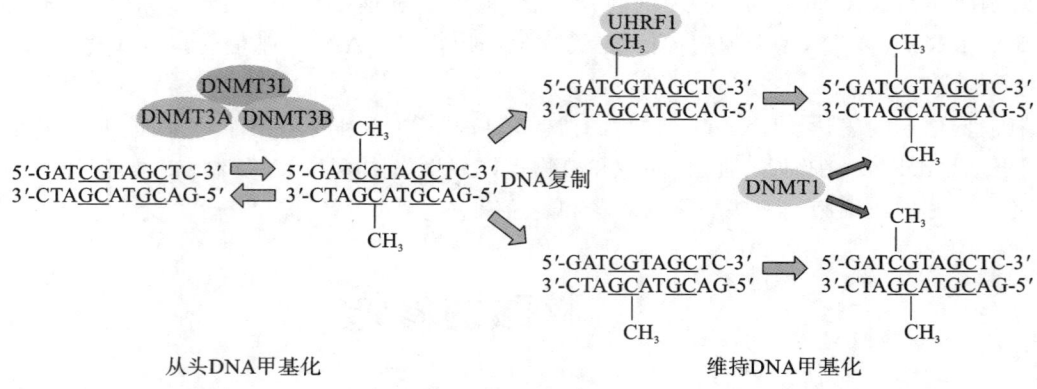

图 2.10　DNA 甲基化类型

甲基化的 DNA 也可以发生去甲基化。DNA 去甲基化分为主动和被动两种途径。被动途径与 DNA 半保留复制紧密相关,DNMT1 负责维持细胞的 DNA 甲基化水平,当其表达受阻或功能发生异常时,会使得新合成的 DNA 子链无法进行甲基化修饰,进而降低细胞分裂后整体的 DNA 甲基化水平。主动途径由 DNA 去甲基化酶催化完成,哺乳动物中的双加氧酶 TET(ten-eleven translocation)蛋白可以主动使 DNA 去甲基化,5mC 经过 TET 作用转化为 5-羟甲基胞嘧啶(5hmC)。此外,一些甲基化 CpG 结合蛋白(如 MBD2 等)也具有去甲基化酶活性。

除了 5mC 修饰外,近年来,随着对 DNA 修饰研究的不断深入,研究人员发现了多种其他类型的 DNA 修饰。例如,在拟南芥、水稻、玉米、人类和小鼠的 DNA 上发生 N4-乙酰化修饰(4acC),这种修饰在生物体中的作用有待进一步探究。

2.3.2　RNA 修饰

相比于 DNA,RNA 修饰的种类和数量更丰富。RNA 甲基化(RNA methylation)是指 RNA 分子在 RNA 甲基转移酶的催化下,将甲基供体中的甲基转移至 RNA 碱基上的过程,其是真核生物 RNA 中研究较多的修饰之一。RNA 甲基化包括 6-甲基腺苷(m^6A)修饰、1-甲基腺苷(m^1A)修饰、5-甲基胞苷(m^5C)修饰、7-甲基鸟苷(m^7G)修饰等多种类型,其中 m^6A 修饰是真核生物 RNA 中最常见的一种修饰,广泛存在于多个物种中。

RNA 的 m^6A 修饰受到写入器(writer)、擦除器(eraser)和读取器(reader)三种核心调控因子的严格调控,它们分别介导 m^6A 修饰的掺入、擦除和读取。其中 m^6A 的掺入过程主要由甲基转移酶复合物(methyltransferase complex,MTC)介导,该复合物包括 METTL3、METTL14 和 WTAP 以及其他相关蛋白(如 KIAA14295、RBM15/15B6 和 ZC3H137 等)。在 METTL3-METTL14 甲基转移酶复合物中,METTL3 为催化亚基,METTL14 提供 RNA 结合支架,激活并增强 METTL3 的催化活性。WTAP 本身虽然没有催化活性,但能与 METTL3 和 METTL14 相互作用,参与调节 RNA 转录的 m^6A 修饰水平。m^6A 修饰的擦除主要由 AlkB 蛋白家族成员的脂肪含量与肥胖相关蛋白(fat mass and obesity-associated protein,FTO)和 AlkB 同源物 5(AlkB homolog 5,ALKBH5)所介导。m^6A 修饰水平除了受写入器和擦除器动态调控之外,还会被多种读取器所识别,执行不同的生物学功能。m^6A 修饰的读取器包括以下多种类型。①五个 YTH 结构域蛋白家族成员(YTHDC1/2 和 YTHDF1/2/3 等)。其中,YTHDF1 和 YTHDF3

通过与起始因子及核糖体的相互作用促进蛋白质翻译，YTHDF2 和 YTHDC2 可以导致 mRNA 降解，YTHDC1 与 mRNA 剪切及出核过程有关。②真核起始因子(eIF3)：不仅可以识别蛋白质，还可以直接结合到 mRNA 5′UTR 端的 m^6A 位点，参与翻译起始过程。③异质核糖核蛋白 A2/B1(HNRNPA2/B1)和 C(HNRNPC)：其中 HNRNPC 介导 mRNA 前体的选择性剪接；HNRNPA2/B1 则促进初级 miRNA(pri-miRNA)加工为前体 miRNA(pre-miRNA)。④胰岛素生长因子 2 mRNA 结合蛋白家族成员(IGF2BP1/2/3)：可以提高翻译的稳定性。

RNA 的假尿嘧啶化(pseudouridylation,ψ)和 2′-O-甲基化(Nm)也是 RNA 的常见修饰类型。假尿嘧啶化修饰由假尿嘧啶合成酶(pseudouridine synthase,PUS)催化，改变尿嘧啶核苷酸(U)的化学结构，形成假尿嘧啶核苷酸。RNA 假尿嘧啶化修饰可以改变密码子，使不能编码氨基酸的密码子转变为可编码氨基酸的密码子，并提高转录本的稳定性。

近年来，一些新的 RNA 修饰类型也被相继鉴定出来(表 2.1)。RNA 的 N4-乙酰胞苷(ac^4C)修饰由乙酰转移酶 NAT10 催化，影响翻译过程中与同源 tRNA 的相互作用，从而提高底物的翻译效率。RNA 的糖基化修饰(glycoRNA)，糖基化的核酸可以定位在细胞膜上，在免疫信号转导中发挥作用。而 tRNA 分子内部的磷酸化修饰可以提高其稳定性，提高 tRNA 的熔点。

表 2.1 RNA 修饰类型

修饰类型	写入器	擦除器	读取器
m^6A	METTL3/14/16、WTAP、VIRMA、ZC3H13、RBM15/15B6、HAKAI	FTO、ALKBH5	YTHDC1/2、YTHDF1/2/3、IGF2BP1/2/3、Prrc2a、HNRNPA2/B1、HNRNPC、FMR1、SRSF2、HuR、LRPPRC、eIF3a/b/c/d/g/h/l
m^5C	NSUN1/2/3/4/5/6/7、DNMT1/2/3A/3B、TRDMT1	TET1/2/3	YTHDC1/2、YTHDF1/2/3
m^1A	TRMT6/61A/61B/10C、NML	ALKBH1/3	YTHDC1/2、YTHDF1/2/3
m^7G	METTL1、WDR4、RNMT-RAM、WBSCR22	—	—
ac^4C	NAT10	—	—
2′-O-甲基化	FTSJ1/3、FBL、CMTR1	—	—
ψ	PUS7/10	—	MetRS、Prp5

2.4 氨 基 酸

2.4.1 氨基酸的结构

氨基酸是构成蛋白质的基石，它们都拥有一个核心的 α-碳原子，该原子连接着四个不同的化学基团：一个氨基($-NH_2$)、一个羧基($-COOH$)、一个氢原子($-H$)以及一个特定的侧链($-R$)(图 2.11)。正是这个侧链的多样性赋予氨基酸不同的化学特性，进而决定蛋白质的多样性和复杂性。氨基酸通过肽键($-CO-NH-$)相互连接，形成肽链，这些肽链随后可以折叠成具有特定三维结构和生物学功能的蛋白质。氨基酸分子的另一个关键特性是手性，即分子与其镜像分子不能重叠。手性主要出现在 α-碳原子上，当 α-碳原子连接着四个不同的原子或原子团时，就形成了手性中心。在自然界中，构成天然蛋白质的氨基酸大多是 L-氨基酸，它们在空间结构上与 L-甘油醛的构型相同，而与 D-甘油醛的构型不同。这种手性对

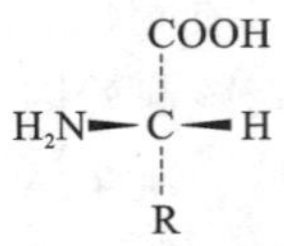

$$
\begin{array}{c}
\text{COOH} \\
| \\
\text{H}_2\text{N} — \text{C} — \text{H} \\
| \\
\text{R}
\end{array}
$$

图 2.11　L-氨基酸的一般结构

于蛋白质的结构和功能至关重要,因为蛋白质的精确功能在很大程度上依赖于其特定的立体化学结构。这种立体化学特性使得蛋白质能够准确地与其他分子相互作用,执行其生物学功能,包括酶催化反应、信号传递、免疫反应等。因此,氨基酸的手性不仅是蛋白质结构的基础,也是蛋白质功能的关键。

2.4.2　带电的侧链

在 pH 等于 7 的中性环境下,氨基酸侧链的离子化状态对于蛋白质的结构和功能至关重要。酸性氨基酸,如天冬氨酸(Asp,D)和谷氨酸(Glu,E)的侧链具有额外的羧基,通常在生理 pH 下被离子化,带负电荷。碱性氨基酸,如赖氨酸(Lys,K)和精氨酸(Arg,R)的侧链分别带有亚氨基和胍基,这些基团在生理 pH 下通常发生质子化,带正电荷。组氨酸(His,H)侧链上的咪唑基团 pK_a 值接近中性,这意味着在生理 pH 下,咪唑基团可以可逆地进行质子化或去质子化。这种特性使得组氨酸的咪唑基团在许多酶的催化机制中发挥关键作用,如通过质子转移参与底物的活化或稳定反应过程中的过渡态(图 2.12)。此外,酸性和碱性氨基酸的侧链可以在蛋白质内部形成重要的盐桥,盐桥即带正电荷的碱性氨基酸侧链与带负电荷的酸性氨基酸侧链之间形成的离子键。这些盐桥对于维持蛋白质的三维结构,特别是在稳定 α-螺旋和 β-折叠等二级结构中起着关键作用。同时,盐桥还可以调节蛋白质的溶解度和稳定性,在蛋白质的折叠、组装和功能发挥中有重要作用。

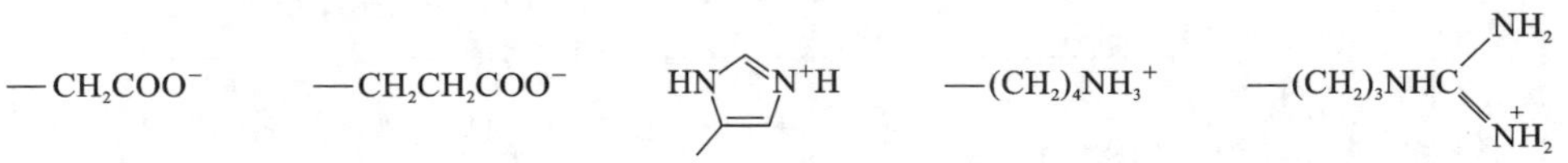

$$—\text{CH}_2\text{COO}^- \qquad —\text{CH}_2\text{CH}_2\text{COO}^- \qquad \qquad —(\text{CH}_2)_4\text{NH}_3^+ \qquad —(\text{CH}_2)_3\text{NHC}$$

天冬氨酸(Asp,D)　谷氨酸(Glu,E)　组氨酸(His,H)　赖氨酸(Lys,K)　精氨酸(Arg,R)

图 2.12　几种氨基酸的带电侧链结构

2.4.3　不带电的极性侧链

有些氨基酸含有不带电的极性侧链,如丝氨酸(Ser,S)和苏氨酸(Thr,T),它们的侧链含有羟基(—OH)。这种基团可以与水分子形成氢键,提高这些氨基酸在水中的溶解性,因此通常被称为亲水性氨基酸。除了这些不带电的氨基酸外,亲水性氨基酸还包括带电的氨基酸,它们侧链上的电荷使得它们也能与水分子或其他极性分子产生强烈的相互作用。天冬酰胺(Asn,N)和谷氨酰胺(Gln,Q)是天冬氨酸和谷氨酸的酰胺衍生物,它们通过移除一个羧基(—COOH)并添加一个氨基(—NH$_2$)形成。尽管它们失去了一个羧基,但仍然保留了一个可形成氢键的极性侧链,因此也属于亲水性氨基酸。半胱氨酸(Cys,C)是另一种独特的亲水性氨基酸,其侧链含有一个硫醇基(—SH),也称为巯基。这个巯基特别容易发生氧化反应,当两个半胱氨酸分子的巯基相互接近时,可以氧化形成稳定的二硫键(—S—S—),这种键对于蛋白质三维结构的形成和稳定性至关重要(图 2.13)。二硫键不仅提高了蛋白质的结构稳定性,还可能参与调节蛋白质的功能。当半胱氨酸的巯基被氧化后,它们可以形成胱氨酸,胱氨酸含有两个硫原子通过二硫键连接形成的结构。

$$—\text{CH}_2\text{OH} \qquad —\text{CH(OH)CH}_3 \qquad —\text{CH}_2\text{CONH}_2 \qquad —\text{CH}_2\text{CH}_2\text{CONH}_2 \qquad —\text{CH}_2\text{SH}$$

丝氨酸(Ser,S)　苏氨酸(Thr,T)　天冬酰胺(Asn,N)　谷氨酰胺(Gln,Q)　半胱氨酸(Cys,C)

图 2.13　几种氨基酸的不带电极性侧链结构

2.4.4 非极性脂肪烃侧链

甘氨酸（Gly，G）是最简单的氨基酸，其侧链上只有一个氢原子，因此它不会产生手性中心，没有光学活性，不会形成立体异构体。这种简单的结构使得甘氨酸在蛋白质中非常灵活，能够适应各种不同的构象，有助于蛋白质的折叠和功能发挥。脯氨酸（Pro，P）是一种亚氨基酸，其侧链是一个刚性的四元环结构，这使得脯氨酸在蛋白质中占据独特的空间位置，并且能够诱导蛋白质链发生弯曲或扭转，对蛋白质三维结构的形成和稳定性起着重要作用。丙氨酸（Ala，A）、缬氨酸（Val，V）、亮氨酸（Leu，L）和异亮氨酸（Ile，I）都是疏水性氨基酸，它们的侧链上带有疏水性烷基（图 2.14）。在蛋白质结构中，这些疏水性侧链倾向于相互聚集，形成疏水核，从而促进蛋白质的折叠和稳定。疏水相互作用是维持蛋白质结构稳定的关键力量之一，因为它们有助于将疏水残基从水环境中隔离，减少其与水分子的接触，从而降低蛋白质在水中的自由能。甲硫氨酸（Met，M）是一种含有硫原子的疏水性氨基酸，其侧链上有一个以硫酯键相连的硫原子。这个硫原子的存在为甲硫氨酸提供了独特的化学性质，使其能够在蛋白质中参与特定的相互作用，如二硫键的形成，这对于蛋白质的结构和功能至关重要。

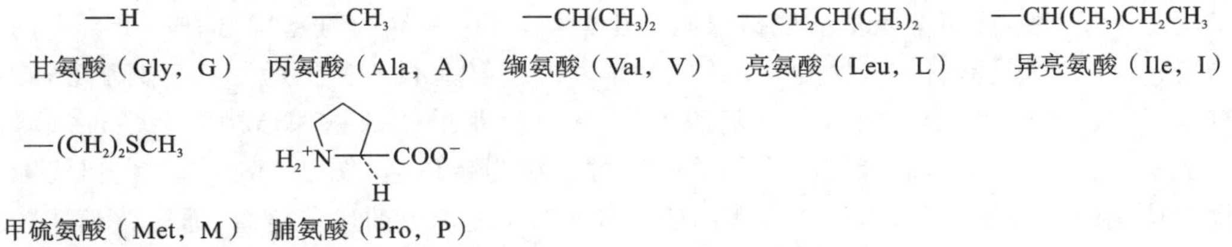

图 2.14 几种氨基酸的非极性脂肪烃侧链结构

2.4.5 芳香环侧链

苯丙氨酸（Phe，F）、酪氨酸（Tyr，Y）和色氨酸（Trp，W）是三种具有较大疏水侧链的氨基酸，它们通常参与疏水相互作用，有助于蛋白质的稳定和折叠。这三种氨基酸的侧链都含有芳香环结构，这不仅赋予了它们疏水性，还使得它们在紫外光谱中具有特征性的吸收峰。特别是在 280 nm 波长处，这些芳香环的吸收达到最大值，这一特性在蛋白质的紫外光谱分析中非常重要，常被用于测定蛋白质的浓度和纯度（图 2.15）。酪氨酸除了具有芳香环外，其侧链上还有一个酚羟基，这个羟基可以形成氢键，增加了酪氨酸在蛋白质中的功能。氢键的形成可以影响蛋白质的三维结构，有助于稳定蛋白质的二级和三级结构。此外，酪氨酸还可以通过氧化反应参与形成肽键，如在胶原蛋白中形成的交联结构。色氨酸的侧链中也含有一个芳香环，但它的侧链上有一个吲哚环，这使得色氨酸在蛋白质中具有独特的化学性质和反应性。色氨酸可以参与多种生物学过程，包括作为某些神经递质和激素的前体。苯丙氨酸的苯环结构使其在疏水环境中保持稳定，它在蛋白质的疏水核心中发挥重要作用，有助于维持蛋白质的结构稳定。

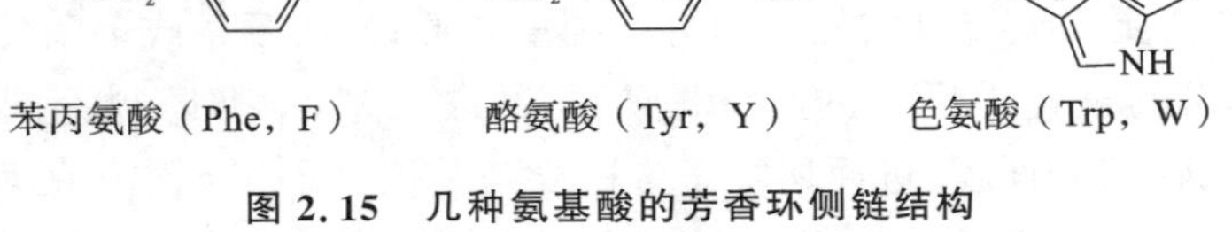

图 2.15 几种氨基酸的芳香环侧链结构

2.5 蛋白质的结构与功能

2.5.1 蛋白质的结构

2.5.1.1 一级结构

在生物化学领域,蛋白质的一级结构具有极其重要的地位,它指的是蛋白质分子中氨基酸残基的线性排列顺序,这一顺序是由生物体的遗传信息所编码的。每个蛋白质分子都由特定的氨基酸序列构成,这些氨基酸通过肽键连接,形成一条连续的肽链。肽键的形成是脱水缩合反应的结果,即一个氨基酸的羧基(—COOH)与另一个氨基酸的氨基(—NH₂)反应,生成肽键(—CO—NH—)的同时,释放出一个水分子。一级结构是蛋白质高级结构和功能的基础。虽然它并不直接体现蛋白质的空间构象,但一级结构中的每一个氨基酸残基都对蛋白质的最终三维结构和生物学功能具有决定性作用。蛋白质的一级结构决定了其折叠路径,从而影响其二级、三级乃至四级结构的形成。

二肽是由一个肽键连接两个氨基酸残基组成的化合物,其中一端的氨基酸含有一个自由的氨基,称为N端氨基酸,另一端的氨基酸含有一个自由的羧基,称为C端氨基酸。多肽是由多个氨基酸通过肽键连接形成的长链分子,其长度从三个到数百个氨基酸不等,根据氨基酸的数量和结构复杂性,多肽可以进一步分为小分子多肽和大分子多肽,后者在生物化学中通常被称为蛋白质(图2.16)。蛋白质是具有复杂三维结构和生物学功能的大分子多肽,其合成过程始于信使RNA上携带的遗传信息,通过核糖体的翻译机制,逐步形成具有特定序列和功能的多肽链。

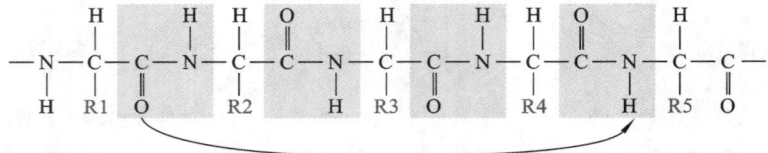

图 2.16 一条多肽链的部分一级结构图
方框中为肽键,在 α 螺旋中,第 n 个氨基酸残基的 C=O 基团与第 $n+4$ 个氨基酸残基的 N—H 基团以氢键相连(箭头所示)

2.5.1.2 二级结构

蛋白质的二级结构指蛋白质分子中局部氨基酸残基通过氢键形成的特定空间排列模式,主要包括紧凑的 α-螺旋、扩展的 β-折叠、允许多肽链转向的 β-转角、小型的 Ω-环以及无特定结构的无规则卷曲,这些结构单元共同构成了蛋白质的三维框架,并对其功能和稳定性起着关键作用(图2.17)。α-螺旋是蛋白质分子中的一种常见二级结构,它由氨基酸残基通过氢键连接形成稳定的螺旋状结构。在 α-螺旋中,每个氨基酸残基的氨基与其后第四个氨基酸残基的羧基之间形成氢键,这种氢键模式维持螺旋的紧密和稳定。多肽链骨架形成一个每周约3.6个氨基酸的右手螺旋,即从螺旋底部向上看时,螺旋呈顺时针方向旋转。这种螺旋结构不仅为蛋白质提供了结构上的稳定性,而且由于其内部为疏水环境,有助于蛋白质在细胞膜中定位和发挥功能。β-折叠是蛋白质二级结构中的另一种重要形式,由两条或多条多肽链平行或反平行排列组成。在 β-折叠结构中,氢键在链内形成,连接相邻的氨基酸残基,而非跨越不同的多肽链。这种结构使得蛋白质链具有较大的刚性和表面积,进而增加了蛋白质与其他分子相互作用的可能性。β-折叠可以是平行的,其中所有多肽链的氨基端(N-末端)在同一侧;也可以是反平行的,其中相邻链的氨基端分别位于相反侧。β-折叠在蛋白质的稳定性和功能发挥中扮演着关键角色,广泛参与蛋白质的多种生物学过程,包括蛋白质的结构支撑、酶活性中心的构成和分子识别机制。

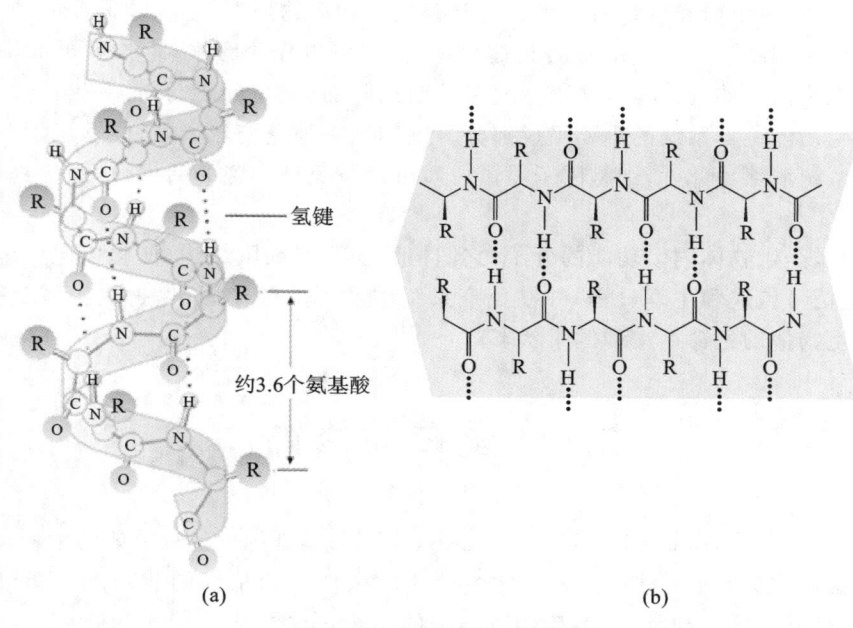

图 2.17　蛋白质的二级结构

(a)α-螺旋。(b)β-折叠

2.5.1.3　三级结构

蛋白质的三级结构是指其氨基酸序列在一维线性排列的基础上,通过疏水作用、氢键、二硫键、离子键和范德华力等多种非共价相互作用力,自发折叠形成的特定且复杂的三维空间构象。这种结构不仅决定了蛋白质的生物学功能,还影响其稳定性和溶解性。在三级结构中,疏水性氨基酸残基倾向于隐藏在分子内部,极性氨基酸残基多暴露于分子表面,这种分布模式有助于蛋白质在水环境中的溶解性和与其他分子的相互作用。三级结构的形成是一个动态过程,涉及局部二级结构的稳定、远距离残基间的相互作用以及分子伴侣的辅助折叠作用,最终形成具有特定生物学活性的蛋白质构象。此外,三级结构的微小变化,如由突变引起的结构微调,都可能导致蛋白质功能的丧失或异常,进而与多种疾病有关。因此,蛋白质三级结构的研究对于理解其生物学作用、指导药物设计和疾病治疗具有极其重要的意义。

2.5.1.4　四级结构

蛋白质的四级结构是指由两个或多个已经折叠成特定三级结构的多肽链(亚基)通过非共价键相互作用形成多聚体蛋白质。这些亚基的结构可以相同或相似,也可以不同,它们通过疏水作用、氢键、离子键和范德华力等相互作用力相互结合,共同构建稳定的多亚基结构。四级结构不仅增强了蛋白质的复杂性,还扩展了其生物学功能。在四级结构中,亚基间的相互作用对于维持蛋白质的整体结构和功能至关重要,这些相互作用可以影响蛋白质的稳定性、催化活性和调节特性。此外,四级结构的形成和解离过程在许多生物学过程中发挥着关键作用,如酶的激活、信号转导和分子识别等。因此,深入解析蛋白质的四级结构对于揭示其生物学功能和调控机制具有重要意义。

2.5.2　蛋白质的功能

蛋白质是生物体内重要的分子之一,它们在细胞的结构和功能中扮演着多种角色。①结构与运动功能。蛋白质是细胞和生物体结构的基础成分,它们形成细胞骨架,维持细胞形状和组织结构。在肌肉组织中,肌动蛋白和肌球蛋白等蛋白质通过相互滑动产生力量,实现肌肉收缩和生物体的运动。②催化与代谢功能。酶是一类特殊的蛋白质,能够显著降低化学反应所需的活化能,加速生物体内的代谢过程。这些酶参与从消化食物到合成生物分子的多种生化反应,是生命活动不可或缺的催化剂。③运输与储存功能。蛋白质在细胞内外物质运输中发挥重要作用,例如血红蛋白负责在血液中运输氧气,脂蛋白参与脂肪的运输。此外,某些蛋白质如白蛋白和铁蛋白在细胞内储存能量和矿物质,供生物体需要时使用。④信号传递与调节功能。蛋白质在细胞信号传递中扮演关键角色,它们可以作为激素、生长因子或细胞表面受体,参与细胞间的通信和细胞内部的调控。这些信号通路控制细胞的生长、分化、凋亡等生命过程。⑤免疫与防御功能。蛋白质是生物体免疫系统的重要组成部分。抗体是一种免疫球蛋白,能够识别并结合特定抗原,标记病原体供免疫系统清除。此外,细胞因子等蛋白质可调节免疫细胞的活性,增强生物体对病原体的防御能力。

总而言之,蛋白质是生物体内多功能的分子,它们构建和维持细胞结构,催化代谢反应,参与物质的运输与储存,调节细胞信号传递和生理过程,并在免疫系统中发挥关键作用,保护生物体免受外来侵害。这些功能共同维系着生物体的生命活动和健康状态。

2.6　蛋白质修饰

蛋白质翻译后修饰(post-translational modification,PTM)是细胞内一种重要的生物化学过程,它通过在蛋白质合成后对蛋白质进行化学加工,来增加蛋白质的多样性和精细调节功能。其包括磷酸化、泛素化、甲基化、乙酰化、糖基化等多种类型,参与调节细胞的生长、分裂、信号传递和凋亡等过程,对细胞的正常活动至关重要。同时,蛋白质翻译后修饰的异常也与许多疾病的发生、发展有关,包括癌症、糖尿病和神经退行性疾病等。因此,研究这些蛋白质修饰对于理解生命过程和开发新型治疗方法具有重要意义。

2.6.1　蛋白质磷酸化

蛋白质磷酸化是细胞内广泛存在的一种关键生物化学修饰过程,它通过磷酸化酶的催化作用,将磷酸基团连接到蛋白质的特定氨基酸残基上,这些氨基酸包括苏氨酸、酪氨酸和丝氨酸。这种修饰对细胞的多种生理功能至关重要,包括酶的催化活性调节、细胞信号转导、细胞周期的控制、细胞骨架的动态变化以及基因表达的调控。磷酸化过程在细胞信号转导中扮演着核心角色,它可以激活或抑制信号分子,从而影响细胞的行为和反应。在细胞周期调控中,磷酸化修饰可以激活或抑制细胞周期蛋白的活性,控制细胞周期的各个阶段,确保细胞分裂的有序进行。此外,磷酸化还能调节细胞骨架蛋白的结构和功能,影响细胞的形态和运动,这对于细胞的迁移和组织的发育至关重要。蛋白质磷酸化也是一个高度动态的过程,磷酸化和去磷酸化之间的平衡由磷酸化酶(磷酸激酶)和磷酸酶共同维持(图2.18)。这种平衡的失调可能导致多种疾病的发生,如癌症中的信号通路异常激活、糖尿病中的胰岛素抵抗等。因此,蛋白质磷酸化的深入研究对于理解疾病的分子机制具有重要意义。

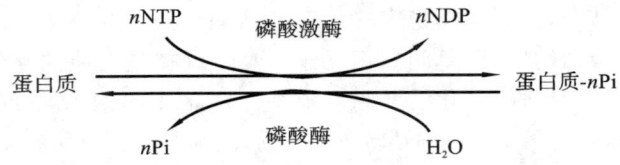

图 2.18　磷酸激酶和磷酸酶共同维持蛋白质磷酸化和去磷酸化的平衡

为了深入研究蛋白质磷酸化的奥秘,科学家们开发了多种技术,包括质谱分析、蛋白质组学和生物信息学等。质谱分析可以精确鉴定磷酸化位点,并对磷酸化水平进行定量分析。蛋白质组学允许研究者在全局水平系统地了解细胞中蛋白质磷酸化的动态变化。生物信息学则通过计算方法预测可能的磷酸化位点,为实验研究提供指导。尽管蛋白质磷酸化的研究取得了显著进展,但这一领域仍面临着许多挑战。磷酸化位点的多样性和磷酸化状态的动态变化使得精确研究蛋白质磷酸化仍然是一个技术难题。此外,蛋白质磷酸化构成了一个复杂的调控网络,不同磷酸化事件之间存在精细的调控和交叉对话,这增加了研究的复杂性。总之,蛋白质磷酸化是一个高度复杂且精细调控的生物化学过程,它在细胞生命活动中起着至关重要的作用。深入理解这一过程对于揭示生命活动的分子机制、疾病的发生和发展以及开发新的治疗方法都具有重要意义。尽管面临诸多挑战,但随着科学技术的不断进步,我们对蛋白质磷酸化的认识将不断深入,为人类健康做出更大的贡献。

2.6.2 蛋白质泛素化

蛋白质泛素化是真核细胞中一种关键的蛋白质翻译修饰机制,它在调控蛋白质稳定性、细胞信号转导、细胞分裂、DNA 修复和基因表达等方面发挥着至关重要的作用。这一过程涉及三个连续的酶促反应:首先,泛素激活酶(E1)激活泛素分子,形成泛素-E1 硫酯中间体;接着,泛素被转移到泛素结合酶(E2)上;最后,泛素连接酶(E3)识别特定的底物蛋白,催化泛素链的形成。这些泛素链可以是单个泛素分子,也可以是多个泛素分子通过其内部的赖氨酸残基连接而成的链状结构(图 2.19)。

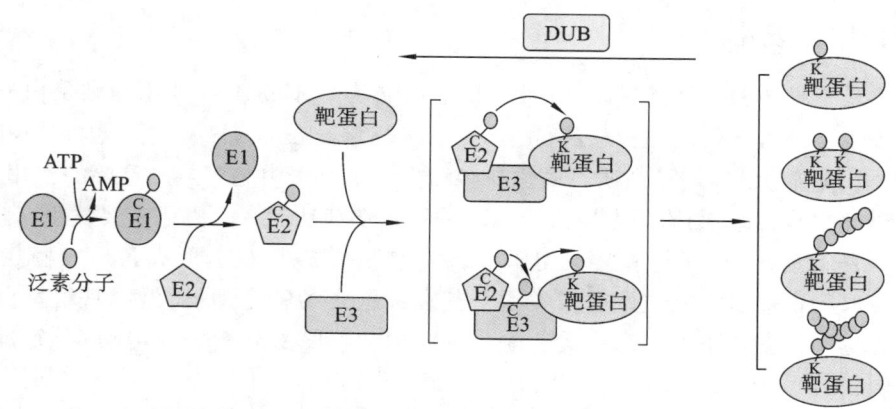

图 2.19 蛋白质泛素化过程涉及三个连续的酶促反应

蛋白质泛素化的主要功能之一是标记需要被降解的蛋白质,以确保细胞内环境稳定。在细胞内,多泛素化链通常作为蛋白质降解的信号,将蛋白质靶向到 26S 蛋白酶体进行降解。此外,泛素化还参与细胞的信号转导过程,泛素化修饰可以改变蛋白质的活性、稳定性或与其他蛋白质的相互作用。在 DNA 修复过程中,泛素化有助于调控 DNA 修复蛋白的定位和活性,从而保护细胞免受 DNA 损伤的威胁。在细胞周期控制中,泛素化参与调节关键的细胞周期蛋白,确保细胞分裂正常进行。泛素化还涉及转录因子的调控,影响基因的表达模式。

蛋白质泛素化过程的精确性和特异性是通过多种机制来实现的,包括去泛素化酶(DUB)的去泛素化作用及 E3 对特定底物蛋白的识别。去泛素化酶可以去除蛋白质上的泛素化修饰,逆转泛素化过程,为细胞提供了一种精细调节泛素化水平的手段。而 E3 的底物特异性识别则确保了只有正确的底物蛋白被泛素化修饰。

蛋白质泛素化在细胞生理和病理过程中扮演着核心角色,其异常可能导致多种疾病的发生,包括癌症、神经退行性疾病和免疫性疾病等。因此,深入研究泛素化及其调控机制对于理解这些疾病的发病机制和开发新的治疗方法具有重要的科学和临床意义。通过探索泛素化在不同生物学过程中的作用,科学家们可以更好地揭示细胞内复杂的调控网络,为未来的医学研究和治疗策略提供宝贵的信息。

2.6.3 蛋白质甲基化

蛋白质甲基化是一种复杂的生物化学修饰过程,它涉及将甲基添加到蛋白质的特定氨基酸残基上,从而精准调控蛋白质的结构和功能。这种修饰在调控细胞信号转导、基因表达、细胞分裂和细胞分化等关键生物学过程中扮演着至关重要的角色。蛋白质甲基化主要发生在赖氨酸和精氨酸残基上,但也可以发生在组氨酸和天冬氨酸残基上。赖氨酸残基可以经历单甲基化、二甲基化或三甲基化,而精氨酸残基的甲基化涉及胍基的 N1 或 N3 位点。蛋白质甲基化是由蛋白质甲基转移酶催化的,这些酶利用 S-腺苷甲硫氨酸

(SAM)作为甲基供体。甲基化不仅可以调节蛋白质的活性和稳定性,还可以影响蛋白质在细胞内的定位和与其他分子的相互作用。在染色质生物学中,组蛋白的甲基化对基因表达的调控尤为关键。

蛋白质甲基化的异常与多种疾病的发生有关,包括癌症、心血管疾病和神经退行性疾病,因此,研究蛋白质甲基化的生物学功能对于疾病的诊断和治疗具有重要意义。蛋白质甲基化是一个动态的修饰过程,可以通过去甲基化酶的作用被逆转。然而,由于蛋白质甲基化的多样性和复杂性,深入理解其生物学意义和调控机制面临许多挑战。尽管如此,鉴于蛋白质甲基化在疾病发生、发展中的作用,针对蛋白质甲基转移酶或去甲基化酶的药物开发已成为治疗某些疾病的潜在策略。

总之,蛋白质甲基化作为一种精细调控的分子机制,对于维持细胞内环境的稳定和细胞功能的正常发挥至关重要。深入理解蛋白质甲基化的生物学意义和调控机制,对于揭示生命活动的奥秘和开发新的治疗方法具有重要的科学和临床价值。

2.6.4 蛋白质乙酰化

蛋白质乙酰化是一种普遍的翻译后修饰过程,其中乙酰基(—COCH₃)被添加到蛋白质的特定氨基酸残基上。这一过程主要由组蛋白乙酰转移酶(histone acetyltransferase,HAT)催化,它们利用乙酰辅酶A(acetyl-CoA)作为乙酰基的供体。蛋白质乙酰化在多种生物学过程中起着至关重要的作用,包括基因表达调控、细胞信号转导、细胞代谢、细胞周期以及蛋白质的稳定性和功能。乙酰化主要发生在赖氨酸残基的 ε-氨基上,形成 Nε-乙酰赖氨酸;在某些情况下,也可以发生在胞嘧啶残基上,形成 Nε-乙酰胞嘧啶。蛋白质乙酰化的生物学效应取决于被乙酰化的蛋白质类型及其在细胞内的特定功能。例如,组蛋白的乙酰化与染色质重塑和基因表达调控密切相关。蛋白质乙酰化可以中和赖氨酸残基的正电荷,导致蛋白质结构发生变化,从而影响其与其他分子的相互作用。蛋白质乙酰化还参与细胞信号转导途径的调控,通过改变信号分子的稳定性或活性来影响细胞对外部刺激的响应。在代谢过程中,乙酰化可以调控代谢酶的活性,进而影响代谢途径的流向。此外,乙酰化也参与细胞周期的调控,影响细胞的增殖和分化。与乙酰化相对的是去乙酰化,去乙酰化由组蛋白脱乙酰酶(histone deacetylase,HDAC)催化,它们可以去除蛋白质上的乙酰基,从而逆转乙酰化修饰。HDAC 在调控蛋白质功能和细胞生理过程中也扮演着重要角色。

蛋白质乙酰化的异常与多种疾病的发生、发展有关,包括癌症、神经退行性疾病和心血管疾病等。因此,了解蛋白质乙酰化的生物学意义对于疾病的诊断和治疗具有重要价值。针对 HAT 或 HDAC 的药物开发已成为治疗某些疾病的潜在策略。例如,HDAC 抑制剂在抗病毒药物发现中的研究进展表明 HDAC 在调节基因表达中起着关键作用,并且已有多种小分子 HDAC 抑制剂获批上市,主要应用于抗肿瘤领域。近年来,HDAC 抑制剂在抗病毒方面的研究逐渐增多,尤其是在抗 1 型人类免疫缺陷病毒(HIV-1)、新型冠状病毒(SARS-CoV-2)、爱泼斯坦-巴尔病毒(EBV)等方面。Vorinostat(SAHA)是一种已经获得美国 FDA 批准上市的 HDAC 抑制剂,主要应用于抗肿瘤领域,尤其是用于治疗外周 T 细胞淋巴瘤和皮肤 T 细胞淋巴瘤。作为一种泛 HDAC 抑制剂,Vorinostat 能够抑制多个 HDAC 亚型,从而在调控细胞凋亡和分化方面发挥作用。

2.6.5 蛋白质糖基化

蛋白质糖基化是一种复杂的翻译后修饰过程,涉及将糖链(通常是寡糖)以共价键连接到蛋白质的氨基酸残基上。这种修饰在细胞内广泛存在,对蛋白质的结构、功能、稳定性以及蛋白质之间的相互作用都有重要影响。蛋白质糖基化过程主要由糖基转移酶(glycosyltransferase,GT)催化,这些酶将糖基从一个活化的糖基供体(如尿苷二磷酸糖类,UDP-sugar)转移到蛋白质的特定氨基酸残基上,特别是天冬酰胺(Asn)、丝氨酸(Ser)和苏氨酸(Thr)。蛋白质糖基化分为两大类:N-糖基化和 O-糖基化。N-糖基化是指糖链通过酰胺键连接到天冬酰胺残基的氮原子上,O-糖基化是指糖链通过糖苷键连接到丝氨酸或苏氨酸残基的氧原子上。N-糖基化通常发生在内质网中,O-糖基化主要发生在高尔基体中。糖基化对蛋白质的功能至关重要,它可以影响蛋白质的溶解度、抗原性、细胞外稳定性和细胞内运输等特性。例如,糖基化可以保护蛋白质不被过早降解,也可以作为信号分子参与细胞间的识别和信号转导过程。在免疫系统中,糖基化修饰的蛋白质可以作为抗原被免疫细胞识别,从而激活免疫反应。此外,蛋白质糖基化还参与细胞黏附、细胞迁移和细胞间通信等过程。在细胞黏附中,糖基化修饰的蛋白质可以作为细胞外基质的受体,促进细胞与细胞外基质之间的相互作用。在细胞迁移中,糖基化修饰的蛋白质可以调节细胞表面受体的活性,影响细胞的运动和迁移能力。

蛋白质糖基化异常与多种疾病的发生、发展有关,包括癌症、代谢性疾病和神经系统疾病等。例如,癌细胞表面的糖基化修饰往往与正常细胞不同,这可以作为癌症诊断和治疗的靶点。此外,某些遗传性疾病,如先天性糖基化障碍,也是由糖基化过程异常引起的。

2.7 遗传信息流

前面我们分别介绍了核酸(DNA、RNA)和蛋白质,那么到底遗传信息是如何由这些物质储存和遗传的? 这是长期困扰科学家的一个问题。孟德尔通过豌豆杂交实验发现并总结出生物遗传的两条基本规律:基因的分离定律和自由组合定律。1906 年,W. Bateson 等在香豌豆杂交实验中发现性状连锁现象,W. L. Johannson 于 1909 年发表了"纯系学说",并且最先提出"基因"一词,以代替孟德尔的遗传因子概念。同期,细胞学和胚胎学取得了显著进展,对于细胞结构、有丝分裂、减数分裂、受精过程,以及细胞分裂过程中染色体的动态等都已比较了解。1903 年,Sutton 提出染色体在减数分裂期间的行为是解释孟德尔遗传规律的细胞学基础。1910 年以后,Morgan 等用果蝇为材料进行大量的遗传实验,再次发现性状连锁现象,创立了"基因理论",证明基因位于染色体上,呈直线排列,因而提出连锁遗传规律,这已成为遗传学中第三个基本规律,并由此产生了染色体遗传理论,进一步发展为细胞遗传学。Sturtevant 以果蝇为研究对象,于 1913 年绘制出第一张遗传连锁图,标明基因在染色体上的线性排列。1941 年,Beadle 等人开始用粗糙链孢霉为材料,着重研究基因的生理和生物化学功能、分子结构及诱发突变等问题,证明了基因是通过酶起作用的,提出"一个基因一个酶"的假说,从而推动了微生物遗传学和生物化学遗传学的发展。下面简要介绍遗传信息如何从 DNA 传递到蛋白质。

Watson 和 Crick 在提出 DNA 双螺旋结构模型时还对 DNA 的复制过程进行了探讨。他们推测,DNA 在复制过程中碱基间的氢键首先发生断裂,双螺旋解旋并被分开成两条单链,每条链分别作为模板合成新链,产生互补的两条链。这样新形成的两个 DNA 分子与原来 DNA 分子的碱基序列完全一致。因此,每个子代 DNA 分子的一条链来自亲代 DNA,另一条链则是新合成的,所以这种复制方式被称为 DNA 的半保留复制(semiconservative replication)(图 2.20,彩图 1)。

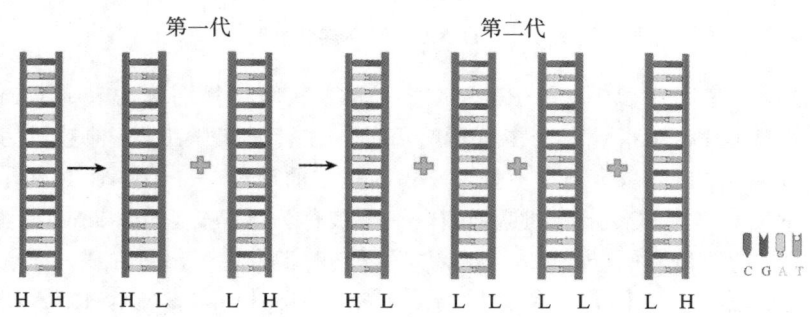

图 2.20 DNA 的半保留复制

1958 年,Meselson 和 Stahl 通过对经 ^{15}N 标记并连续培养三代的大肠杆菌 DNA 进行研究,首次实验性地证明了 DNA 的半保留复制特性。这一发现表明,无论是原核生物还是真核生物,其 DNA 都是以半保留复制方式遗传的。DNA 的这种半保留复制保证了 DNA 在代谢过程中的稳定性。经过多代复制,DNA

多核苷酸链仍可完整保留于后代细胞中而不被分解掉。这种稳定性与 DNA 的遗传功能相符。

由于 DNA 双螺旋的两条链是反向平行的,因此在复制叉附近解开的 DNA 链一条是 5′→3′方向,另一条是 3′→5′方向,两个模板极性不同。而所有已知 DNA 聚合酶的合成方向都是 5′→3′,不是 3′→5′,这就不能解释 DNA 的两条链几乎同时复制合成这个事实。为了解释这一等速复制现象,日本学者冈崎(Okazaki)等提出了 DNA 的半不连续复制模型。他用³H 脱氧胸苷短时间标记大肠杆菌后提取 DNA,变性后用超离心方法得到了许多³H 标记的、长度为 1000~2000 个碱基的 DNA 片段。这些片段被后人称为冈崎片段。延长标记时间后,冈崎片段可转变为成熟的 DNA 链,由此推断这些片段必然是复制过程的中间产物。此外,利用 DNA 连接酶温度敏感突变株进行实验,在连接酶不起作用的温度下,可以观察到有大量小 DNA 片段的累积,说明 DNA 复制过程中至少有一条链首先合成较短的冈崎片段,然后由连接酶连成大分子 DNA。图 2.21 总结了两条新链在两个向相反方向移动的复制叉上的不同特征,我们根据它们不同的性质分别将其称为前导链(leading strand)和后随链(lagging strand)。前导链 DNA 的合成按 5′→3′方向,随着亲代双链 DNA 的解开而连续进行复制;后随链在合成过程中,一段亲本 DNA 单链首先暴露出来,然后以与复制叉移动方向相反的方向,按照 5′→3′方向合成一系列冈崎片段,然后这些片段连接成完整的后随链。进一步研究还证明,这种前导链的连续复制和后随链的不连续复制在生物界是普遍存在的,因而称为双螺旋 DNA 的半不连续复制(图 2.21,彩图 2)。这一机制我们将在第 4 章中进行详细的解释。

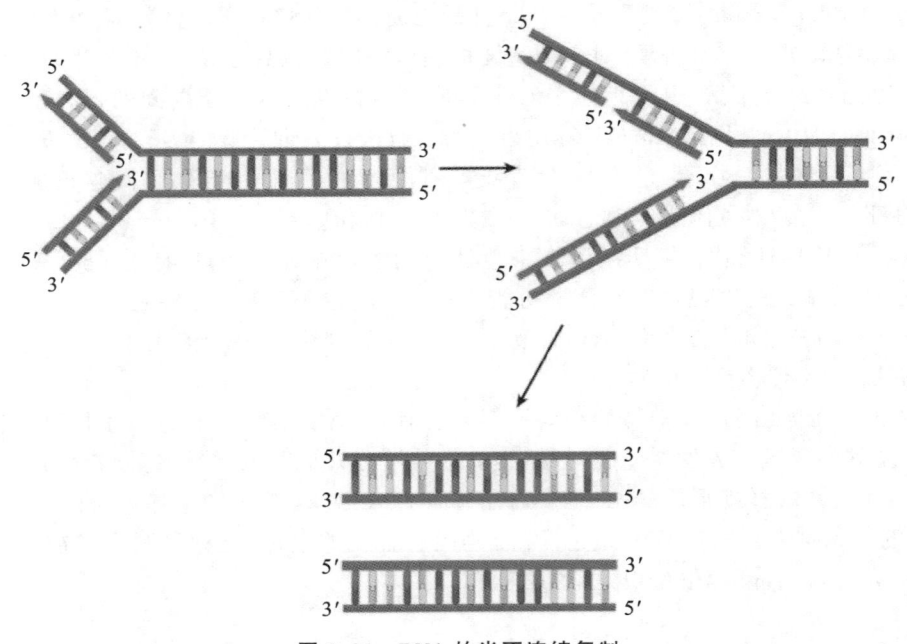

图 2.21 DNA 的半不连续复制

基因表达是细胞合成基因产物(一条 RNA 或多肽)的过程。分别称为转录(transcription)和翻译(translation)的两个步骤是 DNA 指导产生多肽所必需的。在转录步骤中,一种被称为 RNA 聚合酶的酶复制出 DNA 双链中一条链的副本,该副本不是 DNA,而是它的近亲——RNA。在翻译步骤中,这个 RNA(messenger RNA,mRNA)携带遗传指令到达细胞内一种被称为核糖体(ribosome)的蛋白质"加工厂"中。核糖体"阅读"mRNA 上的遗传密码(genetic code)并根据它的指令生产出蛋白质。

实际上,核糖体已经含有 RNA 分子,称为核糖体 RNA(ribosomal RNA,rRNA)。Crick 起初认为是位于核糖体上的 RNA 携带了来自基因的信息。根据这一理论,每个核糖体只能生产一种蛋白质——由其rRNA 编码的蛋白质。François Jacob 和 Sydney Brenner 则有不同的观点,他们认为核糖体是非特异性的翻译机器,它可根据造访核糖体的 mRNA 的指令生产出多种不同的蛋白质,实验已证明这一观点是正确的。

遗传密码的本质是什么? 在 20 世纪 60 年代早期,Marshall Nirenberg 和 Gobind Khorana 就各自采

用不同的方法破译了遗传密码。他们发现 3 个连续的碱基组成 1 个密码，称为密码子(codon)，每个密码子对应 1 个氨基酸。在 64 个可能的三联体密码子中，有 61 个编码氨基酸，其他 3 个是终止密码子。核糖体每扫描 mRNA 上的 3 个碱基，就将相应的氨基酸添加到正在延长的多肽链上并连接起来。当它们遇到终止密码子时，就释放出完整的多肽链。至此，中心法则的基本框架被确定，即从 DNA 到 RNA 再到蛋白质的主要信息流动途径(图 2.22(a))。

随着科学研究的不断深入，中心法则也在不断完善和发展。1975 年，美国科学家 Howard Temin、Renato Dulbecco 和 David Baltimore 由于发现在 RNA 肿瘤病毒中存在以 RNA 为模板、反转录生成 DNA 的反转录酶而共同获得诺贝尔生理学或医学奖。此外还有人类免疫缺陷病毒(HIV)等逆转录病毒的发现，其单链 RNA 分子能被转化为双链 DNA，并插入宿主细胞的基因组中。随着研究技术的进步，科学家们逐渐发现了大量不编码蛋白质的 RNA，即非编码 RNA(ncRNA)。20 世纪 90 年代，核小 RNA(snRNA)的功能被揭示，它们参与了 RNA 的剪接过程。随后，越来越多类型的非编码 RNA 被发现。例如微 RNA(miRNA)，它们通过与 mRNA 结合来抑制基因表达。长链非编码 RNA(lncRNA)的发现也是一个重要突破，它们在基因调控、染色质修饰等方面发挥着多样化的作用。美国科学家 Andrew Z. Fire 和 Craig C. Mello 由于在揭示控制遗传信息流动的基本机制——RNA 干扰方面的杰出贡献共同获得诺贝尔生理学或医学奖。这些逆转录现象及非编码 RNA 的发现，拓展了中心法则的遗传信息流(图 2.22(b))。

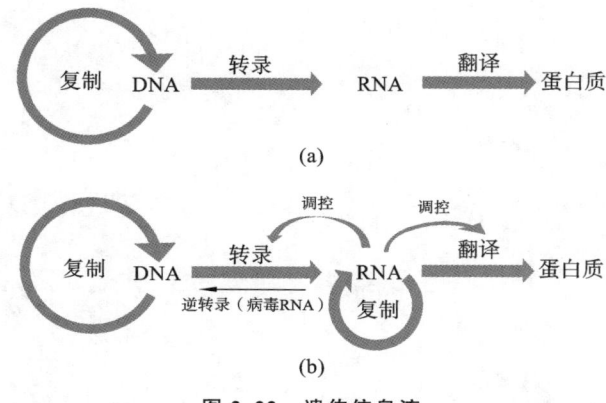

图 2.22 遗传信息流

思 考 题

1. 核酸的基本组成是什么？
2. DNA 的双螺旋结构有什么特别之处？
3. RNA 的种类有哪些？它们都有什么功能？
4. 核酸的理化性质和基本功能分别是什么？
5. 核酸会发生哪些修饰？并举 1～2 个对应修饰的写入器、擦除器或读取器例子。
6. 蛋白质的基本结构单元是什么？
7. 请描述蛋白质的一级结构及其重要性。
8. 蛋白质合成过程中的翻译后修饰是什么？
9. 蛋白质的功能有哪些？

本章思维导图

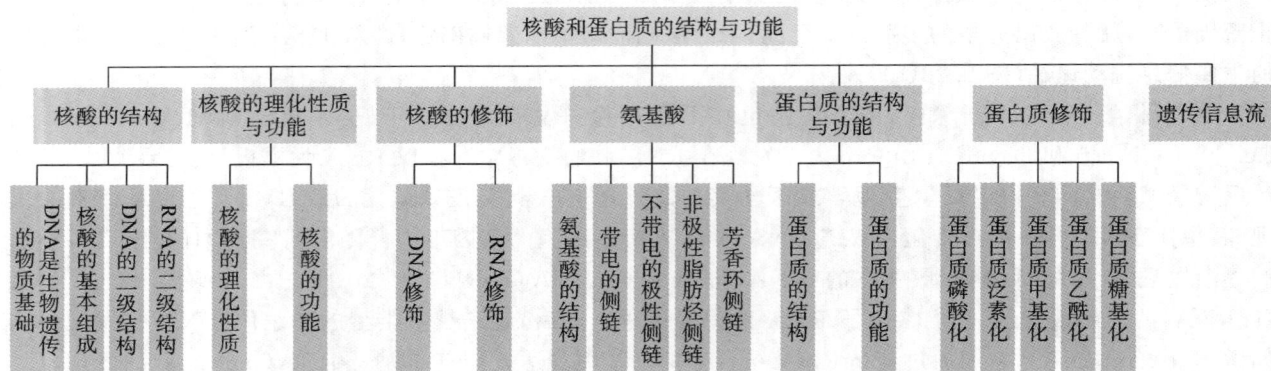

第 3 章
染色体的结构和功能

扫码看课件

第 2 章介绍了 DNA 和蛋白质的结构特征,并指出在细胞中 DNA 是以与蛋白质结合的形式存在的,每条 DNA 及其结合的蛋白质构成了染色体(chromosome)。在原核生物、真核生物,甚至病毒中,DNA 均以这种形式存在。DNA 以染色体形式存在的一个重要功能是促进遗传物质的压缩与保存。例如,大肠杆菌($E.coli$)必须将其长度大约为 1 mm 的 DNA 包装到直径仅 1 μm 的细胞中。典型的人细胞内 DNA 的长度通常为 1 m,而其细胞核的直径仅为 10~15 μm,形成染色体有助于将 DNA 压缩到细胞核内。虽然目前尚不清楚原核生物 DNA 是如何进行压缩的,但是真核生物 DNA 通过有规律地与一种碱性蛋白——组蛋白结合,将 DNA 高度压缩在细胞核内,并且调控 DNA 复制、修复、重组、转录等过程。本章将通过比较原核生物基因组和真核生物基因组的差异来介绍基因组复杂度。同时,由于染色体是表观遗传学的核心内容,因此本章还将专门介绍真核细胞染色体的结构和功能及组蛋白的各种修饰。

3.1 基因组复杂度

3.1.1 原核生物基因组

原核生物的基因组很小,大多只有一条染色体,且 DNA 含量有限,如大肠杆菌 DNA 的长度仅为 4.6×10⁶ bp,其完全伸展总长约为 1.3 mm,含 4000 多个基因。最小的双链 DNA 病毒 SV40 基因组长度只有5244 bp,包含 5 个基因;最小的单链 RNA 病毒 Qβ 噬菌体基因组只有约 4217 bp,编码 4 个基因。此外,细菌的质粒、真核生物的线粒体、高等植物的叶绿体等也含有 DNA 和功能基因,这些 DNA 被称为染色体外遗传因子。从基因组的组织结构来看,原核细胞 DNA 有如下特点。

1)结构简练

原核生物 DNA 分子的绝大部分序列是用来编码蛋白质的,只有非常小的一部分不转录,这与真核生物 DNA 中存在的冗余现象不同。在 ΦX174 噬菌体中,非转录区只占基因组的 4% 左右(217/5386),T4 噬菌体 DNA 中非转录区占约 5.1%(282/5577),而且这些不转录 DNA 序列通常是控制基因表达的序列,如ΦX174 噬菌体 H 和 A 基因之间的区域(第 3906~3973 位核苷酸),该区域包含了 RNA 聚合酶结合位点、转录终止信号区及核糖体结合位点等基因表达调控元件。

2)存在转录单元

原核生物 DNA 序列中功能相关的 RNA 和蛋白质编码基因,往往聚集在基因组的一个或几个特定部位,形成功能单位或转录单元,它们可被一起转录为含多个 mRNA 序列的前体分子,即多顺反子(polycistron)。ΦX174 噬菌体及 G4 噬菌体基因组中就含有数个多顺反子,功能相关的基因如 ΦX174 噬菌体中的 D、E、J、F、G、H 等串联在一起转录产生一条 mRNA 链,然后再翻译成各种蛋白质,其中 J、F、G 及 H 基因编码外壳蛋白,

D 基因编码的蛋白质与病毒装配有关,E 基因编码的蛋白质导致细菌的裂解。这是功能相关基因协同表达的一种重要方式。在大肠杆菌中,由几个结构基因及其操纵序列、启动子序列组成的操纵子也是一种转录功能单位,如组氨酸操纵子被转录成一条多顺反子,再翻译成组氨酸合成途径中的 9 种酶。

3)重叠基因

早期人们认为基因是一段 DNA 序列,这段序列负责编码特定的蛋白质或多肽。但是,后来发现在一些细菌和动物病毒中有重叠基因的现象,即同一段 DNA 能编码两种不同蛋白质。1973 年,Weiner 和 Weber 在研究一种大肠杆菌 RNA 病毒时发现,有两个基因从同一起点开始翻译,其中一个在 400 bp 处终止,生成较小的蛋白质;而在 3% 的情况下,翻译可一直进行下去直到 800 bp 处遇到双重终止信号时才终止,合成相对分子质量较大的蛋白质。当时他们认为相对分子质量大的蛋白质由于含量少,对病毒的生命周期无关紧要,因而不予重视且未进一步研究。后来,Weissman 证实小分子蛋白质是一种外壳蛋白,其需求量较大;大分子蛋白质产量虽少,却是组成具有感染力的病毒颗粒所必需的。当 Weiner 等想重新研究这一现象时,Sanger 已在 *Nature* 杂志(1977 年)上发表了 ΦX174 噬菌体 DNA 的全部核苷酸序列,正式发现了重叠基因的存在。

ΦX174 噬菌体是一种单链 DNA 病毒,其宿主为大肠杆菌,感染宿主后合成另一条链(负链),变成复制型(replicating form,RF)。然后以新合成的负链为模板合成子代 DNA 分子(正链),并合成 11 种蛋白质,总相对分子质量约为 2.62×10^5,相当于 6078 nt,而病毒 DNA 本身只有 5386 nt,最多能编码总相对分子质量为 1.97×10^5 的多肽,这个矛盾很长时期无法解决。Sanger 在解析 ΦX174 噬菌体 DNA 的全部核苷酸序列及各个基因的起讫位置和密码子数目以后发现,ΦX174 噬菌体的 9 个基因中有些是重叠的。主要有以下几种情况。

(1)一个基因完全在另一个基因里面:如基因 B 在基因 A 内,基因 E 在基因 D 内。

(2)部分重叠:如基因 K 和基因 C 是部分重叠的。

(3)两个基因只有一个碱基对是重叠的:如 D 基因终止密码子的最后一个碱基是 J 基因起始密码子的第一个碱基。

我们将这种不同的基因共用一段核苷酸序列,按照不同的可读框表达的现象称为基因重叠,这些基因叫作重叠基因(overlapping gene)。尽管这些重叠基因的 DNA 序列大致相同,但由于基因重叠部位中一个碱基的变化可能影响后续肽链的全部序列,从而导致编码完全不同的蛋白质。除 ΦX174 外,SV40、G4 噬菌体的 DNA 中也存在基因重叠现象。如 SV40 DNA 由 5224 bp 组成,它编码 3 种外壳蛋白(VP1、VP2、VP3)及 2 种表面抗原(T、t 抗原)。Fiers 等人在测定 SV40 DNA 的全部核苷酸顺序以后发现,VP1、VP2、VP3 基因之间均存在 122 bp 的重叠序列,即三个基因之间均存在约 122 bp 的重叠序列,但重叠序列中密码子各不相同。t 抗原基因完全在 T 抗原基因里面,它们有一个共同的起始密码子。基因重叠可能是生物进化过程中自然选择的结果。

3.1.2　真核生物基因组

真核生物基因组的最大特点是它含有大量的重复序列,而且功能性的 DNA 序列大多被不编码蛋白质的非功能 DNA 所隔开。我们把一种生物单倍体基因组 DNA 的总量称为 C 值(C value)。在真核生物中,C 值一般是随生物进化而增加的,高等生物的 C 值一般大于低等生物。然而某些两栖动物的 C 值甚至比哺乳动物还大。因此,许多 DNA 序列可能不直接编码蛋白质。根据对 DNA 动力学的研究,真核细胞 DNA 序列大致上可被分为四类。

1)非重复序列

在单倍体基因组里,这些序列一般只有一个或几个拷贝,它占 DNA 总量的 40%～80%,如牛细胞中占 55%,小鼠中占 70%,果蝇中高达 79%。非重复序列长 750～2000 bp,相当于一个结构基因的长度。实际上结构基因基本上属于不重复序列,如卵清蛋白基因、蚕的丝心蛋白基因、血红蛋白基因和珠蛋白基因等都是单拷贝基因。单拷贝基因通过基因扩增仍可指导合成大量的蛋白质,如蚕的一个丝心蛋白基因可作

为模板合成 10^4 个丝心蛋白 mRNA,每个 mRNA 分子存活 4 天内共合成约 10^5 个丝心蛋白。这样,在几天之内,一个单拷贝丝心蛋白基因就可以合成 10^9 个丝心蛋白分子。这种放大效应,特别是 mRNA 水平上的放大作用对单拷贝基因来说是十分重要的。

2)分散重复序列——转座子

转座子(transposon,Tn)是染色体 DNA 上可自主复制和移位的基本遗传单位,最初是由 Barbara McClintock 在 20 世纪 40 年代的玉米遗传学研究中发现的。几十年的研究结果表明,转座子广泛存在于各种生物体内,人类基因组中有 35% 以上的序列由转座子构成,其中大部分与疾病的发生相关。转座子主要分为两大类:插入序列(insertional sequence,IS)和复合型转座子(composite transposon)。

插入序列(IS):IS 是最简单的转座子,它不包含任何宿主基因,而是细菌染色体或质粒 DNA 的正常组成部分。常见的 IS 都是很小的 DNA 片段(约 1 kb),其末端具有反向重复序列,这些序列在转座时往往会复制宿主靶位点的一小段(4~15 bp)DNA,形成位于 IS 两端的正向重复区(图 3.1)。

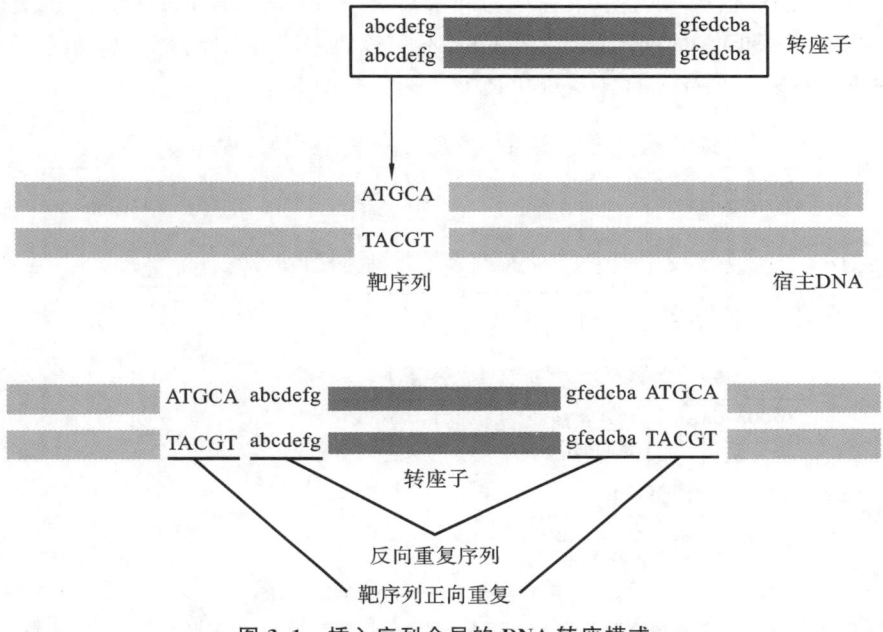

图 3.1 插入序列介导的 DNA 转座模式

复合型转座子:复合型转座子是一类带有某些抗药性基因(或其他宿主基因)的转座子,其两端往往是由两个相同或高度同源的 IS 组成,表明 IS 插入某个功能基因两端时就可能形成复合型转座子(图 3.2)。一旦形成复合型转座子,IS 就不能再单独移动,因为它们的功能已经被修饰,只能作为复合物移动。还存在一些没有 IS 但体积庞大的转座子(5000 bp 以上)——TnA 家族。这类转座子带有 3 个关键基因,其中 1 个基因编码 β-内酰胺酶(AmpR),另 2 个基因则是转座作用所必需的。图 3.3 是转座子 TnA 的结构示意图。所有 TnA 类转座子两端都带有 38 bp 的反向重复序列。

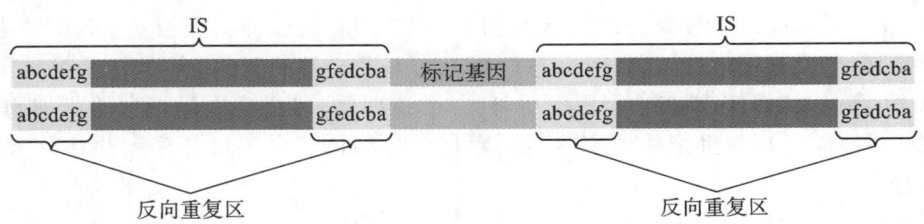

图 3.2 复合型转座子的转座模式

复合型转座子两端各有一个 IS,每个 IS 两侧各有反向重复区

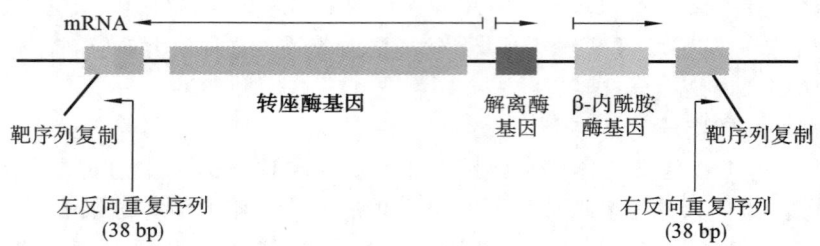

图 3.3 转座子 TnA 的结构示意图

转座子不仅存在于原核细胞(如大肠杆菌)和低等真核细胞(如酵母)的基因组中,也同样存在于高等真核生物的基因组中。如在玉米和果蝇中就发现了多个在基因组内随机分布而且能重复移动的转座子。早在 20 世纪初,Barbara McClintock 就已发现玉米中存在一种能够决定体细胞变异的"控制因子"(事实上就是转座子),即玉米中的激活因子(activator,Ac)和解离因子(dissociation,Ds)。对这类因子及其整合位点的分子分析表明,在 Ac 和 Ds 的两端都带有 11 bp 不完整的末端反向重复序列,在它们的插入靶位点上都会形成 8 bp 的正向重复序列(direct repeat,DR)(图 3.4,彩图 3)。

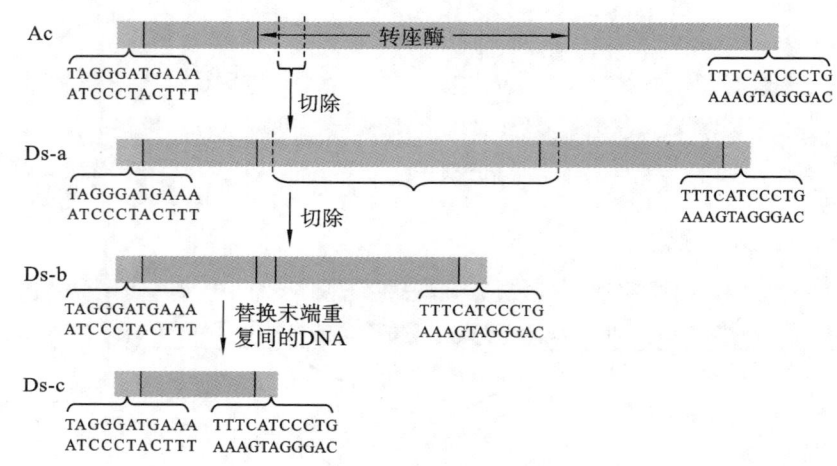

图 3.4 Ac 和 Ds 的结构

Ac 含有转座酶(绿色)和两个不完整的末端反向重复序列(蓝色),以及近末端重复区域(蓝绿色)。
Ds-a 中缺失转座酶基因中的一段 194 bp 区域(虚线),其余部分与 Ac 相同;Ds-b 缺失 Ac 中更大的
片段;Ds-c 仅有末端反向重复序列和近末端重复区域与 Ac 相同

3)中度重复序列

这类序列的重复次数在 $10\sim10^4$ 之间,占总 DNA 的 $10\%\sim40\%$,如在小鼠中约占 DNA 的 20%,在果蝇中约占 DNA 的 15%,各种 rRNA、tRNA 以及某些结构基因(如组蛋白基因)等属于中度重复序列。非洲爪蟾的 18S、5.8S 及 28S rRNA 基因是连在一起的,它们中间隔着不转录的间隔区。这些 18S、5.8S 及 28S rRNA 基因及其间隔区组成的单元在 DNA 链上串联重复约 5000 次,且已用原位杂交方法证实这些基因位于染色体的核仁组织区。不转录的间隔区是由 $21\sim100$ bp 组成的类似卫星 DNA 的串联重复序列。在许多动物的卵细胞形成过程中,这些基因可进行数千次不同比例的复制,产生 2×10^6 个拷贝,使 rDNA 占卵细胞 DNA 的 75%,从而使该细胞能积累 1×10^{12} 个核糖体,以合成大量蛋白质供细胞分裂之需。若无这种放大机制,可能要经历数世纪才能积累相同数量的核糖体。中度重复序列往往分散在基因组中的不重复序列之间。

4)高度重复序列——卫星 DNA

这类 DNA 只在真核生物中被发现,占基因组的 $10\%\sim60\%$,由 $6\sim100$ 个碱基组成,在 DNA 链上串联重复成千上万次。实验中常用氯化铯(CsCl)密度梯度离心法将卫星 DNA 与其他 DNA 分开,形成两个以上的密度峰,包括含量较大的主峰和高度重复序列小峰,后者又称卫星区带(峰)。例如,果蝇 DNA 在中

性 CsCl 密度梯度离心后出现 1 条主带和 3 条卫星区带,而人 DNA 经 CsCl 密度梯度离心后可得到 4 条卫星区带。原位杂交法证明,许多卫星 DNA 位于染色体的着丝粒区域,也有一些在染色体臂上,这类 DNA 高度浓缩,是异染色质的重要组成部分。卫星 DNA 通常不转录,可能与维持染色体的稳定性有关。

真核生物基因组的结构特点总结归纳如表 3.1 所示。

表 3.1 原核生物和真核生物基因组比较

类别	真核生物基因组	原核生物基因组
基因组大小	基因组庞大,一般远大于原核生物基因组	基因组很小,大多只有一条染色体,且 DNA 含量相对较少
重复序列	包含大量的重复序列,包括高度重复序列、中度重复序列等	重复序列相对较少,且重复的程度通常较低
非编码序列	大部分为非编码序列,占整个基因组序列的 90% 以上,该特点是真核生物与细菌和病毒之间最主要的区别	绝大部分是用来编码蛋白质的,只有非常小的一部分不转录
转录方式	大多数基因以单顺反子的形式转录。一个基因转录产生一个 mRNA 分子,该 mRNA 分子仅编码出一种多肽链,最终形成一种蛋白质	功能相关的 RNA 和蛋白质基因,往往聚集在基因组的一个或几个特定区域,形成功能单位或转录单元,它们可被一起转录为含多个 mRNA 序列的前体分子,即多顺反子
基因结构	基因是断裂基因,基因中普遍存在内含子,其 mRNA 在进行翻译之前需要经过剪接过程,去除内含子对应的序列,将外显子拼接起来形成成熟的 mRNA	基因结构相对简单,其 DNA 序列中的编码区通常是连续的,转录后的 mRNA 可直接进行翻译
调控序列	启动子结构更为复杂,种类多样;有沉默子,能够抑制基因的转录;没有操纵序列。终止子结构和终止机制更为复杂,转录的终止不仅涉及 DNA 序列,还与 RNA 加工过程相关	启动子结构相对简单;一般没有增强子;具有操纵序列,能与调节蛋白结合以调控基因表达。终止子分为依赖 ρ 因子的和不依赖 ρ 因子的两种,终止机制相对简单
多态性	较大且复杂,基因多态性更为丰富。包括单核苷酸多态性(SNP)、短串联重复序列(STR)、拷贝数变异(CNV)等多种形式,变异范围更广,涉及的基因和 DNA 片段长度也更具多样性	多态性相对较低。其基因变异通常发生在较短的 DNA 片段上,如单个碱基的替换或小片段的插入/缺失
端粒	具有端粒结构。人类的端粒 DNA 长 5~15 kb	大多数没有类似真核生物的端粒结构
基因重叠	基因重叠的现象相对较少	基因重叠相对较为常见

3.1.3 DNA 结构的多样性

DNA 和 RNA 是链状生物大分子,其基本结构单元是核苷酸。核苷酸包含一个碱基、一个磷酸基团和一个五碳糖分子,碱基连接在五碳糖(在 RNA 中为核糖,在 DNA 中为脱氧核糖)的 $1'$ 位。磷酸基团通过磷酸二酯键与 DNA 或 RNA 链中五碳糖的 $5'$ 和 $3'$ 碳原子连接,从而形成 DNA 或 RNA 链的骨架。DNA 分子通常为双链螺旋结构,磷酸-核糖骨架位于螺旋的外侧,碱基对位于螺旋的内部。碱基之间以特殊的方式配对:腺嘌呤(A)与胸腺嘧啶(T)配对,鸟嘌呤(G)与胞嘧啶(C)配对。DNA 的复制是半保留的,以每条原始链为模板合成一条互补链。

在细胞中，DNA 可能以常见的 B 型构象存在，其碱基对相对于螺旋轴是水平的。小部分 DNA 可能呈现伸展的左手螺旋的 Z-DNA（至少在真核细胞中）。RNA-DNA 杂合链呈现出第三种螺旋，称为 A 构型，其碱基对倾斜于螺旋轴水平面。DNA 双螺旋进一步扭曲盘绕所形成的更复杂的特定空间结构，称为 DNA 的高级结构，包括超螺旋、线性双链中的纽结（kink）、多重螺旋等。其中，超螺旋结构是 DNA 高级结构的主要形式，可分为正超螺旋（右手超螺旋）与负超螺旋（左手超螺旋）两大类，负超螺旋是细胞内常见的 DNA 高级结构形式，正超螺旋是过度缠绕的双螺旋。它们在不同类型的拓扑异构酶作用下或在特殊情况下可以相互转变。

超螺旋是 DNA 三级结构的一种普遍形式，双螺旋 DNA 的松开导致负超螺旋的形成，而拧紧则导致正超螺旋的形成。

3.1.4　DNA 与染色体

亲代能够将自己的遗传物质 DNA 以染色体（chromosome）的形式传给子代，这一机制保持了物种的稳定性和连续性。因此，人们普遍认为染色体在遗传上起着主要作用。染色体包含 DNA 和蛋白质两大组分。DNA 只有包装成为染色体才能保证其稳定性，并使其编码的遗传信息稳定地传递给子代。同一物种内每条染色体所携带 DNA 的量是一定的，但不同染色体或不同物种之间 DNA 的含量变化很大。这种差异体现在 DNA 链中核苷酸的数目上，从上百万个到几亿个不等。人类 X 染色体就携带有约 1.56 亿个碱基对，而 Y 染色体只携带有 0.57 亿个碱基对。此外，组成染色体的蛋白质（组蛋白和非组蛋白）种类和含量也是十分稳定的。由于细胞内的 DNA 主要存在于染色体上，所以说遗传物质的主要载体是染色体。

3.2　染色体结构

3.2.1　染色体概述

在细胞中，DNA 和蛋白质大多数情况下是互相结合存在的，每条 DNA 及其结合的蛋白质构成染色体。这种结构有几个重要的功能：①染色体是 DNA 的紧密结构，更适合存在于细胞中；②这种包装有助于保护裸露的、不稳定的 DNA 分子；③只有包装成染色体的 DNA 才能在细胞分裂时有效地将 DNA 传递给两个子代细胞；④染色体将每个 DNA 分子全面地组织起来，通过调控 DNA 的可及性（accessibility）来调控细胞内所有 DNA 参与的生物过程。

染色体可以是环状或者线性的。原核生物如大肠杆菌含有单一的环状染色体。真核生物细胞含有多条线性染色体，数量通常为 2～50 条，而且每条染色体通常有两个拷贝。同一个染色体的两个拷贝（分别来自父本和母本）叫作同源染色体（homolog）。但是，并非一个真核生物中的所有细胞都是二倍体，某些细胞可能是单倍体或多倍体。单倍体（haploid）细胞每条染色体只有一个拷贝，这种细胞参与有性生殖过程，比如精子和卵子都是单倍体细胞。多倍体（polyploid）细胞中每条染色体有两个以上拷贝。多数真核生物体成熟细胞维持在多倍体状态，并且被包含在由膜界定的细胞核里。

亲代可以将自身的遗传物质 DNA 以染色体的形式传递给子代，以维持物种的稳定性和连续性。因此，研究人员普遍认为染色体在遗传中起着主要作用。染色体的组成成分包括 DNA 和蛋白质两大部分。同一物种内每条染色体所携带的 DNA 和蛋白质的量是一定的，但是不同物种之间的染色体数量和大小相差较大，生物学界将同一生物的所有单倍染色体组包含的 DNA 总和称为该生物的基因组（genome）。

真核生物细胞中，DNA 的特定区域及其结合的蛋白质形成了染色质（chromatin），这些结合蛋白大多是碱性蛋白质，即组蛋白（histone）；其他丰度较低的染色体结合蛋白称为非组蛋白（nonhistone protein），这些蛋白质包含大量的 DNA 结合蛋白，可以调控 DNA 复制、基因表达、染色质重塑等众多基因组事件（图 3.5，彩图 4）。

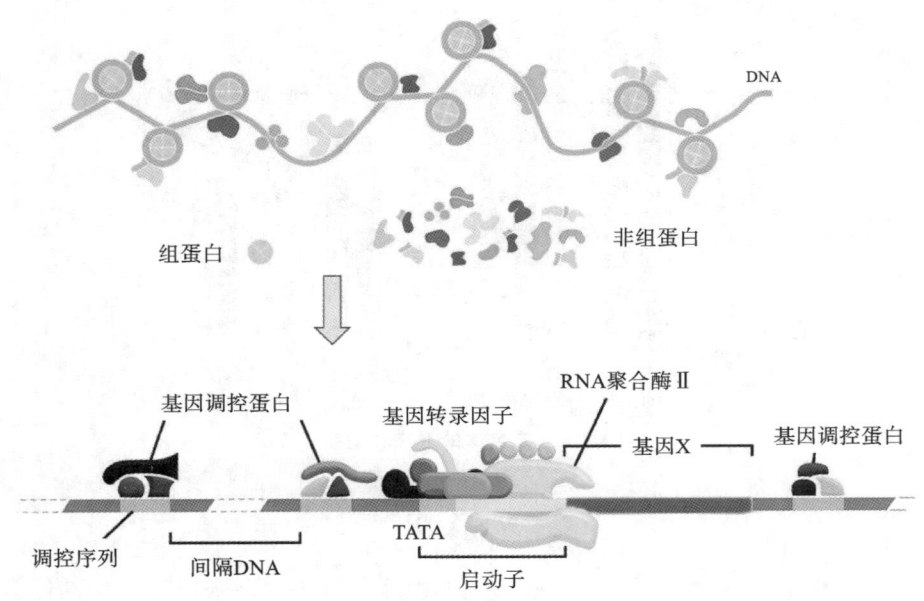

图 3.5 组蛋白和非组蛋白示意图

3.2.2 染色体的形态结构

染色体是细胞在有丝分裂和减数分裂时遗传物质存在的特定形式,是细胞间期染色质结构紧密组装的结果。当细胞分裂时,每一条染色体都复制生成一条与母链遗传信息完全相同的子链,形成同源染色体对。一般情况下,染色体只有在有丝分裂过程中才可以在光学显微镜下观察到。在细胞周期的间期,染色体以较细长且松散的染色质形式存在于细胞核中,染色质和染色体是细胞周期不同阶段可以互相转变的形态结构,二者在化学组成上并无较大差异,其主要区别在于 DNA 压缩程度的不同。处于非有丝分裂期(即间期)的染色体 DNA 压缩程度较低,在电子显微镜下可以观察到两种状态的染色质:直径为 30 nm 的纤丝和直径为 10 nm 的纤丝。30 nm 的纤丝是染色质较紧密的结构,通常折叠为大环从核或骨架中伸出;10 nm 的纤丝是染色质较松散的形式,通常组装成一串串有规则的"念珠"状结构。

细胞核内的染色体呈现出比较稳定的形态结构,它由两条完全相同的姐妹染色单体(chromatid)构成,彼此以着丝粒(centromere)相连。根据着丝粒在染色体上所处的位置不同,可以将染色体分为四种类型(图 3.6):中着丝粒染色体,特征是着丝粒位于染色体中央,着丝粒两端的染色体臂长度大致相等;亚中着丝粒染色体,特征是着丝粒接近中部,着丝粒两端的染色体长短不一;亚端着丝粒染色体,特征是着丝粒靠近染色体一端,染色体长臂极长,短臂极短;端着丝粒染色体,特征是着丝粒位于染色体末端,只有一条臂。

3.2.3 染色质的组成

在真核细胞中,遗传物质在大部分时间内是以染色质的形式存在的,核小体(nucleosome)是染色质的基本组成单元。大多数 DNA 被包装成核小体结构,核小体是由双拷贝的组蛋白 H2A、H2B、H3 和 H4 通过组蛋白折叠结构域(即疏水核心)相互作用组成八聚体,外围由一段 147 bp 的 DNA 片段缠绕约 1.75 圈构成。这是所有真核生物核小体共同的特征,如图 3.7(彩图 5)所示。每个核小体之间的 DNA 片段叫作连接 DNA,其长度是可变的,一般为 20~60 bp,并且每个真核生物的连接 DNA 有各自特征性平均长度。另外一种被称为连接组蛋白(linker histone)的组蛋白 H1,它与连接 DNA 结合,维持核小体的结构。4 种核心组蛋白在细胞中以同等数量存在,而 H1 丰度仅为其他组蛋白的一半左右。核心组蛋白相对分子质量较小,一般为 11000~15000,组蛋白 H1 稍大,相对分子质量约为 20000。组蛋白中带正电荷的氨基酸含量很高,如赖氨酸或精氨酸,其含量超过氨基酸总量的 20%,这使组蛋白可与带负电荷的 DNA 分子紧密结合。

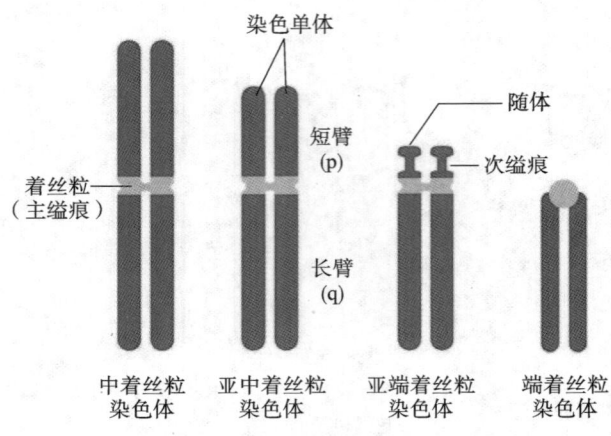

图 3.6　染色体的形态和类型

（图中标注：染色单体、随体、次缢痕、着丝粒（主缢痕）、短臂(p)、长臂(q)、中着丝粒染色体、亚中着丝粒染色体、亚端着丝粒染色体、端着丝粒染色体）

H1　H3　H4　H2A　H2B

图 3.7　核小体的组成和结构

组成核小体的每种核心组蛋白都存在一个保守区域，这一区域称为组蛋白折叠域（histone-fold domain）。组蛋白折叠域由三个 α 螺旋组成，螺旋之间被两个短的无规则的环隔开（图 3.8）。组蛋白折叠域调节组蛋白异源二聚体的形成：首先，组蛋白 H3 和 H4 通过相互作用形成异源二聚体，H2A 和 H2B 在溶液中形成另一对异源二聚体；然后两个 H3-H4 二聚体形成一个四聚体。在核小体组装过程中，首先 H3-H4 四聚体与 DNA 结合，然后两个 H2A-H2B 二聚体结合到 H3-H4-DNA 复合物上形成最后的核小体结构。接头组蛋白 H1 在 DNA 的入口和出口位点结合核小体，从而将 DNA 固定到八聚体核心上并促使染色质形成高级结构（图 3.9）。组蛋白 H1 的结合提高了染色质高级结构的稳定性。

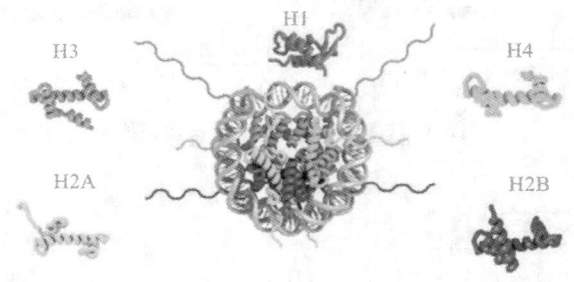

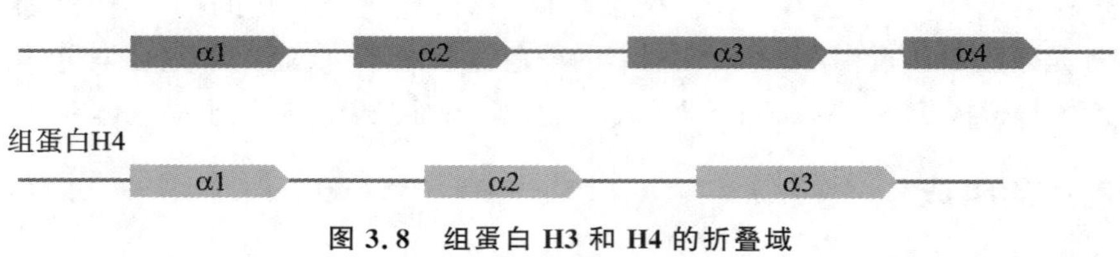

组蛋白H3　α1　α2　α3　α4

组蛋白H4　α1　α2　α3

图 3.8　组蛋白 H3 和 H4 的折叠域

每个核心组蛋白有一个 N 端柔性延伸，没有确定的结构，也被称为"组蛋白尾巴"（histone tail），是核小体中容易接近的部分。虽然 N 端尾巴对于 DNA 与组蛋白八聚体的结合是不必要的，但是尾巴上含有许多高度修饰化（比如磷酸化、乙酰化、甲基化、泛素化等）的位点，可以改变这些核小体的结构和功能。

双螺旋状态下的 DNA 分子链一旦在两个点被固定住，就会引入"螺旋的螺旋"，实际上就是在两条单链的基础上再发生缠绕。缠绕组蛋白核心的 DNA 呈现负超螺旋的特性，即 B 型（右手型）构象，双链 DNA（右手缠绕）和一个各含有两个 H2A、H2B、H3 和 H4 的组蛋白八聚体以左手缠绕方式缠绕 1.65 圈，每个如此形成的核小体约分担一个负超螺旋。因此，失去一个组蛋白八聚体，双链 DNA 需要自身缠绕一次以补偿这个负超螺旋的缺失。同理，向共价闭环的 DNA 模板上每加上一个核小体，都会使相应 DNA 的连环

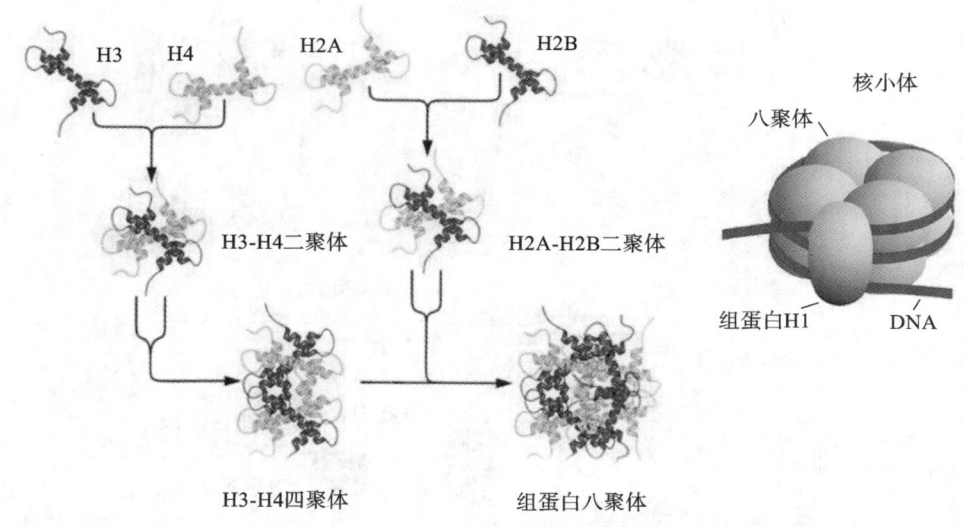

图 3.9 核小体的组装过程示意图

核小体组装过程中,组蛋白 H3 和 H4 首先形成 H3-H4 二聚体,随后形成四聚体结构,H2A 和 H2B 形成 H2A-H2B 二聚体,每份 H3-H4 四聚体与两份 H2A-H2B 二聚体组合形成组蛋白八聚体结构。DNA 结合并缠绕八聚体,随后组蛋白 H1 结合在 DNA 与八聚体上形成完整的核小体结构

数发生改变。由于 DNA 松弛状态的维持主要依赖拓扑异构酶的活性,所以如果将 DNA 和核小体分离,被包装成核小体的 DNA 将形成负超螺旋状态。这种状态有利于 DNA 复制的起始、转录和重组过程,并且这种负超螺旋结构有利于 DNA 的解旋。因此,核小体可以被视为维持或者稳定 DNA 负超螺旋结构的重要功能单元。

3.2.4 染色质的高级结构

生物体的细胞形态大小各异,大的细胞如卵细胞直径可以达到 130 μm 左右,小一些的细胞直径只有 5~6 μm,但是若将每个细胞内的遗传物质完全展开,其长度将远超细胞本身的大小。因此,细胞需要通过依赖染色质折叠确保将所有 DNA 放置到细胞核中。同时,细胞通过调控细胞核内染色质结构的动态变化来选择性地激活或抑制基因表达,从而控制细胞自我维持或定向分化,决定细胞的组织特异性和细胞命运,进而形成复杂的组织、器官和个体。因此,研究染色质的高级结构及其调控机制对于理解细胞增殖、发育及分化过程中一些重要基因的表达差异及表观遗传学调控机理具有十分重大的意义。

染色质的折叠可以分为四个步骤,分别对应染色质的四种结构(图 3.10):第一级结构是核小体,它是 DNA 以双螺旋的形式缠绕在组蛋白上而形成的基本结构单元;第二级结构是由核小体进一步螺旋化形成的 30 nm 螺线管(solenoid),这里由 6 个核小体缠绕一圈形成中空结构的管状螺旋体,即 30 nm 染色质丝;第三级结构是由螺线管再进一步螺旋化成为直径为 0.4 μm 的筒状体,也称为超螺旋体;第四级结构是可以在光学显微镜下看到的染色体,它是由超螺旋体进一步折叠盘绕而成的。

利用光学显微镜,研究人员发现染色体的结构并不是一致的,他们将染色体区域分为两个部分,分别为异染色质和常染色质。异染色质能被多种染料染成深色,具有更为紧密的形态;而常染色质具有相反的特征:染色浅且具有相对伸展的结构。随着分子生物学对基因和基因表达研究的深入,人们发现染色体的异染色质区域的基因表达量非常有限,而常染色质区域的基因表达量较高。这一发现提示,染色体的这两种不同染色质结构与基因表达的总体水平有所关联。这两种染色质中 DNA 都被组装进核小体中。异染色质结构和常染色质结构的不同在于核小体被组装进更大的组件之中的方式。现在已很清楚,异染色质区由组装进高级结构的核小体 DNA 组成,并因此形成了对基因表达的障碍。相反,常染色质区的核小体的压缩程度要低得多。

将 DNA 包装成核小体可以使纤维长度缩短为原来的约七分之一,一段 1 m 长的 DNA 将变成只有 14

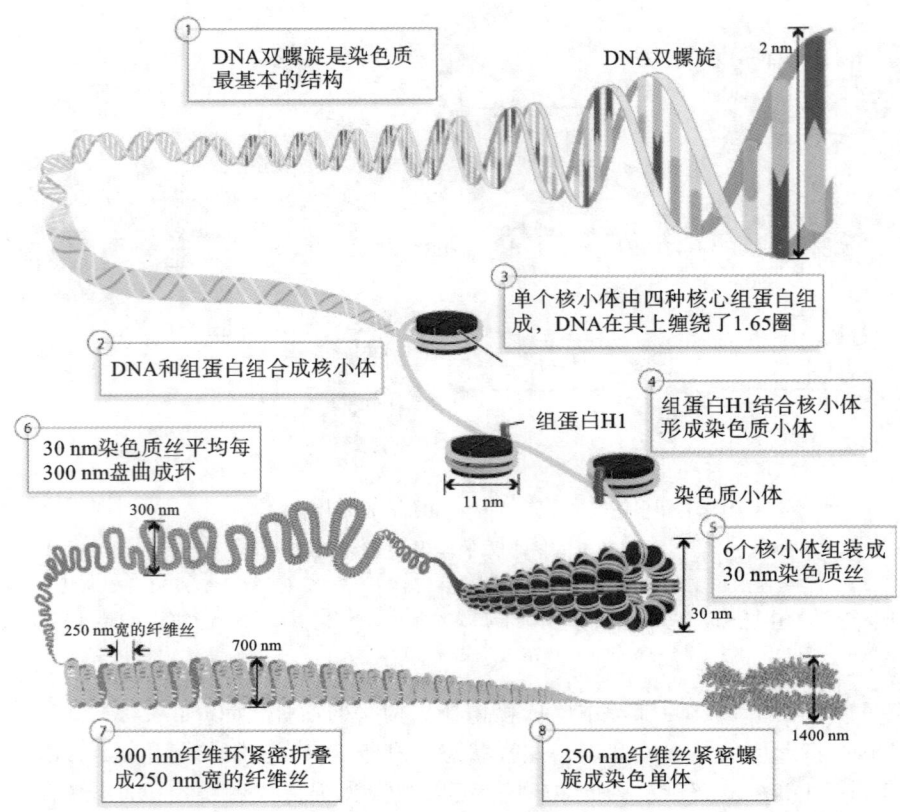

图 3.10　染色体的组成及精细结构

染色体 DNA 在组蛋白的协助下被包装在细胞核内。带正电荷的组蛋白分子,黏附在带负电荷的 DNA 上,共同形成核小体。每个细胞核由围绕八种组蛋白缠绕约 1.65 圈的 DNA 组成。核小体折叠起来形成 30 nm 的染色质丝,形成平均宽度为 300 nm 的环。将 300 nm 的纤维压缩和折叠以产生 250 nm 宽的纤维丝,该纤维紧密地盘绕在染色体的染色单体上

cm 长的串珠状染色质纤维(也称为 11 nm 染色质纤维)。虽然这种方式能有效压缩 DNA,但细胞核的直径通常只有 10~20 μm,该状态下的染色质仍然太长而无法容纳于细胞核内。因此,串珠状染色质需要进一步卷曲成更短、更厚的纤维,即"30 nm 纤维"的结构,因为它的直径约为 30 nm。如图 3.11 所示,在电子显微镜下可以清楚地看到染色质和 30 nm 纤维的结构。组蛋白 N 端尾巴对于 30 nm 纤维的形成是必需的。缺少 N 端尾巴的核小体核心组蛋白不能形成 30 nm 纤维,这个尾巴最可能的作用是通过它与相邻核小体的相互作用,稳定 30 nm 纤维的结构。中国科学院生物物理研究所研究员李国红课题组及其合作者解析了 30 nm 纤维的高精度三维冷冻电镜结构,发现 30 nm 纤维以 4 个核小体为结构单元,各单元之间通过相互扭曲折叠形成一个左手双螺旋的高级结构(图 3.12)。同时,连接组蛋白 H1 在单个核小体内部及核小体单元之间的不对称分布及相互作用促成 30 nm 纤维高级结构的形成,从而明确了组蛋白 H1 在 30 nm 纤维形成过程中的重要作用。

　　DNA 包装为核小体和 30 nm 纤维共同导致 DNA 的线性长度压缩为原来的四十分之一。但这种 1~2 米长的 DNA 仍然不能包装到 10 μm 长的细胞核内。为了使 DNA 更为有效地压缩,必须对 30 nm 纤维进行进一步的折叠。30 nm 纤维形成 40~90 kb 的环状结构,在其根部通过蛋白质结构的核骨架连接起来。目前已发现两类蛋白质参与核骨架的形成:DNA 拓扑异构酶 Ⅱ 和结构性维护染色体 SMC 蛋白。SMC 蛋白是染色体复制后对其进行凝缩和维持姐妹染色单体联会的关键组成成分。这些蛋白质通过与核骨架的相互作用,不仅维持了染色体的物理结构,还通过动态调控 DNA 拓扑状态,实现了遗传信息传递、基因组稳定性维护及表观遗传调控等核心功能。

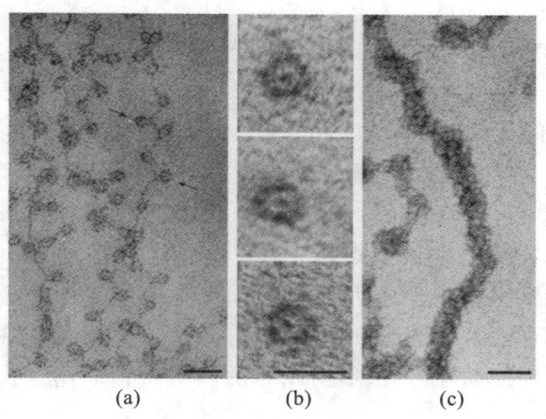

图 3.11 电子显微镜下的染色质

(a)低离子浓度下的染色质扩散和串珠状结构。(b)核酸酶消化后的单核小体。(c)染色质在中等离子浓度下展开,维持 30 nm 纤维结构

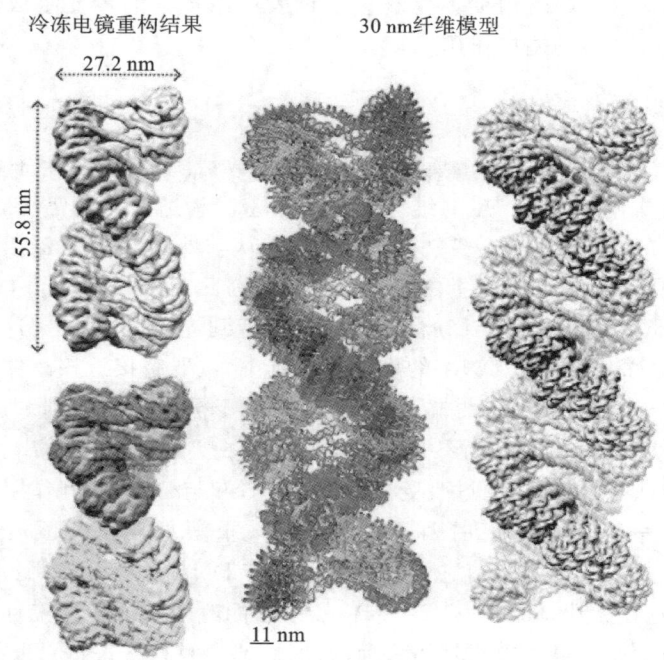

图 3.12 30 nm 纤维左手双螺旋结构模型

3.2.5 组蛋白变体

核心组蛋白 H2A、H2B、H3 和 H4 是较保守的真核生物蛋白质,通常被称为常规组蛋白(canonical histones)。但是在真核细胞中发现了很多组蛋白变体(histone variant)。这类组蛋白能在染色体的特定位置或特定生物学事件中代替 4 种常规组蛋白,形成替代核小体。这类核小体可能用来划分染色体的特定区域,或者赋予核小体特定的功能。组蛋白变体和常规组蛋白的主要区别在于:①常规组蛋白在细胞有丝分裂 S 期表达,而组蛋白变体不受细胞周期调控。②常规组蛋白在伴随 DNA 复制过程中组装为核小体,而包含组蛋白变体的核小体组装则是不依赖于 DNA 复制的。③常规组蛋白基因在基因组上以基因簇的形式分布,含有多个拷贝,而且不含内含子和 poly A 尾巴。组蛋白变体则含有内含子和 poly A 尾巴,并且以单拷贝形式存在。

目前,已知的组蛋白变体主要是组蛋白 H2A 和 H3 的变体。H2A 的变体包括 H2AX、H2A.Z、

MacroH2A 和 H2ABbd 等。H3 的变体主要包括 H3.3 和着丝点蛋白 A(centromere protein-A,CENP-A)。H2B 的变体只在特定组织(如睾丸)中发现了组织特异性的变体 H2BFWT 和 hTSH2B。目前组蛋白 H4 的变体尚未有明确报道。

CENP-A 是组蛋白 H3 在染色体着丝粒部位的特征变体,与含有着丝粒 DNA 的核小体结合,在酵母中亦称为 CenH3(centromeric H3)。着丝粒区域是染色体上的特化区域,为细胞有丝分裂时纺锤丝附着的部位,也是减数分裂中姐妹染色单体相互连结的部位。在这个染色体区域,CENP-A 替代了核小体中的组蛋白 H3 亚基。着丝粒的结构十分复杂,从外到内大致分为外层动粒、中间纤维层、内层动粒和含有 CENP-A 的核小体区域。这些核小体整合进动粒结构中,介导染色体与有丝分裂纺锤体的黏附。与 H3 相比,CENP-A 含有较长的 N 端尾巴,但含有相似的组蛋白折叠结构域,CENP-A 的掺入不大可能改变核小体的核心结构,然而,CENP-A 延伸的尾巴,可能给动粒的其他蛋白质组分(如 CCAN 蛋白)提供新的结合位点。

H2AX 是组蛋白 H2A 的一种变体,广泛分布于真核细胞染色体中。当染色体的 DNA 发生断裂时,在断裂染色体附近的组蛋白变体 H2AX 会被磷酸化。这种被磷酸化的 H2AX 可以被 DNA 修复酶特异性地识别,并促进修复酶定位到 DNA 损伤位点。此外,MacroH2A 是组蛋白 H2A 在雌性失活的 X 染色体上特异性存在的组蛋白变体。这些组蛋白变体是真核生物表观遗传学的重要组成部分,在细胞分化发育及染色体分离等过程中发挥着重要的调控作用。

3.2.6 染色质重塑复合物

DNA 包装进核小体对基因的表达有重要的影响。在多数情况下,蛋白因子要想靠近特定的 DNA 区域通常需要将核小体去除或使其与 DNA 的结合不那么紧密。为适应这个需要,DNA 与组蛋白八聚体的结合是一个动态的过程。在这个过程中,多数 DNA 区段会从与八聚体的紧密相互作用中短暂释放出来。由于许多 DNA 结合蛋白更易结合没有组蛋白覆盖的 DNA,因此 DNA 与组蛋白核心结构动态结合的特点十分重要。只有 DNA 从组蛋白八聚体上释放出来,或者结合到连接 DNA 上,这些蛋白质才能识别 DNA 上的结合位点,这一过程也称为染色质 DNA 的可及性。其中,位置越接近核小体中心的 DNA 结合位点越不易被蛋白质识别,而在核小体 DNA 的两端,结合位点最易于被蛋白质识别。这些发现表明,DNA 的暴露机制归因于 DNA 从核小体上解缠绕,而不是简单地从组蛋白八聚体表面伸出。

此外,有一些因子能作用于核小体,通过改变核小体的位置与与 DNA 相互作用的模式,以满足 DNA 可及性经常变化的需要。其中一类关键的蛋白因子称为核小体重塑复合物(chromatin remodeling complex)。这些蛋白复合物通过水解 ATP 产生能量,进而改变核小体与 DNA 的相互作用或核小体的位置,进而影响染色体 DNA 的可及性。这些核小体重塑复合物催化核小体的改变主要包括三种基本类型(图 3.13):一是滑动(sliding),即催化 DNA 沿着组蛋白八聚体表面滑动;二是转移(transfer),即核小体重塑复合物催化组蛋白八聚体从一个 DNA 螺旋向另一个 DNA 螺旋转移;三是进行常规组蛋白与组蛋白变体的交换。例如染色质重塑复合物 INO80 能够催化组蛋白 H2A 替换为 H2A.Z,从而改变染色质结构并调控基因表达。

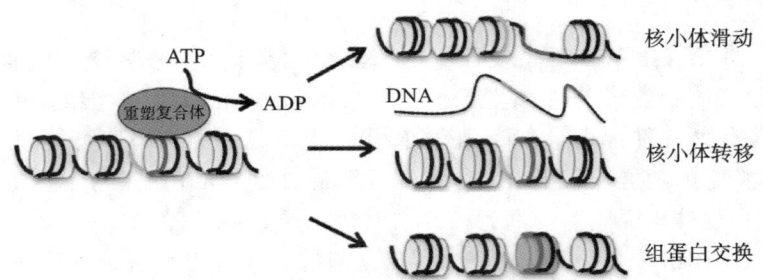

图 3.13　染色质重塑的类型

3.2.7 核小体定位

由于核小体与 DNA 的相互作用是动态的,并且没有序列特异性,大多数核小体的位置不固定。但在有些情况下,对核小体的位置或称为核小体的定位(positioning)进行调控是有利的。核小体定位除了受前面介绍的 DNA 结合蛋白(如染色体重塑复合物)的影响,还可由特定的 DNA 序列指导。这些 DNA 序列对核小体有高度的亲和力。由于结合在核小体上的部分 DNA 会发生弯曲,所以核小体优先在 DNA 易弯曲的区域形成。富含 A-T 碱基对的 DNA 有向小沟弯曲的内在倾向,因此富含 A-T 碱基对的 DNA 有利于组装其小沟面从而对组蛋白八聚体进行组装。然而,富含 G-C 碱基对的 DNA 则有相反的倾向,因此当小沟背离组蛋白八聚体时,有利于组装。每个核小体都试图使富含 A-T 和富含 G-C 序列的这种排列方式最大化(图 3.14)。对酵母的核小体定位研究揭示,高达 50% 的核小体能够严格定位,这可归因于这些核小体的组蛋白核心对其所包含的 DNA 序列具有结合倾向性。虽然这些序列可被优先结合,但它们不是核小体组装所必需的。通过其他蛋白质的作用,包括染色质重塑复合物和转录因子的结合,还可将核小体从其偏好的位置移除。

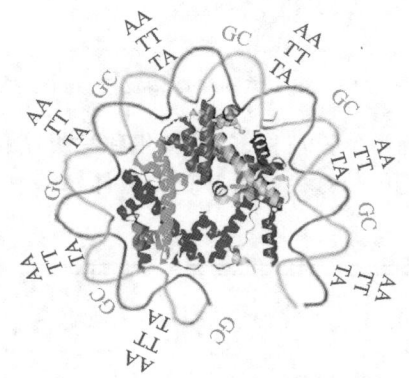

图 3.14 核小体与 DNA 的排列方式示意图

3.3 组蛋白修饰

3.3.1 组蛋白修饰简介

染色质是细胞内 DNA 与组蛋白缠绕的状态。核小体是染色质的基本单位,它由两份拷贝的四种核心组蛋白(H3、H4、H2A、H2B)构成一种八聚体结构,周围包裹着含约 147 bp 的 DNA 双链。自 Vincent Allfrey 在 19 世纪 60 年代初进行研究以来,人们发现组蛋白也是可以被翻译后修饰的,并且组蛋白上存在大量不同的组蛋白修饰。组蛋白修饰是组蛋白翻译后发生的共价修饰,包括甲基化、磷酸化、乙酰化、泛素化等。1997 年,核小体的高分辨率 X 射线结构的解析使得科学家对这些修饰如何影响染色质结构有了深入的了解(图 3.15,彩图 6)。X 射线结构表明,高度碱性的组蛋白氨基(N)端尾部可以从自身的核小体中突出并与相邻的核小体接触。这些 N 端组蛋白修饰会影响核小体间的相互作用,从而影响整体染色质结构。组蛋白修饰不仅可以调节染色质结构,还可以招募染色质重塑酶,这些酶利用 ATP 水解产生的能量来募集具有特定酶活性的蛋白质和复合物从而重新定位核小体。

核小体表面的组蛋白上存在多种不同类型的化学修饰,每个类别的组蛋白修饰分布在不同的修饰位点。一种假说认为组蛋白修饰可形成一种"组蛋白密码(histone code)",这种密码能被基因表达相关的蛋白质及其他一些与 DNA 相互作用的蛋白质识别。在这个密码体系中,组蛋白修饰的位点和修饰类型至关重要。组蛋白翻译后修饰的本质是组蛋白在可修饰氨基酸侧链上通过特定化学反应被添加或去除某一类化学基团,这一过程如图 3.16 所示。组蛋白甲基化即在精氨酸或赖氨酸的侧链基团上添加不同数量的甲

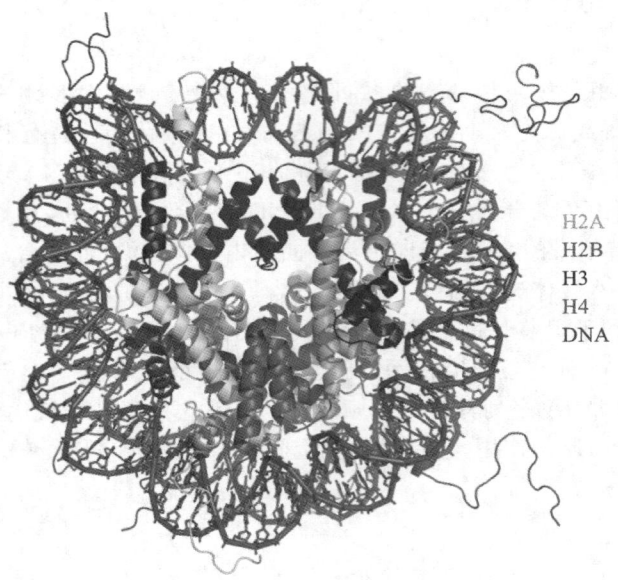

图 3.15　核小体晶体结构及核心组蛋白

基,根据甲基的数量,甲基化修饰被分为单甲基化、二甲基化和三甲基化,其中精氨酸的二甲基化又根据甲基的分布方式不同分为不对称二甲基化和对称二甲基化。具体每一种组蛋白修饰发生的氨基酸类型和所添加的化学基团如图 3.16 所示。

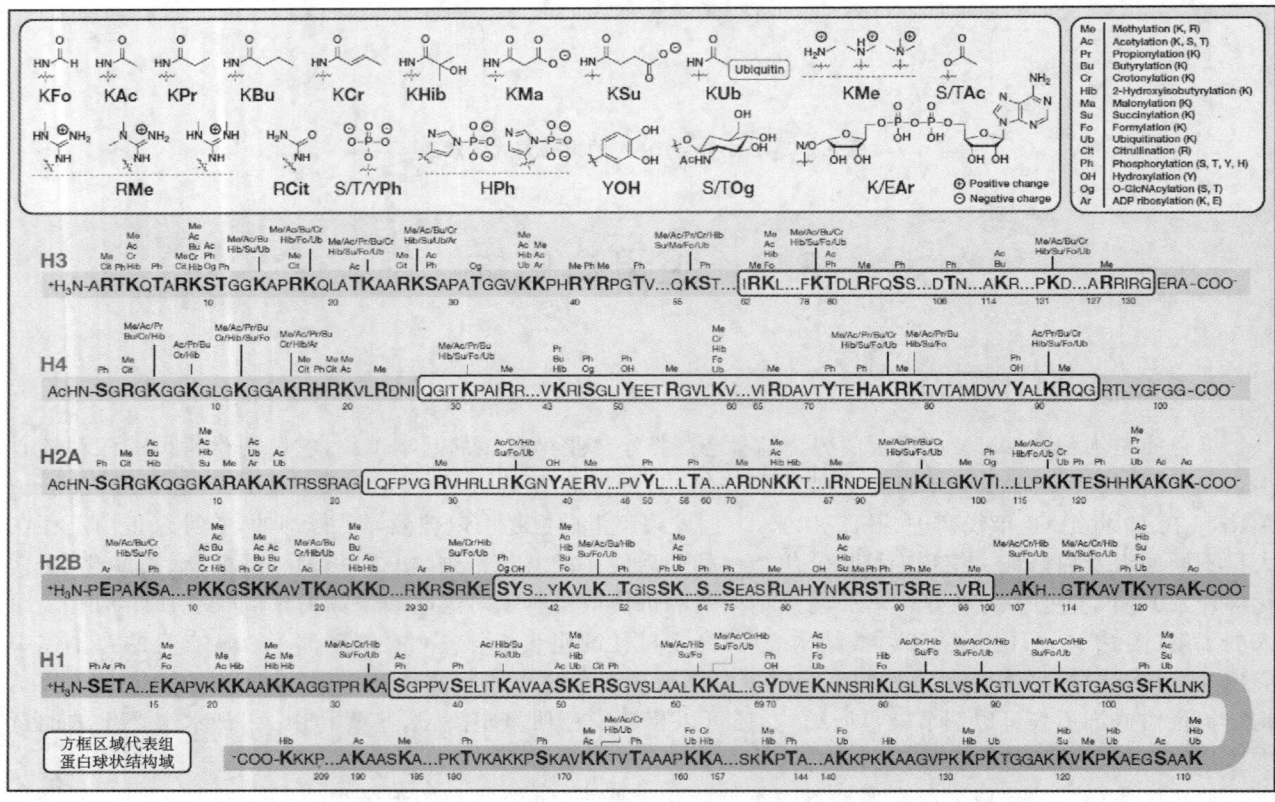

图 3.16　不同翻译后修饰类型以及发生的氨基酸残基

Methylation:甲基化;Acetylation:乙酰化;Propionylation:丙酰化;Butyrylation:丁酰化;Crotonylation:巴豆酰化;2-Hydroxyisobutyrylation:2-羟基异丁酰化;Malonylation:丙二酰化;Succinylation:琥珀酰化;Formylation:甲酰化;Ubiquitination:泛素化;Citrullination:瓜氨酸化;Phosphorylation:磷酸化;Hydroxylation:羟基化;O-GlcNAcylation:糖基化;ADP ribosylation:ADP 核糖基化

　　组蛋白的尾部可以同时存在不同类型的修饰,包括乙酰化(acetylation)、甲基化(methylation)、磷酸化(phosphorylation)和单泛素化(monoubiquitination)等(图 3.17)。不同的修饰可以发生在同一个氨基酸残基上,比如赖氨酸残基可以发生乙酰化、泛素化、生物素化、甲基化等,精氨酸残基可以发生甲基化、瓜氨酸化、ADP 核糖基化等。

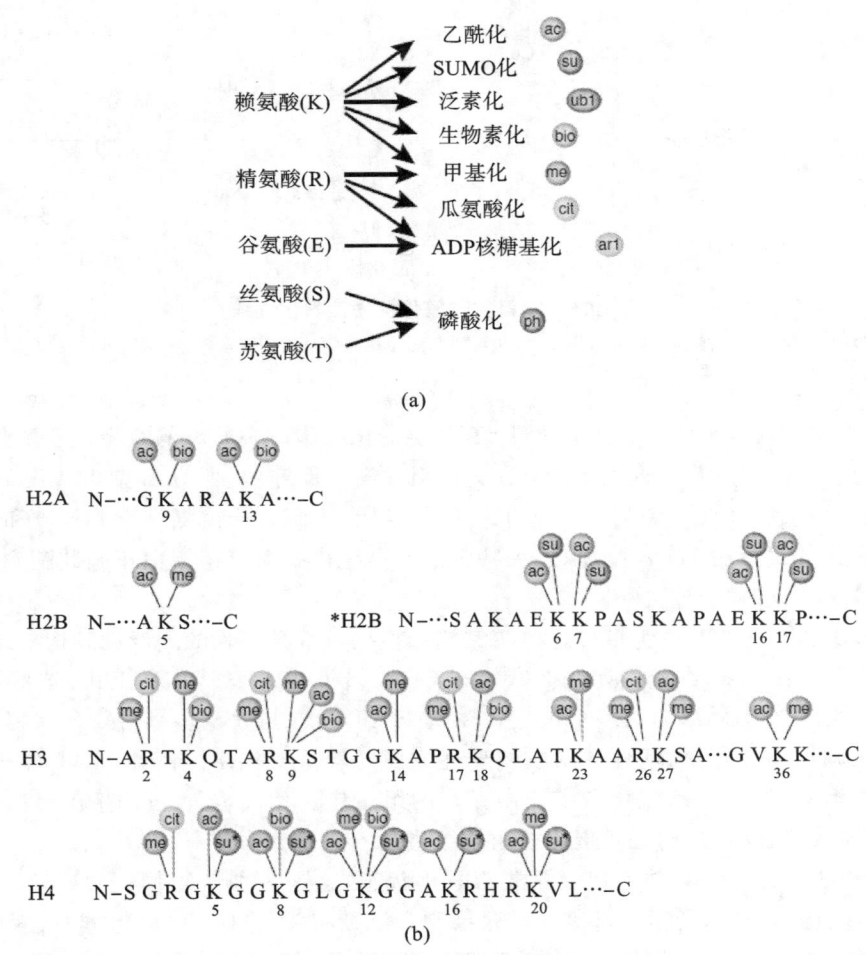

图 3.17　组蛋白修饰类型及位点

(a)已知的翻译后修饰及其修饰的氨基酸残基。(b)四种核心组蛋白上的修饰类型和修饰位点。ac:乙酰化;bio:生物素化;cit:瓜氨酸化;me:甲基化;su:SUMO 化;cit:瓜氨酸化

3.3.2　组蛋白修饰及其类型

3.3.2.1　组蛋白乙酰化与染色质结构

　　Allfrey 等人在 1964 年首次报道组蛋白的乙酰化修饰现象。赖氨酸的乙酰化是一个高度动态的过程,并且受到两个酶家族的反向作用,即组蛋白乙酰转移酶(HAT,或称为赖氨酸乙酰转移酶(KAT))和组蛋白脱乙酰酶(HDAC)的反向作用(图 3.18)。HAT 利用乙酰辅酶 A 作为辅因子,催化乙酰基向赖氨酸侧链的 ε-氨基转移,这一反应过程中和了赖氨酸的正电荷,从而可能削弱带正电荷的组蛋白和带负电荷 DNA之间的静电相互作用,导致局部 DNA 与组蛋白八聚体解开缠绕,使得染色体结构变得疏松。这种结构变化促进了参与转录调控的各种蛋白因子与 DNA 特异性序列结合,进而发挥转录调控作用。此外,乙酰化的组蛋白也可以招募含有溴化结构域(bromodomain)的转录因子或者蛋白质,从而调控基因表达等生物学过程。组蛋白 N 端尾部不仅可以参与维持染色质高级结构的多种蛋白质相互作用,还能进一步稳定核小体的结构,其对于染色质形成 30 nm 纤维是必需的。因此,组蛋白尾部的修饰(如乙酰化)会抑制组蛋白形成更为致密的染色质结构。

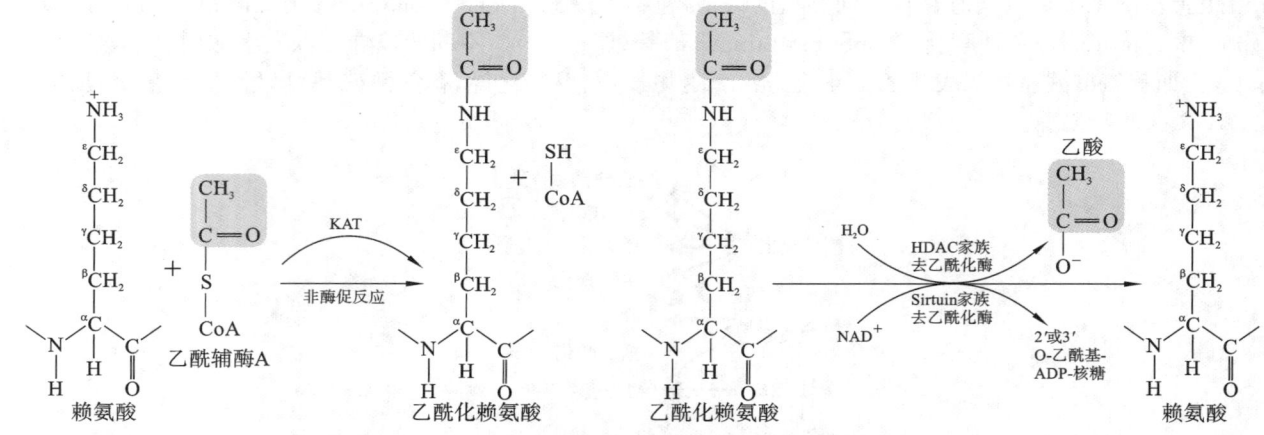

图 3.18 赖氨酸乙酰化及去乙酰化过程

赖氨酸乙酰转移酶（KAT）利用乙酰辅酶 A 作为辅因子，催化乙酰基向赖氨酸侧链的 ε-氨基转移。组蛋白去乙酰酶（HDAC）催化赖氨酸残基发生去乙酰化

　　HAT 主要分为两类：A 型和 B 型。B 型 HAT 主要催化细胞质中游离的组蛋白乙酰化，而不催化已经整合进染色质中的组蛋白乙酰化。这类 HAT 在进化上是高度保守的，所有 B 型 HAT 都与此类 HAT 的初始成员 Hat1 具有高度相似的序列。B 型 HAT 在组蛋白第 5 号赖氨酸（H4K5）和第 12 号赖氨酸（H4K12）催化新合成的组蛋白 H4 乙酰化，这种特定的乙酰化模式对于组蛋白正确装配到核小体上至关重要，该标记在后续过程中通常会被去除。

　　A 型 HAT 是比 B 型 HAT 更为多样化的酶家族。根据氨基酸序列的同源性和构象结构，它们可以分为至少三个独立的类别：GNAT 家族、MYST 家族和 CBP/p300 家族。从广义上讲，这些酶家族中的每一个成员都会修饰组蛋白 N 端尾部内的多个位点。A 型 HAT 通常与大型多蛋白复合物相关联。这些复合物中的各个组分在调控酶的募集、活性和底物特异性方面起着重要作用。例如，从酵母中纯化的 Gcn5 酶能够乙酰化游离组蛋白，但不能乙酰化核小体内存在的组蛋白。相反，当 Gcn5 存在于乙酰转移酶复合物 SAGA 中时，它可高效地、以正协同方式催化核小体组蛋白乙酰化。

　　HDAC 可对抗 HAT 的作用，并逆转赖氨酸乙酰化状态，这是一种恢复赖氨酸带正电荷作用的过程，能促进局部染色质结构的稳定，通常与基因的转录抑制和沉默有关。HDAC 酶家族有四类：Ⅰ 类和 Ⅱ 类分别含有与酵母 Rpd3 和 Hda1 最为同源的酶，Ⅳ 类只有一个成员，即 HDAC11，而 Ⅲ 类（称为 sirtuin）与酵母 Sir2 同源（图 3:19，彩图 7）。与其他三类 HDAC 相比，Ⅲ 类需要特定的辅助因子（NAD^+）来发挥其去乙酰化酶活性。

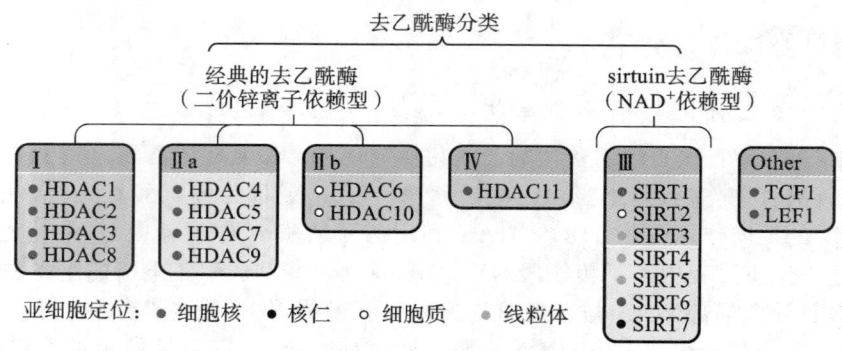

图 3.19 组蛋白去乙酰酶的分类

　　HDAC 本身具有相对较低的底物特异性，意味着单一酶能够催化组蛋白内部多个位点的去乙酰化过程。这种性质使得酶的募集和特异性识别问题进一步复杂化，因为去乙酰化酶通常存在于多个不同的复合物中，而且与其他 HDAC 家族成员一起存在。例如，HDAC1 与 HDAC2 一起存在于 NuRD、Sin3a 和

Co-REST 等复合物中,因此,很难确定哪种 HDAC(特定的 HDAC 和/或其参与的复合物)负责某一特定的去乙酰化作用。

3.3.2.2 组蛋白甲基化

组蛋白甲基化主要发生在赖氨酸和精氨酸的侧链基团上,并且这一过程不会改变组蛋白的电荷分布。组蛋白甲基化相对于其他修饰更为复杂,因为它会呈现不同的状态,例如赖氨酸残基可以是单甲基化(me1)、二甲基化(me2)或三甲基化(me3),而精氨酸残基可以是单甲基化、对称二甲基化(me2s)或不对称二甲基化(me2a)。

第一个被鉴定出来的组蛋白赖氨酸甲基转移酶(histone lysine methyltransferase,HKMT)是特异性靶向组蛋白 H3 的第 9 位赖氨酸(H3K9)的 SUV39H1。由于 H3K9 甲基化是异染色质蛋白 1 (heterochromatin protein 1,HP1)在染色质上的结合位点(docking site),所以组蛋白 H3K9 甲基化在异染色质形成及基因转录调控中具有重要的作用。后续鉴定出的许多 HKMT 也可以使组蛋白 N 端的赖氨酸残基甲基化。所有甲基化 N 端赖氨酸的甲基转移酶都含有一个所谓的 SET 结构域,该结构域具有甲基转移酶活性。SET 结构域是许多组蛋白赖氨酸甲基转移酶(HKMT)的特征性结构域,负责催化组蛋白的甲基化过程,将甲基从 S-腺苷甲硫氨酸(SAM)转移到赖氨酸的 ε-氨基。Dot1 是唯一一个不包含 SET 结构域的甲基转移酶,负责催化组蛋白球状核心区域内 H3K79 甲基化。

组蛋白甲基化影响染色质的结构。组蛋白 H3K9me3 是异染色质区域的标记,H3K9me3 有助于招募 HP1 等其他相关蛋白质,进而促进异染色质的组装和维持。2024 年,中国科学院生物物理研究所朱冰课题组发现锌指蛋白(zinc finger protein)ZNF512 和 ZNF512B 能够特异性地定位于旁着丝粒异染色质区域,招募 SUV39H 家族蛋白,进而催化组蛋白 H3K9me3,介导异染色质的组装过程。另一项研究表明,组蛋白甲基转移酶 SET7/9 可以在体外环境中或细胞内催化 SUV39H1 的第 105 位赖氨酸和第 123 位赖氨酸发生甲基化修饰,这种修饰在 DNA 损伤情况下增加,并且 SUV39H1 的这种甲基化修饰下调其自身的活性,导致异染色质结构的松弛和基因组的不稳定(图 3.20)。

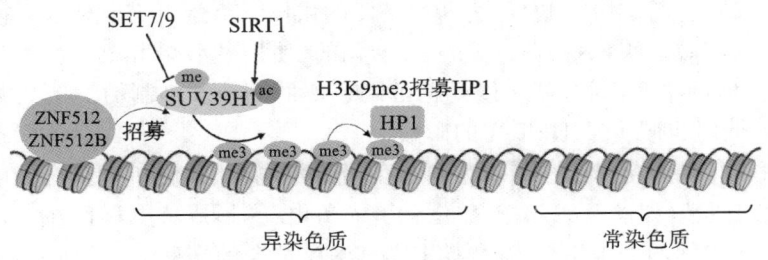

图 3.20 组蛋白 H3K9me3 与异染色质形成

精氨酸甲基转移酶(protein arginine methyltransferase,PRMT)有 Ⅰ 型和 Ⅱ 型两类。Ⅰ 型酶产生单甲基化(me1)修饰和不对称二甲基化(me2a)修饰,而 Ⅱ 型酶产生单甲基化修饰和对称二甲基化(me2s)修饰。这两种类型的 PRMT 共同构成一个相对较大的蛋白质家族(包含 11 个成员),被称为 PRMT 家族。所有这些酶都具备将甲基从 S-腺苷甲硫氨酸转移到各种底物中精氨酸的 ω-胍基上的作用。

组蛋白甲基化最初被认为是一种稳定的静态修饰方式。然而,后续研究发现,赖氨酸和精氨酸存在去甲基化的机制。逆转精氨酸甲基化的一种方法是脱亚胺反应,该反应将精氨酸转化为瓜氨酸。2004 年,研究人员发现了第一个利用黄素腺嘌呤二核苷酸(FAD)作为辅助因子的赖氨酸去甲基化酶,它被称为赖氨酸特异性去甲基化酶 1(LSD1)。2006 年,研究人员发现了另一类赖氨酸去甲基化酶 JMJD2。JMJD2 催化 H3K9me3 和 H3K36me3 的去甲基化反应,其位于 JMJC 的 jumonji 结构域内。JMJD2 采用与 LSD1 不同的催化机制,它使用 Fe^{2+} 和 α-酮戊二酸作为辅助因子,以及通过自由基攻击的方式实现去甲基化过程。以下是常见的组蛋白甲基化位点及其对应的甲基转移酶和去甲基化酶(图 3.21,彩图 8)。

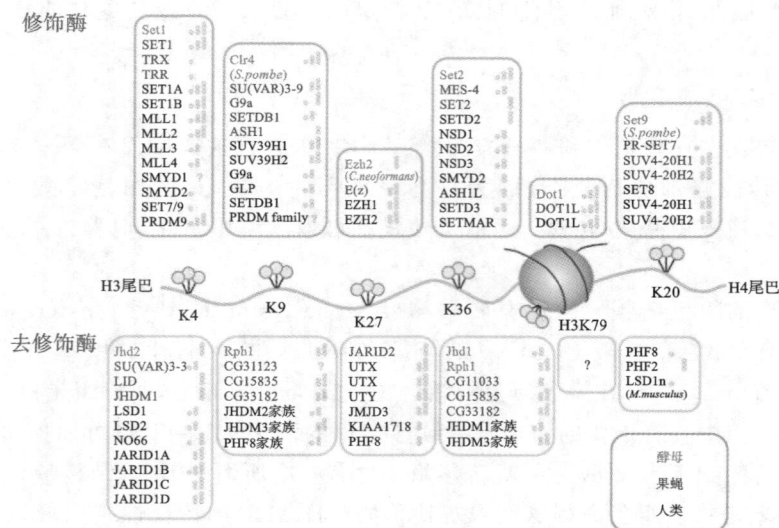

图 3.21　常见的组蛋白甲基化位点及其对应的甲基转移酶和去甲基化酶

3.3.2.3　组蛋白磷酸化

磷酸化是最常见的翻译后修饰类型,因为磷酸激酶调节的信号转导可以起始于细胞表面,通过细胞质进入细胞核,从而导致基因表达的变化,组蛋白是较早被发现具有磷酸化修饰的蛋白之一。与组蛋白乙酰化一样,组蛋白的磷酸化过程也是高度变动的。它发生在丝氨酸、苏氨酸和酪氨酸残基上,主要但不限于组蛋白 N 端尾部。修饰的发生由蛋白质激酶(protein kinase)催化,磷酸化修饰的去除由磷酸酶(phosphatase)执行。

在磷酸化反应中,组蛋白激酶将磷酸基团从 ATP 转移到靶氨基酸侧链的羟基上。大多数组蛋白的磷酸化是由蛋白激酶催化的,它们使用 ATP 作为磷酸基团的供体。组蛋白 H3 的苏氨酸 11(H3T11)的磷酸化是一个特例,它是由丙酮酸激酶(pyruvate kinase)催化的,使用磷酸烯醇式丙酮酸(PEP)作为磷酸基团的供体。PEP 作为糖酵解的中间产物,其丰度受糖酵解速率的调节。抑制糖酵解或敲除烯醇化酶会导致细胞内 PEP 浓度降低,同时也减少了 H3T11 的磷酸化。

在磷酸化反应过程中,磷酸化修饰会给组蛋白显著增加负电荷,这种负电荷会影响染色质结构。在四膜虫中,组蛋白 H1 特定残基(如丝氨酸)的磷酸化会引入负电荷,形成负电群区域。这种修饰降低了组蛋白 H1 与带负电的 DNA 之间的静电结合力,影响其与 DNA 结合的亲和力,增加周边染色质的转录潜力。某些与 DNA 结合的蛋白质可以被磷酸化从而可能会被移除,例如,有丝分裂特异性的组蛋白 H3S10 磷酸化(H3pS10)会导致 HP1 的结合亲和力降低。在染色质重塑的过程中,磷酸化可以作为其他组蛋白修饰的相互作用平台,影响染色质的状态。例如,MAPK 信号通路中的二级激酶 MAP2K6 可以通过磷酸化 Gatad2b 蛋白来打开异染色质结构,进而促进组蛋白乙酰化修饰,提高基因的表达水平。此外,磷酸化也可以间接影响染色质的结构。例如,组蛋白 H3T11 磷酸化可影响组蛋白脱乙酰酶 SIRT1/Sir2 的表达水平,从而间接调控染色质的结构。

作为由糖代谢酶丙酮酸激酶(pyruvate kinase,PK)催化的组蛋白磷酸化修饰,H3T11 磷酸化(H3pT11)修饰参与细胞的众多生命活动。在酿酒酵母中,包含 S-腺苷甲硫氨酸合成酶、乙酰辅酶 A 合成酶等众多组分的 SESAME 复合物,可以催化组蛋白 H3T11 发生磷酸化修饰,并由调控糖原合成的酶 Glc7 进行去磷酸化修饰。研究表明,糖酵解中间产物果糖 1,6-二磷酸(FBP)可以调节丙酮酸激酶 Pyk1 的活性,从而影响整体的 H3pT11 水平。在端粒区域,H3pT11 能够招募沉默信息复合物蛋白 Sir2,从而维持端粒的异染色质结构。在衰老过程中,SESAME 催化的 H3pT11 可直接抑制自噬相关基因的表达,阻止自噬途径介导的 Sir2 降解,进而维持端粒结构的完整性。此外,H3pT11 还是首次被报道的能够负调控 Dot1 催化的 H3K79me3 的组蛋白修饰,H3pT11 与 H3K79me3 在染色体分布和结合上呈显著负相关,但二者又协同地维持端粒异染色质结构的稳定。在哺乳动物细胞中,磷酸甘油酸脱氢酶(PHGDH)能激活PKM2,催化组蛋白 H3T11 的磷酸化修饰并延缓细胞衰老,这一复杂调控网络如图 3.22 所示。

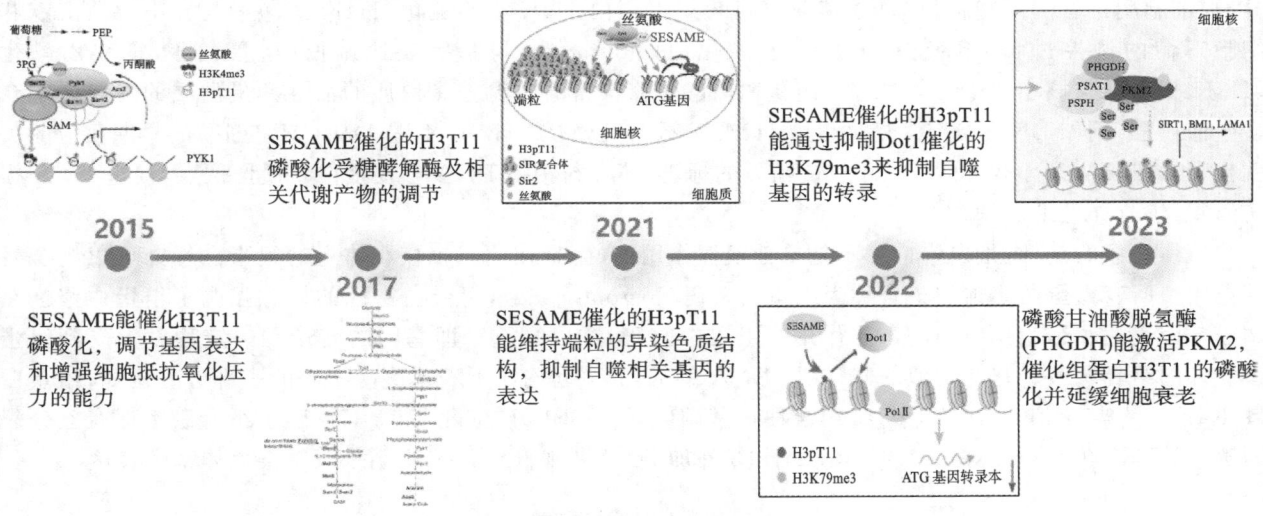

图 3.22　组蛋白 H3T11 磷酸化修饰的功能

大多数组蛋白磷酸化位点位于 N 端尾部。但是核心区域内的磷酸化位点同样存在,例如 H3Y41 的磷酸化是由非受体酪氨酸激酶 JAK2 催化的。组蛋白 H4T80 的磷酸化修饰是由 PAK 家族的 Cla4 成员催化。组蛋白磷酸酶的报道相对较少。已有报道组蛋白 H3T11 的去磷酸化是由蛋白磷酸酶 PP1 家族的磷酸酶 PPP1CA 执行的。在酿酒酵母中,调控糖原合成的酶 Glc7 负责 H3T11 的去磷酸化功能。

3.3.2.4　泛素化和 SUMO 化

泛素化和 SUMO 化与翻译后修饰的乙酰化、磷酸化和甲基化差别很大,后三者均为小的化学基团对氨基酸侧链进行的翻译后修饰,而泛素化和 SUMO 化则是大的多肽分子修饰,所有先前描述的组蛋白修饰都会导致氨基酸侧链的分子变化相对较小。相比之下,泛素化和 SUMO 化修饰会导致相对分子质量变大。泛素与 SUMO 在序列上有 18% 的相似性,且二者具有相似的三维结构,但其表面电荷分布并不相同。泛素本身是一种由 76 个氨基酸组成的多肽,通过三种酶(E1 激活酶、E2 结合酶和 E3 连接酶)的顺序作用连接到组蛋白赖氨酸残基上。酶复合物共同决定底物特异性(即靶向赖氨酸残基)以及泛素化程度(即单泛素化或多泛素化),泛素化修饰还因修饰位点的不同可以起抑制或激活基因转录的作用。对组蛋白而言,单泛素化较为常见,H2A 和 H2B 中有两个确切的泛素化位点。组蛋白 H2A 的第 119 位赖氨酸泛素化(H2AK119ub1)参与基因沉默过程,而组蛋白 H2B 的第 123 位赖氨酸泛素化(H2BK123ub1)在转录起始和延伸中起重要作用。尽管泛素化是一个相对较大的修饰,但它仍然是一个高度变动的修饰过程,可以通过去泛素酶(异肽酶)的作用去除。

SUMO 化是一种抑制性组蛋白翻译后修饰,与泛素化相关。涉及小泛素样修饰分子通过 E1、E2 和 E3酶的作用与组蛋白赖氨酸残基共价连接。在所有四个核心组蛋白上都检测到了 SUMO 化修饰的存在。由于 SUMO 化和泛素化以及乙酰化都可以发生在赖氨酸残基上,因此,SUMO 化修饰可以通过拮抗乙酰化和泛素化起作用。它主要与抑制功能有关,一方面通过封闭组蛋白上的赖氨酸位点抑制其功能,另一方面可以通过结合在 DNA 的抑制因子上为染色质招募组蛋白去乙酰酶来发挥作用。

3.3.3　组蛋白修饰的作用

组蛋白翻译后修饰的作用十分强大,它们可以通过改变 DNA 以及与其他核蛋白的相互作用来调空染色质的结构和与 DNA 有关的各种生命活动。在细胞核内,组蛋白甲基化会影响 DNA 的转录活性,激活或者抑制基因的表达。例如,基因启动子区域的 H3K4 三甲基化(H3K4me3)可以招募 RNA 聚合酶来促进基因的转录,而基因编码区域的 H3K27 三甲基化(H3K27me3)则会阻止 RNA 聚合酶的延伸,从而抑制基因的转录。组蛋白乙酰化与多种细胞过程的调控密切相关,包括染色质动力学、基因转录、基因沉默、细胞分裂、细胞凋亡、DNA 复制和 DNA 修复等过程。组蛋白 H4K16 乙酰化(H4K16ac)参与异染色质沉默和细胞寿命的调控过程;组蛋白 H3K14 乙酰化(H3K14ac)参与基因表达调控;组蛋白 H3K56 乙酰化(H3K56ac)参与核小体组装等过程。组蛋白磷酸化修饰常通过调控蛋白质的活性和蛋白质的降解影响众多生命过程,例如 DNA 损伤修复过程中 H2A. X 磷酸化形成 γH2A. X,是 DNA 双链断裂的早期反应的关键步骤。γH2A. X 不仅作为 DNA 双链断裂的标记,还参与招募 DNA 修复蛋白到损伤位点,促进 DNA 损伤修复过程,详见第 5 章。

值得注意的是,组蛋白修饰并不是单独发挥作用的,而是在同一个核小体上的组蛋白修饰可以组合发挥作用。所有组蛋白修饰的集合称为组蛋白密码(histone code),组蛋白密码的概念强调了组蛋白修饰在调控基因表达和细胞功能中的重要作用。组蛋白密码是一种假设,即基因的转录在一定程度上受到组蛋白修饰的组合调节。它与类似的修饰(如 DNA 甲基化)一起构成了表观遗传密码的一部分。例如,组蛋白 H3K4me2/3 与 H3K9/14/18/23ac 组合促进基因转录;H3S10 磷酸化与 H3K9/14ac 组合激活促有丝分裂原诱导的基因转录;H3K9me3 与 H3K27me3 外加 DNA 甲基化(5mC)则用来沉默染色体基因表达。

思　考　题

1. 结合本章内容并查阅资料,列举 10 个组蛋白修饰过程以及相关的修饰酶。

2. 简述染色质的四种结构。

3. 描述染色质在不同状态下(如紧密的异染色质和较为松散的常染色质)对基因表达的影响。讨论组蛋白修饰如何通过改变染色质结构来调控基因的活性。

4. 比较原核生物和真核生物基因组的特征,查阅资料并列举 5 种常见的模式生物基因。

5. 描述中心法则中转录和翻译的基本过程,并比较这两个过程在遗传信息传递中的相似点和不同点。请讨论在转录过程中 RNA 聚合酶的作用以及在翻译过程中核糖体的功能。

6. 逆转录是中心法则的一个例外,它允许 RNA 信息被转录回 DNA。请解释逆转录过程并讨论逆转录在某些病毒复制和基因工程中的重要性。

7. 简述孟德尔、摩尔根、沃森等人对分子生物学发展的主要贡献。

8. 早期主要有哪些实验证明 DNA 是遗传物质?写出这些实验的主要步骤。

9. 简述分子生物学的主要研究内容。

10. 谁提出了 DNA 的双螺旋结构模型?简述其主要实验依据及其在分子生物学发展中的重要贡献。

11. 什么是转座子?转座子可分为哪些类型?

本章思维导图

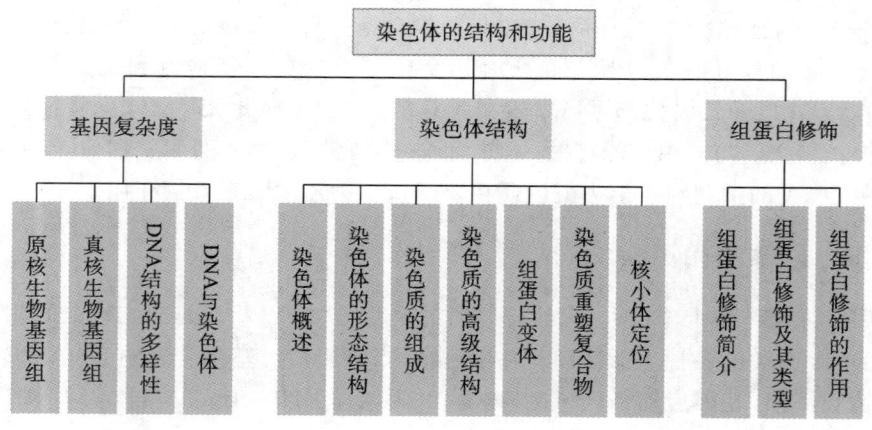

第 4 章
DNA 复制

扫码看课件

前面几章深入探讨了生物大分子的复杂世界,特别是核酸和蛋白质这两类关键生物大分子的多样性与功能,详细分析了核酸的结构和分类,包括 DNA 和 RNA 的化学组成及它们在遗传信息储存和表达中的作用。通过前面几章的学习,同学们对蛋白质的结构、功能以及它们如何通过复杂的折叠和相互作用来执行生物学功能有了全面的了解。此外,前面几章还详细介绍了染色质的结构,这一结构由 DNA 和组蛋白等蛋白质复合物在细胞核中的有序排列形成,对基因表达调控具有重要影响。

随着我们对这些基本生物大分子认识的逐渐加深,现在我们将聚焦于一个至关重要的生物学过程——DNA 复制。DNA 复制是细胞分裂和遗传信息传递的基础,涉及精密的酶催化反应和复杂的调控机制。在接下来的章节中,我们将详细探讨 DNA 复制的详细步骤,包括起始、延伸、终止以及复制过程中的保真性和错误修复机制。这些内容不仅对于理解细胞如何维持其遗传完整性至关重要,也是现代生物技术和遗传学研究的基石。

4.1　DNA 复制概述

DNA 复制(DNA replication)是生物体内一种精密而复杂的生物化学过程,它在维持遗传信息的准确传递方面扮演着关键的角色。这个过程遵循中心法则,确保亲代细胞所携带的遗传信息被精确地传递给子代细胞。DNA 作为遗传信息的主要载体,其双链结构以及自我复制的机制是保持信息完整性和准确性的基础。DNA 复制的首要目标是以亲代 DNA 分子为模板,合成与其完全一致的子代 DNA 链。这一过程由 DNA 聚合酶等多个酶类协同完成。DNA 复制过程包括以下几个关键步骤:①DNA 链的解旋和分离。DNA 双螺旋结构首先在解旋酶(helicase)的作用下解旋,形成两条单链模板。②引物(primer)的合成。在每条单链上,合成的引物为 DNA 聚合酶提供一个起点。这一过程由 DNA 引物合成酶(primase)催化。③DNA 链聚合。DNA 聚合酶沿着模板链合成新的 DNA 链。该酶能够将游离在细胞核中的脱氧核苷酸与模板链上的互补碱基配对,形成新的 DNA 链。④连接。引物被特定的引物酶去除,并由 DNA 连接酶将新合成的 DNA 片段连接在一起,形成连续的链。⑤错误修复。DNA 修复酶系统检查并修复复制过程中可能出现的错误,以确保遗传信息的准确性。

DNA 的双链结构对于复制的准确性至关重要。每条链作为模板确保了新合成的链与原始链一一对应。这种亲代 DNA 的自我复制机制,使得细胞分裂后两个子代细胞都携带着与亲代细胞完全相同的遗传信息。因此,DNA 复制不仅维持了个体的遗传一致性,还是生命的延续和进化的基础。

4.2 DNA 复制的基本特征

4.2.1 DNA 复制的半保留机制

Watson 和 Crick 在 1953 年提出的 DNA 双螺旋结构模型是分子生物学领域的一个里程碑,该模型揭示了 DNA 分子由两条互补的核苷酸链组成,其中腺嘌呤(A)与胸腺嘧啶(T)之间通过两个氢键相连,而胞嘧啶(C)与鸟嘌呤(G)之间通过三个氢键相连,这种特定的碱基配对原则是 DNA 精确复制的关键。在 DNA 复制过程中,复制叉作为新 DNA 合成的活跃中心起着重要作用,解旋酶首先在复制起点将双螺旋结构解开,形成两条单链模板,随后 DNA 聚合酶在这些模板上合成新的互补链,实现遗传信息从亲代细胞向子代细胞的准确传递。复制叉的形成和移动是一个复杂的过程,涉及一系列蛋白质的协同作用,包括解旋酶、DNA 引发酶、DNA 聚合酶和单链结合蛋白等。

1958 年,Meselson 和 Stahl 通过一项巧妙的实验,利用氮的同位素标记技术,证实了 DNA 复制的半保留机制,即每个新的 DNA 分子都包含一条原始的亲链和一条新合成的子链(图 4.1(a),彩图 9)。这一发现不仅证实了 Watson 和 Crick 的模型,而且为理解遗传信息的传递机制提供了坚实的实验基础。该实验选择了大肠杆菌作为研究对象。首先,将细菌在含有重氮(^{15}N)的培养基中培养,使细菌的 DNA 中含有 ^{15}N。然后将细菌转移到含有轻氮(^{14}N)的培养基中培养,并在不同的时间点收集 DNA 样本,通过氯化铯(CsCl)密度梯度离心技术,利用 DNA 的密度差异将不同同位素标记的 DNA 分开。如果 DNA 复制是半保留的,那么在复制初期(即第一代细胞分裂后),DNA 复制了一次,将全部是杂合分子,即每条链含有一个 ^{15}N 标记的带和一个 ^{14}N 标记的带。这些杂合分子在密度梯度上的位置将处于纯合分子[^{15}N-^{15}N]DNA 与纯合分子[^{14}N-^{14}N]DNA 之间。在 ^{14}N 培养基上完成第二代细胞分裂后,在密度梯度上会表现为一半是杂合分子[^{15}N-^{14}N]DNA,一半是纯合分子[^{14}N-^{14}N]DNA。再随着时间的推移,复制次数的增加,纯合分子[^{14}N-^{14}N]DNA 的比例逐渐升高(图 4.1(b))。这一实验结果不仅验证了 Watson 和 Crick 提出的 DNA 双螺旋结构模型的复制机制,而且为现代遗传学、生物技术和医学研究奠定了基础,对理解细胞如何精确复制和传递遗传信息具有重大意义。

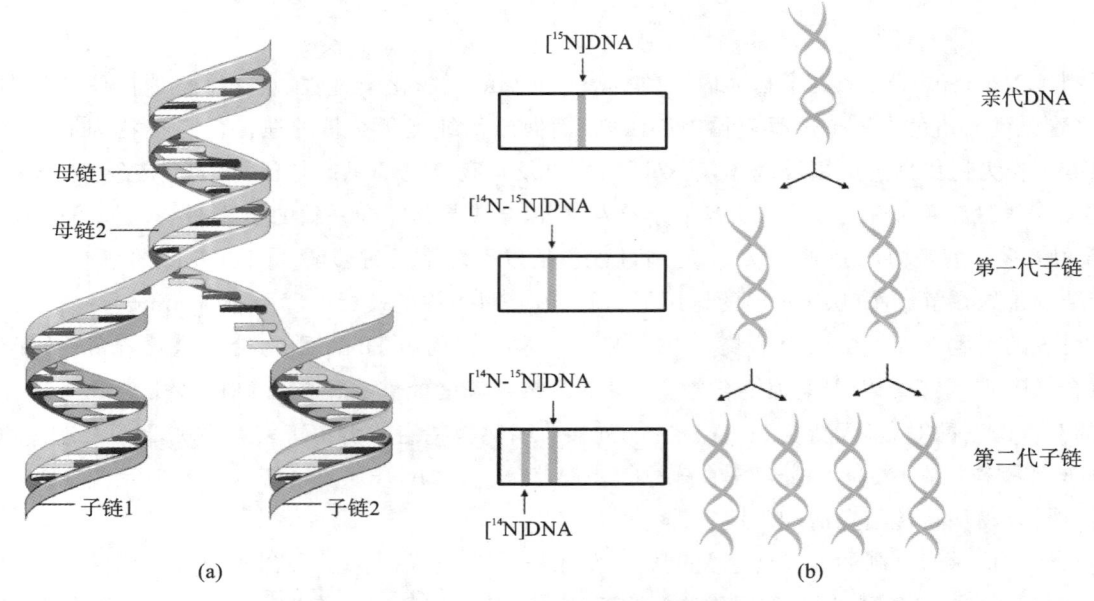

图 4.1 DNA 半保留复制示意图

(a)复制叉处的 DNA 半保留复制。(b)半保留复制的验证,左图表示生长不同的代数时 DNA 被 ^{15}N 标记的情况及其在 CsCl 的密度梯度中的位置;右图表示相应的 DNA 分子

那么,生物体选择半保留的 DNA 复制机制有什么生物学意义呢? 它是生物体维持遗传信息稳定、实现遗传稳定性和促进进化的基础机制之一。首先,半保留复制机制能够维持遗传一致性,确保每一代细胞携带与亲代细胞相同的遗传信息,维持了物种内部的遗传连续性。其次,半保留复制机制能够实现遗传信息传递。DNA 作为生物体内遗传信息的载体,通过半保留复制确保了遗传信息的传递。新合成的 DNA 链承载着亲代 DNA 的遗传信息,通过细胞分裂传递给下一代细胞,从而实现生物体的生命延续。此外,半保留复制机制是遗传多样性的基础。半保留复制虽然维持了遗传一致性,但新合成的 DNA 链可能包含一些突变或修复错误,这些变异为生物体提供了基础的遗传多样性。这种多样性是进化的驱动力,使得物种能够更好地适应环境的变化。总体而言,半保留复制是生物体在维持遗传一致性的同时引入变异的重要机制。这种机制为生物体适应不断变化的环境提供了灵活性,推动了生物的进化,同时确保了遗传信息的稳定传递。

4.2.2　DNA 复制的方向为 5′→3′

DNA 复制的方向与 DNA 聚合酶(DNA polymerase)的活性有关,DNA 聚合酶负责合成新 DNA 链。它通过将游离在细胞质中的核苷酸与模板链上的互补碱基进行配对,构建新的 DNA 链。由于 DNA 聚合酶具有在 3′ 端添加新的核苷酸的作用,因此,DNA 复制是沿 5′→3′ 方向进行的,这一特点对于细胞中 DNA 合成的准确和稳定至关重要。

DNA 复制的底物是由脱氧核苷三磷酸(dNTP)组成的,具体包括 dATP、dGTP、dCTP 和 dTTP 四种。在 DNA 复制过程中,DNA 聚合酶负责将新的核苷酸单元(dNTP)加至正在合成的 DNA 链上。这个反应发生在已合成 DNA 链的 3′-OH 端,即在已经形成的 DNA 链的 3′ 末端的羟基上进行添加,形成磷酸二酯键。在 DNA 聚合反应中,dNTP 的三个磷酸基团中的两个(即焦磷酸,pyrophosphoric acid,PPi)会被释放,形成焦磷酸盐,这个过程有能量释放(图 4.2)。DNA 聚合酶通过形成磷酸二酯键将新的 dNMP(脱氧核苷酸单磷酸酯)添加到已经合成的 DNA 链的 3′-OH 端。这个过程导致新的核苷酸与已有链的 3′-OH 形成共价连接。这个过程在整个 DNA 复制过程中不断重复,每次添加一个新的核苷酸,DNA 链就会逐渐延长。

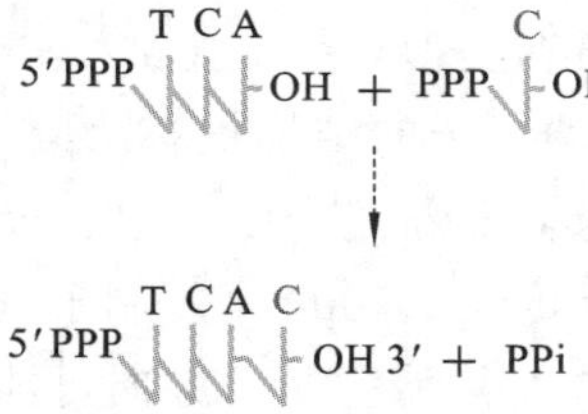

图 4.2　DNA 复制具有方向性
DNA 复制沿 5′→3′ 方向进行,在 3′-OH 端发生聚合反应,形成磷酸二酯键

4.2.3　DNA 的半不连续复制

DNA 复制是细胞分裂中的关键生物学过程,它确保新生细胞继承与母细胞相同的遗传信息。然而,由于 DNA 双螺旋的两条链是反向平行的,且 DNA 聚合酶只能沿 5′→3′ 方向催化新链合成,这导致了两条链无法同时进行完全相同的复制过程。那么方向为 5′→3′ 的那一条亲本链是如何完成 DNA 复制过程的呢? 为了解释这一现象,冈崎等学者提出了 DNA 的半不连续复制模型。该实验模型已成为我们对 DNA 合成机制的基本认识之一。冈崎等人使用大肠杆菌为研究对象,并使用 ³H 脱氧胸苷这一放射性同位素来标记 DNA。通过将 ³H 脱氧胸苷添加到培养大肠杆菌的培养基中,但标记时间被限制得很短(几秒钟时间),以确保只有一小部分 DNA 链被标记。经过标记后,大肠杆菌的 DNA 被提取出来,这可以通过细胞破裂和化学方法来实现。提取的 DNA 经过变性处理(即通过升温使标记的双链解开成两条单链),并通过进一步的超速离心技术观察到了长度为 1000~2000 bp(真核生物中是 100~200 bp)的 DNA 片段,这些片段

后来被称为冈崎片段。若延长标记时间,他们发现这些冈崎片段可以转变为成熟的 DNA 长链。这表明冈崎片段是 DNA 复制过程的中间产物,为半不连续复制模型提供了强有力的证据。

在 DNA 复制中,一条链(前导链)沿着模板链的 $3'{\rightarrow}5'$ 方向移动,但自身的合成方式为 $5'{\rightarrow}3'$ 方向进行连续复制,这与模板链的解旋方向一致。而另一条链(后随链)沿着模板链的 $5'{\rightarrow}3'$ 方向移动,进行不连续的复制过程,其合成方向与模板链的解旋方向相反,形成不连续的冈崎片段,之后冈崎片段被 DNA 连接酶连成一条连续的 DNA 链(图 4.3)。实际上,在复制过程中,后随链模板会形成一个回环结构(回转 180°),使得环中的 RNA 引物和冈崎片段的合成方向与前导链一致,以使双链能够在同一复制叉上进行复制,此现象称为后随链的回环现象。

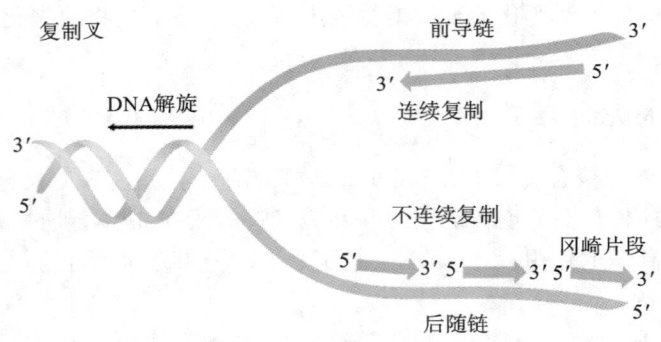

图 4.3 DNA 的半不连续复制

冈崎片段或新生片段在后随链上逐渐形成

4.2.4 DNA 复制的一些基本概念

4.2.4.1 复制子和复制叉

复制子(replicon)是生物体内能够独立进行复制的基本单位。DNA 复制是一个由特定起始点开始并在特定终止点结束的过程。这个过程形成了一个复制子,它包含了从起点到终点的 DNA 序列区域。在 DNA 复制中,双链 DNA 需要解开成两股链,类似于一个拉链拉开一样的过程,形成两条单链,这个过程发生在复制起始点,而复制起始点呈现出一种叉子的结构被称为复制叉(replication fork)。复制叉是 DNA 复制过程中的关键结构,标志着 DNA 链分离和新链合成的起点。真核生物染色体中的长链线形 DNA 分子由多个复制子构成,哺乳动物细胞有 50000~100000 个复制子,每个复制子长 40~200 kb。复制叉从复制起始点开始,沿着 DNA 链连续移动。这种移动有两种方向可能性:单向复制和双向复制。单向复制指一个复制叉从起始点开始,沿着 DNA 链的一个方向前进,形成新的 DNA 链,类似于单行道上车辆的单向行驶。双向复制是在起始点处形成两个复制叉,它们分别沿着 DNA 链的相反方向等速前进,分别形成新的 DNA 链,类似于双行道上车辆的同时双向行驶。

4.2.4.2 复制起始和终点

DNA 复制是生物体维持遗传信息稳定传递的重要过程,涉及多种生物体细胞及其内部细胞器(如线粒体和叶绿体)。在这个过程中,其中一个重要的特点是复制起始点富含 A-T 碱基对序列。这种序列的存在可能有助于在 DNA 复制启动时解开 DNA 双螺旋结构,使得复制过程可以顺利开始。

在生物体中,复制的方式有所不同。例如,细菌、病毒和线粒体的 DNA 通常以单个复制子的方式完成整个复制过程,即整个 DNA 链会在一个起始点开始复制,直到整个分子被复制完成。而真核生物(如人类)的基因组则更为复杂,包含多个复制起始点,这意味着复制可以同时在多个位置开始,并向两个方向进行。这些起始点形成了多个复制子,每个复制子可以独立进行复制。然而,并不是所有的复制子都会同时启动,在特定的时间范围内,只有不超过 15% 的复制子会处于活跃状态进行复制。这种有序的调控保证了复制的有效进行,防止混乱和错误的发生。

所有原核生物染色体以及许多噬菌体和病毒的 DNA 分子都呈环形。以大肠杆菌为例,当大肠杆菌准备进行 DNA 复制时,复制过程就像是在环形 DNA 上同时向两个方向拉开,类似于拧开一个橡皮筋的过程。这个拉开的过程形成了两个复制叉,它们沿着环形 DNA 的两个方向前进,复制其中的遗传信息直至相遇。当两个复制叉最终在复制终止点处相遇并停止时,整个 DNA 复制过程就完成了。这个相遇点的发生涉及复制过程中的一系列复杂的调控机制,包括多种蛋白质和其他分子的相互作用。这种复制终止机制是 DNA 复制过程中的关键步骤之一,保证了每次复制都是有序而准确的。理解这一机制对于探究细胞生物学和基因组稳定性至关重要。

4.2.4.3 复制方向

根据 DNA 复制的方向不同,DNA 复制可分为单向复制、双向复制和相向复制(图 4.4)。

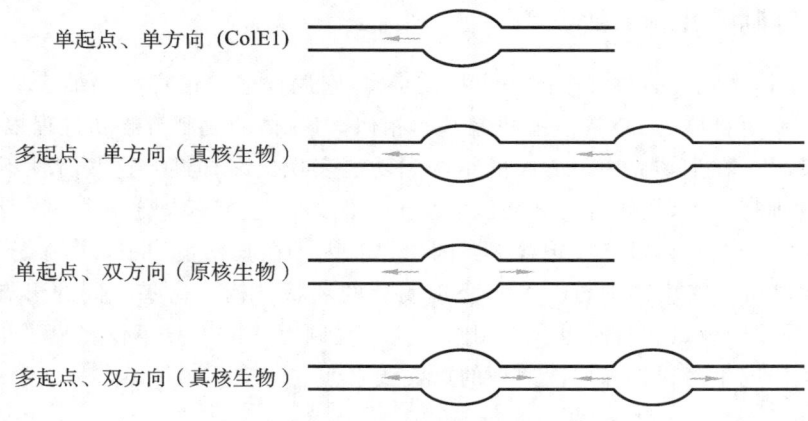

单起点、单方向 (ColE1)

多起点、单方向 (真核生物)

单起点、双方向 (原核生物)

多起点、双方向 (真核生物)

图 4.4 DNA 复制方向的多种形式

(1)单向复制。ColE1 是一种环状 DNA 质粒,广泛存在于大肠杆菌等细菌中。ColE1 DNA 的复制采用单向复制机制,即只有一个复制叉在移动。复制起始点的识别和结合会导致 DNA 链的部分解旋,形成一个开放的复制泡(replication bubble)。在这个开放的复制泡中,DNA 聚合酶只沿着一个方向合成新的DNA 链。ColE1 DNA 的单向复制是一个高效而独特的机制,适应了质粒在细菌中自主复制和传播的需求,有助于维持 ColE1 质粒在细菌群体中的存在,并在一定程度上提高其竞争力。

(2)双向复制。在原核生物和真核生物中普遍存在的一种 DNA 复制方式为双向等速复制。在双向等速复制中,DNA 的复制始于一个特定的起始点,然后向两侧分别形成两个复制叉,这两个复制叉在相反的方向上等速移动。这种方式确保 DNA 分子能够在相对较短的时间内完成复制,同时保持遗传信息的准确传递。在原核生物中,复制起始点通常是一个具有特定序列的 DNA 区域,被一些蛋白质识别和结合。在真核生物中,复制的起始点通常被称为复制原点(origin of replication),同样由一系列蛋白质协同作用来识别和启动。复制开始后,DNA 链同样在起点在解旋酶的作用下解旋,形成一个开放的复制泡。在复制泡中,两个复制叉分别向两侧延伸,每个复制叉有一个模板链,DNA 聚合酶沿着模板链合成新的 DNA 链。双向等速复制是细胞中 DNA 复制的一种普遍且高效的模式,确保了基因组的准确复制和遗传信息的准确传递。

(3)相向复制。一些线性 DNA 病毒(如腺病毒)采用的相向复制模式是一种独特的 DNA 复制策略,它通过在两个起始点同时启动复制,形成两个相反方向的复制叉,以提高复制效率。在这种模式下,每个复制叉仅使用一条链作为模板合成新的 DNA 链,从而在宿主细胞内实现快速而有效的复制。这种策略不仅保证了病毒遗传信息的准确传递,而且适应了病毒在宿主体内的特殊生命周期和环境要求。相向复制模式的独特性为线性 DNA 病毒提供了一种高效的复制机制,使它们能够在宿主细胞内迅速扩增,同时维持其遗传信息的稳定和完整。

4.2.4.4 复制速度

DNA 复制的速度在真核生物和原核生物中存在显著差异。这种差异主要是由生物体的结构复杂性、细胞分裂周期的长短和复制机制的精细程度等因素引起的。

在真核生物中,DNA复制速度较慢且相对复杂。真核细胞通常有较原核生物更大的基因组,其染色体具有复杂的高级结构,复制过程需核小体组装、释放DNA链才能顺利进行复制。复制完成后,核小体需要重新组装以保证染色体结构的完整性。因此,细胞核中的DNA复制需要通过更复杂的调控机制来确保准确复制。真核细胞复制叉的移动速率为1000~3000 bp/min,其DNA上有多个复制起始点,这些复制起始点在同一时刻同时启动复制,以满足细胞对DNA的快速合成需要。

而在原核生物(如细菌)中,DNA复制速度相对较快并且细胞分裂周期短,通常只有几十分钟。在细菌中,DNA复制速度可以达到真核生物的20~50倍,甚至可达50000 bp/min。这种高速的复制能力主要是由于原核生物的细胞结构简单以及它们的基因组相对较小。

4.2.5　DNA复制的几种方式

DNA复制是生物体细胞分裂过程中的一个关键步骤,它确保遗传信息能够准确地从一个细胞传递到另一个细胞。虽然所有生物体的DNA复制机制基本相似,但具体的复制策略和过程根据生物种类和生命阶段的不同而有所差异。在生物界中,DNA的结构和功能表现出多样性。这些特性不仅体现在DNA分子的大小和形态等物理特性上,也体现在其功能活性上。例如,一些DNA分子体积较大,可能包含大量的遗传信息,而另一些则相对较小,可能仅包含必要的生存基因。在真核生物中,DNA分子呈线性排列于细胞核中;而在原核生物和某些病毒中,DNA则呈现闭合的环状结构。这些不同的形态和功能状态,导致DNA在复制过程中采取的策略和机制也各不相同。这些复制方式的差异不仅彰显了生命现象的丰富性,也为科学家们提供了研究生命科学深层次原理的重要线索。

4.2.5.1　线性DNA双链复制

线性DNA双链复制有多种方式:单一起点的单向复制(如腺病毒)、单一起点的双向复制(如T7噬菌体)和多个起点的双向复制。在DNA双向复制过程中,复制叉处形成的"复制眼"是一个显著标志,它代表着DNA复制的活跃区域。然而,由于DNA聚合酶只能从5′→3′方向移动,在RNA引物被移除后,留下的5′端单链DNA无法被DNA聚合酶继续合成,导致子链的长度相对于母链而言较短。因此,生物体进化出了多种机制来复制线性DNA的末端。

(1)线性DNA的环状化。为了解决线性DNA末端复制的问题,一些病毒(如T4和T7噬菌体),采用将线性复制子转变为环状或多聚分子的策略。这种环状化过程允许复制叉在到达末端时能够继续前进,从而实现完整的复制。T4噬菌体的DNA通过其末端的简并性序列,使不同链的3′端能够互补结合,形成一个闭合的环状结构。这种结构允许DNA聚合酶填补缺口,并由DNA连接酶连接形成二联体。此过程可以重复进行,直到生成足够数量的DNA分子。

(2)茎-环结构的形成。另一种解决线性DNA末端复制问题的策略是在DNA末端形成茎-环结构。这种结构通过内部互补序列的配对,使得线性DNA的末端形成闭合的环状结构,从而避免了游离末端的问题。如草履虫的线粒体DNA就是采用这种机制复制的。茎-环结构的形成不仅保护了DNA末端不受酶的降解,还为复制提供了一个稳定的模板。

(3)末端蛋白介导的复制。在某些情况下,线性DNA的复制依赖于特定的蛋白质(如末端蛋白)来启动复制。φ29噬菌体和腺病毒的DNA复制就是通过这种机制进行的。这些DNA分子利用链取代法,从特定的末端启动新链的合成,逐步取代原有的DNA链。当复制叉到达分子的另一端时,被替换的单链被释放并独立地进行复制。在这个过程中,末端蛋白不仅提供了一个稳定的起始点,还通过共价结合到DNA的5′端,为新链的合成提供了引发点。

(4)端粒酶。在真核生物的染色体中,端粒酶是一种特殊的逆转录酶,它能够在线性DNA的末端添加重复的DNA序列。这个过程通过使用RNA模板来合成DNA,从而解决了线性DNA末端复制的问题。端粒酶的活性对于维持染色体的完整和防止细胞衰老至关重要。

4.2.5.2 环状 DNA 双链复制

1)θ型复制

θ型复制是原核生物(如细菌)染色体复制的一种典型模式,其特征在于起始于特定的复制起点,形成双向复制叉,最终合并成完整的复制分子(图4.5)。复制起点通常由一些特定核苷酸序列构成,这些序列被称为原点(oriC)。复制过程起始时,解旋酶解开 DNA 双链,形成复制泡结构,两个复制叉从这个结构向外扩展。DNA 聚合酶随后沿着单链 DNA 合成新的 DNA 链,确保每个新合成的 DNA 链与模板链互补。复制过程在染色体两端的终止位点终止,细胞可以通过检测和识别终止位点来终止复制。θ型复制具有高效性、简单性和准确性的特点,适用于原核生物的快速 DNA 复制需求。这种复制方式的存在保证了细菌染色体的准确复制和遗传信息的稳定传递,对于维持细菌生存和繁殖至关重要。

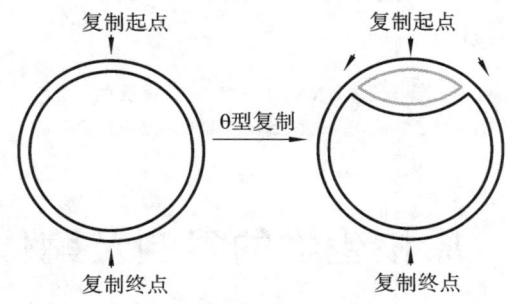

图 4.5 环状细菌的 θ 型复制模型

两个复制叉均从复制起点向其 180°方向的复制终点行进

2)滚环形复制

滚环形复制是一种特殊的 DNA 复制方式,常见于某些质粒和噬菌体等 DNA 分子的复制过程中。其特征在于复制过程中形成滚环结构,其中一个复制叉在复制进行时沿着另一个复制叉滚动,导致新合成的 DNA 形成一个环状结构(图4.6)。这种复制方式通常发生在某些环状 DNA 分子上,例如质粒和噬菌体的 DNA。复制起始的特定序列称为复制起点,通常由一些特定的蛋白质结合并形成起始复合物来启动。在复制过程中,一个复制叉向两个方向扩展,形成一个复制泡。当两个复制叉相遇时,复制过程不会终止,而是继续进行,其中一个复制叉沿着另一个复制叉持续滚动,形成环状结构。滚环形复制通常由一些特定的复制因子和酶类协调完成,确保复制的准确。这种复制方式的存在使得环状 DNA 分子能够高效地复制,保持其在细胞中的稳定性,对于质粒和噬菌体遗传信息的传递及稳定具有重要意义。

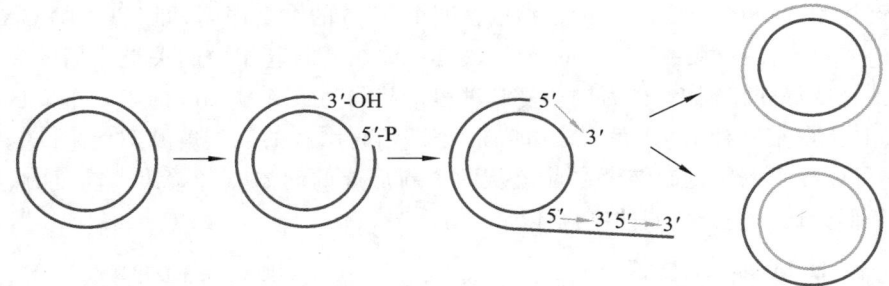

图 4.6 滚环形复制模型

双链 DNA 的一条链被切割形成一个切口,以另一条完整链为模板延伸切口的 3′端,置换 5′端

3)D 环形复制

在动物细胞的线粒体中,存在一种特殊的环状双链 DNA 分子,其复制过程具有独特的机制。在这个过程中,两条 DNA 链的复制并不是同步进行的。密度较高的链被称为重链(H 链),密度较低的链被称为轻链(L 链)。复制开始时,以 L 链为模板,首先合成一段 RNA 引物。随后,线粒体 DNA 聚合酶利用这段引物开始合成 H 链的片段。新合成的 H 链在复制的同时,逐渐取代原有的 H 链,使得原有的 H 链以环状

形式被释放出来,这种环状结构因其形状类似字母"D",因此被称为 D 环。随着 L 链的持续复制,D 环逐渐增大。在整个复制过程完成后,新的 H 链与原有的 L 链,以及新的 L 链与原有的 H 链,分别结合形成两个完整的环状双螺旋 DNA 分子(图 4.7)。这一复制机制不仅保证了线粒体 DNA 的准确复制,还体现了线粒体在细胞能量代谢中的重要作用。

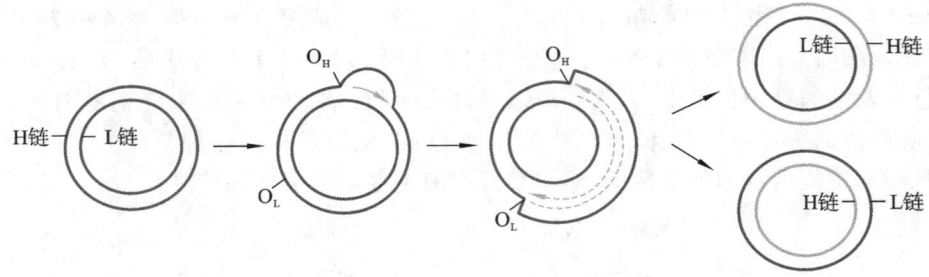

图 4.7 DNA 的 D 环形复制模型

D 环形复制的特点是两条链的复制不是同步进行的

4.3 原核生物的复制及酶体系

双链 DNA 的复制是一个非常复杂的过程,无论是原核生物还是真核生物,在复制的起始、延伸和终止三个阶段都需要有多种酶和蛋白质的协同参与。DNA 复制均涉及拓扑异构酶、解旋酶、单链结合蛋白、引物合成酶、DNA 聚合酶及连接酶等。

4.3.1 DNA 复制的起始

大肠杆菌是一种典型的原核生物,其基因组以双链环状 DNA 分子的形式存在。这种环状 DNA 分子的特点是在细胞内形成一个闭合的环状结构,使得 DNA 的复制、转录和调控等生命活动得以高效进行。大肠杆菌的复制起始区(也称为 oriC)是 DNA 复制起始的特定区域。在遗传图谱上,oriC 位于大约 84 图距单位(min)的位置,这是根据细胞周期中复制起始的时间来确定的。oriC 区域含有一系列特定的 DNA 序列,这些序列对于复制起始的调控至关重要。在 oriC 区域的 N 端包含三个 13 bp 的串联重复序列,即 GATCTNTTNTTTT。这些重复序列在不同的大肠杆菌菌株中高度保守,这种保守性表明这些序列在复制过程中发挥着关键作用。而在 oriC 区域的 C 端包含四个 9 bp 的重复序列,即 TTATNCANA。这些序列构成了 DnaA 蛋白的结合位点(图 4.8)。DnaA 蛋白是一种在复制起始中起关键作用的转录激活因子,它能够识别并结合到这些保守序列上,进而启动复制过程。其 N 端三个 13 bp 的串联重复区域有利于 DnaB 蛋白的结合。DnaB 蛋白是一种 DNA 解旋酶,能够利用 ATP 水解的能量解开双链 DNA。在细胞高速生长期,原核染色体可以在第一轮复制结束之前就从两个新形成的起始点开始第二轮复制,在这种情况下,子细胞接收到的是部分还在进行复制的染色体。

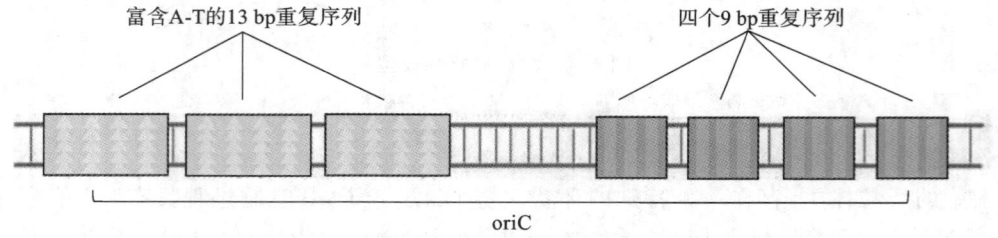

图 4.8 大肠杆菌 DNA 复制起始点的结构图

4.3.2 DNA 复制的解旋

DNA 复制是一个精确且高度协调的生物过程,涉及多种蛋白质和酶的协同作用。首先,DNA 双链需要解旋形成复制叉,这一过程由多种蛋白质和酶参与,以促进 DNA 双链的解旋并缓解超螺旋张力。拓扑异构酶Ⅰ首先解开负超螺旋结构,为解旋酶的进一步发挥作用创造条件。解旋酶利用 ATP 水解提供的能量,将双螺旋结构的 DNA 分离成两条单链,其中大肠杆菌的解旋酶Ⅱ、Ⅲ、T4 噬菌体的 Dda 蛋白、基因 41 蛋白(gp41)以及人类的解旋酶多数沿着后随链模板的 $5'→3'$ 方向移动,而特定的 Rep 解旋蛋白则沿前导链模板的 $3'$ 端至 $5'$ 端方向移动,体现了 DNA 解旋过程中的不对称性。解链后,单链结合蛋白(SSB)迅速与形成的单链 DNA 结合,防止其重新形成双链结构,维持复制叉的稳定。在原核生物中,SSB 与 DNA 的结合具有协同效应,即一个 SSB 分子的结合增强了相邻 SSB 分子的结合能力,在真核生物中,SSB 分子的结合则不表现出这种协同性。此外,SSB 的功能还包括保护单链 DNA 不被核酸酶降解,并为复制过程中的其他蛋白因子提供结合平台。

4.3.3 DNA 复制的引发

DNA 的复制通常从一个固定起始位点开始,然而 DNA 聚合酶只能从 $3'$-OH 末端起始 DNA 的合成,而不能从头合成一段新的 DNA 链,那么 DNA 的复制过程是怎么启动的呢?

在原核细胞的 DNA 复制过程中,引发体(primosome)扮演着至关重要的角色,尤其是在后随链的合成中。引发体是一个由多种蛋白质组成的复合物,包括 DnaB 解链酶、DnaC 装载蛋白、DnaG 引发酶(primase)以及其他辅助蛋白。复制开始时,DnaC 蛋白协助 DnaB 解链酶与 DNA 模板结合,并在 ATP 水解的能量驱动下,DnaB 解链酶在 DNA 双链中打开一个缺口,形成 Y 形的解链结构。随后,DnaG 引发酶在解开的 DNA 模板上合成一段短的 RNA 引物,这段 RNA 引物为 DNA 聚合酶Ⅲ(Pol Ⅲ)提供了起始合成新 DNA 链的必要起点。在引发体的帮助下,Pol Ⅲ 能够在每个新合成的 RNA 引物上开始合成新的 DNA 短片段,这些短片段被称为冈崎片段。随着引发体沿着后随链模板移动,DnaB 解链酶持续解开 DNA 双链,而 DnaG 引发酶则在新的单链 DNA 上继续合成 RNA 引物,为 Pol Ⅲ 提供连续的分段起点。冈崎片段合成完成后,RNA 引物会被 RNase H 降解,随后 DNA 聚合酶Ⅰ(Pol Ⅰ)会填补这些缺口,合成相应的 DNA 片段。最后,DNA 连接酶(DNA ligase)将这些冈崎片段连接起来,形成完整的后随链。在整个过程中,Pol Ⅲ 还具有按照 $3'→5'$ 方向校正外切核酸酶的活性,能够移除错误的核苷酸,提高复制的准确性。引发体的结构和功能是原核细胞 DNA 复制过程中的关键,它不仅确保了复制的准确,还提高了复制的效率。通过引发体的作用,原核细胞能够在较短的时间内完成 DNA 的精确复制,为细胞的分裂和遗传信息的传递提供基础。引发体的协同工作展示了原核生物在进化过程中形成的高效且精确的 DNA 复制机制,进一步体现了生命体内在的复杂性和精巧性。

4.3.4 DNA 复制的延伸

在原核细胞的 DNA 复制过程中,前导链和后随链的复制虽然是同步进行的,但它们的合成机制有所不同。前导链的复制是连续的,因为 Pol Ⅲ 全酶能够在 RNA 引物的 $3'$ 末端连续添加互补的核苷酸,沿着模板的 $5'→3'$ 方向进行合成。然而,后随链的合成是分阶段的,因其需要在模板链的 $3'→5'$ 方向上进行合成,这与 DNA 聚合酶的活动方向相反。为了解决这个问题,后随链被分成许多短的冈崎片段,每个片段由一个 RNA 引物启动,然后由 Pol Ⅲ 全酶延伸。Pol Ⅰ 在后随链的复制中扮演着关键角色,它首先移除由 RNA 引物合成的 RNA 片段,然后填补上相应的 DNA 片段,以确保所有冈崎片段都是由 DNA 构成的。此外,Pol Ⅰ 还具有 $5'→3'$ 外切核酸酶的活性,这使得它能够精确去除 RNA 引物,同时其 $5'→3'$ 聚合酶活性用于延伸邻近的冈崎片段,填补缺口。一旦所有的冈崎片段都被合成并去除 RNA 引物,DNA 连接酶便将这些片段连接起来,形成完整的后随链。DNA 连接酶催化相邻的 DNA 片段之间形成磷酸二酯键,从而封闭后随链上的最后一个缺口。Pol Ⅰ 和 Pol Ⅲ 均具备 $3'→5'$ 校正外切核酸酶的活性,这使得它们能够在复制过程中识别并移除错误的核苷酸,提高复制的准确性。这种校正机制对于维持基因组的稳定至关重要,因为它减少了复制过程中可能出现的突变(表 4.1)。

表 4.1 大肠杆菌的三种 DNA 聚合酶

性质	DNA 聚合酶 I	DNA 聚合酶 II	DNA 聚合酶 III
新生链合成	—	—	+
3′→5′外切核酸酶活性	+	+	+
5′→3′外切核酸酶活性	+	—	—
相对分子质量	109000	120000	>250000
合成速度/(nt/s)	10	1	500
细胞内分子数	400	?	10~20
已知的结构基因	Pol(A)	Pol(B)	Pol(C)(dnaE、N、X、Q 等)

4.3.5 DNA 复制的终止和分离

在原核细胞中,DNA 复制的终止是一个受到精确调控的过程,这一过程主要通过 Ter/Tus 系统来实现。该系统由特定的 DNA 终止序列 Ter 和与之相互作用的蛋白质 Tus 组成。在大肠杆菌中,Ter 序列位于染色体的特定位置,通常与 oriC 处于相对位置。当两个复制叉从 oriC 出发,沿着相反方向移动并最终在 Ter 序列处相遇时,标志着复制过程接近完成。Tus 蛋白能够识别并迅速结合到 Ter 序列上,形成一个稳定的复合物,这个复合物与 DNA 解旋酶和 DNA 聚合酶相互作用,从而阻止复制叉的进一步延伸。这种相互作用确保了细菌染色体的每个区域都只被复制一次,避免了不必要的重复复制现象。在 DNA 复制终止后,Tus 蛋白可以逐渐从 Ter 序列上解离,释放复制叉,使得复制后的两个 DNA 分子可以分离,为后续的细胞分裂做准备(图 4.9)。此外,Tus 蛋白的解离可能受到细胞内信号网络的调控,以确保 DNA 复制在正确的时间和位置终止,这对于维持基因组的稳定和防止潜在的基因组损伤至关重要。整个 DNA 复制终止过程体现了原核细胞对 DNA 复制精确调控的机制,这种调控机制保障了遗传信息的准确传递。

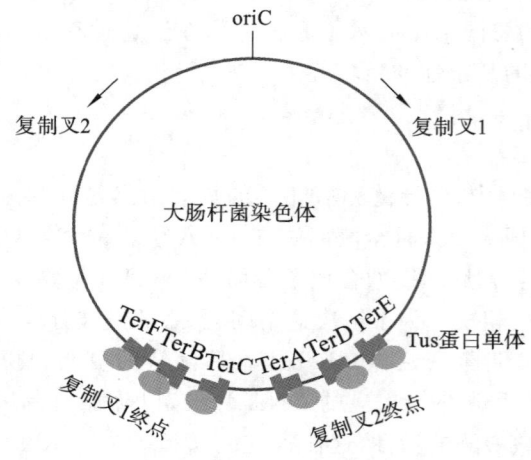

图 4.9 DNA 复制终止的模型

不同的复制叉分别在相应的终止序列处完成复制

4.4 真核生物的复制及酶体系

4.4.1 DNA 复制的起始

在真核细胞中,DNA 复制的起始是一个受到精细调控的多步骤过程,它依赖于特定的 DNA 序列和蛋白质复合物的协同作用。在酿酒酵母等生物中,自主复制序列(ARS)是复制起始点的关键标记,这些富含 AT 碱基对的短序列提供了一个信号,指示细胞在哪里启动 DNA 的复制。起源识别复合物(ORC)是一个由六个亚基组成的蛋白质复合物,它能够识别并结合到 ARS 上,从而为 DNA 复制起始奠定基础。ORC 的装载会引发一系列事件:Cdc6 蛋白随后被招募到 ARS 上,它有助于装载 MCM 解旋酶复合物,该复合物是复制叉处 DNA 解旋的关键酶。MCM 装载完成后,前复制复合物(pre-RC)即形成。此时,细胞周期蛋白依赖性激酶(CDK)的活动变得至关重要,它们通过磷酸化相关蛋白进一步激活 pre-RC,为后续的引发阶段做准备(图 4.10)。引发阶段涉及引发酶的参与,它在解旋后的单链 DNA 模板上合成 RNA 引物,为 DNA 聚合酶 δ 和 ε 提供起始点,从而启动新链的合成。DNA 聚合酶 δ 主要负责连续合成,而 DNA 聚合酶 ε 则参与引发过程。这些步骤共同确保了 DNA 复制的准确性和完整性,为细胞分裂和遗传信息的传递提供了保障。

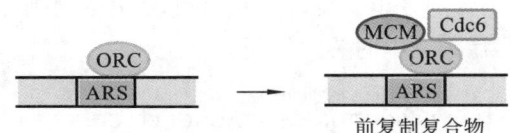

图 4.10 前复制复合物的形成

4.4.2 DNA 复制的延伸

在真核细胞的 DNA 复制延伸阶段,DNA 解旋酶在复制叉处解开双链 DNA,形成复制叉结构。此时,复制蛋白 A(RPA)迅速结合到暴露的单链 DNA 上,防止其重新形成双螺旋结构,同时保护单链 DNA 不被核酸酶降解。引发酶在解旋后的单链 DNA 模板上合成短的 RNA 引物,为 DNA 聚合酶提供起始点。DNA 聚合酶 δ 是主要负责 DNA 复制的酶,它主要负责在前导链和后随链上合成新的 DNA 链。而 DNA 聚合酶 ε 与后随链合成有关,在 DNA 合成过程中的核苷切除以及碱基的切除修复中起着重要的作用.而且它在细胞的重组过程中也可能具有某些功能(表 4.2)。此外,真核细胞中的 Cdc45 和 Geminin 等复制因子也参与调控复制叉的稳定性和复制进程。整个复制过程需要精确的时空调控,以确保遗传信息的准确复制和细胞遗传的稳定性。

表 4.2 真核生物的五种 DNA 聚合酶

项目	DNA 聚合酶 α	DNA 聚合酶 β	DNA 聚合酶 γ	DNA 聚合酶 δ	DNA 聚合酶 ε
蛋白分子质量(kDa)	16.5	4.0	14.0	12.5	25.5
亚基数	4	1	2	2～3	≥1
细胞定位	核内	核内	线粒体	核内	核内
外切酶活性	—	—	$3'→5'$外切酶	$3'→5'$外切酶	$3'→5'$外切酶
引物合成酶活性	+				
功能	引物合成	损伤修复	线粒体 DNA 复制	核 DNA 复制	填补缺口,切除修复

4.4.3 DNA 复制的终止

在真核细胞中,DNA 复制的终止是一个受到精细调控的过程,确保了每个染色体的 DNA 都被准确无误地复制一次。当两个复制叉在染色体上相遇时,后随链上的最后一个冈崎片段被 DNA 聚合酶 I 填补,并由 DNA 连接酶连接,形成完整的 DNA 链。随后,参与复制的蛋白质因子如 DNA 聚合酶、解旋酶和单链 DNA 结合蛋白 RPA 等逐渐从 DNA 模板上解离。复制完成后,新合成的 DNA 链重新组装成染色质,复制因子复合物解体,复制检查点被解除,细胞可以安全地进入下一个细胞周期。在整个复制终止过程中,如果发生 DNA 损伤,细胞会启动 DNA 损伤响应机制进行修复,以保持基因组的完整性。

4.4.4 端粒的复制

真核细胞的端粒是由重复的 TTAGGG 核苷酸序列组成的特殊 DNA 结构,它们位于染色体末端,其主要功能是保护染色体免受降解并防止染色体间的融合(图 4.11)。由于 DNA 聚合酶在 DNA 复制时无法完全复制到后随链的最后一个 RNA 引物,导致每次细胞分裂后端粒逐渐缩短,这一现象称为末端复制问题。为了解决这一问题,真核细胞利用端粒酶(一种由 RNA 和蛋白质组成的逆转录酶)识别并结合到端粒 DNA 的 3′ 端,使用自身的 RNA 作为引物逆转录合成新的端粒 DNA 序列,从而延长端粒。端粒酶的重复逆转录过程补偿了 DNA 聚合酶无法复制的末端部分,维持端粒的长度并保护染色体的完整性。端粒的延伸对于细胞的长期存活至关重要,端粒酶的活性在干细胞和生殖细胞中是活跃的,而在大多数体细胞中是抑制的。端粒酶的异常激活与癌症的发生有关,因为它可以赋予癌细胞无限的分裂能力。因此,端粒的复制和维护是细胞分裂、衰老和癌症研究中的关键问题。

$$3'\text{-AATCCCAATCCC-}5'$$
$$5'\text{-TTAGGGTTAGGG(TTAGGG)}_n\text{TTAGGG-}3'$$

图 4.11 人染色体端粒 DNA 的序列(n＝数百次)

4.5 细 胞 周 期

4.5.1 细胞周期的四个时期

细胞周期是细胞从一次分裂完成到下一次分裂完成所经历的连续过程,主要包括 G1 期(DNA 合成前期)、S 期(DNA 合成期)、G2 期(准备期)和 M 期(有丝分裂期),其中 G1 期细胞增大并合成 RNA 及蛋白质,S 期进行 DNA 复制,G2 期细胞继续增长并准备进入有丝分裂期,M 期完成细胞的有丝分裂,形成两个遗传信息相同的子细胞。细胞周期通过多个检查点进行精确调控,确保遗传信息的准确传递和细胞的稳定增殖,而 G0 期是细胞可逆的静止状态,细胞可在此状态下暂时退出细胞周期(图 4.12)。

G1 期(DNA 合成前期):此阶段细胞显著增大,进行 RNA 和蛋白质的合成,这些蛋白质包括酶类等,它们对 DNA 复制和细胞代谢至关重要。在 G1 期的后期,细胞会评估营养供应、细胞大小和 DNA 的完整性,以决定是否继续前进到 S 期。此外,G1 期还包含一个称为限制点(restriction point,R 点)的关键检查点,细胞通过此点后便不可逆地进入细胞周期的剩余阶段。

S 期(DNA 合成期):在 S 期,细胞完成其染色体 DNA 的复制。每条染色体都形成了两个相同的副本,这些副本被称为姐妹染色单体。如果 S 期的 DNA 复制发生错误(如 DNA 复制不准确或存在突变),这些错误可能会在细胞分裂时被传递给子细胞,从而导致细胞功能异常或引发癌症等严重疾病。因此,确保 S 期的完整性对于维持细胞和生物体的健康至关重要。

G2 期(准备期):G2 期是细胞在进入有丝分裂期之前的最后生长期,细胞继续增长并合成更多蛋白质,特别是那些对有丝分裂过程至关重要的蛋白质。此外,细胞在 G2 期还会检查 DNA 复制是否已经正确

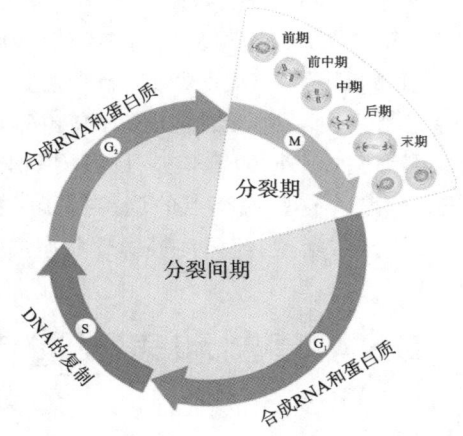

图 4.12 细胞周期各阶段示意图

完成,确保没有损伤或复制错误。G2/M 检查点确保了 DNA 的完整性,防止损伤的 DNA 进入有丝分裂期。

M 期(有丝分裂期):M 期是细胞周期中最为活跃的阶段,包括前期、中期、后期和末期四个阶段。在前期,染色体开始凝聚,核膜和核仁消失;中期时,染色体排列在细胞赤道面上,形成所谓的"赤道板";后期时,姐妹染色单体被纺锤体拉向两极;末期时,细胞质分裂,形成两个独立的子细胞,每个子细胞都含有一套完整的染色体。

G0 期(静止期):G0 期是细胞周期的一个可逆阶段,此时细胞暂时退出细胞周期,停止分裂,但仍保持代谢活性。G0 期的细胞在接收到适当的刺激后可以重新进入 G1 期,继续细胞周期过程。

G1 期、S 期和 G2 期共同组成细胞周期的间期,有丝分裂之后,增殖的细胞将进入下一个细胞周期的 G1 期,细胞也可在有丝分裂之后脱离细胞周期而进入一个非增殖的休眠状态,即 G0 期。

4.5.2 细胞周期检查点及其调控

细胞周期检查点(checkpoint)是细胞周期中的关键调控机制,它们确保细胞在进入下一个阶段之前完成所有必要的事件,如 DNA 复制和修复。检查点通过监测细胞内、外环境的变化,控制细胞周期的进程,防止损伤的细胞继续分裂。

G1/S 检查点:这是细胞在从 G1 期进入 S 期之前的一个重要检查点。它主要检查细胞的大小、营养供应、DNA 的完整性以及细胞是否遭受损伤。此外,这个检查点还能够评估细胞是否接收到了生长因子等外部信号,以决定细胞是否应该继续生长并准备进行 DNA 复制。如果条件不适宜,细胞可能会进入 G0 期,暂时退出细胞周期。

S 检查点:在 S 期,细胞复制其 DNA。S 期检查点确保 DNA 在进入下一个阶段之前被准确无误地复制。如果 DNA 复制过程中出现错误,S 检查点可以暂停细胞周期,给予细胞充足时间来修复这些错误。

G2/M 检查点:位于 G2 期结束和 M 期开始之间的检查点,它确保 DNA 复制已经完成并且没有损伤。G2/M 检查点还检查细胞是否已经准备好进行有丝分裂,包括纺锤体的形成和细胞骨架的准备情况。

M 检查点(纺锤体组装检查点):这个检查点出现在有丝分裂的中期,确保所有染色体都正确地附着在纺锤体上,并且每个染色体的姐妹染色单体都正确地分离。如果染色体没有正确地排列或附着,细胞周期将被中止,以防止染色体分离错误。

4.5.3 细胞周期蛋白及相关激酶

细胞周期蛋白(cyclin)和细胞周期蛋白依赖性激酶(cyclin-dependent kinase,CDK)是细胞周期调控中的关键蛋白,它们共同确保细胞按照正确的顺序通过细胞周期的各个阶段。细胞周期蛋白是一系列能够结合 CDK 的调节蛋白,其表达水平的变化是反映细胞周期进程的重要指标。在细胞周期的特定阶段,细胞周期蛋白的浓度上升,与 CDK 结合,激活 CDK 的激酶活性,推动细胞周期向前发展。例如,Cyclin D 与 CDK4/6 结合推动 G1 期向 S 期过渡,而 Cyclin E 与 CDK2 结合则促进细胞进入 S 期。CDK 属于丝氨酸/苏氨酸激酶家族,它们通过磷酸化特定靶蛋白来调控细胞周期的转换点。此外,细胞中的检查点蛋白如 ATR、ATM、Chk1 和 Chk2 等负责监测细胞内、外环境,响应 DNA 损伤或复制压力,激活下游信号通路,从而暂停细胞周期,给予细胞时间进行修复。这些检查点的调控对于维持细胞的遗传稳定性和防止疾病进展至关重要,它们的失调可能导致细胞异常增殖,与癌症等病理状态的发生有关。

4.6　DNA 复制和表观遗传学

4.6.1　染色质复制过程

染色质的复制是一个复杂的过程,涉及 DNA 的复制和染色质高级结构的重建。新复制的染色质需要保持与母细胞相同的表观遗传状态,这要求染色质组分在复制叉之后重新组装。核小体作为染色质的基础组成单元,由两个拷贝的 H2A-H2B 二聚体和 H3-H4 四聚体共同组成的组蛋白八聚体(octamer),以及环绕八聚体的周围 DNA 分子组成。两个核小体之间通过连接 DNA(linker DNA)相连,形成串珠状的染色质纤维(图 4.13)。在 DNA 上核小体组装的第一步是 DNA 结合一个 H3-H4 四聚体。DNA 与四聚体结合后,再与两个 H2A-H2B 二聚体结合形成完整的核小体。DNA 复制时,核小体会发生解体,DNA 在一系列有序的复制过程中很快被重新组装。组蛋白上的多种翻译后修饰,如磷酸化、乙酰化、甲基化、泛素化和 ADP-核糖体化等,对于染色质的包装密度、DNA 分子的可及性以及基因的表达起着重要的调控作用。这些修饰的遗传可能赋予细胞一种记忆机制,影响细胞的命运和功能。核小体的重新组装与 DNA 复制紧密相连,确保了染色质功能的遗传。染色质组装是一个独特的实验系统,可以用来研究表观遗传学事件,并探索染色质状态如何在细胞分裂中传递。通过实验手段破坏特定的染色质组装事件,我们可以了解表观遗传记忆的长期稳定性以及其在细胞记忆中的作用。DNA 复制复合物不仅包括 DNA 复制相关的因子,还包括染色质复制相关的必需蛋白,它们共同工作以确保新合成的 DNA 链能够正确地卷曲成核小体结构。在这一过程中,新旧组蛋白的核小体组装途径以及组蛋白的回收利用对于维持表观遗传标记的连续性至关重要。这些过程不仅保证了 DNA 序列的精确复制,还确保了表观遗传信息的准确传递,从而在细胞的生命周期中维持了遗传记忆和细胞特性的连续性。

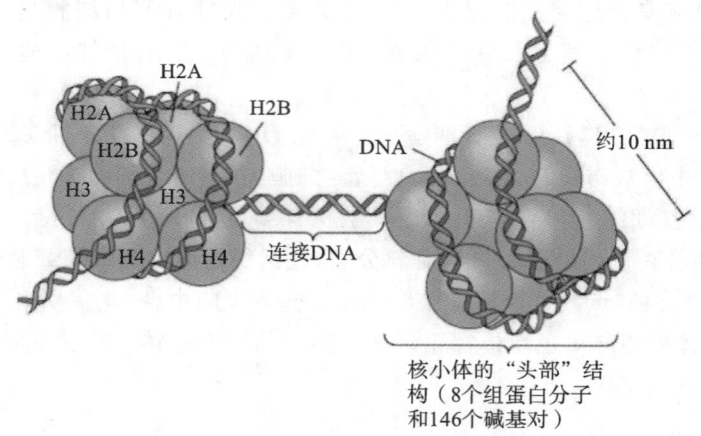

图 4.13　核小体的基本组成单元

由两个拷贝的 H2A-H2B 二聚体和 H3-H4 四聚体共同组成的组蛋白八聚体,以及环绕八聚体的 DNA 组成。两个核小体之间通过连接 DNA 相连,形成串珠状的染色质纤维

4.6.2 新组蛋白和亲本组蛋白的核小体组装途径

在真核生物的 DNA 复制过程中,新合成的染色质包含亲本和新合成两种组蛋白,这种混合对于维持表观遗传信息的连续性至关重要。在细胞周期的 S 期,复制后的 DNA 利用亲本组蛋白(parental histone)和新合成的组蛋白(newly synthesized histone)组装成核小体,这个过程与 DNA 复制紧密偶联,故称为 DNA 复制偶联的核小体组装(DNA replication-coupled nucleosome assembly)。在宫颈癌细胞(如 HeLa 细胞)中,亲本和新合成组蛋白的混合比例大约是 1∶1,尽管这一比例在特定基因组区域或不同细胞类型中可能有所变化。新合成的组蛋白在 H4K5 和 H4K12 位点存在乙酰化修饰(H4K5ac 和 H4K12ac),而在酿酒酵母中,组蛋白 H3K56 位点也观察到乙酰化修饰(H3K56ac),这些修饰对于核小体的正确组装和染色质的成熟至关重要。

亲本组蛋白在染色质的组装和成熟过程中保留了其翻译后修饰,这些修饰可能在新组蛋白和亲本组蛋白的混合中起到关键作用。科学家们提出,亲代 H3-H4 四聚体可能与新合成的组蛋白以二聚体形式混合,以确保组蛋白的表观遗传特征遗传给新生的染色质。然而,也有研究指出,在 HeLa 细胞中,DNA 复制过程中可能不会发生亲本和新合成组蛋白 H3-H4 的混合,而是亲代组蛋白 H3-H4 作为一个完整的四聚体被回收利用。在实验中采用不同的标记物标记亲本和新合成的组蛋白,发现亲本组蛋白存在于两条子代染色体中。H3-H4 四聚体和 H2A-H2B 二聚体或全是由新合成的组蛋白或全由亲本组蛋白所组成。因此,当复制叉经过时,核小体解体为亚组装元件。H3-H4 四聚体随机地与两个子代 DNA 结合,并不从 DNA 上释放而成为游离的组蛋白成分。相反,组蛋白 H2A-H2B 二聚体则会释放且进入局部环境中,参与新的核小体的组装。这种差异可能反映了不同细胞类型在染色质复制和表观遗传记忆传递方面的多样性。此外,新合成的组蛋白的乙酰化修饰是由特定酶如 Tip60 和 HAT-A 介导的,这些酶在 S 期活跃,并且乙酰化修饰对于新生 DNA 正确卷曲成核小体结构和后续的染色质重塑至关重要。

新合成的 H3-H4 组蛋白必须从细胞质中转移到细胞核中以重组核小体。一些组蛋白伴侣有助于组蛋白的折叠,阻止其与 DNA 过早结合。组蛋白伴侣抗沉默因子 1(anti-silencing factor 1,Asf1)是一种高度保守的组蛋白分子伴侣,通过 H3 的表面与 H3-H4 二聚体形成复合物之后,可以阻断 H3-H4 四聚体的形成。在芽殖酵母中,Asf1 对于 H3K56ac 非常关键,H3K56ac 主要出现在新合成的组蛋白 H3 上。因比,推测 Asf1-H3-H4 的复合物可作为 H3K56 组蛋白乙酰基转移酶 Rtt109 的底物。H3K56ac 促进 H3-H4 二聚体与 E3 泛素连接酶 Rtt101/Mms1 的相互作用,其可以泛素化 H3 的 C 端尾巴 H3K122(H3K122ub)。这导致 Asf1-H3-H4 复合物不稳定,有助于将组蛋白二聚体转交给下游的组蛋白分子伴侣 CAF-1 和 Rtt106。此外,在芽殖酵母中,H3K56ac 也可以增强 CAF-1 和 Rtt106 的亲和性,因此促进了核小体的组装和基因组的稳定性。在人类细胞中,H3K56ac 的修饰作用不如在酵母中那么关键,且只有少数新合成的 H3 分子含有这种修饰。尽管如此,人类细胞中的 H3K122 位点的泛素化也能调节 H3-H4 从 Asf1 转移到 CAF-1 等下游伴侣的过程。

染色质组装因子 1(chromatin assembly factor-1,CAF-1)是复制过程中另一个发挥重要作用的组蛋白分子伴侣。在酵母中,CAF-1 包含 Cac1、Cac2 和 Cac3 三个亚基。而在人类细胞中,CAF-1 的亚基为 p150、p60 和 p48。它们协同工作,负责将新合成的 H3-H4 组蛋白沉积到 DNA 子链上,完成核小体组装的第一步,即形成一个由 DNA 缠绕 H3-H4 四聚体组成的核小体组装中间态(tetrasome)。CAF-1 的功能与 DNA 复制高度偶联,它在 DNA 复制叉后方发挥作用,确保新合成的 DNA 链能够迅速获得恰当的染色质结构。CAF-1 的 p150 亚基具有一个 DNA 结合的翼状(winged helix)结构域,与增殖细胞核抗原(PCNA)协同作用,以稳定 CAF-1 在复制叉上的位置。此外,CAF-1 的 p60 亚基含有一个能够与 H3-H4 特异性结合的结构域,这有助于 CAF-1 在核小体组装过程中的精确作用。通过与 DNA 复制蛋白 PCNA 相互作用,CAF-1 被指导在新复制的 DNA 位点组装核小体。

Rtt106 是一种在酿酒酵母中发现的组蛋白分子伴侣,它参与了新合成的组蛋白 H3 和 H4 在 DNA 复制期间的核小体的组装,并在调控异染色质沉默及维持基因组完整性方面发挥作用。Rtt106 与 H3-H4 的相互作用受到由 Rtt109 催化的 H3 赖氨酸 56 的乙酰化(H3K56ac)状态的调节。通过亲和纯化策略,研究人员发现 Rtt106 在体内与 H3-H4 异源四聚体发生相互作用。此外,Rtt106 能够在体内和体外发生同源多聚化,而且 Rtt106 在转录沉默、对基因毒性应激反应中的功能以及其与 H3-H4 的结合能力方面,都受到其 N 端二聚体结构域突变的影响。

促染色质转录复合物(FACT)是一种多功能的组蛋白分子伴侣,在亲本组蛋白的回收和新生核小体的组装中均发挥着关键作用。FACT 由 Spt16 和 SSRP1 两个亚基组成,能够与 H2A-H2B 二聚体相互作用,参与核小体的动态重塑过程,特别是在基因转录和 DNA 复制过程中。FACT 通过促进 H2A-H2B 二聚体的去除和重新组装,帮助稳定中间亚核小体状态,从而有助于核小体的动态重塑和染色质的完整性维护。这一过程对 RNA 聚合酶 Ⅱ 的转录延伸以及 DNA 复制的顺利进行至关重要。此外,FACT 的缺失会显著降低细胞增殖速率,阻碍细胞周期进程,损害 DNA 复制和 DNA 损伤修复进程。在芽殖酵母中,研究者发现 FACT 与 CAF-1 和 Rtt106 一起参与核小体组装。从生物化学角度来看,新生的 H3-H4 从 Rtt106 移交到 FACT,而 H3K56ac 可促进这种移交。在遗传学上,spt16-m 突变的等位基因(一个 DNA 复制存在缺陷但转录没有缺陷的部分功能分离的突变体)与缺少 CAF-1 或 Rtt106 的突变体显示出合成缺陷(synthetic defect)。因此,在芽殖酵母中,CAF-1、Rtt106、FACT 功能冗余地或者协作,共同负责新生 H3-H4 组蛋白装配到新生 DNA 中(图 4.14,彩图 10)。

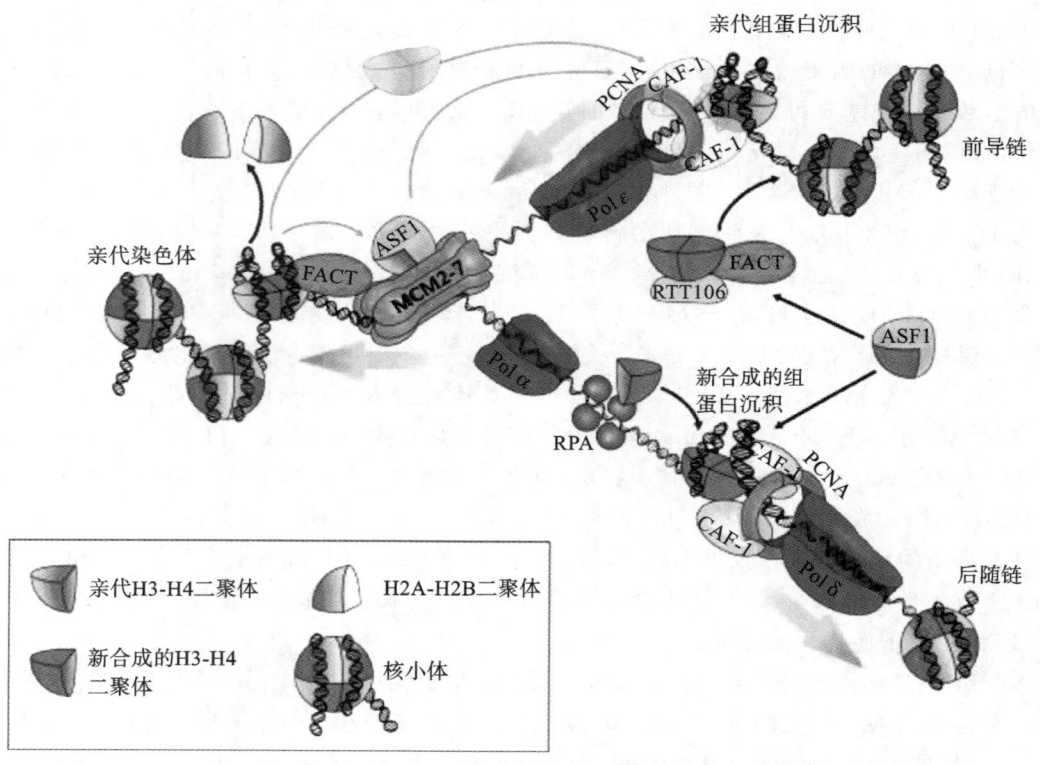

图 4.14　复制叉上核小体的组装示意图

在复制叉前方,MCM 解旋酶解开亲本双链 DNA。与 MCM 相互作用的组蛋白分子伴侣 FACT,可能通过解聚亲本核小体来帮助推进复制叉的前进。新合成的 H3-H4 二聚体由 ASF1 护送,并转移到下游组蛋白分子伴侣,包括与 PCNA 和 DNA 相互作用以沉积 H3-H4 四聚体的 CAF-1,这是新的核小体组装的第一步。此外,在酵母细胞中,ASF1 还负责将新合成的 H3-H4 二聚体转移到 Rtt106,后者与 FACT 共同沉积新合成的组蛋白。单链结合蛋白 RPA 主要与后随链模板的单链 DNA 结合,并通过与 H3-H4 和几个组蛋白分子伴侣相互作用,调节相邻双链 DNA 上的核小体组装

此外,近期的研究进一步揭示了新的核小体组装过程中多个关键分子的具体作用机制。特别是,中国科学院生物物理研究所的许瑞明教授、李国红教授、朱冰教授、刘超培教授及其研究团队报告了人类 CAF-1

核心结构域的结构，以及 CAF-1 与组蛋白 H3-H4 结合时的高分辨率结构。研究表明，CAF-1 的 p48 和 p60 亚基紧紧抓住拉长的 H3-H4 异源二聚体的两端，而 p150 中带负电荷的 ED 环则穿过 H3-H4 二聚体带正电荷的弯曲表面，以确保 CAF-1 与组蛋白 H3-H4 的紧密结合。这项研究揭示了 CAF-1 的组蛋白结合模式，并阐明了 DNA 在 CAF-1-H3-H4 复合物的二聚化和 H3-H4 四聚体的组装中的作用。北京大学生命科学学院李晴课题组通过电镜核酸技术观察到酵母细胞中 DNA 复制叉中间体结构，发现 DNA 聚合酶 Pol32 亚基在 C 端有一个组蛋白 H3-H4 的结合区域，这一区域能够直接促进后随链上核小体的组装。这一发现为冈崎片段成熟和核小体组装协同机制提供了直接证据，并揭示了 Pol32 在冈崎片段合成过程中，通过链置换机制在终止位置对核小体组装的调控作用。此外，李晴研究组和合作者的最新研究揭示了裂殖酵母中的 Mrc1（人类细胞中的 CLASPIN 同源物）与 H3-H4 四聚体结合，在复制叉处的亲本组蛋白回收中起着核心作用，并且与 FACT 等复制体元件共同参与了表观遗传信息的传递。这些研究不仅增进了我们对核小体组装过程的认识，也为未来的癌症治疗和药物开发提供了潜在的新靶点。随着更多研究的深入，我们对染色质复制和表观遗传信息传递的理解将更加全面。

4.6.3 组蛋白的重复利用促进组蛋白翻译后修饰的遗传

在真核生物的 DNA 复制过程中，新组蛋白和亲本组蛋白的核小体组装途径是维持表观遗传信息连续性的关键机制。组蛋白伴侣 CAF-1 的鉴定及其与复制叉的直接相互作用，为染色质组装与 DNA 复制紧密相连提供了直接证据。这一发现揭示了亲本组蛋白的回收机制，它们作为表观遗传信息的潜在载体，通过 DNA 复制与原基因组位置保持紧密联系，对染色质状态的遗传至关重要。MCM2，作为 DNA 解旋酶的一个重要组成部分，具有与 H3-H4 二聚体和四聚体结合的能力，其在组蛋白回收中的作用已在哺乳动物和酵母细胞中得到证实（图 4.14）。

MCM2 通过其 N 端结合域隔离 H3-H4 四聚体，并在后随链复制过程中促进其整合，这需要复制叉的解旋活动与组蛋白整合的精确协调。复制叉的稳定性与核小体装配的协调性密切相关，任何复制叉的问题都可能导致染色质缺陷。PolE3/4 作为组蛋白伴侣活性调节亚基，其结构特征有助于分隔 DNA 复制与核小体组装过程中的作用，并在 H3-H4 回收过程中起保护作用。

在酿酒酵母中，PolE3/4 同源物和 MCM2 的双突变体表现出额外的基因沉默表型，这表明 PolE3/4 和 MCM2 两种途径协同作用，共同确保沉默染色质状态的遗传和维持。复制复合物中多个与组蛋白结合的界面，在动态组蛋白伴侣的帮助下，为组蛋白转移提供了一个平台，从而在细胞分裂中精确地传递表观遗传信息。这些机制的发现，不仅加深了我们对染色质复制和表观遗传记忆传递的理解，而且为癌症等疾病中染色质异常的研究提供了新的视角。

4.6.4 复制过程中 DNA 甲基化的维持

DNA 甲基化是调控基因表达的关键表观遗传修饰，对细胞功能、胚胎发育、衰老及肿瘤发展等生物过程具有深远影响。在哺乳动物中，该过程主要分为维持甲基化（maintenance DNA methylation）和从头甲基化（de novo methylation）两种类型。维持甲基化涉及 DNA 在半保留复制时，由甲基转移酶确保子链在相应位置获得甲基化修饰，以保持基因表达的连续性。而重新甲基化则是在原本未甲基化的 DNA 区域引入甲基化，随后由维持甲基化酶稳定这一修饰。DNA 复制与甲基化的同步进行是一个精细的调控过程，涉及众多酶和蛋白质的协同作用，以确保基因表达模式的准确传递和细胞特性的维持。

DNA 甲基化主要发生在 CpG 岛的胞嘧啶上，形成 5-甲基胞嘧啶（5mC）。在哺乳动物中，DNA 甲基化的维持主要依靠 DNA 甲基转移酶 DNMT1。这种酶利用 S-腺苷甲硫氨酸（SAM）作为甲基供体，将甲基转移到 DNA 上，从而在 DNA 半保留复制过程中，以亲本链为模板，在新合成的子链相应位置添加甲基化修饰，实现 DNA 甲基化模式的维持。在 DNA 复制过程中，DNA 甲基化的维持是通过精密调控的两个阶段来实现的：复制偶联的快速维持阶段和复制非偶联的缓慢维持阶段。在复制偶联阶段，DNA 甲基转移酶 DNMT1 与增殖细胞核抗原（PCNA）的相互作用，以及泛素样含 PHD 和环指域蛋白 UHRF1 与 DNA 连接酶 LIG1 的结合,共同促进了甲基化在新合成 DNA 链上的快速复制,确保了甲基化模式的准确传递。UHRF1 是一种关键的调控蛋白,它通过识别半甲基化的 DNA,并招募 DNMT1,来协调复制叉处的甲基化维持。在复制非偶联阶段,即使复制叉已经经过,甲基化的维持仍在进行,这一阶段的速率较慢,但持续时间更长。UHRF1 与 H3K9me2/3 的相互作用,以及与赖氨酸特异性组蛋白去甲基化酶 LSH 的协同作用,有助于在复制后期继续维持 DNA 的甲基化状态。UHRF1 的这种作用对于维持细胞的表观遗传记忆至关重要,尤其是在复制偶联阶段的甲基化维持受到破坏时,复制非偶联阶段的甲基化维持能力显得尤为重要。除了与复制过程相关的甲基化维持,在胚胎发育的早期阶段,从头甲基化转移酶 DNMT3A 和 DNMT3B 发挥关键作用,它们负责建立新的 DNA 甲基化模式。与此同时,DNMT3L 作为一种辅助蛋白,虽然不具备催化活性,但通过与 DNMT3A 和 DNMT3B 的相互作用,增强了从头甲基化的效率(图 4.15)。

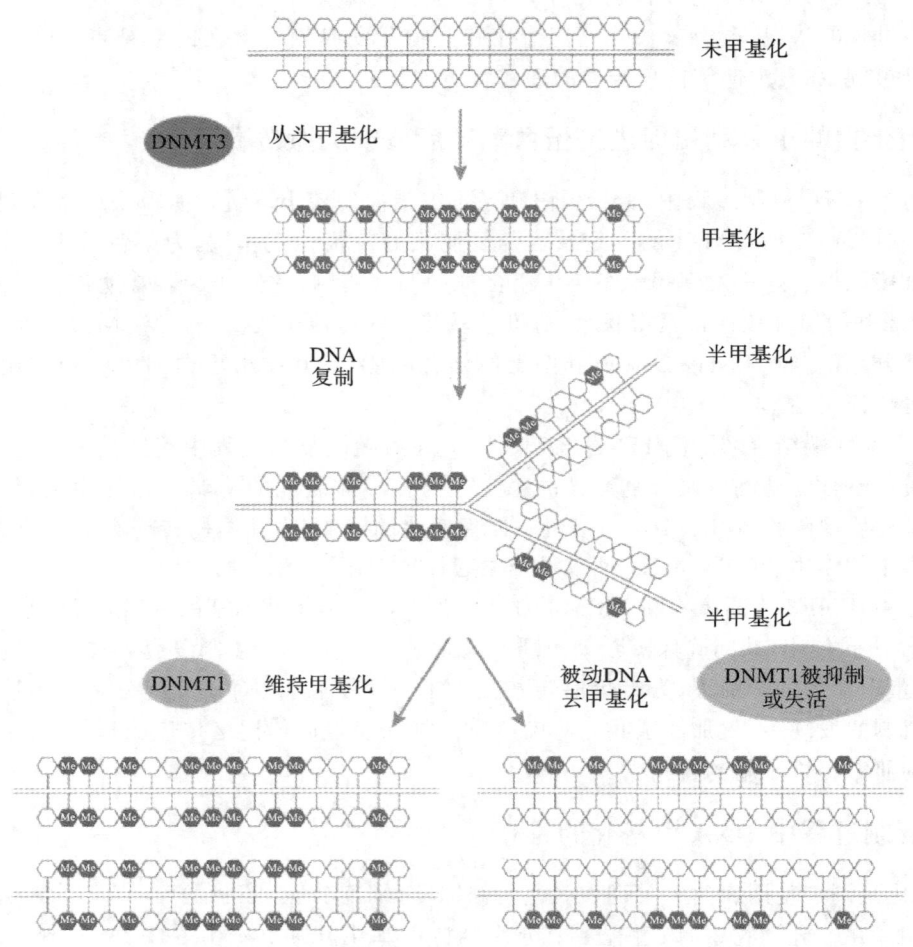

图 4.15 复制过程中 DNA 甲基化的维持示意图

从头甲基化转移酶 DNMT3 负责建立新的 DNA 甲基化模式。当复制发生时,甲基化的亲本链和未甲基化的子链形成半甲基化状态,DNA 甲基转移酶 DNMT1 在新合成的子链相应位置添加甲基化修饰,实现 DNA 甲基化模式的维持

值得注意的是,DNA 甲基化在复制过程中的维持效率和动态过程受到多种因素的调控。例如,核小体的存在会减缓复制非偶联阶段的甲基化维持速率,而高甲基化 CpG 密度的区域具有较高的甲基化维持速率和从头甲基化发生频率。中国科学院生物物理研究所朱冰实验室开发的全基因组 DNA 甲基化测序(hairpin-assisted mapping of methylation of replicated DNA sequence,Hammer-seq)技术,结合胸腺嘧啶核苷类似物 EdU 标记和 Hammer-seq 等技术,可以在 DNA 复制的不同时期同时检测亲本链和子链的 DNA 甲基化状态,进而研究 DNA 甲基化的维持动态及其调控机制。

在细菌中,DNA 甲基化同样在 DNA 复制中发挥重要作用。以大肠杆菌为例,DNA 复制的启动依赖于 DnaA 蛋白与 oriC 的结合,这一过程激活了 DNA 复制的起始。DNA 复制起始后,新合成的子链最初未被甲基化,导致整个基因组呈现半甲基化状态。尽管 Dam 甲基转移酶迅速对大多数新合成的 GATC 位点进行甲基化,但 oriC 区域和 DnaA 启动子区的 GATC 位点由于复制起始调节蛋白 SeqA 的结合而保持半甲基化。这种半甲基化状态由 SeqA 蛋白维持,它通过结合新复制的 oriC 区域来抑制复制的重新发生,确保 oriC 区域的隔绝,从而防止细胞在一个细胞周期内多次启动 DNA 复制。同时,SeqA 蛋白还作为转录因子,调控其他基因的表达。DnaA 蛋白的活性在整个细胞周期中受到严格调控,包括通过 RIDA 机制(调节 DnaA 的失活)水解 DnaA 结合的 ATP 为 ADP,降低 ATP-DnaA 的水平,确保复制的时序性和准确性。

总之,DNA 甲基化在 DNA 复制过程中的维持是一个涉及多种因素的复杂过程,这种表观遗传修饰对细胞功能和基因组稳定性具有深远的影响。深入理解这一过程的分子机制,有助于我们更好地认识细胞生命活动规律以及相关疾病的发生发展。在癌症的发生和发展中,异常的 DNA 甲基化状态是一个标志性特征,包括全局性的低甲基化和特定区域的高甲基化。这些甲基化状态的改变可能涉及抑癌基因的异常沉默和肿瘤抑制因子的失活,从而驱动肿瘤的恶性进展。因此,深入理解 DNA 甲基化的维持机制及其在疾病中的具体作用,对于癌症的预防、诊断和治疗具有重要意义。

思 考 题

1. DNA 复制的定义是什么?
2. DNA 复制的起始点是什么? 真核生物与原核生物的起始点有什么区别?
3. DNA 复制过程中需要哪些主要的酶类?
4. DNA 复制的两个主要阶段是什么?
5. 什么是半保留复制,为什么 DNA 复制是半保留的?
6. DNA 复制的方向性是如何实现的?
7. RNA 引物在 DNA 复制中起什么作用? 有什么意义?
8. 在 DNA 复制中,端粒区域是如何被复制的?
9. DNA 复制中的保真性是如何保证的?
10. DNA 复制的调控机制有哪些?

本章思维导图

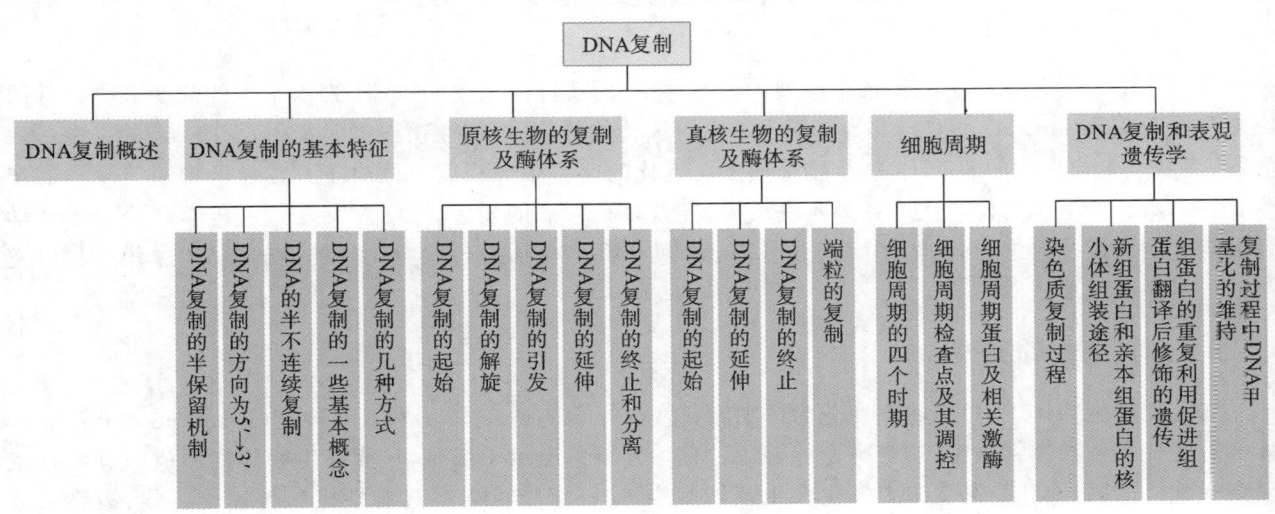

第 5 章
DNA 损伤修复及其表观遗传调控

扫码看课件

路易斯·格里克(Louis Gehrig)是美国著名棒球运动员,他被认为是美国职业棒球历史上伟大的一垒手之一。在 1923 年至 1939 年的职业生涯中创下连续出赛 2130 场的记录,因此被誉为"铁人"。但是,格里克的职业生涯被肌萎缩侧索硬化(amyotrophic lateral sclerosis, ALS)中断,而这种疾病后来也被称作"卢·格里克症"。

大多数 ALS 病例属于散发性,然而,大约有 10% 的病例呈现家族遗传性,并表现出常染色体遗传的特征。并且在一些家族中 ALS 与另一种被称为额颞痴呆(FTD)的神经系统疾病同时发生,提示这两种疾病具有共同的遗传基础。进一步的研究发现,多个基因的突变都可以引起家族性 ALS 和 FTD,其中最常见的是发生在 9 号染色体 C9orf72 基因的核苷酸重复事件。正常人群中 C9orf72 基因的核苷酸序列 GGGGCC 的重复次数在 2~23 之间,而在一些 ALS 患者中,这种重复次数将增加至 700~1600 次。研究表明,这些重复序列错误编码产生的含有甘氨酸-精氨酸和脯氨酸-精氨酸的蛋白质通过与 RNA 结合干扰了 pre-mRNA 的剪接和 rRNA 的加工过程,进而导致 ALS 和 FTD 患者的神经退行性疾病发生。这项研究为深入了解 ALS 和 FTD 的发病机制提供了重要参考,并为其治疗提供了潜在的靶点。

上述 ALS 和核苷酸重复序列扩增的事例充分说明研究 DNA 突变的重要性。本章将聚焦于基因突变的产生机制及其研究方法,并对基因突变的产生、类型及 DNA 损伤修复进行简要介绍。

5.1 DNA 突变与分子基础

基因中的遗传信息被编码在特定序列的碱基对中,而遗传信息在 DNA 序列水平上的改变被称为基因突变(gene mutation),它也被定义为基因水平上可遗传的结构或数量变化,通常能够产生一定的表型。一方面,突变是生物进化的驱动力量,生物适应环境变化的能力很大程度上取决于自然种群中遗传变异的产生;另一方面,突变也可能产生一系列不良后果,导致多种疾病的发生。DNA 突变是遗传学和分子生物学领域研究的关键主题之一,深入了解其分子基础有助于我们全面地理解生物体的遗传变异、进化过程以及疾病的发生和发展机制。

5.1.1 突变的类型

在多细胞生物体中,可以将突变分为体细胞突变(somatic mutation)和胚系突变(germline mutation)。体细胞突变发生在体细胞中,这类突变能够通过有丝分裂传递给子细胞,从而在生物体内形成一群含有相同突变的体细胞;而胚系突变主要发生在生殖细胞中,这种突变可以通过有性生殖传递给后代,最终导致后代所有体细胞和生殖细胞中均携带该突变。除上述分类形式之外,根据 DNA 损伤范围的大小,突变可分为影响单个基因的基因突变和导致染色体结构或数目发生改变的染色体突变。染色体突变可通过显微镜直接观测到,而基因突变只能通过观察其表型效应或 DNA 测序技术进行检测。本节将对基因突变及染色体突变的相关内容进行讨论。

5.1.1.1 基因突变类型

根据基因突变的性质,将其可分为碱基替换(base substitution)、碱基插入(base insertion)、碱基缺失(base deletion)及核苷酸重复(expanding nucleotide repeats)(图 5.1)。

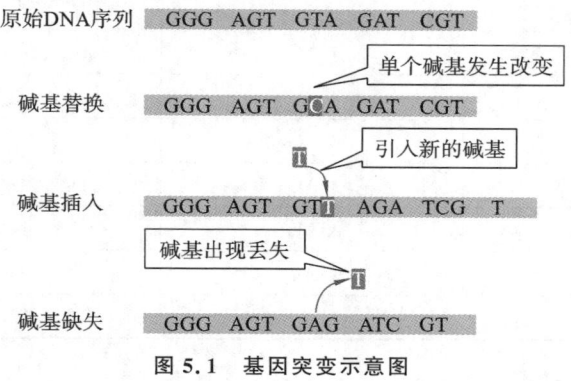

图 5.1 基因突变示意图

1)碱基替换

碱基替换是基因突变中最简单的基因突变类型,即 DNA 中单个核苷酸发生改变(图 5.1)。碱基替换又可以分为转换(transition)和颠换(transversion)两种类型,其中转换是指一种嘌呤被另一种嘌呤取代或一种嘧啶被另一种嘧啶取代,即两种嘧啶或嘌呤之间的互换;而颠换是指嘌呤被嘧啶取代或嘧啶被嘌呤取代,即发生在嘧啶和嘌呤之间的互换(图 5.2)。虽然理论上颠换发生的可能性是转换的两倍,但实际上转换出现的频率更高,这是因为嘌呤与嘌呤之间的替换比嘌呤与嘧啶之间的替换更容易。

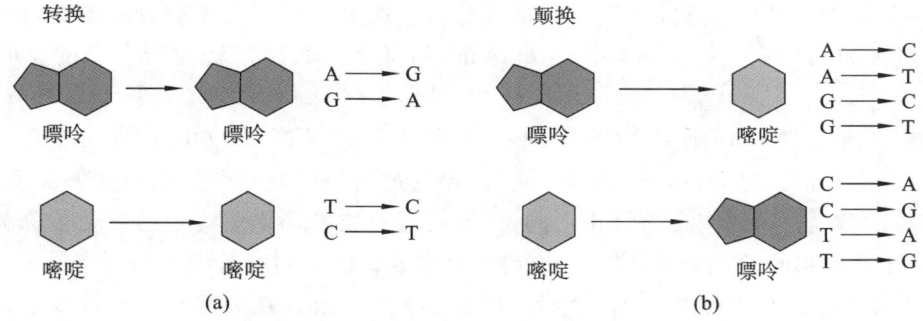

图 5.2 碱基替换示意图

2)碱基插入和缺失

另一类基因突变包括碱基插入和缺失,它们分别对应一个或多个核苷酸对的增加或删除。基因开放读码框(open reading frame,ORF)内部核苷酸的插入和缺失可能会导致移码突变,从而改变突变位点之后编码的所有氨基酸,进而对表型产生严重影响。一些插入和缺失事件还可能会引入终止密码子,导致编码蛋白质的合成提前终止。然而,当插入或缺失的核苷酸数目为 3 的倍数时,尽管会造成编码蛋白质中增加或删除一个或多个氨基酸,但基因的 ORF 仍然保留一定的完整性,这种插入或缺失被称为框内插入(in-frame insertion)或框内缺失(in-frame deletion)。

3)核苷酸重复

一组核苷酸拷贝数增加的突变被称为核苷酸重复,这是导致一些家族性 ALS 病例的突变类型。核苷酸重复事件最早在脆性 X 综合征患者的 FMR-1 基因中被发现,这也是导致智力残疾最常见的遗传性原因。正常的 FMR-1 基因中含有 54 个或更少的 CGG 序列重复,但在脆性 X 综合征患者中,该基因可能拥有数百个甚至数千个 CGG 序列重复。随后,科学家在近 30 种人类疾病中都发现了核苷酸重复现象

（表5.1）。这些疾病大多是由三核苷酸（CNG，N代表任意一种核苷酸）重复扩增所致。有些疾病也可能是由4个、5个甚至12个核苷酸的重复扩增所致。除此之外，在一些微生物和植物中也观察到了核苷酸重复现象。

表5.1 由核苷酸重复引起的人类基因疾病

疾病	重复序列	重复序列拷贝数	
		正常区间	致病区间
脊髓延髓性肌萎缩	CAG	11～33	40～62
脆性X综合征	CGG	6～54	50～1500
雅各布森综合征	CGG	11	100～1000
脊髓小脑共济失调（多种类型）	CAG	4～44	21～130
常染色体显性遗传的小脑共济失调	CAG	7～19	37～220
亨廷顿病	GAG	9～37	37～121
弗里德赖希共济失调	GAA	6～29	200～900

核苷酸重复次数的增加可以通过不同的方式导致疾病症状。例如，在亨廷顿病中，核苷酸重复发生在基因的编码区，导致人体产生一种额外含有谷氨酰胺的毒性蛋白（CAG编码的氨基酸）。同时，核苷酸重复也可能发生在基因的编码区之外，通过影响基因的表达导致疾病。例如，在脆性X综合征中，核苷酸重复会导致局部染色质上DNA发生甲基化，从而抑制该区域必需基因的转录。此外，由重复序列转录而来的RNA或异常翻译产生的蛋白质也可能导致疾病症状。研究发现，核苷酸重复的形成可能与DNA复制过程中单链DNA（single-strand DNA，ssDNA）形成的茎-环结构和其他特殊二级结构有关。这些结构可能通过引起链滑移、序列错位或复制失速等方式干扰正常的复制进程（图5.3）。

突变的另一种分类方式是根据其功能效应进行分类。通过比较突变体与野生型的表型差异，突变可分为改变野生型表型的正向突变（forward mutation）和将突变表型逆转为野生型的反向突变（reverse mutation）。

遗传学家根据突变对蛋白质结构的影响将突变分为错义突变（missense mutation）、无义突变（nonsense mutation）和沉默突变（silent mutation）。导致蛋白质中氨基酸发生改变的突变被称为错义突变；将编码氨基酸的有义密码子突变为终止密码子、导致蛋白质翻译提前终止的突变被称为无义突变；沉默突变则是指由于基因编码的冗余性，将一个密码子突变成编码相同氨基酸的同义密码子，这种突变改变DNA序列而不改变蛋白质的氨基酸序列。然而，并不是所有的沉默突变都是真正沉默的，它们也可能具有一定的表型效应。例如，由于与同义密码子结合的不同tRNA在细胞内的丰度不同，这种差异可能会对蛋白质的合成速率产生影响，而蛋白质合成的速率也可以通过影响细胞中蛋白质的含量以及蛋白质的折叠来间接影响表型。另外，某些沉默突变能够改变调节蛋白结合位点的核苷酸序列或影响mRNA剪接的外显子-内含子连接处附近的核苷酸序列，进而对蛋白质表达水平产生影响。除此之外，还有一些沉默突变能够影响miRNA与mRNA的结合，从而影响mRNA的翻译过程。

除了上述分类方法外，根据突变对蛋白质功能的影响，突变可分为中性突变（neutral mutation）、功能缺失突变（loss-of-function mutation）、功能获得突变（gain-of-function mutation）与条件突变（conditional mutation）。其中，中性突变本质上是一种错义突变，这种突变会改变蛋白质的氨基酸序列，但对蛋白质功能的影响较小。功能缺失突变是指导致蛋白质功能完全或部分丧失的突变，这种突变通常是指导致蛋白质结构发生改变而使其功能丧失的突变，或者是发生在影响蛋白质转录、翻译或剪接调控区域的突变。功能获得突变是指导致细胞产生功能异常的蛋白质或基因产物，这种突变可能会导致产生全新的基因产物，也可能导致蛋白质的表达模式和时空分布发生改变。条件突变则是指仅在特定条件下表达的突变，例如，某些条件突变只在高温环境下影响细胞表型，还有一些突变是致死突变，会导致细胞或个体过早死亡。

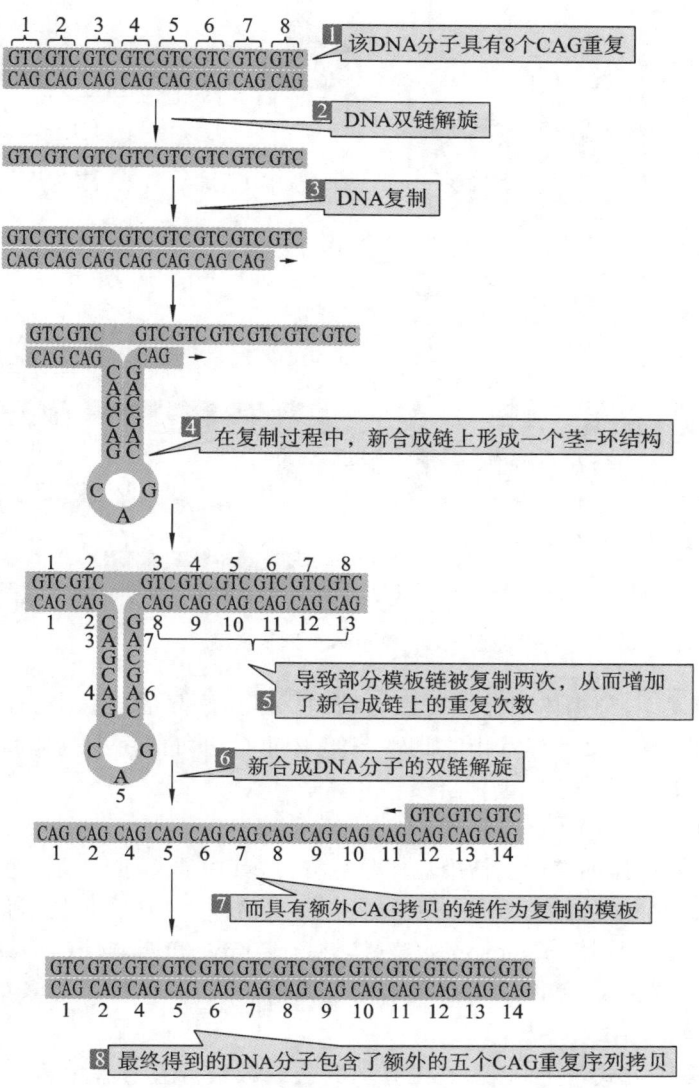

图 5.3 核苷酸重复序列拷贝数在复制中扩增的模型

5.1.1.2 染色体突变

大多数物种具有特征性的染色体数目,每条染色体大小与结构不同,生物体(除配子外)的所有组织一般具有相同的染色体组。然而,染色体的结构和数量也可能会发生改变,这种改变可能是自发的,也可能受到环境因素的影响,是一种重要的遗传现象。根据染色体数目和结构的改变,染色体突变可分为三种类型:染色体重排、非整倍体和多倍体。其中,染色体重排会导致染色体结构改变,非整倍体会导致染色体数量发生改变,而多倍体则会引起染色体组数目的变化。

1)染色体重排(chromosome rearrangement)

染色体重排是指改变一条或多条染色体结构的突变,包括重复(duplication)、缺失(deletion)、倒位(inversion)和易位(translocation)四种基本类型(图 5.4)。其中,重复是指一条染色体的部分区域出现倍增的突变;缺失是指一条染色体的部分区域出现丢失的突变;倒位是指染色体上的片段发生 180°倒转的突变;而易位是指遗传物质在同一染色体内部或非同源染色体之间的移动。这些重排类型都会导致染色体结构发生改变,从而在基因水平上对生物体的表型产生影响。

研究发现,染色体内的 DNA 双链断裂会导致染色体发生重排。DNA 双链断裂对细胞危害极大,生物体进化出了精细的修复机制对其进行损伤修复(详情见本章第 3 节)。在这个过程中,如果两个断裂的末

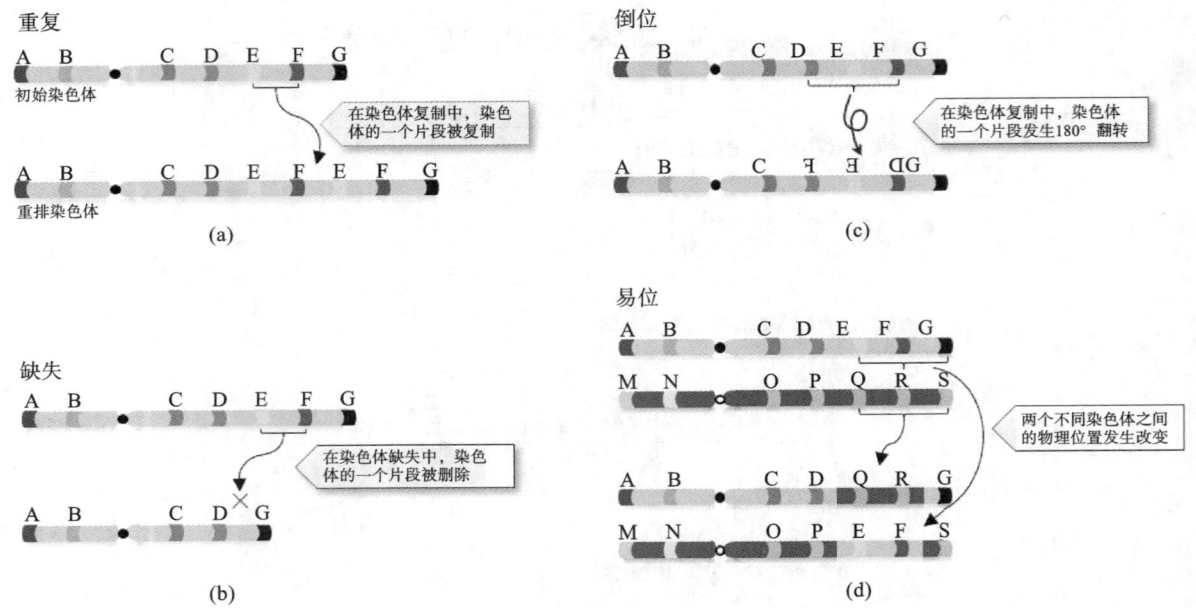

图 5.4 染色体重排示意图

端正确连接,则重排不会发生,染色体能够恢复原有结构。但在修复的过程中,有时会将来源于不同断裂位点的末端错误连接起来,导致染色体重排。此外,染色体重排也可能由染色体间错误的交叉互换或重复 DNA 序列间交叉互换产生。

2)非整倍体(aneuploidy)

除了染色体重排外,染色体突变还包括染色体数目变异,其中非整倍体是染色体数目变异的两种主要形式之一,它是指单个或几个染色体的数目发生改变。在二倍体生物中,非整倍体包括四种常见的类型:缺对染色体性(nullisomy)、单体性(monosomy)、三体性(trisomy)和四体性(tetrasomy)。其中,缺对染色体性是指一对同源染色体的丢失;单体性是指单条染色体的丢失;三体性是指单条染色体的额外增加;而四体性是指两条同源染色体的增加。

非整倍体可以通过多种方式产生。第一,在有丝分裂或减数分裂过程中可能会发生染色体丢失。例如,染色体着丝粒的缺失会导致纺锤体微管不能有效附着于染色体上,染色体不能准确移动到纺锤体的两极,从而在细胞分裂后不能并入细胞核。第二,两个近端着丝粒染色体在着丝粒附近断裂后长臂发生融合的染色体重排现象被称为罗伯逊易位(robertsonian translocation),该过程中产生的小染色体可能在有丝分裂或减数分裂中丢失。第三,在减数分裂或有丝分裂中,同源染色体或姐妹染色单体不能正常分离也会导致非整倍体出现。

3)多倍体(polyploidy)

多倍体是指生物体细胞中存在两个以上染色体组的现象,具体包括三倍体($3n$)、四倍体($4n$)、五倍体($5n$)、六倍体($6n$)以及数量更多的染色体组。多倍体在植物界中普遍存在,是植物新物种进化的主要机制之一。约 40% 的开花植物和 70%~80% 的禾本科植物是多倍体,包括小麦、燕麦、棉花、马铃薯和甘蔗等重要农作物,而多倍体在动物中较为少见。人们在一些无脊椎动物、鱼类、大鲵、蛙类和蜥蜴等动物中发现了多倍体,目前在鸟类或哺乳动物中尚未发现自然产生的多倍体。根据染色体组的来源,这些多倍体可分为同源多倍体(autopolyploid)和异源多倍体(allopolyploid)。

同源多倍体是指所有染色体组都来自同一物种,这种多倍体通常由有丝分裂或减数分裂异常所致。例如,在早期 $2n$ 胚胎中,若有丝分裂过程中染色体不能正常分离,将导致染色体数目加倍,产生同源四倍体($4n$);减数分裂过程中染色体不能分离所产生的二倍体配子与正常单倍体配子融合将导致三倍体合子产生,形成同源三倍体($3n$)。除此之外,同源三倍体也可能来自同源四倍体($4n$)和二倍体($2n$)之间的杂交。值得注意的是，当多倍体的染色体组数目为奇数时将导致细胞减数分裂过程中的联会异常，进而不能产生正常后代。

异源多倍体由不同物种之间的杂交产生，它们通常携带来自两个或两个以上物种的染色体组。当两个亲缘关系足够近的物种杂交时，假设物种 Ⅰ（染色体组成为 AABBCC，$2n=6$）产生染色体为 ABC 的单倍体配子，物种 Ⅱ（染色体组成为 GGHHII，$2n=6$）产生染色体为 GHI 的单倍体配子。若物种 Ⅰ 和 Ⅱ 的配子发生融合，则产生拥有 6 条非同源染色体的杂交后代（染色体组成为 ABCGHI）。由于杂交后代与两个亲本物种具有相同的染色体数目，因此该个体被认为是二倍体。然而，由于其染色体不具备同源性，在减数分裂过程中无法正常配对和分离。因此，该个体是不可育的功能单倍体。虽然杂交后代不能通过减数分裂产生有活力的配子，但仍能进行正常的有丝分裂。在极少数情况下，如果有丝分裂染色体不发生分离，则会导致这个功能单倍体染色体数目加倍，从而形成异源四倍体（染色体组成为 AABBCCGGHHII）。由于这个四倍体由两个合并的二倍体基因组组成，也被称为双二倍体。尽管双二倍体的染色体数目比亲本增加了一倍，但双二倍体中每条染色体都有且仅有一个同源染色体，这正是减数分裂过程中正确分离所必需的。此外，异源多倍体也可能由减数分裂过程中染色体不分离形成的 $2n$ 配子与来自不同物种的 $1n$ 或 $2n$ 配子融合产生。

5.1.2　突变的诱因

突变是生物体内因和外因共同作用的结果。其中，正常条件下自发产生的突变称为自发突变（spontaneous mutation），而由环境化学物质或辐射引起的突变称为诱发突变（induced mutation）。

5.1.2.1　自发突变

1）自发复制错误

DNA 复制过程具有惊人的准确性，然而，自发复制错误偶尔也会发生，细胞在复制一代的自发突变率为 $10^{-8} \sim 10^{-6}$。Watson 和 Crick 在 1953 年提出自发复制错误的主要原因是碱基的互变异构现象，即 DNA 碱基中氢原子的位置发生变化（图 5.5，彩图 11）。具体而言，标准的碱基配对发生在 A 与 T、G 与 C 之间，但如果这些碱基是罕见的互变异构形式，在复制过程中就可能出现配对错误，如 C 与 T 配对。虽然 Watson 和 Crick 很早就提出了这个猜想，但几乎无法在 DNA 中检测到碱基的互变异构形式，互变异构导致自发突变的证据不足。

许多研究人员认为碱基之间的错配可能通过 DNA 链的摆动（base wobbling）产生。DNA 中的碱基配对遵循一定的规则，即腺嘌呤（A）与胸腺嘧啶（T）之间通过两个氢键连接，而鸟嘌呤（G）与胞嘧啶（C）之间通过三个氢键连接。然而，由于 DNA 分子中碱基之间存在一定的灵活性，这种灵活性使得碱基对之间的氢键能够适应一定的变化，在碱基摆动的过程中，DNA 链的构象可以发生变化，允许包括 A-G、A-C、G-T 等在内的非经典碱基对的形成。目前在 DNA 分子中已经发现这些结构的存在，并且它们会导致复制过程中发生碱基错配。错配的碱基被掺入新合成的核苷酸链的过程被称为掺入错误。假设在 DNA 复制过程中，T 通过摆动与 G 发生错配。在下一轮复制周期中，两个错配的碱基分开，各自作为合成新核苷酸链的模板。这时 T 与 A 正常配对，产生与原始 DNA 序列相同的子链。然而，在另一条链上，错误掺入的 G 作为模板与 C 配对，从而生成一个新的 DNA 分子。此时，原来的掺入错误（T-G 错配）最终引起复制错误（用 C-G 碱基对代替原来的 T-A 碱基对）。由于所有的碱基配对都是正确的，修复系统无法检测到错误，最终造成永久性突变。

小的插入和缺失也可以在复制和交叉互换过程中自发产生。在复制过程中，一条核苷酸链形成茎-环结构就可能会导致复制滑移（replication slippage）现象的发生，从而导致移码突变（frameshift mutation）（图 5.6）。如果茎-环结构出现在新合成链上，就可能会导致插入突变；若茎-环结构出现在模板链上，就可能引起新合成链发生缺失突变，并且这种突变会在后续复制过程中持续存在。此外，聚合酶对含有大量重复核苷酸或重复序列（微卫星区域）的 DNA 区段进行复制时，容易发生"打滑（stuttering）"现象，即模板与复制链之间不能准确对齐，聚合酶不能准确插入与模板 DNA 同等数量的核苷酸，进而改变重复核苷酸或重复序列的拷贝数。

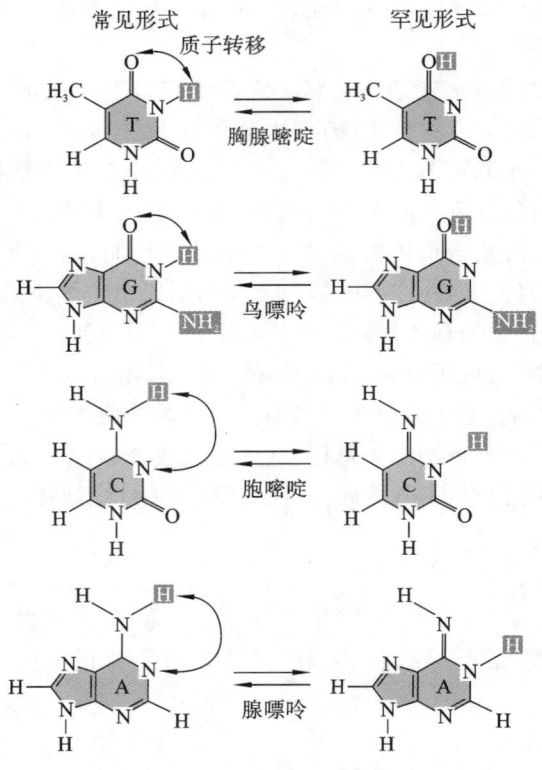

图5.5　四种碱基的互变异构形式

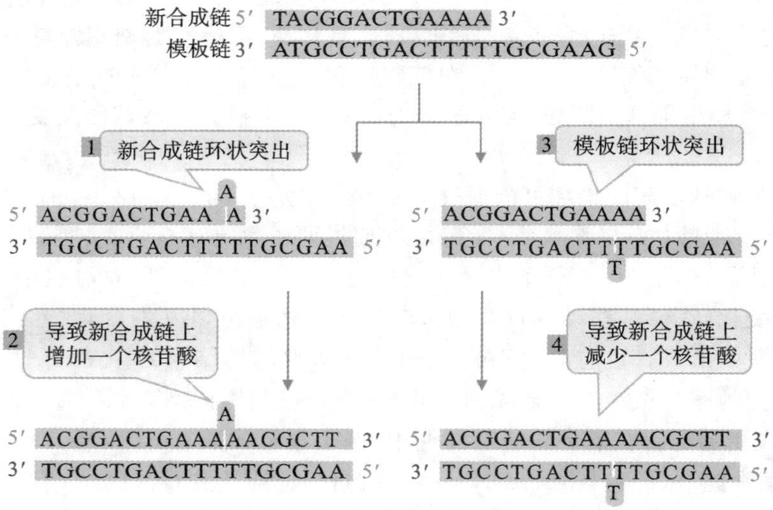

新合成链5′ TACGGACTGAAAA 3′
模板链3′ ATGCCTGACTTTTTGCGAAG 5′

1 新合成链环状突出　　　　　3 模板链环状突出

　　　　　　　A
5′ ACGGACTGAA A 3′　　　5′ ACGGACTGAAAA 3′
3′ TGCCTGACTTTTTGCGAA 5′　3′ TGCCTGACTTTTTGCGAA 5′
　　　　　　　　　　　　　　　　　　　　　　　T

2 导致新合成链上　　　　　4 导致新合成链上
增加一个核苷酸　　　　　减少一个核苷酸

　　　　　　A
5′ ACGGACTGAAAAACGCTT 3′　5′ ACGGACTGAAAACGCTT 3′
3′ TGCCTGACTTTTTGCGAA 5′　3′ TGCCTGACTTTTGCGAA 5′
　　　　　　　　　　　　　　　　　　　　　　　T

图5.6　单链滑移引起的碱基插入与缺失

　　产生插入突变和缺失突变的另一个可能机制是不对称交叉互换。在正常交叉互换过程中，两个DNA分子的同源序列相同，交叉互换不会引起两个DNA分子间核苷酸数目发生改变。然而，错误配对会导致DNA分子间发生不等量的交叉重叠，从而导致一个DNA分子发生核苷酸的插入，另一个DNA分子发生核苷酸的缺失（图5.7）。

　　2）自发的化学改变

　　除了在DNA复制过程中产生的自发突变外，突变还可能源于碱基自发的化学改变。其中一种是脱嘌呤，即嘌呤碱基从核苷酸中自发脱落的过程。这一过程会导致嘌呤与脱氧核糖之间的共价键断裂，产生缺乏嘌呤碱基的核苷酸。脱嘌呤位点在复制中不能作为互补碱基的模板，在没有碱基配对限制的情况下，错

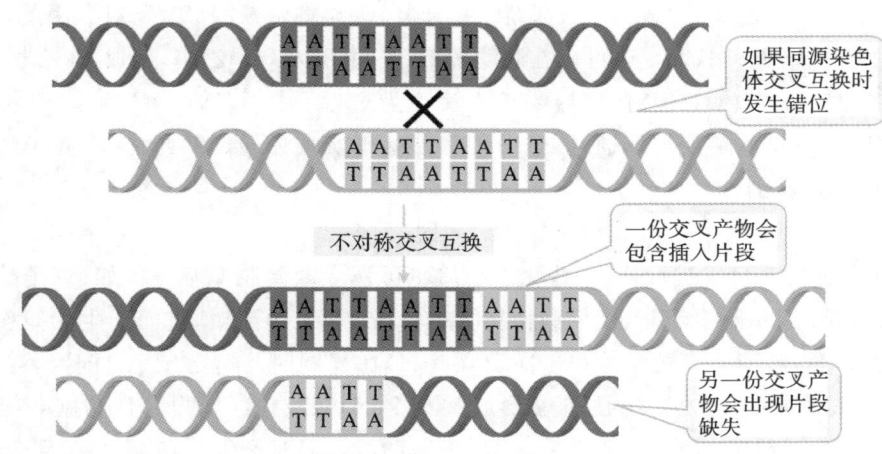

图 5.7　不对称交叉互换引起的插入和缺失

误的核苷酸(最常见的是腺嘌呤 A)将被掺入新合成的 DNA 链,经过一轮复制后,这种掺入错误被转化为复制错误。脱嘌呤是自发突变的常见原因,哺乳动物细胞每天大约出现 10000 个脱嘌呤事件,脱嘧啶事件同样可能会发生,但其发生概率远低于脱嘌呤。

脱氨基是 DNA 中出现的另一个自发化学变化,即从碱基上丢失一个氨基的过程。脱氨基可以改变碱基的配对性质。例如,胞嘧啶(C)脱氨基形成尿嘧啶(U),在复制时与腺嘌呤(A)配对。经过一轮复制后,腺嘌呤(A)将与胸腺嘧啶(T)配对,最终 A-T 配对将取代原来的 G-C 配对。然而,细胞内存在相应的酶,它们能够识别并切除 DNA 中的尿嘧啶,在一定程度上防止此类突变产生。与尿嘧啶(U)相比,腺嘌呤(A)和鸟嘌呤(G)脱氨基产生的次黄嘌呤和黄嘌呤则具有更广泛的碱基配对能力,它们能够与尿嘧啶(U)、胞嘧啶(C)及腺嘌呤(A)三种碱基配对,进而在 DNA 复制过程中引入更多类型的突变。此外,在哺乳动物细胞中,DNA 中的部分胞嘧啶会被甲基化修饰,以 5-甲基胞嘧啶(5mC)的形式存在。5mC 脱氨基将转变为胸腺嘧啶(T),在 DNA 复制过程中胸腺嘧啶(T)与腺嘌呤(A)配对,5mC 脱氨基使原来的 C-G 配对转变为 T-A 配对。因此,C-G 与 T-A 转换在哺乳动物细胞中频繁发生,5mC 位点也是人类细胞中的突变热点区域。

5.1.2.2　化学诱变

尽管许多突变是自发产生的,但一些化学物质、辐射等环境因子也能够对 DNA 造成破坏。这些能够将突变率提高至自发突变率以上的环境因子都被称为诱变剂(mutagen)。第一种化学诱变剂由生物学家 C. Auerbach 及药理学家 J. M. Robson 发现,他们将果蝇暴露于第一次世界大战期间用作化学武器的芥子气环境中,以研究其致突变效应。他们发现芥子气确实是一种强大的诱变剂,它降低了果蝇配子的活力,并提高了果蝇后代的突变数量。但由于该研究属于第二次世界大战期间的秘密研究项目,其研究结果推迟到 1947 年才被发表。随着对突变的深入研究,科学家们又陆续发现了多种诱变剂。

1)碱基类似物

碱基类似物是化学诱变剂的一种,由于其结构与碱基类似,在复制过程中 DNA 聚合酶可能将其错误掺入新合成的 DNA 中。例如,5-溴尿嘧啶(BrdU)是胸腺嘧啶的类似物,除了在 5 位碳原子上有一个溴原子而不是甲基外,其余结构与胸腺嘧啶相同。在正常情况下,BrdU 与腺嘌呤(A)配对,但与胸腺嘧啶(T)类似,BrdU 偶尔也会与鸟嘌呤(G)错配,从而导致从 T-A 配对到 C-G 配对的转变。同时,BrdU 也可以与鸟嘌呤(G)错配并掺入新合成的 DNA 链中,最终导致 G-C 配对到 A-T 配对的转变。此外,腺嘌呤的碱基类似物 2-氨基嘌呤(2AP)也可以诱导基因突变。正常情况下,2AP 与胸腺嘧啶(T)配对,但它也可能与胞嘧啶(C)发生错配,导致 T-A 配对转变为 C-G 配对。2AP 也可能与胞嘧啶发生错配被掺入新合成的 DNA 链上,从而导致 C-G 配对转变为 T-A 配对。

2)烷基化试剂

烷基化试剂是指能够将甲基和乙基等基团添加到碱基上的化学物质。例如,甲基磺酸乙酯(EMS)能够在鸟嘌呤（G）上加上一个乙基，生成 O^6-乙基鸟嘌呤，倾向于与胸腺嘧啶（T）配对。因此，EMS 能够诱导 C-G 到 T-A 突变的产生。此外，EMS 还可以在胸腺嘧啶（T）上引入一个乙基，生成 4-乙基胸腺嘧啶，4-乙基胸腺嘧啶在复制时与鸟嘌呤（G）配对，将导致 T-A 突变为 C-G。由于 EMS 可以同时产生 C-G 到 T-A 和 T-A 到 C-G 的突变，因此这些突变可以通过 EMS 的额外处理实现逆转。除此之外，芥子气和甲基磺酸甲酯（MMS）也属于烷基化试剂。

3）脱氨基试剂

核苷酸脱氨基除了能够自发进行外，一些化学物质也可诱导碱基脱氨基。例如，亚硝酸能够使胞嘧啶（C）脱氨基生成尿嘧啶（U），尿嘧啶（U）在下一轮复制中与腺嘌呤（A）配对，进而产生 C-G 到 T-A 的突变。亚硝酸还能将腺嘌呤（A）转变为次黄嘌呤（I），次黄嘌呤（I）在复制时与胞嘧啶（C）配对，导致 T-A 到 C-G 的突变。同时，亚硝酸也能使鸟嘌呤（G）脱氨基形成黄嘌呤（X），黄嘌呤（X）既可以与胞嘧啶（C）配对，也可以与胸腺嘧啶（T）配对，导致 C-G 突变为 T-A。由于亚硝酸能够同时产生 C-G 到 T-A 和 T-A 到 C-G 的突变，因此，这些突变也可以被亚硝酸逆转。

4）羟胺

羟胺是一种特异的碱基修饰诱变剂，它可以在胞嘧啶（C）上增加一个羟基，将其转化为羟氨基胞嘧啶。这种罕见的互变异构体增加了其与腺嘌呤（A）配对的频率，最终导致 C-G 到 T-A 的突变。由于羟胺只作用于胞嘧啶（C），所以它不能诱导产生 T-A 到 C-G 的突变，因此，羟胺不能逆转其诱导产生的突变。

5）活性氧自由基

活性氧自由基是在正常的有氧代谢过程中以及辐射、臭氧、过氧化物及某些药物作用下产生，包括超氧自由基、过氧化氢和羟基自由基等多种形式。这些活性氧通过引起 DNA 损伤进而诱导突变产生。例如，活性氧能够将鸟嘌呤（G）转化为 8-氧-7,8-二氢脱氧鸟嘌呤（8-oxo-dG），后者在复制过程中经常与腺嘌呤（A）发生错配，导致 C-G 到 T-A 突变的产生。

6）嵌入剂

原黄素、吖啶橙（AO）、溴化乙锭（EB）和二噁英等 DNA 嵌入剂能够插入相邻碱基之间，使 DNA 双螺旋的三维结构发生改变，进而引起复制过程中单核苷酸的插入和缺失。这些插入和缺失通常会导致 DNA 发生移码突变，对细胞和个体产生非常严重的影响。同时，由于嵌入剂会导致插入和缺失两种类型的突变，所以嵌入剂也可以逆转其诱导产生的突变。

5.1.2.3 物理辐射

1927 年，Muller 发现 X 射线可以诱导果蝇产生突变。随后的研究表明，X 射线极大地提高了多种生物体的突变率。X 射线、γ 射线和宇宙射线都具有穿透组织和损伤 DNA 的能力，这些形式的辐射统称为电离辐射（ionizing radiation，IR）。它们能够促进原子中电子的丢失，将稳定的分子转变为离子形式，进而改变碱基结构并破坏 DNA 的磷酸二酯键。除此之外，电离辐射还会导致 DNA 双链断裂进而诱导染色体变异的产生。

与电离辐射相比，紫外线（UV）虽然能量较小，但具有很强的致突变性。在 DNA 分子结构中，嘧啶碱基容易吸收紫外线能量与同一 DNA 链上相邻的嘧啶碱基形成嘧啶二聚体（图 5.8）。在生物体中可能会形成胸腺嘧啶二聚体（TT）、胞嘧啶二聚体（CC）和胸腺嘧啶-胞嘧啶（TC）二聚体，其中胸腺嘧啶二聚体最为常见。这些二聚体的出现会导致 DNA 构象发生改变，进而干扰 DNA 复制、修复和转录等过程。当嘧啶二聚体阻断复制时，细胞分裂将被抑制，最终导致细胞死亡，因此，紫外线对细菌具有杀灭作用。然而，细菌有时可以通过 SOS 系统应对嘧啶二聚体和其他类型的 DNA 损伤，使复制过程继续进行，但这会导致突变率大大提高。事实上，复制在有阻遏物存在的情况下仍然能够进行的原因正是 SOS 系统中的聚合酶没有严格遵循碱基配对规则，这是细胞以牺牲 DNA 合成的准确性为代价、保证细胞存活的折中方案。

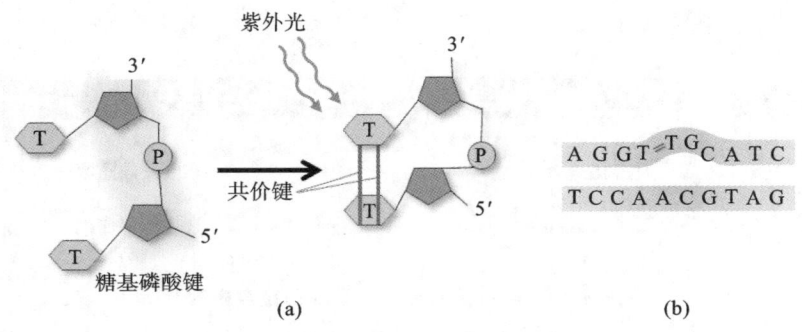

图 5.8　紫外辐射引起的嘧啶二聚体

5.1.2.4　转座子元件引起的突变

转座子元件是指可以在基因组中移动的 DNA 序列,也被称为转座子、可转座遗传元件、可移动基因或跳跃基因等。转座子元件存在于所有生物的基因组中,它们能够通过不同于同源重组的机制插入基因组的不同位置,而转座子元件的移动可能会插入其他基因中使基因被破坏。同时,转座子元件的移动也可以通过促进染色体重排(如缺失、重复和倒位)等方式引起突变。

目前已经发现了多种类型的转座子元件,有的结构简单,只包含自身转座所必需的序列;有的结构复杂,编码了许多与转座没有直接关联的蛋白质。尽管存在这些差异,但许多转座子元件仍具有一些共同特征。例如,大多数转座子元件的两侧都存在长度为 3～12 bp 的短直接重复序列,尽管序列各不相同,但其长度对于每种类型的转座子元件来说都是恒定的。这些重复序列不属于转座子元件的组分,不随转座子元件一起移动,它们往往形成于转座子元件的插入过程。如图 5.9 所示,在转座过程中,目标 DNA 会进行交叉切割,从而在转座子元件的两侧留下短的单链 DNA 片段,这些片段经过复制就形成了相邻直接重复序列。除此之外,还有许多转座子元件的末端都存在长度为 9～40 bp 的末端反向重复序列,它们互为反向互补序列。这些序列出现在同一条链上,它们既是倒置的,又是互补的(图 5.10)。这些末端反向重复序列能够被催化转座的酶识别,是转座发生所必需的。

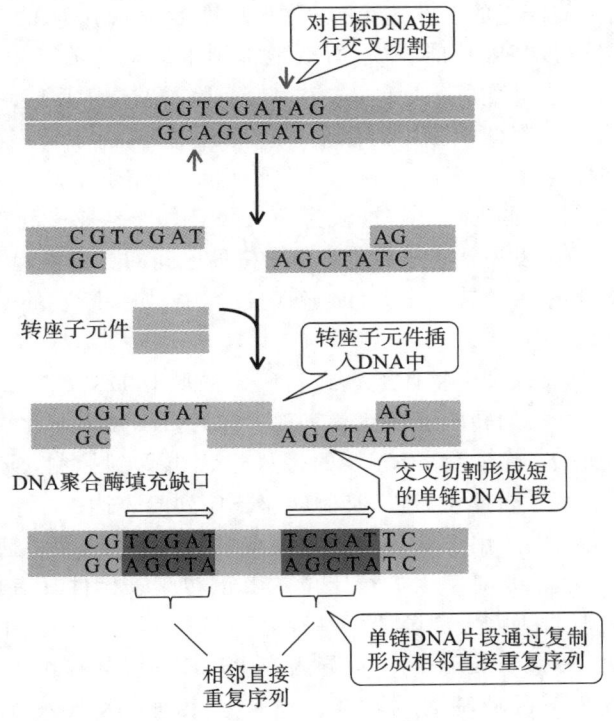

图 5.9　转座子元件插入 DNA 形成相邻直接重复序列

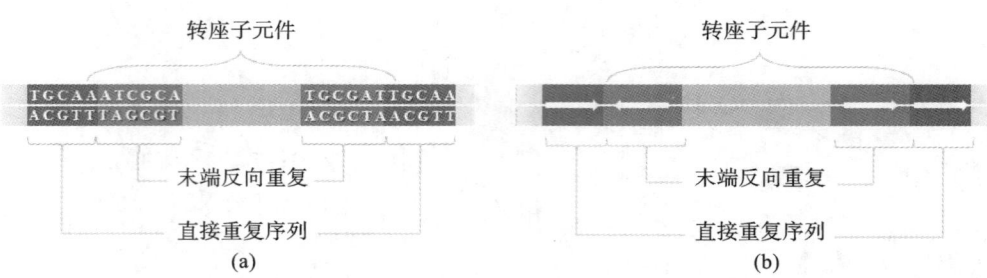

图 5.10 转座子元件的末端反向重复序列

在原核和真核细胞中,存在多种类型的转座机制,但不同类型的转座都包含以下几个步骤(图 5.9):在目标位点 DNA 中进行交叉切割;将转座子元件连接到目标位点的单链末端;目标位点的单链间隙进行复制,该过程由转座酶介导,帮助转座子元件整合到新的位点上。

一些转座子元件由 DNA 构成,被称为 DNA 转座子或 II 类转座子;其他的转座子元件,称为反转录转座子或 I 类转座子,这类转座子主要通过 RNA 中间体进行转座。在这种情况下,RNA 由转座子元件 DNA 转录而来,之后通过逆转录酶的作用将 RNA 复制到 DNA 中。细菌中的转座子元件主要是 DNA 转座子,真核生物中同时存在 DNA 转座子和反转录转座子,但反转录转座子更为普遍。在 DNA 转座子中,转座过程可分为复制性和非复制性两种。在复制性转座中,转座子元件的新拷贝被引入转座位点,而原拷贝仍然存在,这一过程导致转座子元件的拷贝数增加。而在非复制性转座中,转座子元件从旧位点切除并插入新位点,其拷贝数在转座前后保持不变。与 DNA 转座子不同,反转录转座子只能进行复制性转座。

由于转座子元件具有插入基因中并破坏基因的功能,因此它们一般具有致突变性。事实上,在果蝇中,超过一半的自发突变是由转座子元件插入功能基因内部或附近区域引起的。同样,许多人类遗传疾病也是由于重要基因内部插入转座子元件导致的。例如,在凝血因子 VIII 基因中插入 L1 转座子将导致血友病。虽然大多数转座引起的突变是有害的,但转座偶尔也会激活基因表达或以某种有益的方式改变细胞的表型。例如,携带编码抗生素抗性基因的转座子元件通过转座能够提高细菌的耐药性。在葡萄的颜色变化中也可以看到转座子诱变效应的有趣现象,黑色和红色葡萄的果皮中能够产生花青素,而白色葡萄是由黑葡萄中花青素合成基因突变产生的。在这个过程中,长度为 10422 bp 的 Gret1 反转录转座子插入促进花青素合成的基因内部,导致该基因功能丧失,有效地抑制了花青素的产生,从而形成了白色葡萄。有趣的是,红葡萄是由白葡萄进一步突变所产生的,这个突变去除了 Gret1 反转录转座子的大部分序列,使花青素能够重新开始合成,但合成效率低于原始的黑葡萄。除此之外,由于转座涉及 DNA 序列的交换和重组,因此常常会导致 DNA 重排现象。如图 5.11(彩图 12)所示,转座子多拷贝之间的同源重组可能导致重复、缺失和倒位等改变。例如,果蝇的 Bar 突变被认为是 X 染色体上转座子元件的两个拷贝之间发生同源重组而产生的串联重复;在番茄中发现转座子元件 Rider 拷贝之间的重组引起的序列重复会导致番茄果实的拉长。同样的,在非复制性转座中的转座子元件切除的过程中,如果断裂的 DNA 没有得到及时的修复,也可能会产生 DNA 重排现象。

鉴于转座子元件的致突变性,许多生物体通过在转座子区域对 DNA 进行甲基化来限制转座活动,该过程通过抑制转录和阻断转座必需的转座酶活性来实现。同时,DNA 甲基化引起的染色质结构的改变也能抑制转座子的转录活性。此外,转座酶 mRNA 的翻译过程也受到控制,研究人员在某些动物中发现 piRNAs 通过与 Piwi 蛋白结合沉默转座子,进而抑制转座子序列的表达。

转座子元件也为研究人员提供了用于诱导基因组突变的强大工具,使得研究人员能够更为精准地确定基因的功能,深入研究遗传现象,并对基因进行定位。由于转座子元件具有已知的序列,因此它可以作为定位突变基因的"标签"。例如,研究人员设计了一种名为 Sleeping Beauty 的转座子元件来诱导小鼠突变,并将其用于寻找抑癌基因。Sleeping Beauty 被导入产生转座所需转座酶的小鼠细胞中,之后它被随机插入基因组的不同位置,破坏该区域基因的功能。遗传学家通过从肿瘤细胞基因组中寻找 Sleeping Beauty 序列,鉴定出了多个具有抑制癌症发生作用的基因。

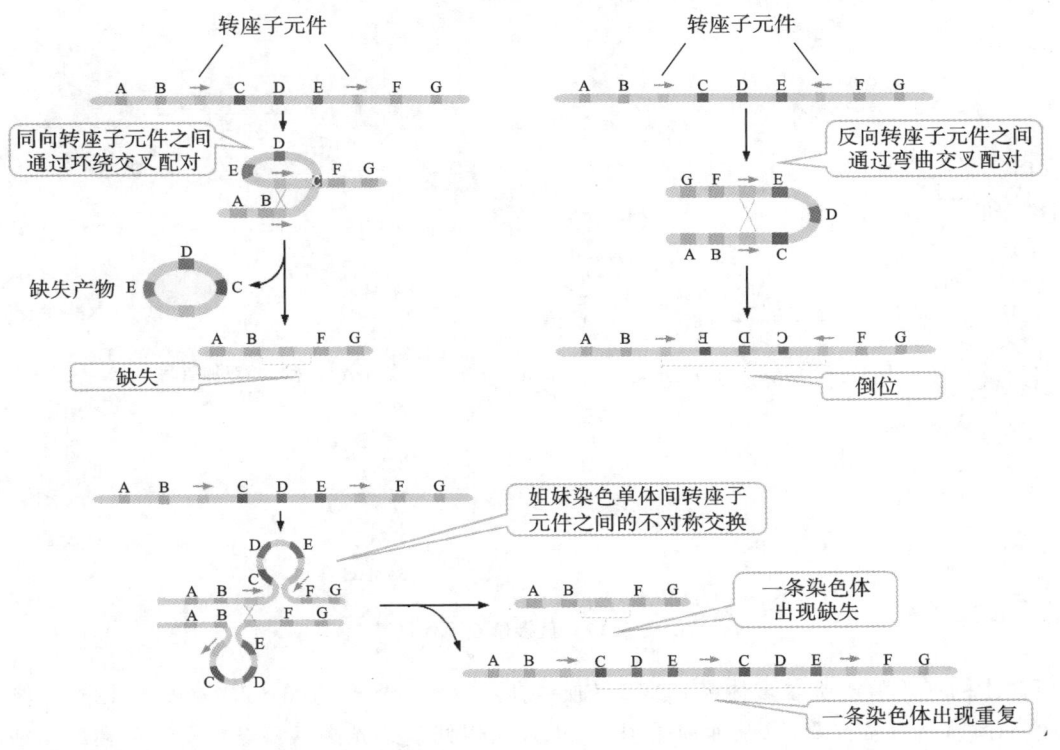

图 5.11 转座导致的染色体重排

5.2 DNA 损伤类型与修复机制

保证生命体中基因组序列的完整性和稳定性对于维持正常生命活动是必需的。然而,基因组 DNA 却不断受到内源性因素及辐射、化学诱变剂等外源性因素的威胁而产生损伤。而细胞能够通过启动 DNA 损伤应答(DNA damage response,DDR)网络来响应 DNA 损伤。

2015 年诺贝尔化学奖颁发给了 Tomas Robert Lindahl、Paul Modrich 和 Aziz Sancar 三位杰出的科学家,以表彰他们在 DNA 损伤修复方面的开创性工作。本节我们将对常见的损伤类型和 DNA 修复机制进行简要介绍。

根据 DNA 损伤的来源,其可分为内源性和外源性两大类。一方面,DNA 复制错误、碱基错配、碱基脱氨、氧化损伤、DNA 甲基化以及拓扑异构酶-DNA 复合物异常积累等内源性因素都能够引起 DNA 损伤,进而可能导致遗传性疾病和癌症的发生发展。另一方面,紫外线(UV)和电离辐射(IR)、烷基化试剂、芳香胺、多环芳烃、亚硝胺、毒素及环境胁迫等都能够直接或间接导致 DNA 损伤。常见的 DNA 损伤类型如下:碱基错配、碱基缺失、ssDNA 断裂、DNA 双链断裂、DNA 链间交联、DNA-蛋白交联等。针对不同类型的 DNA 损伤,细胞通过不同的途径进行修复。

5.2.1 直接修复

直接修复(direct repair)是在不切割 DNA 骨架的基础上,由单一的修复蛋白直接逆转损伤核苷酸,使其恢复正确结构的修复过程。迄今为止,已经发现了三种主要的 DNA 直接修复机制:①光修复酶修复紫外线诱导的光损伤;②O^6-烷基鸟嘌呤-DNA 烷基转移酶(O^6-alkylguanine-DNA alkyltransferase,AGT)修复 O-烷基化类 DNA 损伤;③Alk B 家族的双加氧酶修复 N-烷基化碱基加合物(图 5.12)。

光修复酶修复也被称为光复活修复(photoreactivation repair),这一途径主要用于去除大剂量紫外辐

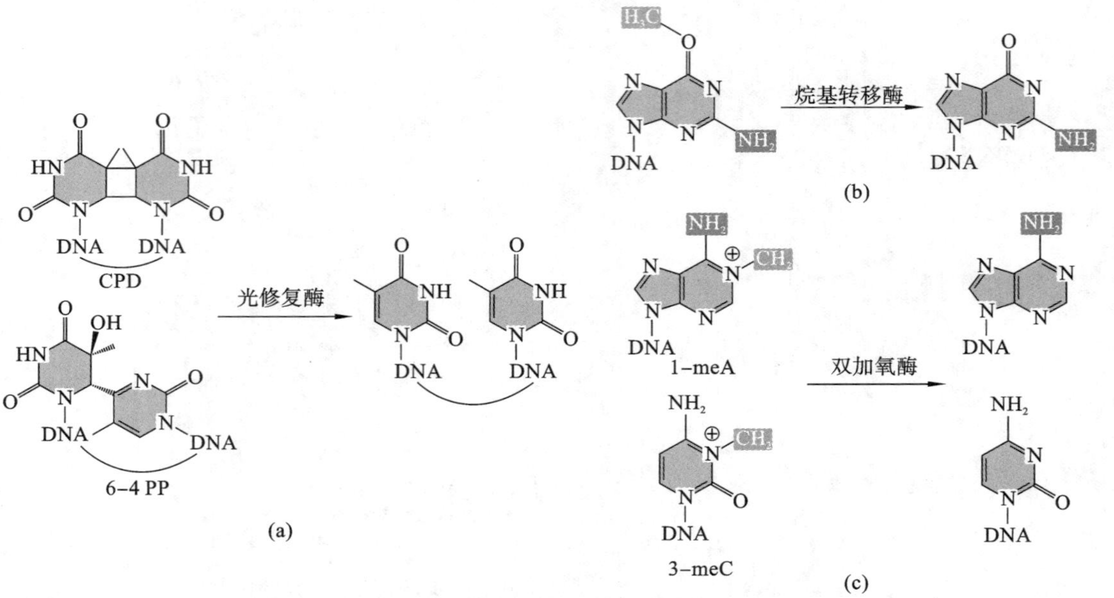

图 5.12　直接修复示意图

射 DNA 所产生的环丁烷嘧啶二聚体(CPD)和嘧啶-嘧啶酮(6-4)光产物(6-4 PP)(图 5.12),光修复酶能够高度专一地分解这些嘧啶二聚体,从而使受损的 DNA 得以修复。光修复酶修复在细菌和鸟类细胞中广泛存在,但在高等哺乳动物细胞中尚未发现这一修复途径。光修复酶修复主要分为 4 步:①紫外辐射后 DNA 受损形成嘧啶二聚体;②光修复酶特异性识别二聚体并与之形成酶-DNA 复合物;③可见光为光修复酶提供能量促使嘧啶二聚体解聚成单体;④修复后光修复酶被释放,完成修复过程。这一修复过程高度专一,仅能作用于紫外线诱导产生的嘧啶二聚体。

O^6-烷基鸟嘌呤-DNA 烷基转移酶和 Alk B 家族的双加氧酶在细菌和人类细胞中高度保守,它们能够直接去除烷基化试剂诱导产生的 DNA 烷基加合物。其中,O^6-烷基鸟嘌呤-DNA 烷基转移酶可以识别 6-甲基鸟嘌呤(6-meG)等多种 O^6-修饰的烷基加合物。而 Alk B 家族双加氧酶则能够识别并修复 N1-甲基腺嘌呤(1-meA)、N3-甲基胞嘧啶(3-meC)、1,N6-亚乙基腺嘌呤和 3,N4-亚乙基胞嘧啶等环外 DNA 加合物。现有研究证明,Alk B 家族双加氧酶可以修复单链 DNA 和双链 DNA 中的损伤,但更倾向作用于单链底物。

虽然直接修复只能介导相对较小损伤的修复,但其修复过程的简单性和保真性对细胞而言同样具有重要意义。

5.2.2　错配修复

在前文中我们已了解到碱基之间的错配可能来源于 DNA 复制和遗传重组过程中的错误以及化学和物理损伤。而进化上高度保守的复制后修复机制——错配修复(mismatch repair,MMR)能够识别并修复这些错配碱基,将 DNA 的复制保真度提高 100 倍以上。此外,MMR 还参与包括微卫星稳定性、减数分裂和有丝分裂重组、DNA 损伤信号转导、细胞凋亡、类别转换重组、体细胞超突变和三联体重复扩增在内的多种细胞代谢过程。MMR 基因的胚系突变会导致林奇综合征(又称遗传性非息肉病性结直肠癌,HNPCC),同时也表现出结肠癌、卵巢癌等其他癌症的易感性。

MMR 是一个可以在 DNA 的 3′末端或 5′末端启动、进行切除与再合成的修复过程。原核生物中,这个过程包括四个基本步骤:①MutS 识别错配碱基;②MutS 以 ATP 依赖的方式招募 MutL;③MutL 招募 MutH 对错配位点的 DNA 链进行切割;④以剩余的 DNA 链为模板,利用聚合酶重新合成被切除的序列。在真核生物中已经发现 8 种错配修复蛋白,它们分别为大肠杆菌 MutS 的同源蛋白 MSH2、MSH3、MSH5、MSH6,以及 Mut L 的同源蛋白 MLH1、PMS1(又称 MLH2)、MLH3 和 PMS2(又称 MLH4)。在哺乳动物中,

MutS α 异源二聚体(MSH2/MSH6)或 MutS β 异源二聚体(MSH2/MSH3)能够识别复制中的错配碱基并与之结合。其中,MutS α 能够识别单碱基错配及单碱基插入、缺失,而 MutS β 能够对更大的插入或缺失环进行识别。同时,MutS 异源二聚体也可以进一步招募 MutL、PCNA 和 RFC 蛋白。其中,MutL 由 MLH1 和 PMS2 组成,它能够与 MutS 及错配 DNA 形成三元复合物,促进下游过程的激活。之后,核酸外切酶 Exo1 被招募至错配位点并切除错配碱基,形成由 ssDNA 结合蛋白 RPA(replication protein A)保护的 ssDNA 缺口。紧接着,PCNA 与 Pol δ 通过与 MutL 复合物相互作用被招募到错配位点,与 RFC、HMGB1(高迁移率族蛋白 1)及 LIG1(DNA 连接酶Ⅰ)协同完成 ssDNA 缺口的合成与连接,最终修复错配碱基(图 5.13,彩图 13)。

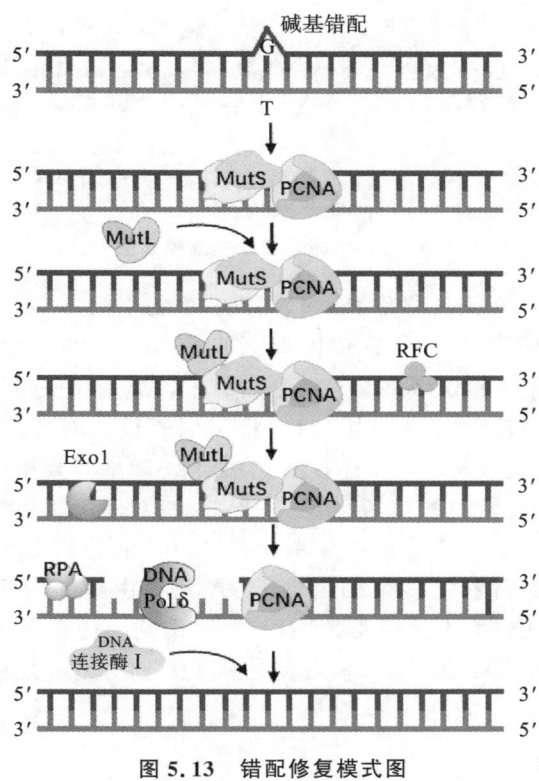

图 5.13 错配修复模式图

除了清除 DNA 复制过程中的错配事件外,MMR 也可以清除引起端粒部分丢失的异常修饰核苷酸。与之相对应,在犬精母细胞的端粒区域检测到 MLH1 的表达上调;MMR 相关基因突变的癌症患者中白细胞端粒长度显著短于对照组。此外,正常人的肺成纤维细胞中 MMR 途径的关键蛋白 MSH2 下调会导致端粒缩短进程加速。这些现象均说明 MMR 活性降低可能会加速细胞端粒缩短进程。

5.2.3 碱基切除修复

碱基切除修复(base excision repair,BER)主要修复氧化、脱氨基和烷基化等对 DNA 结构影响较小的损伤。BER 通常由 DNA 糖基化酶启动,这种酶能够识别受损碱基并切断碱基与脱氧核糖之间的共价键从而将其移除。随后,细胞利用不同的 BER 因子,通过长路径 BER 和短路径 BER 两种方式对残留的无碱基位点(AP 位点)进行进一步加工,最终完成修复。BER 主要发生在真核生物的细胞核和线粒体中,BER 相关蛋白的功能缺陷会导致癌症、衰老、神经退行性疾病等不良后果。

在哺乳动物中,目前已经发现至少 11 种不同的 DNA 糖基化酶,每一种酶都能识别特定的突变。例如:尿嘧啶糖基化酶能够识别并移除由胞嘧啶脱氨基产生的尿嘧啶。当核苷酸上的修饰碱基被糖基化酶切除后,AP 核酸内切酶能够对磷酸二酯键进行切割,将无碱基核苷酸从 DNA 上移除。之后,DNA 聚合酶在暴露的 3'-OH 上新合成一个或多个核苷酸,替换损伤链上的核苷酸。最后,DNA 连接酶将糖-磷酸骨架中的缺口封闭,恢复原有的 DNA 序列(图 5.14)。

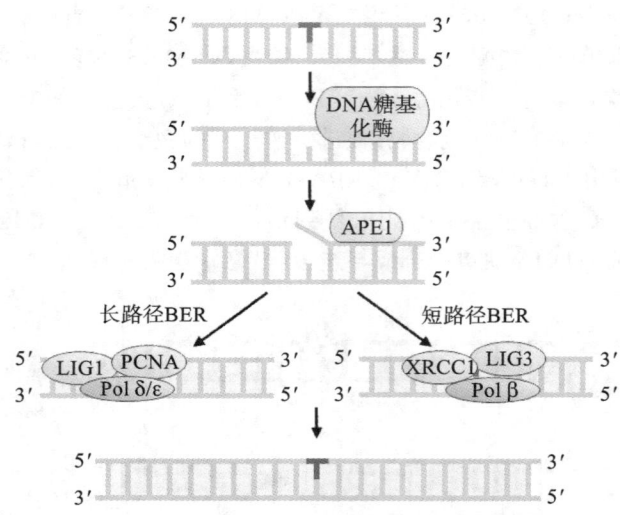

图 5.14 碱基切除修复模式图

细菌中参与 BER 合成的 DNA 聚合酶是 Pol Ⅰ，而真核生物中则是 Pol β。与 Pol Ⅰ相比，Pol β 没有校对能力，在合成过程中更容易出错。在人类细胞中，每天有 20000～40000 个修饰碱基通过 BER 途径进行修复，Pol β 每天可能会引入数十个错误碱基到人类基因组中。那么这些错误如何被纠正呢？最近的研究表明，一些 AP 核酸内切酶具有校对能力。当 Pol β 将错误的核苷酸掺入 DNA 时，由于相邻核苷酸的 3′-OH 和 5′-磷酸基团处于错误的方向，DNA 连接酶无法对糖-磷酸骨架中的缺口进行连接。在这种情况下，核酸内切酶 APE1 能够检测到错误配对，并利用其 3′-5′ 核酸外切酶活性切除错误配对的碱基。这一过程反过来会促进复制滑动夹 PCNA 及 DNA 聚合酶 Pol δ/ε 的招募，它们能够在缺口处进行一个 2～10 个核苷酸的短 DNA 合成。随后，多余的末端 DNA 片段由核酸内切酶 FEN1 移除，DNA 连接酶 LIG1 对缺口进行连接，这种方式被称为长路径 BER。此外，细胞内还存在一种短路径 BER，在此过程中，核酸内切酶 APE1 通过招募 DNA 聚合酶 Pol β 来完成受损核苷酸的替换，之后由 DNA 连接酶 XRCC1/LIG3 对缺口进行连接。

5.2.4 核苷酸切除修复

与碱基切除修复类似，细胞内还存在另一种切除修复途径——核苷酸切除修复（nucleotide excision repair，NER）。这两种修复途径除了在专一性上有所不同之外，核苷酸切除修复的过程也更为复杂，大致包括三个主要步骤：①识别和切除受损部位；②招募 DNA 聚合酶合成新的 DNA 链；③将新合成的 DNA 与原有序列进行连接，完成修复过程。在人类细胞中，NER 修复功能的缺陷将导致着色性干皮病、紫外线敏感综合征和脑眼面骨骼综合征等多种疾病。

与 BER 识别特定结构的修饰碱基不同，NER 主要识别由紫外辐射、苯并芘和化疗药物引起的 DNA 双螺旋扭曲或被 DNA 损伤所阻断的 RNA 聚合酶Ⅱ（RNA Pol Ⅱ）等大片段 DNA 损伤。前者涉及整个基因组的损伤，因此被称为全基因组核苷酸切除修复（global-genomic NER，GG-NER），而后者只修复转录区域模板链上的 DNA 损伤，被称为转录偶联核苷酸切除修复（transcription-coupled NER，TC-NER）。这两种途径的主要区别在于如何识别损伤。在 GG-NER 中，DNA 损伤感受蛋白 XPC 可以识别基因组中任何位置的损伤并启动修复途径。在哺乳动物中，XPC、RAD23B 和 CETN2 能够形成复合物，实时监测由碱基配对破坏引起的瞬时 ssDNA。同时，对于紫外线（UV）诱导的 CPD，DDB1 和 GG-NER 特异性蛋白 DDB2 组成的 DNA 损伤结合蛋白复合物 UV-DDB 能够直接与损伤部位结合，促进 XPC 的招募。而在 TC-NER 中，主要的损伤感受器为 RNA Pol Ⅱ。当其在转录过程中被阻断在转录链受损的 DNA 位点时，该蛋白通过招募 DNA 依赖的 ATP 酶 CSB 蛋白，促进其他 NER 因子结合到 DNA 损伤位点。当 GG-NER 或 TC-NER 通路完成损伤识别后，TF Ⅱ H、XPA、RPA、XPG、XPF 等 NER 下游修复蛋白被招募到 DNA 损伤位点。XPA 与

RPA 能够稳定损伤位点的 DNA 并激活核酸外切酶 ERCC1-XPF 和 XPG,促进二者在 DNA 损伤位点的 3′
和 5′末端分别进行切割,产生约为 26 nt 的片段。损伤 DNA 片段被切除后,由 DNA 聚合酶对 ssDNA 缺
口进行填充。最后,DNA 连接酶 LIG1 或 LIG3-XRCC1 将新合成的 DNA 片段与原有 DNA 链连接,最终
完成修复过程(图 5.15,彩图 14)。

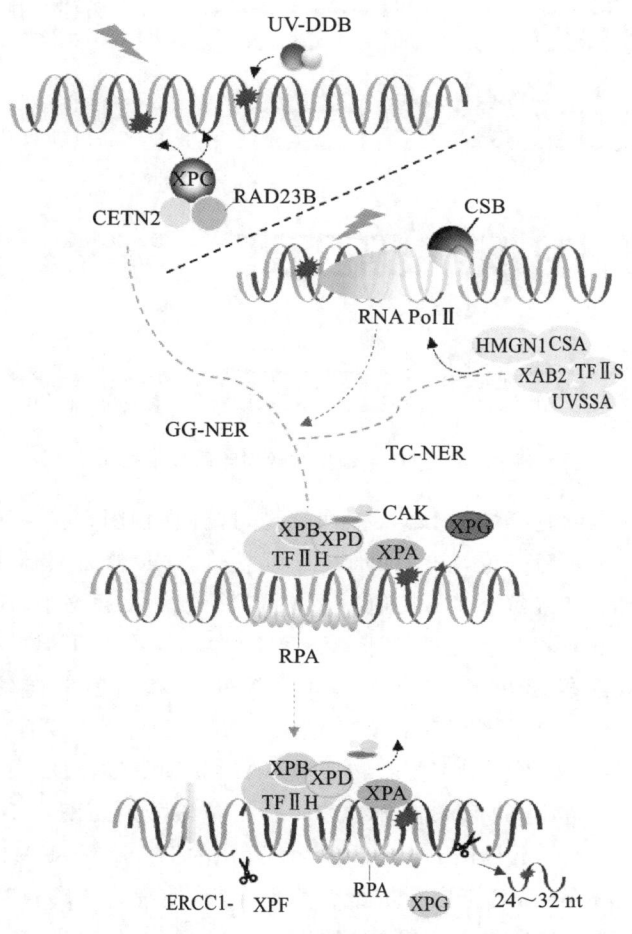

图 5.15　真核生物核苷酸切除修复模式图

　　在大肠杆菌中,UvrA、UvrB 和 UvrC 三个基因编码了切除修复中涉及的修复性核酸内切酶的各组分,
它们负责大肠杆菌中几乎所有的切除修复反应。在损伤发生后,由 UvrA 蛋白和 UvrB 蛋白组成的
UvrAB 二聚体率先识别嘧啶二聚体和其他大的损伤。随后,UvrA 蛋白解离(需要 ATP),UvrC 蛋白与
UvrB 蛋白结合形成 UvrBC 复合物,该复合物能够在 DNA 损伤部位的两侧进行切割。切割完成后,解旋
酶 UvrD 帮助解开 DNA 双螺旋结构,释放出两个切口之间的单链 DNA 片段,并在 DNA 聚合酶Ⅰ的作用
下完成修复(图 5.16)。

5.2.5　链间交联修复

　　链间交联(interstrand cross-link,ICL)通常由细胞代谢产生的醛类物质或外源性物质如铂类化合物、
氮芥、丝裂霉素 C(mitomycin C,MMC)等交联剂引起 DNA 双链间的碱基共价连接,进而阻断 DNA 复制、
转录及修复过程。在以非洲爪蟾卵提取物构建的非细胞体系中发现,行进中的复制叉与交联 DNA 链相遇
能够启动范科尼贫血(fanconi anemia,FA)途径和 NEIL3 两种途径对损伤位点进行修复。这两种修复途
径缺陷可能会导致细胞周期停滞、细胞衰老或细胞程序性死亡。此外,人类细胞中 FA 基因的突变会导致
常染色体隐性遗传的范科尼贫血综合征,这种罕见的遗传性疾病主要表现为再生障碍性贫血、先天生发育
异常及癌症易发性等。

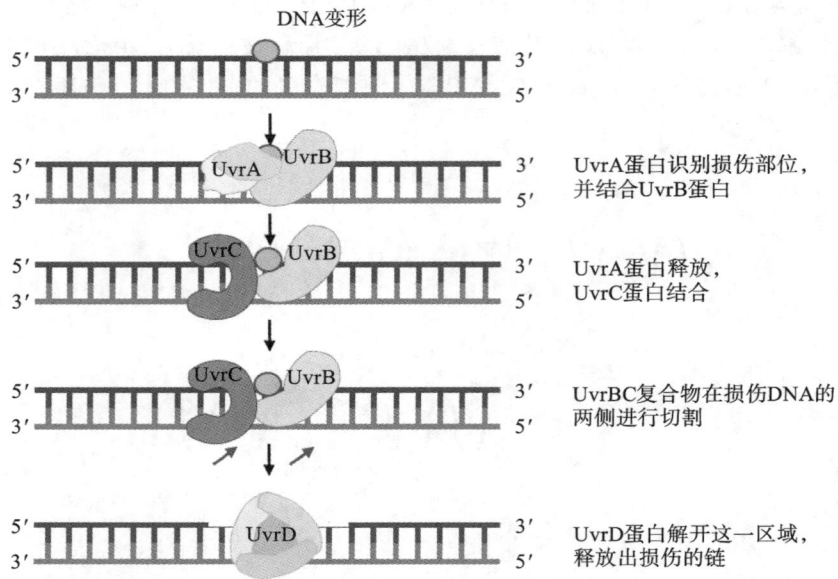

图 5.16　原核生物核苷酸切除修复模式图

　　链间交联是一种具有强烈细胞毒性的 DNA 损伤类型,这种损伤阻碍了 DNA 双螺旋的分离,使 DNA 的复制和转录过程受到干扰。一般来说,在 G1 期,ICL 可以被 NER 修复机器识别并修复;而在 S 期,ICL 会引起 DNA 复制叉停滞,激活 FA 或 NEIL3 通路(图 5.17)。在 FA 通路中,BRCA1 蛋白能够帮助 DNA 复制解旋酶 MCM 复合物从 ICL 损伤引起的停滞复制叉上解离,这有利于促进下游 FA 蛋白激活和 DNA 修复反应的进行。ICL 修复途径起始于 DNA 转位酶 FANCM 和组蛋白样蛋白 MHF 复合物(MHF1-MHF2-FAAP24)识别并结合 DNA 损伤。FANCM 进一步招募 FA 核心复合物,二者协同作用促进双链 DNA 解旋。随后,FA 核心复合物催化 ID2 复合物亚基 FANCI 和 FANCD2 发生单泛素化修饰,此过程是激活 ICL 修复的关键步骤。泛素化的 ID2 复合物进一步招募核酸内切酶对 ICL 损伤位点进行切割。随后,细胞启动跨损伤合成(translesion synthesis,TLS),泛素化的 PCNA 和 FA 核心复合物共同招募 REV7(FANCV)、聚合酶 ζ 和 REV1 等 TLS 蛋白形成聚合酶复合物,使细胞能够暂时跨越损伤位点优先完成复制;而切割所形成的双链断裂(DSB)将由同源重组(homologous recombination,HR)途径进行修复。与 HR 途径类似,FA 途径也是细胞周期依赖的修复过程。同时,由于 ICL 损伤的切割过程往往伴随着双链断裂的产生,所以,ICL 的成功修复不仅依赖于正常的 FA 基因,还依赖于完整的 HR 通路。此外,Semlow 等人在非洲爪蟾卵提取物中发现一条链上的碱基和另一条链的腺苷之间形成的 ICL(AP-ICL and psoralen-ICL)可以通过 NEIL3 途径进行修复。NEIL3 是一种 DNA 糖苷酶,它可以通过切开两个交联碱基其中一个的 N-糖苷键来破坏交联结构,从而在损伤位点形成一个脱碱基位点,之后再利用 TLS 途径绕过 DNA 损伤优先完成 DNA 复制。与 FA 途径相比,NEIL3 途径修复速度更快、更高效,但这一途径仅能用来修复特定类型的 ICL,而 FA 途径可以修复任何形式的 ICL,因此,虽然 NEIL3 途径在某种情况下可能优先于 FA 途径被激活,但后者是更为通用且重要的 ICL 修复机制。

5.2.6　双链断裂修复

　　DNA 双链断裂(double-strand break,DSB)是一种常见的 DNA 损伤类型,通常由外源性因素(如电离辐射和 DNA 损伤试剂)以及内源性因素(如活性氧和复制叉坍塌)引起。在多种不同的 DNA 损伤类型中,双链断裂对细胞危害最大,会导致基因组不稳定、细胞癌变或细胞死亡。如图 5.18 所示,双链断裂目前主要存在两种修复方式,即非同源末端连接(non-homologous end joining,NHEJ)和同源重组。此外,还存在一种主要发生在 M 期的微同源末端连接(micro-homologous end joining,MMEJ)的修复方式。

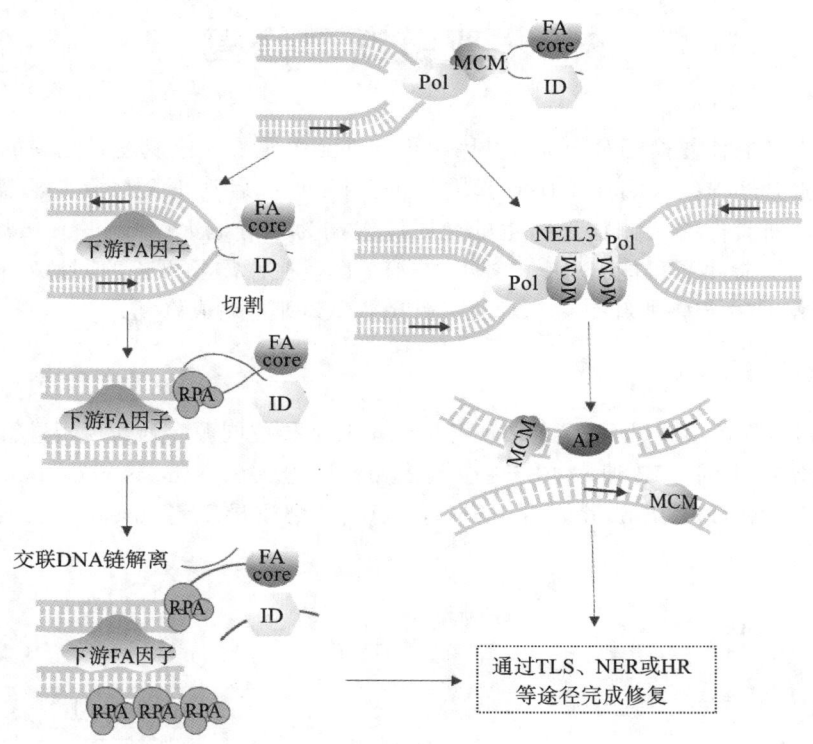

图 5.17　链间交联修复途径模式图

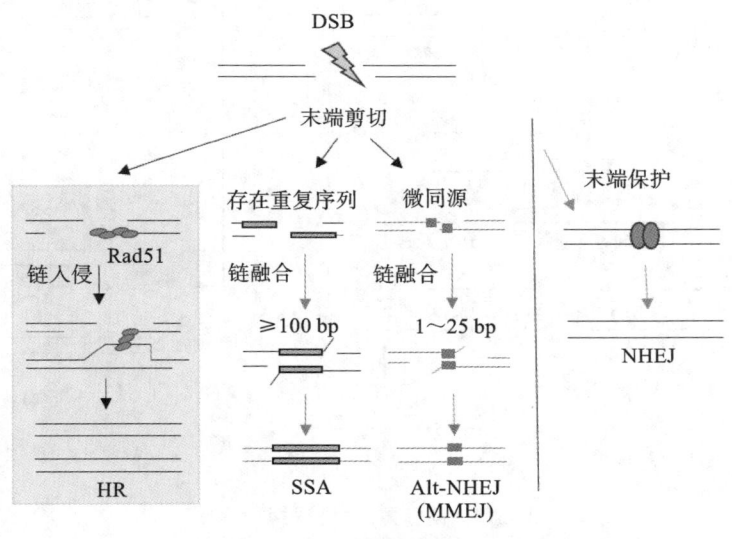

图 5.18　DNA 双链断裂修复示意图

　　非同源末端连接是指细胞在不使用同源模板的情况下修复双链断裂的方式,该过程在细胞周期的 G1 期活性最高;此时细胞尚未进行复制,缺乏姐妹染色单体作为修复模板。同源重组是指利用同源片段为模板对断裂 DNA 进行修复的方式,主要发生在 S/G2 期。与 HR 相比,NHEJ 修复的保真性相对较低。微同源末端连接主要依赖于 DNA 断裂末端微小的(5～25 bp)同源序列将断裂末端重新连接,这种修复方式容易产生插入或缺失突变,保真性较差。在本章第 3 节我们将对三种双链断裂修复机制进行详细介绍。

5.3 双链断裂修复

选择合适的双链断裂修复途径对于维持基因组稳定性至关重要。修复途径选择的一个关键因素是断裂 DNA 的 5′末端加工过程。末端加工所暴露的 3′ssDNA 对于启动 HR 修复是必需的,但同时会抑制 NHEJ 的发生。双链断裂末端两侧加工产生的微同源末端为单链退火(single-strand annealing,SSA)和 MMEJ 这两种修复方式提供了可能。HR 相较于 MMEJ 途径往往需要更长的同源互补序列(几十到几百个碱基对不等),而 MMEJ 仅需要几个碱基对的同源互补序列即可完成修复。

5.3.1 同源重组

HR 是以位于姐妹染色单体、同源染色体或基因组上其他异位同源序列为模板进行修复的方式。根据修复特点及调节机制的不同,HR 通常被分为合成依赖性链退火(synthesis-dependent strand annealing,SDSA)、双霍利迪连接体(double holliday junction,dHJ)、断裂诱导复制(break-induced replication,BIR)和 SSA 四种类型(图 5.19)。

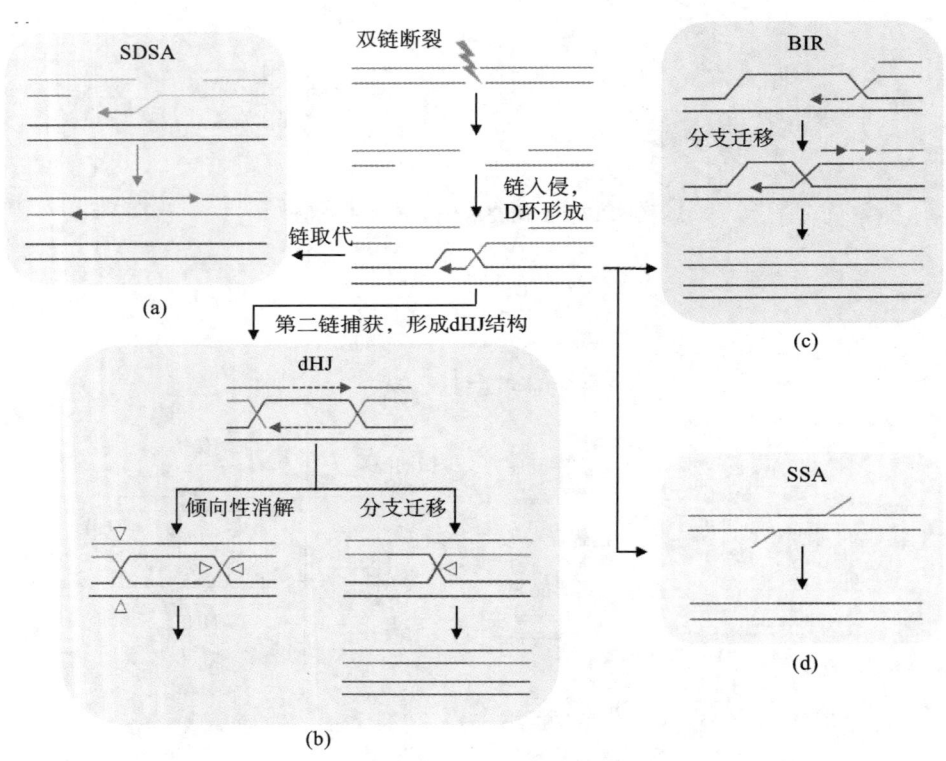

图 5.19 同源重组修复类型示意图

同源重组修复起始于 DNA 断裂位点 5′到 3′的末端剪切,随后 DSB 可以被引导到 4 个子通路中的任意一个进行修复。(a)SDSA 途径。该途径是从 dHJ 途径中分离出来的一种变体,即入侵链在退火前从 D 环(displacement-loop,D-loop)解离到 DSB 另一侧的互补链上,此过程不会引起交叉产物形成;(b)dHJ 途径。在此过程中,D-loop 中新合成的链捕获第二个末端,产生 dHJ 结构。这种结构可以通过分支迁移消解,生成非交叉产物,也可以被解离酶识别和切割,生成非交叉和交叉产物;(c)BIR 途径。在此过程中,入侵链以另一条染色体为模板启动 DNA 合成过程;(d)SSA 修复。该途径能够对两个直接重复序列之间的 DSB 进行修复,但会导致两个重复序列之间的片段缺失

5.3.1.1 SDSA

当细胞在 S 期或 G2 期出现双链断裂时,细胞将优先使用未受损的姐妹染色单体为模板进行修复。在

酿酒酵母细胞中,当 DNA 断裂发生后,MRX(Mre11-Rad50-Xrs2)复合物率先结合到断裂末端与 Sae2 共同启动剪切过程,之后由核酸酶 Exo1 与 Dna2 进行 5′至 3′的长距离剪切。剪切暴露出的 3′端 ssDNA 招募单链结合蛋白 RPA,RPA 不仅可以保护 ssDNA 不被核酸酶降解,还可以激活细胞周期检查点,使细胞在进入下一个周期前完成修复。同时,重组酶 Rad51 在中介蛋白 Rad52 的帮助下替换 RPA,与 ssDNA 结合形成 Rad51-ssDNA 核蛋白纤丝。之后,Rad51-SSDNA 核蛋白纤丝介导同源模板的搜索及链入侵过程,促进 D 环结构形成。在随后的 DNA 合成阶段,新生链与同源模板之间的相互作用可能变得不稳定,导致 D 环中断,而新合成的 DNA 链与断裂 DNA 另一端的互补序列退火,这种重组方式被称为 SDSA。该修复过程中不产生交叉产物,可以避免由非姐妹染色单体交叉所产生的杂合性丢失。

5.3.1.2 dHJ

在 D 环形成后的 DNA 合成起始阶段,新生链与模板链之间的相互作用通常不稳定,有利于同源重组以不形成交叉产物的 SDSA 方式进行修复。然而,在少数(约 10%)情况下,新合成的 DNA 链可能会捕获或侵入断裂 DNA 末端的另一侧,导致交叉产物或非交叉产物的形成(图 5.19),在这一过程中所形成的四链 DNA 结构被称为 dHJ 结构。dHJ 修复途径中产生了两个共价连接的重组 DNA 分子,它们的及时解离对于染色体的正常分离至关重要。在哺乳动物细胞中,dHJ 结构通常通过 BTR 复合物(BLM-topoisomerase Ⅲ α-RMI1-RMI2)、SLX-MUS 复合物(SLX1-SLX4-MUS81-EME1)和 GEN1 等多条途径进行消解。在酵母细胞中,dHJ 结构通常被 STR(Sgs1-Top1-RMI1)复合物、SLX1-SLX4-MUS81 和 Yen1 消解。

5.3.1.3 BIR

BIR 是断裂双链的两个末端在一端丢失的情况下发生的单端断裂修复机制,常常发生在被侵蚀的端粒或断裂的复制叉处。因此,该修复途径对重启坍塌复制叉、恢复端粒酶缺陷细胞中的端粒长度非常重要。研究指出,在 5%～10%的癌细胞中,BIR 修复途径在端粒维持中发挥了功能。

在酵母细胞中,与经典的 HR 过程相同,BIR 过程也涉及 5′末端剪切、Rad52 介导的 Rad51-SSDNA 核蛋白纤丝形成和链入侵等过程。BIR 能够以依赖于 Rad51 或不依赖于 Rad51 的两种方式进行修复,这两种途径均需要 Rad52 参与。研究发现依赖于 Rad51 的 BIR 修复效率更高,其需要 Rad55-Rad57 和 Rad54 的参与;而独立于 Rad51 的 BIR 修复效率较低,该过程需要 Rad59、Rdh54 和 MRX 复合物的参与。

与其他类型的 HR 不同,在 BIR 修复中,Rad51 介导的链入侵发生后还需要复制机器的组装以及更长距离的 DNA 合成。在细菌中,中介蛋白 PriA 识别 D 环后,在其他中介蛋白的帮助下复制解旋酶 Dna B 和引物酶 Dna G 被加载到 D 环上,之后聚合酶 Pol Ⅲ 被招募以进行 DNA 合成。在酵母及其他真核生物中,BIR 过程中复制机器组装的具体机制尚不完全清楚,但目前发现除了复制原点识别复合物 ORC 外,包括复制解旋酶 Mcm2～7 在内的几乎所有的复制起始因子均参与这个过程。此外,与正常复制过程相似,三种 DNA 聚合酶 Pol α、Pol δ 以及 POL ε 在 BIR 过程中也发挥了重要作用。

5.3.1.4 SSA

SSA 能够对两个直接重复序列之间的 DNA 断裂进行修复,在酵母到人类等多个物种中发挥作用。SSA 修复起始于核酸酶介导的 5′末端剪切,在这个过程中断裂 DNA 两侧的同源 ssDNA 序列会被暴露。随后,两侧同源互补的 ssDNA 序列在 Rad52 和 Rad59 的帮助下完成退火,而这个过程中遗留下来的非同源 3′ssDNA 尾巴也会被 Rad1-Rad10 核酸酶切割,最终完成修复(图 5.20)。

与经典 HR 相比,SSA 通路的独特之处在于其不涉及链入侵过程,也不依赖于 Rad51、Rad54、Rad55 和 Rad57 等重组蛋白。在酿酒酵母系统中,Rad52 和 Rad59 蛋白能够促进链融合过程。最近的研究发现,错配修复蛋白 Msh2-Msh3、SLX4 及 Saw1 复合物也在 SSA 修复过程中发挥作用。在哺乳动物细胞中,Rad52 与 Rad1-Rad10 的同源蛋白同样参与了 SSA 修复过程。尽管 HR 与 SSA 在 DNA 修复机制上存在许多差异,但二者仍表现出一定的竞争关系。例如,在酵母系统中 Rad51 能够抑制 Rad52 介导的链融合过程;在哺乳动物细胞中抑制 Rad51 活性会导致 Rad52 介导的 SSA 修复比例上升。然而,SSA 修复会导致

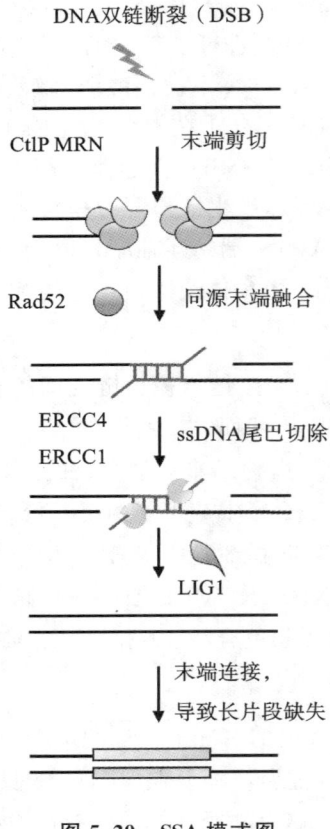

图 5.20 SSA 模式图

两个重复序列之间的序列或其中一个重复序列缺失，因此，其具有高度的致突变性。

5.3.2 非同源末端连接

NHEJ 是细胞中 DNA 双链断裂修复的主要机制之一。根据其遗传需求与修复结果的不同可以分为经典 NHEJ（canonical-NHEJ，c-NHEJ）和可替代 NHEJ（alternative-NHEJ，alt-NHEJ）或微同源末端连接（micro-homologus end joining，MMEJ）。在酿酒酵母中，c-NHEJ 严格依赖于 Ku 复合物（Ku70-Ku80）和 DNA 连接酶Ⅳ。当 DNA 双链发生断裂时，Ku70/80 异二聚体识别 DNA 末端并与之结合，保护断裂末端免于被核酸酶降解，同时也能够促进下游 NHEJ 修复因子的招募（图 5.21）。之后，由 DNA 连接酶Ⅳ（Dnl4-Lif1-Nej1 复合物）对断裂末端进行连接，完成修复过程。当断裂末端无法直接连接时，MRX（Mre11-Rad50-Xrs2）复合物会对断裂末端进行有限的加工，再由 DNA 连接酶Ⅳ进行连接。c-NHEJ 可以准确地恢复损伤位置的 DNA 序列，但该过程偶尔也会引发序列插入或缺失，产生易错的修复产物。相比之下，alt-NHEJ 或 MMEJ 被认为是效率较低的备用修复机制，且该过程不依赖 Ku 复合物。与 c-NHEJ 相比，alt-NHEJ 的修复机制较为复杂，其修复产物通常会导致部分 DNA 片段缺失，具有很强的致突变性。总体而言，NHEJ 是一种灵活而快速的 DNA 修复机制，尽管可能会引入修复错误，但在维持基因组稳定性和细胞生存中发挥着至关重要的作用。

5.3.3 微同源末端连接

MMEJ 是一种依赖于 DNA 断裂双链两侧存在的微小同源序列进行连接的修复机制，它会导致微同源之间的 DNA 片段缺失，并与染色体易位、重排以及端粒融合等基因组不稳定现象有关。同时，MMEJ 曾被认为是 HR 和 c-NHEJ 的备选途径。但最新研究发现 MMEJ 是细胞在有丝分裂期（M 期）修复 DNA 双链断裂的重要方式。

MMEJ 修复起始于 MRN 复合物(Mre11-Rad50-Nbs1)和 CtIP(C-terminal binding protein 1 (CtBP1) interacting protein)蛋白介导的末端剪切过程(图 5.22)。与经典 HR 不同,即使是小于 20 bp 的末端剪切也足以促进 MMEJ 的发生。此外,参与 MMEJ 的关键蛋白还包括多聚 ADP-核糖聚合酶(PARP1)、DNA 聚合酶 Pol θ 和 LIG3。Pol θ 是一种同时包含 ATP 酶和解旋酶活性的 DNA 聚合酶,其 ATP 酶活性能够抑制重组酶 Rad51 结合 ssDNA 进而抑制 HR 修复途径。同时,Pol θ 对于断裂末端 4~6 nt 短重复序列的连接及寡核苷酸微同源模板(12~20 nt)的合成也非常重要。

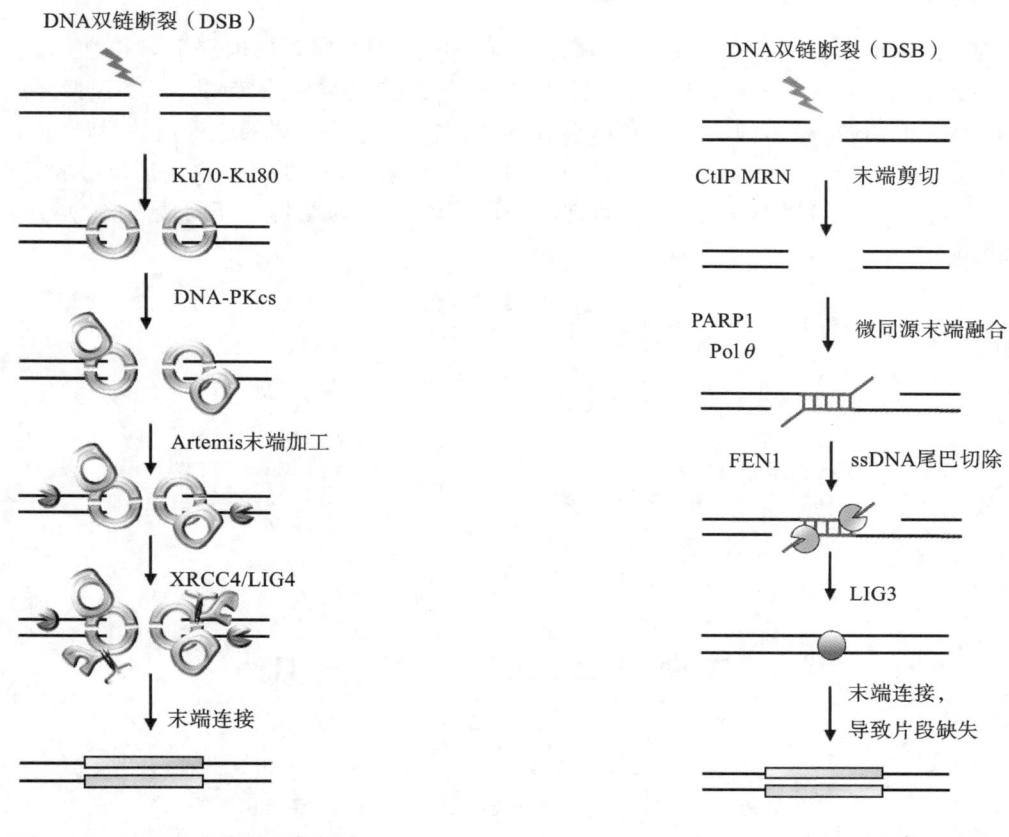

图 5.21 NHEJ 修复通路示意图   图 5.22 MMEJ 修复通路示意图

尽管 MMEJ 和 SSA 都属于对断裂 DNA 两侧同源序列进行连接的高度致突变的修复方式,但 MMEJ 所需要的同源序列往往小于 25 bp,而 SSA 往往需要更长的同源序列来实现有效修复。在酿酒酵母中,Rad52 蛋白是 SSA 修复途径所必需的,而 MMEJ 途径并不依赖于 Rad52。此外,MMEJ 作为一种替代性末端连接方式,它可以依靠断裂 DNA 两侧 5~25 个核苷酸的微同源序列进行修复,与其他修复途径如 c-NHEJ 可能存在竞争关系,共同维持细胞的 DNA 修复平衡。

5.4 DNA 损伤修复与表观遗传调控

表观遗传学(epigenetics)是指在不改变 DNA 序列的前提下,通过某些机制引起可遗传的基因表达模式或表型变化的学科领域,常见的表观遗传调控方式包括 DNA 甲基化、RNA 甲基化、RNA 干扰、核小体定位、染色质构象改变、染色质重塑、组蛋白修饰及非编码 RNA(ncRNA)的调控作用等。

在真核生物中,DNA 复制和修复过程发生在染色质上。因此,这些生物学过程必然受到染色质上表观遗传机制的严格调控。表观遗传修饰引起的染色质的动态有序变化是 DNA 损伤应答的重要基础,对 DNA 修复过程及基因组完整性的维持至关重要。DNA 损伤发生后,表观遗传因子能够诱导损伤区域染色质重塑、招募相关修复蛋白，并参与修复途径的选择过程。表观遗传失调可能会导致早衰、癌症、神经退行性疾病和免疫缺陷等。尽管表观遗传机制在 DNA 损伤应答中的重要性已得到广泛认可，但染色质调控与 DNA 损伤修复之间的复杂作用机制目前尚不完全清楚。深入理解表观遗传调控过程可能为癌症等疾病的治疗提供新的策略。本节将对 DNA 甲基化、组蛋白修饰、组蛋白变体、lncRNA 调控作用等不同表观遗传机制与 DNA 损伤修复之间的关系进行简要介绍。

5.4.1 DNA 甲基化与 DNA 损伤修复

DNA 甲基化是 DNA 化学修饰形式之一，它能在不改变 DNA 序列的前提下，通过引起染色质结构、DNA 构象、DNA 稳定性及 DNA 与蛋白质相互作用方式的变化来调控基因转录及 DNA 修复过程。其中，5-甲基胞嘧啶（5mC）是研究较多的 DNA 甲基化修饰形式之一。作为主要的表观遗传标记，5mC 具有调控基因组稳定性的潜在能力。一方面，与未发生甲基化的胞嘧啶相比，5mC 自发脱氨基及形成光产物的概率大大提高；另一方面，5mC 可以改变 DNA 的柔韧性，通过影响染色质结构从而间接影响 DNA 损伤应答过程（图 5.23，彩图 15）。

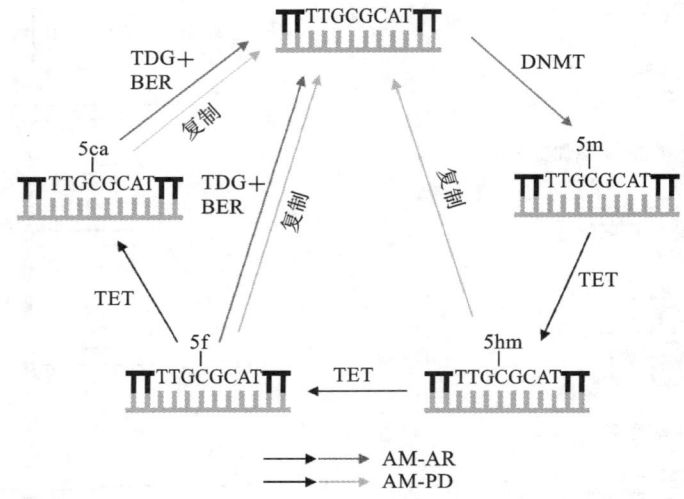

图 5.23　DNA 甲基化参与调控 DNA 损伤应答示意图

除此之外，DNA 甲基化与 DNA 损伤修复过程同样密切相关。一方面，5mC 可以通过影响核小体占位和组蛋白修饰等过程建立更高层次的染色质结构，间接影响 DNA 损伤形成及其修复过程。此外，5mC 还可以通过抑制转录，阻碍转录偶联修复（TC-NER）途径中的损伤识别过程而直接影响 DNA 修复。若损伤 DNA 中含有甲基化的胞嘧啶，在修复过程中受损碱基的去除及新的 DNA 合成可能导致甲基化胞嘧啶的丢失。另一方面，一些 DNA 修复因子也参与调节 DNA 甲基化水平。在哺乳动物中，NER 对甲基化 DNA 的去除至关重要，NER 因子 XPG 和 XPF 参与了转录活跃区的 DNA 去甲基化过程，从而调控基因表达。类似地，在拟南芥中，NER 因子 DDB2 功能丧失也会导致基因组上多个位点的 DNA 甲基化模式发生改变。此外，在拟南芥中，MMR 因子 MSH1 的表达缺陷也会引起全基因水平 DNA 甲基化谱的遗传性改变。总之，DNA 甲基化与 DNA 损伤修复过程相互影响，共同维持着基因组的稳定性和完整性。

5.4.2 组蛋白修饰与 DNA 损伤修复

DNA 损伤位点周围的染色质状态对于 DNA 损伤应答的调控至关重要。染色质包括紧密堆积的异染色质和相对松散的常染色质。组蛋白修饰是调节染色质结构的主要方式之一。组蛋白的氨基末端"尾巴"伸出组蛋白核心之外，可以经历磷酸化、泛素化、甲基化、乙酰化等多种翻译后修饰，这些修饰能够通过改变染色质结构或作为信号分子招募各种调节蛋白参与多种生物学过程。在 DNA 损伤应答过程中，组蛋白修饰能够解开 DNA 断裂位点的染色质结构，促进损伤信号的转导，加速修复蛋白的招募和修复进程。而在修复完成后,染色质上的组蛋白修饰则恢复至初始状态。在本节中,我们将对损伤修复过程中涉及的组蛋白修饰进行简要介绍。

5.4.2.1 双链断裂修复中的组蛋白修饰

NHEJ 和 HR 是 DNA 双链断裂修复的两种主要途径,尽管二者的修复机制和参与蛋白存在重要差异,但这两种修复途径都受到组蛋白修饰的精确调控。

1)组蛋白磷酸化

迄今为止,组蛋白变体 H2AX 的 S139 位点的磷酸化(γH2AX)是研究最深入的 DNA 损伤修复相关组蛋白修饰之一。H2AX 是组蛋白 H2A 家族的成员,它占 H2A 蛋白总量的 2%～20%。在哺乳动物细胞中,DNA 断裂后的数秒之内,H2AX 的 S139 位点迅速被磷酸化,并在 30 分钟内达到磷酸化水平最大值。H2AX 在维持基因组稳定性方面的功能在进化上高度保守。H2AX 敲除的小鼠表现出对辐射敏感、生长迟缓、免疫缺陷及雄性小鼠不育等与 DNA 修复缺陷和染色体不稳定相关的表型。此外,H2AX 缺陷细胞还表现出低保真的 DNA 双链断裂修复比例增加,这进一步说明 H2AX 在 DNA 修复过程及修复通路选择中均发挥功能。

研究发现磷脂酰肌醇 3-激酶(PI3K)家族蛋白激酶 DNA-PK、ATM 及 ATR 与 γH2AX 的形成有关。利用真菌代谢产物 Wortmannin 抑制 PI3K 可以抑制 γH2AX 聚焦点的形成及 DNA 双链断裂修复因子的正常招募。尽管 ATM 和 DNA-PK 都可以识别 DNA 双链断裂并磷酸化 H2AX,但 ATM 是正常生理条件下诱导 H2AX 磷酸化的主要激酶。与 ATM 和 DNA-PK 不同,ATR 能够识别 DNA 损伤所形成的 ssDNA,从而催化损伤部位的 H2AX 磷酸化。一般来说,在 DNA 损伤发生后,PI3K 作为 DNA 损伤感受器被迅速装载到断裂处并被激活,从而磷酸化损伤附近多个底物。其中,损伤位点周围的 H2AX 最先被磷酸化,从而促进 DNA 损伤应答和修复蛋白的迅速招募。这些蛋白主要包括 BRCA1、53BP1、MRN 复合物、RNF68 和 RNF168。此外,γH2AX 还可以招募染色质重塑复合物(如 INO80、SWR1 和组蛋白乙酰转移酶 TIP60 等)。γH2AX 在维持 DNA 损伤检查点的激活以及上述修复蛋白在损伤位点的富集方面发挥了重要作用(图 5.24)。简而言之,γH2AX 能够促进染色质结构的开放,帮助修复因子募集到 DNA 损伤位点,促进 DNA 损伤修复的顺利进行。

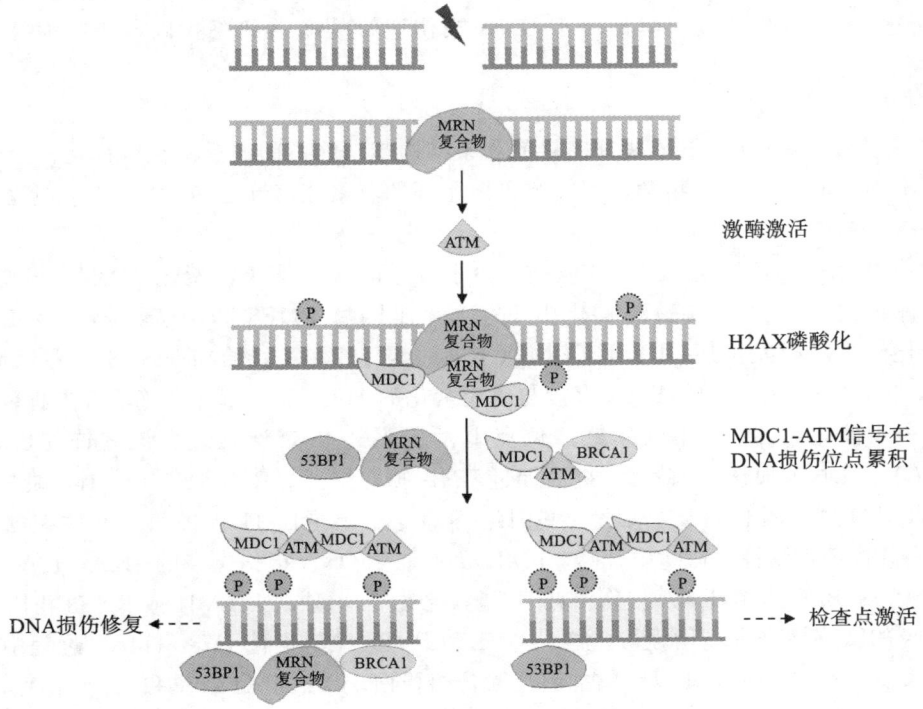

图 5.24　γH2AX 参与调控 DNA 损伤应答

γH2AX 的去磷酸化对于完成 DNA 损伤修复同样重要。目前已经发现了两种 γH2AX 去磷酸化机制：γH2AX 通过与新的组蛋白 H2A 交换而被移除和 γH2AX 直接被磷酸酶去磷酸化。有多种磷酸酶能够介导 γH2AX 的去磷酸化，例如，磷酸酶 PP4 能够促进 DSB 位点的 γH2AX 去磷酸化，而 PP2A 能够直接与 γH2AX 结合并促进更远距离的 γH2AX 去磷酸化。此外，PP2C 和 WIP1 也被证明能够直接去磷酸化 γH2AX。简言之，PI3K 家族蛋白激酶 ATM、ATR 和 DNA-PK 能够通过磷酸化 H2AX 启动 DNA 损伤应答，而磷酸酶 PP4、PP2A、PP2C 和 WIP1 能够通过去磷酸化 γH2AX 终止 DNA 损伤应答。

除了第 139 位丝氨酸残基外，H2AX 的第 142 位酪氨酸残基（Y142）的磷酸化也参与 DNA 损伤应答。在正常条件下，锌指结构域蛋白 BAZ1B 能够催化该位点的磷酸化；而当 DSB 发生后，酪氨酸磷酸酶 EYA 负责该位点的去磷酸化。Y142 位点的去磷酸化对于 γH2AX 的形成及修复因子在损伤位点的招募是必要的。

除 H2AX 之外，其他组蛋白也能够在 DNA 损伤应答过程中被磷酸化。例如，电离辐射（IR）诱导产生 DNA 断裂后，邻近组蛋白 H2B 的 S14 位点迅速被磷酸化并形成聚焦点。该位点的磷酸化能够与 γH2AX 协同作用促进受损 DNA 周围建立类异染色质状态，并促进修复因子的募集。当损伤无法修复时，组蛋白 H2B 的 S14 位点的磷酸化也参与调控细胞凋亡过程。在酿酒酵母中，组蛋白 H2B 的 T129 位点能够以 Mec1 和 Tel1 依赖的方式被磷酸化。尽管该位点的磷酸化与 γH2AX 由相同的激酶催化，但二者的生物学功能并不相同。目前，H2B 磷酸化在 DNA 损伤应答中的作用仍有待进一步研究。

此外，组蛋白 H3 的部分氨基酸位点在 DNA 损伤后也会发生磷酸化，且这些磷酸化事件通常与转录抑制相关。研究发现在 DNA 损伤应答过程中，组蛋白 H3 的 S10 位点的磷酸化水平下降，这可能与聚 ADP-核糖聚合酶 1（PARP1）抑制了催化该位点磷酸化的激酶 Aurora B 活性有关。同样，DNA 损伤也会导致组蛋白 H3 的 T11 和 S28 位点的磷酸化水平下降，这些位点磷酸化水平改变后，通过诱导转录抑制来促进 DNA 断裂修复。

在 DNA 损伤应答中，有关组蛋白 H4 的磷酸化报道相对较少。在酿酒酵母中，组蛋白 H4 S1 位点的磷酸化能够促进 DNA 断裂末端的重新连接。此外，最近研究发现酵母 H4 T80 位点的磷酸化对 DNA 损伤时细胞的存活至关重要，该位点的修饰缺陷会导致细胞周期停滞、DNA 损伤检查点恢复异常。在哺乳动物细胞中，组蛋白 H4 Y51 位点可以在 IR 处理后发生磷酸化修饰，这种修饰能够促进断裂末端的 NHEJ。综上所述，组蛋白的磷酸化修饰对于 DNA 损伤应答的激活和终止以及维持基因组稳定性至关重要。

2）组蛋白泛素化

泛素化修饰能够通过不同赖氨酸残基连接的 8 条结构与功能不同的泛素化链构建一个灵活的蛋白质-蛋白质信号网络，进而调节多种生物学过程。组蛋白尾部的泛素化修饰也是 DNA 损伤应答信号级联反应的重要调控因素。

组蛋白 H2A/H2AX 的第 13～15 位赖氨酸位点上发生的 K63 多聚泛素化是 DNA 损伤应答中研究较深入的泛素化标记之一。该位点的泛素化由 E3 泛素连接酶 RNF8 和 RNF168 以及 E2 泛素结合酶 UBC13 共同催化。当断裂发生后，中介蛋白 MDC1 通过与 γH2AX 结合将 RNF8 招募至损伤位点，催化 H2A/H2AX 发生单泛素化。而 RNF168 直接与单泛素化的 H2A/H2AX 相互作用，在断裂位点富集并与 UBC13 一起进一步催化第 13～15 位赖氨酸位点上发生 K63 多聚泛素化。该修饰能够促进效应蛋白 53BP1 和 BRCA1 在 DNA 损伤处的募集，进而促进 DNA 损伤修复。RNF8 或 RNF168 缺失引起的该位点修饰异常会导致细胞 DNA 损伤修复缺陷及基因组不稳定。组蛋白 H2A 的第 119 位赖氨酸的单泛素化（H2AK119ub）在急性髓细胞性白血病中升高。BMI1 负责催化 DNA 损伤位点的 H2A/H2AX-K119ub，BMI1 缺失会导致 53BP1 和 BRCA1 在 DNA 损伤位点的招募减少。与单独缺失 BMI1 或 RNF8 相比，二者同时缺失会导致细胞对 IR 的敏感性进一步增强，这说明 BMI1 和 RNF8 在泛素化 H2A/H2AX 过程中发挥了独立功能。此外，研究发现 BRCA1-BARD1 复合物能够泛素化组蛋白 H2A 的 K127 位和 K129 位点，此修饰可促进染色质重塑因子 SMARCAD1 在损伤位点的募集，从而促进 DNA 末端剪切和 HR 修复（图 5.25，彩图 16）。

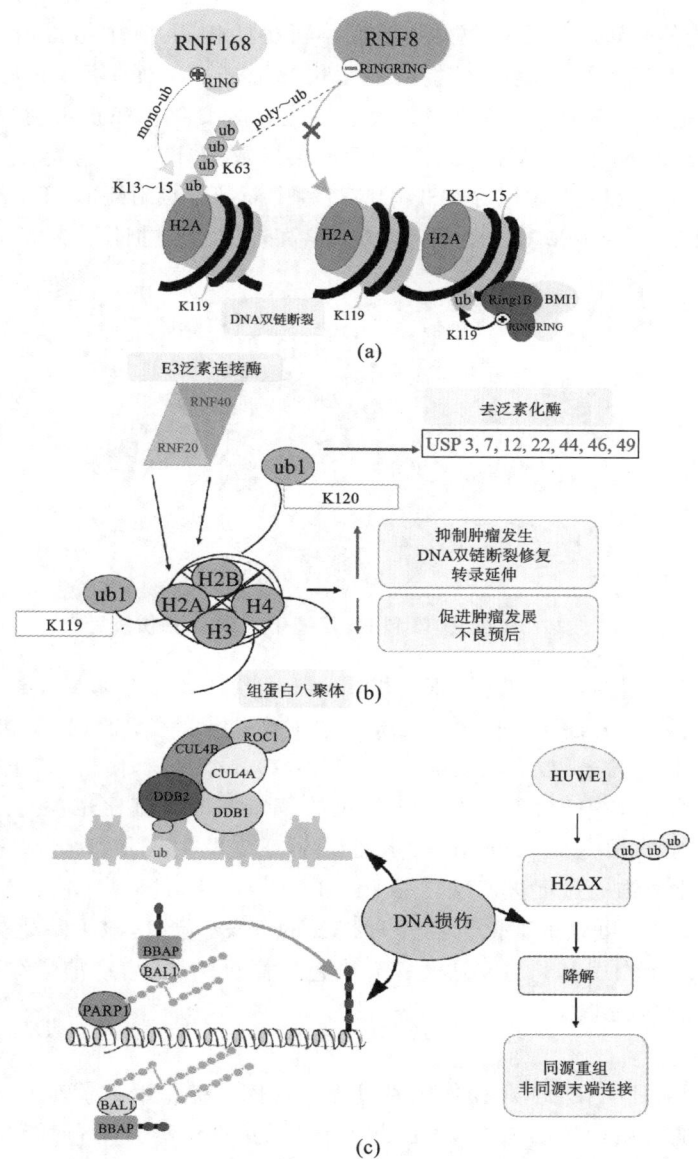

图 5.25 组蛋白泛素化参与调控 DNA 损伤应答

组蛋白 H2B 的 K120 位点在响应 DNA 损伤时能够被 RNF20-RNF40 复合物泛素化,且该过程对于 HR 和 NHEJ 因子的招募和修复是必需的。然而,DNA 损伤位点 RNF20-RNF40 的招募及 H2B-K120ub 的增加似乎不依赖于 γH2AX。此外,H2B-K120ub 还有利于组蛋白从 DNA 上解离,从而促进 DNA 修复。RNF20-RNF40 复合物缺失或 H2B 泛素化缺陷将导致复制压力及染色体不稳定,说明了 H2B-K120ub 在 DNA 损伤应答中的重要性(图 5.25)。

在 DNA 损伤应答中,其他组蛋白的泛素化现象也偶有报道。例如,在紫外线照射下,CUL4-DDB-ROC1 泛素连接酶复合物能够被招募到受损的染色质处,介导损伤处的组蛋白 H3 和 H4 发生泛素化。该过程有利于组蛋白从核小体中解离,进而使受损 DNA 暴露出来,促进修复过程的发生。另外,BBAP 介导的组蛋白 H4 K91 位点的单泛素化也被发现能够促进 DNA 损伤应答反应。在响应紫外线诱导的 DNA 损伤时,组蛋白 H1 的多个赖氨酸位点也能被 E3 连接酶 HUWE1 泛素化,该修饰通过刺激 RNF8-RNF168 介导的 H2A 泛素化促进 DNA 损伤修复(图 5.25)。

3）组蛋白甲基化

组蛋白甲基化在细胞信号转导过程中也发挥了必不可少的作用,其中组蛋白 H4 的 K20 位点甲基化（H4K20me）是在 DDR 中发挥重要功能的组蛋白甲基化标记之一。H4K20me 是一种组成型甲基化,在 DNA 损伤应答过程中全基因组 H4K20me 水平并不会发生显著变化。在正常情况下,该修饰位点被掩盖在核小体内部;但当 DNA 发生损伤后,局部染色质的开放会导致 H4K20me 暴露,进而促进 53BP1 蛋白的招募,从而促进 NHEJ 修复（图 5.26）。此外,在 DSB 响应过程中断裂位点附近的 H4K20me 水平也会以依赖于组蛋白甲基转移酶 MMSET、Suv4～20 和 PR-set7 的方式增高,从而促进损伤修复发生。

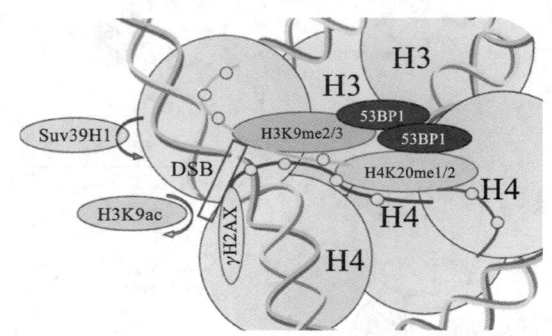

图 5.26　组蛋白 H3 和 H4 甲基化与 DNA 损伤修复

此外,组蛋白 H3 的 K79 位点二甲基化（H3K79me2）对将 53BP1 招募到 DNA 损伤位点同样非常重要。催化 H3K79me2 的甲基转移酶 DOT1L 失活会导致损伤位点的 53BP1 招募出现缺陷。与 H4K20 类似,H3K79 也位于组蛋白核心位置,DNA 损伤会引起 H3K79me2 暴露,使得 53BP1 能够识别并与之结合。另外,由组蛋白甲基转移酶 Suv39H1 或 Suv39H2 催化的 H3K9 的甲基化也参与了 DNA 损伤应答过程。Suv39H1 或 Suv39H2 能够被招募到 DSB 位点并催化 H3K9 发生二甲基化和三甲基化（H3K9me2 和 H3K9me3）,这两种甲基化修饰通过促进乙酰转移酶 TIP60 的招募,进而启动 ATM 依赖的信号转导途径。同时,Suv39H1 或 Suv39H2 也可以甲基化组蛋白 H2AX 的 K134 位点,该甲基化事件能够促进 H2AX 的磷酸化。上述结果表明,组蛋白甲基化主要通过打开染色质高级结构、启动信号级联反应以及促进修复蛋白招募等方式调控 DNA 修复过程。

4）组蛋白乙酰化

组蛋白乙酰化也已经被证明在 DNA 损伤应答过程中发挥关键作用。事实上,赖氨酸残基的乙酰化会导致其正电荷被中和,减弱组蛋白核心与 DNA 的相互作用力,进而导致染色质结构变得松散。这种结构变化有利于 DNA 断裂位点暴露及修复蛋白结合,进而加速 DNA 修复过程。

组蛋白 H3 K56 位点的乙酰化（H3K56ac）修饰是 DNA 损伤应答过程中关键的乙酰化标记之一。在人类细胞中,H3K56ac 由乙酰转移酶 CBP 和 p300 介导,而去乙酰化酶 SIRT1 和 SIRT2 负责去除该位点的乙酰化。在 S 期 DNA 合成后,组蛋白伴侣 ASF1A 和 CAF-1 负责将 H3K56ac 装载至染色质上。H3K56ac 常被认为是新合成 DNA 的标志,在 S 期之外保持较低水平。然而,在 DNA 损伤发生后,DNA 损伤检查点会显著促进损伤位点 H3K56ac 水平升高。与 γH2AX 类似,H3K56ac 及其去乙酰化对于 DNA 损伤修复均非常重要,然而与复制过程不同,DNA 损伤过程中该位点的去乙酰化主要由去乙酰化酶 HDAC1 和 HDAC2 介导（图 5.27）。

与 H3K56ac 类似,组蛋白 H4 K16 位点的乙酰化（H4K16ac）对于 DNA 损伤应答及 DSB 修复也是不可缺少的。在人类细胞中,乙酰转移酶 MOF 负责催化 H4 K16 的乙酰化。在 IR 引起的 DNA 损伤应答中,MOF 通过与 ATM 激酶直接作用促进 ATM 激活。此外,MOF 对于维持一定的 H4 K16 乙酰化水平以提供利于 DNA 损伤修复的染色质结构至关重要。MOF 缺失会导致 H4K16 乙酰化水平降低以及影响 MDC1、53BP1 和 BRCA1 等下游效应蛋白在 DNA 损伤部位的正常招募（图 5.27）。综上所述,组蛋白尾部的乙酰化对于形成开放的染色质环境、促进 DNA 修复蛋白的招募至关重要。而在修复完成后,组蛋白乙酰化也会被相应去除,使染色质结构恢复正常。

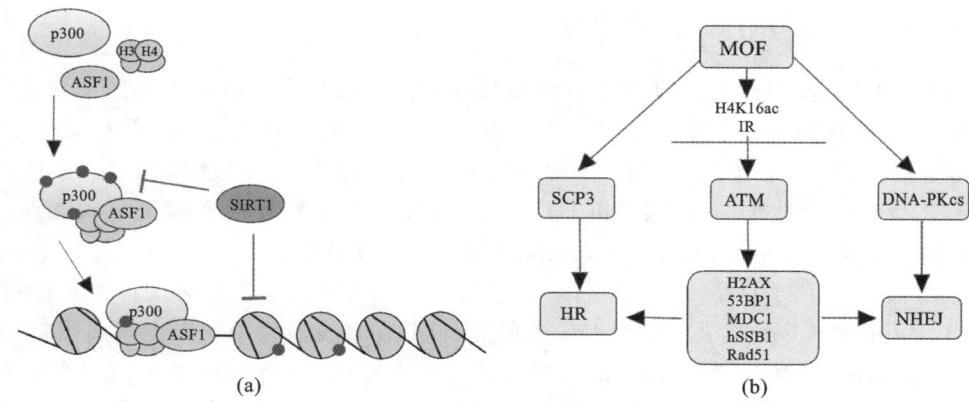

图 5.27 组蛋白 H3 与 H4 乙酰化与 DNA 损伤修复

5.4.2.2 核苷酸切除修复和碱基切除修复过程中的组蛋白修饰

核苷酸切除修复(NER)和碱基切除修复(BER)在维持基因组稳定性过程中也发挥重要作用,目前已经证明有多种组蛋白修饰在这两种修复过程中发挥功能。例如,由乙酰转移酶 GCN5 催化的组蛋白 H3K9ac 和 H3K14ac 修饰能够促进由紫外线(UV)引起的 DNA 损伤修复,这可能与乙酰化引起的染色质结构变化有关。H3K9ac 和 H3K14ac 修饰水平的增加一方面通过影响转录调控聚合酶 Pol η 的表达来调控修复过程,另一方面能够通过增加 DNA 损伤部位染色质的可及性来促进修复。除了 H3K4ac 和 H3K9ac 之外,组蛋白 H3K79me 对于上述修复过程也很重要,该修饰不仅能够作为修复蛋白结合染色质的支架,还能够促进 DNA 损伤处异染色质介导的转录沉默。在紫外辐射后,UV-DDB 能够与 CUL4A 及 RBX 形成 E3 泛素连接酶复合物,该复合物通过介导组蛋白 H2A K118 和 K119 位点的单泛素化促使损伤位点附近染色质结构变得松弛,从而促进 NER 蛋白的招募和修复(图 5.28)。此外,在酿酒酵母中,Rad6-Bre1 介导的 H2B K123 位点的单泛素化也能够促进 NER 修复,而哺乳动物细胞中对于 H2B K120 位点的泛素化是否参与 NER 修复的问题仍有待阐明。

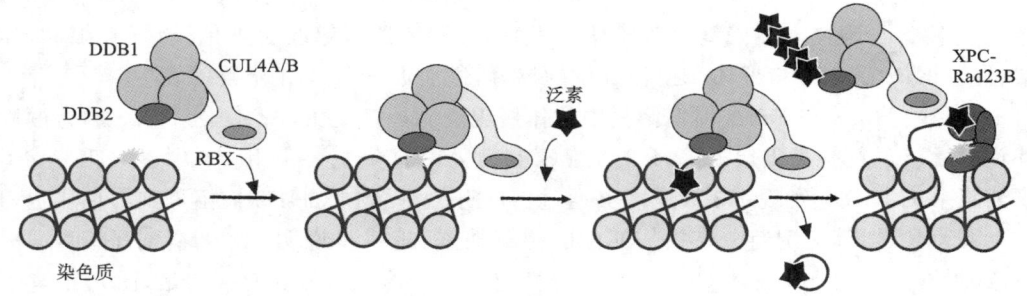

图 5.28 核苷酸切除修复中的组蛋白修饰

5.4.2.3 碱基错配修复中的组蛋白修饰

碱基错配修复(MMR)通过纠正 DNA 复制过程中出现的错配碱基来确保复制的准确性,从而维持基因组稳定性。MMR 感应蛋白包括 hMutSα(hMSH2-hMSH6)和 hMutSβ(hMSH2-hMSH3),它们能够促进 MMR 下游蛋白在错配位点的招募,以修复受损的 DNA。研究发现,hMutSα 能够识别组蛋白 H3 K36 位点的三甲基化修饰(H3K36me3)的染色质定位。H3K36me3 在 G1 期和 S 早期水平相对较高,以确保 MMR 发生时 hMutSα 能够在染色质上富集,而在细胞周期的其他阶段 H3K36me3 水平较低。此外,H3K36 三甲基转移酶 SETD2 缺失或 H3K36me2/3 的去甲基化酶 KDM4A-C 过表达会导致细胞出现 MMR 缺陷、微卫星不稳定性和自发突变频率升高,这进一步说明 H3K36me3 在 MMR 中发挥关键作用。

5.4.3　组蛋白变体与 DNA 损伤修复

组蛋白变体(histone variant)是一类与常规组蛋白序列高度相似但具有特殊功能的组蛋白,它们能够在染色质的特定位置或特定生物学事件中替换常规组蛋白,从而调控染色质结构及相关生物学过程。在人类和小鼠中,组蛋白 H1 家族包括 11 种不同的 H1 变体,其中包括 7 种体细胞变体 H1.1~H1.5、H1.0 和 H1X,3 种睾丸特异性变体 H1t、H1T2 和 HILS1,以及卵母细胞特异性变体 H1oo。已经发现组蛋白 H2A 有 8 种变体,分别是 H2AX、H2AZ.1、H2AZ.2.1、H2AZ.2.2、H2A. B、macroH2A1.1、macroH2A1.2 和 macroH2A2,组蛋白 H3 有 H3.3、CENP-A、H3.1T、H3.5、H3. X 和 H3. Y 6 种变体;而组蛋白 H2B 具有 H2BFWT 和 H2B type 1A 2 种睾丸特异性变体。但是,目前在真核生物中尚未发现组蛋白 H4 的任何变体。大多数组蛋白变体在进化过程中高度保守,暗示了它们已经演化出核心组蛋白无法替代的重要功能。在 DNA 损伤修复过程中,染色质结构重塑也包括核心组蛋白被组蛋白变体取代。

最近的研究显示,组蛋白 H1 变体 H1.2 能够通过与 Mre11 相互作用促进 ATM 激酶的激活。在这个过程中 PARP1 能够对 H1.2 的 C 端进行 PARylation 修饰,以促使其在 DNA 损伤应答激活时从损伤部位的染色质上解离。此外,在鸡淋巴瘤细胞 DT40 中,另一种组蛋白变体 H1R 也被发现能够在 DNA 双链断裂位点积累。H1R 缺失的细胞表现出 DNA 损伤敏感性、姐妹染色单体交换缺陷及 IR 诱导的染色体畸变,并且 H1R 和 Rad54 在同源重组修复过程中表现出上位性效应。组蛋白 H2A 的多个变体也在 DNA 损伤修复过程中发挥作用。DNA 损伤后,组蛋白 H2A 变体 H2AX 会被磷酸化形成 γH2AX,该修饰一方面促进损伤信号的转导,另一方面促进下游修复蛋白 53BP1 和 MRN 复合物的招募,从而促进修复。组蛋白变体 macroH2A1 以 macroH2A1.1 和 macroH2A1.2 两种可变剪接形式存在,其中 macroH2A1.1 能够通过与 PARylation 修饰相互作用调控组蛋白翻译后修饰,并进一步影响基因表达、细胞增殖和损伤修复等生物学过程。类似地,macroH2A1.2 在 S/G2 期也可以在 DNA 损伤部位积累,该过程依赖于组蛋白甲基转移酶 PRDM2 及 ATM。macroH2A1.2 通过与 BRCA1 的 N 端相互作用,促进 BRCA1 的招募,从而促进 HR 修复。此外,组蛋白变体 H2AZ 能够替换 DNA 断裂位点附近染色质上的 H2A,促进染色质结构转变为更有利于修复的开放状态,该过程由染色质重塑复合物 p400 ATP 酶介导。同时,p400 介导的 H2AZ 沉积对于损伤位点附近 TIP60 介导的 H4 乙酰化、RNF8 介导的泛素化及 BRCA1 的募集是必需的,这说明 H2AZ 能够直接参与调控 HR 修复过程。研究发现,H2AZ 还能够改变染色质结构、限制 CtIP 对断裂末端的剪切、促进 Ku70/80 异二聚体在损伤部位的招募,进而促进 NHEJ 修复的发生。

组蛋白 H3 变体 H3.3 在 DNA 损伤修复中的作用也受到了广泛关注。缺乏 H3.3 的秀丽隐杆线虫细胞在经紫外辐射后出现复制叉重启缺陷,H3.3 在复制叉处的富集主要由组蛋白伴侣 HIRA 介导。此外,在人骨肉瘤细胞系 U2OS 中发现 H3.3 还能够通过 NHEJ 效应蛋白 CHD2 被招募到染色质上,敲低 H3.3 会导致 Ku80 和 XRCC4 等关键组分在损伤部位的招募缺陷,进一步说明 H3.3 参与了 DNA 损伤修复过程。值得注意的是,组蛋白 H3 变体 CENP-A 特异性定位于着丝粒区域。有趣的是,激光处理 HEK293 细胞会导致 CENP-A 在 DNA 损伤部位异常累积,这暗示了 CENP-A 可能参与 DNA 损伤修复过程,然而其具体功能尚不清楚。综上所述,这些研究揭示了组蛋白变体与 DNA 损伤修复之间存在紧密联系,它们能够作为重要的表观遗传标记调控 DNA 修复过程(图 5.29)。

5.4.4　非编码 RNA 与 DNA 损伤修复

近年来,诸多证据显示非编码 RNA 能够作为新的调控因子,在细胞调控网络中发挥重要功能。本节将简述非编码 RNA 在 DNA 损伤修复和维持基因组稳定性中的功能。

5.4.4.1　miRNA 与 DNA 损伤修复

miRNA 是一类高度保守的、长度为 18~25 nt 的内源性单链非编码 RNA。miRNA 通过基因表达的转录后调控机制,在细胞生长、分化、凋亡等生理过程中发挥重要作用。多项研究表明,DNA 损伤修复和 miRNA 之间存在双向调节关系。一方面,miRNA 通过介导基因沉默来调节 DNA 损伤修复活性;另一方

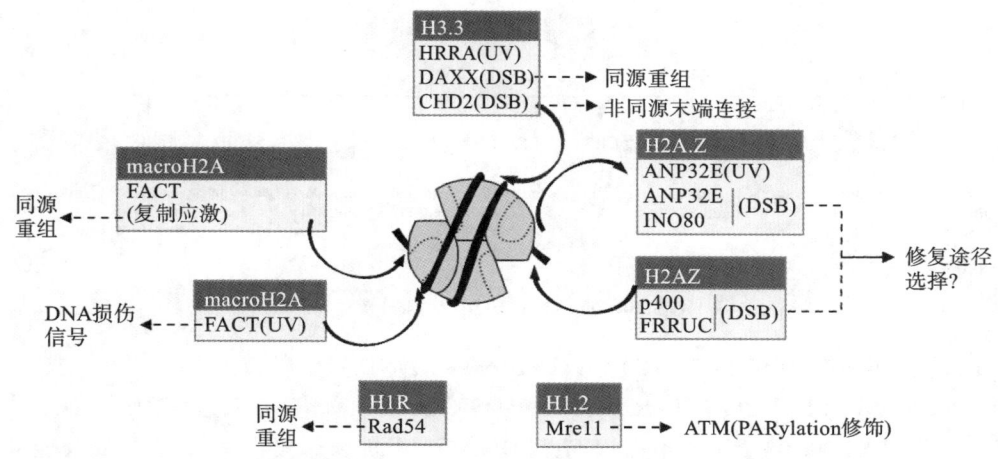

图 5.29 DNA 损伤应答之间的组蛋白变体动态变化示意图

面,DNA 损伤修复也可以在转录及转录后水平影响 miRNA 的表达,包括 ATM、p53 和 BRCA1 在内的多个 DNA 损伤应答因子均能参与调控 miRNA 的合成。

研究发现 miR-182 能够下调 BRCA1 的表达水平,因此,过表达 miR-182 会导致同源重组修复缺陷。类似的,miR-96 和 miR-210 也能够分别调控 Rad51 和 Rad52 的表达。而其他的 miRNA,如 miR-1255b、miR-193b 和 miR-148b 在 HR 修复途径中也具有类似的功能。DNA-PKcs 是 NHEJ 修复途径的核心蛋白之一,研究发现 miR-101 能够下调 DNA-PKcs 的表达并加速其降解。同样,NHEJ 的核心蛋白 53BP1 也受到 miR-34a 的调控。因此,利用 miRNA 直接或间接干扰 HR 和 NHEJ 修复途径的癌症治疗策略具有较广阔的临床应用前景。

在碱基切除修复和核苷酸切除修复中,miRNA 同样发挥作用。在碱基切除修复中,错误掺入的尿嘧啶主要由 UNG2 去除,而 miR-16、miR-34c 和 miR-199a 可以靶向 UNG2 并调控其表达水平,进而影响修复效率。类似地,miR-499 能够靶向抑制该途径中的另一个关键因子 DNA 聚合酶 Pol β 的表达。在核苷酸切除修复途径中,miR-192 能够抑制 ERCC3 的表达,而 miR-373 则能够抑制这一途径的关键蛋白 Rad23B。

最近的研究还表明,miRNA 也参与了 DNA 复制过程中 MMR 的调控。研究人员对结肠癌细胞中 miRNA 的表达情况进行分析后发现,在 MMR 缺陷的结肠癌肿瘤亚型中 miR-31 和 miR-625 表达上调,而 miR-552、miR-592、miR-181c 和 miR-196b 的表达下调。对 miRNA 在错配修复途径中的功能研究发现,miR-155 的过表达显著降低了错配修复蛋白 hMSH2、hMSH6 和 hMLH1 的表达水平,最终导致突变及基因组不稳定。此外,miR-21 能够靶向错配修复中的识别复合物 MSH2-MSH6 并降低其表达水平,从而抑制 MMR。在结肠癌细胞中,研究人员发现高水平的 miR-21 会导致 MSH2 蛋白的表达降低,引发 MMR 缺陷。在 A549 细胞的研究中发现,利用顺铂降低 miR-21 的表达水平会引起 MSH2 表达上调,从而抑制 A549 细胞的增殖,该发现也将为相关药物的开发及癌症治疗提供新的靶标。

总而言之,miRNA 参与 DNA 损伤应答多个环节的调控(图 5.30)。而 miRNA 在 DNA 损伤修复及放疗、化疗中的重要作用也使其具有作为癌症治疗靶点的潜力,然而由于 miRNA 与靶基因之间调控的复杂性,未来仍需要进行大量的研究。

5.4.4.2 长链非编码 RNA(long non-coding RNA,lncRNA)与 DNA 损伤修复

lncRNA 是一类广泛分布于各种组织中、长度大于 200 nt 的非编码 RNA。它能够通过多种机制参与基因表达调控、端粒长度维持、蛋白质翻译调节、组蛋白修饰、基因组印记及细胞分化等生物学过程。一些 lncRNA 可以作为肿瘤抑制因子或癌基因,调节细胞 DNA 损伤应答和维持基因组稳定性。还有一些 lncRNA 能够在 DNA 损伤应答过程中被激活,以 p53 依赖或非依赖的方式调节 HR、NHEJ 或其他 DNA 损伤修复途径。在这里,我们将简述 lncRNA 在 DNA 损伤中的作用。

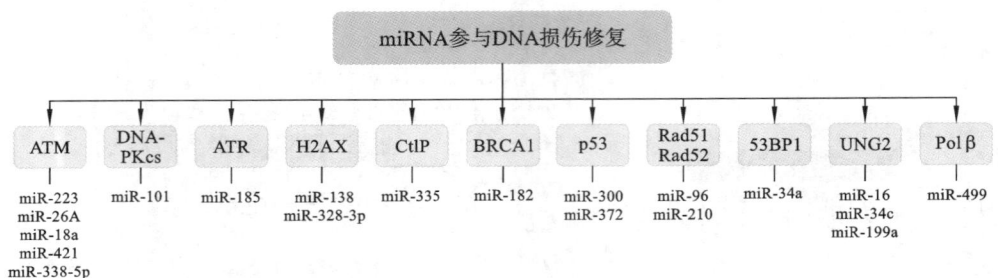

图 5.30 miRNA 与 DNA 损伤修复

研究发现多种 lncRNA，包括 lncRNA-p21、PINT、PANDA、DINO、LINP1、WRAP53、APELA、MEG3、LincROR、MALAT1、TUG-1、LOC285194、DDSR1、PCAT-1、JADE、ANRIL、TERRA、TODRA、MDC1-AS、Evf2、CUPID1 和 CUPID2 等都参与了 DNA 双链断裂修复。例如：DNA 双链断裂会通过 ATM-NF-κB 依赖的方式诱导产生 DDSR1，这对于确保正常的 DNA 损伤应答信号转导和 HR 修复至关重要。DDSR1 缺失会导致 BRCA1 和 RAP80 在 DNA 损伤位点过度积累，从而抑制 DNA 末端剪切和 HR 修复过程。另外，在 DNA 损伤后，JADE 能够以 ATM 依赖的方式诱导转录，进而激活组蛋白乙酰转移酶 HBO1 复合物的关键亚基 JADE1。因此，JADE 能够在 DNA 损伤应答过程中诱导组蛋白 H4 乙酰化，从而促进 DNA 损伤修复，其调控异常与乳腺癌的发生有关。而 PCAT-1 通过抑制 BRCA2 的表达进而影响同源重组修复。此外，LINP1 通过与 NHEJ 蛋白 Ku80 及 DNA-PKc 相互作用促进 IR 后的双链断裂修复。lnc-RI 通过调节 LIG4 的表达从而调控 NHEJ 修复，进而影响结直肠癌（CRC）细胞的放射敏感性。除此之外，lncRNA 还可以通过调控 ATM、ATR 及 p53 等 DNA 损伤应答信号通路参与 DNA 损伤应答过程。研究发现，DNA 损伤后 CDKN1A 启动子区域有五种 lncRNA 的表达发生上调。其中，p21 相关的 PANDA 能够以 p53 依赖的方式被诱导表达，它通过与转录因子 NF-YA 结合，抑制 CCNB1、FAS、PUMA 和 NOXA 等凋亡基因的表达，从而促进细胞周期停滞及细胞存活。TUG-1 是另一种 p53 依赖的 lncRNA，它是 p53 的直接转录靶标，其表达在 DNA 损伤后被激活。

近年来，诸多证据表明 ncRNA 能够作为新的调控因子参与调控 DNA 损伤应答与修复的各个方面，并通过调控 ATR、ATM 和 p53 等信号分子参与细胞周期及细胞凋亡的调控，进而维持基因组稳定性。对 ncRNA 在 DNA 损伤修复和基因组稳定性维持中功能的深入研究将有助于揭示 lncRNA 与人类疾病的关联性，特别是为癌症的发生与发展过程提供线索。

5.5 总结与展望

表观遗传与 DNA 损伤修复是密切关联的两个重要研究领域，二者之间的交叉研究为我们深入理解细胞基因组稳定性的调控网络及生命本质提供了重要突破口。科学家们已经揭示表观遗传修饰在 DNA 损伤识别、信号转导和损伤修复以及维持基因组稳定性等过程中都发挥着重要作用。因此，开展相关研究将有助于我们深刻理解人类重大疾病的发生机制，为临床治疗提供更为精准的策略。

展望未来，我们期待能够更深入地认识表观遗传学与 DNA 损伤修复的关系。一方面，可以通过先进的技术手段对临床数据进行大规模整合，深入挖掘不同细胞类型及疾病状态下的表观遗传与 DNA 修复特征，更为精细地揭示表观遗传与 DNA 修复调控网络。另一方面，也可以将表观遗传学及 DNA 损伤修复与个性化医学相结合，通过深入分析患者的表观遗传特征和 DNA 损伤修复状态，制订个性化治疗方案，提升治疗效果；通过设计干预关键调控节点的新型药物，纠正异常的表观遗传调控、促进 DNA 损伤修复，推动相关领域在医学实践中的应用，增进人类健康福祉。

思 考 题

1. 细胞内 DNA 损伤有哪些常见类型？

2. 细胞内 DNA 损伤依赖于哪些修复机制进行修复？

3. 为什么 DNA 修复缺陷与癌症发生密切相关？

4. 染色体结构与数目异常主要有哪些类型？

5. 为什么在人类和其他哺乳动物中，性染色体非整倍体比常染色体非整倍体更为常见？

6. 抑制性突变与反向突变有何不同？

7. 有哪些因素会影响突变率？

8. 简要说明转座如何引起突变和染色体重排的发生。

9. 简要概述常见有哪些表观遗传修饰会影响 DNA 修复及基因组稳定性。

10. 你认为细胞周期会影响 DNA 修复的方式和效率吗？其可能的原因是什么？

本章思维导图

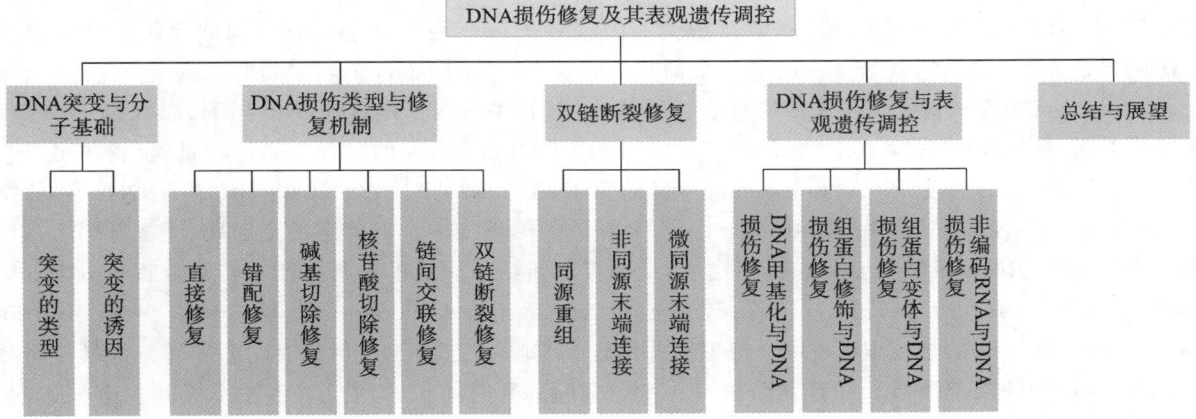

第 6 章
原核生物的转录及转录调控

扫码看课件

前面章节讲到 DNA 作为遗传物质的载体用来储存遗传信息,当细胞复制时,核酸中的遗传信息可以通过碱基配对的方式传递给子代细胞。然而,单纯的储存遗传信息不足以维持生命活动,就像电脑硬盘虽能存储海量数据,但需要通过读取和处理才能使数据发挥作用。同理,细胞中储存的遗传信息也需要读取出来并发挥作用,那么是谁充当将信息解读成为有效内容的载体呢? 这个过程在前面介绍遗传信息流与中心法则时已有所阐释,那就是其中的第二个箭头——从 DNA 到 RNA 的转录过程。

转录(transcription)是 DNA 遗传信息表达的第一步,即在 RNA 聚合酶的作用下,以双链 DNA 中的一条链作为转录的模板,遵循 A-U 和 G-C 碱基配对的原则合成 RNA 的过程。通过转录,生物体可以合成三种 RNA 分子,包括信使 RNA(messenger RNA,mRNA)、转移 RNA(transfer RNA,tRNA)和核糖体 RNA(ribosomal RNA,rRNA)。其中,mRNA 作为翻译的模板指导合成特定的蛋白质,完成基因表达的第二步。tRNA 和 rRNA 虽然不直接编码蛋白质,但也参与蛋白质合成的过程。所有转录过程可分为 3 个阶段,即转录起始(transcription initiation)、转录延伸(transcription elongation)和转录终止(transcription termination)。转录起始是指 RNA 聚合酶识别并结合到 DNA 启动子上,形成有功能的转录起始复合物的过程,是转录过程的限速环节。在延伸阶段,RNA 聚合酶离开启动子后,沿着 DNA 模板链 $5'$ 至 $3'$ 方向,将核苷酸(NTPs)加至延伸的新生 RNA 链中。当 RNA 聚合酶行进到终止子时,转录终止,RNA 聚合酶和 RNA 产物脱离 DNA 模板。

由此可见,在 RNA 转录合成的过程中,除了 DNA 和 NTPs 外,RNA 聚合酶与启动子也是非常重要的组分。至于转录过程,原核细胞和真核细胞有着完全不同的体系,我们将在本章中详细讲解原核细胞的转录,而在后续章节中介绍真核细胞的转录。

6.1 原核生物 RNA 聚合酶

催化 RNA 转录的酶被称为依赖 DNA 的 RNA 聚合酶,简称 RNA 聚合酶(RNA polymerase)。RNA 聚合酶是转录过程中的关键因子,无论是原核生物还是真核生物,RNA 聚合酶都具备以下特征:①在催化 RNA 合成时,RNA 聚合酶不需要引物就可以启动酶反应,与 DNA 聚合酶截然不同;②RNA 聚合酶必须结合双链 DNA 并以其中一条链作为模板才能发挥其功能;③RNA 聚合酶催化 RNA 合成是沿着 $5'$ 至 $3'$ 方向的,并且需要镁离子(Mg^{2+})来发挥其功能活性;④RNA 聚合酶缺乏 $3'$ 至 $5'$ 的外切酶活性,因此核酸的错配率较高($10^{-5} \sim 10^{-4}$);⑤RNA 聚合酶通常由多个亚基蛋白组成,形成一个复杂的酶复合物。

6.1.1 RNA 聚合酶的组成

在转录过程中,RNA 聚合酶负责催化 DNA 模板上 RNA 的合成,主要是催化形成磷酸二酯键。原核生物中只包含一种 RNA 聚合酶,其催化合成所有类型的 RNA,包括 mRNA、tRNA 和 rRNA。该 RNA 聚合酶是原核生物细胞中分子质量较大的酶之一,其分子质量约为 450 kDa。RNA 聚合酶全酶(RNA polymerase holoenzyme)包含 5 个亚基(subunit),即核心酶(core enzyme)(包括 2 个 α 亚基、1 个 β 亚基、1 个 β′亚基和 1 个 ω 亚基),以及 1 个 σ 因子(图 6.1)。RNA 聚合酶呈圆柱形结构,可以直接结合 16 bp 的 DNA,而全酶可结合超过 60 bp 的 DNA。在 37 ℃条件下,RNA 聚合酶合成 RNA 的速度为 40 nt/s。

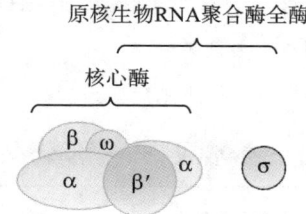

图 6.1 原核生物 RNA 聚合酶的组成

核心酶是基本的转录装置,主要负责转录延伸,不具备特异性识别能力。当核心酶与 σ 因子结合形成全酶时,σ 因子通过与正确的启动子位点结合,结合特异 DNA 序列。即在转录起始阶段,σ 因子与核心酶结合形成全酶后在特定的启动子处启动 DNA 的转录。

在核心酶结构中,α 亚基有 2 个拷贝,位于前端的 α 亚基使双链解链为单链,位于尾端的 α 亚基则使单链重新聚合为双链。α 亚基由 rpoA 基因编码,是组装核心酶所必需的,同时也参与启动子的识别过程,并介导 RNA 聚合酶和调控因子的相互作用。核心酶的两个大亚基 β 亚基和 β′亚基分别由 rpoB 和 rpoC 基因编码,它们共同构成催化活性中心,同时结合 DNA 模板、产物 RNA 和底物 NTPs,促进 RNA 链的延伸,完成 NMP 之间的磷酸二酯键的连接。

6.1.2 σ 因子循环

作为特异性因子,σ 因子在转录起始时与核心酶结合形成 RNA 聚合酶全酶,起始完成后从 RNA 聚合酶上释放出来,游离的 σ 因子可以与其他核心酶结合,起始其他基因的转录,这个过程被称为"σ 因子循环"(图 6.2)。因此,σ 因子通过引导 RNA 聚合酶全酶与启动子的紧密结合,引发转录的起始。不同于核心酶的 5 个亚基,原核生物中有多种 σ 因子,不同的 σ 因子与核心酶结合后,可识别不同的启动子。例如,大肠杆菌的一般基因由 σ^{70} 因子识别(由 rpoD 基因编码)。而枯草芽孢杆菌的 σ 因子为 σ^{43},负责识别热休克蛋白基因的启动子。

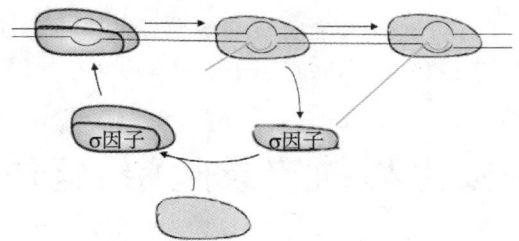

图 6.2 σ 因子循环

RNA 聚合酶与左侧的启动子结合,使 DNA 双链发生局部解旋。当聚合酶向右延伸 RNA 链时,σ 因子与核心酶分离,与新的核心酶(下方)结合,起始另一条 RNA 的合成

6.2 原核生物启动子

6.2.1 启动子结构

启动子(promoter)是指 DNA 序列上被 RNA 聚合酶识别并结合形成转录起始复合物的区域,是调控转录起始的关键序列,它决定着某一基因转录的起始位点、表达的强度等。由于启动子是 RNA 聚合酶的结合区域,其结构特征直接关系到转录的效率。在原核生物中,启动子由两个重要部分组成:核心启动子(core promoter)和上游控制元件(UP 元件)(图 6.3)。

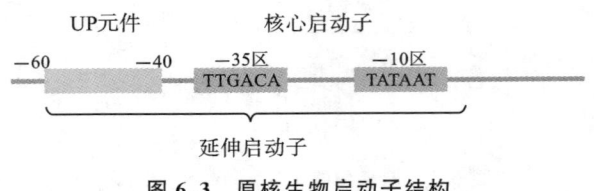

图 6.3 原核生物启动子结构

若以 RNA 链的第 1 个核苷酸对应的位置为+1,其下游(downstream)区即转录区标记为正数,而上游(upstream)区则依次标记为负数。RNA 聚合酶的结合区域即启动子通常位于−70 到+30 区间内。研究人员通过分析多种原核生物基因的启动子,发现其普遍含有−10 区和−35 区这两个保守序列。−10 区的中心位于转录起始位点上游约 10 bp 处,含有一个由 6 个碱基组成的保守序列 TATAAT,该序列是 RNA 聚合酶的紧密结合位点,有利于 DNA 局部解链,因此被称为 TATA 框或 Pribnow 框(Pribnow box)。−35 区的中心位于转录起始位点上游约 35 bp 处,含有一个由 6 个碱基组成的保守序列 TTGACA,是 RNA 聚合酶初始结合位点,与 RNA 聚合酶对启动子的特异性识别有关。−35 区和−10 区的序列与相应的保守序列越相似,启动子起始转录的能力就越强。−35 区和−10 区之间的序列长度为 15~20 bp,其中 90%的情况下长度为 16~18 bp。有意思的是,−35 区和−10 区之间的碱基序列对转录起始的具体过程并不重要,但这两个元件之间的距离对转录效率很重要,当间距为 17 bp 时转录效率最高。此外,某些转录活性超强的基因(如 rRNA 基因),除了−35 区和−10 区序列以外,在更上游的−40 至−60 区还有富含 AT 的 UP 元件,这些元件可与核心酶 α 亚基的羧端结构域(α-CTD)相互作用,诱导上游 DNA 在 RNA 聚合酶上发生弯曲和包裹,从而极大地提高转录效率。

6.2.2 RNA 聚合酶与启动子的结合

在转录起始阶段,RNA 聚合酶首先识别并结合在−35 区,σ 因子识别该区域并继续滑动到−10 区,DNA 双链解开,RNA 聚合酶选择模板链并与之紧密结合。接着 RNA 聚合酶滑动到转录起始位点并启动 RNA 链的合成。原核生物中−10 区和−35 区之间核苷酸数目的变动会影响基因的转录活性,强启动子的这两个区域之间的距离一般为(17±1)bp,当间距小于 15 bp 或大于 20 bp 时,都会降低启动子的效率。

6.3 原核生物的转录起始、延伸和终止

6.3.1 转录起始

原核生物的转录起始过程,可分为四个阶段:①RNA 聚合酶全酶识别启动子后,随即与启动子−35 区发生松散且可逆的结合,形成封闭型启动子复合物(closed promoter complex);②全酶滑动到−10 区,使

DNA 双链解开并转变成为开放型启动子复合物(open promoter complex),模板链暴露,第一个核苷酸(嘌呤核苷酸)被插入新生 RNA 链中,标志着转录的开始;③RNA 聚合酶合成 9～10 nt 的初生 RNA 产物,但仍停留在启动子区域;④当开放型启动子复合物足够稳定时,RNA 聚合酶的构象转变成延伸构象,释放出 σ因子,σ因子移出启动子区域,从而进入转录的延伸阶段,这一过程被称为启动子清除(promoter clearance)(图 6.4)。

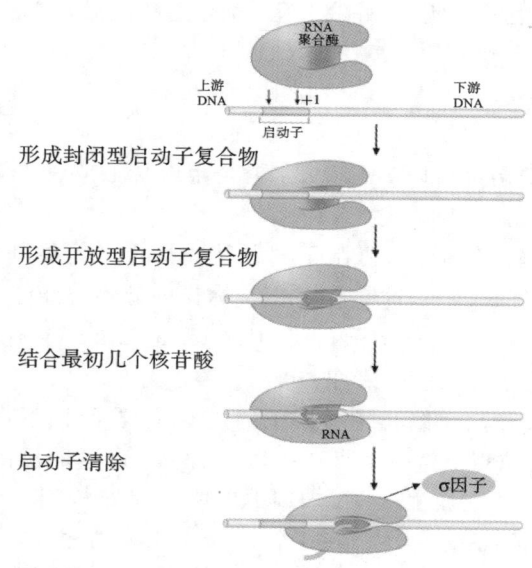

图 6.4 原核生物基因转录起始过程简图

在这个阶段,σ因子起着非常关键的作用。σ因子结合到 RNA 聚合酶的核心酶上后,指导全酶识别核心启动子中的－35 区和－10 区,引起 DNA 局部解链,形成长度约为 17 bp 的转录泡,启动子复合物由封闭型向开放型转变,促进转录的起始。σ因子的释放通常与 RNA 聚合酶移出启动子同时发生或者发生于启动子清除后不久,在延伸过程中,σ因子以随机的方式从延伸复合物中释放出来。

6.3.2 转录延伸

当转录起始阶段完成后,RNA 聚合酶的核心酶继续延伸 RNA 链,沿着 DNA 模板链的 5′至 3′方向连续合成 RNA(图 6.5)。在转录过程中,RNA 链的 5′端(起始端)通常保留着 GTP 或 ATP 的三磷酸基团。

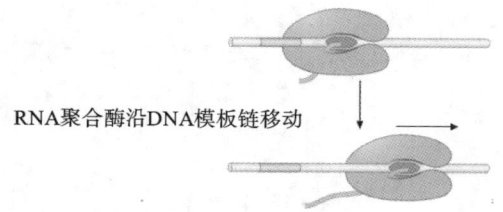

RNA聚合酶沿DNA模板链移动

图 6.5 原核生物基因转录延伸过程简图

在延伸过程中,转录泡始终保持三元复合物(DNA-RNA-RNA 聚合酶)的结构,转录泡中的 DNA 螺旋前开、后合,RNA 链延长并不断脱离 DNA 模板链。此时,σ因子已经从 RNA 聚合酶上解离,而一种辅助延伸的蛋白因子 NusA 会结合到 RNA 聚合酶的核心酶(RNA 聚合酶-NusA 复合物)上,使其结构发生变化,形成封闭的钳子状结构套住 DNA,并使 DNA 双链在核心酶的通道中移动,从而完成启动子清除。此后转录延伸由该复合物主导,直至 RNA 聚合酶到达终止子(terminator)前。在这个阶段,核心酶拥有 RNA 合成装置,是延伸过程的核心执行者。其中,β 亚基和 β′亚基参与磷酸二酯键的形成,还参与 RNA 聚合酶与 DNA 的结合。

在延伸过程中,RNA 聚合酶时常发生暂时停顿或倒退的情况。例如,当转录产物形成特定的二级结构或 NTPs 供应不足时,则会造成转录暂停。转录暂停可能使较慢的翻译过程与转录过程保持协调一致。其次,转录暂停也是转录终止的初步信号。如果在转录过程中出现了错误,RNA 聚合酶则会向后滑动,即发生倒退。转录倒退使正在合成的 RNA 链的 3′ 端伸出聚合酶而被暴露出来,从而允许错配的核苷酸被 GreA 或 GreB 等校正蛋白切除,从而有助于转录的校正。若暂停的 RNA 聚合酶发生倒退并导致 RNA 堵塞了有关通道,转录就会被完全阻滞。此时,解除 RNA 聚合酶的阻滞状态同样需要 GreA 或 GreB 等校正蛋白切除暴露的 RNA。

6.3.3 转录终止

当 RNA 聚合酶到达基因末端的终止子时,RNA 聚合酶就从 DNA 模板链上脱离并释放出 RNA 链,标志着转录终止。

终止子的类型不同,决定了转录终止的机制不同。某些终止子无须其他蛋白质的帮助,自身就能与 RNA 聚合酶发生作用并自发地终止转录,这一类终止子称为内源性终止子(intrinsic terminator),可发生 Rho(ρ)非依赖型转录终止(Rho-independent transcription termination)。有些终止子则需要其他辅助蛋白如辅助因子 Rho(ρ)的帮助,称为 Rho 依赖型终止子。

Rho 非依赖型转录终止主要取决于终止子序列中的两个关键元件:反向重复序列和紧随其后的一段富含 A 碱基的序列。首先,终止位点上游一般存在一段富含 GC 碱基的反向重复序列,由这段 DNA 转录产生的 RNA 容易形成茎-环结构。在新生 RNA 末端中出现茎-环结构能阻止复合物的延伸,导致 RNA 聚合酶的暂停。其次,在终止位点前面有一段由 4～8 个 A 碱基组成的序列,所以转录产物的 3′ 端为多聚 U(polyU)序列,多聚 U 的存在使 DNA/RNA 杂合链的 3′ 端部分出现不稳定的 rU-dA 碱基对区域,这种结构特征的存在使 DNA/RNA 杂合链易于解离。这两者共同作用使 RNA 从三元复合物中解离出来,随后 RNA 聚合酶也从模板上解离(图 6.6(a))。

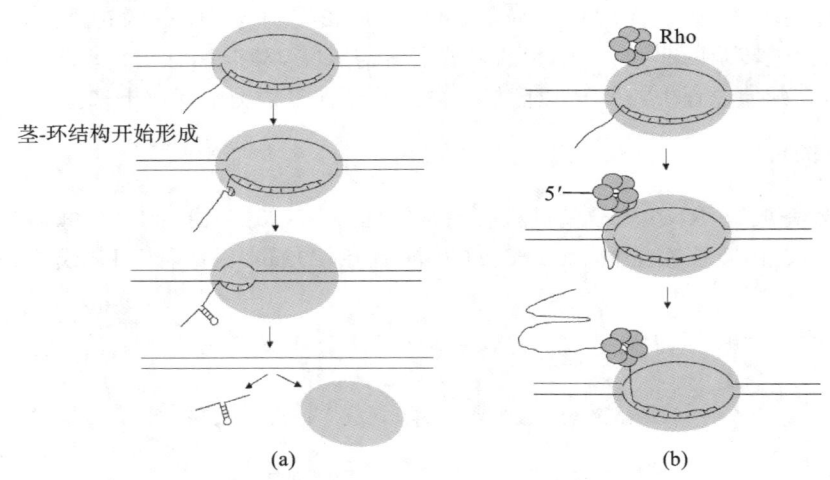

图 6.6 转录终止

(a)内源性终止子终止模型。(b)Rho 依赖型终止子终止模型

Rho 依赖型转录终止必须在 Rho 因子存在时才能发生。Rho 因子是 ATP 依赖的六聚体解旋酶家族成员,其分子质量约为 46 kDa,通常以六聚体形式存在。每个亚基具有一个 RNA 结合域和一个 ATP 水解域。Rho 因子的 RNA 结合域在六聚体中央形成一个通道允许核酸进入,解旋酶从而发挥作用,将 RNA 链从 DNA 模板链上释放出来。在转录过程中,Rho 因子先与延伸复合物中的 RNA 聚合酶结合,当 RNA 转录物合成至足够长度时,才与 RNA 结合,并在聚合酶与 Rho 因子之间形成一个 RNA 环。随着转录的进行,Rho 因子继续转运转录产物使其通过自身的六聚体结构,直至聚合酶在终止子处暂停,这种暂停使 Rho 因子收紧 RNA 环,从而捕获延伸复合物,转录不再发生(图 6.6(b))。Rho 因子利用其解旋酶活性解

离 RNA-DNA 杂交分子,从而终止转录过程。最后,Rho 因子从模板上脱落下来。

能够使 RNA 聚合酶越过终止位点的蛋白质因子称为抗终止因子(anti-termination factor)。例如,在 λ 噬菌体的 DNA 转录过程中,N 蛋白就是一个典型的抗终止因子。

6.4 原核生物基因转录调控

前面已经详细阐述了原核生物转录的基本机制,即基因表达的第一步。然而,基因表达是一个耗能的过程,需大量的能量来产生 RNA 和蛋白质;更重要的是,原核生物所处的周围环境和营养可能随时会发生变化,因此,细胞需要改变其基因表达以适应外界环境变化。对于原核生物而言,基因表达调控对其生命活动至关重要。原核生物 mRNA 的半衰期非常短,多数只有几分钟,因此,mRNA 必须持续转录才能维持蛋白质的合成。这种情况下,转录水平的调控可避免合成不必要的 mRNA,也是最有效、最经济的调节方式。下面我们将详细阐述原核生物对其转录活动的调控机制。

6.4.1 操纵子

原核生物中,功能相关的基因聚焦成组以便于进行表达调控,这样一组彼此相邻、协同调控的基因序列就称为操纵子(operon)。实际上,原核生物的转录和翻译水平的调控均以操纵子的方式进行。操纵子是原核生物基因表达的协调单位。通常,一个操纵子包含调节基因、启动子、操纵序列及受其控制的一组功能上相关的结构基因(图 6.7)。这样的基因组成方式可以同时开启或关闭基因的表达,既经济有效,又能保证原核生物生命活动的需要。调节基因编码产生调节蛋白,而启动子和操纵序列作为调控区,可分别结合 RNA 聚合酶和调节蛋白,以调控下游结构基因的表达。启动子是 RNA 聚合酶结合并启动转录的特定 DNA 序列。在多种原核生物基因的启动子特定区域内,通常是转录起始位点上游 −10 区及 −35 区存在一些保守序列,称为共有序列。操纵序列是原核生物阻遏蛋白的结合位点。当操纵序列结合阻遏蛋白时会阻碍 RNA 聚合酶与启动子的结合,或阻止 RNA 聚合酶沿着 DNA 向前移动,抑制转录过程,介导负调节。相反,另有一种特异性 DNA 序列可与激活蛋白结合,激活转录过程,介导正调节。结构基因编码功能相关的蛋白质,其表达通常由同一个启动子起始,一起被转录生成一条 mRNA 分子,这条 mRNA 分子被称为多顺反子 mRNA,翻译这条 mRNA 可得到多个蛋白质。原核生物大多数基因表达调控是通过操纵子机制实现的,如乳糖操纵子、阿拉伯糖操纵子、组氨酸操纵子、色氨酸操纵子等。

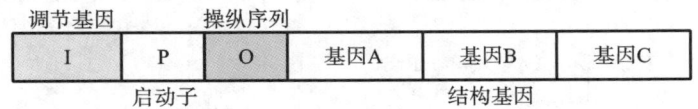

图 6.7 操纵子的结构示意图

操纵子的优势在于其能够高效地调控基因表达,确保特定条件下基因的协调表达。作为一个完整的调控单元,操纵子通过操纵序列和调节基因的相互作用,可以在特定环境下控制结构基因的表达水平,从而实现对外界环境的快速适应。例如,在乳糖存在的情况下,乳糖操纵子可以响应诱导物的结合来解除阻遏蛋白对操纵序列的抑制,从而促进相关酶的合成,这是操纵子对外界信号的一种快速响应机制。

操纵子的缺点主要在于其复杂的调控机制可能增加基因表达的不稳定性。操纵子的调控过程涉及多个基因和蛋白质的相互作用,这种复杂的调控网络虽然提高了细胞对外界环境的适应性,但同时也增加了出错的可能性。此外,操纵子的调控机制可能受到多种因素的影响,包括环境因素、细胞内其他分子的干扰等,这些都可能影响操纵子的正常功能,从而导致基因表达异常或细胞功能的紊乱。

总的来说,操纵子机制作为一种高效的基因表达调控机制,其优势在于能够快速响应外界环境的变化、实现特定条件下基因的高效表达。然而,其复杂的调控网络和潜在的调控不稳定性也是不可忽视的缺点。

6.4.2　乳糖操纵子的负调控

1961年,法国科学家Francois Jacob和Jacques Monod提出了乳糖操纵子模型,并因此获得1965年的诺贝尔生理学或医学奖。乳糖操纵子是首个被发现的操纵子。它含有三个结构基因,这些基因编码的酶可使大肠杆菌($E.coli$)有效利用乳糖(lactose),因此被命名为乳糖操纵子(Lac operon)。$E.coli$细胞在含有葡萄糖(最适糖源)和乳糖的培养基中生长,细胞会优先利用葡萄糖进行快速生长,直到葡萄糖耗尽。随后,细胞生长停滞,细胞启动乳糖操纵子的表达。参与乳糖代谢的相关酶会被诱导表达并积累,恢复细胞生长。

负调控机制涉及调节蛋白与操纵子结合后抑制转录的进行。负调控意味着操纵子一直处于开启状态,除非在某种物质的干扰下使其关闭。关闭乳糖操纵子的"某种物质"是乳糖操作子阻遏物,它是调节基因lacⅠ编码的产物,是由4个相同多肽组成的四聚体,结合在启动子右侧的操纵序列(operator)上。一旦阻遏物与操纵序列结合,操纵子的转录就会被抑制。因为操纵序列与启动子毗邻,阻遏物结合到操纵序列上会阻碍RNA聚合酶结合启动子和转录操纵子。因此,只要没有乳糖可利用,乳糖操纵子就一直处于抑制状态。当所有葡萄糖耗尽而乳糖存在时,就会存在一种移除阻遏物的机制,使操纵子解除阻遏并利用新的营养物质。这种机制的关键在于阻遏物是一种变构蛋白(allosteric protein),其与操纵序列的结合受另外一种称为乳糖操纵子诱导物(inducer)的分子调控。该分子可结合阻遏物,引起阻遏物蛋白构象改变,使其与操纵序列解离,从而诱导乳糖操纵子的表达(图6.8(a)、(b),彩图17)。

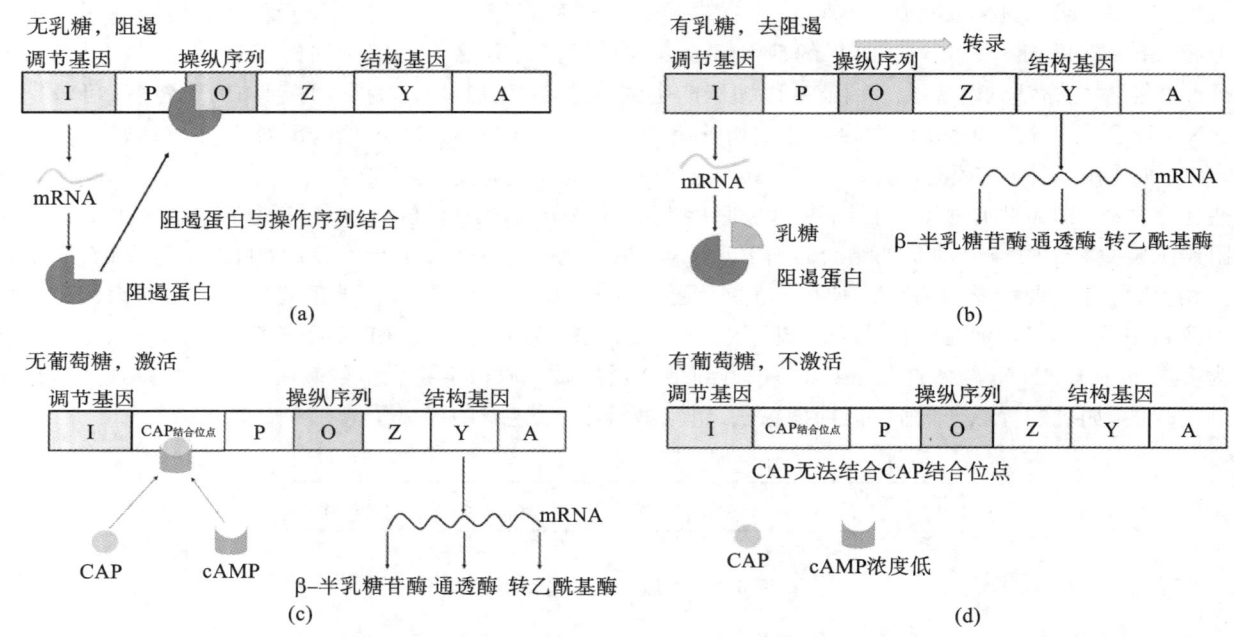

图6.8　乳糖操纵子的负调控和正调控示意图

(a)无乳糖时,操纵子被阻遏。lacⅠ基因表达产生阻遏物(蓝色),阻遏物与操纵序列结合,阻止RNA聚合酶转录结构基因。(b)有乳糖时,操纵子去阻遏。诱导物(绿色)与阻遏物结合,改变了阻遏物的构象,使其不再与操纵序列结合。阻遏物脱离操纵序列,RNA聚合酶起始结构基因的转录,产生多顺反子mRNA,进而翻译产生β-半乳糖苷酶、通透酶和乙酰转移酶。(c)无葡萄糖时,cAMP浓度高,CAP-cAMP复合物通过结合在紧邻启动子的激活因子结合位点上而促进乳糖操纵子的转录。(d)葡萄糖存在时,cAMP生成减少,CAP-cAMP结合受阻,操纵子表达受到抑制

6.4.3　乳糖操纵子的正调控

在前面我们已经了解到只要有葡萄糖存在,$E.coli$细胞就保持乳糖操纵子处于相对抑制状态。$E.coli$细胞优先利用葡萄糖作为代谢能源而不用其他碳源,这种选择是由葡萄糖的降解产物或代谢产物

所控制的,所以将这种调控方式称为代谢物阻遏(catabolite repression)。理想的乳糖操纵子正调控因子应该能感知葡萄糖的缺乏,并通过激活乳糖操纵子的启动子做出应答,使 RNA 聚合酶与启动子结合而转录乳糖操纵子(前提条件是假定乳糖存在,阻遏物不能与启动子结合)。对葡萄糖浓度变化做出应答的物质是环磷酸腺苷(cyclic AMP,cAMP)。当葡萄糖浓度降低时,cAMP 浓度升高。乳糖操纵子的正调控因子实质是一个复合物,由 cAMP 和代谢物激活蛋白(catabolite activator protein,CAP)两部分构成。

乳糖操纵子及其他几种编码糖代谢酶的可诱导型操纵子,其正调控均由 CAP 介导。游离的 CAP 不能与启动子结合,必须首先与 cAMP 形成复合物,才能与启动子结合,共同激活转录。葡萄糖通过降低 cAMP 的浓度而抑制转录的激活。只有当葡萄糖浓度很低,且需要代谢另一种碳源时,乳糖操纵子才被激活(图 6.8(c)、(d))。CAP-cAMP 复合物通过结合在紧邻启动子的激活因子结合位点上来促进乳糖操纵子的转录,这种结合也有助于 RNA 聚合酶与启动子的结合。通过分析乳糖操纵子的启动子序列,研究人员发现它与原核生物启动子的保守序列略有不同。典型启动子的 -35 区是 TTGACA、-10 区是 TATAAT,但乳糖操纵子的 -35 区是 TTTACA、-10 区是 TATGTT。因此,乳糖操纵子的启动子与 RNA 聚合酶的结合能力比较弱,只有在 CAP-cAMP 复合物的促进下,才能与 RNA 聚合酶结合。

6.4.4　色氨酸操纵子

E.coli 的色氨酸操纵子包含编码合成色氨酸所需酶类的基因。与乳糖操纵子一样,色氨酸操纵子也受到阻遏物的负调控,但是两者存在根本性的区别。

(1)乳糖操纵子编码分解代谢底物的酶类,只有被分解的底物(如乳糖)存在时,操纵子才被打开;而色氨酸操纵子则编码参与底物合成代谢的酶类,当底物存在时,操纵子是关闭的。当色氨酸浓度升高时,生物体不再需要色氨酸操纵子的表达产物,色氨酸操纵子就会被阻遏。

(2)色氨酸操纵子还具有一种乳糖操纵子所没有的衰减作用机制。

6.4.4.1　色氨酸操纵子的负调控

色氨酸操纵子结构相对较简单,也是研究得较为透彻的操纵子之一,结构基因依次排列为色氨酸 EDCBA,这 5 个基因编码的酶分别将色氨酸的前体分支酸转化为色氨酸。在乳糖操纵子中,启动子和操纵基因位于结构基因的上游。色氨酸操纵子的结构次序也是如此,但是色氨酸操纵子的操纵基因完全位于启动子内部,而在乳糖操纵子中,启动子和操纵基因是相邻的。在乳糖操纵子的负调控机制中,细胞通过微量重排产物异乳糖来感知乳糖的存在。实质上,异乳糖作为诱导物使阻遏物脱离乳糖操纵子的操纵基因,从而解除乳糖操纵子的阻遏。在色氨酸操纵子的负调控机制中,大量色氨酸的供应意味着细胞无须消耗更多能量去合成这种氨基酸,因此高浓度色氨酸是关闭操纵子的信号。

色氨酸帮助色氨酸阻遏物与操纵基因结合。在色氨酸缺乏时,细胞内只有无活性的脱辅基阻遏蛋白(aporepressor)存在,而无色氨酸阻遏物存在。当脱辅基阻遏蛋白与色氨酸结合后,其构象发生改变,对操纵基因的亲和性增强,这一过程与乳糖操纵子调控机制类似,是另一个同分异构转换的例子。脱辅基阻遏蛋白与色氨酸结合形成色氨酸阻遏物(trp repressor),因此,色氨酸又称为辅阻遏物(corepressor)。当细胞中色氨酸浓度较高时,大量的辅阻遏物与脱辅基阻遏蛋白结合,形成有活性的色氨酸阻遏物,色氨酸操纵子被阻遏。当细胞中色氨酸浓度降低时,色氨酸与脱辅基阻遏蛋白解离,脱辅基阻遏蛋白转变为无活性的构象,导致阻遏物与操纵基因复合物解体,色氨酸操纵子解阻遏(图 6.9,彩图 18)。乳糖操纵子对诱导物的应答会引起阻遏物与操纵基因的解离,使操纵子去阻遏。而色氨酸操纵子则在细胞内色氨酸浓度很高时,通过辅阻遏物与脱辅基阻遏蛋白结合,使其构象发生改变,从而更好地与操纵基因结合,导致操纵子被阻遏。

6.4.4.2　色氨酸操纵子的衰减作用

除了前面所介绍的标准负调控模式外,色氨酸操纵子还具有一种称为衰减作用(attenuation)的调空机制。色氨酸操纵子需要这种额外的调控机制,可能是由于色氨酸操纵子的阻遏作用远弱于乳糖操纵子的

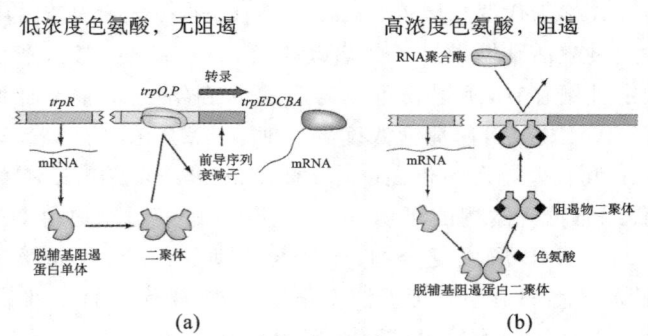

图 6.9　色氨酸操纵子的负调控示意图

(a)当色氨酸浓度低时,阻遏蛋白以非活性形式存在,不能结合 DNA,色氨酸操纵子正常转录。(b)当色氨酸浓度高时,阻遏蛋白与色氨酸形成一个同源二聚体,可以与色氨酸操纵子结合,阻遏转录

阻遏作用。因此,即使在阻遏物存在的情况下,色氨酸操纵子仍能大量转录。事实上,在只有阻遏调控的衰减子突变体中,色氨酸操纵子处于完全阻遏状态时,其转录活性仅是完全去阻遏时的 1/70。而衰减作用可以对色氨酸操纵子的活性产生约 10 倍的调控效应。因此,阻遏作用和衰减作用的协同作用,可以产生 700 倍(70 倍(阻遏效应)×10 倍(衰减效应)＝700 倍)的动态调控范围,从而对色氨酸操纵子的转录活性能够在完全失活到完全激活之间进行调控。

色氨酸操纵子的衰减机制在色氨酸供应充足的情况下发挥作用。当色氨酸浓度很高时,原核生物的转录和翻译是偶联进行的,核糖体把前导序列中的区域 1 和 2 占据后,区域 3 和 4 配对,所以转录提前终止;当色氨酸浓度很低时,合成出来的前导序列中的两个色氨酸在翻译时,需要长时间等待携带色氨酸的 tRNA,此时就导致转录出来的区域 2 和 3 的配对,造成转录的通读。这样,下游的色氨酸操纵子中的 5 个结构基因就能够得到表达,衰减作用失效,操纵子保持活化状态(图 6.10)。因此,同阻遏作用一样,衰减系统也通过感应色氨酸浓度水平而发挥调控作用。

高浓度色氨酸,发生衰减作用,转录提前终止

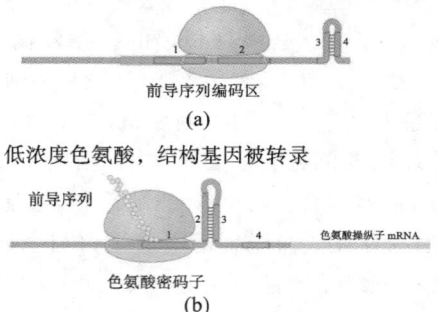

低浓度色氨酸,结构基因被转录

图 6.10　色氨酸操纵子的衰减作用示意图

6.4.5　σ 因子的转换

噬菌体感染细菌后,常会将宿主的转录元件据为己有,形成时间依赖的时序性转录模式,即噬菌体先转录早期基因,然后转录晚期基因。在 T4 噬菌体感染 *E.coli* 的后期,宿主基因基本不再转录,只有噬菌体基因的转录。这种转录特异性的巨大变化实际上是其转录元件发生了根本的改变,即 RNA 聚合酶自身发生了变化。当遭遇饥饿、热激、氮缺乏等环境胁迫时,细菌会通过改变其转录模式而做出响应,并且这种转录改变伴随着 RNA 聚合酶的改变。由于原核生物细胞仅有一种 RNA 聚合酶,其核心酶负责催化转录延伸,而 σ 因子则特异性识别启动子序列并控制转录起始,因此原核生物的基因转录调控在更多时候是依靠 σ 因子的改变。

6.4.5.1 噬菌体感染中的σ因子转换

σ因子是调控 RNA 聚合酶转移性的关键因子,该结论最早在枯草芽孢杆菌及其噬菌体 SPO1 上得到验证。枯草芽孢杆菌及其噬菌体 SPO1 有一个大的基因组。枯草芽孢杆菌的全酶与 *E. coli* 的很相似,其核心酶包括两个大亚基(β 和 β′)、两个小亚基(α)和一个很小的亚基(ω)。枯草芽孢杆菌至少含有 7 种不同的 σ因子,其正常的 σ因子为 σ43,分子质量为 43 kDa,相当于 *E. coli* 中的 σ70。此外,该聚合酶包括一个分子质量约 20 kDa 的 δ 亚基,该亚基有助于防止聚合酶结合到非启动子区域,这一功能在 *E. coli* 中由 σ因子完成。

当噬菌体第一次感染枯草芽孢杆菌细胞时,初期由含 σ43 的宿主菌全酶转录早期基因。基因 28 是 SPO1 感染后早期表达的基因,其产物 gp28 与宿主 RNA 聚合酶的核心酶结合,取代宿主的 σ43 因子。与新的 σ因子结合后,RNA 聚合酶的特异性就发生了改变,不再转录早期基因及宿主基因,而是开始转录噬菌体中期基因。换言之,新合成的 σ因子 gp28 具有两个方面的功能:一方面,它使宿主 RNA 聚合酶不再转录宿主基因;另一方面,它将早期基因转录转向中期基因的转录。

中期向晚期转录的转换也同样如此,只需两个多肽(gp33 和 gp34)同时与 RNA 聚合酶核心酶结合并改变其特异性即可。这两个多肽是噬菌体两个中期基因(分别是基因 33 和基因 34)的产物,它们组成的 σ因子取代 gp28,并指导已改变的聚合酶转录噬菌体晚期基因而非中期基因(图 6.11,彩图 19)。注意,在此过程中宿主 RNA 聚合酶的核心酶始终保持完整,只是通过 σ因子的不断替换来改变 RNA 聚合酶的特异性,从而指导转录进程。当然,转录特异性的改变也有赖于早、中、晚期基因启动子序列的差异,正因为如此,它们才能被不同 σ因子所识别。这一过程的最大特点是不同 σ因子的大小不同。宿主 σ43 因子、gp23、gp33 和 gp34 的分子质量分别为 43 kDa、26 kDa、13 kDa 和 24 kDa,但它们都可以与核心酶结合并行使 σ因子的功能(gp33 和 gp34 必须共同行使这一功能)。事实上,*E. coli* 中分子质量为 70 kDa 的 σ70 因子在离体实验中也可与枯草芽孢杆菌 RNA 聚合酶的核心酶结合,这也说明了核心酶具有可变的 σ因子结合位点。

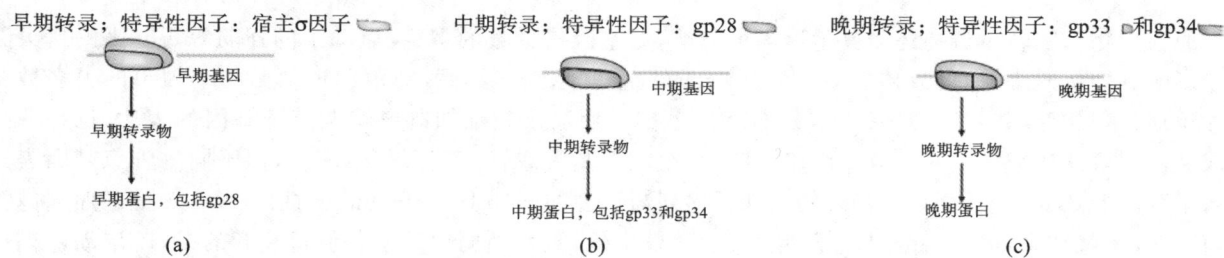

图 6.11 枯草芽孢杆菌的 SPO1 噬菌体转录的时序调控示意图

6.4.5.2 孢子形成中的σ因子调控

前面我们介绍了噬菌体 SPO1 如何通过 σ因子替换来改变宿主 RNA 聚合酶的特异性,进而表达其不同时期的基因。同样,枯草芽孢杆菌在孢子形成(sporulation)过程中也利用 σ因子来调控基因表达。枯草芽孢杆菌在养分和其他条件适宜的生长环境中可无限繁殖,但是在饥饿或不利条件下,便会形成坚硬的芽孢(endospore)。在休眠状态中,芽孢可以存活多年,直到条件适宜时再重新生长。孢子形成开始于子代细胞间极化细胞板的产生。不同于营养生长阶段细胞板将细胞等分,极化的细胞板将细胞分为两个大小不等的部分。较小的部分是将要发育成成熟芽孢的前芽孢细胞,较大的部分则发育成包围芽孢的母细胞。在形成芽孢的过程中,形态和新陈代谢不同的细胞含有不同的基因产物,所以基因表达也会发生变化。事实上,当枯草芽孢杆菌细胞产生芽孢时,会激活一整套新的产孢特化基因。从营养生长阶段到芽孢形成的转变是通过一个复杂的 σ转换系统实现的,该系统关闭一些营养生长相关基因的转录,同时又开启转录产孢特化基因。σ因子首先在孢子形成过程中出现,它激活包括其他产孢特异性 σ因子基因在内的 16 个基因的表达。

枯草芽孢杆菌形成孢子时,一组全新的孢子发生特化基因被开启,许多营养生长基因(并非全部)被关闭,这种转换主要发生在转录水平。每个σ因子都有自己偏爱的启动子序列,从而引导几个新的σ因子取代 RNA 聚合酶核心酶中转录营养生长基因的σ因子,使孢子发生基因的转录替代营养生长基因的转录。

6.4.5.3　拥有多启动子基因的σ因子转换

当不同σ因子占据主导地位时,有些基因在孢子发生过程的两个或更多阶段中都要表达,因此这些基因应该有被不同σ因子所识别的多个启动子。此外,还有一些原核生物基因在两个不同σ因子都有活性时才能被转录,这些基因具有两个启动子,每个启动子由其中一个σ因子所识别,从而保证了无论是哪个σ因子存在,基因都能表达,同时还能实现在不同情况下对基因表达的差异调控。

6.4.5.4　其他σ因子的转换

细胞受到高温或其他环境胁迫时会产生热应激反应(heat shock response),从而将损害降低到最低程度。在热应激反应中,细胞会产生一系列被称为分子伴侣(molecular chaperone)的蛋白质,分子伴侣与受到热应激不能完全折叠的蛋白质结合,帮助其重新正确折叠。细胞还能产生蛋白酶降解那些经分子伴侣帮助仍不能正确折叠的蛋白质。在热应激条件下帮助细胞生存的蛋白质基因称为热应激基因。当 *E.coli* 细胞受到热应激后(从正常生长温度 37 ℃升到 42 ℃),正常转录会立即停止或降低,同时有 17 种新的热应激蛋白转录物开始合成。这些转录物编码的分子伴侣和蛋白酶可以协助细胞度过热应激胁迫。这些基因的转录受到一个特殊的σ因子——σ^{32} 的调控。σ^{32} 能够引导核心酶在热休克基因的启动子处起始转录。

6.4.5.5　抗σ因子

除以上介绍的σ替换机制外,细胞中还存在利用抗σ因子控制转录的机制,许多σ因子受抗σ因子控制,抗σ因子与特定的σ因子结合从而阻止其与核心酶的结合。其中有些抗σ因子甚至受抗σ因子的调控,它们与σ因子和抗σ因子复合物结合而释放σ因子。

6.4.6　其他转录调控机制

原核生物基因转录调控还受其他因素的影响,如基因拷贝数的多少、启动子的强弱等。基因的拷贝数直接影响其转录效率,拷贝数越多,基因被转录的机会就越大。然而,细菌和古细菌的基因组的大多数基因为单拷贝,只有少数基因为多拷贝,如 rRNA 基因。启动子的强弱既影响调节型基因的表达,也是调控组成型基因表达的关键因素。只要细胞有活性,组成型基因或管家基因就会表达,但不同的管家基因表达的效率有高低之分。一般而言,基因的启动子序列与典型的—10 区的 Pribnow 框以及—35 框的序列越接近,转录效率就越高,被称为强启动子;反之,表达效率低,被称为弱启动子。值得注意的是,若启动序列与这些序列完全相同,也可能会造成 RNA 聚合酶与 DNA 的结合过紧,反而造成转录效率低。

思　考　题

1.原核生物 RNA 聚合酶的特点是什么?

2.*E.coli* 的 σ^{70} 因子如何赋予 RNA 聚合酶识别启动子的特性?

3.原核生物的 RNA 聚合酶由哪些亚基组成?各个亚基的主要功能是什么?

4.简述原核生物的转录起始过程。

5.简述原核生物的转录终止机制。

6.简述乳糖操纵子的负调控机制。

7.简述色氨酸操纵子的阻遏作用。

8.乳糖操纵子和色氨酸操纵子的区别是什么?

9.什么是弱化作用?

10.请用模型解释噬菌体 SPO1 如何控制转录过程。

本章思维导图

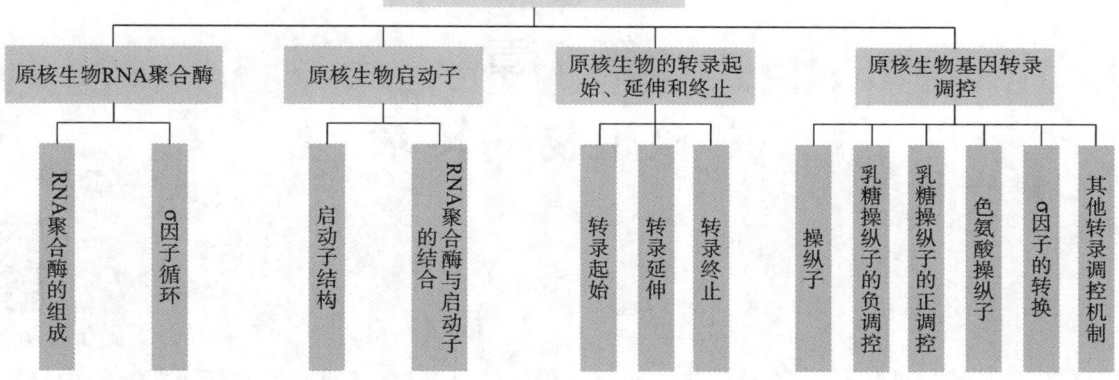

第 7 章
真核生物的转录

扫码看课件

与原核生物的转录机制类似,真核生物的转录也包含转录起始、转录延伸和转录终止三个阶段,但与原核生物转录相比,真核生物的转录更加复杂。真核生物的转录具有以下几个特点:①真核生物的转录在细胞核中进行,合成 mRNA 后,需要运输到细胞质中进行蛋白质合成,而原核生物的转录在拟核中边转录边翻译。②真核生物转录需要多个转录因子参与,其中最重要的是 RNA 聚合酶。真核生物中包含 3 种 RNA 聚合酶,它们高度分工,分别转录不同类型的核基因。性质和功能都不相同的 RNA 分别由不同的 RNA 聚合酶负责催化转录合成。3 种 RNA 聚合酶都必须在蛋白质转录因子的协助下进行转录,并且 RNA 聚合酶识别启动子的机制也更加复杂。③真核生物的转录起始位点具有多样性。在真核生物 DNA 中,一个基因通常含有多个外显子和内含子,RNA 聚合酶可以结合在不同转录起始位点,从而合成不同的 mRNA,随后翻译为不同的蛋白质。因此,不同基因的转录起始位点不同,而同一个基因内的不同转录变体也可能因不同的转录起始位点转录为不同的 mRNA。在真核生物中,一条 mRNA 一般只含有一个基因序列,即单顺反子。而原核生物的 mRNA 分子通常包含多个基因序列,通常为多顺反子。④真核生物转录后的 RNA 修饰过程更加复杂。真核生物转录产生的 RNA 分子需要经过转录后修饰形成成熟的 mRNA,这些转录后修饰包含剪切、5′帽子添加、3′端的 poly(A)尾巴添加等。⑤真核生物转录调控机制复杂。真核生物的 DNA 转录过程受到多种因素影响,转录因子结合 DNA 上的特定序列并调控基因转录,促进或抑制 RNA 聚合酶结合和转录活性。真核基因转录水平的调控以正调控为主,基因转录活性要求多种蛋白质因子的协同作用。因此,真核生物的转录速度要远低于原核生物。当然,在真核生物基因转录研究里,不得不提到美国洛克菲勒大学的 Robert Roeder 教授,他发现了三种 RNA 聚合酶,建立了无细胞转录体系,并发现一系列的转录因子,对推动基因转录领域的发展做出了巨大贡献。在本章中,我们将详细介绍真核生物基因转录的过程。

7.1　RNA 聚合酶

在上一章中,我们了解到细菌只有一种 RNA 聚合酶,该酶通过置换 σ 因子来适应环境变化的需要。而真核生物则具有三种截然不同的 RNA 聚合酶,它们识别不同的启动子,负责转录三类不同的 RNA:mRNA、rRNA 和 tRNA。

早期研究认为,真核生物细胞核中至少存在两类 RNA 聚合酶:一类负责转录核糖体 RNA,另一类则负责转录细胞核内的其他基因。核糖体基因与细胞核内其他基因存在三个方面的差异:①核糖体基因的碱基与其他核基因组成不同;②核糖体基因存在显著的重复序列,其重复程度因生物种类不同而不同;③核糖体基因在细胞核内的定位与其他基因不同,导致至少存在两类功能性 RNA 聚合酶,一类在核仁中负责 rRNA 转录,另一类在核质中负责其他 RNA 的转录。

7.1.1 三类 RNA 聚合酶的分离

1969 年美国生物化学家 Robert Roeder 等人利用 DEAE-Sephadex 离子交换层析技术从海胆提取物里分离出三种 RNA 聚合酶,指出真核生物里拥有三类而不是两类 RNA 聚合酶。随着硫酸铵浓度增加,析出组分的 RNA 聚合酶活性呈现出 3 个峰值。根据这些组分从离子交换柱上洗脱的次序,研究者将聚合酶活性的三个峰值命名为 RNA 聚合酶Ⅰ(RNA pol Ⅰ)、RNA 聚合酶Ⅱ(RNA pol Ⅱ)和 RNA 聚合酶Ⅲ(RNA pol Ⅲ)(图 7.1,彩图 20)。

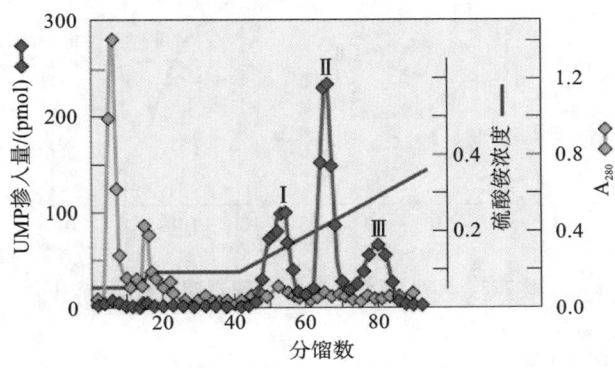

图 7.1 真核生物 RNA 聚合酶的分离

红色:通过检测 RNA 中标记 UMP 的掺入量而测得的 RNA 聚合酶活性。蓝色:硫酸铵浓度。
绿色:280 nm 处蛋白质的吸光值

真核生物中存在三类 RNA 聚合酶,除了在离子交换层析中表现出不同的行为外,它们还对不同离子强度及二价金属离子具有不同反应的特性。在基因转录事件中发挥特定功能,即每一种 RNA 聚合酶负责合成特定的一类 RNA。1970 年,Robert Roeder 发现 RNA 聚合酶Ⅰ(Pol Ⅰ)定位在核仁上(核仁正是 rRNA 转录的主要场所,表明 RNA 聚合酶Ⅰ可能负责 rRNA 的转录),而 RNA 聚合酶Ⅱ(Pol Ⅱ)与 RNA 聚合酶Ⅲ(Pol Ⅲ)则聚集在核质中,负责其他 RNA 的转录。真核生物 RNA 聚合酶中没有对应的 σ 因子,因此必须借助各种转录因子才能选择和结合到启动子上。

7.1.2 三类 RNA 聚合酶的作用

三类 RNA 聚合酶具有如下特性:Pol Ⅰ存在于细胞核的核仁中,主要负责催化转录大分子核糖体 RNA(rRNA)前体。在哺乳动物中这个前体的沉降系数为 45S,可被加工为成熟的 5.8S、18S 和 28S rRNA;Pol Ⅱ位于细胞核质内,催化合成不均一核 RNA(hnRNA)及大多数的核内小 RNA,而绝大多数的 hnRNA 是 mRNA 的前体,而 snRNA 则参与了由 hnRNA 到 mRNA 的成熟过程;Pol Ⅲ则催化合成 tRNA、5S rRNA 的前体及其他小分子 RNA(表 7.1)。

表 7.1 真核生物 RNA 聚合酶的作用

RNA 聚合酶	合成的细胞 RNA	成熟的 RNA
Ⅰ	大的 rRNA 前体	28S、18S 和 5.8S rRNA
Ⅱ	hnRNA	mRNA
	snRNA	snRNA
	miRNA 前体	miRNA
Ⅲ	5S rRNA 前体	5S rRNA
	tRNA 前体	tRNA
	U6 snRNA	U6 snRNA
	7SL RNA	7SL RNA
	7SK RNA	7SK RNA

1974 年,Robert Roeder 发现三种真核生物的 RNA 聚合酶转录不同类型的基因,其活性可以由 3 种酶对真菌素酶 α-鹅膏蕈碱的不同敏感性来区分。在 α-鹅膏蕈碱浓度为 0.02 μg/mL 时,Pol Ⅱ 50% 的活性受到抑制,而只有当 α-鹅膏蕈碱浓度达到 20 μg/mL 时,才能抑制 Pol Ⅲ 50% 的活性;即使 α-鹅膏蕈碱浓度达到 200 μg/mL,Pol Ⅰ 的活性也几乎不会受影响(图 7.2)。

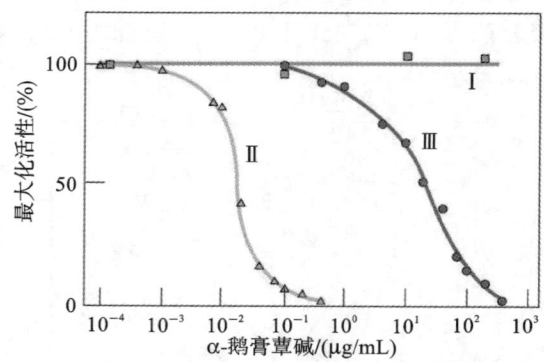

图 7.2　RNA 聚合酶对 α-鹅膏蕈碱的敏感性

7.1.3　RNA 聚合酶的亚基

Robert Roeder 实验室从小鼠浆细胞瘤中纯化三种 RNA 聚合酶的不同亚基,发现这三种聚合酶的亚基组成有很大区别,说明真核生物的 RNA 聚合酶并不是同一种酶的三种不同变体,而是三种相对独立的转录机器。相比于原核生物的 RNA 聚合酶,真核生物的 RNA 聚合酶在结构上要复杂得多。真核生物的 3 种 RNA 聚合酶都是由 12 个或更多亚基组成的多亚基蛋白复合物。根据其结构和功能,真核细胞的 RNA 聚合酶亚基可分为核心亚基、共同亚基和非必需亚基 3 类。①核心亚基:最大的 3 个大亚基是 RNA 聚合酶的核心亚基,分别与 E. coli 的 β′、β 及 α 亚基同源,说明原核生物核心聚合酶的 3 类亚基与真核生物 RNA 聚合酶之间存在着明显的进化联系。②共同亚基:有 5 个亚基是共同存在于三种 RNA 聚合酶中的,在转录过程中主要参与底物 NTP 的定位,在模板上连续滑动而不脱落,维持反应的进行。③特殊亚基:每种 RNA 聚合酶包含另外 4 种或 7 种特异的亚基(表 7.2)。

表 7.2　人与酵母 RNA 聚合酶 Ⅱ 的亚基

亚基	酵母亚基	酵母蛋白/kDa	特征
hRPB1	RPB1	192	含有 CTD;结合 DNA;参与起始位点的选择;与 β′ 同源
hRPB2	RPB2	139	含有活性位点;参与起始位点的选择;延伸速率;与 β 同源
hRPB3	RPB3	35	与 Rpb1 共同发挥功能,与原核生物 RNA 聚合酶的 α 二聚体同源
hRPB4	RPB4	25	与 Rpb7 组成亚复合物,参与胁迫应答
hRPB5	RPB5	25	存在于 Pol Ⅰ 和 Ⅲ 中;转录激活因子的靶点
hRPB6	RPB6	18	存在于 Pol Ⅰ 和 Ⅲ 中;装配与稳定功能
hRPB7	RPB7	19	与 Rpb4 形成亚复合物,在静止阶段优先结合
hRPB8	RPB8	17	存在于 Pol Ⅰ 和 Ⅲ 中;有寡核苷酸/寡糖结合域
hRPB9	RPB9	14	含有参与延伸的锌带基序;选择起始位点的功能
hRPB10	RPB10	8	存在于 Pol Ⅰ、Ⅱ 和 Ⅲ 中
hRPB11	RPB11	14	与 Rpb3 共同发挥功能,与原核生物 RNA 聚合酶的 α 二聚体同源
hRPB12	RPB12	8	存在于 Pol Ⅰ、Ⅱ 和 Ⅲ 中

7.1.4　RNA 聚合酶的活性

与细菌 RNA 聚合酶一样,真核生物的 RNA 聚合酶也不需要引物即可沿 $5'\rightarrow3'$ 方向合成 RNA。与细菌聚合酶不同的是,它们在与 DNA 结合时需要辅助因子。

7.2　RNA 聚合酶 I

7.2.1　RNA 聚合酶 I 的基本概述

RNA 聚合酶 I 是真核生物中负责转录核糖体 RNA(rRNA)的关键酶。它定位在细胞核的核仁中,并主导着核糖体 RNA 的合成过程。RNA 聚合酶 I 结构复杂而精密,由多个蛋白亚基组成。这些亚基共同协作,使得 RNA 聚合酶 I 能够准确地在 DNA 模板链上识别并结合启动子和终止子序列,从而催化 RNA 的合成。RNA 聚合酶 I 的结构包括核心结构域、DNA 结合结构域、RNA 结合结构域和催化结构域等。这些结构域各自具有特定的功能,如 DNA 结合结构域负责与 DNA 模板链的识别与结合,而催化结构域则负责催化 RNA 链的合成。在真核生物中,RNA 聚合酶 I 对鹅膏蕈碱不敏感,这使其能够专注于合成核糖体 RNA(rRNA)。在转录过程中,RNA 聚合酶 I 催化核糖核苷酸按照 DNA 模板的顺序连接成 RNA 链,形成 rRNA 的前体分子。rRNA 是核糖体的重要组成部分,对于蛋白质的合成至关重要。因此,RNA 聚合酶 I 在细胞内的功能十分重要。

7.2.2　RNA 聚合酶 I 的转录起始

RNA 聚合酶 I 催化合成大型的 rRNA 前体。研究人员通过基因突变影响转录起始的实验发现,人类 rRNA 基因的启动子区域由两个元件组成:核心元件(core element,$-45\sim+20$ 区域,富含 G-C 碱基对,仅有富含 A-T 碱基对的短序列围绕在起始点)和上游调控元件(upstream control element,UCE,$-180\sim-107$,富含 G-C 碱基对)组成。核心启动子单独存在时就可起始转录,而上游调控元件能增强转录效率。

RNA 聚合酶 I 的起始转录过程需要 2 个转录因子:上游结合因子(upstream binding factor,UBF)和选择因子 1(selectivity factor 1,SL1)。SL1 对 RNA 聚合酶结合启动子是必需且充分的条件,然而 SL1 本身不能直接结合启动子,需要 UBF 的帮助。两个 UBF 分子与启动子的上游调控元件结合后,通过 UBF 的作用,UCE 与核心启动子之间的 DNA 成环。随后,SL1 协同地与核心元件结合。当 SL1 和 UBF 结合后,RNA 聚合酶 I 能够正确定位在起始点上起始转录过程(图 7.3)。

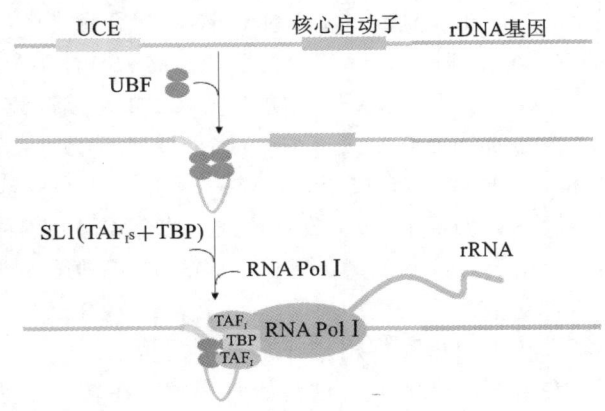

图 7.3　RNA 聚合酶 I 的转录起始示意图

SL1 是由 4 种蛋白组成的寡聚体,是结合 TATA 框的结合蛋白(TATA box binding protein,TBP)和

TBP 偶联因子Ⅰ（TBP-associated factor Ⅰ，TAFⅠ）的复合物，其中一些组分决定了转录的特异性，引导 RNA 聚合酶准确定位于启动子和起始点，其功能类似于原核生物的σ因子，在转录前起始复合物（PIC）的组装中很重要。

TBP 是三种 RNA 聚合酶识别 DNA 特异序列的基础转录因子，RNA 聚合酶与启动子的结合需要含有 TBP 的帮助，它与其他因子组成定位因子。TBP 是 RNA 聚合酶识别 DNA 并与 DNA 特异序列结合的基础转录因子（图 7.4，彩图 21）。

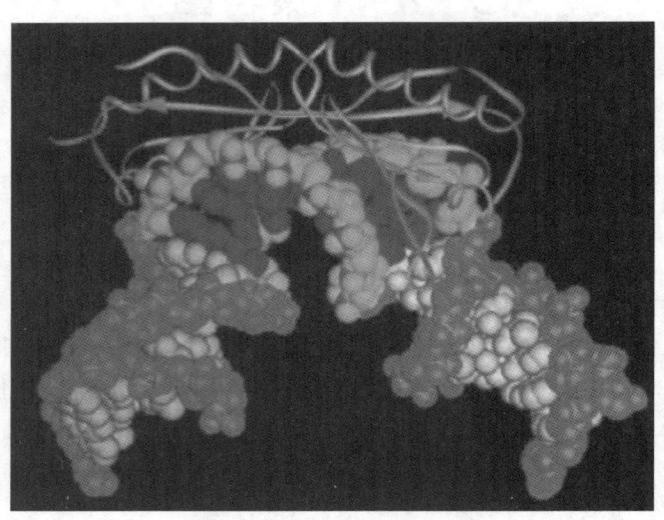

图 7.4　马鞍形的 TBP 与 DNA 呈直线排列

TBP 的骨架为橄榄色，与蛋白质作用的 DNA 骨架为橙色、碱基对为红色

7.2.3　核糖体基因转录的生物学意义

核糖体是细胞内负责蛋白质合成的重要细胞器，核糖体 RNA（rRNA）则是核糖体的主要组成部分。核糖体基因转录的生物学意义在于确保核糖体 RNA 的准确合成，从而保障蛋白质合成的顺利进行。在真核生物中，核糖体基因通常以多拷贝的形式存在，这些基因在细胞内的表达水平受到严格的调控。核糖体基因转录的调控对于维持细胞内蛋白质合成的平衡和细胞生长的正常进行具有重要意义。

7.2.4　RNA 聚合酶Ⅰ与核糖体基因转录的相互作用

真核生物的核糖体由 4 个 rRNA 和 80 种核糖体蛋白构成，包括 60S 大亚基和 40S 小亚基。其中，60S 大亚基由 RNA 聚合酶Ⅰ产生的 5.8S rRNA 和 28S rRNA、RNA 聚合酶Ⅲ产生的 5S rRNA 以及 RNA 聚合酶Ⅱ产生的 47 种蛋白构成；40S 小亚基由 RNA 聚合酶Ⅰ产生的 18S rRNA 以及 RNA 聚合酶Ⅱ产生的 33 种蛋白构成。核糖体的生物合成开始于 RNA 聚合酶Ⅰ转录出的包含 18S rRNA、5.8S rRNA 和 28S rRNA 的 47S pre-rRNA。33 种核糖体小亚基蛋白与 18S rRNA 结合形成 40S 小亚基，47 种核糖体大亚基蛋白、5.8S rRNA、28S rRNA 和 5S rRNA 结合成 60S 大亚基；最后 40S 小亚基和 60S 大亚基结合，成为成熟的 80S 核糖体最终发挥翻译功能（详见第十章）。成熟核糖体的合成需要三种 RNA 聚合酶、大约 200 个加工因子和 80 种核糖体蛋白的协同进行，RNA 聚合酶Ⅰ对 47S rRNA 的转录被认为是核糖体生物发生的一个限速和关键步骤。

RNA 聚合酶Ⅰ与核糖体基因转录的相互作用是一个复杂而精细的过程。首先，RNA 聚合酶Ⅰ需要识别核糖体基因的启动子序列，并与其结合形成转录起始复合物。在转录起始复合物的引导下，RNA 聚合酶Ⅰ按照 DNA 模板的碱基配对顺序，开始催化核糖核苷酸逐步延伸形成 RNA 链。在这个过程中，RNA 聚合酶Ⅰ需要与其他转录因子和辅助蛋白协同作用，以确保转录过程的准确性和高效性。在转录过程中，RNA 聚合酶Ⅰ需要克服多种障碍和挑战。例如，DNA 模板的解链和重新链合是一个动态的过程，需要 RNA 聚合酶Ⅰ具有高度的稳定性和适应性。此外,RNA 聚合酶Ⅰ还需要在转录过程中精确地选择核苷酸并与其配对,以确保 rRNA 前体分子的准确性和完整性。在癌症中,信号通路失调、代谢重编程和非编码 RNA 的异常表达促进了 RNA 聚合酶Ⅰ的转录活性,导致核糖体生物发生过度激活。

7.2.5　RNA 聚合酶Ⅰ与核糖体基因转录的调控机制

RNA 聚合酶Ⅰ与核糖体基因转录的调控机制是一个多层次、多途径的过程。首先,核糖体基因的表达水平受到细胞内、外环境因素的调控。例如,营养物质的供应、细胞生长速度以及应激反应等因素都会影响核糖体基因的表达水平。其次,核糖体基因的表达还受到转录因子的调控。这些转录因子可以与核糖体基因的启动子序列结合,影响 RNA 聚合酶Ⅰ与启动子的相互作用,从而调控转录过程的起始和速率。此外,RNA 聚合酶Ⅰ本身的活性和稳定性也受到多种因素的调控,如翻译后修饰及与其他蛋白的相互作用等。

7.2.6　RNA 聚合酶Ⅰ与核糖体基因转录在生命活动中的应用

RNA 聚合酶Ⅰ与核糖体基因转录在生命活动中具有广泛的应用价值。首先,它们对于细胞生长和增殖具有至关重要的作用。通过调控核糖体基因的表达水平,可以影响细胞内蛋白质合成的速率和数量,进而影响细胞的生长和增殖速度。这对于研究细胞周期、细胞分化以及肿瘤发生等生物学过程具有重要意义。其次,RNA 聚合酶Ⅰ与核糖体基因转录也是药物研发领域的重要靶点之一。通过干扰或抑制 RNA 聚合酶Ⅰ的活性或核糖体基因的表达水平,可以影响细胞内蛋白质的合成过程,进而达到治疗疾病的目的。例如,参与核糖体生成的基因在癌细胞中经常会发生突变,增加癌变风险。越来越多的证据表明,过度活跃的核糖体生成推动了肿瘤细胞生长和增殖,成为癌症发生和转移的核心因素。目前在核糖体生成相关基因中,只有 XPO1 和 mTOR 已被批准作为多发性骨髓瘤和乳腺癌的药物靶点。因此,了解这些改变对病理机制的贡献,将有助于寻找新的抗癌靶点。一些化疗药物或靶向药物,如 5-氟尿嘧啶、顺铂、奥沙利铂、放线菌素 D 和 PARP 抑制剂,已被证实通过干扰核糖体生成来发挥抗癌作用。此外,一些通过诱导 DNA 损伤杀死癌细胞的疗法,实际上也通过多种机制损害了核糖体生成。尽管少数抗肿瘤药物可以抑制核糖体生物合成,但这些药物主要针对核糖体生物合成的早期阶段,如 rRNA 转录和前 rRNA 加工。因此,在开发针对核糖体生成基因的抗肿瘤药物方面仍有很大的发展空间。

7.3　RNA 聚合酶Ⅲ

7.3.1　RNA 聚合酶Ⅲ结构

RNA 聚合酶Ⅲ是真核生物中组成较为复杂的聚合酶之一,包含多个亚基。它通常可以被分为两大模块:结构保守的催化核心模块和外周调控模块。其中,催化核心模块是 RNA 聚合酶Ⅲ的核心部分,负责 RNA 链的合成;而外周调控模块则通过与各种转录因子和辅助蛋白的相互作用,对转录过程进行精细的调控。

RNA 聚合酶Ⅲ的亚基种类繁多,每个亚基都承担着特定的生物学功能。例如,RPC1 亚基(也称为大亚基)具有催化合成 RNA 链的功能;RPC2 亚基(也称为小亚基)则与基因的启动序列相互作用,并参与转录的起始和终止。此外,RNA 聚合酶Ⅲ还包括多个辅助亚基,这些亚基不直接参与 RNA 链的合成,但对酶的功能和稳定性起调节作用。

1)与转录因子的相互作用

RNA 聚合酶Ⅲ在转录过程中与多种转录因子相互作用,形成转录起始复合物。这些转录因子能够特异性地识别并结合到目标 DNA 的启动子区域,与 RNA 聚合酶Ⅲ的亚基结合,从而启动转录过程。通过与不同转录因子的相互作用,RNA 聚合酶Ⅲ能够实现基因表达的特异性调控。

2)结构域和活性位点

RNA 聚合酶Ⅲ的结构域和活性位点是其发挥功能的关键。结构上，RNA 聚合酶Ⅲ包含多个结构域，如启动子结合域、催化域、RNA 出口通道等。这些结构域共同协作，确保 RNA 聚合酶Ⅲ能够准确地识别并结合到目标 DNA 上，启动转录过程并合成正确的 RNA 分子。同时，RNA 聚合酶Ⅲ的活性位点是其催化 RNA 链合成的关键部位，具有高度的特异性和准确性。

3)突变和异常组装的影响

临床试验证明，RNA 聚合酶Ⅲ的突变和异常组装会导致特雷彻·柯林斯综合征（treacher collins syndrome，TCS）、异染性脑白质营养不良（metachromatic leukodystrophy，MLD）、贝-维综合征（Beckwith-Wiedemann syndrome）等疾病的发生。这些疾病的发生与 RNA 聚合酶Ⅲ的结构和功能异常密切相关，进一步证明了 RNA 聚合酶Ⅲ在生命活动中的重要性。

7.3.2　RNA 聚合酶Ⅲ功能

1)催化特定小 RNA 的转录

RNA 聚合酶Ⅲ能够识别并结合到 5S rRNA、tRNA 和某些 snRNA 等特定小 RNA 基因的启动子区域，启动并催化这些基因的转录过程。这些 RNA 分子在蛋白质合成、基因表达调控等方面发挥着重要作用。

2)参与基因表达的调控

RNA 聚合酶Ⅲ通过催化特定小 RNA 的转录，间接参与基因表达的调控过程。例如，tRNA 作为蛋白质合成的重要参与者，其转录水平的变化会直接影响到蛋白质合成的速率和效率；而 snRNA 则参与 mRNA 的加工和修饰过程，从而影响 mRNA 的稳定性和翻译效率。

3)维持细胞稳态

RNA 聚合酶Ⅲ通过催化特定小 RNA 的转录，维持细胞内 RNA 的稳态。这些 RNA 分子在细胞的生命活动中起着不可或缺的作用，包括蛋白质合成、细胞分裂、细胞信号传递等。因此，RNA 聚合酶Ⅲ的正常功能对于细胞的稳态维持具有重要意义。

7.3.3　RNA 聚合酶Ⅲ催化 5S rRNA 的基因转录

RNA 聚合酶Ⅲ负责单独转录核糖体大亚基的 5S rRNA 部分，是唯一单独被转录的 rRNA 亚基。与 RNA 聚合酶Ⅰ转录的另一些 rRNA 类似，5S rRNA 基因也串联排列在基因簇中。在 5S rRNA 基因转录过程中，RNA 聚合酶Ⅲ与多种转录因子相互作用。这些转录因子包括 TFⅢB、TFⅢC 等，它们能够特异性地识别并结合到 5S rRNA 基因的启动子区域，从而启动转录过程。此外，还有一些辅助蛋白如 SNAPc 等也参与了这一过程。这些辅助蛋白能够与转录因子相互作用，形成一个更加稳定的转录起始复合物，从而提高转录效率和准确性。5S rRNA 基因的启动子上含有称为 C 框的内部控制区域，位于转录起始位点下游＋81～＋99 处。C 框是 TFⅢA 的结合位点，TFⅢA 作为装配因子使 TFⅢC 能与 5S rRNA 启动子相互作用。具体来说，RNA 聚合酶Ⅲ调控 5S rRNA 基因的转录主要分以下三个步骤。

1)5S rRNA 基因转录的启动

5S rRNA 基因的转录起始是 RNA 聚合酶Ⅲ调控的第一个关键步骤。在这一阶段，RNA 聚合酶Ⅲ与一系列转录因子相互作用，形成转录起始复合物。这些转录因子包括 TFⅢB、TFⅢC 等，它们能够特异性地识别并结合到 5S rRNA 基因的启动子区域，从而启动转录过程（图 7.5，彩图 22）。TFⅢA 首先结合于 C 框，TFⅢC 通过与 TFⅢA 相互作用结合到启动子上。TFⅢB 与 TFⅢC 接触并结合到上游序列。RNA 聚合酶Ⅲ依赖 TFⅢB 结合而定位到 5S rRNA 基因的转录起始位点，形成起始复合物。转录起始复合物的形成是 RNA 聚合酶Ⅲ调控 5S rRNA 基因转录的关键环节，确保了转录的准确性和特异性。

2)转录延伸

一旦转录起始复合物形成，RNA 聚合酶Ⅲ就开始沿着 DNA 模板链移动，逐步合成 RNA 链。在转录延

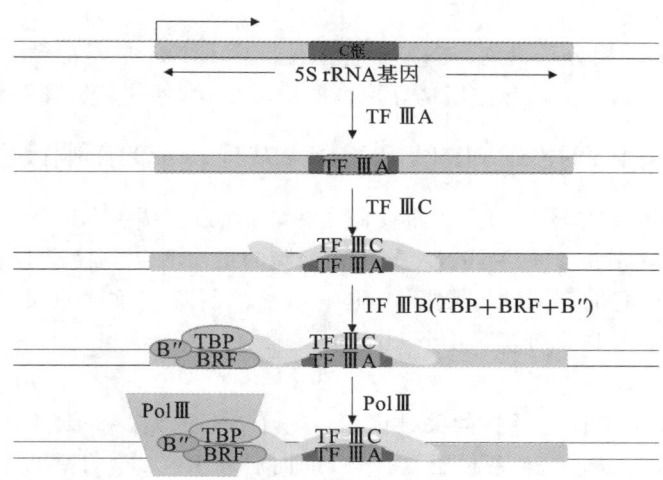

图 7.5 5S rRNA 基因的转录起始示意图

伸过程中,RNA 聚合酶Ⅲ需要不断地从细胞质中摄取核糖核苷酸,并将其添加到正在合成的 RNA 链上。

3)转录终止

当 RNA 聚合酶Ⅲ到达基因的终止子区域时,转录过程停止。转录终止通常是由特定的转录因子与 RNA 聚合酶Ⅲ的相互作用所触发的。这些转录因子能够改变 RNA 聚合酶Ⅲ的构象,使其从 DNA 模板链上解离下来,从而完成转录过程。

7.3.4 RNA 聚合酶Ⅲ催化 tRNA 的基因转录

1)转录起始

RNA 聚合酶Ⅲ与特定的转录因子相互作用,形成转录起始复合物。这些转录因子能够特异性地识别并结合到 tRNA 基因的启动子区域,从而启动转录过程。启动子区域通常包含特定的序列元件,这些元件与转录因子结合后,能够促进转录起始复合物的形成和稳定。首先 TFⅢC 与内部启动子的 A 框、B 框结合,TFⅢC 促使 TFⅢB 通过 TBP 结合在转录起始位点的上游区。TFⅢB 促使聚合酶Ⅲ结合到起始位点,准备起始转录过程(图 7.6,彩图 23)。转录开始后,聚合酶沿着模板链向右移动,产生 RNA。此过程中 TFⅢC 可能会被释放,也可能不被释放,但 TFⅢB 仍结合在原处准备起始下一轮聚合酶的结合与转录。

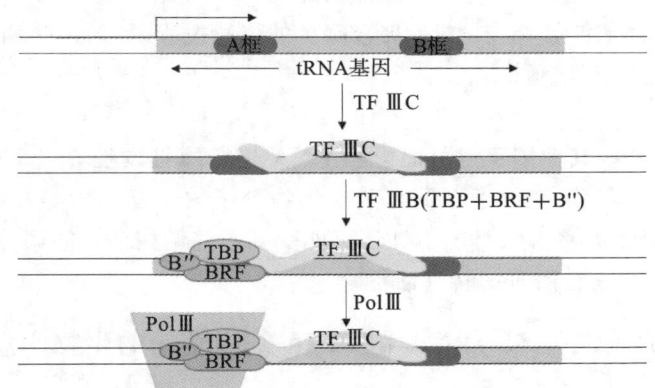

图 7.6 tRNA 基因的转录起始示意图

2)转录延伸

与 5S rRNA 转录延伸相似,RNA 聚合酶Ⅲ在起始复合物形成后,沿 DNA 模板链行进并合成 tRNA 前体链。此过程同样高度依赖细胞质中核糖核苷三磷酸(NTP)的持续供应。尤其对于 tRNA 而言,其转录延伸的速率和保真度至关重要。

3)转录终止

遵循 RNA 聚合酶Ⅲ的通用分子机制:RNA 聚合酶Ⅲ抵达 tRNA 基因特异的终止子区域时,与特定转录因子通过相互作用触发终止。该相互作用诱导聚合酶构象变化,促使其解离并释放 tRNA 初级转录本。

7.3.5 RNA 聚合酶Ⅲ调控 5S rRNA 和 tRNA 基因转录的影响因素

RNA 聚合酶Ⅲ在真核生物中扮演着至关重要的角色,特别是在调控 5S rRNA(核糖体 RNA)和 tRNA(转运 RNA)的基因转录过程中。这两种 RNA 分子在细胞的生命活动中起着不可或缺的作用,因此,理解 RNA 聚合酶Ⅲ如何调控它们的转录对于揭示细胞生物学机制具有重要意义。RNA 聚合酶Ⅲ调控 5S rRNA 和 tRNA 的基因转录主要受到以下几个方面的影响。

1)转录因子的作用

转录因子是调控 RNA 聚合酶Ⅲ活性的关键因素。对于 5S rRNA 和 tRNA 基因,特定的转录因子会与这些基因的启动子区域结合,形成转录起始复合物,进而启动 RNA 聚合酶Ⅲ的转录过程。这些转录因子包括 TFⅢB、TFⅢC 等,它们能够识别并结合到启动子上的特定序列,确保 RNA 聚合酶Ⅲ的准确识别和定位。

2)启动子序列的特性

启动子序列的特性对于 RNA 聚合酶Ⅲ的识别和结合至关重要。对于 5S rRNA 和 tRNA 基因,它们的启动子序列具有一些特定的结构和序列元素,如 A 框和 C 框,这些元素对于转录起始复合物的形成和稳定具有关键作用。如果启动子序列发生突变或缺失,将会影响 RNA 聚合酶Ⅲ的识别和结合,从而影响转录效率。

3)染色质环境的影响

染色质环境的改变也会影响 RNA 聚合酶Ⅲ调控 5S rRNA 和 tRNA 基因转录的过程。染色质是 DNA 和蛋白质复合物,其结构和修饰状态会影响 RNA 聚合酶Ⅲ对基因的结合和转录活性。例如,DNA 甲基化和组蛋白修饰等染色质修饰会改变染色质的构象和稳定性以及转录因子与染色体的结合,从而影响 RNA 聚合酶Ⅲ的转录活性。此外,染色质的开放程度也会影响 RNA 聚合酶Ⅲ对基因的识别和结合。

4)RNA 聚合酶Ⅲ的组装和降解

RNA 聚合酶Ⅲ的组装和降解也会影响其调控 5S rRNA 和 tRNA 基因转录的能力。RNA 聚合酶Ⅲ的组装需要在细胞质中进行,并在细胞核中成熟为具有完整功能的全酶,以执行转录功能。如果 RNA 聚合酶Ⅲ的组装过程受到干扰,将会影响其转录活性。此外,RNA 聚合酶Ⅲ的降解也会影响其转录效率。例如,一些蛋白酶体和分子伴侣能够调控 RNA 聚合酶Ⅲ的降解过程,如果这些调控因素发生异常,将会影响 RNA 聚合酶Ⅲ的稳定性和转录效率。

5)其他因素

除了上述因素外,还有一些其他因素也可能影响 RNA 聚合酶Ⅲ调控 5S rRNA 和 tRNA 基因转录的过程。例如,细胞内的代谢状态、环境因素以及与其他生物分子的相互作用等都可能对 RNA 聚合酶Ⅲ的转录活性产生影响。此外,RNA 聚合酶Ⅲ的活性还可能受到一些调控蛋白的调控,如 RPC7a 等,这些蛋白能够在特定条件下改变 RNA 聚合酶Ⅲ的转录活性。

7.3.6 RNA 聚合酶Ⅲ调控 5S rRNA 和 tRNA 基因转录的生物学意义

RNA 聚合酶Ⅲ在真核生物中是一个关键的转录酶,它负责转录产生 5S rRNA 和 tRNA 的非编码小 RNA 在细胞的生命活动中扮演着至关重要的角色,而 RNA 聚合酶Ⅲ对它们的转录调控具有重要的生物学意义。

1)维持蛋白质合成的正常进行

蛋白质是细胞生命活动的基础,而蛋白质的合成过程离不开 RNA 的参与。5S rRNA 是核糖体的重要组成部分,它参与核糖体的组装和功能的发挥,进而影响蛋白质的合成。tRNA 则负责将 mRNA 上的遗传密码子转化为蛋白质上的氨基酸序列,是蛋白质合成中的关键"翻译员"。RNA 聚合酶Ⅲ通过精确调控 5S rRNA 和 tRNA 的基因转录,确保了这两种 RNA 分子的准确、高效合成,从而维持了蛋白质合成的正常进行。

2)优化细胞代谢和生长

细胞内的代谢和生长过程需要各种酶和蛋白质的参与,而这些酶和蛋白质的合成又离不开 RNA 的调控。RNA 聚合酶Ⅲ对 5S rRNA 和 tRNA 基因转录的调控,能够确保这些酶和蛋白质的正确合成和适时表达,从而优化了细胞的代谢和生长。例如,在某些特定的生理状态下,细胞可能需要增加某种蛋白质的合成量,以满足其代谢和生长的需求。此时,RNA 聚合酶Ⅲ可以通过增加 5S rRNA 和 tRNA 的转录水平,来加速该蛋白质的合成过程。

3)响应环境变化

细胞在生长和发育过程中,会不断面临各种环境因素的挑战,如温度、压力、营养物质供应等。这些环境因素的变化会影响细胞的代谢和生长,进而对 RNA 的合成和表达产生影响。RNA 聚合酶Ⅲ通过调控 5S rRNA 和 tRNA 的基因转录,可以响应这些环境变化,并做出相应的调整。例如,在营养物质供应不足的情况下,细胞需要降低其代谢水平以节省能量。此时,RNA 聚合酶Ⅲ可能会降低 5S rRNA 和 tRNA 的转录水平,以减少蛋白质的合成量,从而降低细胞的代谢速率。

4)参与基因表达的调控

除了直接调控 5S rRNA 和 tRNA 的基因转录外,RNA 聚合酶Ⅲ还参与基因表达的调控过程。在真核生物中,基因表达的调控是一个复杂而精细的过程,涉及多个层面的调控机制。RNA 聚合酶Ⅲ可以与多种转录因子相互作用,共同调控特定基因的转录。这种调控方式可以确保细胞在不同生理状态下,能够准确地表达所需的基因,以维持其正常的生命活动。

5)与疾病的关联

近年研究发现,RNA 聚合酶Ⅲ的调控异常与一些疾病的发生与发展密切相关。例如,在某些癌症中,RNA 聚合酶Ⅲ的活性可能会异常升高,导致 5S rRNA 和 tRNA 的过度合成。这种过度合成会促进肿瘤细胞的生长和扩散,进而加速疾病的进程。此外,一些遗传性疾病也与 RNA 聚合酶Ⅲ的调控异常有关。因此,深入研究 RNA 聚合酶Ⅲ的调控机制,不仅有助于我们更好地理解细胞的生命活动,还有助于为相关疾病的预防和治疗提供新的思路和方法。

6)推动生物学研究的进展

对 RNA 聚合酶Ⅲ调控 5S rRNA 和 tRNA 基因转录的研究,不仅有助于我们更深入地了解细胞的转录调控机制,还推动了生物学研究的进展。通过研究 RNA 聚合酶Ⅲ的调控机制,我们可以发现新的调控因子和调控途径,为生物学研究提供新的研究方向和思路。此外,这些研究成果还可以为医学、农业、生物技术等领域的应用提供理论基础和技术支持。

7.4 RNA 聚合酶Ⅱ

7.4.1 RNA 聚合酶Ⅱ的结构

目前认为酵母 RNA 聚合酶Ⅱ有 12 个亚基,按大小依次命名为 Rpb1～12。在早期,科学家们很难获得高质量的 RNA 聚合酶Ⅱ晶体用于 X 射线晶体学研究。主要的问题是在结晶过程中有些酶因丢失 Rpb4 和 Rpb7 亚基而表现出异质性(异质性蛋白质的混合物不易形成结晶体)。Roger Kornberg 及其同事利用缺失 Rbp4 和 Rpb7 亚基的酵母 RNA 聚合酶Ⅱ突变体(Pol Ⅱ Δ4/7)成功克服了蛋白质的异质性问题。尽管该 RNA 聚合酶Ⅱ突变体不能在启动子处起始转录过程,但该酶具有转录延伸的功能。因此,Pol Ⅱ Δ4/7 完全可以用作分析延伸复合物结构的模型。2001 年,科学家们以 Pol Ⅱ Δ4/7 晶体为研究对象,获得了分辨率为 2.8 Å(1 Å＝10^{-10} m)的 X 射线晶体图像。图 7.7(彩图 24)显示了酵母 RNA 聚合酶Ⅱ模型的立体图像。每个亚基用不同的颜色来区分,图右上方的简图注明了各个亚基间的相对位置关系。此酶最突出的特征是其催化活性位点位于一个很深的 DNA 结合裂隙中,裂隙底部结合有 2 个 Mg^{2+}。这个开放的 DNA 结合裂隙如同钳状结构,上半部分由 Rpbl 和 Rpb9 亚基组成,下半部分由 Rpb5 亚基形成。

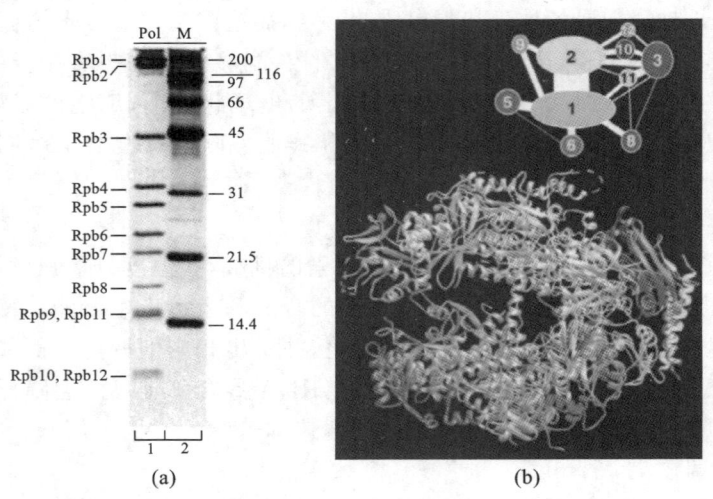

图 7.7　RNA 聚合酶Ⅱ亚基与 RNA 聚合酶Ⅱ的三维结构

Kornberg 等人在对低分辨率的晶体结构图像进行研究时,发现 DNA 模板位于酶的裂隙之中。进一步研究显示,该裂隙由碱性氨基酸残基构成,而酶的表面几乎全部由酸性氨基酸构成,位于裂隙中的碱性氨基酸残基有助于酶与酸性 DNA 模板的结合。

Rpb1、Rpb2、Rpb3 组成核心亚基,分别与 *E. coli* RNA 聚合酶的 β′、β、α 亚基同源。Rpb1 负责结合 DNA,Rpb2 则位于或靠近酶的核苷酸连接活性位点。最大亚基 Rpb1 的羧基末端有一段共有序列,即 Tyr-Ser-Pro-Thr-Ser-Pro-Ser 七肽重复序列,这一区域被称为羧基末端结构域(carboxyl-terminal domain, CTD)。

根据 CTD 中 7 个氨基酸重复序列中 Ser 与 Thr 的磷酸化状态,Rpb1 可被细分为以下 3 种亚型:①基本结合型:也称ⅡA 型,这是与启动子最初的结合型,此时 CTD 中的 Ser 与 Thr 都没有发生磷酸化。②ⅡO 型:在 TFⅡH 的作用下,CTD 发生高频率的磷酸化,成为使 RNA 聚合酶离开启动子,促使转录延伸的主要因子。③ⅡB 型:当未被磷酸化的ⅡA 型酶被蛋白酶水解后便转化为ⅡB 型。

RNA 聚合酶Ⅱ中有一些十分关键的元件,它们突出于钳的环结构(the protein loops extending from the clamp),包括舵(rudder)、盖(lid)、拉链(zipper)(图 7.8,彩图 25)。其中,舵引发 RNA-DNA 杂交体超过 9 bp 时的解离。盖维持解离状态。拉链维持模板 DNA 的解离。孔 1(pore 1)是即将被添加到 RNA 上的核苷酸进入酶的通道。桥梁螺旋(bridge helix)的直线构象允许核苷酸进入活性位点;随着 DNA-RNA 杂交体的移动,桥梁螺旋也向着 RNA 末端弯曲;当恢复到直线构象时,核苷酸入口才再次打开。α-鹅膏蕈碱与桥梁螺旋附近位点的结合会严重抑制弯曲构象的形成,从而阻断移位,阻断 RNA 合成。

7.4.2　RNA 聚合酶Ⅱ与转录

RNA 聚合酶Ⅱ主要负责转录编码蛋白质的 mRNA 和部分非编码 RNA。当 RNA 聚合酶Ⅱ与启动子结合后,转录因子会形成一个稳定的结构,即转录起始复合物(又称转录起始复合物)的形成。RNA 聚合酶Ⅱ在细胞中并不是均匀分布的,而是在细胞核中形成大量聚集的簇(cluster),这些簇通常被称为转录工厂或者转录凝聚体。例如,近来研究发现 RNA 聚合酶Ⅱ可以通过其自身的无序区域在体外条件下发生液-液相分离,并且在细胞内可以形成局部高浓度的凝聚体(condensate)。

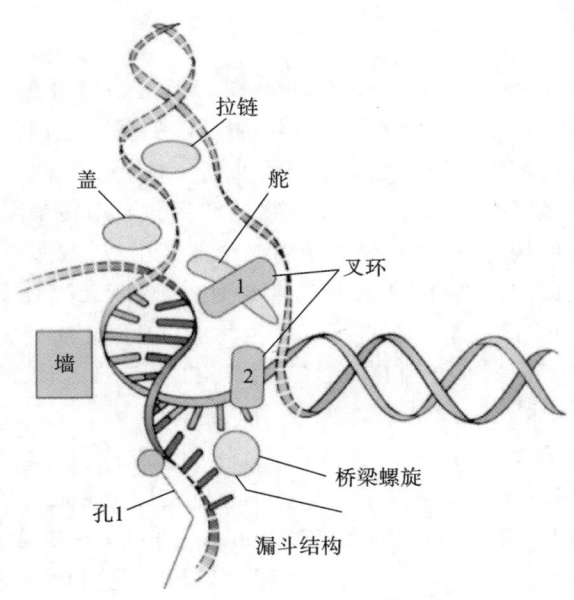

图 7.8　RNA 聚合酶 Ⅱ 的关键元件

红色为 RNA，蓝色为模板 DNA，绿色为编码 DNA

　　许多 RNA 聚合酶 Ⅱ 启动子都含有一个称为 TATA 框的序列，该序列位于起始位点上游 25～30 bp 处。而另一些启动子则含有一个与起始位点重叠的起始元件。这些元件是基本转录复合物的形成和转录起始所必需的。在启动子起始点的上游或下游数千个碱基对处，存在能激活转录的序列元件，称为增强子（enhancer）。增强子拥有多种基序（motif），其影响范围可以是广泛的或是具有组织特异性的。因此，在真核生物基因组中，已经发现了一系列长短不一的调控元件，从较短的启动子元件到极长的增强子元件都有涉及。

　　RNA 聚合酶 Ⅱ（Pol Ⅱ）的转录起始需要多种通用转录因子，包括 TF Ⅱ B、TF Ⅱ D、TF Ⅱ E、TF Ⅱ F 和 TF Ⅱ H，这些转录因子是使酶能够从启动子精确启动转录所必需的。转录起始复合物形成后，RNA 聚合酶 Ⅱ 开始进行转录作用，解开 DNA 的双链结构，以其中的一个链为模板合成 RNA 分子。在合成过程中，RNA 聚合酶 Ⅱ 会逐渐沿着 DNA 链移动，同时合成 RNA 链。这个过程称为转录延伸。转录延伸的速度和效率受到多种因素的调控，包括转录因子的结合和启动子的组装状态等。

　　一旦 RNA 聚合酶 Ⅱ 合成到基因的终止信号区域，转录作用就会停止。此时，RNA 聚合酶 Ⅱ 会与已合成的 RNA 分子和 DNA 模板解离。随后，RNA 分子会经过一系列的修饰和加工，最终成熟为具有功能的 mRNA 分子。这些 mRNA 分子可以进一步参与到蛋白质的合成过程中。关于 RNA 聚合酶 Ⅱ 释放的具体机制目前主要有两个模型：鱼雷模型（torpedo model）和变构模型（allosteric model）。①鱼雷模型认为，mRNA 被切割后，$5' \to 3'$ 核酸外切酶（Rat1/Xrn2）会降解转录起始复合物中剩余的 RNA 链，逐步接近 RNA 聚合酶 Ⅱ。一旦击中 RNA 聚合酶 Ⅱ 后就会触发复合物解体，导致转录终止。②变构模型认为，延伸复合物（EC）通过 poly A 位点（PAS）会引起延伸因子的解离或终止因子的结合，导致复合物构象变化造成转录终止。两个模型并非完全互斥，也有一些模型将二者结合起来进行解释。此外，还有模型认为终止需要 PAS，但并不一定需要 mRNA 的切割过程。

　　综上所述，真核生物转录起始复合物的形成过程是一个复杂而精确的调控过程。转录因子和 RNA 聚合酶相互作用，通过结合到启动子区域形成稳定的结构。转录因子的选择性结合和 RNA 聚合酶的合成和解离，共同协调着基因的转录过程。这一过程对于真核生物的正常发育和功能维持至关重要，也为我们深入理解基因表达调控机制提供了重要线索。

7.4.3 通用转录因子

通用转录因子(general transcription factors,GTFs)在真核生物中扮演着至关重要的角色,特别是在基因转录的起始阶段。通用转录因子与 RNA 聚合酶Ⅱ协同作用,确保基因转录的准确性和高效性。通用转录因子共同执行类似于细菌中 σ 因子的功能。它们帮助聚合酶结合到启动子上并解开 DNA 双链,这一过程类似于细菌转录中由闭合式复合物向开放式复合物的转变。通用转录因子还帮助聚合酶从启动子上解离并开始转录延伸阶段。在结构上,通用转录因子由多个亚基组成,这些亚基各自具有特定的功能和结构域。这些转录因子可以直接或间接结合 RNA 聚合酶。对应于 RNA 聚合酶Ⅰ、RNA 聚合酶Ⅱ、RNA 聚合酶Ⅲ的转录因子分别称为 TFⅠ、TFⅡ、TFⅢ。真核生物的 TFⅡ又细分为 TFⅡA、TFⅡB 等,所有的 RNA 聚合酶Ⅱ都需要通用转录因子,包括 TFⅡA、TFⅡB、TFⅡD、TFⅡE、TFⅡF、TFⅡH,它们在真核生物进化中高度保守。

TFⅡD(也称为 TFⅡD 复合物)是通用转录因子家族中的重要成员,负责识别 TATA 框(大约在转录起始位点上游 30 bp 处)。与很多通用转录因子一样,TFⅡD 实际上是一个多亚基复合物。TFⅡD 中与 TATA 框结合的成分称为 TATA 结合蛋白质(TATA- binding protein,TBP)。此复合物中的其他亚基称为 TAF,即 TBP 结合因子(TBP-associated factor)。因此,TFⅡD 是启动子识别和建立起始复合物必不可少的因子。TBP 使用一个广泛的 β-折叠(β-sheet)区域识别 TATA 框的小沟。TBP 一旦结合到 DNA 上,就使 TATA 框上的序列发生扭曲变形。形成的 TBP-DNA 复合物提供了一个平台,把其他通用转录因子和聚合酶募集到启动子上。TBP 与大约 10 个 TAF 结合,其中 2 个 TAF 在启动子处结合 DNA 元件,如起始子(Inr)和下游启动子元件(DPE)。

TFⅡA 是通用转录因子家族的另一个成员。尽管 TFⅡA 在一定程度上与 TBP 结合以增强 TFⅡD 依赖性启动子,但它也参与无 TATA 框启动子的转录。在高级真核生物中,TFⅡA 由三个亚基组成,包括 TFⅡAα、β 和 γ。TFⅡAαβ 由单个基因编码,并被切割成单独的 α 和 β 亚基。

TFⅡB 为一条多肽单链,在 TBP 之后进入转录前起始复合物。TFⅡB 与 TBP-TATA 复合物的非对称性结合造成了转录前起始复合物其余部分组装的非对称性,以及由此引起的单向转录。结构研究显示,TFⅡB 的部分区域以类似于细菌中 σ3/4 连接区的方式插入 RNA 聚合酶Ⅱ的 RNA 出口通道和活性中心裂缝。这些 TFⅡB 的区域协助了开放式复合物的形成。

TFⅡF 该双亚基(人类)因子与 RNA 聚合酶Ⅱ结合,并与 RNA 聚合酶Ⅱ(以及其他因子)一起被募集到启动子上。RNA 聚合酶Ⅱ-TFⅡF 起着稳定 DNA-TBP-TFⅡB 复合物的作用,并且是 TFⅡE 和 TFⅡH 被募集到转录前起始复合物的前提条件。

TFⅡE 与 TFⅡF 相似,由两个亚基构成,参与 TFⅡH 的募集和调控。TFⅡH 通过 ATP 水解酶介导转录前起始复合物向开放式复合物的转变。它也是通用转录因子中最大和最复杂的成员,它有 10 个亚基,其分子质量与 RNA 聚合酶Ⅱ本身相当。TFⅡH 内有两个亚基具有 ATP 酶功能;还有一个亚基具有蛋白激酶活性,参与启动子的解旋和逃离。与其他因子一起,ATP 酶亚基还参与核苷酸错误匹配的修复过程。

7.4.4 转录前起始复合物

真核生物中 RNA 聚合酶不直接与 DNA 分子结合,而需依靠众多的转录因子。首先是 TFⅡD 的 TBP 亚基结合 TATA 框,另一 TFⅡD 亚基 TAF 有多种,在不同基因或不同状态转录时,不同的 TAF 与 TBP 进行特异性组合。在 TFⅡA 和 TFⅡB 的协同作用下,形成 TFⅡD-TFⅡA-TFⅡB-DNA 复合物。在具有转录活性的闭合复合物形成过程中,TBP 先结合启动子的 TATA 框,导致 DNA 发生弯曲。然后 TFⅡB 与 TBP 结合,并且 TFⅡB 也能与 TATA 框上游邻近的 DNA 结合。虽然 TFⅡA 不是转录起始所必需的,但其存在能稳定已与 DNA 结合的 TFⅡD-TBP 复合物,并且在 TBP 与不具有特征序列的启动子结合时(这种结合比较弱)发挥重要作用。TFⅡB 可以结合 RNA 聚合酶,TFⅡB-TBP 复合物再与由 RNA

聚合酶Ⅱ和 TFⅡF 组成的复合物结合。TFⅡF 可通过和 RNA 聚合酶Ⅱ一起与 TFⅡB 相互作用,降低 RNA 聚合酶Ⅱ与 DNA 非特异部位的结合,来协助 RNA 聚合酶Ⅱ靶向结合启动子,最后是 TFⅡE 和 TFⅡH 加入,形成闭合复合物,装配完成,这就是转录前起始复合物(图 7.9,彩图 26)。

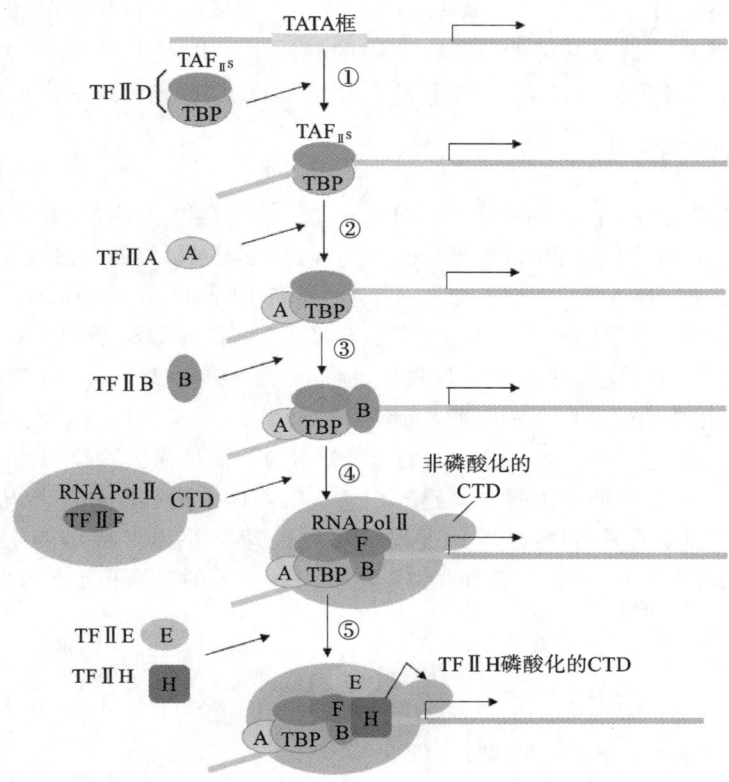

图 7.9　RNA 聚合酶Ⅱ催化基因转录的示意图

①TFⅡD 通过 TBP 首先结合到 TATA 框上。②TFⅡD 招募 TFⅡA。③TFⅡB 被招募。④TFⅡB 有两个结构域,其一结合 TBP,另一个结合 TFⅡF-RNA pol Ⅱ复合物。⑤TFⅡE 进入结合位点,又引入 TFⅡH 并提高其活性

　　TFⅡH 具有解旋酶(helicase)活性,能使转录起始位点附近的 DNA 双螺旋解开,使闭合复合物成为开放复合物,从而启动转录过程。TFⅡH 还具有激酶活性,它的一个亚基能使 RNA 聚合酶Ⅱ的 CTD 发生磷酸化。另一种使 CTD 磷酸化的蛋白质是周期蛋白依赖性激酶 9(cyclin-dependent kinase 9,CDK9)。它是正性转录延长因子(positive transcription elongation factor,P-TEFb)复合物的组成部分,对 RNA 聚合酶Ⅱ的活性起正向调节作用。CTD 磷酸化能使开放复合物的构象发生改变,启动转录。这时 TFⅡD、TFⅡA 和 TFⅡB 等转录因子就会脱离转录前起始复合物。当合成一段含有 30 个左右核苷酸的 RNA 链时,TFⅡE 和 TFⅡH 释放,RNA 聚合酶Ⅱ进入转录延长期。在延长阶段,TFⅡF 仍然结合 RNA 聚合酶Ⅱ,防止其与 DNA 的非特异性结合。RNA 聚合酶的 CTD 磷酸化在转录延长期也很重要,还影响转录后加工过程中转录复合物和参与加工的酶之间的相互作用。

　　总之,通用转录因子是真核生物基因转录起始阶段的关键参与者。它们通过与 DNA、RNA 聚合酶Ⅱ以及其他辅助因子相互作用,确保基因转录的准确性和效率。对这些因子的研究对于理解基因表达调控机制以及疾病的发生和发展具有重要意义。

7.4.5　中介蛋白复合物

　　前面介绍了真核 RNA 聚合酶Ⅱ从裸露的 DNA 上起始转录所需的基本条件。然而,由于真核细胞的 DNA 往往以染色体形式存在于细胞核中,因此,真核细胞转录过程非常复杂,而且往往还需要其他蛋白因

子的帮助。一般来说,激活因子特异性识别并结合在上游的 DNA 元件上,而 RNA 聚合酶则主要结合在启动子区域。激活因子和 RNA 聚合酶之间距离往往较远。此时,中介蛋白复合物(mediator)便成了连接激活因子和 RNA 聚合酶的桥梁。中介蛋白复合物一般很大,包含 20 个以上的亚基。中介蛋白复合物一方面通过与 RNA 聚合酶的 CTD 结合,另一方面与 DNA 结合的激活因子相互作用,促进转录前起始复合物的形成。中介蛋白复合物的不同亚基可能分别与不同的激活因子相互作用,特异性地调控不同基因的转录。此外,中介蛋白复合物还可能通过调控 TFⅡH 催化的 CTD 磷酸化激酶活性来影响转录过程。

7.4.6 转录延伸因子

当 RNA 聚合酶从转录起始阶段转向转录延伸阶段时,参与转录起始复合物形成的大多数蛋白因子,比如通用转录因子和中介蛋白复合物便会和 RNA 聚合酶解离,而参与转录延伸的蛋白因子与 RNA 聚合酶相互作用,促进 RNA 聚合酶催化 RNA 链的形成。这些转录延伸因子(transcriptional elongation factor)包括 P-TEFb、ELL、TFⅡS、SPT5 等。P-TEFb 是一类蛋白激酶,能够被转录激活因子招募到 RNA 聚合酶上,催化其 CTD 序列上的 2 号位丝氨酸残基发生磷酸化,促进转录延伸。此外,P-TEFb 可磷酸化 SPT5,激活 SPT5。ELL 和 TFⅡS 主要是结合在延伸过程中速度减缓的 RNA 聚合酶上,减少其转录暂停时间,促进转录延伸。TFⅡS 还可以通过激活 RNA 聚合酶的 RNA 切割酶活性来去除错误掺入的碱基。

由于真核生物的转录模板是染色体而非裸露的 DNA,染色体上的核小体会像马路上的路障一样阻碍 RNA 聚合酶通过 DNA,所以真核生物在转录过程中还要处理核小体。特定的组蛋白分子伴侣 FACT (facilitates chromatin transcription)能够通过调控染色体上核小体的解聚和重组来帮助 RNA 聚合酶顺利通过染色体。

思 考 题

1. 真核生物转录与原核生物转录的区别是什么?

2. 真核细胞中有几种 RNA 聚合酶? 它们各自的主要功能是什么?

3. RNA 聚合酶Ⅱ由多少个亚基组成? 哪些为核心亚基? 哪几个是三种细胞核 RNA 聚合酶共有的亚基?

4. 真核生物中 RNA 聚合酶Ⅱ及通用转录因子的作用是什么?

5. 与 DNA 聚合酶不同,RNA 聚合酶没有校正活性,为什么 RNA 聚合酶缺少校正功能对细胞并无很大害处?

6. 什么是 CTD 磷酸化? CTD 磷酸化有什么作用?

本章思维导图

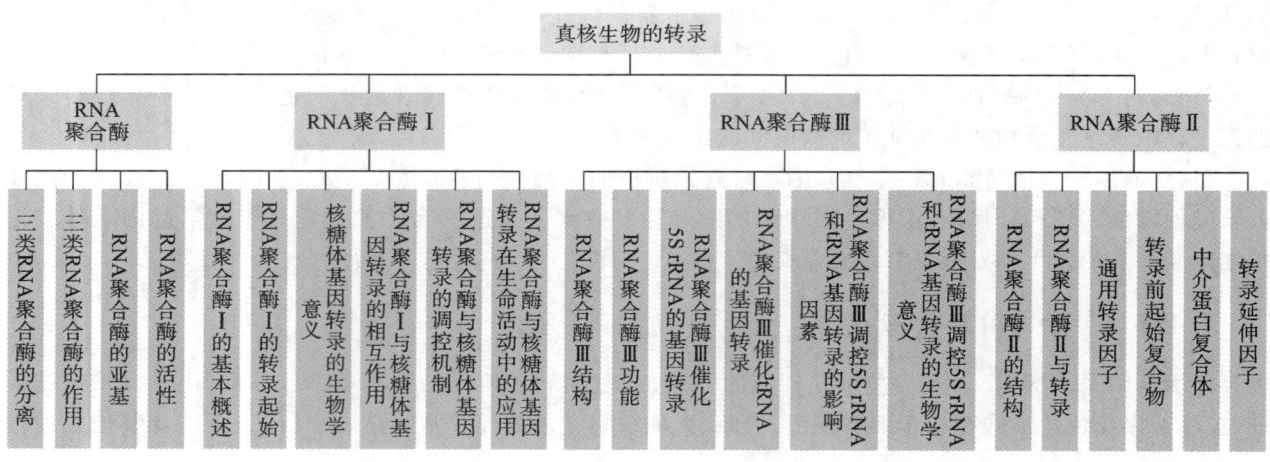

第 8 章
真核生物的转录调控

扫码看课件

细胞需要感知外界环境改变、应激信号、生长发育信号等,并且在转录水平做出应答反应。相比于原核生物,真核生物的细胞形态更复杂,特别是多细胞真核生物还涉及不同组织器官的分化和发育。基因表达的精准调控对机体发育和细胞的各种生理功能的维持至关重要。原核生物基因组无染色体和核膜结构,基因转录与翻译过程相互偶联,其基因表达调控主要发生在转录水平。真核生物的染色质结构对基因的表达具有明显的影响;同时,真核细胞核膜将基因的转录与翻译分隔在细胞核和细胞质中,使得转录和翻译的产物还需经过复杂的加工和转运过程。因此,真核生物的基因表达可以通过染色质水平、转录水平、转录后水平、翻译水平和翻译后水平等多个层面进行调控。

在原核和真核生物中,基因转录的调控发生在基因表达的初期阶段,是很多基因表达调控的主要方式之一。真核生物基因转录是一个十分复杂而有序的过程,它是众多的反式作用因子和顺式作用元件之间相互作用的结果。所谓转录水平的调控是指反式作用因子,如转录因子(transcription factor,TF)特异地结合到目标基因调控区的顺式作用元件上,调节基因表达的强度,或控制基因的时空特异性表达,或响应外界刺激和环境胁迫。因此,研究反式作用因子及顺式作用元件对于揭示转录调控机制具有重要意义。在这一章,我们首先比较了原核生物和真核生物转录调控的区别,然后重点介绍了真核生物的转录调控机制,包括顺式作用元件(增强子、隔离子和沉默子)和反式作用因子(转录因子)。由于真核生物基因的转录过程与染色体结构、DNA 修饰、组蛋白修饰等表观遗传修饰紧密相关,所以在本章,我们还重点从染色体水平(核小体、染色体重塑、组蛋白修饰)和 DNA 水平(甲基化)两个角度介绍了真核基因的转录调控。

8.1 真核生物与原核生物转录调控的区别

真核生物基因转录调控与原核生物基因转录调控有着较大的区别。

1)基因结构

真核生物的基因数目比原核生物多,且大多数基因有内含子,还存在大量的重复序列。而原核生物的基因通常是连续的,不包含内含子,功能相关的基因常组织在一起构成操纵子,作为基因表达和调控的基本单元。真核生物基因不组成操纵子结构,每个基因都有自身的基本启动子和调节元件,单独进行转录,但在功能相关的基因之间也可能存在着协同调节机制。在真核细胞里,拥有相同的反式作用因子和顺式作用元件的基因往往组成基因簇(gene cluster)。

2)顺式作用元件

原核生物的顺式作用元件种类较少,主要包括上游启动子调控序列以及激活蛋白和阻遏蛋白的结合位点。真核生物的顺式作用元件种类很多,主要有上游调控序列、增强子、沉默子等,它们由许多短的共有序列组成,能独立活化或抑制基因的表达,在基因组中的中等重复序列也可作为顺式作用元件发挥作用。

3)反式作用因子

无论是原核生物还是真核生物,其基因转录均受反式作用调节因子的调控。此类调控主要通过两个层面实现:一方面,通过调节因子自身的合成,如其转录与翻译过程,进而影响其在细胞内的丰度;该调控方式通常进程较缓,常参与细胞分化、发育等相对长期的生理过程;另一方面,通过调节因子的构象变化或翻译后修饰(如磷酸化、乙酰化等),迅速改变其功能状态,从而实现对转录活性的快速调节。

4)调控方式

真核生物具有染色质结构,使基因处于相对封闭状态,只有在各种激活蛋白和转录因子的帮助下,RNA聚合酶才能接近启动子序列并启动基因的表达。因此,真核生物的基因表达以正调控为主,而原核生物的基因表达常常以负调控为主。

8.2 真核生物转录调控的顺式作用元件

"顺"与"反"的概念起源于顺反测验或互补测验,其中顺式指的是"在这里",反式指的是"在对面"。顺反测验主要用于判断两个突变是否发生在一个基因座内。当同一基因内的两个突变位于一条染色体上时,双倍体杂合子的表型为野生型,其突变排列的方式为顺式构型。如果两条染色体上各自携带这样一个突变,则双倍体杂合子的表型为突变型,此时两个突变处于反式构型,由此确定的遗传功能单元为顺反子(cistron)。在基因表达调节过程中,顺反构型的定义得到了延伸。具有调节功能的特定DNA序列只能影响同一DNA分子中的相关基因,且发生在一个序列中的突变不会改变其他染色体上等位基因的表达,这样的序列被称为顺式作用元件(cis-acting element)。因此,顺式作用的两个因子往往位于同一条染色体上且相互靠近,例如,启动子对下游基因表达的调控即为顺式调控。顺式作用元件一般不具备转录功能,更多的是作为结合位点;但与之相反的调节蛋白(反式作用因子)可通过扩散并结合于细胞内的多个靶位点,其突变将同时影响不同染色体上等位基因的表达,呈现出反式作用(trans-acting)。根据顺式作用元件的位置、转录功能以及作用方式的不同可将其分为启动子、增强子和沉默子等。通过各种顺式作用元件和反式作用因子之间复杂的相互识别与作用,可以对基因转录的启动、延伸速率等进行有效调节。

8.2.1 基因调控区与启动子

真核细胞中RNA聚合酶Ⅱ负责转录的基因,绝大多数都是编码蛋白质的基因,又称类型Ⅱ基因。类型Ⅱ基因的调控区按其所在的位置分为近端作用元件和远端作用元件,按其功能又分为启动子和调控元件等。类型Ⅱ基因的启动子是负责RNA聚合酶Ⅱ识别与结合、精确起始转录以及维持基础转录所必需的区域。启动子本身又具有近端的核心启动子和上游启动子元件。核心启动子位于转录起始位点上游200 bp以内。典型的基因启动子在−25 bp左右有TATA框,TATA框决定转录的方向与精确的起始位点。TATA框内序列的突变能降低体外转录活性。许多参与细胞生化代谢途径的酶基因都属于这类情况。但也存在无TATA框的启动子,其上游100~200 bp常含有GC框(与基因组中的CpG岛相似)。很多真核基因的核心启动子上游还有上游启动子元件的短序列,位于转录起始位点到上游100~200 bp的位置。常见的UPE元件有CCAAT框、Oct元件和GC框等。例如,β-珠蛋白的基因启动子在−30 bp,−75 bp和−90 bp区域分别有TATA框、CCAAT框和GC框。CCAAT框的序列是GGCCAATCT,是转录因子CTF/NF1的结合位点。启动子的CCAAT框影响着转录效率,尽管其与转录起始位点之间的距离有一定的柔性。GC框是转录因子SP1的核心结合位点,其序列为GGGGCGG或CCGCCC。GC框一般以多拷贝形式存在于一些管家基因的启动子中。

真核生物启动子的顺式作用元件因其序列和位置不同而具有不同的功能。例如,TATA框虽可决定转录的起点和方向,但只能启动低水平的转录。而UPE则会决定转录起始的效率,主要是通过与各种元件结合的调节因子直接作用于基本转录因子的靶位点,以促进转录前起始复合物的组装,但这些元件没有组织特异性调控的功能。UPE 是短且简单的序列,是多种调控因子的结合位点。当调控因子结合后,表现出蛋白质-蛋白质复杂的相互作用。值得注意的是,每个 UPE 之间的 DNA 序列不是那么重要,但是它们之间的距离要求在一定范围内,以确保共同发挥尽可能大的转录活性。基因的调控元件是相对于启动子而言的,一般是指基因转录起始位点上游 200 bp 以上区域的顺式作用元件。按其功能主要分为两类:具有正调控作用的顺式作用元件(增强子)和负调控作用元件(沉默子)。

8.2.2 增强子

增强子(enhancer)是指能够提高与之连锁的基因转录频率的 DNA 序列。增强子与所调控的基因位于同一条 DNA 链上,但往往通过远程作用机制影响基因启动子。增强子主要存在于真核生物基因组中由多个相对独立的、特异性序列组成,其基本核心序列长 8~12 bp,这些序列可以是完整的或部分回文结构。第一个增强子于 1981 年被 Benerji 等人在猿猴空泡病毒 40(SV40 病毒)染色体中发现。SV40 病毒能够感染灵长类动物细胞,其 5.2 kb 的环状染色体含有一段位于转录起始位点上游、长约 220 bp 的增强子序列,核心序列是 5'-GGTGTGGAAAG-3'(图 8.1)。当把这段增强子序列插入到含有兔 β-珠蛋白基因的重组质粒中,并用于感染成纤维细胞,结果是成纤维细胞产生大量的 β-珠蛋白基因的转录产物,而未插入 SV40 增强子片段的重组质粒产生的 β-珠蛋白 mRNA 量非常少。SV40 病毒早期基因启动子上游的 200 bp 序列使得 β-珠蛋白基因的转录效率提高了上万倍。这种转录激活作用是由结合在增强子上的蛋白介导的,能够影响启动子上结合的蛋白活性。最近的研究显示,由至少含有 20 种不同蛋白组成的多聚体复合物介导了基础转录因子和增强子上结合蛋白之间的相互作用。通过弯曲 DNA 的方式,增强子上的结合蛋白就能够调控启动子上的转录起始过程。此外,增强子还可分为组织细胞特异性增强子和诱导性增强子两大类。许多增强子的增强效应具有高度的组织细胞特异性,只有在特定的转录因子作用下才能发挥其功能。而诱导性增强子通常要有特定的启动子参加,并受到类固醇激素、生长因子等信号的诱导调控。

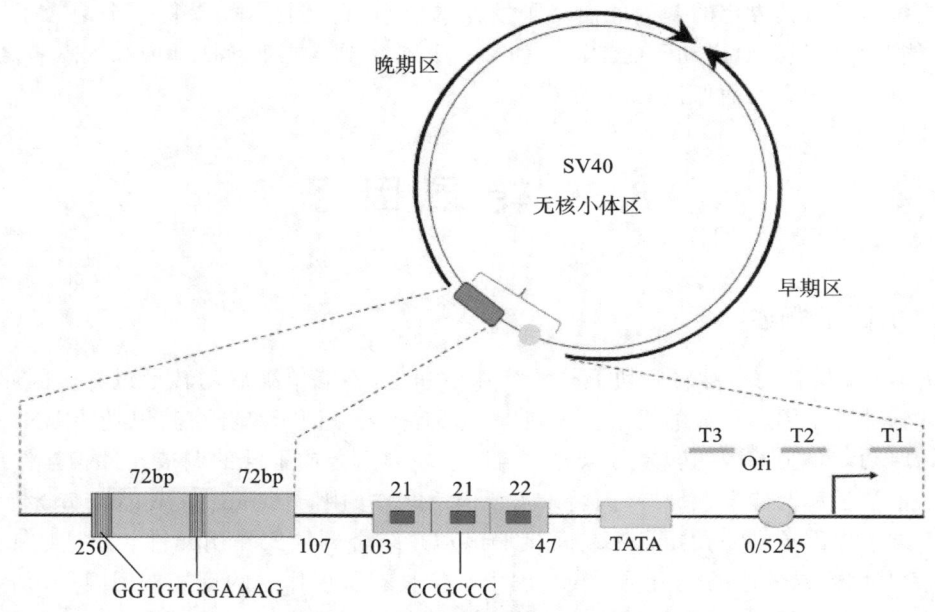

图 8.1 SV40 病毒增强子的结构图

增强子的作用特点可归纳为以下 8 点。

(1)高效性:增强转录效率的作用十分显著,一般能够使基因转录效率提高 100~200 倍,有的甚至可以增加上万倍。

(2)无位置特异性:增强子的作用与其位置无关,没有基因的专一性,可以位于调控基因的 5' 上游、基因内部或 3' 下游的序列中。

（3）无方向性：增强子对基因表达的影响与方向无关，不论增强子以什么方向排列，均表现出增强效应。

（4）与启动子的协同作用：增强子可以在相当远的距离（距离调控基因数千碱基对）对启动子产生影响。其通过与启动子区域的相互作用，提高基因的转录效率。

（5）组织特异性：大多数增强子以组织特异性的方式发挥作用，仅在特定的组织中激活转录。

（6）多样性：基因组中存在大量的增强子，每个基因可能拥有多个增强子，它们可以协同作用，共同调控基因的表达。大多数增强子由重复序列组成，一般长约 50 bp，适合与某些蛋白因子结合。增强子内部一般都含有一个核心序列（G）TGGA/TA/TA/T（G）。

（7）含有特定表观遗传修饰：增强子区域通常富含特定的组蛋白修饰，如 H3K27 乙酰化（H3K27ac）和 H3K4 甲基化（H3K4me1），这些修饰与增强子的活性密切相关。

（8）响应外部信号：许多增强子还受到外部信号的调控，如金属硫蛋白基因的启动子区上游所带的增强子，可对环境中的锌、镉浓度做出响应。

相比于增强子，启动子明确位于基因的上游，其功能具有单向性。因此，增强子与启动子在结构和功能上有本质的区别。

8.2.3 沉默子和隔离子

沉默子（silencer）是一种负调控作用元件，位于基因附近，能够抑制基因转录表达的 DNA 序列。沉默子的 DNA 序列被特定的调控蛋白结合后能阻断转录起始复合物的形成或活化过程，从而使基因表达活性关闭。与增强子类似，沉默子在组织特异性或发育阶段特异性的基因转录调控中起重要作用，但是真核生物中沉默子的数量远远少于增强子。

隔离子又称绝缘子（insulator），是一类特殊的顺式作用元件。绝缘子不同于增强子，其功能是阻止激活或阻遏信号在染色质上的传递，使染色质的活性限定于一定的范围（或结构域）之内。绝缘子能够阻止邻近的增强子或沉默子对其界定的基因的启动子发挥调控作用。例如，如果将一个绝缘子置于增强子和启动子之间，它能阻止增强子对启动子的激活。如果一个绝缘子被置于活性基因和沉默子之间，它则可以保护该基因免受沉默子的影响而保持其活性状态。

8.3 转 录 因 子

8.3.1 转录因子概述

真核细胞的 RNA 聚合酶自身对启动子并无特殊亲和力，不能单独启动转录过程。因此，转录需要众多的转录因子和辅助转录因子形成的复杂转录装置。只有当转录因子结合在其识别的 DNA 序列上后，基因的转录才开始启动。单个基因的转录可以通过与转录序列上游或下游的调节元件相互作用的不同因素来调节。在分子生物学和遗传学领域，基因转录需要由反式作用因子（trans-acting factor）结合到顺式作用元件来完成。反式作用因子是一类能直接或间接地识别并结合到顺式作用元件长 8～12 bp 的核心序列上，参与调控连锁基因转录效率的蛋白质。转录因子是指具有调控作用的反式作用因子，是一类与转录模板结合并调节转录活性的蛋白质调节因子，包括转录激活因子和阻遏因子等（图 8.2）。具体而言，转录因子能够与基因上的顺式作用元件（上游激活序列、应答元件、启动子、增强子、隔离子以及沉默子等）中的 DNA 序列特异性结合，对真核生物的转录表达分别起着促进或阻遏的作用。转录因子可以单独或与其他蛋白质形成复合物，提高或阻断特定基因对 RNA 聚合酶的招募。转录因子在真核生物中起着关键的作用，它们能够决定细胞的命运和特化，调控细胞周期进程和细胞分化，响应环境刺激等。

转录因子一般至少含有两个基本的功能域，即 DNA 结合结构域、转录激活结构域（图 8.3）。此外，还有一些转录因子具有转录后调节结构域，如二聚化结构域和磷酸化位点，其中二聚化结构域的形成对它们

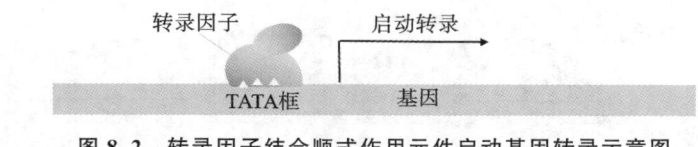

图 8.2 转录因子结合顺式作用元件启动基因转录示意图

图 8.3 转录因子的结构域

行使功能具有重要意义。转录因子可以与转录共激活因子或转录共抑制因子结合形成复合物,进而与染色质上特定的 DNA 序列结合而发挥作用。

DNA 结合结构域(DNA binding domain)多由 60~100 个氨基酸残基构成的几个亚区组成。DNA 结合结构域有螺旋-转角-螺旋、锌指结构、碱性亮氨酸拉链、碱性螺旋-环-螺旋和同源域等多种结构。转录激活结构域(transcription activating domain)常由 30~100 个氨基酸残基组成,其结构域富含酸性氨基酸、谷氨酰胺、脯氨酸等,以酸性结构域最常见。转录因子通过这些功能区域不仅能与启动子相互作用,还能与其他转录因子的功能区域相互作用,进而调控基因的转录表达。

8.3.2 转录因子的分类

转录因子根据其功能和结构特点可分为两类:通用转录因子和序列特异性转录因子。通用转录因子又称非序列特异性转录因子(non-sequence-specific transcription factor),是 RNA 聚合酶结合启动子所必需的一类转录因子,它们能将 3 种 RNA 聚合酶与对应的启动子联系起来。虽然通用转录因子可以识别转录起始位点并协同启动子指示转录方向,但它们自身只能激活基础水平的转录。为了增强转录活性,真核细胞还有另一类序列特异性转录因子(sequence-specific transcription factor)。这类转录因子需要与启动子邻近单元的 DNA 序列结合,或者与增强子单元的 DNA 序列结合。基因特异性转录因子仅存在于一种或少数几种类型的细胞中,或者仅存在于某些特殊生理和环境条件下的细胞中。基因特异性转录因子的存在与否及其活性状态,决定了大多数真核细胞的功能特性。

基因特异性转录因子根据其功能可以进一步分为转录激活因子和转录抑制因子。转录激活因子能够促进基因转录,而转录抑制因子能够抑制基因转录。转录因子可以通过多种方式影响基因转录,其中转录激活因子能够与 RNA 聚合酶和其他调节因子形成复合物,通过与 DNA 结合并改变其染色质状态,从而使 RNA 聚合酶能够更容易地接近基因启动子区域以促进基因的转录。相反,还有一些转录因子则通过招募转录抑制因子来抑制基因的转录。

8.3.3 转录因子的调控机制

转录因子可以与受其调控的基因上的增强子或者启动子区域结合。根据转录因子的不同,相邻基因的表达可能被上调或下调。转录因子有多种调控基因表达的机制(图 8.4,彩图 27),这些机制包括:①通过与转录因子或中介蛋白复合物相互作用,促进转录前起始复合物在启动子上的组装过程;②与通用转录因子相互作用,通过改变蛋白质构象或者翻译后修饰状态来激活基本转录装置中一些酶的活性;③招募染色质修饰酶或者染色质重塑复合物,从而使启动子附近染色质状态发生改变,促进或抑制转录装置的结合。

8.3.4 转录因子的研究方法

目前主流的转录因子研究方法可分为以下两种。

1)湿实验

这类方法主要是在实验室完成,用于寻找转录因子和结合序列间的相互作用关系,具体包括通过已知

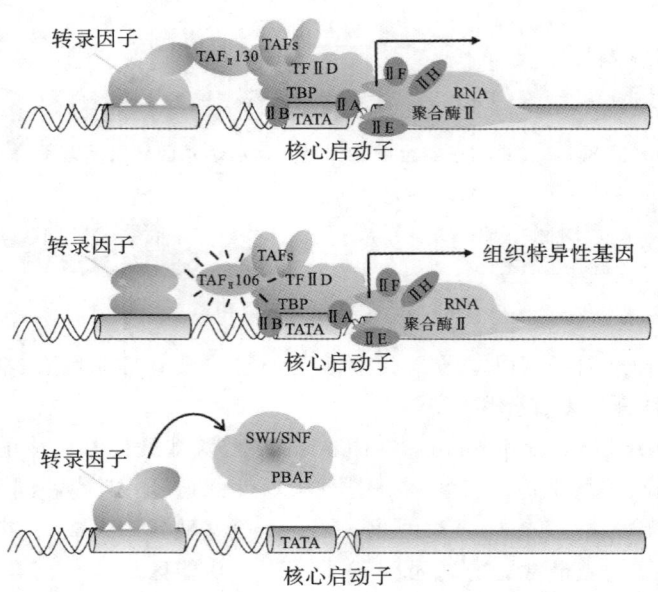

图 8.4 转录因子调控基因表达的三种机制

转录因子寻找未知转录因子的结合位点,或通过已知转录因子结合位点找出其对应的转录因子。常见的研究方法包括电泳迁移率变动分析(EMSA)、DNA 足迹法(DNA footprinting)和染色质免疫沉淀(ChIP)等。这些方法我们将在第 12 章里详细介绍。

2)生物信息学分析

这类方法主要是基于已有的研究数据,用于转录因子和序列间相互关系的预测。具体包括利用序列保守性分析,通过已知转录因子预测未知转录因子,或通过已知转录因子的结合位点预测未知转录因子的结合位点。

转录因子作为真核生物中调控基因表达的关键蛋白质,具有非常重要的作用。认识转录因子的分类、结构特点、功能特性和调控机制,对我们深入了解基因调控网络、揭示疾病分子机制以及开发新的治疗策略具有重要意义。未来的研究中,我们需要进一步研究转录因子在不同疾病中的作用和调控机制,并合理利用转录因子来开发新的治疗手段和探索基因工程的新途径。

8.3.5 转录因子的功能结构域

真核生物的转录起始需要通过蛋白质-DNA 和蛋白质-蛋白质之间的相互作用形成复杂的转录起始复合物,共同协作开启转录过程。转录因子通常包含多个结构域:DNA 结合结构域、转录激活结构域等。许多转录因子以单体、二聚体、多聚体等形式发挥功能。二聚化的转录因子还包含二聚化结构域(dimerization domain),它们能通过二聚化结构域结合在一起。

8.3.5.1 DNA 结合结构域

DNA 结合结构域是转录因子结合 DNA 的关键部分,它能与特定的 DNA 序列结合,从而识别目标基因上的 DNA 结合基序(DNA binding motif),这些基序是结构域的一部分。常见的 DNA 结合基序有螺旋-转角-螺旋结构域、锌指结构域、碱性结构域等。

1)螺旋-转角-螺旋(helix-turn-helix,HTH)结构域

螺旋-转角-螺旋结构域最初发现于 λ 噬菌体的 DNA 调控蛋白中,该结构由 3 个 α 螺旋组成,第 2 和第 3 个螺旋形成螺旋-转角-螺旋基序(图 8.5)。第 3 个螺旋通过氢键连接氨基酸侧链与 DNA 碱基,负责识别 DNA 大沟的特异性碱基序列,被称为识别螺旋。第 2 个螺旋则通过氢键与 DNA 的磷酸骨架相接触,但没有碱基识别特异性。

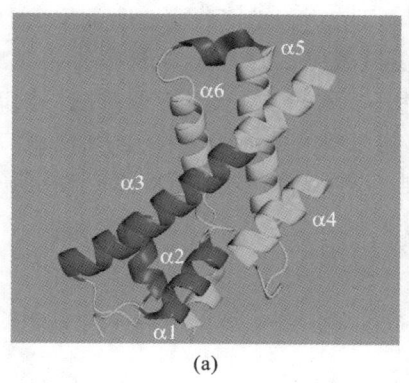
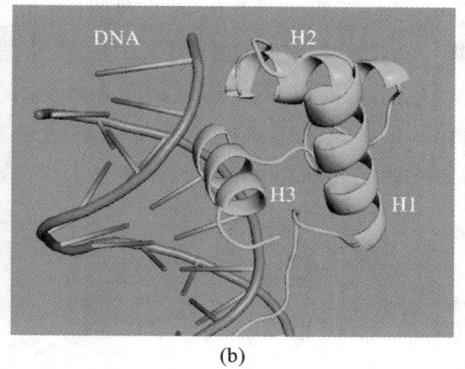

(a)   (b)

图 8.5　螺旋-转角-螺旋结构域示意图

(a)三螺旋 HTH 结构域(PDB:1K78)。(b)黑腹果蝇同源结构域的结构(PDB:1MIJ)

同源结构域蛋白(homeodomain)是一类典型的含有螺旋-转角-螺旋 DNA 结合基序的蛋白质。这类蛋白质广泛存在于激活因子大家族中,因其编码基因的区域为同源异形框(homeobox)而得名。同源结构域包含 60 个氨基酸,最早发现于调控果蝇发育的激活因子同源异形框蛋白(homeobox protein)中。该基因的突变会引起果蝇肢体的移位畸形。在果蝇的触角转录因子中,DNA 结合结构域由 4 个 α 螺旋组成,其中第 2 个螺旋和第 3 个螺旋成直角,并被特征性的 β 转角分开(图 8.5)。

2)锌指(zinc finger)结构

锌指结构主要见于真核生物的转录因子中,是由一个含有大约 30 个氨基酸的环和一个与环上的 4 个半胱氨酸(Cys)或 2 个 Cys 和 2 个组氨酸(His)配位的 Zn^{2+} 构成,形状类似手指,故称为锌指结构(图 8.6)。C_4 锌指结构由 4 个 Cys 残基配位,存在于一些甾体激素受体转录因子中。这些转录因子由同源或异源二聚体组成,其中每个单体含有两个 C_4 锌指结构(图 8.6)。C_2H_2 锌指结构是由 12 个氨基酸组成的环,由 2 个 Cys 和 2 个 His 残基共同锚定,以四面体配位一个 Zn^{2+}。该结构折叠成包含 2 条 β 链和 1 条 α 螺旋的紧凑构象,含有保守氨基酸的 α 螺旋深入 DNA 的大沟中,结合 5 个核苷酸。

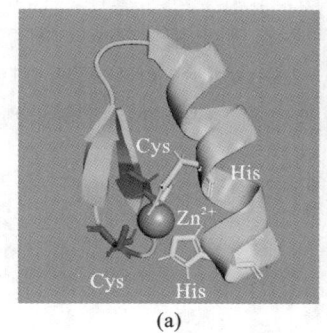
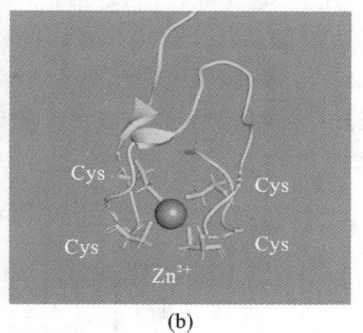

(a)   (b)

图 8.6　不同类型锌指结构示意图

(a)C_2H_2 锌指结构(PDB:1ZNF)。(b)转录因子 Npl4 锌指结构(PDB:1Q5W)

3)碱性结构域

碱性结构域富含碱性氨基酸残基,存在于多种 DNA 结合蛋白中,比如 CCAAT 框/增强子结合蛋白(C/EBP)、MyoD 蛋白(肌细胞定向分化调节因子)及其他真核细胞转录激活因子中。这种碱性结构域通常与两种二聚化结构域——亮氨酸拉链(leucine zipper,ZIP)或螺旋-环-螺旋(helix-loop-helix,HLH)结构域结合在一起,形成碱性亮氨酸拉链(bZIP)或者碱性螺旋-环-螺旋(bHLH)蛋白。通过二聚化作用,两个碱性结构域结合在一起与 DNA 相互作用。

8.3.5.2　二聚化结构域

1)亮氨酸拉链(ZIP)结构域

亮氨酸拉链结构域最初是在比较酵母转录激活因子 GCN4、哺乳动物转录因子 C/EBP 及癌基因产物

Fos、Jun、Max 和 Myc 的氨基酸序列时被发现的(图 8.7,彩图 28)。亮氨酸拉链通常位于 DNA 结合域 C 端区域,肽链上每隔 7 个氨基酸残基会出现 1 个疏水性亮氨酸残基。这种出现频率使亮氨酸残基都集中于 α 螺旋的同一侧。2 条肽段通过亮氨酸间的疏水相互作用平行结合在一起,形似拉链。同时二聚体 C 端富含碱性氨基酸(赖氨酸、精氨酸),这些碱性氨基酸通过其携带的正电荷与带负电荷的 DNA 链上的磷酸基团结合。除了结合碱性结构域外,亮氨酸拉链还参与其他 DNA 结合结构域(包括一些同源结构域蛋白)的二聚化过程。

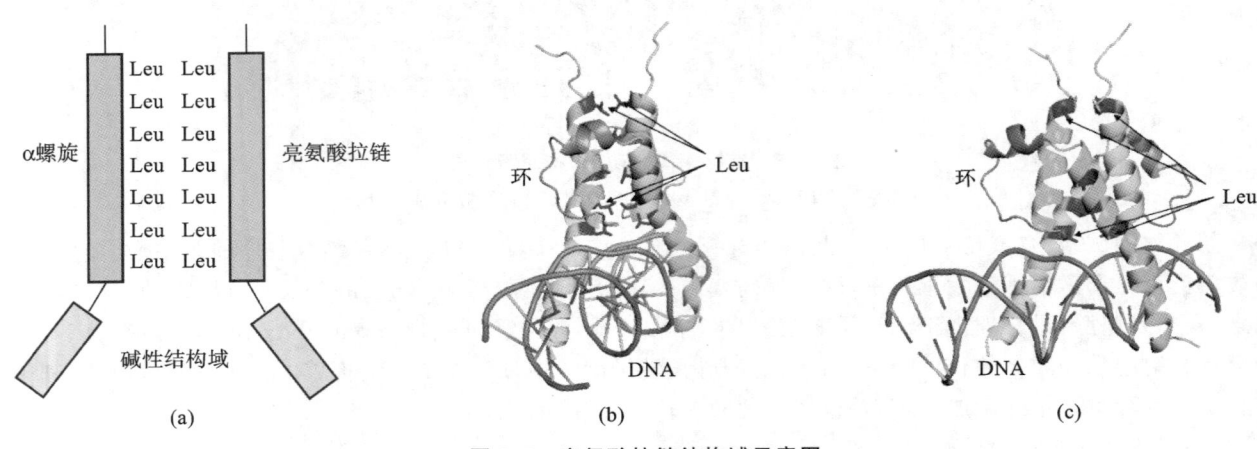

图 8.7　亮氨酸拉链结构域示意图

　　酵母中的 GCN4 是一个亮氨酸拉链蛋白,它是酵母细胞在对氨基酸饥饿应答时合成的,可同步活化 40 多个与氨基酸合成相关的基因转录。GCN4 二聚体结合在基因上游区 9 bp 的一个回文序列上,它的转录活化结构域能与 TATA 框处的 TFⅢD 相互作用而启动转录。

　　2)螺旋-环-螺旋(HLH)结构域

　　螺旋-环-螺旋结构域由 40～60 个氨基酸残基形成 2 个 α 螺旋,2 个 α 螺旋中间由 9～20 个氨基酸残基组成的可变连接区(突环)相连,通过兼性的螺旋疏水面相互作用形成二聚体。在 α 螺旋的疏水一侧有高度保守的亮氨酸(Leu)和苯丙氨酸及其他疏水残基。螺旋-环-螺旋的总体结构与亮氨酸拉链类似,不同之处在于每个单体蛋白中的 2 个 α 螺旋(长度大约为 40 个氨基酸)被长度可变的环分隔开,依靠 2 个 α 螺旋之间的疏水作用形成同(或异)二聚体,通过 C 端相连的碱性结构域与 DNA 结合,故称为碱性螺旋-环-螺旋(bHLH)结构域(图 8.8)。

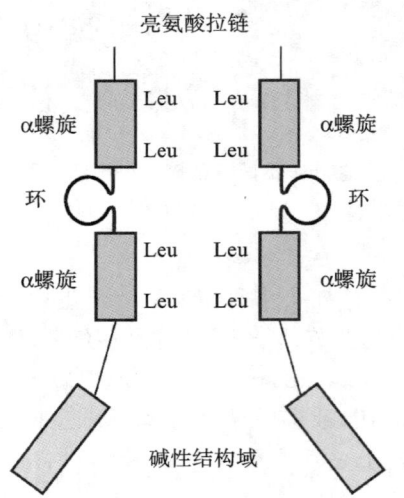

图 8.8　碱性螺旋-环-螺旋结构域示意图(PDB:1A0A)

8.3.5.3 转录激活结构域(transcription activating domain)

不同的转录因子具有不同的转录激活结构域,根据氨基酸的组成特点,可以将其分为酸性激活结构域、富含谷氨酰胺结构域和富含脯氨酸结构域。

1)酸性激活结构域(acidic activation domain)

酸性激活结构域含有酸性氨基酸(谷氨酸、天冬氨酸)残基组成的保守序列,这些氨基酸残基组成带有负电荷的 α 螺旋结构,通过与 TFⅡD 相互作用协助转录起始复合物的组装以促进转录过程(图 8.9)。酿酒酵母中的 GCN4 和 GAL4 是经典的酸性激活结构域转录因子。这类结构域有两个特点,一是具有高度集中的负电荷,酸性强;二是有 1 个两性 α 螺旋结构,其一侧富含酸性氨基酸,另一侧为疏水氨基酸。这些调控蛋白具有共同的作用方式和靶蛋白,通过与其他蛋白因子相互作用发挥功能。氨基酸替换实验表明,激活转录的水平与净电荷变化有关,增加激活结构域的负电荷数能提高靶基因的表达水平。

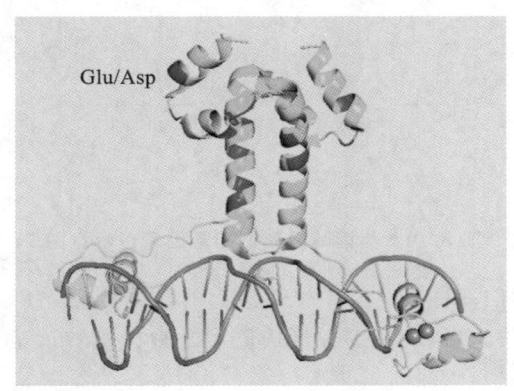

图 8.9 酸性激活结构域蛋白 Gal4(PDB:3CO)的结构

2)富含谷氨酰胺结构域(glutamine-rich domain)

富含谷氨酰胺结构域是一种富含谷氨酰胺残基的结构域,最早在通用转录因子 SP1 中被发现。其 N 端的谷氨酰胺残基比例可高达 25% 左右,可通过与 GC 框结合发挥转录激活作用,谷氨酰胺残基的比例似乎比整体结构更重要。除了通用转录因子 SP1,Oct-1、Oct-2、GAL11、Jun 等的转录激活结构域都有该区域。

3)富含脯氨酸结构域(proline-rich domain)

富含脯氨酸结构域主要结合 GC 框来激活转录。这类结构域常见于核转录调控因子 CTF/NF-1 家族、AP2 等的 CTF 家族的 C 端区域,脯氨酸残基含量在 20%~30%。酵母转录因子 GAL4、GCN4 也含有富含脯氨酸的激活结构域。

8.3.5.3 激素与信号转导

在多细胞的真核生物中,许多转录因子可以被激素激活。激素由一类特定细胞分泌,常被作为信号分子传递给另外一些细胞。激素可以在全身范围内循环,与靶细胞接触后启动特定基因的表达。

动物体内有两类激素。第一类是类固醇激素(steroid hormone)。它属于小型的、源于胆固醇的脂溶性分子,如雌激素和孕激素。类固醇激素容易穿过脂质膜,与一类叫作激素受体的转录因子结合。在没有与激素结合时,这类激素受体往往和抑制因子(如热休克蛋白 90(HSP90))结合滞留在细胞质中,处于非活性状态。当激素存在时,激素受体与抑制因子解离,转而与激素结合,形成有活性的受体——激素二聚体进入细胞核,并作为转录因子结合在特定的 DNA 序列上,启动特定基因的表达(图 8.10)。

第二类是多肽类激素(peptide hormone),它们由基因编码,具有氨基酸的链状结构,如调节血糖的胰岛素、促进生长的生长激素及 γ 干扰素(IFN-γ)等。由于多肽类激素体积较大,不容易穿过细胞膜,无法像类固醇激素一样通过结合细胞质/核内的受体蛋白调控基因转录。多肽类激素需要通过结合在细胞膜上的受体蛋白将信号传递到细胞内。例如,γ 干扰素通过结合细胞膜上的受体蛋白激活细胞内的蛋白激酶

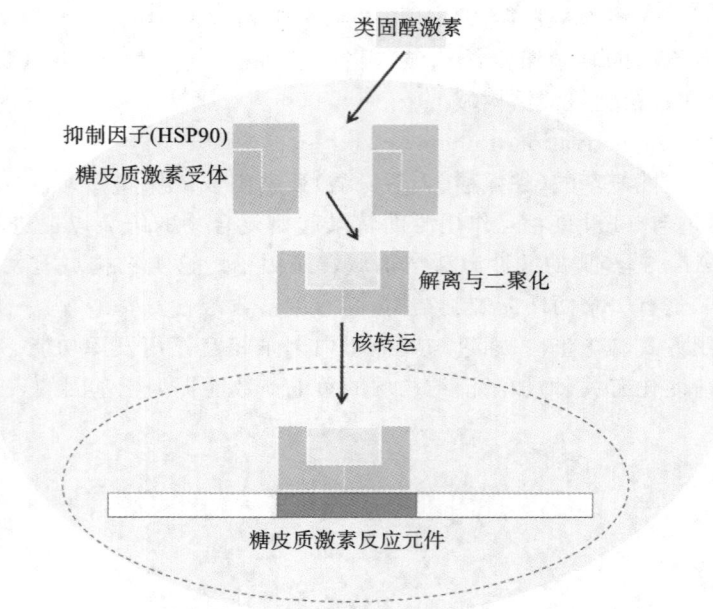

图 8.10 类固醇激素调控基因表达示意图

JAK,进而磷酸化转录因子 STAT1α(图 8.11)。非磷酸化的转录因子 STAT1α 为单体形式,位于细胞质,没有转录活性。一旦被 JAK 磷酸化后,STAT1α 形成同源二聚体被转运至细胞核内,结合到含有特定序列的靶基因上启动基因转录。

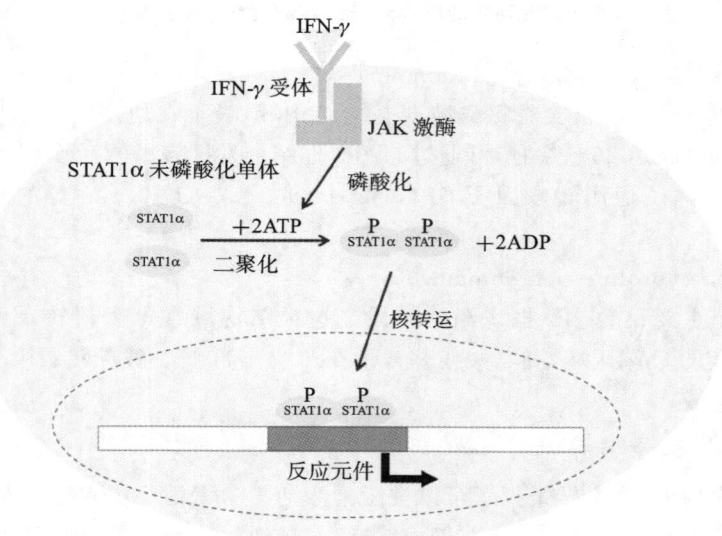

图 8.11 γ 干扰素介导基因表达示意图

8.4 真核基因转录与表观遗传调控

前面介绍了真核基因转录受到顺式作用元件及反式作用因子的调控。这些主要是讲一个基因的转录如何接收到特定的信号才被启动或者被抑制。但是,真核基因转录的模式有时必须传递给下一代。例如,在发育过程中,一个细胞释放的信号可以诱导邻近细胞启动特定基因的表达。这些基因也许需要在这些细胞的许多代内都持续保持开启状态,即使最初诱导它们的信号不存在了。在同时缺乏突变和起始信号的情况下,这种基因表达模式的继承被称为表观遗传调控。而表观遗传调控的核心是染色质结构、核小体构型以及表观遗传修饰,它们在转录调节中扮演着非常重要的角色。

真核生物的 DNA 通常与蛋白质(组蛋白、非组蛋白)结合形成复杂的染色质结构,染色质结构即构象的变化、染色质中蛋白质的修饰以及染色质对 DNA 酶敏感程度的不同等,都直接影响着真核基因的表达调控。简言之,真核细胞基因表达调控在染色质和染色体水平上主要涉及染色质的结构、DNA 在染色体上的位置、基因拷贝数的变化、基因重组、基因扩增、基因丢失、DNA 修饰等。这些变化都将导致基因活性永久性或半永久性的改变。

8.4.1 染色体结构与转录调控

在细胞核内基因组 DNA 以核小体为基本单位组装成染色质。核小体在 DNA 链上的组装状态影响着 DNA 的复制、基因的表达和细胞周期进程。真核基因的转录受到染色质结构和组分的影响。在细胞核内的染色质主要有如下四种状态。

1)紧密状态

紧密状态的染色质 DNA 被高度压缩,不易被转录因子和其他蛋白质接近,因此这种区域的基因通常处于沉默状态。紧密状态的染色质通常在细胞分裂期间出现,有助于维持染色体结构的完整性。

2)抑制状态

组蛋白就是染色质活性的抑制蛋白,DNA 分子与组蛋白结合后使基因处于被抑制状态。

3)活性状态

只有处于活性状态的染色质才能使基因得到表达。染色质结构发生变化时,基因处于可转录的状态,即染色质的有活性状态。组蛋白 H1 能促进核小体装配,阻碍 DNA 链的暴露,阻止核小体的移动,对基因活性有抑制作用。研究证明,当除去组蛋白 H1 后,染色质处于伸展的状态,部分基因活化而发生转录。在活性染色质中 DNA 结构变化包括富含 GC 碱基对的序列能够形成 Z-DNA,这种构型能够降低 DNA 对核心组蛋白的亲和力。此外,DNA 拓扑异构酶能调节 DNA 超螺旋结构而改变其活性。许多蛋白因子都参与染色质的活化过程,还有少数蛋白质能直接结合在核小体上,如 SP1 能持续地结合在管家基因的启动子上,阻止核小体的抑制作用。

4)激活状态

这种状态与活性状态相似,但略有不同。当 DNA 的启动子上结合了通用转录因子、增强子等激活医子,就能促使 RNA 聚合酶在启动子区域形成转录复合物,染色质就成为激活状态。

此外,细胞核内还有处于凝聚状态的异染色质,不具有转录活性。组成型异染色质在整个细胞周期中一直保持压缩状态,其 DNA 中没有基因。兼性异染色质含有基因,但只在特定的发育阶段或生理条件下由常染色质凝聚而成,无持久活性。异染色质的 DNA 结构高度致密,参与基因表达的蛋白因子无法接近,故异染色质始终处于被抑制状态。而含有活性状态基因的 DNA 区域则相对疏松(通常为常染色质),参与表达的蛋白因子能与之结合并激活其转录。

8.4.2 组蛋白与转录调控

作为染色体的重要组成成分,组蛋白在很长一段时间内主要被视为影响染色体结构的因素,而忽视了其作为基因活性的重要调节因子。早在 20 世纪 80 年代,Donald Brown 等学者就证明了组蛋白与裸露的 DNA 基因混合后,能使该基因的转录受到抑制。例如,卵母细胞中没有核小体结构。卵母细胞 5S rRNA 基因启动子与组蛋白组装形成核小体后,其基因转录便受到显著抑制。通过比较有转录活性和无转录活性的染色质的组分,人们发现在无转录活性的染色质中含有 5 种组蛋白,而在有转录活性的染色质中缺乏连接组蛋白 H1。当向有转录活性的染色质中加入连接组蛋白 H1,即其分子比例达到每 200 bp DNA 片段就有一分子连接组蛋白 H1 时,会使 5S rRNA 基因的转录活性急剧下降。

1991 年,Paul Laybourne 等人利用染色质重构实验发现,组蛋白 H1 比核心组蛋白(H2A、H2B、H3、H4)抑制转录的作用更强。组蛋白 H1 抑制转录模板的活性能被转录因子拮抗,如 SP1、GAL4 等转录因子能够作为抗阻遏因子(anti-repressor)阻止组蛋白 H1 对基因转录的抑制作用。这些转录因子还能作为转录活化因子与组蛋白 H1 竞争基因 DNA 上的结合位点。用克隆的 DNA 与核心组蛋白一起孵育时形成了核心核小体,导致基因转录活性也受到抑制。这种重构的染色质与裸露的 DNA 相比,转录能力下降了75%,且转录因子不能去除这种阻遏效果。未被抑制的 25% 的转录活性是由于基因启动子区域未被核小体覆盖所致。当再加入组蛋白 H1 时,则转录活性又大幅度下降,这种抑制效果能被活化因子所阻止。组蛋白 H1 通过与 2 个核小体之间的连接 DNA 相结合,稳定了核小体结构,并引导核小体进一步组装进外径30 nm 的螺线管中。由于核小体和染色质的凝集对组蛋白 H1 有依赖性,故组蛋白 H1 能够通过维持染色质的高级结构而抑制转录过程。

8.4.3 组蛋白乙酰化与转录调控

1964 年,Vincent Allfrey 发现组蛋白存在乙酰化和非乙酰化两种状态。乙酰化发生在赖氨酸侧链的氨基酸基团。非乙酰化的组蛋白可抑制基因转录活性,而乙酰化的组蛋白则促进基因转录。组蛋白的乙酰化与基因活化、染色质结构变化以及基因表达水平都密切相关,是一个动态调控过程。核小体上的核心组蛋白都能发生乙酰化。其中,核心组蛋白有 32 个潜在的乙酰化位点,在含有活性基因的区域乙酰化程度更高。组蛋白 H3 和 H4 的乙酰化程度高于 H2A 和 H2B,H3 和 H4 上分布着乙酰化的主要位点。从发现组蛋白乙酰化到鉴定出负责组蛋白乙酰化的酶经历了 30 多年时间。1996 年,David Allis 研究组成功纯化和鉴定了组蛋白乙酰转移酶(histone acetyltransferase,HAT),该酶(Gcn5)将乙酰基团从乙酰辅酶 A(CoA)转移到赖氨酸的氨基侧链上(图 8.12)。HAT 通过催化组蛋白乙酰化,减弱组蛋白与 DNA 的紧密结合能力,从而促进转录过程,因此可作为转录共激活因子。

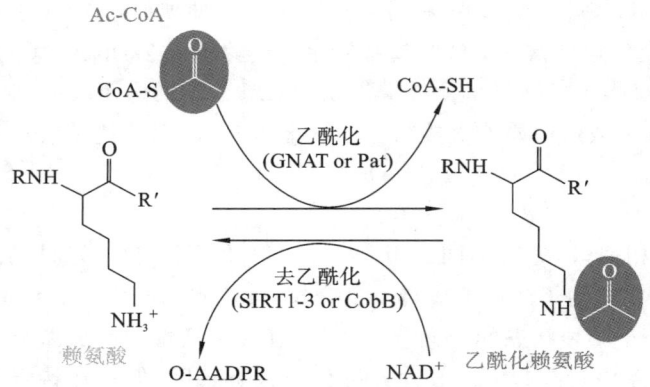

图 8.12 组蛋白乙酰化与去乙酰化示意图

自从 Gcn5 被发现以后,研究者相继发现了多种 HAT。根据 HAT 的来源和功能可以将其分为两类:第一类位于细胞核内(HAT-A),与染色质上的组蛋白结合,主要负责乙酰化核小体组蛋白,与基因转录活性相关。第二类存在于细胞质中(HAT-B),主要负责对细胞质中新合成的组蛋白 H3 和 H4 进行乙酰化,促进其转运到细胞核中参与装配核小体,但很快又被去乙酰化。其中,对基因表达调控起重要作用的主要是 HAT-A。目前已被鉴定的 HAT 有 20 多种,主要为如下几个家族:①GNAT 家族,其主要成员有Gcn5、PCAF、Elp3、Hatl、Hpa2 等;②MYST 家族,如人 HBO1 和 MOF、酵母 Esal、果蝇 MOF;③P300/CBP 家族;④还有一些转录因子,如 TFⅢC 等。HAT-A 含有溴化结构域(bromodomain),而 HAT-B 则不含有溴化结构域。溴化结构域允许 HAT 识别并结合乙酰化的赖氨酸,这对于 HAT-A 的功能非常重要。由于 HAT-B 不需要识别乙酰化的赖氨酸,因此溴化结构域对于 HAT-B 不是那么重要。研究表明,HAT活性的异常可能导致从神经性病变到癌症等多种疾病的发生。

组蛋白乙酰化是一种动态的、可逆的翻译后修饰过程,这一过程组蛋白去乙酰化酶(histone

deacetylase,HDAC)通过降低赖氨酸乙酰化水平和增强染色体凝聚来逆转乙酰化的影响。HDAC 最初是在酿酒酵母中被发现,是一类对染色体的结构修饰和基因表达调控均有重要作用的蛋白酶。一般来说,组蛋白的乙酰化有利于 DNA 与组蛋白八聚体的解离,使核小体结构变松弛,从而便于各种转录因子和协同转录因子与 DNA 的结合位点特异性结合,进而激活基因的转录。而组蛋白的去乙酰化则发挥相反的作用。至今,在人类中已发现的 HDAC 有 18 种,根据其与酿酒酵母的 3 种 HDAC(Rpd3、Hdal 和 Sir2)的同源性可分为三类:第Ⅰ类包括 HDAC1、HDAC2、HDAC3、HDAC8、HDAC11;第Ⅱ类又可分为ⅡA 类和ⅡB 类,ⅡA 类包括 HDAC4、HDAC5、HDAC7、HDAC9,ⅡB 类包括 HDAC6、HDAC10;第Ⅲ类在人细胞中共鉴定出 7 种,分别为 SIRT1~SIRT7。HDAC 在真核细胞中相当保守。组蛋白的乙酰化与去乙酰化有以下生物学功能(图 8.13)。

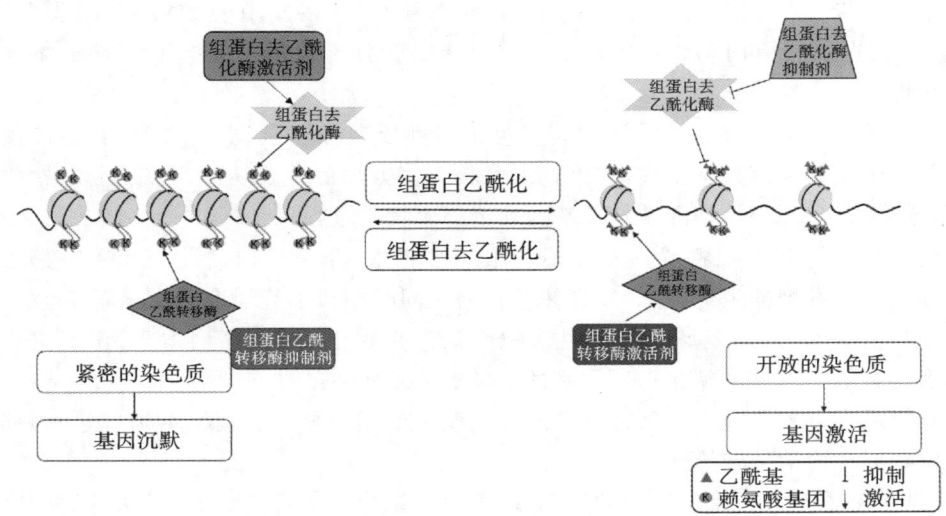

图 8.13 组蛋白乙酰化与去乙酰化以及对应的生物学功能

1)乙酰化能增强基因转录的活性

在组蛋白特定氨基酸残基上的乙酰化可改变蛋白质分子表面的电荷分布,影响核小体结构,从而调节基因活性。乙酰化修饰与基因活性的一个典型实例是雌性哺乳动物个体的 X 染色体失活(如 Xi 染色体)和活化(如 Xa 染色体)。在雌性动物细胞中,X 染色体存在两种状态:一种是活化的 Xa 染色体,另一种是失活的 Xi 染色体。X 染色体的失活是通过一系列复杂的表观遗传修饰来实现的,其中包括组蛋白的乙酰化修饰。具体来说,当 X 染色体失活成为 Xi 染色体时,其组蛋白会发生去乙酰化修饰,导致染色质结构变得更加紧密,从而抑制基因的表达。相反,在 Xa 染色体上,组蛋白则更倾向于发生乙酰化修饰,使染色质结构保持松弛状态,允许基因的正常表达。研究认为乙酰化的缺乏能使雌性个体 X 染色体转录关闭,染色质凝聚程度增强。此外,组蛋白 H4 的 N 端碱性区域与邻近核小体的 H2A/H2B 二聚体相互作用,促进核小体之间的交联以及染色质高级结构的形成。一旦组蛋白 H4 的 N 端被乙酰化,则破坏了核小体之间的交联,从而防止转录被抑制。

2)乙酰化与转录起始复合物的装配

组蛋白的乙酰化作用使组蛋白正电荷减少,削弱了其与 DNA 结合的能力,引起核小体解聚,从而促进转录因子与 RNA 聚合酶结合到 DNA 上。乙酰化作用还能阻止核小体装配,使染色质处于松弛状态。研究还发现,组蛋白乙酰化是许多转录调控蛋白相互作用的一种识别信号。组蛋白 H4 的乙酰化作用参与了指示和吸引转录因子 TFⅡD 到相应的启动子上,促进转录前起始复合物的装配。在细胞分裂间期,组蛋白乙酰化程度最高,而在有丝分裂中期最低,这说明乙酰化作用还参与细胞周期和细胞分裂的调控。因此,组蛋白乙酰化是一种重要的细胞调控方式。

3)去乙酰化与基因沉默

组蛋白乙酰化是活性染色质的标志之一。低乙酰化或去乙酰化常伴随着基因转录的沉默,例如失活的 X 染色体中组蛋白 H4 完全缺乏乙酰化修饰,DNA 复制过程中也伴随着组蛋白的乙酰化。核心组蛋白的去乙酰化能使基因转录受到抑制。生化研究发现,在基因抑制的区域有低乙酰化组蛋白积聚。在异染色质区域,组蛋白 H3 和 H4 的 N 端乙酰化水平低于整个基因组中组蛋白 H3 和 H4 的平均乙酰化水平,其中组蛋白 H4 的第 16 位赖氨酸的去乙酰化对维持基因沉默状态十分重要。HDAC 抑制剂能诱导某些基因转录,这也说明 HDAC 与基因抑制有关。

8.4.4　非组蛋白与转录调控

真核细胞的细胞核除了有构成染色质的组蛋白之外,还有一组不均一的、与染色质松散结合或具有组织特异性的蛋白质,叫作非组蛋白(non histone protein,NHP),包括作用于 DNA 及组蛋白的一些酶类、DNA 结合蛋白、组蛋白结合蛋白和调控蛋白等。非组蛋白的分子质量在 $10\sim150$ kDa,参与基因表达调控,具有以下三个特点。

(1)非组蛋白种类多样且具有高度异质性。非组蛋白性质差异明显,功能复杂,具有高度异质性。与碱性组蛋白不同,非组蛋白大部分都是酸性蛋白质,但具有多方面的重要功能,包括调控染色质高级结构,协助 DNA 折叠,调控 DNA 复制、基因转录及基因表达等生物学过程。

(2)非组蛋白具有种属和组织特异性。在不同组织细胞中,非组蛋白的种类和数目都不相同。其种类、性质和数量随组织和细胞的生理状态、发育和分化的不同时期及细胞周期的变化而变化。

(3)多数非组蛋白对 DNA 具有识别特异性。识别信息来源于 DNA 序列本身,识别位点通常存在于 DNA 双螺旋的大沟区域。这些非组蛋白所识别的 DNA 序列是保守的。

此外,多数非组蛋白以翻译后修饰(磷酸化)的方式调节细胞的代谢、生长、增殖等过程,并能在细胞核内接收外来信号,构成核内信号转导系统。

在体外构建重组染色质的实验中,人们发现非组蛋白有组织特异性。例如,将从骨髓和胸腺中分别分离出的非组蛋白与 DNA 及组蛋白重组成有活性的染色质时,来自骨髓的非组蛋白参与重组成的染色质能转录出与天然骨髓染色质相同的 RNA,而来自胸腺的非组蛋白参与重组成的染色质能转录出与天然胸腺染色质相同的 RNA。如果将骨髓和胸腺的非组蛋白交换,就不能得到天然 RNA。这些结果进一步说明非组蛋白与转录的专一性有关,并且具有组织特异性。研究已证实核内非组蛋白参与了 DNA 复制、基因产物的转运、初始转录产物 RNA 的加工、核糖核蛋白(RNP)颗粒的组装、细胞周期内核的变化、基因表达调控及所有这些过程中的信息传递等。在这些过程中,人们研究较多的有高迁移率组蛋白质(high mobility group protein,HMG protein)、核被膜蛋白、S100 蛋白、核孔复合物等。

活性染色质含有两种丰富的小分子非组蛋白,分子大小约为 30 kDa。它们含有 25% 碱性氨基酸和 30% 酸性氨基酸,具有非常高的电荷数。在凝胶电泳中迁移速度快,故称为高迁移率组蛋白质(HMG 蛋白)。在活性染色质中,平均每 10 个核小体结合 1 分子 HMG 蛋白。染色质上 DNase Ⅰ 敏感区域与 HMG 蛋白有一定的关联。人们在研究 β-珠蛋白基因在红细胞内对 DNase Ⅰ 的敏感性时发现,HMG 蛋白与染色质组分结合较为疏松且无组织特异性。除去 HMG 蛋白后,染色质对 DNase Ⅰ 的敏感性减弱;反之,则敏感性增强。HMG 蛋白在核小体上定位于和连接组蛋白 H1 相近的位置,并与组蛋白 H1 竞争性地结合在同一 DNA 区域。而失去组蛋白 H1 的染色质呈现出松散结构,使基因的转录过程更容易进行。

8.4.5　染色体重塑与转录调控

要使染色质在功能上成为具有活性的结构,首先要对 DNA 和组蛋白组分及其结构,以及核小体和染色质的组分和结构进行调整,包括组蛋白与 DNA 亲和力的调整、非组蛋白与 DNA 结合模式的转变、特异性转录因子的结合和解离等,最终引发核小体周期性有序结构空间构象的改变,染色质 DNA 呈现伸展状态,这个过程称为染色质动态结构调整。染色质核小体结构的动态调整包括以下 4 个过程:①串珠状核小体及更高层次结构中的基因处于非活化的状态。②依赖于 ATP 的存在,蛋白因子结合到染色质 DNA 结合域上,这一过程引起局部的染色质 DNA 由阻遏状态转变为去阻遏状态。③蛋白因子使染色质结构由非活化状态调整为活化状态。④结合在染色质上的蛋白因子(即通用转录因子)的活性结构域会吸引并与启动子结合蛋白结合,共同组装成转录前起始复合物。

由此可见,染色质结合蛋白在染色质结构动态调整过程中起着关键性的作用。一般认为,在基因转录之前,染色质的局部特定结构将发生置换,即一些具有特定功能的非组蛋白结合到调控区域,取代原有的核小体结构。如果缺乏特定的调控蛋白,启动子和上游调控区域就与组蛋白八聚体组装成非活化的状态,而不利于转录。转录调控蛋白与组蛋白在启动子区域存在着相互排斥和置换的现象。

在真核基因转录调控过程中,至少有以下 3 种方式可实现核小体置换。

(1)持久性置换核小体。在基因启动子区域,存在持久性的无核小体调控因子,这些因子始终结合在基因的相应位置,阻止核小体组装,从而在该区域替代核小体。这种状态一般在组成型启动子上出现。

(2)诱导性置换核小体。在基因被活化前,已组装的核小体结构占据着基因的上游调控位点和启动子核心序列。调控因子能够诱导基因结构的改变,从而置换原有的核小体结构,结合于上游调控位点或启动子核心序列上。

(3)持续性和诱导性置换并存。置换基因上游调控位点发生持久性置换,而启动子核心序列则呈现诱导性置换特征。

真核生物细胞核中的染色质 DNA 以核小体形式被高度压缩凝聚。这种结构虽然能稳定地储存大量遗传物质,但同时也阻碍了其他生物分子与 DNA 双螺旋的接近以及相互作用。为适应细胞不断变换的环境,必定存在着使染色质及核小体变化的调控机制。在细胞核内,染色质存在着阻遏、活化、激活三种状态,一般将在染色质和单个核小体内发生的任何可检测到的变化称为染色质重塑(chromatin remodeling)。染色质重塑主要涉及一系列蛋白质复合物如何影响核小体的构象,以及这些重塑复合物与转录调控因子的相互作用等。染色质重塑复合物中的许多蛋白质对基因的转录非常重要。例如,酵母中的 SWI/SNF 复合物,该复合物包含 11 个亚基,其中 SWI2 与 SNF2 具有解旋酶活性,SWI1 具有 ATP 酶活性。SWI/SNF 对于酵母中约 5% 的基因转录激活是必需的,是一种正调控蛋白复合物。研究者在电镜下观察到 SWI/SNF 参与染色质重塑,能够改变核小体对 DNase I 的敏感性。

SWI/SNF 重塑复合物具有依赖 DNA 的 ATP 酶活性,并含有解旋酶类亚基,后者在 ATP 的作用下能降低核小体 DNA 的螺旋程度,使组蛋白八聚体能沿着 DNA 分子移动,使核小体结构趋于松散,甚至使该小体完全解体。随后,组蛋白八聚体核心再与 DNA 的另一位点或片段结合。SWI/SNF 重塑复合物通过在特定部位与核小体 DNA 结合,使 DNA 弯曲成环,在环范围内的核小体 DNA 才能依次与该复合物作用或被修饰。在果蝇、爪蟾、线虫、鸡、小鼠和人的细胞中,都陆续发现了与酵母相似的染色质重塑复合物。在不同物种中,SWI/SNF 复合物的具体组成和功能都有所不同,但它们相对保守。在哺乳动物中,至少存在 4 种 SWI/SNF 复合物,它们在细胞内作为核受体(nuclear receptor)的辅助因子,对细胞的生长、珠蛋白基因的表达有调控作用。其他类型的重塑复合物还包括来自酵母细胞的染色质结构重塑复合物(remodeling structure of chromatin,RSC),其含量比 SWI/SNF 高 10 倍以上。RSC 不仅参与转录调控,还在 DNA 复制及染色体组织中起作用。来自果蝇胚胎的核小体重塑因子(nucleosome remodeling factor,NURF)是消耗 ATP 的染色质组装和重塑因子(ATP-utilizing chromatin assembly and remodeling factor,ACF)。

染色质重塑复合物还能协助转录调控因子共同发挥作用。例如,在转录起始阶段,某些转录调控因子与染色质上的 DNA 等形成复合物后,这些 DNA 复合物又吸引和诱导活化染色质重塑复合物,引起染色质重塑。随后,其他转录调控因子,如 TATA 结合蛋白(TBP)、RNA 聚合酶依次结合上去,最后形成了结构庞大而复杂的转录复合物。还有一种情况是 RSC 和 SWI/SNF 复合物共同引起染色质重塑。这个庞大的转录复合物可以从一个核小体移动到另一个核小体,该过程需要组蛋白 H4 的 N 端结构域存在。如果 H4 的 N 端结构域被切除,或 N 端赖氨酸残基发生突变将导致重塑过程受阻。此外,染色体重塑也不总是促进基因转录,例如 NuRD 是一种典型的抑制转录的染色质重塑复合物。

8.4.6　核基质与转录调控

在真核细胞的细胞核内,除核被膜、染色质、核纤层和核仁外,还存在着一个以蛋白质为主的网状系统,即核基质(nuclear matrix)。许多证据表明染色质结合在核基质上,而非漂浮在细胞核内。核基质是由 3～30 nm 的微纤丝构成的网状骨架蛋白群(scaffolding protein),主要成分包括核基质蛋白、核骨架蛋白、DNA 拓扑异构酶Ⅱ以及多种 DNA 结合蛋白,并含有少量 RNA。DNA 通过长约 200 bp 且富含腺嘌呤(A)和胸腺嘧啶(T)的特定序列结合在核基质蛋白上,这个特定序列被称为核基质结合区(matrix attachment region,MAR),MAR 使纤维状的染色质大分子 DNA 构成数以万计的环状结构,其中两段 MAR 之间的 DNA 区域弯曲呈放射环结构,每一个环的大小介于 30～300 kb,平均为 60 kb。核基质的网状构造是 DNA 分子复制以及 RNA 转录和加工的结构支架。DNA 与核基质的结合具有特异性,如鸡卵蛋白基因与鸡卵巢细胞的核基质结合,而不与鸡肝脏或红细胞的核基质相结合;同样,珠蛋白基因不与卵巢细胞的核基质结合,而与红细胞的核基质结合。这种特异性结合对调控基因的表达活性有着重要的意义。

比较不同生物细胞系统中的核基质可发现它们有以下共同特点:①核基质能够限定 DNA 环状结构的大小,使环状结构成为相对独立的结构域与功能域。该功能域中包括一系列的转录单位及各种特异的顺式作用元件,如绝缘子(insulator)等。它们能够阻止激活因子或结合抑制因子而实现对该功能域的调节。②核基质中各种蛋白之间相互作用,控制染色质组装的疏密程度,从而调节 DNA 的复制与转录。③核基质中可能存在着基因的某种增强子元件。④核基质还可能有 DNA 复制的起始位点。

核基质结合区较为保守,一般约为 200 个富含 A 和 T 的核苷酸区段,这些区段通过氢键、疏水力等分子间相互作用力与核基质蛋白相对松散地结合,或通过共价键与核基质紧密结合。核基质蛋白主要包括不溶性的纤维蛋白网状结构、核纤层-核孔复合物、核仁及非组蛋白,非组蛋白包括与信号转导有关的蛋白、与基因复制和转录有关的蛋白质和酶等。

8.4.7　基因丢失

基因丢失是指某些真核生物在细胞分化的过程中,染色体的某些 DNA 片段发生丢失,从而造成基因缺失的现象。通常情况下生殖细胞保持着全部的基因组,但早期体细胞可能会丢失部分 DNA 片段。许多原生动物有大核体和小核体两类细胞核。在胚胎细胞分化期,小核体 DNA 被切断成长 0.2～20 kb 的片段,之后这些片段逐渐被降解。但有些片段却能重复复制形成上千个拷贝而进入大核体中。研究者在研究蛙卵时发现小核体 DNA 片段有丢失现象。通过分别分离大核体和小核体 DNA,并将其分别注入预先去除细胞核的无核蛙卵细胞中,发现被注入大核体 DNA 的蛙卵细胞具有全能性,能够生长、分裂和发育,而注入小核体 DNA 的蛙卵细胞却无相应的功能。

研究者对马蛔虫受精卵细胞的研究发现它只有一对染色体,但有多个着丝粒。在发育早期,只有一个着丝粒起作用,保证有丝分裂的正常进行。在发育后期,纵裂的细胞中染色体分成许多小片段,其中有些片段含着丝粒,而不含着丝粒的片段在细胞分裂中丢失;横裂的细胞中染色体 DNA 没有丢失。受精卵细胞的第一次分裂是横裂,产生两个子细胞;第二次分裂时,下面的子细胞仍继续进行横裂,保持原有的基因组成,而上面的子细胞却进行纵裂,导致部分染色体 DNA 丢失。长此以往,下面的细胞保存了全套的基因并发育成为生殖细胞。

8.4.8　基因扩增

基因扩增(gene amplification)是指在生物体基因组内特定基因的拷贝数专一性大量增加的现象。在活细胞内,基因扩增的一个典型实例是爪蟾卵母细胞的 rRNA 基因的扩增。爪蟾卵母细胞采取了特殊的基因扩增方式,高效率扩增基因产生大量的蛋白翻译复合物,以合成其生长发育所必需的蛋白质。爪蟾的 rRNA 基因经过两次扩增,使其 rRNA 基因单位的拷贝数放大数千倍,此时卵细胞可以合成 10^{12} 个核糖体,rRNA 占整个 RNA 总量的 75%。它们通过滚环复制的方式扩增,这些串联的 rRNA 基因(rDNA)在卵母细胞核中形成数以千计的核仁(nucleolus)。每个核仁含有大小不等的 rRNA 的环状 DNA 分子。仅依靠基因组中上百个拷贝的 rRNA 基因和核糖体蛋白质基因重复单位,不能满足卵母细胞及胚胎的发育。在唾液腺细胞的多线染色体中,常染色体 DNA 序列在多线性化过程中发生大量复制,而异染色质部分不能大量复制,致使其异染色质相对含量很低。通过测定卫星 DNA 的含量,研究者发现它们不复制或很少复制,而常染色质在唾液腺细胞中能被复制多达 9 次。在果蝇基因组中,特定序列也常常发生过量复制(over-replication)或复制不足(under-replication)的现象。在实际研究中,研究者选择对有一定药物敏感性的细胞系使用特殊的试剂,可使真核细胞的特定基因发生 DNA 扩增。例如,在细胞系中加入氨甲蝶呤使二氢叶酸还原酶基因 DNA 大量扩增。这种内源性序列的扩增是由那些对一定药物敏感的细胞选择所产生的。这种用药物处理诱导基因扩增的技术称为基因组序列的选择性扩增。

8.4.9 染色体重排

染色体重排(chromosome rearrangement)是原核与真核生物细胞中广泛存在的一种现象,但真核生物中的染色体重排十分复杂,涉及众多的蛋白因子。典型实例是哺乳动物 B 细胞通过基因重排产生抗体或免疫球蛋白(immunoglobulin,Ig)。基因的重排能够从分子水平上显示出生物多样性,以及显示出生物的基因组与 mRNA 复杂性之间并非简单的线性关系。

免疫球蛋白基因在脊椎动物和人的淋巴细胞成熟过程中的重排,是有关基因重排研究中的一个重要实例。淋巴细胞分为 T 细胞和 B 细胞。在 B 细胞以外的所有细胞中都含有处于胚胎基因组结构的免疫球蛋白基因。B 细胞的主要功能是分泌免疫球蛋白,即抗体分子。按照 Burnet 的克隆选择学说,每一个浆细胞只能产生一种或几种抗体,而由淋巴细胞分化而来的浆细胞就能产生出无数种的抗体分子,以抵抗外来病原体的入侵。然而,细胞里并不含有数百万种编码不同抗体的基因。那么细胞是如何从有限数目的基因库中生成那么多种类的抗体呢?

B 细胞利用染色体重排的方式很好地解决了抗体多样性的问题。Ig 由两条轻链(L 链)和两条重链(H 链)组成,它们分别由三个独立的基因簇编码,其中两个编码轻链(κ 链和 λ 链),一个编码重链。小鼠的 κ 链、λ 链和重链分别位于第 6、第 16 和第 12 号染色体上。决定轻链的基因簇上分别有 L、V、J、C 四类基因片段。L 代表前导片段(leader segment),V 代表可变片段(variable segment),J 代表连接片段(joining segment),C 代表恒定片段(constant segment)。决定重链的基因簇上共有 L、V、D、J、C 五类片段,其中 D 代表多样性片段(diversity segment)。在 J 和 C 片段之间有增强子,且无论是重链或轻链,都是由多个 V 和 C 基因簇组成,这说明编码一条完整多肽链的基因在表达之前必须经过重排。

抗体各链基因的 V 片段约有数百个,而 J 片段通常为 4~6 个(图 8.14)。小鼠 λ 链基因的 V 片段数量异常少,推测是其在进化中丢失了大部分的 V 片段。轻链的恒定区 C 片段只有 1 个,但 λ 链每个 J 片段都与其自身 C 片段相连。重链基因除 V 片段、J 片段外还有 10~30 个 D 片段,并有多个恒定区 C 片段以决定抗体的效应功能,即抗体的类型和亚类型。小鼠 IgH 的基因恒定区有 8 个 C 片段,人的 IgH 的基因恒定区 C 片段依次为 C_μ、C_δ、$C_{\gamma3}$、$C_{\gamma1}$、ψ_ε、$C_{\alpha1}$、ψ_γ、$C_{\gamma2}$、$C_{\gamma4}$、C_ε 和 $C_{\alpha2}$(其中,ψ_ε 和 ψ_γ 是两个无活性的假基因),分别相当于 IgM、IgD、IgG3、IgG1、IgA1、IgG2、IgG4、IgE 和 IgA2。

除淋巴细胞外,所有细胞 Ig 基因簇的结构都是相同的,称为种系结构。只有骨髓干细胞在分化为成熟 B 细胞过程中,才出现有严格顺序性的 Ig 基因的体细胞重排(somatic rearrangement),这种重排也是 B 细胞在不同成熟阶段的特征。胚胎的 Ig 基因结构在所研究的该特定物种中基本上都相似。编码两条轻链(κ 链和 λ 链)的基因和位于同一座位上的重链基因虽然存在于不同的染色体上,但每一组基因都具有相似的结构。在 B 细胞成熟过程中,首先发生 Ig 基因的移位,之后进行 Ig 基因重排。

Ig 基因重排开始于将要分化为成熟 B 细胞的前 B 细胞中的重链的重排(图 8.15)。①重链 D 基因片段移位到 J 基因片段处,两者之间的序列被删除,形成 D-J 片段。②从数百个 V_H 基因中随机选择一个片段与 D-J 片段结合,形成 V-D-J 基因复合物。在此过程中,D 基因的 5′ 端形成一个启动子。V-D-J 重排是 Ig 基因表达的一个关键控制点,在 J_H 和 C_H 之间还有相关的转录增强子,在 C_H 与 V-D-J 之间仍存在着内

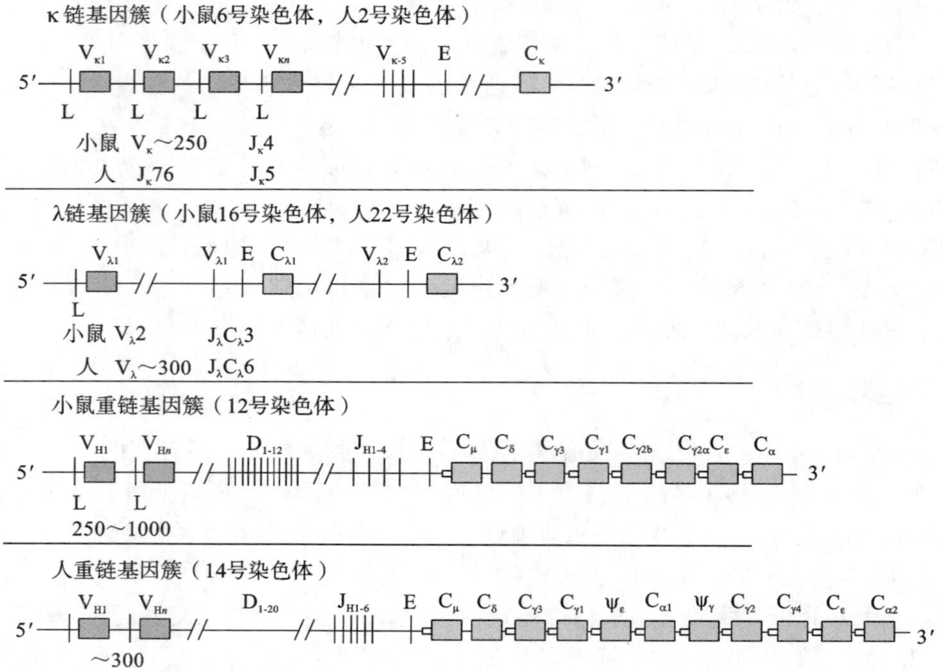

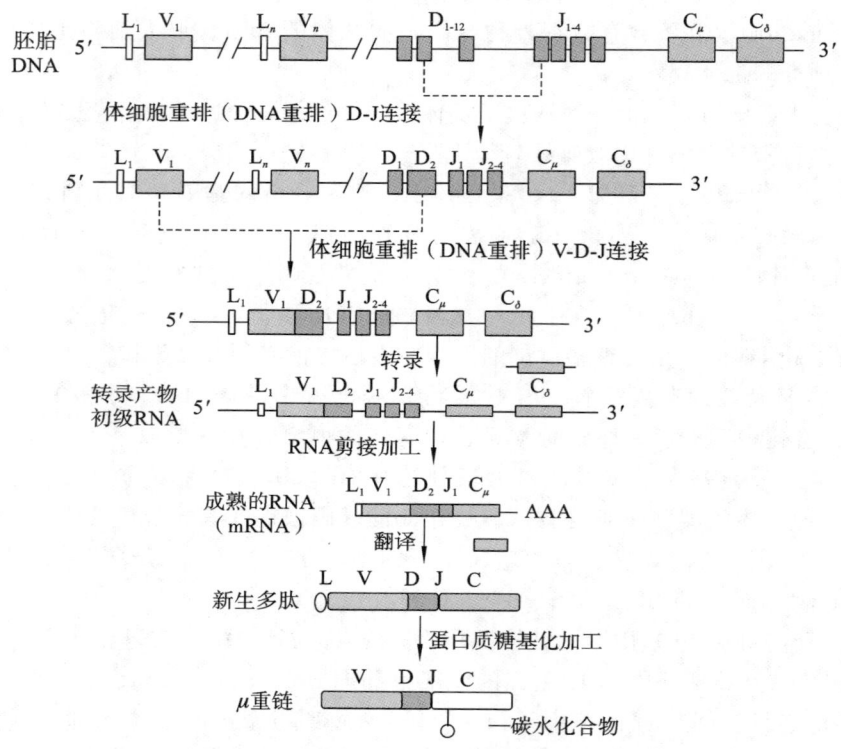

图8.14　小鼠和人抗体基因片段的排列示意图

图8.15　小鼠和人抗体基因片段的排列示意图

含子。③重排后的基因转录成初级 mRNA 前体，经过一系列的加工修饰，包括切除 V-D-J 与 C_H 之间的内含子，形成成熟的 μ-mRNA，并翻译合成IgM。重链（IgH）基因的 V-D-J 重排和轻链（IgL）基因的 V-J 重排均发生在特异位点上，在 V 片段的下游和 J 片段的上游以及 D 片段的两侧均存在保守的重组信号序列（recombination signal sequence，RSS）。该信号含有一个共同的由 7 个碱基组成的回文序列（5'-

CACAGTG-3′)和由 9 个碱基组成的序列(5′-ACAAAAACC-3′),中间是 12 bp(12 信号)或 23 bp(23 信号)的间隔序列。这些序列也是一种识别信号,确保重组只能发生在 12 信号和 23 信号之间,称为 12/23 法则。这一机制确保重组基因中仅整合每个编码区中的一个。

重链基因 V 片段的信号序列间隔为 23 bp,D 片段信号序列间隔为 12 bp,J 片段信号序列的间隔为 23 bp,这些信号序列总是以 7 bp 一端与基因片段相连。12 与 23 两个信号序列的方向相反,使 V-D-J 在连接中不会发生连接错误。在轻链基因中 V 片段和 J 片段与不同信号序列相连,也只能在它们之间发生连接。介导这些片段重组的酶是 Rag-1 与 Rag-2,它们在 DNA 连接处先切出一个切口,然后新的 3′-OH 进攻互补链上的磷酸二酯键,释放出中间的插入片段,并在编码片段末端形成茎-环结构。最后,开启这些茎-环结构的顶端将 DNA 连接成平末端。这个过程会导致连接处碱基的缺失和额外碱基的增加,这对 Ig 和 T 细胞受体的形成是有利的,因为这样可以用有限的基因组合获得类型更多的蛋白质。

8.5 DNA 水平的真核基因转录调控

核酸上的共价修饰在 DNA 和 RNA 的动态调控中发挥重要作用。不同生物中核酸修饰的种类和含量均有较大差异。在哺乳动物细胞中,5-甲基胞嘧啶(5-methylcytosine,5mC)是 DNA 上丰度最高的表观遗传修饰,在哺乳动物个体发育和疾病发展等多种生物学过程中发挥着关键的调控作用。同时,5mC 还可以进一步被氧化成 5-羟甲基胞嘧啶(5-hydroxymethylcytosine,5hmC)、5-甲酰基胞嘧啶(5-formylcytosine,5fC)和 5-羧基胞嘧啶(5-carboxylcytosine,5caC)。虽然与 DNA 修饰相比,RNA 修饰的种类更多,但是大部分修饰的功能尚未明确。DNA 甲基化可以轻易跨越细胞分裂继承下来,因此 DNA 甲基化是一种重要的表观遗传调控方式。下文将主要介绍 DNA 修饰与基因转录的关系。

8.5.1 DNA 甲基化

DNA 分子利用腺嘌呤、胸腺嘧啶、胞嘧啶和鸟嘌呤来编码遗传信息。除了这四种典型的核碱基外,DNA 分子还含有多种修饰的核碱基,可以控制和调节基因表达和染色体结构。DNA 甲基化是最常见的染色体修饰形式。具体而言,DNA 甲基化是指在 DNA 甲基转移酶的催化下,DNA 的某些核苷酸被选择性甲基化,如将 S-腺苷甲硫氨酸(SAM)的甲基转移到 CG 二核苷酸中胞嘧啶的 5 位碳原子上以形成 5-甲基胞嘧啶(5mC)的过程。5mC 主要发生在 5′-CG-3′ 二核苷酸序列上。动物基因组 DNA 中有 2%～7% 的胞嘧啶被甲基化修饰。5mC 是 DNA 甲基化的主要形式,除此之外还有少量的 N^6-甲基腺嘌呤(N^6-mA)和 7-甲基鸟嘌呤(7mG)等形式(图 8.16),它们分别由不同的 DNA 甲基转移酶催化。而绝大多数的甲基化事件发生在 CpG 岛(DNA 中的 C 和 G 碱基相邻的位点)上,这种甲基化修饰可以抑制基因的转录。甲基化位点的存在会阻碍转录因子与 DNA 结合,降低基因的表达水平。因此,DNA 甲基转移酶以及 DNA 上存在 CpG 二核苷酸是发生 DNA 甲基化修饰的前提。

如果两条链上的 C 都被甲基化时称为完全甲基化;在复制完成时,子链上的 C 呈非甲基化状态,此时只有一条 DNA 链被甲基化,称为半甲基化。作为一种表观遗传标记,5mC 与其他染色质因子紧密联系,参与多种发育和生理过程,甚至在人类疾病中也对基因表达产生广泛的影响。DNA 甲基化通常指胞嘧啶 5 位碳原子的甲基化(5mC),这种修饰能引起染色质结构、DNA 构象、DNA 稳定性及 DNA 与蛋白质相互作用方式的改变,从而调控基因表达。

8.5.2 CpG 岛

人类基因组中大约散落分布着 2800 万个 CpG 二核苷酸,一些富含 CpG 二核苷酸的区域被称为 CpG 岛,长度约为 1000 bp。CpG 岛在进化上相对保守,可通过调节染色质结构和影响转录因子结合来调控基因表达。发生甲基化的 DNA 序列主要集中在 CpG 岛上,CpG 岛存在于所有管家基因和少量组织特异性

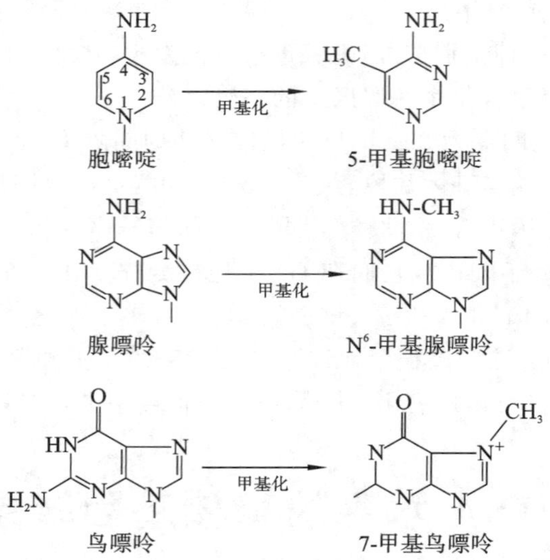

图 8.16　5-甲基胞嘧啶、N⁶-甲基腺嘌呤和 7-甲基鸟嘌呤结构图

基因的 5′ 端调控区。C 和 G 分别是胞嘧啶和鸟嘌呤,中间的"p"是指 C 和 G 之间由磷酸二酯键连接。需要特别注意的是,这里的 CG 位于一条 DNA 链上,是一个短的基因序列,不是两条链上相互配对的 C 和 G(图 8.17)。在哺乳动物的基因组中,CpG 序列只占 1%,其中 70%～80% 的 CpG 是零散分布的,但有一部分 CpG 会聚集成岛分布在基因上游的转录调控区,因此得名 CpG 岛。人类基因组大约有 25000 个 CpG 岛,CpG 岛内的 CpG 可占据总序列长度的 60% 以上。70% 左右的功能基因的起始部位都有 CpG 岛存在,且游离的 CpG 序列总是处于甲基化状态,而聚成岛的 CpG 通常是没有甲基化的,这说明功能基因的转录起始很可能与 CpG 岛有关。此外,人类 DNA 中约 3% 的 5mC 大都存在于约 45000 个 CpG 岛上。所有持续表达的管家基因均含有 CpG 岛,这些管家基因占基因组中 CpG 岛总数的一半。DNA 复制后,甲基转移酶可对新合成链未甲基化的位点进行甲基化,甲基化位点可随 DNA 的复制而遗传。

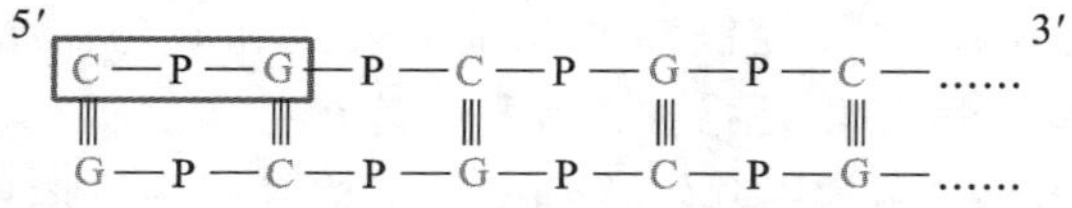

图 8.17　CpG 岛中 CpG 二核苷酸(黑色框为 CpG)

8.5.3　DNA 甲基化相关的酶

DNA 甲基化是一个动态修饰过程。DNA 甲基化和去甲基化是表观遗传学的重要机制之一,在细胞分化、增殖、衰老等方面具有重要的调控作用。DNA 甲基化分为三个阶段:甲基化的建立、甲基化的维持和去甲基化。在哺乳动物中,参与核基因组 DNA 甲基化的酶主要分为两大类:一类是 DNA 甲基转移酶(DNMT)家族,负责催化甲基化形成;另一种是 DNA 去甲基化酶(TET)家族,负责去除甲基化。除此之外,还有一类酶不参与 DNA 甲基化的形成和去除,而负责识别并结合 DNA 甲基化位点。在哺乳动物发育过程中,DNA 甲基化经历一系列变化。在最初的卵裂过程中,DNA 去甲基化酶清除来自亲代的几乎全部的甲基化标记,然后在胚胎植入前后,构建性甲基转移酶会重新建立一个新的甲基化模式,通过维持性甲基转移酶将新模式向后代传递。

8.5.3.1　DNA 甲基转移酶

DNA 甲基转移酶(DNMT)有 DNMT1、DNMT3A、DNMT3B 和 DNMT3L 四种,尽管都能催化 DNA 甲基化,但它们各自具有独特的功能和表达模式。

①DNMT1:DNMT1 的主要功能是维持 DNA 甲基化,保持细胞中原有的 DNA 甲基化模式或水平。

在 DNA 复制过程中,DNMT1 会优先作用于半甲基化的 DNA,即与新合成的 DNA 链结合,并催化其甲基化以确保原有的 DNA 甲基化模式得以维持。因此,DNMT1 也具有修复 DNA 甲基化缺陷的能力,在细胞分化和细胞分裂过程中起着关键作用。

②DNMT3A 和 DNMT3B:与 DNMT1 不同,DNMT3A 和 DNMT3B 可以在裸露 DNA 中的 CpG 位点引入新的甲基化。关于它们如何靶向特定的 DNA 区域目前仍不太清楚。有研究认为这与转录因子的调节有关。转录因子可以通过与特定 DNA 序列结合来招募 DNMT 进行甲基化,或者是转录因子的结合可以保护 CpG 位点而避免引入新的甲基化。DNMT3A 是正常细胞分化所必需的,而 DNMT3B 则主要在生物体发育早期发挥作用。

③DNMT3L:DNMT3L 本身没有催化能力,它是通过与 DNMT3A 和 DNMT3B 结合增强二者的酶活性而发挥作用的。DNMT3L 主要在生殖细胞和胸腺发育早期表达。

根据 DNMT 家族蛋白在甲基化中发挥的作用,可将其细分为从头甲基转移酶(如DNMT3A、DNMT3B、DNMT3L)和维持甲基转移酶(如 DNMT1)两大类。

①从头甲基化:DNMT3A 和 DNMT3B 是对未甲基化的 DNA 具有活性的从头甲基转移酶,不偏好半甲基化的 CpG 位点,而是能够"从头"甲基化先前未被甲基化的 DNA,使其逐渐从半甲基化状态转变为全甲基化状态。DNMT3L 与 DNMT3A/3B 相比,虽然缺乏甲基基序和催化结构域,但可以与 DNMT3A/3B 结合,刺激这两种酶的活性,从而推进甲基化进程。

②维持甲基化:维持甲基化指双链 DNA 的一条链已经发生甲基化,已经发生甲基化的链想将这种甲基化状态传递下去(通过半保留复制)。为完成这一步骤,维持甲基转移酶 DNMT1 只识别甲基化的 CpG,没有甲基化的 CpG 不会成为 DMNT1 的底物。

8.5.3.2 DNA 去甲基化酶

DNA 去甲基化途径主要有两种:被动去甲基化途径和主动去甲基化途径。被动去甲基化途径主要发生在细胞分裂中,由于 DNMT1 是负责维持细胞 DNA 甲基化水平的关键酶,当其表达受阻或功能出现异常时,会导致新合成的 DNA 子链无法发生甲基化,进而降低细胞分裂后的整体 DNA 甲基化水平。如核因子(NF)黏附于已甲基化的 DNA,使黏附点附近的 DNA 不能被完全甲基化,从而阻断 DNMT1 的作用。由于缺少维持甲基转移酶,甲基化的胞嘧啶就会在基因组中被逐渐稀释。主动去甲基化途径可以发生在分裂和非分裂细胞中,但这一过程需要特定的酶来去除 5mC 以恢复修饰前的状态,负责去除甲基化的酶即为 TET 家族,其成员有 TET1、TET2 和 TET3。在主动去甲基化的过程中,5mC 在 TET 蛋白的催化下不断被氧化,逐步去除甲基化。TET 蛋白首先介导 5mC 被氧化为 5hmC,再进一步被氧化为 5fC,最后再被氧化为 5caC。随后,胸腺嘧啶 DNA 糖基化酶(TDG)与碱基切除修复(BER)途径共同识别并去除 5fC 和 5caC,恢复为未修饰的胞嘧啶。

8.5.3.3 DNA 甲基化位点识别酶

DNA 甲基化对转录的抑制作用部分是通过甲基化 DNA 上结合特异性转录阻遏物(也称为甲基化结合蛋白)而起作用的。目前已知可以识别 DNA 甲基化 5mC 的三个独立蛋白家族包括 MBD 蛋白、UHRF 蛋白和锌指蛋白。

(1)MBD 蛋白家族由甲基化 CpG 结合蛋白 2(MeCP2)和 MBD1~6 等成员组成,它们共享一个保守的 MBD 域(甲基-CpG 结合结构域),该域对于甲基化的 CpG 位点有较高的亲和力,这也是与甲基化 DNA 结合所必需的。MeCP2、MBD1 和 MBD2 还包含一个 TRD 域,该域可帮助募集染色质重塑抑制因子(chromatin remodeling corepressors),从而引起转录沉默。如 MeCP2 的 TRD 结构通过募集包含 Sin3A 共阻遏物和组蛋白去乙酰化酶(HDAC1 和 HDAC2)的染色质重塑复合物来介导基因沉默。

(2)UHRF 蛋白(如 UHRF1 和 UHRF2)是一种多结构域蛋白,虽可与 5mC 结合,但其主要功能是首先与 DNMT1 结合,促进 DNMT1 靶向半甲基化状态的 DNA 以维持其甲基化水平。

(3)锌指蛋白(Kaiso、ZBTB4 和 ZBTB38)则是通过锌指结构域与甲基化 DNA 结合。其中,Kaiso 被认为是转录阻遏物，可以与活跃表达基因的未甲基化区域结合。

8.5.4 DNA甲基化对转录活性的影响

DNA甲基化是最早发现的修饰途径之一，广泛存在于所有高等生物中。DNA甲基化能抑制某些基因的活性，而去甲基化则诱导了这些基因的重新活化与表达。DNA甲基化能引起染色质结构、DNA构象、DNA稳定性及DNA与蛋白质相互作用方式的改变，从而控制基因表达。

8.5.4.1 DNA甲基化可引起基因失活

基因要想翻译成蛋白质，首先需要转录成RNA。这一过程需要转录因子的参与，这些转录因子实质上是一种蛋白质，它可结合特定的DNA序列——启动子。转录因子识别并结合启动子后招募RNA聚合酶。所以，启动子活性的强弱或者其对转录因子的吸引力可以决定一个基因是否表达，以及表达量的多少。而经常出现在启动子内部的CpG岛便可以改变启动子对转录因子的亲和力。去甲基化的CpG岛可以正常地结合转录因子，而甲基化后的CpG岛就无法结合转录因子。DNA链上伸出来的甲基基团就像屏障一样阻止转录因子的靠近。因此，去甲基化的CpG岛就像绿灯，转录机器可以畅通无阻地通过并激活后面的功能基因转录；而当CpG岛被甲基化后，就像红灯亮起，后面的基因便无法再被转录。

DNA甲基化可能主要通过以下3种机制抑制基因的表达。

（1）DNA的转录因子结合位点被甲基化后，其与转录因子（如E2F、CREB、AP2、NF2KB等）结合的能力降低，从而阻断基因的转录。

（2）DNA甲基化促进转录抑制因子（transcription inhibitor）与DNA结合，从而抑制基因的转录。

（3）DNA甲基化会导致某些区域DNA构象的改变，使染色质高度螺旋化并凝缩成团，这种结构变化直接影响转录因子与启动子区DNA的结合效率。此外，甲基化的CpG可以通过与甲基化CpG结合蛋白1（MeCP1）的结合间接影响转录因子与DNA的结合，使甲基化非敏感转录因子（SP1、CTF、YY1）失活，从而阻断基因的转录。

8.5.4.2 基因组印记

DNA甲基化抑制基因转录的一个典型例子是基因组印记（genomic imprinting）。根据孟德尔遗传定律，当一种性状从亲代传到子代，涉及这种性状的基因和染色体无论是来自父方或母方，其传递所产生的表型效应都应该是完全相同的。但是在20世纪80年代，研究者在小鼠胚胎中发现亲本基因组并不是双等位表达的，即控制某一表型的一对等位基因由于亲源不同而存在差异性表达，即机体只表达来自亲本一方的等位基因。来自双亲的同源染色体或等位基因被选择性修饰，引起等位基因不对称表达的现象称基因组印记，产生印记效应的基因称为印记基因（imprinted gene）。若父源等位基因表达，称为父源印记；若母源等位基因表达，则称为母源印记。1991年科学家发现的第一个印记基因IGF2R仅在母源拷贝中表达，随后又发现了lncRNA H19、IGF2等多个印记基因。

基因组印记的主要调控途径为DNA甲基化修饰，也包括组蛋白乙酰化或甲基化等修饰，以及DNA与蛋白质的相互作用。在生殖细胞形成早期，来自父方和母方的印记将全部被消除，父方等位基因在形成精子时产生新的甲基化模式，在受精时甲基化模式还将发生改变。母方等位基因的甲基化模式在卵子发生时形成。因此，在受精前来自父方和母方的等位基因具有不同的甲基化模式，分别表现为父源印记或母源印记。印记基因通常成簇出现（大约占80%），并被位于基因簇中的印记调控区（imprinting control region, ICR）调控。亲代通过印记基因来影响其下一代，以争取本方基因的遗传优势。印记基因对配子发生、胚胎和幼儿的生长发育有重要的调节作用，同时对行为和大脑的功能也有很大的影响。印记基因的异常表达或缺失会引发多种人类疾病，如贝-维综合征、拉塞尔-西尔弗综合征等。

由于DNA甲基化与人类发育和肿瘤疾病关系密切，如CpG岛甲基化会导致抑癌基因转录失活等问题，DNA甲基化已经成为表观遗传学和表观基因组学的重要研究内容。DNA甲基化在基因表达调控中具有非常重要的意义，通过对其进行深入的研究可以让我们更好地理解细胞生物学进程，为预测疾病的发生、发展提供重要依据。随着研究的不断深入，相信关于 DNA 甲基化在未来会有更多的新发现，从而为人类健康和生命科学领域带来更大的突破。

思 考 题

1. 真核生物在转录水平的调控与原核生物有哪些区别？
2. 什么是增强子、隔离子和沉默子？它们的作用是什么？
3. 转录因子的激活结构域有哪些类型？
4. 真核生物转录因子的调控机制有哪些？
5. 调控蛋白如何识别特异性的 DNA 序列？
6. 组蛋白乙酰化通过哪些方式调控基因转录？
7. DNA 甲基化如何抑制基因的表达？
8. 什么是基因重排？基因重排的生物学意义是什么？
9. 基因组印记和基因表达是什么关系？

本章思维导图

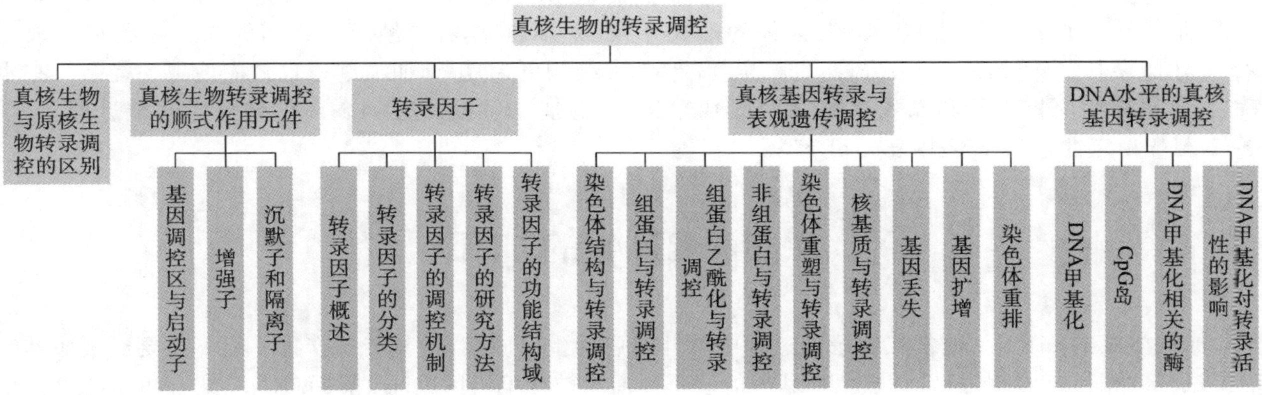

真核生物的转录调控

- 真核生物与原核生物转录调控的区别
- 真核生物转录调控的顺式作用元件
  - 基因调控区与启动子
  - 增强子
  - 沉默子和隔离子
- 转录因子
  - 转录因子概述
  - 转录因子的分类
  - 转录因子的调控机制
  - 转录因子的研究方法
  - 转录因子的功能结构域
- 真核基因转录与表观遗传调控
  - 染色体结构与转录调控
  - 组蛋白与转录调控
  - 组蛋白乙酰化与转录调控
  - 非组蛋白与转录调控
  - 染色体重塑与转录调控
  - 核基质与转录调控
  - 基因丢失
  - 基因扩增
  - 染色体重排
- DNA 水平的真核基因转录调控
  - DNA 甲基化
  - CpG 岛
  - DNA 甲基化相关的酶
  - DNA 甲基化对转录活性的影响

第 9 章
RNA 加工与转录后调控

扫码看课件

我们在第 6 章讨论了原核生物的转录及转录调控,在第 7 章和第 8 章讨论了真核生物的转录和转录调控。不管是原核生物还是真核生物,都经历了相当复杂的转录和转录调控过程。原核生物转录和翻译在同一场所进行,甚至在转录仍在进行时翻译过程就已经开始。相比之下,真核生物转录在细胞核内进行,翻译在细胞质中进行,两个过程不可能同时发生。然而,这并不意味着 RNA 转录完成后就立即进行翻译过程,最初转录的 RNA 一般以 RNA 前体的形式存在,RNA 前体需要经历一系列的加工过程成为成熟RNA 才能参与翻译过程。一般来说,真核生物的 RNA 结构更为复杂,加工过程也相应地更为复杂。在本章,我们将介绍原核生物和真核生物中不同种类 RNA 的加工过程,以及 RNA 的转录后调控过程,包括mRNA 的稳定性、RNA 干扰、microRNA。

9.1　RNA 的加工

原核生物的 mRNA 通常在转录的过程中就开始启动蛋白质翻译,其转录产物一般不需要经过额外的加工过程。相比于原核生物,真核生物基因的编码区通常被非编码区 DNA 隔断,RNA 聚合酶不能直接识别并转录基因的编码区全部序列。因此,真核生物的 mRNA 通常先被转录成较大的、被称为 RNA 前体的初级转录产物。这些初级转录产物均需要经历一系列结构和化学方面的修饰和成熟过程,才能成为具有功能的成熟 RNA,这一过程被称为 RNA 加工(RNA processing)。除了真核生物的 mRNA 外,真核和原核生物的 rRNA 与 tRNA 也同样需要经历加工过程,才能成为有功能的成熟 RNA。RNA 加工过程通常在细胞核中与转录过程同时进行,并持续到转录完成之后。RNA 加工的具体过程包括 rRNA 与 tRNA 加工、mRNA 的 5′加帽和 3′加尾、RNA 剪接及 RNA 编辑等过程。

9.1.1　rRNA 加工

RNA 分子通常不以单独形式存在于生物体内,而是和一些核蛋白结合形成复合物,这种复合物称为核糖核蛋白(ribonucleoprotein,RNP)。其中,核糖体是最大最复杂的核糖核蛋白复合物。RNA 初级转录产物在细胞核内通常以 RNP 的形式进行加工。

原核生物(如大肠杆菌)基因组中包含 7 个不同的具有 rRNA 基因的操纵子(operon),每个操纵子含有5S、16S 和 23S rRNA 基因的一个拷贝,还包含 1~4 个 tRNA 基因。这些操纵子可以转录产生一个大小为30S 的前体 rRNA(pre-rRNA)。研究者在大肠杆菌中进行酶缺陷型研究时发现,RNA 酶Ⅲ(RNase Ⅲ)参与 pre-rRNA 剪切的第一步,RNase M5、M16 和 M23 则参与 pre-rRNA 剪切的第二步。

如图 9.1 所示,大肠杆菌 rRNA 加工过程主要分为以下四个步骤。

(1)在初级转录之后或期间,rRNA 通过碱基之间的互补配对折叠形成许多茎-环结构。

(2)这种茎-环状二级结构的形成允许一些特定蛋白质结合形成 RNP 复合物,该复合物附着在 RNA

上并成为核糖体的一部分。

（3）在蛋白质结合后，RNA 发生一系列核苷酸修饰。例如，以甲基化剂 S-腺苷甲硫氨酸（SAM）为底物，使腺嘌呤的特定位置上加上甲基基团，并介导最初的剪切反应的发生。

（4）由 RNase Ⅲ 进行第一步的剪切，释放出 5S、16S 和 23S 的前体 rRNA 分子，随后 RNase M5、M16 和 M23 对第一步释放的前体分子的 5′ 和 3′ 端进行第二次剪切，并释放出成熟的全长 rRNA 分子。

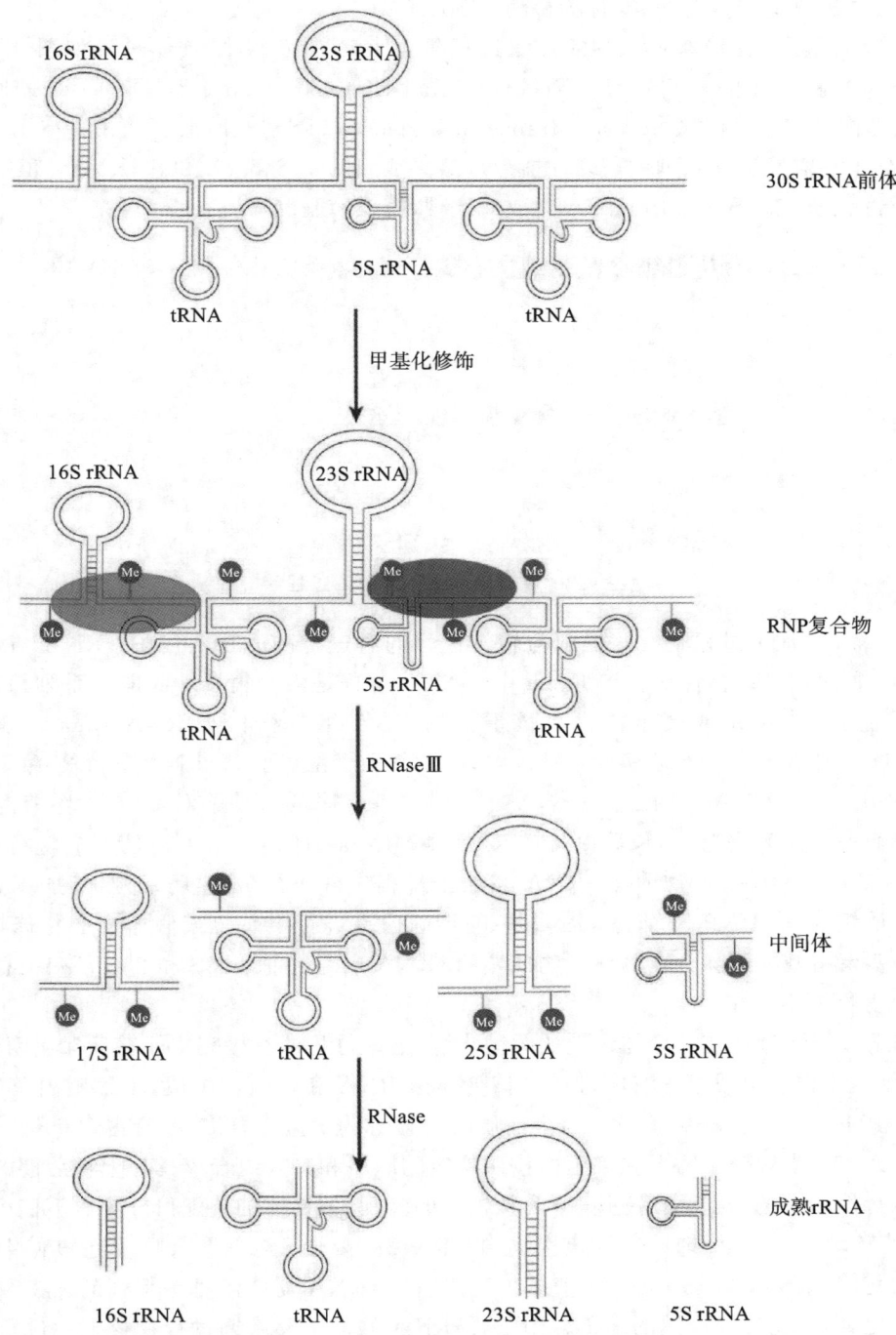

图 9.1 大肠杆菌 rRNA 加工过程示意图

真核生物的 rRNA 除了 5S rRNA 是由 RNA 聚合酶 Ⅲ 从未剪切的基因转录得到较短的（通常为 121 nt）转录物外，其他真核生物中的 rRNA 也是由单个长的单链前体 rRNA 分子通过特定的修饰和剪切步骤产生的。真核生物中 rRNA 以串联重复的方式排列，包含 100 个以上的拷贝。RNA 聚合酶 Ⅰ 以多个拷贝的 rRNA 基因为模板,转录合成大量的 rRNA。rRNA 前体的大小和加工因物种而异(酵母约为 7000 nt,哺乳动物约为 13500 nt)。真核生物主要 rRNA 前体为 45S rRNA(包含 18S、5.8S 和 28S 的 rRNA 序列),该前体在合成过程中与核仁小核糖核蛋白(small nucleolar ribonucleoproteins,snoRNP)结合,经历大量的剪切和修饰形成成熟的 rRNA 和核糖体。一些低等真核生物(如嗜热四膜虫)的 rRNA 还含有自身可被剪切的内含子,通过自身剪切掉内含子而成为有功能的分子。此外,许多内含子被发现可以在体外自行催化剪接反应,因此被称为自剪接内含子,也称为核酶(ribozyme)。

对于哺乳动物细胞来说,前体 rRNA 的加工过程包含大量剪切事件,具体过程如图 9.2 所示。前体 rRNA 首先去掉 5′端和 3′端的外侧转录间隔区(external transcribed spacer,ETS),再去掉 18S、5.8S 和 28S rRNA 之间的内在转录间隔区(internal transcribed spacer,ITS),此时会释放出 20S 和 32S 的两个前体分子,这两个分子还需经历一系列的剪切才能形成最终成熟的 18S、5.8S、28S rRNA。值得一提的是,在成熟的 rRNA 产生之前,5.8S 和 28S rRNA 常成对出现,完成碱基配对。

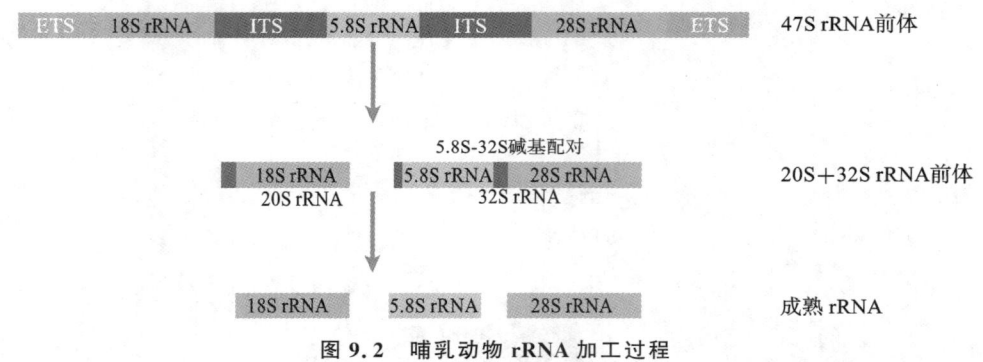

图 9.2 哺乳动物 rRNA 加工过程

真核生物 rRNA 的加工过程是在核仁中与转录过程同时进行的。在核仁中,rRNA 与蛋白质形成复合物,经过一些修饰(如甲基化)后发生剪切。其中,甲基化过程是由聚集在一起的一系列核内小分子核糖核蛋白微粒介导,其修饰部位取决于核仁小核蛋白的 RNA 组分核仁小 RNA(small nucleolar RNA,snoRNA),它通过与 rRNA 的一部分序列互补配对,在 100 多个位点上对 rRNA 进行 2′-O-甲基化修饰。

在原核生物中,前体 rRNA 中的三种 rRNA 首先通过各自序列互补配对形成茎-环结构,该结构允许一些蛋白质的结合并发生碱基修饰,最后由几种 RNA 酶(RNase Ⅲ、M5、M16 和 M23)进行两步剪切最终释放成熟的 rRNA 分子。真核生物前体 rRNA 在加工过程中并不形成茎-环结构,其加工过程需要一类 snoRNA 与蛋白质组成 snoRNP,对前体 rRNA 中的特殊位点进行甲基化或假尿苷酸化修饰来完成前体 rRNA 的剪切和多余碱基的删除。在真核生物成熟的 rRNA 产生之前,5.8S 和 28S rRNA 总是成对出现,这一现象在原核生物中不存在。

rRNA 的加工和修饰过程是核糖体组装的关键步骤,这些过程的有序完成能够确保核糖体的正确结构和功能,从而使细胞蛋白质合成过程有序进行。核糖体由 RNA 和蛋白质组成,是细胞内负责合成蛋白质的重要细胞器。其 RNA 组分被称为 rRNA,蛋白质组分被称为 r 蛋白,rRNA 所占含量是 r 蛋白的两倍。核糖体中的 rRNA 和 r 蛋白分子需要在细胞内按照特定的顺序和方式组合成具有生物活性的核糖体结构,这样核糖体才能行使相应的功能,这一过程称为核糖体的装配,核糖体的装配可分为以下四个过程。

(1)rRNA 的转录、加工和修饰。在真核生物中,rRNA 主要由 RNA 聚合酶Ⅰ在核仁中转录生成,初始产物为较大的前体 rRNA(如 45S rRNA 前体),这些前体 rRNA 需要经过一系列的加工和修饰过程(如剪切、拼接、甲基化等)才能形成成熟的 rRNA 分子。rRNA 的加工和修饰过程在核仁中进行,需要多种酶和辅助因子的参与。

(2)r 蛋白的转录、翻译及修饰。r 蛋白由细胞核中的基因编码,通过转录和翻译过程在细胞质中合成。r 蛋白在合成后可能还需要经过进一步的修饰(如磷酸化、糖基化等),以获得正确的结构和功能。

(3)rRNA 和 r 蛋白的结合。经过加工和修饰的 rRNA 分子与 r 蛋白分子在细胞内通过特定的相互作用力(如氢键、离子键、疏水相互作用等)结合在一起,形成核糖体亚基的核心结构。这一过程需要精确的分子识别和定位,以确保 rRNA 和 r 蛋白能够正确地组装在一起。

(4)核糖体亚基的组装。在真核生物中,核糖体亚基(小亚基和大亚基)首先在核仁中分别完成组装,然后通过核孔转运到细胞质中。在细胞质中,小亚基和大亚基进一步结合形成完整的核糖体结构。组装完成的核糖体在细胞质中进一步成熟,并获得与 mRNA 结合并催化蛋白质合成的能力。成熟的核糖体参与细胞内蛋白质的合成过程,可确保遗传信息的准确传递和生物体的正常生长发育。

9.1.2　tRNA 加工

成熟的 tRNA 是由较长的前体 tRNA 转录本通过加工产生的。在原核生物中,tRNA 的加工过程涉及特定的内切和外切核酸酶(RNase D、E、F 和 P)对前体 tRNA 转录物进行剪切,并且每一种特定的前体 tRNA 转录产物在剪切后都需要经过特定的碱基修饰。在真核生物中,很多前体 tRNA 转录物会含有一个内含子,并且在其 5′ 端和 3′ 端也会有多余的碱基,需要将这些多余的部分切除并拼接才能产生成熟的 tRNA。这一过程需要特定的内切酶对其进行切割和碱基修饰。原核生物成熟 tRNA 的 3′ 端 CCA 序列是通过基因编码的,而真核生物 tRNA 的 3′ 端 CCA 序列是由 tRNA 核酸转移酶在加工过程中添加的。下面分别以大肠杆菌和酵母菌为例来阐述原核生物和真核生物 tRNA 的加工过程。

大肠杆菌的 rRNA 操纵子中包含 1~4 个 tRNA 基因。此外,在大肠杆菌中还有其他 7 种含有 tRNA 基因的操纵子,这些 tRNA 一般被间隔序列隔开,而这些操纵子的前体转录产物需经过加工才可得到成熟的 tRNA。大肠杆菌 tRNA 加工过程如图 9.3 所示,初级转录本先进行折叠并形成特征茎和环;然后经历一系列核酸内切酶和外切酶的剪切,主要包括核酸内切酶(RNase E 或 F)在 3′ 端切断一个侧翼序列,留下一个带有 9 个额外核苷酸的前体;随后,RNase D 逐个地去除 7 个 3′-核苷酸,RNase P 切割产生成熟的 5′ 端,RNase D 从 3′ 端修剪剩余的 2 个核苷酸以产生成熟的 3′ 端;最后,tRNA 还需要经历一系列特定的碱基修饰。值得一提的是,虽然不同种类的 tRNA 在加工方式上大致相似,但是碱基修饰各有不同。tRNA 加工过程中常见的碱基修饰类型见表 9.1。

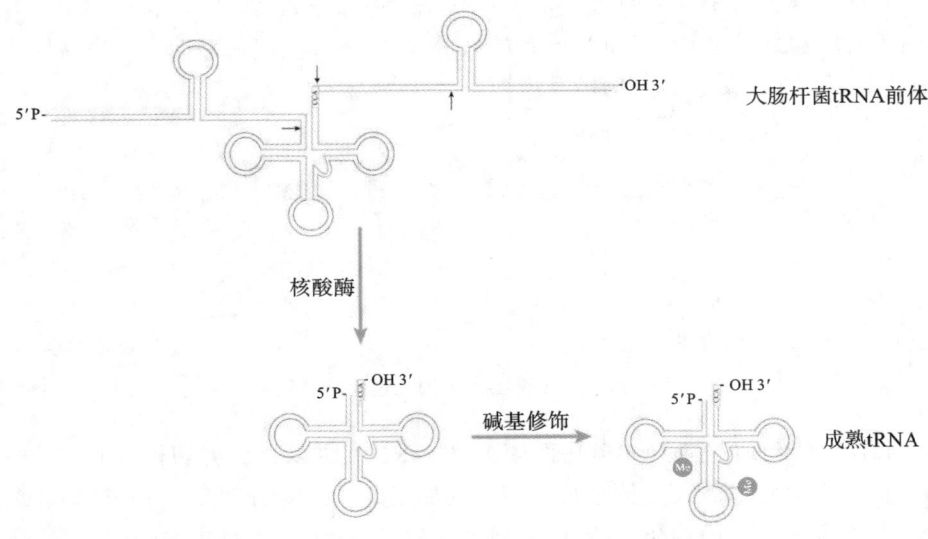

图 9.3　大肠杆菌 tRNA 加工过程示意图

表 9.1　tRNA 加工过程中常见的碱基修饰类型

修饰类型	中文名称
Xo^5U	5-羟基尿苷
$Cmnm^5U$	5-羧甲基氨甲基尿苷

修饰类型	中文名称
mCm^{5}U	5-甲氧基羰甲基尿苷
Xm^{5}s^{2}U	5-甲基-2 硫代尿苷
K^{2}C	2-赖氨酸胞苷
Com^{5}U	5(2)-羟羧甲基尿苷
I	次黄嘌呤
m^{7}G	7-甲基鸟苷
m^{5}C	5-甲基胞苷
m^{6}A	6-甲基腺苷
s^{2}C	2-硫代胞苷
ψ	假尿苷
Um	2′-O-甲基尿苷
Q	Queuosine,辫苷

真核 tRNA 前体中只含有单个 tRNA,而在细菌中,一个 tRNA 前体含有一个或多个 tRNA,甚至有的同时含有 rRNA 和 tRNA(见原核 rRNA 加工)。真核生物 tRNA 加工过程与原核生物 tRNA 加工过程非常相似。下面以酵母菌为例来阐述真核生物 tRNA 的加工过程。酵母菌的 tRNA 前体由 16 nt 5′端前导序列、14 nt 内含子和 2 个额外的 3′端核苷酸组成。如图 9.4 所示,酵母菌 tRNA 的加工过程包括以下步骤:①内含子的剪接。tRNA 前体形成具有茎-环的二级结构,此二级结构允许 RNase P 识别并剪切 5′端前导序列。然后,内切酶切除内含子并将两边的半个 tRNA 连接在一起。②3′端添加 CCA。tRNA 3′端促核糖核酸内切酶去除 3′端额外核苷酸,tRNA 核苷酸转移酶将 5′-CCA-3′添加到 3′端以生成成熟的 3′端。③核苷酸的修饰。在 tRNA 上进行特定的碱基修饰。

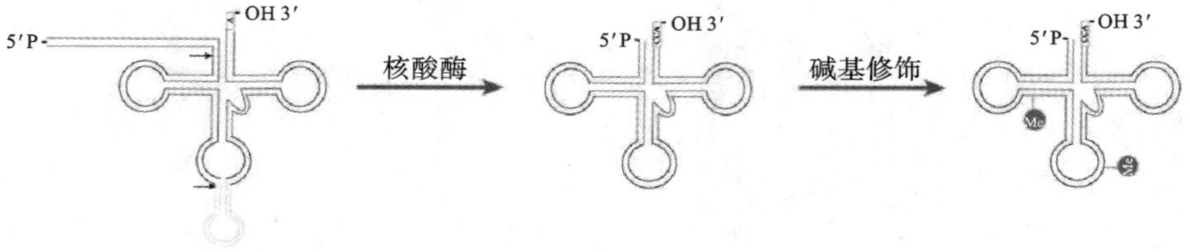

5′P— OH 3′ 核酸酶 5′P— OH 3′ 碱基修饰 5′P— OH 3′

酵母菌tRNA前体　　　　　　　　　　　　　　　成熟tRNA

图 9.4　酵母菌 tRNA 加工过程示意图

前面我们提到有些低等真核生物(如嗜热四膜虫)的 rRNA 可以自己剪切掉自身内含子,在本节中同样讲到一些 RNA 分子可以对 tRNA 前体进行剪切使其加工成成熟的 tRNA,包括 RNase D、E、F 和 P。由于这类 RNA 分子具有和酶一样的催化功能,能够通过催化靶位点 RNA 链中的磷酸二酯键断裂,特异性地剪切底物 RNA 分子,因此将这类 RNA 分子称为核酶。其中,RNase P 是最早发现的核酶,其在 tRNA 加工过程中催化切割去除 tRNA 5′端前导序列,广泛存在于原核生物和真核生物中,在真核生物中主要位于细胞核。RNase P 由单链 RNA(M1 RNA)和蛋白质两个亚基组成,属于分子量比较小的核糖核蛋白(snRNP)。1983 年,Altman 证实 M1 RNA 是 RNase P 中具有催化活性的组分,因此 RNase P RNA 又称为核酶。一般 RNase P RNA 在体外的催化活性是体内的 1/50,说明体内的某些蛋白质起到了辅助催化的作用。此外,大肠杆菌中的 RNase P RNA 在体外的催化活性高于真核生物和古细菌中的 RNase P RNA。

所有的 RNase P RNA 都具有共同的序列和结构特征。

目前科学家们已经可以通过胞外选择技术进行新型核酶的合成,核酶可作为治疗剂用于纠正人类细胞中的突变信使核糖核酸(mRNA),抑制致癌基因表达,杀死癌细胞,防止病毒复制等。核酶的发现是生物学领域的一个重大进步,它反映了一种自我催化现象,突破了传统酶的概念,并且揭示了内含子自我剪切的奥秘,促进了 RNA 领域的研究,为生物起源和分子进化提供了新证据。

9.1.3　mRNA 加工

原核生物的 mRNA 转录物一般没有加工过程或者很少进行加工,其转录和翻译过程在同一场所同时进行。相比之下,真核生物转录在细胞核中进行,而翻译在细胞质中进行,其初始 mRNA 转录物一般是间隔序列,中间含有内含子序列,需要对前体转录物进行 5′端加帽,3′端多聚腺苷化(加尾),内含子剪接和 RNA 编辑等加工过程才能成为成熟的功能性 RNA 分子(图 9.5)。

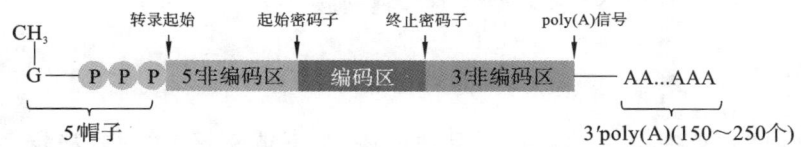

图 9.5　成熟的 mRNA 分子结构图

真核生物由于核内的前体 RNA 长短不一,序列复杂程度很高,所以也被称为核内不均一 RNA(heterogeneous nuclear RNA,hnRNA)。hnRNA 长度变化的范围从 2 kb 到 14 kb 不等,分子长度为 8～10 kb,比 mRNA 的平均分子长度大 4～5 倍。在细胞核内,转移到细胞质中进行翻译的 hnRNA 仅有总量的 1/2 左右,其余的都在核内被降解。真核生物的 mRNA 在核中并非以裸露的核酸形式存在,而是与高丰度蛋白结合形成不均一的核糖核蛋白(heterogenous ribonucleoprotein,hnRNP)。核糖核蛋白体颗粒中 hnRNA 被蛋白质所包围。组成 hnRNP 的蛋白质被分为 A～U 类,其中 A、B、C 三类最为丰富。这些 hnRNP 的主要作用是保持 hnRNA 的单链结构,并帮助其加工。

真核生物中 mRNA 加工主要包括以下 3 个过程。

1)mRNA 的 5′端加帽

真核生物 mRNA(不包括叶绿体和线粒体)的 5′端都是经过修饰的,基因转录一般从嘌呤(主要是 A)起始,第一个核苷酸保留了 5′端的三磷酸基团并能通过 3′-OH 位与下一个核苷酸的 5′磷酸基团形成二酯键。随后,第一个核苷酸保留的 5′端的三磷酸基团可以通过 5′-5′磷酸二酯键在最初 mRNA 5′端倒扣一个第 7 位发生甲基化的鸟苷酸(m^7G),新加上的 m^7G 与 mRNA 链上所有其他核苷酸方向正好相反,像一个帽子倒扣在 mRNA 链上,故称为加帽。第一个帽序列是在牛痘病毒 mRNA 中发现的。根据转录起始位点第一个核苷酸(+1)和第二个核苷酸(+2)是否发生甲基化,将帽子结构分为 0 型、1 型、2 型三类。0 型帽子只有倒扣的鸟苷酸的第 7 位发生甲基化,+1 位和+2 位核苷酸都没有发生甲基化。除了倒扣的鸟苷酸发生甲基化外,+1 位核苷酸的 2′位羟基也发生甲基化,这类帽子称为 1 型帽子。2 型帽子则是在倒扣的鸟苷酸以及+1 位和+2 位核苷酸 2′位羟基上均发生了甲基化。一个完整的帽子结构通常是按 0 型—1 型—2 型的顺序依次添加甲基的。

mRNA 加帽过程如图 9.6 所示,当转录开始并合成 20～30 个碱基后加帽过程就开始了,初始 mRNA 的第一个核苷酸的 5′端保留了三个磷酸基团,第一步通过 RNA 三磷酸酯酶的作用去掉三个磷酸基团中的一个,形成一个保留了两个磷酸基团的焦磷酸。第二步,在鸟苷酸转移酶的作用下,以 GTP 为底物去掉两个磷酸基团,并将其倒扣在第一步中形成的焦磷酸上,然后在甲基转移酶的作用下,以 S-腺苷甲硫氨酸(SAM)为底物提供甲基供体,在鸟苷酸的第 7 位添加一个甲基,这样就形成了一个 0 型帽子。接着,再以 SAM 为底物,在鸟苷酸转移酶的作用下,依次在+1 位和+2 位核苷酸的 2′-OH 位上依次添加甲基,分别形成 1 型帽子和 2 型帽子。

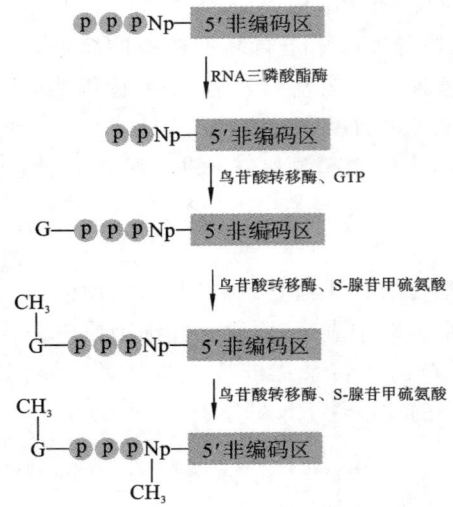

图 9.6　mRNA 加帽过程示意图

mRNA 的 5′端加帽主要有如下功能。①保护 mRNA 不被降解,增加其稳定性;②为翻译起始酶 eIF4E 识别 mRNA 的 5′端提供重要信号,促进 mRNA 的翻译过程;③5′端帽子是成熟的 mRNA 运出核孔所必需的结构,它能够提高 mRNA 从细胞核到细胞质的转运效率;④前体 mRNA 被正确地剪切,5′端完整的帽子结构将有利于第一个内含子的剪切。

2)mRNA 的 3′加尾

真核生物成熟的 mRNA 3′端通常带有 150～250 个腺苷酸组成的尾巴(组蛋白 mRNA 等除外),称为多聚腺苷酸尾(poly(A))。这段 poly(A)尾是在转录之后由 poly(A)聚合酶催化添加的。RNA 3′端的 poly(A)的添加需要特定的序列信号,如 AAUAA 是加尾的一个重要的序列信号。一系列的酶能够同时识别 AAUAA 和其下游另外一个保守序列 GUGUGU,识别后就会在两个序列中间切开 RNA 链,然后在 poly(A)聚合酶的作用下添加一长串的 A。

mRNA 加尾过程如图 9.7 所示,剪切多聚腺苷酸化特异性因子 CPSF 识别加尾信号序列,剪切激活因子(CSTF)与 CPSF 结合,形成稳定的 CPSF-RNA 复合物,poly(A)聚合酶(PAP)催化 200～250 个腺苷酸的多腺苷酸化。

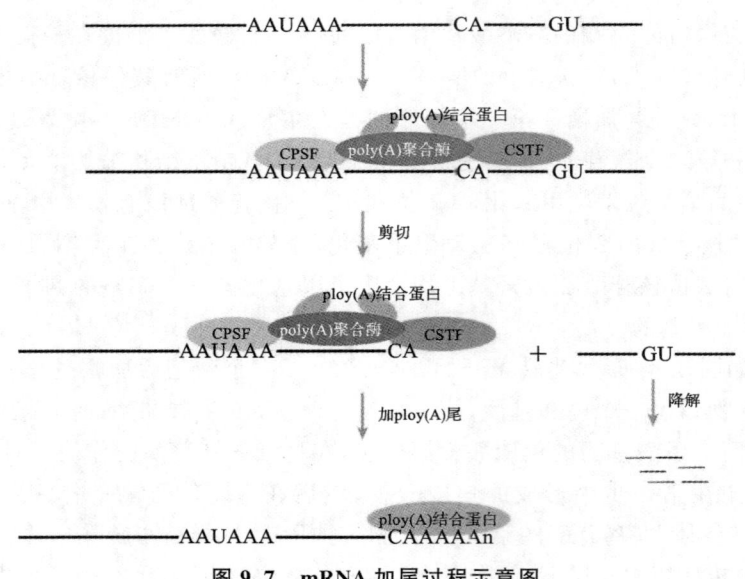

图 9.7　mRNA 加尾过程示意图

3′端 poly(A)主要有以下功能:①参与新生 RNA 从 DNA/RNA/RNA 聚合酶Ⅱ三联体复合物中的释放;②与转录过程偶联,既能促进转录终止,也能防止 RNA"早熟";③参与前体 mRNA 的 3′端内含子的去除;④稳定 mRNA 结构;⑤提高翻译效率。

3)mRNA 的剪接

高等真核生物中大多数编码 mRNA、tRNA 以及少数编码 rRNA 的基因是断裂基因,这些基因的编码区被一些称为内含子的无义序列所隔开,而内含子两侧的序列(外显子)才是最终出现在成熟 mRNA 产物中,并最终翻译成功能性蛋白的有义序列。最初科学家们在研究成熟 mRNA 中内含子信息如何被去除时提出了两种假设。第一种是内含子没有被转录,在转录过程中,RNA 聚合酶忽略了内含子,通过某种方式直接从一个外显子跳到另外一个外显子。第二种方式是内含子和外显子都被转录,然后将内含子剪切掉。第二种方式看似是多余的,但是在后来的实验中,科学家们通过 R 环实验将 β 珠蛋白前体 mRNA、成熟 mRNA 分别与 β 珠蛋白基因进行杂交证明内含子也被转录到前体 mRNA 转录物中,但是不出现在成熟 mRNA 产物中(图 9.8)。因此,将真核生物间隔基因内部的内含子去除,同时将外显子连接起来形成成熟的 mRNA 的过程称为 RNA 剪接(RNA splicing)。RNA 剪接过程通常发生在细胞核中(图 9.9,彩图 29)。

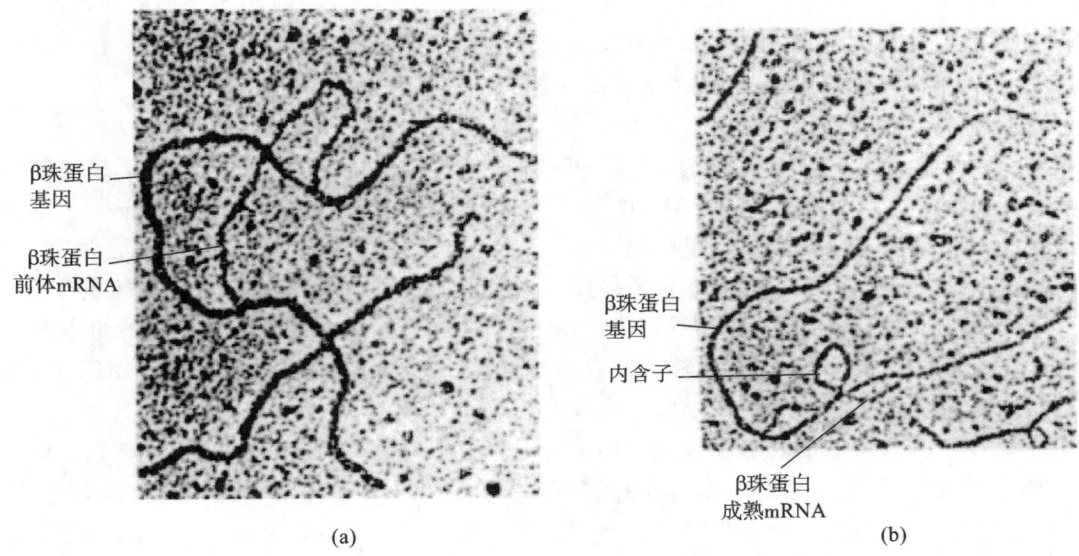

图 9.8　R 环实验证明内含子可被转录

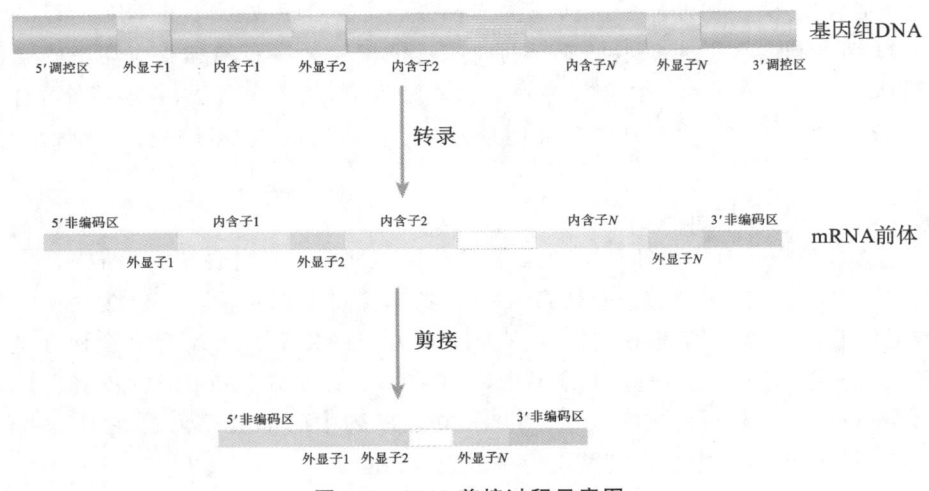

图 9.9　RNA 剪接过程示意图

现在我们已经知道基因的内含子也会被转录,其在 RNA 加工过程中被切除,并将外显子连接起来。那么,剪接事件是如何发生的? 即我们要明确剪接的底物是什么,从哪个位置"剪",剪接的装置又是什么,怎么"剪"等问题。

前面我们已经提到大多数编码 mRNA、tRNA 以及少数编码 rRNA 的基因含有内含子,所以需要剪接的底物就是上述 RNA 分子。知道了剪接的底物,那么从哪个位置剪呢? 我们知道剪接的目的是将内含子去掉,并将外显子拼接起来,也就是要将第一个外显子的 3′端外侧与第二个外显子的 5′端外侧连接起来,因此至少需要识别两个剪接位点:3′剪接点(也称为受体位点)和 5′剪接点(即供体位点)。供体位点和受体位点序列统称为边界序列(boundary sequence),该序列高度保守,是剪接过程中重要的识别序列。人类中许多重要疾病(如地中海贫血)就是由于该序列的突变导致的。除了边界序列外,低等真核生物 rRNA、线粒体基因以及叶绿体基因内含子中的内部核心结构(central core structure),核内 mRNA 和 tRNA 内含子中的分支点序列(branch point sequence)也是剪接过程的重要识别序列。根据内含子和外显子边界序列、内部核心结构以及分支点序列的保守性,将内含子分为Ⅰ型、Ⅱ型和Ⅲ型三类。尽管三类内含子在剪接方式上有所不同,但均执行相似的剪接机制。Ⅰ型和Ⅱ型内含子依靠内含子自身形成二级结构进行剪接,而Ⅲ型内含子需要前体 mRNA 与 5 种 snRNA(U1、U2、U4、U5 和 U6)以及剪切因子形成剪接体进行剪接。三类内含子采用的剪接机制均是通过序列互补和分子折叠的方式将被内含子隔开的供体位点和受体位点连接在一起。下面将详细介绍Ⅰ型、Ⅱ型和Ⅲ型内含子的结构和剪接机制。

1)Ⅰ型内含子的结构与剪接机制

Ⅰ型内含子主要是指低等真核生物的 rRNA 和线粒体基因的内含子,它们具有以下结构特点。①前体 mRNA 中内含子的边界序列为 5′U···G3′;②具有内部核心序列(central core sequence,CCS)。内部核心序列是指内含子中含有的 4 个反向重复的保守序列,4 个保守序列两两同源、反向平行、序列互补,构成 RNA 分子内的一种二级结构,在剪接中起重要作用。内部核心序列可以使长的内含子有序折叠。③在靠近内含子 5′端的序列内,具有一段内部指导序列(internal guide sequence,IGS),该序列既可以与 5′供体位点发生序列互补,也能与 3′受体位点发生序列互补,从而形成二级结构,将 5′供体位点的"U"与 3′受体位点"G"拉近以便进行剪接。

下面我们以梨形四膜虫 35S rRNA 为例介绍Ⅰ型内含子的剪接机制(图 9.10)。科学家在研究梨形四膜虫 35S rRNA 内含子剪接机制时发现,其剪接过程不需要任何蛋白酶类的参与,仅需要 GDP/TDP 和阳离子,就可以自己剪切去掉内含子。由此发现了核酶,即一类具有催化功能的 RNA 分子,通过催化靶位点 RNA 链中的磷酸二酯键的断裂特异性地剪切底物 RNA 分子。在剪接过程中,Ⅰ型内含子首先通过自身结构中的 CCS 和 IGS 折叠形成二级结构,使 5′供体位点和 3′受体位点相互靠近。在 GDP 或 TDP 存在下,G-OH 占据鸟苷酸结合位点,5′端外显子占据底物结合位点。G-OH 攻击 5′供体位点 U-A 间的磷酸二酯键使其断裂,G-OH 结合到内含子的 5′端形成新的磷酸二酯键。第一步转酯反应切下内含子的 5′供体位点。紧接着,3′受体位点的鸟苷酸结合位点发生第二次转酯反应,切下内含子,并连接外显子。通过实验证明,切下的内含子长度为 414 nt。第三次转酯反应是内含子自身通过 3′-OH 进行转酯反应切下 5′端 19 个核苷酸。

2)Ⅱ型内含子的结构与剪接机制

Ⅱ型内含子主要是指核 mRNA、tRNA 和玉米线粒体 RNA 中的内含子,其结构特点如下。①前体 RNA 中的内含子边界序列为 5′供体位点(GUGCG),3′受体位点 PyAU,其中 Py 为嘧啶。②在靠近内含子的 3′受体位点处存在一个 7 核苷酸分支点序列 PyPuPyPyUAPy,其中 A 为完全保守的碱基,Pu 为嘌呤。此外,在分支点序列两侧存在一些短的序列,下游的短序列与上游的短序列互成反向重复序列(inverted repeat sequence,IR),可形成茎-环结构。分支点序列中的部分序列也在 IR 内,但 A 被排除在外,从而形成一个"芽状突起",该突起在转酯反应中成为攻击位点。

Ⅱ型内含子剪接机制如图 9.11 所示,第一次转酯反应攻击的位点为分支点序列中被茎-环结构排除在外,形成芽状突起的 A 位点的 2′-OH。此时,5′供体位点的 G 在该位点进行转酯反应,在 A 和 G 之间形成

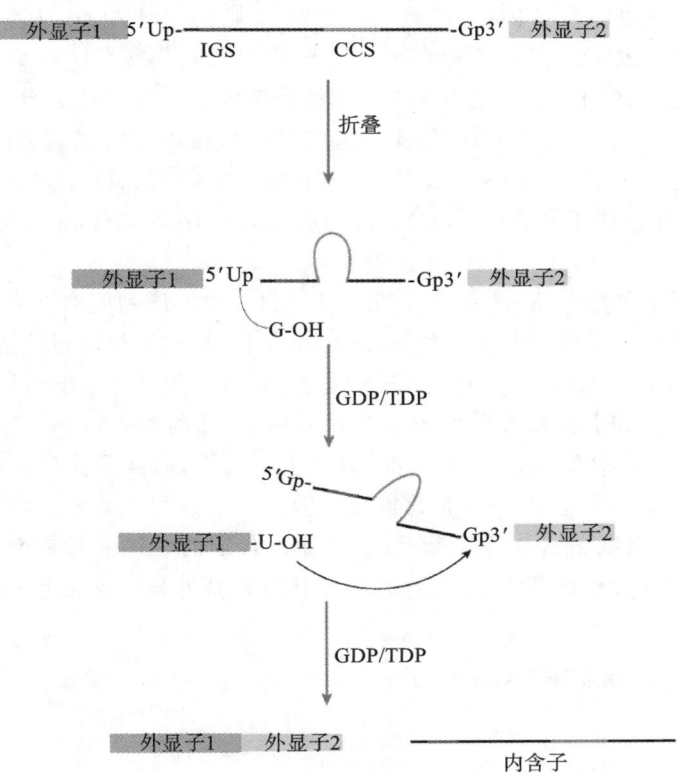

图 9.10 梨形四膜虫 35S rRNA 内含子剪接机制示意图

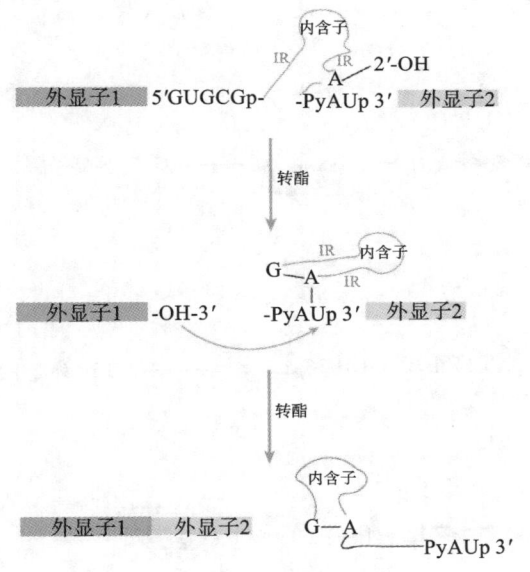

图 9.11 Ⅱ型内含子剪接机制示意图

5′,2′-磷酸二酯键将其相连形成"牛仔套马"式套环结构。接着,第二次转酯反应攻击的位点为连接内含子和第二个外显子的磷酸二酯键,第一个外显子 3′-OH 在该位点进行转酯反应,将两个外显子连接起夹,而内含子则以套索结构中间体的形式被释放出去。

3)Ⅲ型内含子的结构与剪接机制

Ⅲ型内含子主要是指核内 mRNA 的内含子,其边界序列与Ⅱ型内含子非常相似。Ⅲ型内含子在外显子和内含子连接处同样存在部分同源的边界序列,该边界序列是极短的保守共有序列,左端(上游)为 GT,

右端(下游)为 AG。这一现象称为 GT-AG 法则(在 RNA 中则为 GU-AG),又称为 Chambon 法则。Ⅲ型内含子在靠近内含子的 3′ 受体位点处同样存在一个 7 核苷酸组成分支点序列 PyXPyUPuAPy,其中 A 为保守的转酯反应进攻位点。区别在于Ⅲ型内含子不能像Ⅱ型内含子那样依靠自身形成内部序列的有序二级折叠,其前体 mRNA 必须与 snRNA、剪切因子一起组装成剪接体才能完成剪接过程。剪接体是指核内催化前体 mRNA 剪接的大小为 40～60S 的 RNP,由 5 种 snRNA(U1、U2、U4、U5 和 U6)、剪切因子以及前体 mRNA 组成。剪接体的作用是通过不同 RNA 间的序列互补,将 5′ 和 3′ 边界序列以及分支点序列准确折叠在一起,完成转酯反应。

Ⅲ型内含子的剪接机制如图 9.12 所示,snRNA 与 5′ 和 3′ 边界序列间存在互补区域并参与剪接,形成剪接体。剪接体逐级组装,snRNA 分步替代。RNP 在剪接体中参与转酯、剪接反应。具体而言,U1 snRNA 与 5′ 供体位点结合,U6 snRNA 与内含子 5′ 端结合,U2 snRNA 与分支点位点结合,U5 snRNA 与上游外显子的最后一个碱基和下游外显子的第一个碱基结合,使两个外显子在空间上相互靠近。U4、U5 和 U6 snRNA 形成三元 snRNP 复合物并结合到内含子上。最终,内含子成环被排出,上游外显子的 3′ 端和下游外显子 5′ 端靠近,U2 和 U6 snRNA 催化剪接反应。剪接过程也是发生两次转酯反应,过程与Ⅱ型内含子相似。首先,在分支点位点 A 发生转酯反应,切除内含子的 5′ 端并形成套环结构。随后,第二次转酯反应剪切内含子 3′ 端将内含子以套索中间体的形式切除,并将外显子连接起来。最后,剪接体和套索内含子同时解体。

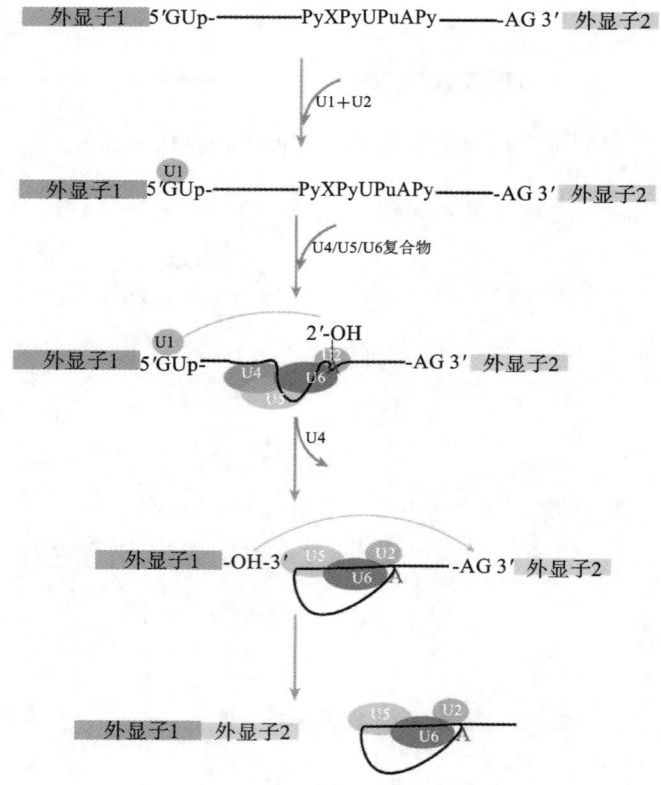

图 9.12　Ⅲ型内含子的剪接机制示意图

三类内含子在分布和剪接方式上均存在较大差异,表 9.2 对三类内含子间的差异进行了总结。

表 9.2　三类内含子的分布和剪接方式

内含子类型	内含子分布	剪接方式
Ⅰ型内含子	某些酵母线粒体 rRNA、某些原核生物基因组、极少数单细胞真核生物核基因组	有保守的二级结构,鸟嘌呤核苷酸辅因子是自由羟基供体,有核酶实现自我催化剪接

续表

内含子类型	内含子分布	剪接方式
Ⅱ型内含子	核 mRNA、tRNA、玉米线粒体 RNA	有保守的二级结构,内部腺嘌呤是自由羟基供体,形成套索结构的内含子中间体以实现自身催化剪接
Ⅲ型内含子	真核生物	两步转酯反应,自由羟基的起始供体由内部分支位点腺嘌呤提供,形成套索结构的中间体。需要 snRNA 参与装配剪接体

9.1.4　反式剪接

前面我们讲了Ⅰ型、Ⅱ型和Ⅲ型内含子的结构和剪接机制,这三类内含子的剪接事件都是发生在同一 RNA 分子上的,这种剪接方式称为顺式剪接。该剪接方式存在于几乎所有真核生物中。然而在锥虫、曼氏血吸虫等生物中存在另外一种剪接方式,被剪接的外显子来自不同的基因,甚至不同的染色质,这种特殊的剪接方式称为反式剪接。

反式剪接最先由 Van der Ploeg 于 1982 年在锥虫中发现。锥虫可变表面糖蛋白基因 VGS 成熟 mRNA 的 5′端有一段 35 个核苷酸的外来序列。后来研究者发现锥虫中几乎所有 mRNA 都有这样一段序列,于是将这个外来序列称为被剪接的前导序列或者小外显子。后来的研究证实,这 35 个核苷酸的小外显子来自锥虫基因组中的一段 135 个核苷酸的重复序列,在锥虫基因组中大约有 200 个这样的重复序列。小外显子含有高度保守的 AGTTT 基序,该基序在病毒、线虫、植物和人中均有发现。在反式剪接过程中,成熟 mRNA 起始密码子上游引导序列中的反式剪接通用受点 AG 与小外显子中保守的 GU 供点通过 2′-5′磷酸二酯键连接形成 Y 型内含子,并将小外显子与 mRNA 连接,该剪接过程也是在剪接体中完成的。图 9.13 显示了锥虫前体 mRNA 的反式剪接过程。反式剪接与顺式剪接方式的比较见表 9.3。

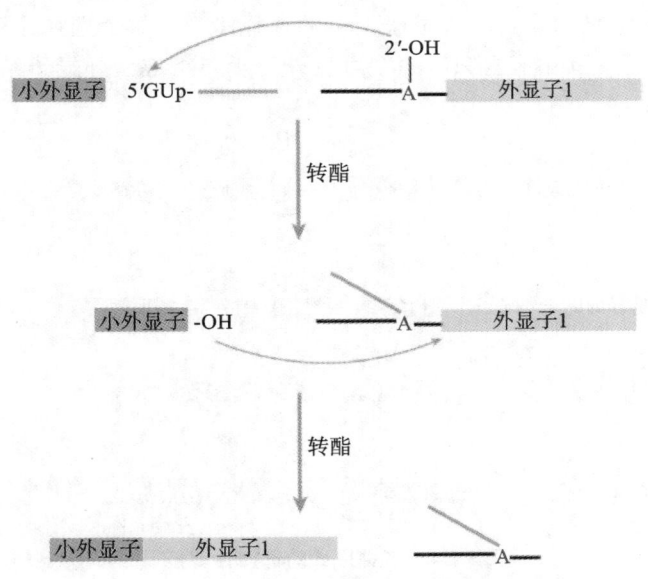

图 9.13　锥虫前体 mRNA 的反式剪接过程示意图

表 9.3　反式剪接与顺式剪接方式的比较

项目	反式剪接	顺式剪接
底物	以两条不同来源的前体 mRNA 为底物	以一条前体 mRNA 为底物
场所	在剪接体中完成	在剪接体中完成

续表

项目	反式剪接	顺式剪接
剪接方式	在成熟 RNA 的引导序列中拼接一小外显子,发生在两条前体 mRNA 间的选择性剪接	组成性剪接、选择性剪接,对供体位点或受体位点的识别差异
内含子类型	Y 型内含子	套索式内含子

9.1.5 选择性剪接

从前体 mRNA 的 5′端向 3′端对内含子进行逐一去除的剪接方式称为组成性剪接。然而,许多真核生物的前体 mRNA 可按多种方式进行剪接,对内含子以及外显子进行选择性地剪接称为选择性剪接或可变剪接。真核生物中大约有 5% 的前体 mRNA 可发生选择性剪接,这一比例在人类中更是高达 75%。通过选择性剪接,可使单一基因或同一初始转录物产生不同性质的蛋白质,进而调控基因表达。果蝇性别决定系统就是选择性剪接调控基因表达最经典的例子。

在高等真核生物中,选择性剪接是非常普遍的现象,是细胞调控基因表达非常重要的手段,该过程需要剪接因子与剪接位点和分支点的结合,需要多种蛋白(如 hnRNP)与外显子和内含子上的剪接增强子和沉默子的相互作用。通过以下四种方式(图 9.14)可改变 5′和 3′剪接位点,选择性剪接可从特定类型的基因转录物产生不同的成熟 mRNA:①使用不同的启动子;②使用不同的多聚腺苷酸化位点;③保留某些内含子;④保留或删除某些外显子。例如,黑腹果蝇唐氏综合征细胞黏附因子(Dscam 1)是互斥剪接最突出的例子。Dscam 1 含有 95 个可以发生选择性剪接的外显子,从而使该基因可能编码 38016 种不同的 mRNA 和蛋白质。目前人们对该基因互斥剪接机制还知之甚少。研究表明,Dscam 1 外显子 6 簇中(该簇包含 48 个可选外显子)存在两类保守元件,一类是位于 Dscam 1 组成型外显子 5 和外显子 6 簇第一个可变外显子之前的内含子里的一个保守的顺式作用元件,称为锚定位点,该元件的核心序列在昆虫中高度保守。另一类是位于外显子 6 簇的每个可变外显子上游的选择序列。每个选择序列都与锚定位点的一部分互补,这种配对使可变外显子 6 簇中有且只有一个可变外显子与组成型外显子结合在一起,从而介导可变外显子 6 簇的互斥剪接。

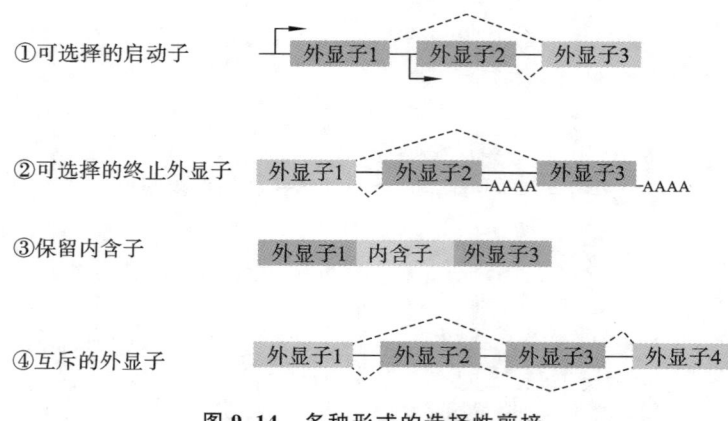

图 9.14 多种形式的选择性剪接

9.1.6 RNA 编辑

RNA 编辑是指一种改变 RNA 编码序列的后转录加工方式,是在 mRNA 上发生信息改变的过程,包括碱基的替换、插入或缺失等。RNA 编辑最早由 R. Benme 等人于 1986 年在比较锥虫、酵母和人的线粒体细胞色素氧化酶亚基 Ⅱ 基因时发现。目前的研究表明 RNA 编辑是普遍存在的。

RNA 编辑有如下几种机制:①碱基替换编辑;②碱基插入或缺失编辑;③以向导 RNA 为模板的插入

编辑,即 RNA 编辑所需要的遗传信息要么来自向导 RNA(guide RNA,gRNA),要么来自被编码 RNA 本身(有助于酶识别编辑位点)。此外,在哺乳动物中还存在着 A-to-I 的编辑和 C-to-U 的编辑,前者是由依赖 RNA 的腺嘌呤脱氨酶(adenosine deaminase acting on RNA,ADAR)介导的,由于在碱基配对过程中,次黄嘌呤被认作鸟嘌呤,所以 A-to-I 的替换实际上是核苷酸由 A 变化成 G。后者是由依赖 RNA 的胞嘧啶脱氨酶(cytidine deaminase acting on RNA,CDAR)介导的。

RNA 编辑的生物学意义:①可形成或删除 AUG、UAA、UAG、UGA 等,改变编码信息,扩大编码的遗传信息量;②在较大程度上改变了 DNA 的遗传信息,使该基因的 DNA 序列仅是一串简略、意义模糊的序列,或称为隐秘基因、模糊基因;③是中心法则的发展;④RNA 编辑与生物细胞发育和分化有关,是基因表达调控的重要方式;⑤RNA 编辑还可使基因产物获得新的结构和功能,有利于复杂的生物进化。研究表明,RNA 编辑可能还与学习和记忆有关。

9.2 RNA 转录后调控

9.2.1 mRNA 的稳定性

通过前面的学习我们知道转录水平的调控是调控基因表达的主要方式,但是基因表达的转录后调控同样是不可忽视的。基因表达的转录后调控主要是通过影响 mRNA 的稳定性实现的。前面我们在 RNA 的加工过程中了解到 mRNA 3′ 端的 poly(A)尾可以增强 mRNA 的稳定性和提高翻译效率。在本节中,我们将通过学习酪蛋白 mRNA 和转铁蛋白受体 mRNA 稳定性,了解 mRNA 稳定性对基因表达的调控作用。

9.2.1.1 酪蛋白 mRNA 稳定性

酪蛋白是哺乳动物乳汁(包括牛乳、羊乳和人乳)中的主要蛋白质。α-酪蛋白是哺乳动物乳汁的主要蛋白形式,而人乳中缺少 α-酪蛋白,以 β-酪蛋白为主要酪蛋白形式。酪蛋白对幼儿的生长发育非常重要,不但是氨基酸的来源,还是钙和磷的来源。催乳素可以刺激乳腺组织产生酪蛋白,当用催乳素处理乳腺组织24 小时后,酪蛋白 mRNA 水平提高约 20 倍,但是酪蛋白 mRNA 的转录速率只增加了 2~3 倍。这说明酪蛋白 mRNA 水平的提高在很大程度上不是由于转录的增加,而是由转录后酪蛋白 mRNA 的稳定性增强导致的。

为了证实催乳素刺激引起的酪蛋白 mRNA 水平的提高是由于增强了 mRNA 的稳定性,研究者利用脉冲追踪实验来检测 mRNA 的半衰期。mRNA 的半衰期是指 mRNA 的含量降解到初始含量一半所需要的时间。通过对酪蛋白 mRNA 进行短时间的放射性标记,然后追踪放射性标记消失的速率来计算 mRNA 的半衰期。结果发现,在有催乳素的条件下,酪蛋白 mRNA 的半衰期增加了约 28 倍,这与酪蛋白 mRNA 水平提高相当,进一步说明在催乳素刺激下酪蛋白 mRNA 水平的提高在很大程度上是由于其稳定性增强了。

9.2.1.2 转铁蛋白受体 mRNA 稳定性

哺乳动物细胞铁离子稳态即调控细胞内铁离子的浓度是目前研究的最为清楚的转录后调控的例子。铁离子是一种必需矿物质元素,但是细胞内铁的含量并非越高越好,而是需要保持在一个适当的范围内。铁离子浓度太低导致以铁离子作为辅助因子的酶活性较低;浓度太高又会导致蛋白质、脂质和核酸氧化而对细胞产生毒性。因此,对细胞铁离子浓度需要在转录后水平进行调控。目前认为,细胞通过两个关键蛋白来控制细胞内铁离子的浓度:一是转铁蛋白受体(transferrin receptor,TfR),它是一种离子运输蛋白,可以将转铁蛋白运输到细胞内。二是铁蛋白(ferritin),它是一种离子储存蛋白,可将细胞吸收的多余的铁离子以铁蛋白的形式储存起来。转铁蛋白受体和铁蛋白的表达水平受外界环境中铁离子浓度的影响。铁离子浓度较低的环境下,细胞会增加细胞膜上转铁蛋白受体的含量以将更多的铁离子转运到细胞内,同时降低铁蛋白的表达水平以使铁离子可被其他细胞蛋白质利用。相反,在铁离子浓度高的环境中,转铁蛋白受体表达水平降低,铁蛋白表达水平增高。细胞主要通过调控转铁蛋白受体 mRNA 的稳定性和铁蛋白 mRNA 的翻译过程来保证细胞内铁离子的稳态。本节将主要介绍转铁蛋白受体 mRNA 稳定性的调控。

1986 年,Joe Harford 及其同事研究发现细胞内铁离子浓度与转铁蛋白受体 mRNA 水平呈现显著的负相关,增加细胞内铁离子浓度可显著抑制转铁蛋白受体 mRNA 的表达。该抑制作用并不是由转铁蛋白受体 mRNA 的合成速率降低所致,而是因为转铁蛋白受体 mRNA 的稳定性下降了。那么,转铁蛋白受体 mRNA 是如何响应铁离子浓度的呢? 首先,Lukas Kuhn 等人对转铁蛋白受体 mRNA 的结构进行分析发现,转铁蛋白受体 mRNA 之所以响应铁离子浓度,是因为在其 3′UTR 有一个包含 5 个茎-环结构的片段,该片段与铁蛋白 5′UTR 的茎-环结构高度相似,于是这一段序列被称为铁应答元件(iron-responsive element,IRE)。其次,Joe Harford 等人证明了转铁蛋白受体 mRNA 不稳定是由在其 3′UTR 的 IRE 中存在的快速反转决定子元件引起的。目前,已知的关于转铁蛋白受体 mRNA 的稳定性及降解机制如下:细胞中一个或多个可与转铁蛋白受体 mRNA 和铁蛋白中 IRE 结合的蛋白质称为 IRE 结合蛋白(如顺乌头酸酶),当铁离子浓度低时,IRE 结合蛋白与转铁蛋白受体 mRNA IRE 中的快速反转决定子结合,使转铁蛋白受体 mRNA 免受降解。当铁离子浓度高时,铁离子竞争 IRE 结合蛋白的位点,使 IRE 结合蛋白从转铁蛋白受体 mRNA IRE 中的快速反转决定子上解离下来,从而暴露出快速反转决定子位点,使特异性内切酶从转铁蛋白受体 mRNA 3′端剪切 1 kb 左右的序列,降低其稳定性而导致其迅速降解(图 9.15)。

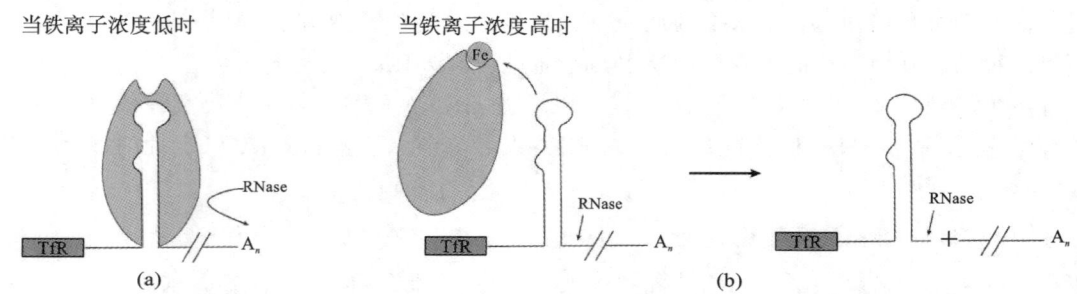

图 9.15　铁离子介导转铁蛋白受体(TfR)mRNA 稳定性及降解的模型

9.2.2　RNA 干扰

早期的转基因实验表明,许多外源片段,无论是正义的还是反义的,都可以干扰含有同源序列的内源性基因表达,这种现象最初在植物中称为共抑制(cosuppression)或转录后基因沉默(post-transcriptional gene silencing,PTGS);在哺乳动物中称为 RNA 干扰(RNA interference,RNAi);在真菌中称为淬灭。为了避免混淆,在接下来的描述中,我们将其统称为 RNA 干扰。

RNA 干扰机制的发现凝聚了众多科学家的努力。1990 年,Rich Jorgensen 等人发现增加色素形成基因在细胞内的拷贝数,色素的合成不但没有被增加,反而被抑制了。当时并不知道其中的机制是什么,只是把这种现象称为共抑制。1994 年,Macino 和 Cogoni 将外源性类胡萝卜素基因导入粗糙链孢霉,结果发现 30% 的转化细胞中霉菌自身的基因出现了失活现象。1995 年,Su Guo 等人在用反义 RNA 阻断秀丽隐杆线虫基因表达的实验中,惊奇地发现无论是正义 RNA 还是反义 RNA 都能抑制 par-1 基因的表达。这个现象在当时未能得到解释。直到 1998 年 Andrew Fire 等人才发现,Su Guo 在实验中观察到的现象是由实验过程中产生的双链 RNA(dsRNA)引起的基因沉默。他们还发现将纯化后的单链 RNA 注射入线虫后抑制作用十分微弱,而纯化后的 dsRNA 则能极高效地抑制相应基因的表达。因此,他们将这种现象称为 RNA 干扰。RNA 干扰技术已经用于治疗遗传性疾病、肿瘤、病毒感染等,无论是在基础研究领域还是在医学应用领域,它都是一种不可多得的有力工具。1998 年 Andrew Fire 等人发现的 RNA 干扰现象被 *Science* 杂志评为 2002 年度最重要的科技成果之一。Andrew Fire 也因此获得了 2006 年诺贝尔生理学或医学奖。

在此后的几年里,科学家们又陆续在真菌、拟南芥、锥虫、水螅、斑马鱼等多个物种中证明了 RNA 干扰现象的存在,并发现 RNA 干扰引起基因表达沉默过程中,需要核糖核酸酶将长的 dsRNA 处理为长 21～23 nt 的短片段,该片段是一种 3′ 端带有 2～3 nt 末端突出的 dsRNA 分子,也称为短干扰 RNA(small interference RNA,siRNA)。siRNA 与具有同源序列的 mRNA 结合,诱导 mRNA 特异性降解。因此 RNA 干扰是一个涉及 mRNA 降解的转录后加工过程。于是研究者提出了 RNA 干扰的概念,即外源或内源性的 dsRNA 进入细胞后引起与其同源的 mRNA 特异性降解,抑制相应基因表达,表现出特定基因缺失表型的现象。

那么,dsRNA 是如何介导基因沉默的呢? 首先,需要一种核酸酶,将 dsRNA 降解成长 21～23 nt 的 siRNA。这种核酸酶在后来被发现是 Dicer 酶(RNaseⅢ家族中的一种序列特异性的核酸内切酶)。Dicer 酶也具有解旋酶的功能,可以将双链 siRNA 的两条链分开,其中作为引导链的 siRNA 可以通过碱基互补配对结合到靶 mRNA 的相应位置,从而决定 mRNA 的切割位点。但是,Dicer 酶只能切割 dsRNA,并不能切割 mRNA。那么,必定存在另外一种酶,在 siRNA 结合到 mRNA 相应位置后对 mRNA 进行切割,科学家把具有这种功能的酶称为 Slicer 酶。后来的研究发现果蝇 Argonaute 蛋白具有 Slicer 酶活性,而在哺乳动物中仅 Argonaute2(Ago2)具有 Slicer 酶活性,可以切割 mRNA。Ago2 具有两个特征性结构域:PAZ 和 PIWI。PAZ 结构域结合单链 siRNA 的一个末端,而 PIWI 结构域与 RNase H 结构类似,可以识别双链多核苷酸(siRNA-mRNA 杂合体)中的一条链并对其进行切割。进一步的研究还发现,仅有上述的 dsRNA 和酶类还不足以完成对 mRNA 的切割。要完成对 mRNA 的切割,必须形成一个具有催化活性的 RNA 诱导的沉默复合物(RNA-induced silencing complex,RISC)。研究发现,RISC 的形成需要 RISC 装载复合物将 siRNA 加载到 Ago2 中,于是发现了一种名为 R2D2 的 Dicer 相关蛋白,它负责在 Dicer 酶加工产生 siRNA 后固定 siRNA,并保证 siRNA 被有效加载到 RISC 中。此外,该过程还需要 Mg^{2+} 和 ATP 的参与。

RNA 干扰过程如图 9.16 所示,首先,dsRNA 通过细胞膜进入细胞内,在 Dicer 酶的作用下,被分解为长 21～23 nt 的 siRNA,siRNA 与相关的酶结合形成 RISC。RISC 以 ATP 为能量,将其携带的双链 siRNA 解链成单链 siRNA,进而变成有活性的 RISC。然后 RISC 与目标 mRNA 分子结合,导致目标 mRNA 分子断裂,并被核酸酶降解,进而导致目标基因沉默。整个过程分为起始阶段和效应阶段。起始阶段由 Dicer 酶切割 dsRNA 产生长 21～23 nt 的 siRNA。效应阶段分为两步,第一步,双链 siRNA 与核酸酶复合物结合形成 RISC,将双链 siRNA 解链成可与目标 mRNA 互补的单链;第二步,单链 siRNA 识别并结合目标 mRNA 并激活 RISC。RISC 中的 Ago2 在 siRNA 3′ 端第 12 个碱基位点切割目标 mRNA,经过多次剪切后,mRNA 被降解。

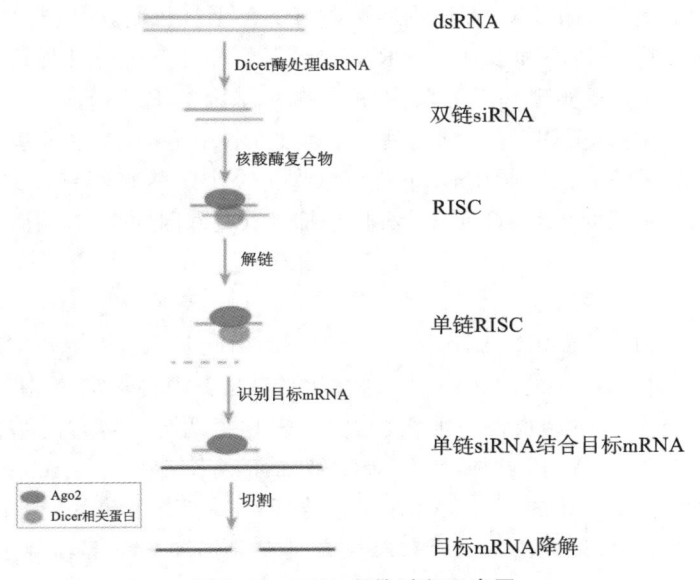

图 9.16　RNA 干扰过程示意图

RNA 干扰具有以下特征。

(1)转录后水平沉默基因表达:RNA 干扰在转录后水平介导基因沉默,仅当 dsRNA 靶向外显子序列时有效,针对启动子或内含子序列的 dsRNA 无法诱导 RNA 干扰。

(2)高特异性:RNA 干扰仅降解与 dsRNA 序列完全匹配的特定 mRNA;dsRNA 首先被 Dicer 酶切割为 21～23 nt 的 siRNA 片段,进而引导目标 mRNA 的降解。

(3)高效性:极少量 dsRNA 即可实现高效的基因沉默,沉默效果可达对照的两个数量级,表型强度可等同或超过基因缺失突变体,且该过程以催化放大的方式进行。

(4)细胞间传递性:RNA 干扰信号可穿过细胞界限,在不同细胞间长距离传递和维持,甚至扩散至整个有机体并具有可遗传性。

(5)全面降解成熟 mRNA:一旦启动,RNA 干扰机制可将所有对应的成熟 mRNA 全部降解,导致基因功能完全丧失,达到缺失突变体效应。

(6)ATP 依赖性:RNA 干扰过程依赖 ATP,去除 ATP 会导致干扰现象显著降低或消失。

(7)dsRNA 长度限制:有效诱导 RNA 干扰的 dsRNA 长度不得短于 21 nt;长度超过 30 bp 的 dsRNA 在哺乳动物中可能诱发非特异性的基因表达抑制或凋亡,而非特异性干扰。

(8)RNA 干扰也可降解前体 RNA,但概率较低。由于前体 RNA 存在时间短,同时有加工蛋白的结合,这可能会阻止干扰复合物的结合。

在 RNA 干扰的上述特征中,我们可以看出极高的干扰效率是 RNA 干扰的特征之一,其所产生的表型可带来缺失突变体的效应。那么 RNA 干扰是如何做到这一点的。Fire 等人发现细胞可以通过 RNA 依赖的 RNA 聚合酶(RNA-dependent RNA polymerase,RdRP)以反义 siRNA 为引物,以目标 mRNA 为模板,扩增 siRNA 得到全长 dsRNA。这些新合成的 dsRNA 又被 Dicer 酶切割成新的 siRNA,如此扩增就可以得到数量庞大的 siRNA,所以 RNA 干扰才会如此高效。

RNA 干扰的生物学意义如下。①RNA 干扰是细胞应对某些外源 RNA 入侵的一种保护机制,通过降解病毒的 dsRNA 从而抑制 RNA 病毒的复制。当病毒等外源性基因整合到宿主细胞 DNA 并转录生成 mRNA 时,常会产生一些 dsRNA。这些 dsRNA 可被宿主细胞的 Dicer 酶等切割成小片段的双链 siRNA。这些双链 siRNA 随后与 RISC 结合并解链成单链,识别并结合病毒特定的 mRNA 使其降解,从而阻止病毒蛋白质的合成。②RNA 干扰可阻止某些转座子在基因组中转座,保证细胞基因组的完整性。转座子能够在基因组中跳跃并插入到新的位置,其在基因组中的移动可能威胁基因组的完整性。正常情况下,转座子的活性受到严密控制。当转座子异常活跃时,RNA 干扰可通过双链 siRNA 触发细胞内的一系列反应,当双链 siRNA 与转座子转录产生的 mRNA 序列匹配时,RNA 干扰机制就会被激活,从而特异性地降解这些 mRNA,阻止转座子的进一步转座和表达。③RNA 干扰可沉默转录基因及其基因组中同源基因的表达。RNA 干扰主要通过两种方式实现基因沉默:一种是单个基因的 RNA 干扰,作用于转录后的 RNA 分子,导致 RNA 分子的降解或翻译受阻;另一种是基因组水平 RNA 干扰,作用于基因组水平,导致染色体的某一区域沉默,从而抑制基因的表达。④RNA 干扰可以作为一个工具来研究人类基因的功能或者治疗疾病。例如通过设计针对致病基因的 siRNA,可以特异性地抑制这些基因的表达,从而达到治疗疾病的目的。

9.2.3　microRNA

除了 siRNA 之外,microRNA(miRNA)是另外一类可以引起基因沉默的小 RNA 分子,其是在动物和植物细胞中自然产生的长 20～24 nt 的 RNA。20 世纪 90 年代,美国科学家 Ambros 和 Ruvkun 实验室利用传统遗传学鉴定了秀丽隐杆线虫幼虫发育所需的基因,发现了两个不寻常的基因 lin-4 和 let-7,它们不编码任何蛋白质。lin-4 产生 61 nt 转录物,该转录物被加工成长 22 nt 的 microRNA,并且可与 lin-14 mRNA 的 3′UTR 互补。这个 22 nt 的 microRNA 可以降低 lin-14 蛋白和 lin-14 mRNA 的丰度。这是最先在细胞内发现的自然产生的 microRNA。后来研究者又在果蝇和人类等物种中发现了 let-7 等数百个 microRNA,它们的长度约为 22 nt,与 mRNA 的 3′UTR 互补。由此,研究者得出了 microRNA 的概念,即

microRNA 是指一类已鉴定的、长度为 20～24 nt 的小单链非编码 RNA,通过从具有茎-环结构、长 75 nt 的前体 RNA 切割而来,在植物和动物细胞中自然产生。大多数 microRNA 基因与靶 mRNA 基因位于基因组的不同位置,但也有一些基因编码在靶 mRNA 的内含子中。Victor Ambros 和 Gary Ruvkun 由于发现了 microRNA 及其在转录后基因调控中的关键作用,获得了 2024 年诺贝尔生理学或医学奖。

首先,microRNA 基因在 RNA 聚合酶 Ⅱ 的作用下转录生成初级 microRNA 转录本,简称为 pri-miRNA,其长度一般在几百到几千个碱基之间。然后,双链结合蛋白 DGCR8(人类中)/Pasha(线虫和果蝇中)和 RNase Ⅲ(Drosha)组成的微小加工体进一步将 pri-miRNA 加工生成带有茎-环结构的前体 microRNA,简称 pre-miRNA,其长度为 70～90 nt。最后在细胞质中,在 Dicer 酶的作用下,从 pre-miRNA 的 5′端和 3′端分别剪切形成成熟的 microRNA。所以一个 pre-miRNA 可能产生两个成熟的 microRNA。

如图 9.17 所示,microRNA 主要通过两种机制调节其靶基因表达。在动物细胞中,microRNA 与 mRNA 的 3′UTR 进行结合,该结合区域称为种子区域(seed region),当结合区域的序列完全配对时,诱导 mRNA 降解;当只有部分序列配对时,抑制 mRNA 的翻译。在植物细胞中,microRNA 与 mRNA 3′UTR 的结合区域的序列通常是完全配对的,也会诱导 mRNA 降解。虽然这是 microRNA 调控靶基因沉默的一般规律,但也有例外情况。有的 microRNA 即使不能与靶基因 mRNA 3′UTR 的结合区域发生完全配对,仍可以诱导 mRNA 的降解。相反,有时即使 microRNA 与靶基因 mRNA 3′UTR 的结合区域发生完全配对,仍可以通过阻断靶基因 mRNA 的翻译过程发挥作用。microRNA 介导的 mRNA 降解机制与 siRNA 非常相似,都需要 Dicer 酶将前体 microRNA 切割产生双链 microRNA。然后双链中具有引导作用的单链 microRNA 与 RISC 结合,将复合物吸引到与之互补的目标 mRNA 上,使目标 mRNA 被 RISC 切割而降解。

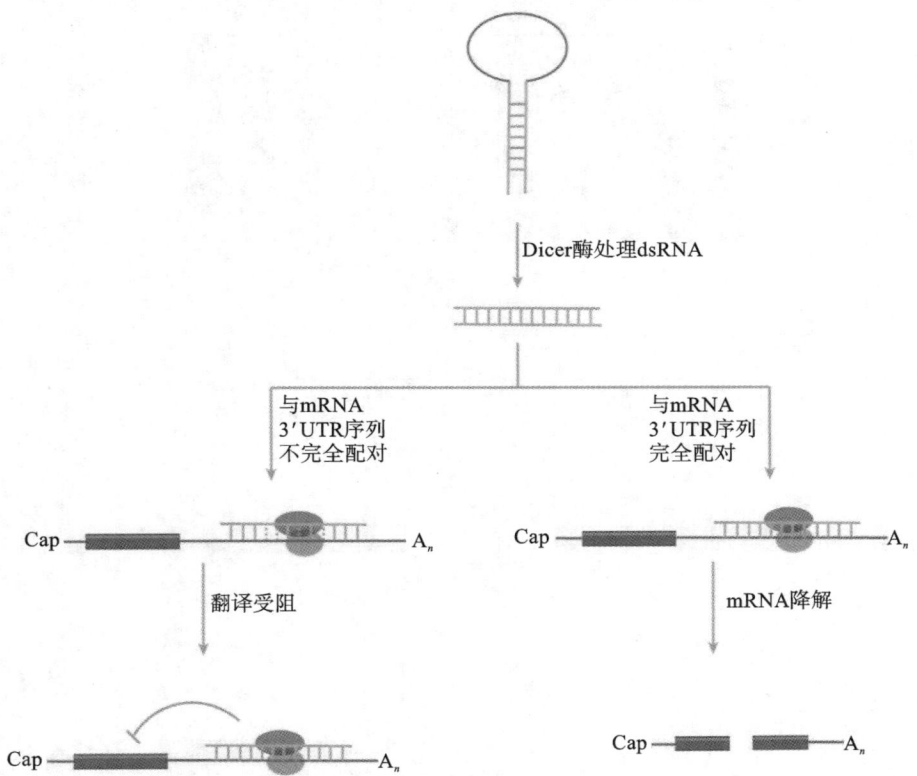

图 9.17 microRNA(miRNA)介导基因沉默的两种途径示意图

茎-环结构的 pre-miRNA 首先经 Dicer 酶切割成长度约为 21 nt 的短 miRNA,如 miRNA 序列与目标 mRNA 3′UTR 序列不完全配对,导致 mRNA 翻译受阻,影响蛋白表达,这种情况在动物中常有发生。如 miRNA 序列与目标 mRNA 3′UTR 序列完全配对,则导致 mRNA 降解,影响 mRNA 表达,这种情况在动物和植物中均有发生

思 考 题

1. 绘出如哺乳动物 rRNA 前体的结构,并标出所有成熟 rRNA 的位置。

2. 简述原核生物和真核生物 tRNA 加工过程中的异同。

3. 如何证明内含子也能被转录?

4. 为了确保发生剪接,除了 U1 和 U5 snRNA 外,还有哪些 snRNA 必须在 5′剪接位点附近结合?

5. mRNA 的剪接过程中识别序列有哪些?

6. 简述加帽过程的步骤。

7. 在加尾过程中,CPSF、CSTF、PAP 蛋白的作用分别是什么?

8. 选择性剪接主要有几种方式?

9. 生物体内发生的 RNA 干扰事件有何意义?

10. 简述顺式剪接和反式剪接的差别。

本章思维导图

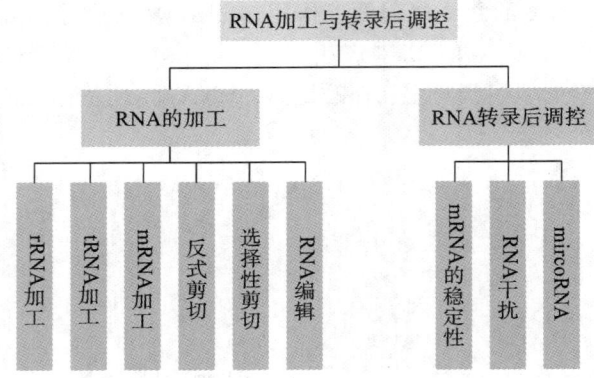

第 10 章
蛋白质翻译与合成

扫码看课件

20 世纪 40 年代,美国科学家 George Beadle 和 Edward Tatum 以粗糙链孢霉作为研究对象,发现所有生物体内的一切生物化学过程都是由基因控制,每个基因仅控制一种酶的形成并决定该酶的特异性和影响表型,因此提出了"一个基因一种酶"的假说,这一研究成果也为两位科学家赢得了 1958 年的诺贝尔生理学或医学奖。虽然这个假说已经被证实不完全正确,但是其蕴含着一个重要的信息,即蛋白质的翻译是基因表达过程中一个非常重要的步骤。

前面第 6 章和第 7 章讲到,基因表达的第一步是 DNA 在 RNA 聚合酶的作用下转录形成 mRNA。蛋白质的翻译则是指核糖体解读 mRNA 的遗传信息并按照信息的指导合成蛋白质的过程,是基因表达的第二步。蛋白质的翻译是一个复杂有序的过程,主要涉及核糖体及其 rRNA、tRNA 以及 mRNA。核糖体是蛋白质合成的场所,包含了大量的 rRNA,这些 rRNA 通过内部之间以及与 mRNA 和 tRNA 的特定碱基互补配对,实现核糖体大小亚基的结合、小亚基与 mRNA 的结合以及大亚基与 tRNA 的结合。核糖体沿着 mRNA 模板移动,提供了完成所有翻译过程所需要的全部活性位点。mRNA 是蛋白质合成所需要的模板,但是仅有一部分序列具有编码蛋白质的潜能,这段序列是从起始密码子开始,结束于终止密码子的连续碱基序列,被称为开放阅读框(open reading frame,ORF)。tRNA 作为适配器,被称作蛋白质合成过程中的"快递小哥"。tRNA 的一端(氨基酸接受臂)结合氨基酸,另一端(反密码子环)识别 mRNA 上的密码子,从而把一系列对应的氨基酸装配到多肽链中。

除了上述基本元件之外,蛋白质的翻译过程还涉及多种蛋白质、酶和其他生物大分子。例如,核糖体包含的几十种蛋白质,20 种氨酰 tRNA 合成酶,以及参与翻译过程的起始因子、延伸因子和释放因子等。因此,本章主要介绍蛋白质翻译所需的基本元件(核糖体及其 rRNA、tRNA 以及 mRNA)、三联体密码子的破译及其性质、氨酰 tRNA 的合成、蛋白质翻译的机制(起始、延伸和终止)、翻译水平的调控、翻译后水平的调控以及表观遗传修饰在翻译过程中的作用。

10.1 蛋白质翻译所需的基本元件

10.1.1 tRNA

蛋白质合成的关键就是将 mRNA 上的核苷酸信息转化成氨基酸。其中,tRNA 在蛋白质合成中起到承上启下的作用,它不但可以通过其包含的反密码子(anticodon)与对应的氨酰 tRNA 合成酶特异基团之间进行分子契合,加载特定的氨基酸;而且,还可以通过反密码子与 mRNA 上的密码子互补配对,准确无误地将所需氨基酸加载到正在延伸的多肽链上。因此,tRNA 是一种将氨基酸运输到核糖体并解读 mRNA 遗传信息的适配器(adaptor)。

虽然生物体内编码 tRNA 的基因有几十至上百个,但是 tRNA 的角色决定了其具有某些共同的特征。tRNA 分子的长度为 74~95 nt,分子质量为 25000~30000 Da。其序列具有很强的保守性,包含了 15 个恒定和 8 个半恒定的碱基,这些碱基对 tRNA 的二级结构和三级结构的形成非常重要。tRNA 的 3′端均以 CCA 序列结尾。tRNA 另外一个显著的结构特征就是存在大量修饰碱基,一个 tRNA 分子可含 20% 的修饰碱基,目前已发现 70 余种不同种类的修饰碱基。这些修饰碱基通常为合成 tRNA 的正常碱基掺入到多核苷酸链之后,由酶的修饰作用而产生的。另外,一些 tRNA 的核糖会被甲基化,其 2′-羟基被修饰成 2′-O-甲基。tRNA 中常见的修饰碱基如图 10.1 所示。例如,尿嘧啶环的 C5 被甲基化形成核糖胸腺嘧啶。

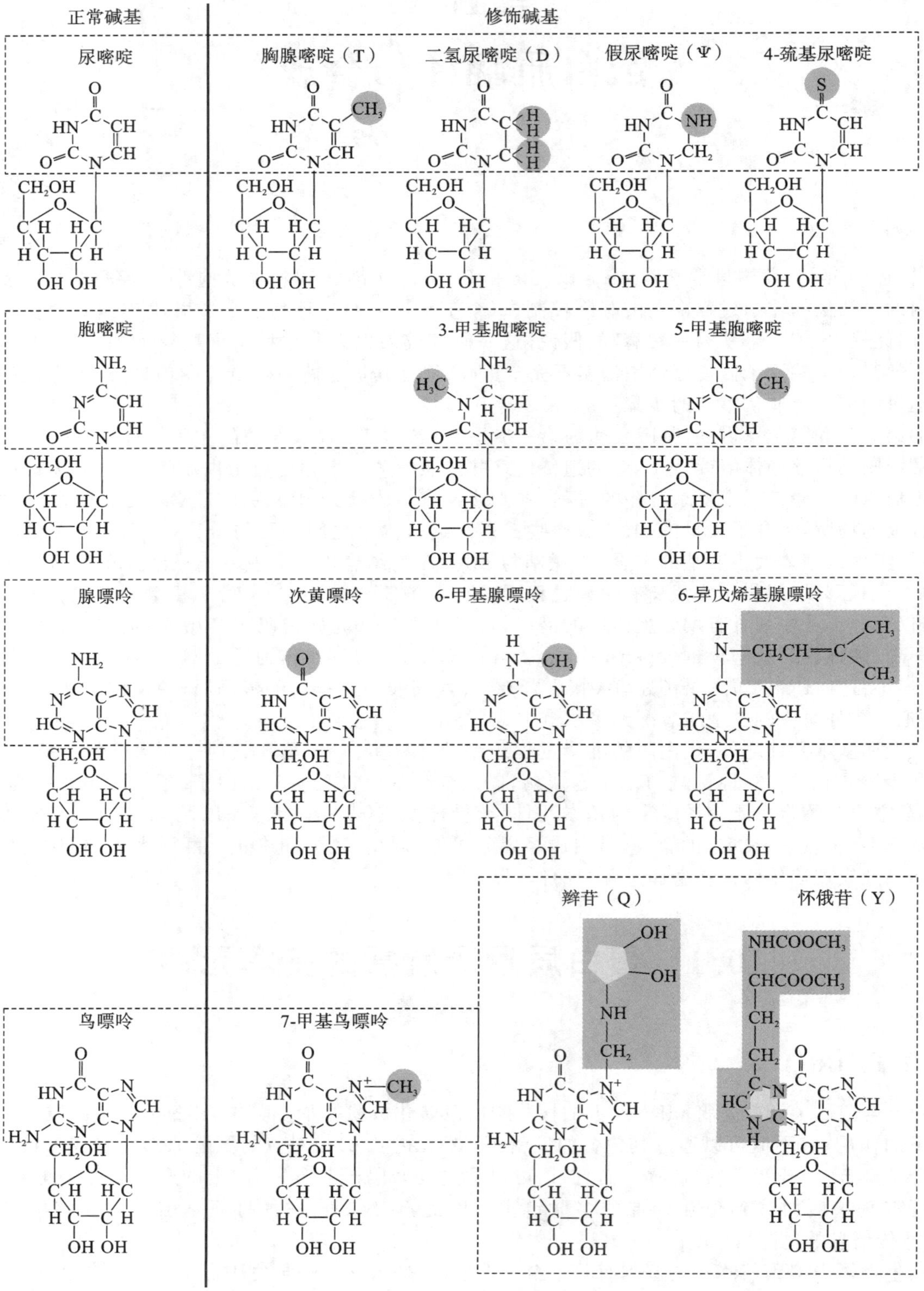

图 10.1　tRNA 中常见的修饰碱基

假尿嘧啶(Ψ)是由糖苷键切割产生,经异构化作用使尿嘧啶与核糖结合的位置从 C1 转移到 C5 而形成的。二氢尿嘧啶(D)是尿嘧啶经酶的作用使 C5 和 C6 之间的双键变成饱和的单键而形成的。tRNA 中其他常见的修饰碱基还包括 4-巯基尿嘧啶、3-甲基胞嘧啶(m³C)、5-甲基胞嘧啶(m⁵C)、次黄嘌呤(I)、6-甲基腺嘌呤(m⁶A)、6-异戊烯基腺嘌呤、7-甲基鸟嘌呤(m⁷G)、辫苷(Q)以及怀俄苷(Y)等。每个 tRNA 分子至少含 2 个修饰碱基,最多达 19 个,多数在非配对区,特别是在反密码子 3′端邻近部位出现的频率最高,多为嘌呤核苷酸。这些修饰碱基的存在提高了 tRNA 反密码子环的稳定性,调节了翻译装置中的蛋白质或其他 RNA 对 tRNA 的识别。此外,其对于密码子和反密码子之间的互补配对也非常重要。

　　tRNA 由于部分区域的碱基互补配对,出现了单双链交错的现象,从而呈现出三叶草形的二级结构(secondary structure)。tRNA 的三叶草形结构包含了 3 个茎-环结构(按照 5′→3′方向依次为二氢尿嘧啶环、反密码子环和 TΨC 环)、1 个受体臂(氨基酸臂)以及 1 个额外环(图 10.2,彩图 30)。氨基酸臂因其是接受氨基酸的位置而得名,由于 tRNA 的 5′和 3′末端的碱基互补配对而形成杆状结构,3′末端具有恒定的 5′-CCA-3′序列;其中,3′末端的腺苷酸 3′或 2′自由羟基(—OH)可以被氨酰化。二氢尿嘧啶环(D 环)因其包含二氢尿嘧啶而得名,包含 3 个可变碱基位点(17∶1、20∶1 和 20∶2),最常见的环缺失这 3 个碱基,最小的 D 环中第 17 位核苷酸也缺失了,该环是 tRNA 与氨酰 tRNA 合成酶的结合位置。反密码子臂因其包含锁套中央的三联体反密码子而得名,由 5 对互补配对碱基形成的臂和 7 个独立碱基形成的环(反密码子环)所组成,环中包含了与密码子互补的 3 个碱基的反密码子,由 5′端的尿嘧啶和 3′端的嘌呤界定,通常位于 tRNA 的第 34∼36 位,其中第 34 位为摇摆碱基。TΨC 环(TΨC loop)因其包含核定的碱基(胸腺嘧啶、假尿嘧啶和胞嘧啶)而得名,该环是与核糖体中的 5S rRNA 配对的位置。额外环(extra loop)位于反密码子环和 TΨC 环之间,其大小往往是 tRNA 分类的重要指标。按照其大小,可以将 tRNA 划分为两类:Ⅰ型 tRNA,约占总数的 3/4,额外环的长度为 3∼5 nt;Ⅱ型 tRNA,额外环长度为 13∼21 nt。

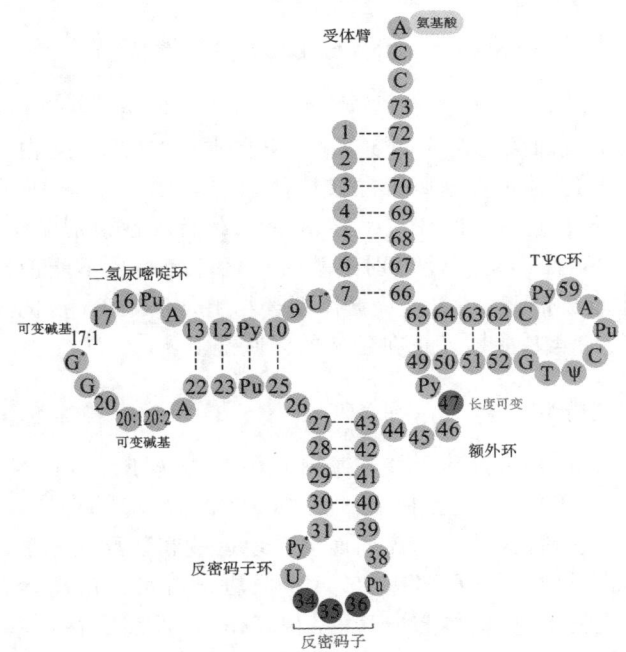

图 10.2　tRNA 的三叶草形二级结构

　　X 射线衍射显示,tRNA 的三级结构呈现"倒 L 形"(图 10.3),这种结构靠氢键(hydrogen bond)来维持,该结构与氨酰 tRNA 合成酶的识别有关。这种高级结构是在维持二级结构的基础上,通过产生新的螺旋形成的。一个是受体臂(氨基酸臂)和 TΨC 环的臂之间形成延伸的螺旋结构,另外一个是反密码子臂和 D 环的臂形成的第二个延伸的螺旋结构。最终,D 环和 TΨC 环靠在一起位于"倒 L"的中间转折点;氨基酸臂位于"倒 L"的一端,契合于核糖体的肽酰转移酶结合位点 P 位点和 A 位点,以利于肽键的形成;反密码子环位于"倒 L"另一端,与结合在核糖体小亚基上的 mRNA 的密码子互补配对。tRNA 维持"倒 L 形"结构的稳定性的因素主要有三个,首先是 D 环和 TΨC 环之间或内部不变的碱基之间形成的 9 个氢键作用,其两者位于"倒 L"两臂的交界处,利于"倒 L"结构的稳定;然后是"倒 L"结构中碱基堆积力大,使其拓扑结构趋于稳定;最后是碱基和磷酸核糖骨架之间的相互作用。

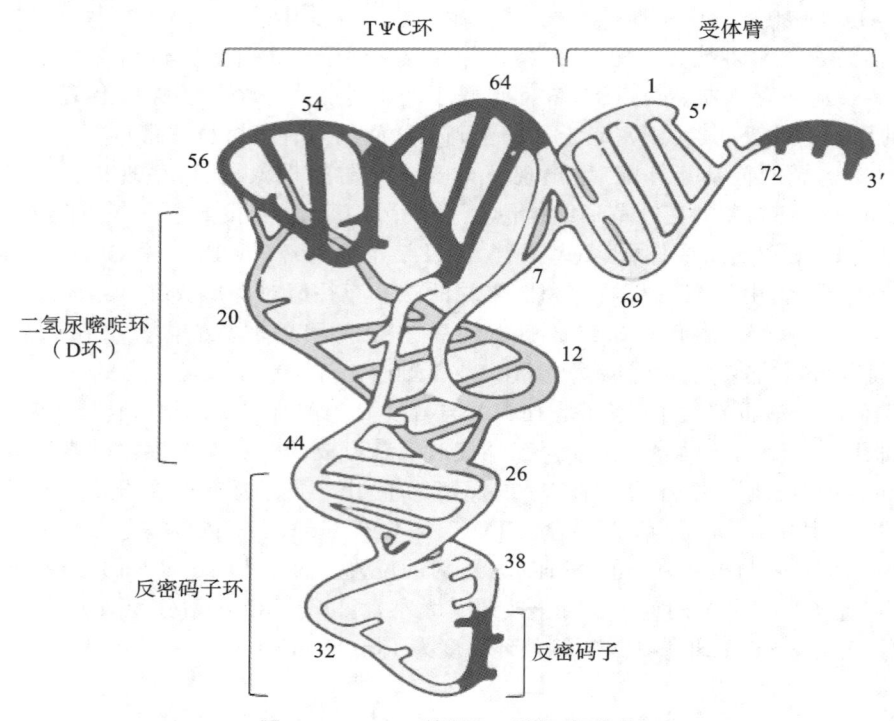

图 10.3　tRNA 的"倒 L 形"三级结构

　　tRNA 的高级结构赋予了其作为蛋白质翻译中"快递小哥"的功能。在蛋白质合成过程中,tRNA 首先在氨酰 tRNA 合成酶的作用下被加载上对应的氨基酸(将在本章"10.3　蛋白质的翻译"部分进行详细介绍),然后运载氨基酸到核糖体上,通过反密码子在核糖体内与 mRNA 的密码子反向互补配对,将 mRNA 上的遗传信息翻译成相应的蛋白质。因此,tRNA 与 mRNA 的特异性识别保证了蛋白质的正确翻译,即模板 mRNA 只能识别特异 tRNA,而不是直接识别氨基酸。氨基酸本身不能识别密码子,只有其被结合到 tRNA 上生成氨酰 tRNA,才能被带到 mRNA-核糖体复合物上,经 tRNA 上的反密码子与 mRNA 上的密码子互补配对,将 tRNA 携带的氨基酸插入正在延伸的多肽链上。

10.1.2　核糖体及其 rRNA

　　核糖体是蛋白质合成的场所,是由几十种蛋白质和几种核糖体 RNA(rRNA)组成的亚细胞颗粒。它像一个沿着 mRNA 模板移动的工厂,合成蛋白质。氨酰 tRNA 以极高的速率进入核糖体,往延伸的肽链上添加氨基酸。随着核糖体的移动,氨酰 tRNA 周而复始地运载和装配氨基酸,最终合成一条多肽链。细菌内约有 20000 个核糖体,而真核细胞内可多达 10^6 个。核糖体既可以游离状态存在于细胞内,也可与内质网结合形成微粒体。原核生物中,核糖体与 mRNA 相互作用,被固定在核基因组上,核糖体随着 RNA 聚合酶沿着转录产物进行翻译,即转录与翻译是偶联的,这也解释了第 6 章色氨酸操纵子调控的衰减模型。研究表明,原核生物中的翻译速率为每秒 20 个氨基酸,相当于每秒 60 个核苷酸,这和 RNA 聚合酶每秒合成 50~100 个核苷酸的速率相当。真核生物中,合成蛋白质的核糖体通常与细胞骨架或内质网膜相连,不是在细胞质内自由漂浮。因此,真核生物中的转录和翻译是分开的,翻译速率为每秒 2~4 个氨基酸。

　　根据离心时的沉降速率(单位为 S),可以把核糖体分为大小两个亚基,每个亚基含一个分子质量较大的 rRNA 和一些小的蛋白质。大亚基含有肽酰转移酶活性中心,负责催化肽键的合成。小亚基含有解码中心,负载氨基酸的 tRNA 在此阅读 mRNA 上的密码子。核糖体大小亚基通过各自包含的 rRNA 之间的碱基互补配对作用结合在一起。生物体中每个细胞中包含几百到超过 20000 个拷贝的 rDNA,这些 rDNA

富含 GC(60%)且处于高度甲基化状态。

在原核生物(以细菌为例)中,核糖体的整体沉降速率为 70S,66% 的组成为 rRNA。其中,大亚基的沉降速率为 50S,由 5S 和 23S rRNA 以及约 33 种蛋白质组成;小亚基的沉降速率为 30S,由 16S rRNA 以及 21 种蛋白质组成(图 10.4)。大亚基中的 5S rRNA 的长度约为 120 nt。5S rRNA 有两个高度保守区域,其中一个保守序列为 CGAAC,与 tRNA TΨC 环上的 GTΨCG 序列相互作用,是 5S rRNA 识别 tRNA 的序列;另外一个保守序列为 GCGCCGAAUGGUAGU(15 个核苷酸),与 23S rRNA 的一段序列互补,是 5S rRNA 与 50S 核糖体大亚基相互作用位点。大亚基中的 23S rRNA 的长度为 2900～3100 nt,也包含两个保守的区域,其中一个靠近 3′端,与携带起始密码子的 tRNA^Met 序列互补;另外一个在靠近 5′端,与 5S rRNA 互补,负责 50S 大亚基上 5S 和 23S rRNA 之间的相互作用。小亚基中的 16S rRNA 的长度为 1500～1600 个核苷酸,含少量修饰碱基;其有两个高度保守区,其中一个是位于 3′端的 ACCUCCUUA 保守序列,与 mRNA 5′端翻译起始区中的核糖体结合位点序列(SD 序列)互补;靠近 3′端处还有一段与 23S rRNA 互补的序列,在 30S 与 50S 亚基的结合中起作用。

在真核生物(以哺乳动物为例)中,核糖体的整体沉降速率为 80S,60% 的组成为 rRNA。其中,大亚基的沉降速率为 60S,由 5S、5.8S 和 28S rRNA 以及约 47 种蛋白质组成;小亚基的沉降速率为 40S,由 18S rRNA 以及约 33 种蛋白质组成(图 10.4)。大亚基中的 5S rRNA 的长度约为 120 nt,通过碱基配对与 5.8S rRNA 相互作用,稳定 60S 亚基的结构域。大亚基中的 5.8S rRNA 是真核生物大亚基特有的 rRNA,长度为 150～160 nt,含有原核生物 5S rRNA 具有的保守序列 CGAAC,与 tRNA 识别有关,5.8S rRNA 与原核的 5S rRNA 功能相似。大亚基中的 28S rRNA 长度为 4500～5000 nt,目前的功能还不是很清楚。小亚基中的 18S rRNA 长度为 1800～1900 nt,其 3′端与大肠杆菌 16S rRNA 同源,与核糖体识别第一个 AUG 的信号有关。

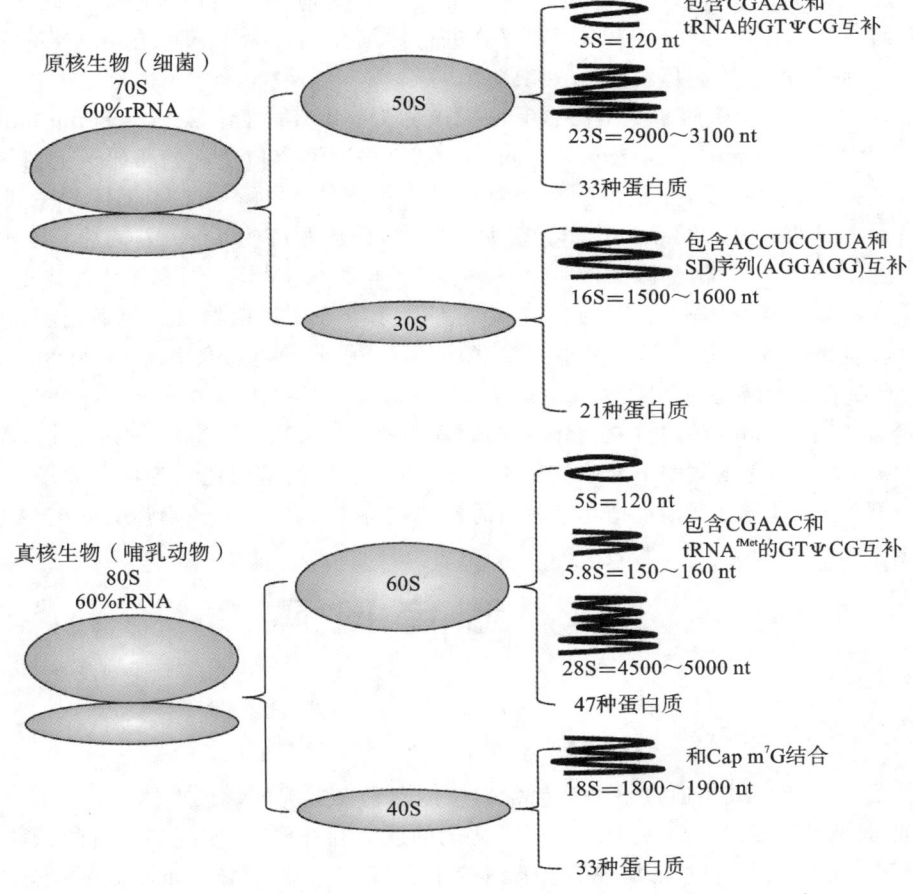

图 10.4 原核生物和真核生物的核糖体组成

10.1.3 核糖体的活性中心和功能

在蛋白质翻译的过程中,核糖体小亚基结合 mRNA 模板,大亚基负责多肽链的延伸。在这个过程中,核糖体至少需要六类活性中心来支持这一过程,分别为 mRNA 结合位点,氨酰 tRNA 结合位点(A 位点),甲酰甲硫氨酸 tRNA (真核生物)和肽酰 tRNA 的结合位点(P 位点),延伸的多肽链转移到氨酰 tRNA 释放的空载 tRNA 的结合位点(E 位点),形成肽键部位(转肽酶中心)以及与各种延伸因子的结合位点。其中,A 位点、P 位点和 E 位点是三个重要的 tRNA 结合位点,在核糖体的大亚基和小亚基的交界面形成(图 10.5),决定了核糖体能够同时结合至少两个 tRNA 分子,从而保障了多肽链延伸过程中肽酰转移酶反应的顺利进行。

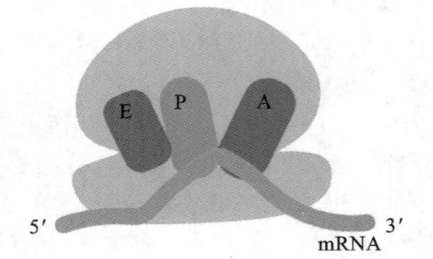

图 10.5 核糖体的三个 tRNA 结合位点

核糖体的结构和活性位点决定了其各个亚基在蛋白质翻译过程中承担的功能。其中,小亚基中具有 mRNA 结合位点,能特异性地识别模板 mRNA 序列,包括翻译起始部分的识别以及密码子与反密码子相互作用等;大亚基具备三个重要的 tRNA 结合位点、转肽酶中心以及与延伸因子结合的位点,负责携带氨基酸及 tRNA、肽键的形成、氨酰 tRNA 以及肽酰 tRNA 的结合等。

10.1.4 mRNA

蛋白质合成的信息蕴藏在 mRNA 中,由其中包含的开放阅读框(open reading frame,ORF)所编码。每个 ORF 对应一个蛋白质,其起始点和终止点都位于 mRNA 的内部。翻译起始于 ORF 的 5′ 端,顺着三核苷酸密码子往 3′ 端延伸多肽链。第一个密码子和最后一个密码子分别称作起始密码子和终止密码子。关于密码子的介绍将在本章"10.2 遗传密码"部分进行详细介绍。为了保障在 mRNA 的指导下进行氨基酸的延伸,核糖体必须被有效地募集到 mRNA 上。

原核生物中,mRNA 起始密码子的上游含有一段被称为核糖体结合位点(ribosome binding site,RBS)的序列,也被称为 SD 序列(Shine-Dalgarno sequence)。SD 序列通常位于起始密码子上游 3～9 个碱基内,大多具有 5′-AGGAGG-3′ 序列,与原核生物小亚基中的 16S rRNA 的 5′-CCUCCU-3′ 序列互补配对。SD 序列和起始密码子之间的距离对翻译的效率有很大的影响,最佳距离为 7～9 个碱基。原核生物的基因通常为多顺反子,其包含的多个结构基因共用一个 SD 序列。与原核生物不同,真核生物中的 mRNA 通过 5′ 端帽子结构招募核糖体。核糖体一旦结合到 mRNA 上,沿着 5′→3′ 方向移动直至遇到起始密码子,该区段包含一个关键的扫描起始密码子的信号序列 5′-CCACC-3′。另外,某些 mRNA 的起始密码子上游的第 3 个碱基为腺嘌呤且下游第 4 个碱基为鸟嘌呤(5′-ANNAUGG-3′),该序列被称为 Kozak 序列(将在本章"10.3 蛋白质的翻译"部分进行详细介绍),其存在能够提高翻译的效率。其次,mRNA 3′ 端的 poly(A) 能够通过促进核糖体的有效循环来提高翻译的效率。与原核生物不同,真核生物的基因通常为单顺反子,即一个结构基因使用一套独立的信号序列;但是,真核生物叶绿体中的 mRNA 在结构上与原核生物的 mRNA 类似。

10.2 遗传密码

10.2.1 密码子及其破译

mRNA 指导蛋白质的合成是通过解读其包含的遗传密码来实现的。核糖体沿着 mRNA 移动,不断地通过 mRNA 上的密码子与氨酰 tRNA 的反密码子之间的反向互补配对,实现多肽链的延伸。mRNA 上连续排列的三个核糖核苷酸编码一个氨基酸信息的遗传单位,每三个核糖核苷酸决定一个氨基酸,被称为密码子(codon)(图 10.6)。

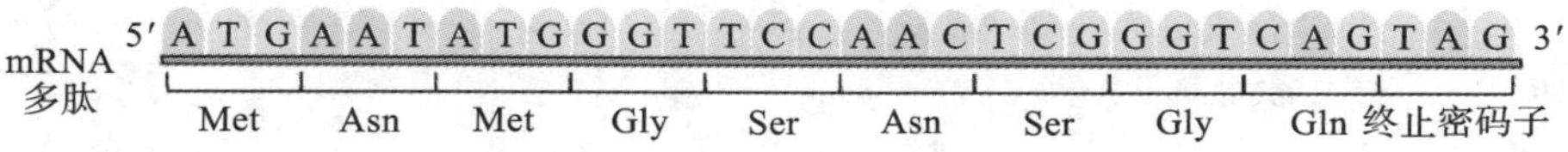

图 10.6 密码子

　　氨基酸和密码子之间对应关系的确立是分子生物学发展历史上的一个重要里程碑。密码子的破译过程起始于关于蛋白质中氨基酸所对应的 mRNA 中的核糖核苷酸数目的猜想。mRNA 包含 4 种不同的核糖核苷酸,而蛋白质包含 20 种不同的氨基酸。如果 1 种核糖核苷酸对应 1 种氨基酸,显然是不够的;如果 2 种核糖核苷酸对应 1 种氨基酸,总共有 16 种密码子,也不能满足需求;如果 3 种核糖核苷酸对应 1 种氨基酸,总共有 64 种密码子,足以满足需求;如果 4 种及以上核糖核苷酸对应一种氨基酸,总共有 256 种及以上密码子,虽然能保证 20 种氨基酸的编码,但不符合生物体在亿万年进化过程中形成和遵循的经济原则。随后,1954 年,George Gamow 从数学角度分析,提出每 3 个核糖核苷酸决定 1 个氨基酸的假设;1961 年,Brenner 和 Crick 等从遗传学的角度证明了 3 个核糖核苷酸可确定 1 个氨基酸。随后,研究者在研究烟草坏死卫星病毒时发现,其外壳蛋白亚基由 400 个氨基酸组成,对应的 RNA 片段为 1200 个核苷酸,与 3 个核糖核苷酸对应 1 个氨基酸的理论正好相吻合。

　　但是,对于哪三个核糖核苷酸的特定组合对应哪一种氨基酸,只有通过生化分析才能被确定。三联体密码子的初步破译得益于人工合成核苷酸和体外蛋白质合成体系的发展。1961 年,Marshall Nirenberg 和 Heinrich Mattaei 将体外合成的多聚单核苷酸 poly(U) 加到能合成蛋白质的大肠杆菌无细胞体系中,合成了多聚苯丙氨酸,证明 UUU 代表苯丙氨酸;基于类似的使用多聚单核苷酸 poly(A) 和 poly(C) 的实验,证明 AAA 和 CCC 分别是赖氨酸和脯氨酸的密码子。随后,基于混合多聚核苷酸确定了其他部分密码子。例如,以多聚 UG 为模板合成多聚半胱氨酸和缬氨酸;以多聚 UUC 作为模板得到了多聚苯丙氨酸、多聚丝氨酸或多聚亮氨酸的多肽链;以多聚 GUA 为模板得到了多聚缬氨酸或多聚丝氨酸的多肽链。然后,以多聚 AC 为模板任意排列出现了 8 种不同的密码子:CCC、CCA、CAC、ACC、CAA、ACA、AAC、AAA,其出现的比例随着共聚物 A/C 比例不同而有差异,获得由天冬酰胺、组氨酸、脯氨酸、谷氨酰胺、苏氨酸以及赖氨酸 6 种氨基酸组成的多肽。然而,这些实验并不能证明三联体密码子中的具体核苷酸顺序与氨基酸的对应关系。

　　1964 年,Marshall Nirenberg 等人利用核糖体结合技术直接确定了三联体密码子中核苷酸顺序与氨基酸的对应关系(图 10.7)。该方法是以人工合成的三核苷酸(如 UUU、GUU 等)为模板,与氨酰 tRNA 和核糖体混合反应,然后将反应产物通过硝酸纤维素滤膜。其中,结合了核糖体的氨酰 tRNA 后形成的三联复合物大分子是不能通过硝酸纤维素滤膜的微孔的,而游离的氨酰 tRNA 是可以通过微孔的,从而可把已结合与未结合的氨酰 tRNA 分开。利用该原理进行多组实验,每组实验用放射性同位素标记其中一种氨基酸 tRNA 来检测残留在硝酸纤维素滤膜上的氨酰 tRNA,从而可以确定三核苷酸组成与氨基酸的对应关系。例如,当核苷酸模板是 GUU 时,缬氨酸 tRNA 与核糖体结合,可以判断 GUU 是缬氨酸的密码子。所有这些观察现象综合起来使得 61 种密码子被破译。

　　除了这 61 种密码子,其余 3 种密码子是终止密码子,分别为 UAG、UAA 和 UGA,这些密码子的破译也是通过一系列生化实验发现并确定的。1964 年,Yanofsky 在研究大肠杆菌色氨酸合成酶 A 蛋白(trpA)时推测无义密码子(终止密码子)的存在,他发现大肠杆菌 Trp^- 的突变株不能合成完整的色氨酸合成酶蛋白,这类突变很可能携带有阻止蛋白质合成的无义密码子。同年,Brenner 及其同事获得了 T4 噬菌体编码头部蛋白基因的琥珀突变,并进行了精细作图。他们通过分离研究各种突变型的多肽,发现突变型的多肽链比野生型的要短,推测琥珀突变可能产生终止密码子,使多肽的合成在中途停止下来。同时他们还发现突变位点越靠近基因的左端,所产生的多肽链越短,越靠近右端则越接近野生型的多肽链长度。1965 年,Weigert 和 Garen 通过碱性磷酸酶基因中色氨酸位点的氨基酸置换实验,证明大肠杆菌中无义密码子的碱基组成为 UAA 和 UAG。1967 年,Brenner 和 Crick 证明 UGA 是第三个无义密码子。但是,后期更多的研究表明真核生物线粒体和叶绿体的终止密码子有 4 种,分别是 UAA、UAG、AGA、AGG。

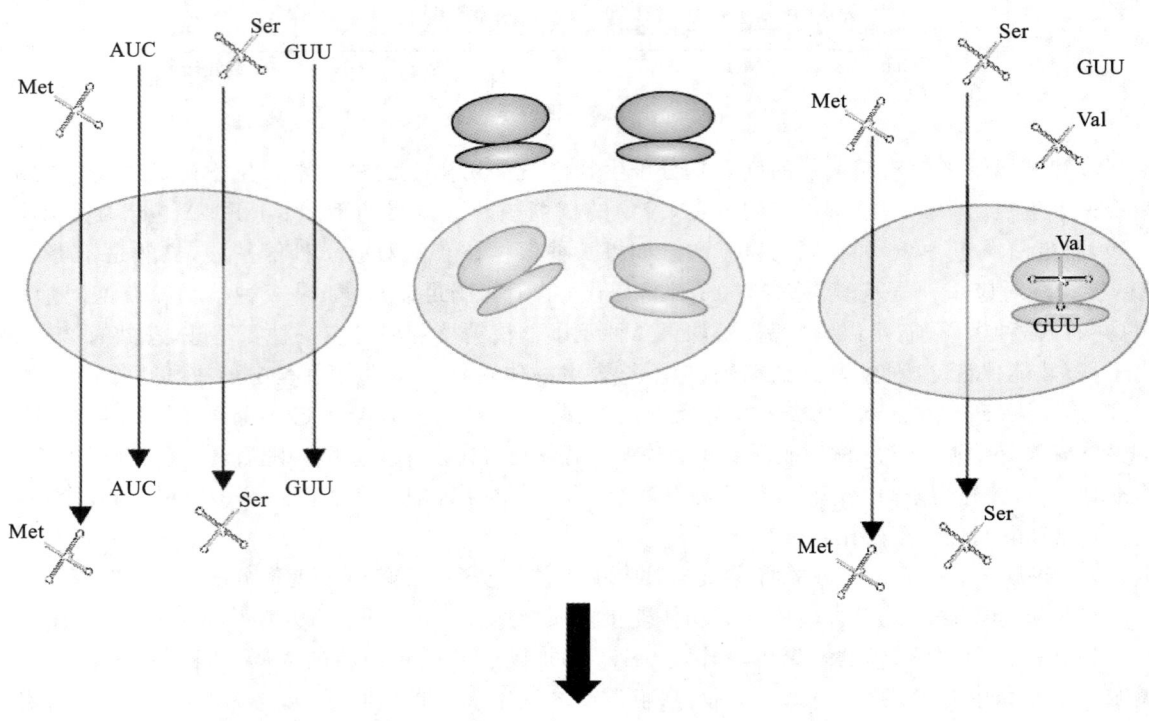

三联体密码子	结合在核糖体上的^{14}C标记的氨酰tRNA			
	Phe-tRNA^{Phe}	Lys-tRNA^{Lys}	Pro-tRNA^{Pro}	……
UUU	4.6	0	0	……
AAA	0	7.7	0	……
CCC	0	0	3.1	……
……				……

图 10.7　利用核糖体结合技术破译遗传密码

10.2.2　遗传密码的性质

10.2.2.1　遗传密码的连续性和通用性

如上所述,密码子是 mRNA 上连续排列的三个核苷酸序列,并编码一个氨基酸信息的遗传单位。除某些原核生物的基因组和部分真核生物的细胞核基因组或线粒体基因组外,所有生物基本共用同一套密码子,在一个基因序列中密码子具有不重叠性和无标点性。61 种密码子与氨基酸的对应关系以及 3 种终止密码子如图 10.8 所示。3 种终止密码子不能识别任何一种氨酰 tRNA;其中,UAA 被叫作赭石(ochre)密码子,UAG 被叫作琥珀(amber)密码子,UGA 被叫作蛋白石(opal)密码子。

10.2.2.2　遗传密码的简并性

由于 61 种编码氨基酸的密码子只对应 20 种氨基酸,那么就出现了多种密码子编码同一种氨基酸的现象。如表 10.1 所示,只有甲硫氨酸和色氨酸分别由 1 种密码子编码,其他氨基酸都同时由 2～6 种氨基酸编码。这种氨基酸受两种及以上密码子编码的遗传现象被称作遗传密码的简并性,对应于同一种氨基酸的密码子称为同义密码子。在编码同一种氨基酸的同义密码子中,除精氨酸、亮氨酸和丝氨酸外,通常第 1 个和第 2 个核苷酸相同,而第 3 个核苷酸不同,这些密码子称为密码子家族。同义密码子的存在可减轻变异对生物的影响。

第2位

		U		C		A		G		
第1位	U	UUU UUC	苯丙氨酸	UCU UCC	丝氨酸	UAU UAC	酪氨酸	UGU UGC	半胱氨酸	U C	第3位
		UUA UUG	亮氨酸	UCA UCG		UAA UAG	终止密码子	UGA UGG	终止密码子 色氨酸	A G	
	C	CUU CUC CUA CUG	亮氨酸	CCU CCC CCA CCG	脯氨酸	CAU CAC	组氨酸	CGU CGC CGA CGG	精氨酸	U C A G	
						CAA CAG	谷氨酰胺				
	A	AUU AUC AUA	异亮氨酸	ACU ACC ACA ACG	苏氨酸	AAU AAC	天冬酰胺	AGU AGC	丝氨酸	U C	
		AUG	甲硫氨酸			AAA AAG	赖氨酸	AGA AGG	精氨酸	A G	
	G	GUU GUC GUA GUG	缬氨酸	GCU GCC GCA GCG	丙氨酸	GAU GAC	天冬氨酸	GGU GGC GGA GGG	甘氨酸	U C A G	
						GAA GAG	谷氨酸				

图 10.8 通用的遗传密码

表 10.1 遗传密码的简并性

氨基酸	密码子数目	氨基酸	密码子数目
精氨酸	6	天冬氨酸	2
亮氨酸	6	半胱氨酸	2
丝氨酸	6	谷氨酰胺	2
丙氨酸	4	谷氨酸	2
甘氨酸	4	组氨酸	2
脯氨酸	4	赖氨酸	2
苏氨酸	4	苯丙氨酸	2
缬氨酸	4	酪氨酸	2
异亮氨酸	3	甲硫氨酸	1
天冬酰胺	2	色氨酸	1

遗传密码简并性现象的存在可能源于两个主要的原因：一是生物体内存在负载同一氨基酸但识别不同密码子的 tRNA，这类 tRNA 被称为同工 tRNA（isoacceptor tRNA）；二是摆动假说（wobble hypothesis），即 tRNA 上反密码子的第 1 位碱基（N^{34}）与 mRNA 密码子的第 3 位碱基在一定范围内可以选择配对的现象。

10.2.2.3 遗传密码的摆动性（摆动假说）

1966 年，Francis Crick 根据立体化学原理提出摆动假说，即密码子与反密码子配对中，前两对碱基遵循严格配对原则，而第三对碱基有一定自由度，可以"摆动"，为摆动碱基。这是因为反密码子靠近 tRNA 5′端的第 1 位碱基不如其他 2 个位置上的碱基在空间上受限制，可以和密码子靠近 3′端的第 3 位多种碱基形成氢键。但是，并不是所有的配对形式都存在，具体的配对组合如图 10.9 所示。例如，位于反密码子第 1 位的 G 可以与 U 或 C 配对，U 可以和 A 或 G 配对，I（次黄嘌呤）可以和 A、U 或 C 配对。因此，摆动假说的提出不仅解释了 32 种 tRNA 可以解读 61 种密码子（即许多氨基酸有 2 种以上密码子）的问题，还解释了反密码子中稀有碱基次黄嘌呤（I）的配对形式。据此，可以总结出摆动配对存在三个主要的分子特征：第一个特征是摆动配对是非 Waston-Crick 的碱基配对方式，也就是指除 A-U 和 C-G 之外的配对形式；第二个特征是不会出现嘌呤-嘌呤和嘧啶-嘧啶的碱基配对形式，因为这种配对形式会使核糖与核糖之间的距离过长或过短；第三个特征是反密码子中的摆动碱基不可能是 A 碱基，因为 A 碱基通常会被反密码子脱氨酶催化形成 I 碱基。

tRNA 的三维结构支撑了摆动配对的存在。在 tRNA 的反密码子环中，反密码子的三个碱基都指向同

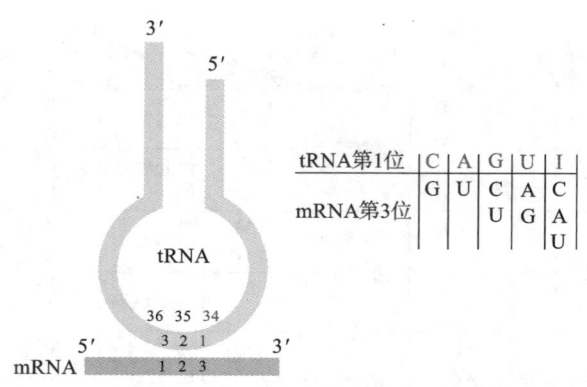

图 10.9　遗传密码摆动假说的配对组合

一个方向,它们的构象主要由碱基之间的堆积作用所决定。摆动碱基位于拓扑结构的末端,碱基堆积力小,导致其选择性配对的自由度大。另外,摆动碱基被修饰的频率高,进一步导致配对原则的改变。

10.2.2.4　遗传密码的特殊性

10.2.2.1 中介绍到,所有生物体通常共用同一套遗传密码。但是,大量的研究表明,同一密码子在不同生物体或细胞器中编码不同的氨基酸,许多与起始密码子和终止密码子有关,该现象叫作密码子的特殊性。密码子的特殊性可能是由不同生物体或细胞器中 tRNA 库的组成差异、翻译效率的优化需求以及进化压力共同驱动。首先,细菌或部分真核生物细胞核基因组中遗传密码存在特殊性(图 10.10)。例如,终止密码子 UGA 在支原体和八肋游仆虫中分别编码色氨酸和半胱氨酸;终止密码子 UAA 和 UAG 在喜温草履虫中编码谷氨酰胺。此外,通常编码亮氨酸的密码子 CUG 在假丝酵母中却编码丝氨酸。其次,通过比较哺乳动物、果蝇、酵母和高等植物等线粒体中的遗传密码和通用密码,研究者发现不同生物中有些细微的差异(表 10.2)。例如,终止密码子 UGA 在所有生物体的线粒体中编码色氨酸;通常编码亮氨酸的密码子 CUA 在酵母线粒体中编码苏氨酸;通常编码异亮氨酸的密码子 AUA 在哺乳动物的线粒体中编码甲硫氨酸;通常编码精氨酸的密码子 AGA 或 AGG 在果蝇和哺乳动物的线粒体中分别编码丝氨酸和被用作终止密码子。

第2位

		U		C		A		G		
第1位	U	UUU UUC	苯丙氨酸	UCU UCC UCA UCG	丝氨酸	UAU UAC	酪氨酸	UGU UGC	半胱氨酸	U C
		UUA UUG	亮氨酸			UAA UAG	终止密（喜温草履虫）码子 → 谷氨酰胺	UGA UGG	终止密码子→色氨酸(支原体) 半胱氨酸(八肋游仆虫)	A G
	C	CUU CUC CUA CUG	亮氨酸 （假丝酵母） 亮氨酸→丝氨酸	CCU CCC CCA CCG	脯氨酸	CAU CAC	组氨酸	CGU CGC CGA CGG	精氨酸 精氨酸→无	U C A G
						CAA CAG	谷氨酰胺			
	A	AUU AUC AUA	异亮氨酸 异亮氨酸→无	ACU ACC ACA ACG	苏氨酸	AAU AAC	天冬酰胺	AGU AGC	丝氨酸	U C
		AUG	甲硫氨酸			AAA AAG	赖氨酸	AGA AGG	精氨酸→无 精氨酸	A G
	G	GUU GUC GUA GUG	缬氨酸	GCU GCC GCA GCG	丙氨酸	GAU GAC	天冬氨酸	GGU GGC GGA GGG	甘氨酸	U C A G
						GAA GAG	谷氨酸			

（第3位）

图 10.10　原核生物中的特殊密码子及其对应的氨基酸

表 10.2　真核生物线粒体 DNA 中的特殊密码子及其对应的氨基酸

生物种类	密码子	线粒体 DNA	细胞核 DNA
所有	UGA	色氨酸	终止密码子
酵母	CUA	苏氨酸	亮氨酸
果蝇	AGA	丝氨酸	精氨酸
哺乳动物	AGG	终止密码子	精氨酸
哺乳动物	AUA	甲硫氨酸	异亮氨酸

10.2.2.5　遗传密码的偏爱性

不同生物体中 mRNA 的 GC 含量不同,会导致各种密码子的使用频率不等。另外,在长期进化过程中,识别同一氨基酸的不同 tRNA(同工 tRNA)含量不同,且不同生物之间同一同工 tRNA 含量也存在差异。tRNA 的含量与密码子的利用率呈正相关。另外,同义密码子中密码子与反密码子之间的作用强度也与密码子的利用率相关,自然选择倾向于选择密码子和反密码子之间结合强度适度的密码子,以保证获得最佳的蛋白质合成速率。如图 10.11 所示,上述原因使得在蛋白质的合成过程中,不同物种中的同义密码子使用率并不相同。某一物种或某一基因通常倾向于使用一种或几种特定的同义密码子,这些密码子被称为最优密码子(optimal codon),该现象被称为密码子的偏爱性(codon usage bias)。密码子的偏爱性也是进化过程中形成的基因表达调控机制之一。

第2位

第1位	U		C		A		G		第3位
U	22.3 UUU	苯丙氨酸	16.6 UCU	丝氨酸	17.5 UAU	酪氨酸	6.4 UGU	半胱氨酸	U
	15.9 UUC		11.3 UCC		12.9 UAC		6.3 UGC		C
	14.6 UUA	亮氨酸	11.9 UCA		1.6 UAA	终止密码子	1.2 UGA	终止密码子	A
	12.9 UUG		10.5 UCG		0.8 UAG		13.6 UGG	色氨酸	G
C	12.5 CUU	亮氨酸	8.1 CCU	脯氨酸	14.6 CAU	组氨酸	20.1 CGU	精氨酸	U
	10.1 CUC		5.4 CCC		8.8 CAC		22.2 CGC		C
	4.1 CUA		9.8 CCA		13.6 CAA	谷氨酰胺	3.7 CGA		A
	51.1 CUG		22.2 CCG		31.9 CAG		5.3 CGG		G
A	35.7 AUU	异亮氨酸	15.1 ACU	苏氨酸	18.9 AAU	天冬酰胺	11.4 AGU	丝氨酸	U
	22.3 AUC		25.1 ACC		22.2 AAC		19.5 AGC		C
	5.2 AUA		10.9 ACA		33.7 AAA	赖氨酸	2.4 AGA	精氨酸	A
	27.7 AUG	甲硫氨酸	12.9 ACG		11.4 AAG		2.3 AGG		G
G	18.0 GUU	缬氨酸	20.8 GCU	丙氨酸	32.8 GAU	天冬氨酸	24.5 GGU	甘氨酸	U
	14.7 GUC		30.1 GCC		17.5 GAC		29.0 GGC		C
	11.1 GUA		19.8 GCA		39.9 GAA	谷氨酸	7.5 GGA		A
	25.6 GUG		22.3 GCG		18.3 GAG		11.3 GGG		G

(a)

第2位

第1位	U		C		A		G		第3位
U	17.5 UUU	苯丙氨酸	15.2 UCU	丝氨酸	12.9 UAU	酪氨酸	10.6 UGU	半胱氨酸	U
	20.3 UUC		17.7 UCC		15.1 UAC		12.6 UGC		C
	7.5 UUA	亮氨酸	12.2 UCA		低频 UAA	终止密码子	低频 UGA	终止密码子	A
	12.1 UUG		4.4 UCG		低频 UAG		13.2 UGG	色氨酸	G
C	13.2 CUU	亮氨酸	17.5 CCU	脯氨酸	10.9 CAU	组氨酸	4.5 CGU	精氨酸	U
	19.6 CUC		19.8 CCC		15.1 CAC		10.4 CGC		C
	7.2 CUA		16.9 CCA		12.3 CAA	谷氨酰胺	6.2 CGA		A
	39.6 CUG		6.9 CCG		34.2 CAG		11.4 CGG		G
A	16 AUU	异亮氨酸	13.1 ACU	苏氨酸	17.0 AAU	天冬酰胺	12.1 AGU	丝氨酸	U
	20.8 AUC		18.9 ACC		19.1 AAC		19.5 AGC		C
	7.5 AUA		14.9 ACA		24.4 AAA	赖氨酸	12.2 AGA	精氨酸	A
	22.0 AUG	甲硫氨酸	6.1 ACG		31.9 AAG		12.0 AGG		G
G	11.0 GUU	缬氨酸	18.4 GCU	丙氨酸	21.8 GAU	天冬氨酸	10.8 GGU	甘氨酸	U
	14.5 GUC		27.7 GCC		25.1 GAC		22.2 GGC		C
	7.1 GUA		15.8 GCA		29.0 GAA	谷氨酸	16.5 GGA		A
	28.1 GUG		7.4 GCG		39.6 GAG		16.5 GGG		G

(b)

图 10.11　原核生物和真核生物的密码子利用率

(a)图数据来源于大肠杆菌 K-12 高表达基因。(b)图数据来源于人类基因组。频率单位为%。

10.3 蛋白质的翻译

生物体内,蛋白质的翻译主要在核糖体上完成,同时还有部分蛋白质的合成是在线粒体和叶绿体中进行的。蛋白质合成的方向是从多肽链的氨基端(N端)向羧基端(C端)进行。在蛋白质合成的过程中,虽然每个核糖体只能合成一条多肽链,但是在第一个核糖体完成多肽链合成之前,后续被招募的核糖体已经开始解读同一条 mRNA 上的遗传密码。多个核糖体同时结合在一条 mRNA 分子上形成的复合物被称为多聚核糖体,其中每个核糖体之间的距离通常大于 80 bp。蛋白质的合成包括氨酰 tRNA 的合成、蛋白质翻译的起始、蛋白质翻译的延伸以及蛋白质翻译的终止等。

10.3.1 氨酰 tRNA 的合成

在氨基酸臂上加载了氨基酸的 tRNA 是蛋白质合成的原料。tRNA 的 3′端被添加一个特异的氨基酸后的产物被称为氨酰 tRNA。氨基酸必须在氨酰 tRNA 合成酶(aminoacyl tRNA synthetase)作用下活化生成氨酰 tRNA,才能进入核糖体起始翻译过程,该步骤被称为氨基酸的活化。氨酰 tRNA 合成酶是催化氨基酸与 tRNA 结合的特异酶,每种细胞有 20 种,每种酶只识别 1 种氨基酸和能携带它的所有 tRNA,具有高度专一性。同一氨酰 tRNA 合成酶可将相同氨基酸加到两个或多个带有不同反义密码子的 tRNA 分子上。tRNA 与相应氨基酸结合是确保多肽合成准确性的关键。

氨酰 tRNA 主要通过两步化学反应形成(图 10.12)。第一步,氨酰 tRNA 合成酶利用 ATP 为底物,将 AMP 添加到氨基酸的羧基端,形成中间产物氨基酰腺苷一磷酸(氨酰 AMP),该步骤被称作氨基酸的活化;第二步,将氨基酸添加到 tRNA 末端腺苷酸的 3′-OH 上。其中,两类氨酰 tRNA 合成酶通过两种不同的形式完成氨基酸的加载,I 类氨酰 tRNA 合成酶以氨酰 AMP 为底物,先将氨基酸加载到 tRNA 末端腺苷酸的 2′-OH 上,然后通过转位酶将氨基酸加载到 tRNA 末端腺苷酸的 3′-OH 上;II 类氨酰 tRNA 合成酶以氨酰 AMP 为底物,直接将氨基酸加载到 tRNA 末端腺苷酸的 3′-OH 上。以丝氨酸(Ser)为例,氨酰 tRNA 及其合成酶命名规则如下:相关的 tRNA 命名为 $tRNA^{Ser}$,相关的氨酰 tRNA 合成酶命名为 Ser-tRNA 合成酶,相关的氨酰 tRNA 命名为 $Ser\text{-}tRNA^{Ser}$。

真核生物蛋白质合成的起始甲硫氨酸 tRNA 和多肽链延伸过程中的甲硫氨酸 tRNA 的 tRNA 结构不同,但甲硫氨酸结构相同,分别被命名为 $Met\text{-}tRNA^{Met}_i$ 和 $Met\text{-}tRNA^{Met}_e$。与真核生物不同,原核生物蛋白质合成的起始甲硫氨酸 tRNA 和多肽链延伸过程中的甲硫氨酸 tRNA 不仅 tRNA 结构不同,而且甲硫氨酸结构也不同,分别被命名为 $fMet\text{-}tRNA^{fMet}$ 和 $Met\text{-}tRNA^{Met}_m$。其中,起始甲硫氨酸 tRNA 携带的是被甲酰化的甲硫氨酸。原核生物和真核生物的起始甲硫氨酸 tRNA 结构和多肽链延伸过程中的甲硫氨酸 tRNA 相比,一个区别是氨基酸臂末端碱基在 $Met\text{-}tRNA^{Met}_i$ 和 $fMet\text{-}tRNA^{fMet}$ 中不配对的为起始密码子,而在其他 tRNA 中配对,参与多肽链延伸;另外一个区别是反密码子环的臂上 3 个 GC 碱基对为 $fMet\text{-}tRNA^{fMet}$ 特有,是 $fMet\text{-}tRNA^{fMet}$ 直接插入 P 位点所必需的。如上所述,原核生物的起始甲硫氨酸发生了甲酰化,其通过两步反应完成:第一步,在甲硫氨酸氨酰 tRNA 合成酶的作用下,将甲硫氨酸添加到甲硫氨酸 tRNA 的 3′-OH,生成 $Met\text{-}tRNA^{Met}$;第二步,在甲酰基转移酶的作用下,以 N^{10}-甲酰基四氢叶酸为底物,在甲硫氨酸的 N 端添加一个甲酰基团,生成 $fMet\text{-}tRNA^{fMet}$。

10.3.2 蛋白质翻译的起始(initiation)

蛋白质翻译的起始过程实质就是核糖体在 mRNA 分子上的组装过程。在模板 mRNA 编码区 5′端,形成核糖体-mRNA-起始 tRNA 复合物,(甲酰)甲硫氨酸到达核糖体 P 位点。其中,核糖体的小亚基是起始复合物的装配位点,大亚基和小亚基的分离为翻译起始的前提条件。原核生物和真核生物的翻译起始过程有非常大的不同,下面将分别进行介绍。

原核生物蛋白质翻译起始过程必需的成分包括 mRNA(包含起始密码子)、$fMet\text{-}tRNA^{fMet}$、核糖体 30S

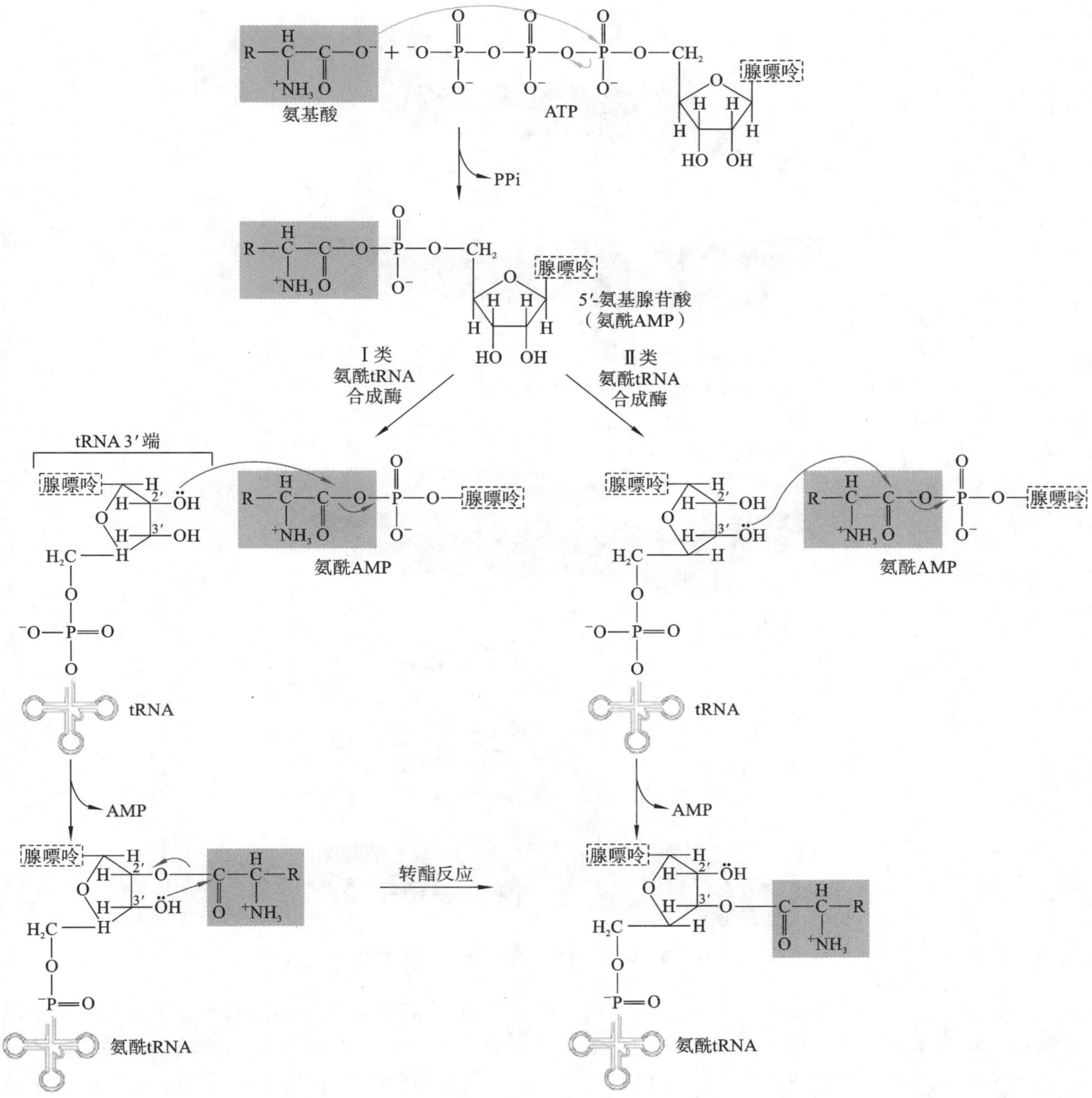

图 10.12 氨酰 tRNA 的合成过程

亚基、核糖体 50S 亚基、GTP、Mg^{2+} 以及起始因子(IF-1、IF-2、IF-3)。原核生物蛋白质翻译起始过程分为三个步骤(图 10.13)。第一步,核糖体 30S 亚基与翻译起始因子 IF-1、IF-3 结合后,与 mRNA 的 SD 序列结合。其中,IF-1 与 30S 亚基结合,占据 A 位点,防止其结合其他 tRNA;IF-3 促使 mRNA 的 SD 序列与 16S rRNA 的 3′端相结合,使 30S 亚基结合于 mRNA 的 SD 序列上,稳定 30S 亚基的结构。第二步,IF-2 结合起始 tRNA,调控其进入核糖体。在该过程中,在 IF-2 和 GTP 协同下,fMet-tRNA^{fMet} 进入 30S 亚基的 P 位点,tRNA 上的反密码子与 mRNA 上的起始密码子配对。第三步,起始因子释放,核糖体 50S 亚基与复合物结合,起始翻译。在该过程中,IF-3 离开复合物,核糖体 50S 亚基和 30S 亚基结合,大、小亚基利用 IF-2 的 GTP 酶活性,构象变化成为有功能的核糖体,随后在 IF-1 的作用下,IF-2 离开核糖体,IF-1 最后离开,完成翻译起始过程。值得注意的是,在原核生物蛋白质翻译起始过程中,fMet-tRNA^{fMet} 能够直接进入 P 位点与其结合,并不是像其他 tRNA 那样必须通过 A 位点后到达 P 位点。

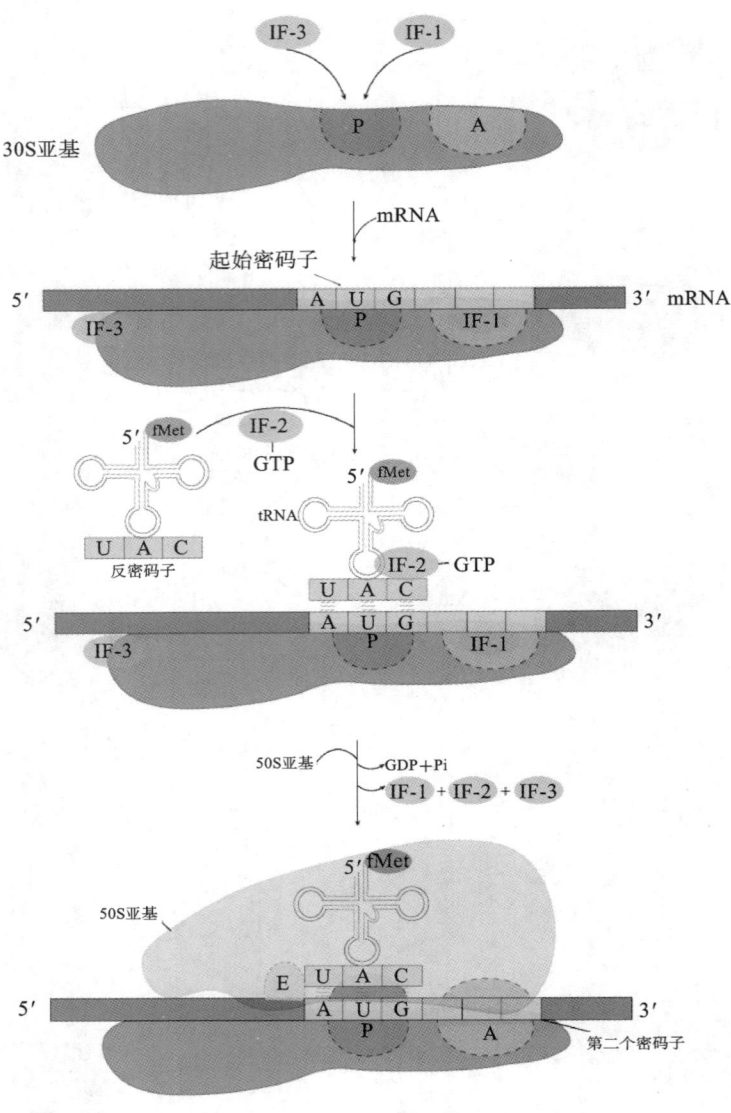

图 10.13　原核生物蛋白质翻译的起始过程

　　真核生物蛋白质翻译起始过程的机制与原核生物基本相似,都需要翻译起始因子、mRNA、起始甲硫氨酸 tRNA、核糖体小亚基覆盖两个密码子区域等,但是也存在一定的差别。第一,真核生物的核糖体较大,有相对较多的翻译起始因子参与,起始机制更加复杂。第二,mRNA 5′端具有帽子结构,此结构和 3′端的 poly(A)尾都参与形成翻译起始复合物。第三,真核生物参与起始过程的甲硫氨酸 tRNA 未被甲酰化,只是起始甲硫氨酸 tRNA(Met-tRNA$_i^{Met}$)和延伸过程中的甲硫氨酸 tRNA(Met-tRNA$_e^{Met}$)的结构不同。第四,真核生物的 mRNA 无 SD 序列,而是存在 5′引导序列(包含扫描序列)和 3′UTR。第五,原核生物起始过程中 30S 亚基先结合 mRNA,再与 fMet-tRNA^{fMet} 结合直接进入 P 位点。而真核生物中,40S 亚基先与 Met-tRNA$_i^{Met}$ 结合,再结合 mRNA 后进入 A 位点,然后转移到 P 位点;与 poly(A)尾结合,环化 RNA。

　　真核生物翻译起始的简化"扫描模型"可以概括为以下几个步骤。首先,核糖体 40S 亚基与起始因子、Met-tRNA$_i^{Met}$ 和 GTP 一起识别 mRNA 5′端的帽子结构,使核糖体亚基在 mRNA 的末端稳定结合。40S 亚基向 3′端扫描 mRNA,搜索起始密码子,在此过程中解开一个茎-环结构。核糖体 40S 亚基定位于起始密码子 AUG 处并终止扫描,此时 60S 亚基加入复合物,起始发生。在扫描过程中,存在一个 Kozak 序列(5′-ANNAUGG-3′),即起始密码子上游的第 3 个碱基为腺嘌呤以及下游第 4 个碱基为鸟嘌呤,被认为是 40S 亚基停止扫描的信号,该序列对翻译的效率有很大的影响。

同时,在真核生物翻译起始过程中,至少有 11 个翻译起始因子参与起始复合物的形成(表 10.3),该过程主要包括(图 10.14):①eIF3 结合 40S 亚基;②eIF2、GTP、Met-tRNA$^{Met}_i$ 结合 40S 亚基,形成 43S 复合物;③43S 复合物在 eIF4F 协助下结合 mRNA 的 5′端;④eIF1 和 eIF1A 促进 43S 复合物沿 mRNA 向 3′端方向扫描,在找到 AUG 后形成 48S 复合物;⑤eIF5 诱导 eIF2 水解 GTP,使 eIF2 和 eIF3 从 48S 复合物上释放;⑥eIF5B 介导 60S 亚基加入复合物,形成完整的核糖体(80S 复合物),准备好可以翻译 mRNA。

表 10.3 真核生物蛋白质翻译起始过程中的起始因子

起始因子	大小	功能
eIF1	15 kDa	促使 mRNA 与 40S 亚基结合
eIF1A		结合到核糖体 40S 亚基上以助于形成游离的 40S 亚基,阻止 60S 亚基的结合
eIF3	>500 kDa	促使 mRNA 与 40S 亚基结合
eIF2	3 种亚基	形成三元起始复合物(eIF2,GTP,tRNA)
eIF2-A	65 kDa	促使 Met-tRNA$^{Met}_i$ 与 40S 亚基结合
eIF4A	50 kDa	具有螺旋酶活性
eIF4B	80 kDa	具有螺旋酶活性
eIF4E	19 kDa	结合 mRNA 5′帽子
eIF4G		骨架蛋白,结合两个因子 eIF4E 和 PABP
eIF5	150 kDa	释放 eIF2 和 eIF3
eIF5B		核糖体依赖的 GTP 酶,结合 60S 亚基,与原核生物中的 IF2 同源

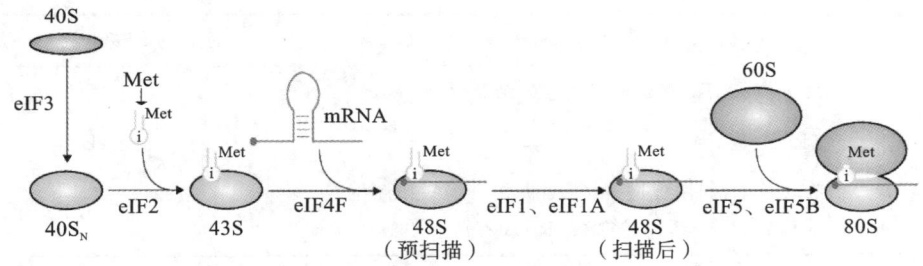

图 10.14 真核生物蛋白质翻译的起始过程

10.3.3 蛋白质翻译的延伸(elongation)

蛋白质翻译起始完成之后,第一个氨基酸与核糖体结合,多肽链就开始延伸。然后按照 mRNA 模板密码子的排列顺序,氨基酸通过新生肽键的方式被有序地结合上去。多肽链延伸中的每个循环都包括三个过程:进位反应、成肽反应和移位反应(图 10.15,彩图 31)。

原核生物中,当完整的 70S 核糖体复合物形成后,随即启动多肽链的延伸。多肽链延伸必需的成分包括三个延伸因子(EF-Tu、EF-Ts、EF-G)、GTP、氨酰 tRNA 以及 70S 核糖体等。在进位反应过程中,氨酰 tRNA 首先与 EF-Tu、GTP 形成复合物,进入核糖体的 A 位点;然后,GTP 被水解释放,在 EF-Ts 的作用下使 EF-Tu 结合另一分子 GTP,进入新一轮循环。在成肽反应过程中,在核糖体-mRNA-氨酰 tRNA 复合物中,氨酰 tRNA 占据 A 位点,fMet-tRNA^{fMet} 占据 P 位点;核糖体 A 位点上的 tRNA 上末端氨基酸的氨基与 P 位点上的肽酰 tRNA 上氨基酸的羧基间形成肽键,该缩合反应是由肽酰转移酶(peptidyl transferase)催化完成的。在移位反应过程中,EF-G(移位酶)具有转位酶活性,通过水解 GTP 供能,使核糖体沿 mRNA 向下移动一个密码子;肽酰 tRNA 进入 P 位点,去氨酰 tRNA(空载 tRNA)被挤入 E 位点,空出 A 位点给 mRNA 上的第三位密码子,开始新一轮多肽链延伸;其中,核糖体沿 mRNA 移动与肽酰 tRNA 的移位这两个过程是偶联的。

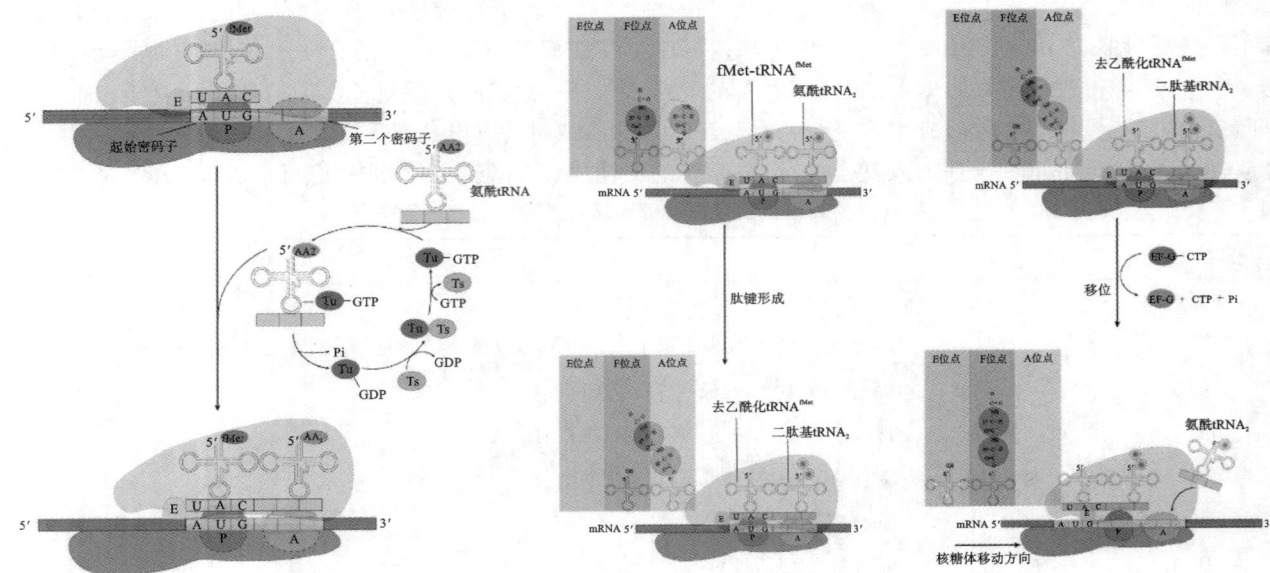

图 10.15　原核生物蛋白质翻译的多肽链延伸过程

真核生物中的多肽链延伸过程与原核生物基本相似,也是经历进位反应、成肽反应和移位反应三个步骤。差异在于参与的延伸因子不同,但是两者之间的延伸因子都是同源的,承担相同的角色(表 10.4)。原核生物中的 EF-Tu、EF-Ts 和 EF-G 分别对应真核生物中的 eEF1α、eEF1βγ 和 eEF2。

表 10.4　真核生物蛋白质翻译的延伸因子及其功能

原核生物中的延伸因子	生物功能	对应的真核生物中的延伸因子
EF-Tu	促进氨酰 tRNA 进入 A 位点,结合分解 GTP	eEF1α
EF-Ts	调节亚基	eEF1βγ
EF-G	有转位酶活性,促进 mRNA-肽酰-tRNA 由 A 位点前移到 P 位点,促进空载 tRNA 释放	eEF2

10.3.4　蛋白质翻译的终止(termination)

当终止密码子 UAA、UAG 或 UGA 出现在核糖体的 A 位点时,没有相应的氨酰 tRNA 与之结合。此时,释放因子(release factor,RF)能够识别及结合终止密码子,水解 P 位点上多肽链与 tRNA 之间形成的二酯键,释放新生的多肽链和 tRNA。然后,核糖体的大亚基和小亚基解体,标志蛋白质合成终止。同时,RF 具有 GTP 酶活性,能够催化 GTP 水解,促进多肽链与核糖体解离(图 10.16)。

RF 包含两大类:Ⅰ类 RF 识别终止密码子,能催化新合成的多肽链从 P 位点的 tRNA 中水解释放;Ⅱ类 RF 在多肽链释放后刺激Ⅰ类 RF 从核糖体中解离。在原核生物中,RF1(Ⅰ类)识别终止密码子 UAG 和 UAA;RF2(Ⅰ类)识别终止密码子 UGA 和 UAA,在 RF 与终止密码子结合后诱导转肽酶转变为酯酶活性,将一个水分子加到多肽链的末端,使多肽链从核糖体上释放;RF3(Ⅱ类)促进 RF1 和 RF2 从核糖体上解离。在真核生物中,eRF1(Ⅰ类)识别所有 3 种终止密码子;eRF3(Ⅱ类)帮助 eRF1 释放翻译成熟的多肽链。

除了新形成的多肽链从翻译复合物中释放之外,核糖体也需要从 mRNA 上解离。但是,蛋白质翻译终止后,核糖体不能自发地与 mRNA 上解离。在原核生物中,核糖体需要在核糖体循环因子(ribosomal recycling factor,RRF)和 EF-G 的帮助下从 mRNA 上解离。RRF 与 tRNA 结构十分相似,能与核糖体的 A 位点结合,然后与 EF-G 合作释放核糖体 50S 亚基或整个核糖体。IF-3 结合到游离的 30S 亚基上,阻止其

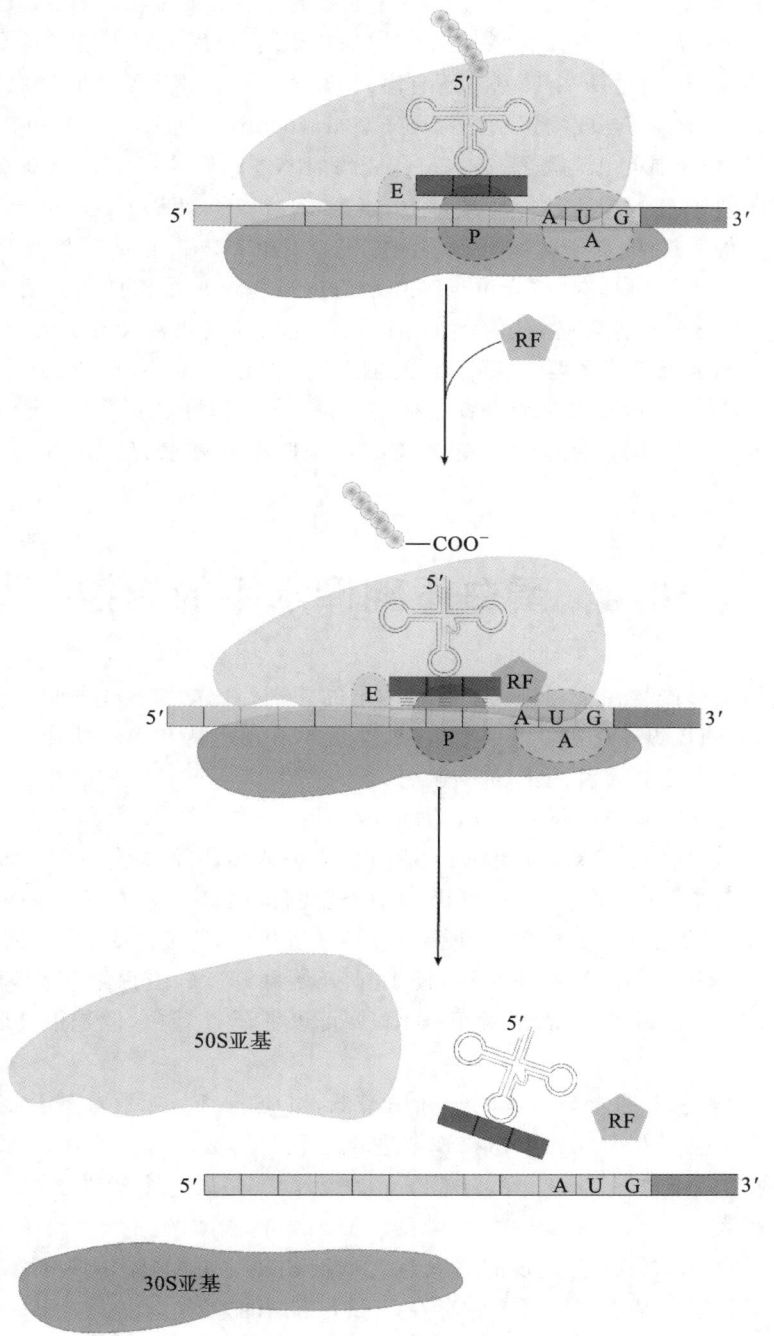

图 10.16 蛋白质翻译的终止过程

与 50S 亚基重新形成完整的核糖体。在真核生物中,翻译后核糖体从复合物中的释放由 eIF3 在 eIF1、eIF1A 的帮助下执行,eIF6 结合 60S 亚基,阻止其与 40S 亚基形成完整的核糖体。解离并解体的核糖体小亚基是新的一轮蛋白质合成起始完成的前提条件。

10.3.5 保证蛋白质准确翻译的机制

蛋白质翻译过程的准确性主要涉及氨酰 tRNA 加载和对 mRNA 上密码子的解读。因此,氨基酸与 tRNA 间的负载专一性和反密码子对密码子的准确识别是决定蛋白质翻译准确性的两个重要因素。

氨酰 tRNA 是由氨酰 tRNA 合成酶催化完成的,其具有 3 个结合位点,分别为氨基酸和 ATP 形成氨酰 AMP 的位点、tRNA 的结合位点以及 tRNA 负载氨基酸的位点。氨酰 tRNA 合成酶通过以下几个方面可以特异性地识别 tRNA。首先,各种 tRNA 三级结构基本相同,但反密码子序列各不相同,氨酰 tRNA 合成酶通过空间构象识别反密码子的一个碱基或所有序列;其次,氨酰 tRNA 合成酶识别氨基酸臂最后三个碱基中的一个;最后,氨酰 tRNA 合成酶识别副密码子(paracodon)。这里的 tRNA 中存在决定负载特定氨基酸的空间密码(特定序列),其可以与氨酰 tRNA 合成酶 tRNA 结合位点的特异基团间的分子契合,被称作副密码子。副密码子位于 tRNA 的各种环或臂上,氨酰 tRNA 合成酶对副密码子的识别与结合是通过氨基酸与碱基之间的连接实现的,属于生物 II 型空间密码。氨酰 tRNA 合成酶具有"双筛结构"的特性,即其 tRNA 负载氨基酸的位点同时具有"结合位点"和"水解位点",这种结构使得具有相似 R 基团的氨基酸被 AMP 错误活化后能够被选择性降解,从而防止因错误活化而导致氨基酸错误负载。

反密码子对密码子的准确识读主要由三个方面的因素所决定。第一,反密码子和密码子之间的碱基配对遵循经典的 Waston-Crick 的碱基配对和摆动假说中的有限配对原则;第二,蛋白质翻译过程中,核糖体可控制 tRNA 与 mRNA 之间的拓扑结构;第三,EF-Tu/eEF1 具有水解错误进入 A 位点的氨酰 tRNA 的能力。

10.4　蛋白质翻译水平的调控

不同基因的蛋白质翻译产物在量和比例上存在一定的差别。比如原核生物同一个操纵子内各基因以一定比例的协调翻译,乳糖操纵子中的 β-半乳糖苷酶、半乳糖苷透性酶和半乳糖苷乙酰转移酶的比例为 5:2:1。蛋白质翻译水平可以受到多种因素的影响。

(1)mRNA 二级结构可以调节不同蛋白质的翻译数量。比如,RNA 病毒 R17 通过对翻译起点的控制,调节蛋白质的合成量及比例。RNA 病毒 R17 基因组中编码侵染附着蛋白(A 蛋白)的 A 基因隐藏在 DNA 双链区域,编码外壳蛋白(C 蛋白)的 C 基因和编码复制蛋白(Rep)的 Rep 基因暴露在 DNA 单链区域,其中,A 蛋白和 C 蛋白的比例为 1:180。在蛋白质翻译过程中,C 蛋白的 SD 序列首先被识别并开始翻译。随后打开了 Rep 的 RBS 所在的茎-环结构,使 Rep 开始翻译。C 蛋白继续翻译的同时,Rep 与正链 RNA 的 3′端结合,合成负链 RNA。新合成的正链 RNA 可以翻译 A 蛋白,但是很快形成二级结构,从而阻止 A 蛋白的继续合成。

(2)稀有密码子对翻译水平的影响。密码子利用率低,对应的 tRNA 数量就会变少,蛋白质翻译速率就会变慢。稀有密码子的位点及密度是生物在长期进化过程中形成的一种在翻译水平的调控,广泛存在于原核生物和真核生物中。比如,大肠杆菌 dnaG、ropD 和 rpsU 是同一个操纵子中的三个基因,这三个基因在细胞中的产物分别为 50、2800 和 40000 个拷贝。编码异亮氨酸的三个密码子 AUU、AUC 和 AUA(稀有密码子)中,其他蛋白质中 AUA 出现的概率为 1%,而 dnaG 中 AUA 出现的概率为 32%。这种稀有密码子的存在就直接导致三个基因的翻译产物存在成百上千倍的差异。

(3)蛋白质合成的自体调控。自体调控是指基因的表达产物反过来控制自身基因的表达,核糖体蛋白的表达就存在自体调控的现象。核糖体蛋白与 rRNA 合成严格协调。大肠杆菌中核糖体蛋白有 52 种,每种核糖体蛋白除 S7/S12 具有 4 个分子外,其他均仅为 1 个分子。一个细胞内 EF-Tu 因子的分子数是核糖体数的 10 倍,而 RNA 聚合酶的各亚基数较核糖体数少。不同的核糖体蛋白基因组装在不同的操纵子中,每个操纵子内都有一种核糖体蛋白作为自身的调节蛋白。在操纵子 mRNA 靠近 SD 序列处具有与调节蛋白结合的位点,该位点与核糖体蛋白在 rRNA 上的结合位点具有相似的二级结构。调节蛋白与 rRNA 位点的结合力高于与自身 mRNA 结合位点的结合力。比如,L11 操纵子编码 L11 和 L1 两个核糖体蛋白,其中 L1 就是该操纵子的调节蛋白。对应的 mRNA 的上游存在与 23S rRNA 上游相同的二级结构,可以被 L1 识别并结合。L1 优先与 23S rRNA 结合,只有当 23S rRNA 不足时,L1 才与自身 mRNA 结合,从而阻断自身 mRNA 的翻译。

（4）终止密码子解读的通读与移码调节。正常情况下，蛋白质翻译到终止密码子处会终止，但存在小概率的不终止现象。当核糖体遇到终止密码子时，核糖体任意结合一种氨酰 tRNA，使蛋白质的合成得以延续，翻译出一条延长的多肽链，该现象称作通读。另外，核糖体在 mRNA 上解读密码子时，可能会向前或向后移动一个核苷酸，从而改变读码框，使多肽链得以继续延伸，该现象称作移码。

（5）mRNA 的稳定性影响翻译效率。真核生物中 3′端非编码区结构影响 mRNA 稳定性：3′端富含 A 和 U 的结构，会引起 mRNA 不稳定，降低翻译效率。

（6）mRNA 的 5′UTR 二级结构影响翻译效率。mRNA 的 5′UTR 二级结构是真核生物基因在翻译水平调控的重要靶点，基因的翻译依赖于 mRNA 5′端非编码区的茎-环结构。mRNA 5′端的茎-环结构是核糖体进入的位点，并通过富集核糖体和起始因子来促进基因的表达。

（7）mRNA 的 uORF 影响蛋白质的翻译。上游开放阅读框（upstream open reading frame，uORF）是存在于 mRNA 的 5′UTR 的一段短的 ORF。uORF 主要是通过抑制下游基因的翻译或引起 mRNA 降解，从而降低基因的表达水平。部分研究表明，uORF 也可以通过其编码的小肽行使生物学功能。此外，uORF 可以影响下游多个重叠的 ORF 的选择性翻译。除了有翻译抑制活性的 uORF 外，近期研究还发现了一些可以促进基因翻译的 uORF。另外，uORF 的调控活性既取决于自身的序列特征，也受到生长发育时期、细胞组织等环境的影响。

10.5　蛋白质翻译后调控

蛋白质翻译后通常会经历各种各样的加工修饰、转运、折叠及降解等过程。蛋白质翻译形成的前体主要会经历 N 端甲硫氨酸和信号肽的切除、新生多肽链剪切加工、多肽的修饰、二硫键的形成以及亚基的聚合等步骤。其中，蛋白质翻译后修饰（post-translational modification，PTM）在生物体中具有十分重要的作用，它可以使蛋白质结构更复杂、功能更完善以及调节更精细等。长期以来，PTM 一直是蛋白质组学研究的热门领域。PTM 是指在蛋白质翻译后，在其氨基酸残基上通过添加或移除特定的基团进而调节蛋白质活性、定位、表达以及与其他细胞分子相互作用的一种调控方式。目前已知的 PTM 类型已有好几百种，并且仍在不断增加。常见的翻译后修饰类型主要有泛素化、磷酸化、糖基化、乙酰化、甲基化、脂质化、硫酸化、SUMO（小分子泛素相关修饰物蛋白）化等。本章节将对泛素化介导的蛋白质降解途径进行详细介绍。

10.5.1　蛋白质的分泌

蛋白质合成在核糖体内进行，但合成的蛋白质需要靶向相应的细胞器以行使其功能。蛋白质可以靶向细胞质基质、细胞核、叶绿体、线粒体、内质网、溶酶体及分泌到细胞外等。在此过程中，蛋白质需要依赖不同的靶向信号及转运机制定位到各自最终的亚细胞位置。蛋白质主要通过翻译同步转运和翻译后转运两种机制进行转运，这两种转运方式都涉及蛋白质分子内特定区域与膜结构的相互关系。几种主要蛋白质的转运机制如表 10.5 所示，分泌性的蛋白质主要通过翻译同步转运机制进行转运，而与细胞器发育相关的蛋白质主要通过翻译后转运机制进行转运；另外，与膜的形成有关的蛋白质转运同时采用两种机制进行。

表 10.5　几类主要蛋白质的转运机制

蛋白质性质	转运机制	主要类型
分泌性	蛋白质在结合核糖体上合成，并以翻译同步转运机制运输	免疫球蛋白、卵蛋白、水解酶、部分激素等
细胞器发育相关	蛋白质在游离核糖体上合成，并以翻译后转运机制运输	细胞核、叶绿体、线粒体、乙醛酸循环体、过氧化物酶仵等细胞器的蛋白质
膜的形成相关	两种机制兼有	质膜、内质网、类囊体中的蛋白质

翻译同步转运机制指的是某个蛋白质的合成和转运是同时发生的(图 10.17)。在结合核糖体上合成的蛋白质直接进入内质网,经高尔基体传出细胞质膜。如果这些蛋白质具有某种信号序列,可停留在某个环节,也可以定位于其他细胞器(质膜、溶酶体)上。

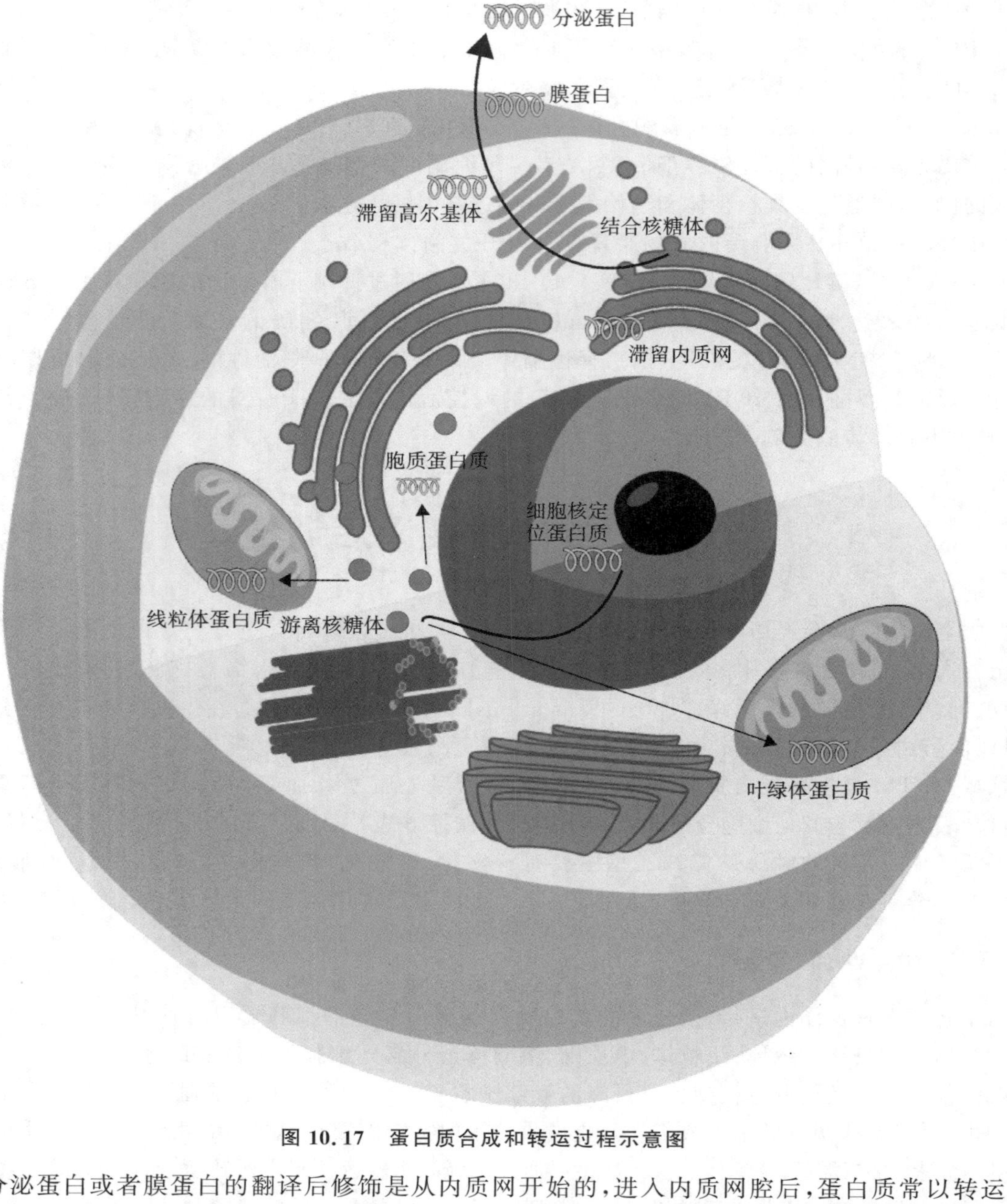

分泌蛋白

膜蛋白

滞留高尔基体

结合核糖体

滞留内质网

胞质蛋白质

细胞核定
位蛋白质

线粒体蛋白质

游离核糖体

叶绿体蛋白质

图 10.17　蛋白质合成和转运过程示意图

许多分泌蛋白或者膜蛋白的翻译后修饰是从内质网开始的,进入内质网腔后,蛋白质常以转运载体的形式被送入高尔基体,或形成运转小泡被分别运送到各自的位点。所有被转运(靶向)的蛋白质序列中均存在靶向信号,这些信号主要为 N 端特异氨基酸序列,它们可引导蛋白质转运到细胞的正确部位,该序列被称作信号肽(signal peptide)。

在翻译进行的同时,蛋白质部分序列已经开始进入内质网,这一过程需要内质网信号肽的参与。信号肽是一段含疏水性氨基酸的序列,主要有如下特征:①常常位于蛋白质的 N 端,长度一般为 13～36 个氨基酸;②一般含有 10～15 个疏水氨基酸;③在靠近该序列的 N 端常常有 1 个或数个带正电荷的氨基酸;④在 C 端靠近蛋白酶切割位点处常常带有数个极性氨基酸,离切割位点最近的那个氨基酸(如丙氨酸或甘氨酸)往往带有很短的侧链。

内质网信号肽是实现翻译与转运同步机制的条件。一旦信号肽在核糖体上合成后便与膜上特定受体相互作用,产生通道,允许信号肽在延长的同时穿过膜结构。此外,也有信号肽不在 N 端(如卵清蛋白),而在多肽链的中部,但其功能相同。信号肽带正电的区段与带负电的磷脂膜互相作用,引导蛋白质进入内膜,而疏水区段嵌入磷脂双层膜内或形成 α-螺旋,对磷脂双层膜产生扰动效应,从而诱发形成非脂质双层结构。最后,信号肽牵引蛋白质穿过膜结构。

在蛋白质进入内质网的过程中,除内质网信号肽外,负责识别信号肽的信号受体蛋白(signal receptor protein,SRP)在其中也具有不可或缺的作用。SRP 是一个 11S 的核糖核蛋白复合物,由约 300 nt 的 7S RNA 和 6 种紧密结合的蛋白质(总分子质量约 240 kDa)组成。SRP 以二聚体形式存在,由亚基 SRα(72 kDa)和 SRβ(30 kDa)组成。其中,SRβ 亚基是一种膜整合蛋白,SRα 亚基 N 端锚定在 SRβ 亚基上。在翻译过程中 SRP 能够识别信号肽,引导多肽和核糖体的复合物到内质网上。在引导的过程中,SRP 能同时识别需经内质网膜进行转运的新生肽和自由核糖体,并暂时终止该多肽合成(此时新生肽长度一般约为 70 个氨基酸残基)。随后,SRP-信号肽-多肽核糖体复合物被引导至内质网膜并与 SRP 的受体——停靠蛋白质(docking protein,DP)结合。只有当 SRP 与 DP 结合时,多肽合成才恢复。此时,信号肽通过膜上的核糖体受体及蛋白转运复合物跨膜进入内质网腔,新生肽重新开始延伸。SRP 与 DP 的结合很可能导致受体聚集而形成膜孔道,使信号肽及与其相连的新生肽得以通过。

结合蛋白质的翻译过程来看,蛋白质通过翻译同步转运机制进入内质网腔的主要过程可以概括为以下八个步骤(图 10.18,彩图 32):①核糖体组装,翻译起始;②位于蛋白质 N 端的信号肽序列被翻译;③SRP 与核糖体、GTP 以及带有信号肽的新生肽结合,暂时中止多肽链延伸;④核糖体-SRP 复合物与膜上的受体结合;⑤GTP 水解,释放 SRP 并进入新一轮循环;⑥多肽链重新开始延伸并不断向内质网腔内运输;⑦信号肽被切除;⑧多肽合成结束,核糖体解离并恢复到翻译起始前的状态准备下一轮翻译。

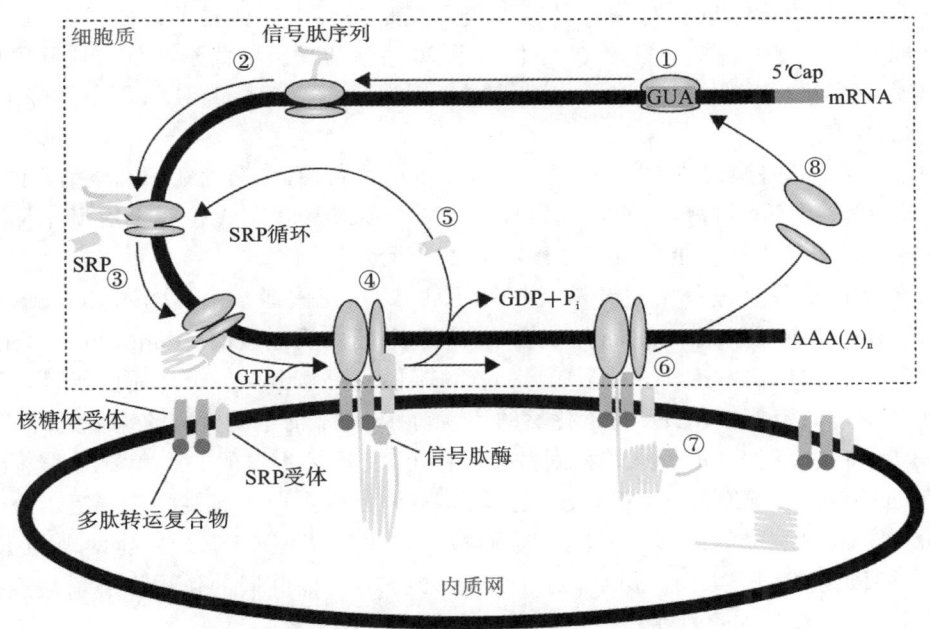

图 10.18 新生蛋白质通过翻译同步转运机制进入内质网腔的主要过程

蛋白质从核糖体上释放后才发生的转运过程被称为翻译后转运机制。在细胞质中游离的核糖体上合成的蛋白质被释放到细胞质中,通过信号肽的引导锚定到各种细胞器。这些蛋白质通常具有响应细胞器的定位信号,包括线粒体蛋白质、叶绿体蛋白质、细胞核定位蛋白质、过氧化物酶体蛋白质、乙醛酸循环体蛋白质等。下文分别以叶绿体蛋白和细胞核定位蛋白质为例,介绍其转运机制。

叶绿体的多肽在细胞质中的游离核糖体上合成后,会脱离核糖体并折叠成具有三级结构的蛋白质分子。多肽上某些特定位点结合于只有叶绿体膜上才有的特异受体位点。叶绿体定位信号肽一般有两个部分,第一部分决定该蛋白质能否进入叶绿体基质,第二部分决定该蛋白质能否进一步进入类囊体。转运完成后,可溶性蛋白水解酶会切除第一部分的跨膜信号肽或第二部分的信号肽。

细胞核定位蛋白质的转运机制与其他细胞器(如叶绿体等)定位蛋白质的转运机制有比较大的差别。细胞核定位蛋白质在细胞质中的游离核糖体上合成后,会在细胞核定位序列(nuclear localization sequence,NLS)的引导下,通过核孔进入细胞核。NLS 是一种可以存在于细胞核定位蛋白质的任何部位并由 4~8 个氨基酸组成的序列,这些氨基酸中通常包括 Pro、Lys 和 Arg。NLS 由含水的核孔通道来鉴别,是蛋白质的永久性部分,在引导蛋白质进入细胞核的过程中并不被切除,而是可以反复使用,该特征有利于细胞分裂后细胞核定位蛋白质重新进入细胞核。蛋白质向细胞核内的运输过程需要核运转因子(importin)α/β 复合物和一个低分子量 GTP 酶(Ran)参与,主要过程如下:①蛋白质与 NLS 受体(即核运转因子 α/β 复合物)结合形成复合物;②该复合物停留在核孔处,依靠 Ran 水解 GTP 提供的能量进入细胞核;③核转运因子 α 和 β 亚基解离,细胞核定位蛋白质与核转运因子 α 亚基解离,α 和 β 亚基通过核孔输出到细胞质中,开始下一轮的蛋白质转运过程。

10.5.2 泛素化介导的蛋白质降解

生物体内蛋白质降解的调控是维持生理代谢平衡的需要。体内各类蛋白质的半衰期相对稳定,其中,结构和储藏蛋白质的半衰期长且结构稳定,而催化和代谢相关酶类的半衰期短,需要不断更新;另外,错误翻译的蛋白质和丧失活性的酶类需要被及时清除,从而被重新利用。生物体内蛋白质降解是一个高度复杂且精细的细胞内调控系统,真核生物细胞内蛋白质降解的三个主要途径分别是泛素化介导的蛋白质降解途径、溶酶体介导的蛋白质降解途径和自噬蛋白质降解途径。其中,泛素化介导的蛋白质降解途径又称 Ub 途径或泛素/26S 蛋白酶体通路,是生物体最主要的且有高度选择性的细胞内调控蛋白质降解途径。1953 年 Simpson 发现生物体分解自身细胞具有的蛋白质是需要消耗能量的。随后,Aron Ciechanover、Avram Hershko 和 Irwin Rose 在 20 世纪 70 年代末至 80 年代初提出了泛素在蛋白质降解中的基本作用假说,即"多重步骤泛素化标签假说"。这三位科学家也因发现了泛素化介导的蛋白质降解,共同获得了 2004 年的诺贝尔化学奖。

泛素是一种由 76 个氨基酸组成、分子质量为 8.5 kDa 的小蛋白,普遍存在于真核细胞内。泛素在从低等真核生物(酵母)到人类等不同物种中高度保守,仅有 3 个氨基酸残基在位置上有所不同。在泛素化过程中,泛素蛋白的 C 端更频繁地和蛋白质赖氨酸残基之间形成共价键。

泛素化介导的蛋白质降解过程中主要需要三种酶的参与:泛素激活酶(ubiquitin-activating enzyme,E1)、泛素结合酶(ubiquitin-conjugating enzyme,E2)和泛素-蛋白质连接酶(ubiquitin-protein ligase,E3)。泛素化过程需要这三种酶依次发挥作用(图 10.19):①E1 催化泛素激活,ATP 提供能量,泛素 C 端和 E1 中半胱氨酸的巯基端形成硫酯键;②E1 将活化后的泛素转移到 E2 的半胱氨酸的巯基上;③E3 催化泛素级联反应的最后一步,将结合到 E2 的泛素转移到目标蛋白上,使目标蛋白的一个赖氨酸残基与泛素 C 端的一个甘氨酸残基通过异构肽键连接;多次重复上述过程,直到目标蛋白上连接的多个泛素分子形成一条泛素链。泛素化介导的蛋白质降解过程中对蛋白质的特异性识别依赖于 E3。目前发现的 E3 包括 RING E3s、HECT E3s 和 RBR E3s 三大类。但是,无论是哪一类 E3,它们共同的作用机制均是连接 E2、接受泛素蛋白并识别目标蛋白,最后对目标蛋白完成多聚泛素化修饰。

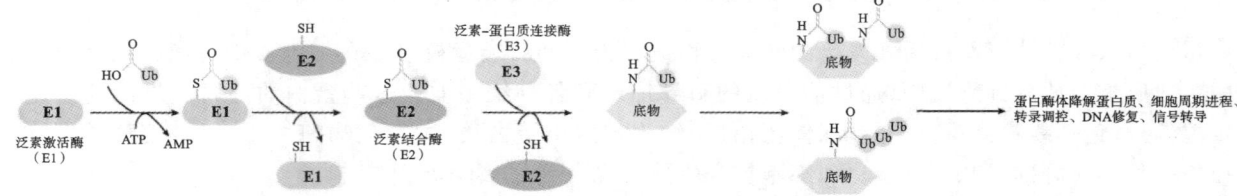

图 10.19 蛋白质的泛素化过程

泛素化是一种可逆的蛋白质修饰过程,可以被去泛素化酶(deubiquitinating enzyme,DUB)逆转。目前,在真核生物中发现的 DUB 可分为两大类:半胱氨酸蛋白酶家族和金属蛋白酶家族。其中,半胱氨酸蛋白酶家族包括泛素特异性蛋白酶(USP/UBP)、卵巢肿瘤蛋白酶(OTU)、Machado-Joseph 结构域蛋白酶(MJD)、泛素 C 端水解酶(UCH)、MINDY 蛋白酶家族和含锌指泛素肽酶(ZUFSP)六类;而金属蛋白酶家族只包含 MPN(＋)/JAMM 蛋白酶家族。DUB 主要通过水解泛素 C 端的酯键、肽键或异肽键,将泛素分子特异性地从连接有泛素分子的蛋白质中水解出来。

10.6　蛋白质翻译与表观遗传调控

表观遗传修饰包括多种机制,如 DNA 甲基化、染色质构型变化、基因沉默、RNA 修饰、(组)蛋白修饰等。tRNA 和参与翻译因子的表观修饰在蛋白质翻译中起着重要的作用。

10.6.1　tRNA 反密码子第 1 位(N^{34})碱基修饰对密码子的解读具有重要意义

目前,在 tRNA 的反密码子及其侧翼序列中已经发现的修饰有 14 种(表 10.6)。这些修饰碱基包含常见的次黄嘌呤、假尿苷、7-甲基尿苷、5-甲基胞苷、6-甲基腺苷等。蛋白质翻译过程中,tRNA 的反密码子(N$^{34\sim36}$)与 mRNA 上的密码子通过碱基互补配对的方式,完成对密码子的解读。其中,被修饰的 N^{34} 的配对能力会有一定的波动。在线粒体和叶绿体中,N^{34} 位的 U 碱基可以同时与 A、U、C、G 中的任何一种配对;5(2)-羟羧甲基尿苷可以同时和 A、G、U 配对;5-羧甲基氨甲基尿苷可以同时和 A、G 配对;5-甲氧基羰甲基尿苷可以同时和 A、G 配对;2′-O-甲基尿苷可以同时和 A、G 配对;辫苷可以同时和 U、C 配对;次黄嘌呤可以同时和 U、C、A 配对;5-甲基-2 硫代尿苷只能和 A 进行配对。这些修饰碱基的存在限制了对遗传密码识读的随意性,保证了遗传的稳定性;同时,其还通过提高摇摆能力防止了突变效应,进一步巩固了遗传的稳定性。

表 10.6　tRNA 反密码子及其侧翼序列的常见修饰类型

修饰类型	修饰名称	修饰类型	修饰名称
Xo^{5}U	5-羟基尿苷	m^{7}G	7-甲基鸟苷
Cmnm^{5}U	5-羧甲基氨甲基尿苷	m^{5}C	5-甲基胞苷
mCm^{5}U	5-甲氧基羰甲基尿苷	m^{6}A	6-甲基腺苷
Xm^{5}s^{2}U	5-甲基-2 硫代尿苷	s^{2}C	2-硫代胞苷
K^{2}C	2-赖氨酸胞苷	ψ	假尿苷
Com^{5}U	5(2)-羟羧甲基尿苷	t^{6}A	6-苏氨酰氨基甲酰腺苷
I	次黄嘌呤	Q	辫苷

10.6.2　tRNA 反密码子侧翼序列的碱基修饰对密码子的解读具有重要意义

原核生物中,起始密码子有三种:AUG、GUG 和 UUG。绝大多数情况下是 AUG(编码甲酰甲硫氨酸)作为起始密码子,UUG 偶尔也作为起始密码子,GUG 有 1/30 的概率被作为起始密码子。在这两种起始密码子识别过程中,就存在摇摆假说之外的"摇摆"现象。该现象的存在主要是由于甲硫氨酸 tRNA 在起始(fMet-tRNA^{fMet})和内部(Met-tRNA$^{Met}_m$)的分子结构不同。mRNA 上的 GUG 作为起始密码子时,与 tRNA^{fMet} 的反密码子(CAU)配对,不是真正意义上的"摇摆"。如图 10.20 所示,fMet-tRNA^{fMet} 中反密码子下游的第一个碱基(37th)为未修饰的 A 碱基,导致了第 37 位的 A 碱基对 GUG 密码子的 G 碱基发生错读;而其他 tRNA 第 37 位的碱基几乎被较大的烷化修饰的碱基所占据,限制了其对 GUG 密码子的错读能力。例如,Met-tRNA$^{Met}_m$第 37 位碱基被修饰为 t^{6}A(N^6-苏氨酰氨基甲酰基腺苷),只能是第 36 位的 U 碱基和起始密码子 AUG 的 A 碱基配对。

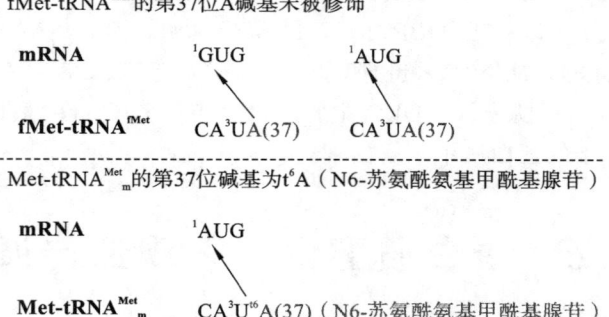

图 10.20　原核生物 Met-tRNA 的第 37 位的 A 碱基修饰对翻译的影响

10.6.3　eIF2 因子的磷酸化状态控制蛋白质翻译速率

eIF2 由三个亚基 α、β 和 γ 组成，是三元复合物（eIF2、GTP、tRNA）的组成部分。在活性三元复合物中，eIF2-γ 亚基与 GTP 结合，在翻译起始过程中，该 GTP 分子被水解。eIF2 上的 GDP-GTP 交换是再生活性 eIF2 所必需的，并由 eIF2B 催化完成。α 亚基上 eIF2 的磷酸化降低了 eIF2B 的解离速率，从而隔离了细胞内 eIF2B 的补体，阻断了 GDP-GTP 交换反应。这一连锁反应影响 eIF2 的释放，进而影响整体的翻译速率（图 10.21）。

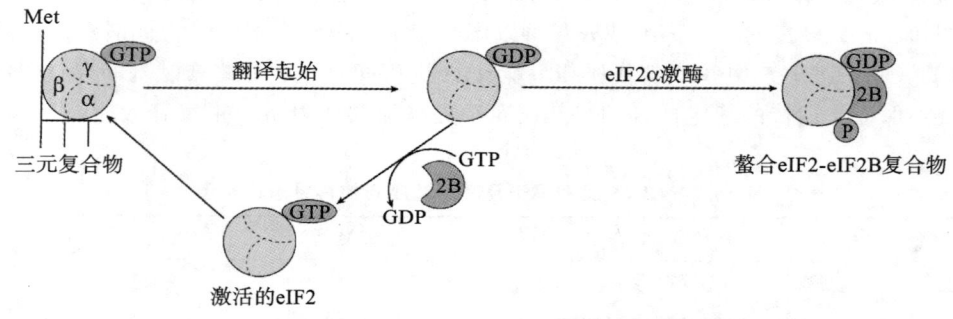

图 10.21　eIF2 因子的磷酸化状态对蛋白质翻译的影响

思 考 题

1. 简述 tRNA 的二级结构组成及其特征。

2. 总结核糖体主要的活性中心及其在蛋白质合成中的功能。

3. 简述破译遗传密码子的过程。

4. 总结遗传密码的性质。

5. 总结原核和真核生物蛋白质翻译过程中的肽链延伸因子以及肽链延伸过程。

6. 什么是信号肽？它在序列组成上有什么特点？有什么功能？

7. 介绍蛋白质通过同步转运途径进入内质网腔的主要过程。

8. 简述蛋白质的泛素化过程。

9. 请从氨酰 tRNA、核糖体组成以及蛋白质翻译机制等方面，总结真核生物和原核生物在蛋白质翻译方面的差异。

10. 结合其他章节，思考可能还存在哪些在蛋白质翻译中具有调控作用的表观遗传修饰物？

本章思维导图

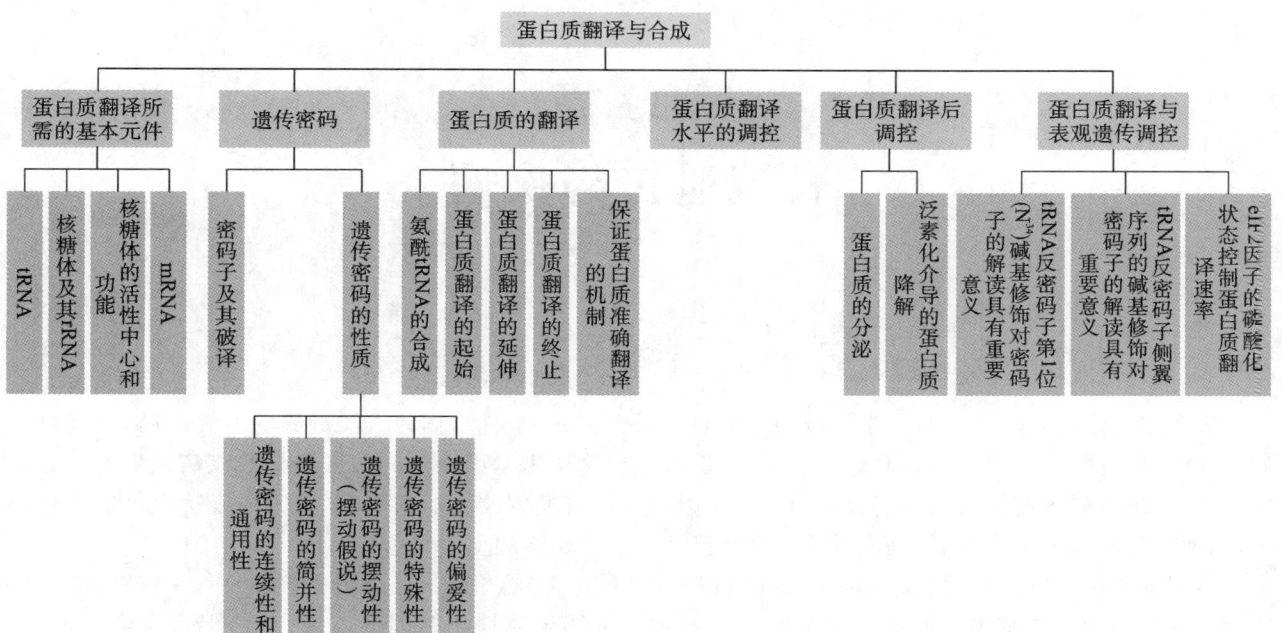

第 11 章
表观遗传与疾病

扫码看课件

表观遗传学已经成为生命科学领域的一个热门研究方向。疾病,作为人类健康的主要威胁,其发生和发展往往与基因的表达异常密切相关。传统的遗传学理论认为基因序列的改变是导致疾病发生的主要原因。然而,随着研究的深入,人们发现,即使在基因序列没有发生改变的情况下,基因的表达也可能发生异常,从而导致疾病的发生,这就是表观遗传学在疾病发生中扮演的重要角色。

以癌症为例,许多癌症的发生都与表观遗传修饰(包括 DNA 甲基化、组蛋白修饰、RNA 修饰、非编码 RNA 调控等)的异常有关。例如,DNA 甲基化的异常可能导致抑癌基因的沉默,从而促进癌症的发生。此外,组蛋白修饰的异常也可能影响染色质的结构和基因的表达,进而引发癌症。这些发现为我们理解癌症的发病机制提供了新的视角。除了癌症之外,许多其他疾病也与表观遗传学的异常有关。例如,神经退行性疾病、自身免疫性疾病等都可能涉及表观遗传修饰的异常。这些疾病的发生和发展往往与基因的表达异常有关,而表观遗传学正是研究这种异常的重要工具。

在疾病治疗方面,表观遗传学也提供了新的思路。由于表观遗传修饰具有可逆性,因此,通过干预表观遗传修饰的过程,有可能逆转疾病的进程。例如,针对 DNA 甲基化的异常,可以使用甲基化抑制剂来恢复抑癌基因的表达,从而达到治疗癌症的目的。此外,针对组蛋白修饰的异常,也可以使用相应的药物来调控染色质的结构和基因表达,进而治疗相关疾病。

表观遗传学在疾病的发生、发展和治疗中扮演着重要的角色。通过深入研究表观遗传学的机制和作用,我们可以更好地理解疾病的发病机制,并为疾病的治疗提供新的策略。随着研究的深入和技术的进步,相信表观遗传学将在未来为人类健康事业做出更大的贡献。

11.1　表观遗传与肿瘤

表观遗传的变化在肿瘤的发生和发展中起着重要的作用,表观遗传可以通过调控基因表达来影响肿瘤的形成和进展。研究表观遗传调控与肿瘤之间的关系,对于深入理解肿瘤的发生机制、开发新的肿瘤治疗方法和提升肿瘤的治疗效果具有重要意义。

11.1.1　DNA 甲基化与肿瘤

DNA 甲基化模式的异常往往与肿瘤的发生和发展密切相关。一方面,DNA 甲基化异常可以导致抑癌基因(tumor suppressor gene)的沉默。抑癌基因是一类存在于正常细胞内能够抑制细胞过度生长和增殖的基因,当其受到抑制、失活、丢失或其表达产物丧失功能时,可导致细胞发生恶性转化。有些抑癌基因的启动子被甲基化修饰后,会导致其表达受到抑制,从而失去对细胞生长的抑制作用。抑癌基因的沉默是肿瘤发生的重要机制之一。抑癌基因(如 P53 和 TP73)和 DNA 损伤修复基因(如 BRCA1 和 MGMT等)会发生高甲基化,从而导致抑癌基因低表达和 DNA 损伤修复基因的沉默,促进癌症发生。某些基因的高甲基化可以作为肿瘤诊断的标志用于肿瘤筛查。例如,血浆中 SHOX2(矮小同源盒基因)、RASSFI1(Ras1 相关区域家族 1A 基因)和 PTGER4(前列腺素 E 受体 4 基因)的甲基化可以作为肺癌的筛查指标,而粪便中 SDC2(黏结蛋白聚糖 2 基因)和 TFPI2(组织因子通路抑制因子 2 基因)的甲基化可以作为结直肠癌的筛查指标。

另一方面,DNA 甲基化异常还可以激活原癌基因(oncogene)。原癌基因是一类在正常细胞中负责细胞生长、增殖和分化的基因,但在某些情况下,它们可能被异常激活并转化为致癌基因。例如,黑色素瘤相关的 CT 抗原 MAGE 通过启动子区 DNA 低甲基化而被激活,导致黑色素瘤的发生。低甲基化现象在众多肿瘤中普遍存在,包括胃癌、肾癌、结肠癌、胰腺癌、肝癌、肺癌和宫颈癌等。

2004 年和 2006 年,FDA 先后批准了氮杂胞苷和地西他滨用于恶性血液系统肿瘤的治疗,并取得了较为理想的疗效,这也是最先应用于临床的去甲基化药物。而针对实体瘤,单独应用去甲基化药物可能会因细胞毒性和药物较短的半衰期而受限。因此,临床上主要是将去甲基化药物与其他药物联合治疗。例如使用小剂量的氮杂胞苷与恩替诺特联用治疗晚期非小细胞肺癌患者,这种治疗手段不仅可以延长患者的生存期,还可以提高肿瘤对化疗药物的反应。近年来,RRx-001 作为一种新型的表观遗传药物,可以同时抑制 DNMT1、DNMT3A 和 HDAC 表达,在 Ⅰ 期和 Ⅱ 期临床试验中证明了其对肿瘤具有较宽的治疗窗,且其耐受性良好,目前已进入 Ⅲ 期临床试验阶段,具有较好的临床应用前景。此外,还有针对 DNMT1 的抑制剂药物 RX-3117、NTX-301 和 MG98 已经进入了临床 Ⅱ 期试验阶段(表 11.1)。

表 11.1 靶向 DNA 甲基化的抗肿瘤药物

药品名称	靶点	适应证	研发进展
地西他滨 (decitabine)	DNMT1	慢性髓细胞性白血病;急性髓细胞性白血病; 慢性单核细胞白血病;胶质瘤	上市
氮杂胞苷 (azacitidine)	DNMT1	急性髓细胞性白血病;慢性髓细胞性白血病	上市
RRx-001	DNMT3A DNMT1 HDAC	脑胶质瘤;结直肠癌;EGFR 突变的非小细胞肺癌; 小细胞肺癌;卵巢肿瘤;高级别神经内分泌肿瘤	临床 Ⅰ/Ⅱ/Ⅲ 期
RX-3117	DNMT1	胰腺癌;膀胱癌;实体瘤	临床 Ⅱ 期
NTX-301	DNMT1	胶质瘤;卵巢癌;实体瘤;移行细胞癌	临床 Ⅱ 期
MG98	DNMT1	复发性或转移性头颈部鳞状细胞癌	临床 Ⅱ 期

总之,DNA 甲基化与肿瘤之间存在密切的关联和相互作用。对 DNA 甲基化的深入研究不仅有助于我们更深入地理解肿瘤的发生和发展机制,还为肿瘤的诊断、治疗和预后评估提供了新的思路和方法。

11.1.2 组蛋白修饰与肿瘤

在肿瘤的发生和发展过程中,组蛋白修饰失衡是一个重要的因素。一些研究发现,许多与肿瘤相关的基因与组蛋白修饰之间有密切的关系。肿瘤细胞中的组蛋白修饰失衡可以导致基因表达的改变,甚至影响基因的结构和功能。

1)组蛋白乙酰化与肿瘤

组蛋白乙酰化可以影响基因的表达和染色质的结构,在细胞生长、分化和凋亡等过程中起着关键的作用。在肿瘤的发生和发展中,组蛋白乙酰化的异常变化被认为是一个重要的因素。一方面,组蛋白乙酰化状态的失衡可能导致正常细胞转化为肿瘤细胞。当组蛋白乙酰转移酶(HAT)和组蛋白去乙酰化酶(HDAC)之间的平衡被打破时,某些基因的表达可能会受到抑制或过度激活,从而加速肿瘤的形成。另一方面,一些与肿瘤相关的基因可能会受到组蛋白乙酰化的调控,平衡被打破时会改变这些基因的表达和功能。研究表明,HAT 和 HDAC 的异常活性在多种肿瘤中都有发现。在白血病中,HAT 基因可发生易位而与其他基因融合,如 HAT P300/CBP 与单核细胞白血病锌指蛋白(MOZ)融合,导致基因的高乙酰化修饰和异常表达激活,促进急性白血病的发生发展。在神经胶质瘤中,HDAC1 可以通过激活 PI3K/AKT 和 Ras/ERK 信号通路促进神经胶质瘤的发生和发展。而在胃癌中,HDAC Ⅰ类(HDAC1、2、3、8)在胃癌组织中均呈现高表达,进一步证明了组蛋白乙酰化在肿瘤发生和发展中的重要作用。

事实上,已有许多相关的组蛋白乙酰化调控药物应用于肿瘤治疗。霍乱毒素 B 亚单位(CTB)是 HAT P300 激活剂,可诱导乳腺癌细胞凋亡,展现出治疗乳腺癌的潜力。而针对 HDAC 的已上市抗肿瘤药物更是多达数十种,它们靶向不同的 HDAC 类型和肿瘤类型(表 11.2)。如伏立诺他、罗米地辛、贝利司他、帕比司他等已经美国 FDA 批准上市,用于临床治疗外周 T 细胞淋巴瘤、皮肤 T 细胞淋巴瘤和多发性骨髓瘤。我国 NMPA 也批准了西达本胺上市,用于治疗外周 T 细胞淋巴瘤和乳腺癌。其中,除西达本胺为 HDAC Ⅰ类及 HDAC10 亚型选择性抑制剂外,其他药物均为 HDAC 泛抑制剂。因此,HDAC 在临床使用中受限的原因之一是其靶向缺乏完全的特异性,可能会引起相应的不良反应。除此之外,HDAC 抑制剂的细胞毒性和抗血管生成副作用也使得其在临床用于治疗实体瘤中受限。

表 11.2　靶向 HDAC 的抗肿瘤药物

药品名称	靶点	适应证	研发进展
伏立诺他 (vorinostat)	HDAC	皮肤外周 T 细胞淋巴瘤	上市
罗米地辛 (romidepsin)	HDAC	复发或难治性的外周 T 细胞淋巴瘤	上市
贝利司他 (belinostat)	HDAC	复发或难治性的外周 T 细胞淋巴瘤	上市
帕比司他 (panobinostat)	HDAC	多发性骨髓瘤	上市
西达本胺 (chidamide)	HDAC Ⅰ类 HDAC10	淋巴瘤;乳腺癌	上市
REC-2282	HDAC	神经纤维瘤;脑膜瘤;2 型神经纤维瘤;急性髓细胞性白血病	临床Ⅰ/Ⅲ期
艾贝司他 (abexinostat)	HDAC	血液肿瘤;肾癌;肉瘤;甲状腺癌;乳腺癌;卵巢癌	临床Ⅱ期
HG-146	HDAC1 HDAC2	晚期恶性实体瘤;复发性或多发性骨髓瘤	临床Ⅰ期

2)组蛋白甲基化与肿瘤

在肿瘤发生过程中,组蛋白甲基化的异常变化同样是一个重要的因素。许多研究表明,肿瘤细胞中常常会出现组蛋白甲基化模式的改变,这些改变可能导致某些抑癌基因的沉默或原癌基因的激活,进而促进肿瘤的发生和发展。例如,在多种类型的肿瘤中,组蛋白 H3K27me3(组蛋白 H3 的第 27 位赖氨酸的三甲基化)的水平会异常升高。这种异常甲基化可以抑制一些关键抑癌基因的表达(如 p16 和 E-cadherin 等),从而促进肿瘤细胞的生长和扩散。此外,H3K4me3(组蛋白 H3 的第 4 位赖氨酸的三甲基化)水平的异常降低也与多种肿瘤的发生有关,它会影响基因的转录激活过程,导致一些原癌基因的异常表达。组蛋白甲基化还与肿瘤细胞的侵袭和转移有关。在乳腺癌和肺癌等肿瘤中,组蛋白 H3K9me3(组蛋白 H3 的第 9 位赖氨酸的三甲基化)的水平异常升高,这种异常甲基化可以促进肿瘤细胞的侵袭和转移。

目前针对组蛋白去甲基化酶(histone demethylase,HDM)和组蛋白甲基转移酶(histone methyltransferase,HMT)的药物主要分为三类(表 11.3):①EZH2(enhancer of zeste homolog 2)抑制剂:EZH2 是多梳家族蛋白(polycomb-group proteins)中 PRC2 的催化核心的亚基,在肺癌等多种实体瘤中过表达,从而诱导肿瘤细胞迁移。目前已经获批在临床使用的 EZH2 抑制剂有三种,包括伐美妥司他、他泽司他和阿司咪唑。其中他泽司他于 2020 年由 FDA 批准上市,是全球首创的 EZH2 抑制剂,临床用于治疗晚期上皮样肉瘤和滤泡性淋巴瘤。②组蛋白甲基转移酶 DOT1L 抑制剂:DOT1L 催化组蛋白 H3K79 的甲基化,其过表达会促进白血病、乳腺癌、神经胶质瘤等肿瘤的进展。目前进入临床的 DOT1L 抑制剂 EPZ-5676 疗效并不理想,需要开发新的 DOT1L 靶向药物和治疗策略。③HDM 抑制剂:如去甲基化酶 LSD1 抑制剂泊美德司他已作为一种有效的、高选择性口服药物进入临床试验阶段。因此,靶向组蛋白甲基化为肿瘤的治疗提供了新的思路和方法。

表 11.3　靶向组蛋白甲基化的抗肿瘤药物

药品名称	靶点	适应证	研发进展
伐美妥司他 (valemetostat)	EZH1/2	复发或难治性的外周 T 细胞淋巴瘤;非霍奇金淋巴瘤	上市
他泽司他 (tazemetostat)	EZH2	上皮样肉瘤;滤泡性淋巴瘤	上市
SHR2554	EZH2	复发或难治性成熟淋巴瘤	临床 II 期
HH2853	EZH1/2	复发或难治性非霍奇金淋巴瘤;晚期实体瘤	临床 I / II 期
PF-06821497	EZH2	去势抵抗性前列腺癌;复发或难治性小细胞肺癌;滤泡性淋巴瘤	临床 I 期
EPZ-5676	DOT1L	急性白血病	临床 II 期
SGC0946	DOT1L	卵巢癌	临床前
泊美德司他 (bomedemstat)	LSD1	骨髓增生性肿瘤;复发或难治性急性髓细胞性白血病	临床 III 期

3)组蛋白磷酸化与肿瘤

在肿瘤发生过程中,组蛋白磷酸化的异常变化是影响肿瘤的一个关键因素。相比于正常细胞,肝癌细胞中组蛋白 H3 的第 10 位丝氨酸(H3S10)磷酸化的水平显著升高,升高的 H3S10 磷酸化可以激活转录因子 AP-1,进而促进促癌因子 α4 的表达,表明了组蛋白磷酸化在肿瘤发生中的重要作用。组蛋白 H3S10 磷酸化也可以作为脑肿瘤的细胞增殖标志物和预测因子。此外,组蛋白 H3 的第 11 位苏氨酸磷酸化(H3pT11)在肿瘤响应 DNA 损伤过程中发挥重要作用,靶向 H3pT11 的蛋白激酶 PKM2 也成为一种有效的癌症治疗策略。除了组蛋白磷酸化,一些与肿瘤相关的蛋白质激酶(如 EGFR、HER2 等)的异常磷酸化活化可以激活多种信号通路,促进肿瘤细胞的增殖和侵袭。这种异常的磷酸化状态不仅与肿瘤的发生有关,还与肿瘤的恶性程度、侵袭性和转移能力密切相关。目前临床上有许多靶向蛋白质磷酸化的抗肿瘤药物,如细胞周期依赖性激酶 CDK4/6 抑制剂阿贝西利(其用于治疗乳腺),靶向 EGFR 的达克替尼(其用于治疗非小细胞肺癌)等。

4)组蛋白泛素化与肿瘤

在体内,所有四个核心组蛋白 H2A、H2B、H3 和 H4 以及接头组蛋白 H1 都可以在多个赖氨酸残基上发生单泛素化或多泛素化。组蛋白 H2A 的第 119 位赖氨酸(H2AK119ub1)泛素化水平在急性髓细胞性白血病中升高,导致抑癌基因受到抑制,从而促进癌细胞自我更新和肿瘤恶化。此外,H2B 的第 120 位赖氨酸(H2BK120ub1)泛素化的水平在乳腺癌和结直肠癌样本中普遍降低,从而激活了关键原癌基因(如

MYC 和 FOS)的表达,从而驱动癌症发生。因此组蛋白 H2BK120ub1 可以作为癌症治疗的一个潜在靶点。

目前靶向组蛋白泛素化治疗肿瘤的策略主要是利用去泛素化酶(deubiquitinating enzyme,DUB)的抑制剂(表 11.4)。如去泛素化酶 USP7 的抑制剂 P-5091 可以用于结直肠癌和慢性淋巴细胞白血病等,而 USP14 的抑制剂 B-AP15 可抑制鳞状细胞癌、肺癌、乳腺癌和结直肠癌体内实体瘤模型中肿瘤的生长,并抑制急性髓细胞性白血病模型中肿瘤细胞的器官浸润。2015 年,USP14 抑制剂 VLX-1570 成为第一个进行临床研究的去泛素化酶抑制剂,但在临床试验阶段因剂量限制毒性被终止。目前仍未有其他 DUB 抑制剂进入临床研究阶段。尽管如此,去泛素化酶抑制剂在多种恶性肿瘤模型中所表现出的抗肿瘤活性,仍提示其作为抗肿瘤药物具有巨大潜力,在未来可能需要进一步的临床前研究和临床试验来验证其疗效和安全性。

表 11.4　靶向 DUB 的抗肿瘤药物

药品名称	靶点	适应证	研发进展
VLX-1570	UCHL5 USP14	多发性骨髓瘤	临床 II 期终止
KSQ-4279	USP1	实体瘤	临床 I 期
B-AP15	UCHL5 USP14	急性髓细胞性白血病;肺癌;乳腺癌;结直肠癌等	临床前
P22077	USP7/10/47	神经母细胞瘤;白血病;黑色素瘤	临床前
P-5091	USP7/47	多发性骨髓瘤;结直肠癌;卵巢癌	临床前

11.1.3　RNA 甲基化与肿瘤

RNA 甲基化的主要形式包括 m^1A、m^6A、m^5C、m^7G 和 m^3C。在肿瘤研究中,RNA 甲基化的异常变化被认为与肿瘤的发生、发展和转移密切相关。作为一个动态且可逆的调控机制,RNA 甲基化调控着关键的生物学过程,如 RNA 剪接、翻译、运输等。大量研究表明,RNA 甲基化在乳腺癌、肺癌、结直肠癌、肝细胞癌、胃癌、食管癌、前列腺癌、膀胱癌、卵巢癌、胰腺癌等多种癌症以及急性髓细胞性白血病的发生发展中至关重要,这进一步强调了其在恶性肿瘤中的关键作用。

具体而言,RNA 甲基化可能通过以下方式影响肿瘤进程:①调控基因表达:RNA 甲基化可以通过改变 RNA 的分子结构来影响其与蛋白质的相互作用,从而调控基因的表达。这种调控作用的失衡可能导致肿瘤细胞中某些关键基因的表达异常,进而驱动肿瘤的发生和发展。m^6A 的"reader"蛋白 YTHDF1 可以与其他 m^6A 特异性 mRNA 结合蛋白合作,共同调节缺氧诱导因子 HIF 基因的甲基化状态和表达水平,从而促进缺氧条件下相关的肿瘤进展。②影响 RNA 稳定性:某些 RNA 甲基化修饰可以增强 RNA 的稳定性,而另一些则可能促进其降解。这种稳定性的变化可能影响肿瘤细胞的 RNA 代谢和基因表达,进而影响其生物学行为。例如:m^6A 的"reader"蛋白 IGF2BP3 可增强染色体凝聚调节因子 2(RCC2)转录的 mRNA 稳定性,与促进肿瘤发生和急性髓细胞性白血病的不良预后有关。③参与 RNA 剪接:RNA 甲基化修饰可以影响前体 mRNA 的剪接过程,进而影响成熟 mRNA 的生成。这种剪接过程的变化可能导致肿瘤细胞中某些关键基因的表达异常,进而促进肿瘤的发生和发展。如 m^5C 的"reader"蛋白 YBX1 与环状 RNA(hsa_circ_0062682)相互作用以调节 RNA 代谢和剪接过程,促进肝癌细胞的增殖和侵袭,并影响抗肿瘤药物索拉非尼的敏感性。

11.1.4　非编码 RNA 与肿瘤

非编码 RNA(non-coding RNA,ncRNA)与肿瘤之间的复杂关系是近年来研究的热点之一。非编码 RNA 在细胞中执行着广泛的生物学功能,包括基因表达调控、细胞增殖、分化、凋亡等。研究表明,非编码

RNA 在肿瘤的发生、发展和转移过程中扮演着重要角色。非编码 RNA，如 miRNA 和 lncRNA，可以通过与 mRNA 结合、降解 mRNA 或抑制 mRNA 翻译过程等方式来调控基因的表达。这些调控作用可以显著影响肿瘤相关基因的表达水平，进而影响肿瘤细胞的增殖、分化、凋亡等生物学行为。此外，非编码 RNA 可以与特定的蛋白质相互作用，影响肿瘤细胞的信号转导通路，进而影响肿瘤细胞的生长、迁移和侵袭等能力。例如，lncRNA EMS 可以与 RNA 结合蛋白 RALY 相互作用，从而稳定细胞周期关键调控因子 E2F1 的 mRNA，并增强其蛋白表达水平，以促进肿瘤的快速增殖。此外，非编码 RNA 还可以通过其他方式影响肿瘤的发生和发展。一些非编码 RNA（如 gLINC）可以作为骨架将四种糖酵解酶（PGK1、PGAM1、ENO1 和 PKM2）与 LDHA 组装成一个糖代谢复合物，从而增强糖酵解通路活性，产生充足的 ATP 以维持肿瘤细胞存活。还有一些非编码 RNA（如 NKILA）可以阻断 IκBα 的磷酸化位点，抑制 NF-κB 转录因子的抗凋亡信号，从而影响肿瘤细胞的免疫逃逸能力，并可能增强免疫细胞治疗效果。

11.1.5 组蛋白点突变与肿瘤

作为染色质修饰的基本底物，组蛋白基因在多种肿瘤中发生点突变的频率很高，而这些突变通常与肿瘤不良预后密切相关，被称为"致癌组蛋白"（oncohistone）。在所有四种核心组蛋白、连接组蛋白及其各自变体中都发现了与癌症相关的点突变。其中组蛋白 H3 是肿瘤中最常发生突变的类型。2012 年美国和加拿大两个独立实验室都分别发现了组蛋白 H3 的第 27 位赖氨酸（K27）的突变，即蛋氨酸取代了赖氨酸（K27M），该突变被发现与儿童胶质母细胞瘤密切相关。随后研究表明这种突变还与其他多种癌症相关，包括软骨母细胞瘤、头颈部鳞状细胞癌、儿童软组织肉瘤等。H3K27M 突变会导致 H3K27 甲基化水平的降低，从而提高 H3K27 乙酰化和 DNA 的低甲基化水平，抑制 EZH2 酶活性从而激活基因表达。在 95% 的软骨母细胞瘤中，组蛋白 H3 的变体 H3.3 赖氨酸第 36 位点（H3.3K36M）发生突变，会造成组蛋白 H3K36 甲基化（H3K36 me2/3）水平整体降低。组蛋白 H3 还会发生 G34W/L 的点突变，G34W 突变会增强良性肿瘤的增殖和迁移能力，并影响骨分化过程。相比于 H3 突变，其他组蛋白的突变较少，其中 H2A 的突变在膀胱癌、子宫内膜癌和头颈癌中发生。H2A 的 C 端的 E121 位点可以突变为 Q、K 和 D，这些突变可能直接影响染色质的高级结构。而 H2B 的 E76K 突变是一种在癌症中发现的高频率突变类型，这种突变会导致核小体结构的不稳定性，诱导癌症表型的出现。H4 中最常见的突变是 R3C，该突变会导致与癌症相关的生物学功能失调反应。

致癌组蛋白存在于许多不同种类的癌症中，涉及儿童、青少年和成人患者。这些突变的后果还不完全清楚，但其中一些已经被证明与癌症的加速进展和恶化有关，这也给肿瘤治疗带来了挑战。特异肿瘤类型的致癌组蛋白有助于靶向治疗的发展，同时限制化疗的副作用。同时，检测这些突变的方法也有助于实现早期诊断和预后评估的应用，并进一步实现个性化医疗。

11.2 表观遗传与衰老

个体衰老（Aging）是大多数人类疾病的主要威胁因素，包括糖尿病、心血管疾病、恶性肿瘤、神经系统退行性疾病等，给医疗卫生等方面带来了巨大的负担。衰老的特征为生理完整性的逐渐丧失，进而导致功能损伤和死亡风险增加。随着对衰老机制研究的不断深入，衰老的标志也被分为十二个方面，包括：基因组稳定性丧失、端粒缩短、表观遗传改变、蛋白质稳态失衡、巨自噬功能受损、营养感应失调、线粒体功能障碍、细胞衰老、干细胞耗竭、细胞间通信异常、慢性炎症和生态失调。其中，表观遗传在衰老进程中发挥着重要的调节作用。

11.2.1 DNA 甲基化与衰老

人类基因组 DNA 甲基化改变是衰老过程中研究最广泛、最具特征性的表观遗传生物标志物。前期的研究发现,在衰老过程中,基因组 DNA 呈现整体低甲基化趋势,这可能由于 DNMT1 表达水平随着年龄增加逐渐降低;而一些特定的基因座,包括一些抑癌基因和多梳蛋白靶基因的基因座随着年龄的增长而呈现超甲基化现象,这些超甲基化现象的出现可能是从头甲基转移酶 DNMT3A 和 DNMT3B 活性上调所致。复制的衰老哺乳动物细胞呈现整体 DNA 低甲基化和局部高甲基化的并存变化,这可以作为评估衰老的有效指标。

2013 年,Horvath 和 Hannum 等人基于特定 CpG 位点的 DNA 甲基化模式和机器学习模型,开发了第一代衰老表观遗传生物标志物——DNAmAge,也被称为"表观遗传时钟(epigenetic clock)",这些时钟可以估测大多数组织和细胞类型的生物学年龄,并预测衰老的结果,包括死亡风险和与年龄相关疾病。此后,PhenoAge、GrimAge、DunedinPACE 和 CultureAGE 等具有更高精确度的表观遗传时钟相继被报道,这些表观遗传时钟已经在多个物种中用于测量 DNA 甲基化年龄,包括裸鼹鼠、小鼠、鲸鱼和人类。然而,这些表观遗传时钟只关注体细胞或组织水平,缺乏单细胞水平的分辨率来解决衰老过程中细胞间异质性问题,一项研究应用单细胞 DNA 甲基化动力学和单细胞年龄时钟(scAge)预测衰老,提供了一种研究新视角。除了预测衰老外,特定基因的 DNA 甲基化状态在评估与年龄相关的疾病进展方面也展现出极大的潜力,有望作为潜在的临床生物标志物。

11.2.2　组蛋白修饰与衰老

组蛋白修饰是在翻译后添加到组蛋白上的化学修饰,它们在细胞核内染色质形成和调控中起着至关重要的作用。这些修饰主要类别包括甲基化、乙酰化、磷酸化和泛素化等,它们可以激活或沉默基因表达并调节染色质结构,在调控衰老过程中发挥作用。

1)组蛋白乙酰化与衰老

组蛋白乙酰化在衰老相关过程中发生了显著变化。例如,在衰老的人成纤维细胞和酵母细胞中,H3K56 乙酰化(H3K56ac)水平降低,而 H4K16 乙酰化(H4K16ac)水平升高。衰老诱导的增强子区域组蛋白乙酰化水平的下降抑制参与成骨细胞和干细胞增殖基因的转录,进而降低间充质干细胞(MSC)的再生能力。相反,在高迁移率蛋白 2(HMGB2)的增强子上,组蛋白 H3K27 乙酰化(H3K27ac)和 H3K4 甲基化(H3K4me1)的标记增加,促进 HMGB2 转录和衰老人类间充质干细胞的再生。此外,H3K27ac 和 H3K9 乙酰化(H3K9ac)的全基因组增加与阿尔茨海默病(AD)中淀粉样蛋白 β(Aβ)的沉积以及组蛋白乙酰转移酶(CBP 和 p300)的上调有关。组蛋白乙酰转移酶 p300 可以催化基因组上组蛋白的高乙酰化,诱导超级增强子的形成,从而驱动细胞衰老。因此,抑制 p300 可以作为延缓衰老的潜在靶点。在小鼠中,SIRT6 的缺乏导致长穿插元素 1(LINE-1)的活性降低、环状 GMP-AMP 合酶-干扰素基因刺激因子(cGAS-STING)通路激活、炎症过度活跃和过早衰老。

2)组蛋白甲基化与衰老

组蛋白甲基化可以调控细胞衰老过程。转录起始位点(TSS)的 H3K4 三甲基化(H3K4me3)和转录区域内的 H3K36 三甲基化(H3K36me3)作为开放染色质标记,与活性转录相关,并与衰老调节有关。例如,由 SPT-Ada-Gcn5 乙酰转移酶(SAGA)复合物相关因子 29(SGF29)介导的相分离为 H3K4me3 识别创造了亚细胞环境,其中转录因子和共激活因子在启动子区域形成复合物,激活细胞周期蛋白依赖性激酶抑制剂 1A(CDKN1A,p21)以加速人体干细胞衰老。有趣的是,在秀丽隐杆线虫中,H3K4me3 的缺失可导致应激反应基因的转录激活,增强应激抵抗力并延长寿命。与 H3K4me3 不同,H3K36me3 的缺失加剧了秀丽隐杆线虫、酿酒酵母和哺乳动物细胞的衰老,而其增加能促进寿命的延长。尽管如此,仍有证据表明,转录调控区域 H3K36me3 的增加与人类 ERV 的激活和干细胞的早衰有关。H3K9me3、H3K27me3 和 H4K20me3 都参与基因沉默和异染色质的形成,并倾向于随着年龄的增长而减少。例如,组蛋白甲基转移酶 SUV39H1 的缺失减少了 H3K9me3 的沉积,导致异染色质损失,这是细胞衰老和组织衰老的典型标志和驱动因素。衰老诱导的组蛋白去甲基化酶 KDM4 的上调与 H3K9/H3K36 甲基化减少和衰老相关分泌表型(SASP)的增加有关。H3K9me3 和 H3K27me3 的缺失加剧了 LINE-1 的激活和积累,诱导了 cGAS-

STING 通路和 Ⅰ 型干扰素(IFN-Ⅰ)反应,这两个途径是细胞固有的天然免疫信号通路,其激活均会加速衰老。相反,保持充足的 H3K9me3 可确保这些基因(如 LINE-1 和 ERVs)的表达受到抑制,对抗人类干细胞衰老,促进百岁老人的健康衰老(图 11.1)。总而言之,组蛋白甲基化与衰老的关系十分复杂,不同组蛋白甲基化对衰老的调节不同,而同一种组蛋白甲基化对衰老的调控也是多方面的。

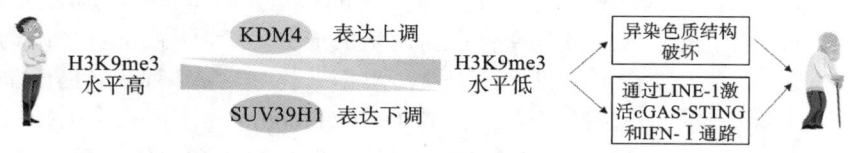

图 11.1 H3K9me3 调控衰老的机制图

3)组蛋白磷酸化与衰老

组蛋白磷酸化与衰老的研究相对较少。在内皮细胞衰老过程中,组蛋白 H3T11 磷酸化(H3pT11)显著下降。这个下降是由其蛋白激酶 PKM2 在衰老过程中被降解所致。H3pT11 水平的下降使得沉默调节因子 SIRT1 的表达减少,从而促进衰老表型的出现。在小鼠模型中,通过尾静脉注射腺病毒过表达 PKM2 可有效地延缓小鼠的衰老。在 DNA 损伤发生后,组蛋白 H2AX 的 Ser139 位点会发生磷酸化,因此被用作 DNA 双链断裂(DSB)的标记,鉴于细胞衰老过程伴随着大量 DNA 损伤的发生,因此 H2AX-Ser139 磷酸化也常被作为细胞衰老的标记物。

4)组蛋白泛素化与衰老

组蛋白泛素化也与衰老调控有关。例如,从果蝇到小鼠乃至非人灵长类动物,泛素化组蛋白 2A(H2Aub)被视为一种保守的衰老标记物,而泛素化的整体缺失则与秀丽隐杆线虫的衰老过程有关。

11.2.3 RNA 甲基化与衰老

越来越多的证据表明,m^6A 修饰与细胞衰老和衰老相关过程有关。例如,RNA 甲基转移酶 METTL3 的表达减少会导致类前体人骨髓间充质干细胞(MCS)中 m^6A 水平降低,进而引发早衰现象。同样,在灵长类动物的衰老过程中,METTL3 表达和总体 m^6A 水平的降低会导致骨骼肌退化。m^6A 修饰失调与年龄相关的疾病有关,如阿尔茨海默病和骨关节炎。例如,ALKBH5 过表达可促进 m^6A 去甲基化和 CYP1B1 mRNA 降解,减缓骨髓间充质干细胞衰老和骨关节炎进展。相反,ALKBH5 的敲低导致 CDKN1C(p57)的 mRNA 稳定性降低,从而改善骨髓间充质干细胞衰老、提高骨髓间充质干细胞存活率和促进血管生成,进而对心肌梗死小鼠发挥心脏保护作用。

11.2.4 非编码 RNA 与衰老

非编码 RNA(ncRNA),包括 miRNA、circRNA 和 lncRNA 在衰老调控中也具有关键作用。例如,miR-145-5p 通过靶向信号素 3A(semaphorin 3A)来保护心脏免受衰老的影响,但其水平随着年龄的增长而降低。相反,衰老过程中 miR-31 的上调通过靶向昼夜节律调节因子 CLOCK 导致皮肤退化。circSfl 过表达被证实可延长果蝇的寿命,而 circRREB1 与小鼠软骨细胞衰老和骨关节炎发病机制有关。参与线粒体动力学的 lncRNA ltre 在肝脏衰老过程中呈现上调趋势。一些 ncRNA 可能有在临床环境中作为年龄相关疾病生物标志物的潜力。

有趣的是,ncRNA 也可能在衰老调控中与其他表观遗传因子相互作用。例如,来源于端粒周围区域的 ncRNA 抑制 CCCTC 结合因子(CTCF)的 DNA 结合能力,而 CTCF 是染色质组织中的一个关键因素,这种抑制增强了染色质的可及性并促进了炎症因子(SASP)基因的转录,加速了细胞衰老进程。此外,衰老诱导的 lncRNA-NORAD 的 m^6A 修饰导致其降解并进而导致椎间盘髓核细胞衰老,这表明 lncRNA-NORAD 可以作为缓解椎间盘退变的潜在靶点。

11.2.5　染色质重塑与衰老

染色质是真核生物遗传信息的载体,通常呈现高度致密的状态。当特定位点的基因需要转录时,染色质由致密状态转为开放状态,这一过程需要染色质重塑复合物的参与。染色质重塑复合物主要参与调节染色质中核小体的定位、染色质的折叠、染色质在细胞核内的组织定位等。染色质重塑复合物通过 ATP 水解功能移动核小体在基因组的位置以及改变核小体的组成成分,从而调控染色质结构和基因表达。衰老过程中染色质重塑复合物的改变会影响机体的寿命。根据结构和功能特点,染色质重塑复合物分为四大类:SWI/SNF(switch/sucrose nonfermenting)、CHD(chromodomain helicase DNA binding protein)、ISWI(imitation switch)和 INO80。其中 SWI/SNF 是最早被发现和研究的染色质重塑复合物,其与核小体的去除或滑动有关,并影响 DNA 修复、复制和基因表达调控。SWI/SNF 的亚基 BAF57、BAF60a 和 SNF5 可以通过 p53/p21 和 p16/pRB 通路诱导人体皮肤细胞衰老。而 SWI/SNF 中的另一亚基 ARID1B 的敲低则会阻止癌基因诱导的衰老(OIS)从而导致肝肿瘤的发生。然而,SWI/SNF 是如何调节衰老过程的仍然缺乏更全面的解释。在衰老模型中,染色质的异常改变与核小体重塑和去乙酰化酶(nucleosome remodeller and deacetylase,NuRD)复合物的活性密切相关。在哈钦森-吉尔福德早衰综合征(Hutchinson-Gilford progeria syndrome,HGPS)患者的细胞和健康衰老的细胞中,NuRD 复合物的组分——组蛋白结合蛋白 RBBP4(histone-binding protein 4)、RBBP7(histone-binding protein 7)表达水平下调。在酵母和线虫中,敲除或破坏染色质重塑因子中的 ISWI 复合物组分可以直接延长寿命。INO80 复合物是一种进化上保守的染色质重塑复合物,负责 DNA 在核小体上的滑动和组蛋白 H2AZ-H2B 从核小体的移除。研究表明,高果糖诱导的 INO80 复合物表达水平的下降会导致细胞衰老。这些研究表明,通过染色质重塑复合物调节染色质的状态可以影响机体衰老。

11.3　表观遗传与心血管疾病

心血管疾病(cardiovascular diseases,CVD)是一组涉及心脏和血管的疾病,包括冠状动脉粥样硬化性心脏病(简称冠心病)、高血压、心肌梗死、心力衰竭等。这些疾病的发病率和死亡率均居高不下,给全球公共卫生带来了巨大的挑战。心血管疾病的发病机制复杂,涉及遗传、环境、生活方式等多种因素。然而,传统的遗传学研究主要集中在 DNA 序列变异对心血管疾病的影响上,而表观遗传学的研究为我们理解心血管疾病的发病机制提供了新的视角。表观遗传学相关的 DNA 甲基化、组蛋白修饰、非编码 RNA 调控等多种机制在心血管疾病的发病过程中起着至关重要的作用(图 11.2)。因此,研究表观遗传与心血管疾病的关系具有重要的科学意义和应用价值。

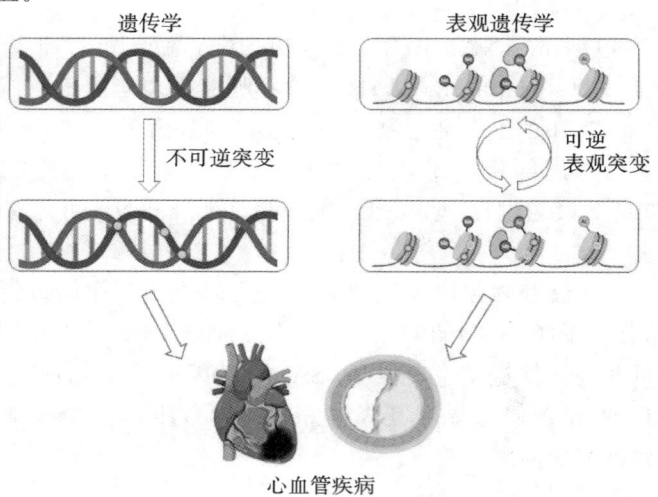

图 11.2　遗传学、表观遗传学与心血管疾病

11.3.1 表观遗传与内皮功能紊乱

内皮细胞,作为血管内壁的一层细胞,在维持血管的正常生理功能中起着至关重要的作用(图 11.3)。内皮细胞功能紊乱是指当内皮细胞在受到各种内外因素刺激时,其正常的生理功能受到破坏,表现为内皮依赖性血管舒张障碍、氧化应激增强、慢性炎症持续、白细胞黏附增强、血管通透性增加、内皮细胞衰老加速、内皮细胞代谢异常和内皮细胞间质转化等。这种功能紊乱是许多心血管疾病,如动脉粥样硬化、高血压、糖尿病以及感染性疾病等的共同病理基础。内皮细胞功能紊乱的发生机制复杂多样,涉及多个方面的因素,包括基因表达异常、信号转导通路紊乱、炎症反应增强等。

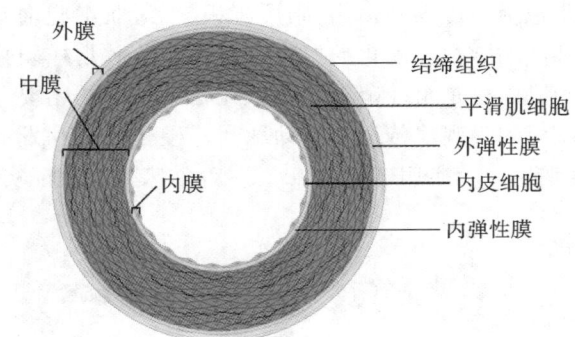

外膜
中膜
内膜
结缔组织
平滑肌细胞
外弹性膜
内皮细胞
内弹性膜

图 11.3　血管横截面示意图

近年来,随着表观遗传学研究的深入,人们逐渐认识到 DNA 甲基化、组蛋白修饰等表观遗传机制在内皮细胞功能紊乱中扮演着不可忽视的角色。例如,Shirodkar 等人使用甲基 DNA 免疫沉淀和亚硫酸氢盐转化技术得到内皮细胞富集基因的 DNA 甲基化图谱,其中大多数内皮富集基因(如 CD31、冯·维勒布兰德因子(von Willebrand factor,vWF)和血管内皮钙黏附蛋白(VE-cadherin)等基因)的近端启动子区域均表现出 DNA 甲基化功能差异。Rao 等人的研究中,甲基 CpG 结合结构域蛋白 2(MBD2)的缺失使内皮细胞一氧化氮合酶(eNOS)和血管内皮生长因子受体 2 的表达上调,促进内皮血管生成。

研究表明,在内皮细胞功能紊乱的过程中,某些关键基因的启动子区域 DNA 甲基化水平会发生改变,导致这些基因的表达发生异常。一些与血管舒张功能相关的基因可能因 DNA 甲基化水平升高而表达下调,从而影响内皮细胞的血管舒张功能。例如,Jiang 等人提出血流动力学紊乱促进 DNA 甲基转移酶 3(DNA methyltransferase 3,DNMT3)对内皮细胞 KLF4 基因启动子上 CpG 岛的 DNA 甲基化,抑制 KLF4 的表达,进而对动脉粥样硬化易感性产生影响。此外,DNA 甲基化还可能通过影响炎症反应、氧化应激等内皮细胞功能紊乱的相关病理过程来发挥作用。例如,一些炎症相关基因,如 NF-κB、γ 干扰素(interferon-γ,INF-γ)、C-反应蛋白(C-reactive protein,CRP)等的启动子区域 DNA 甲基化水平升高可能导致这些基因的表达上调,进而加剧内皮细胞的炎症反应。

组蛋白修饰也参与心血管疾病的发生发展,某些关键基因的启动子区域组蛋白乙酰化水平降低可能导致这些基因的表达下调,从而影响内皮细胞的正常功能。例如,细胞因子信号抑制剂 1(SOCS1)通过募集乙酰转移酶 EP300 到启动子区域,增强 H3K27ac 乙酰化,抑制 JAK/STAT 通路,从而减轻内皮损伤,改善冠状动脉疾病。此外,组蛋白修饰还可能通过影响内皮细胞的增殖、迁移、衰老等生物学过程来参与内皮细胞功能紊乱的过程。例如,Wu 等人的研究中,磷酸甘油酸脱氢酶(PHGDH)可促进 PKM2 入核磷酸化组蛋白 H3T11,增加血管内皮细胞中 SIRT1、BMI1、LAMA1 等基因的表达,进而延缓内皮细胞衰老进程。

近年来的研究还发现,非编码 RNA 在内皮细胞功能紊乱中也扮演着重要角色。例如,一些 lncRNA 和 miRNA,如 HAS2-AS1、HIF1α-AS1、miR-210、miRNA-125b 等可以通过影响内皮细胞的增殖、迁移、凋亡等生物学过程来使内皮细胞功能发生紊乱。这些非编码 RNA 可以通过与 mRNA 结合、调控 mRNA 的稳定性或翻译等方式来影响基因的表达水平。此外,一些非编码 RNA,如 H19、Neat1 等还可以作为信号分子参与内皮细胞的信号转导通路调控。

综上所述,表观遗传学与内皮细胞功能紊乱之间存在着密切的关系。DNA 甲基化、组蛋白修饰、非编码 RNA 等表观遗传机制在内皮细胞功能紊乱的过程中发挥着重要作用。这些机制通过影响基因表达和细胞生物学过程来参与内皮细胞功能紊乱的发生和发展。表观遗传学与心血管疾病的未来研究前景显得尤为重要,这一领域的研究有望为心血管疾病的预防、诊断和治疗提供新的视角和潜在的工具。

11.3.2 表观遗传与动脉粥样硬化

动脉粥样硬化(atherosclerosis,AS)是一种复杂的慢性血管疾病,其特征是动脉内膜中脂质和纤维素的异常沉积,导致动脉壁增厚、变硬,最终可能引发血管狭窄、阻塞,甚至破裂。动脉粥样硬化的病理过程涉及多种细胞和分子机制,主要包括内皮细胞损伤、脂质沉积、平滑肌细胞增殖和迁移、炎症反应等多个环节。这些过程相互交织,共同推动动脉粥样硬化的发生和发展。动脉粥样硬化不仅是许多心血管疾病(如冠心病、脑卒中等)的主要病理基础,也是全球范围内导致死亡和残疾的主要原因之一。近年来,随着表观遗传学研究的深入,人们逐渐认识到表观遗传机制在动脉粥样硬化发生和发展过程中的重要作用,也有学者提出动脉粥样硬化是一种表观遗传学疾病(图 11.4)。多种临床药物被证实可通过影响表观遗传延缓动脉粥样硬化的进程(表 11.5)。

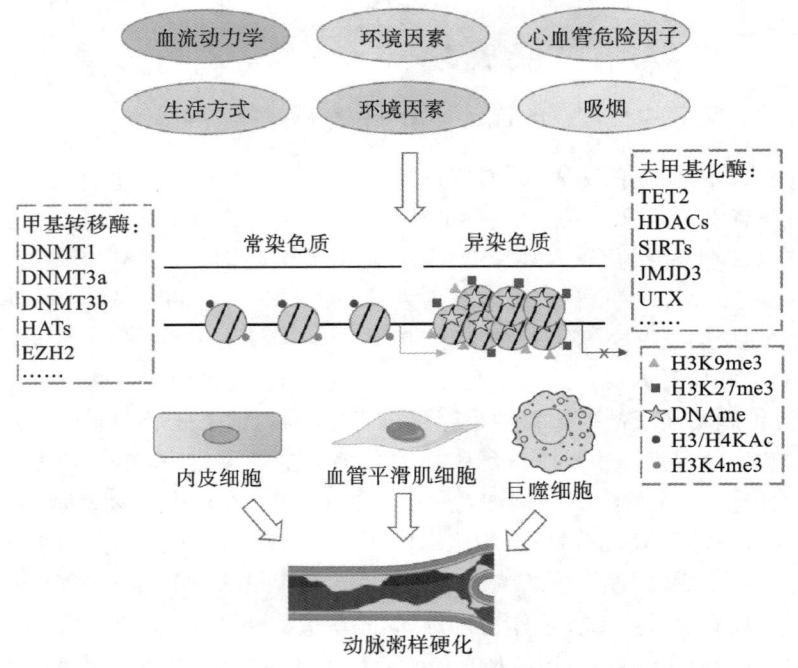

图 11.4　表观遗传与动脉粥样硬化

表 11.5　可延缓动脉粥样硬化的表观遗传药物

药物名称	表观药物种类
维生素 C	四甲基胞嘧啶双加氧酶 2(TET2)激动剂
5-氮杂-2′-脱氧胞苷	DNA 甲基转移酶(DNMT)抑制剂
他汀类药物	Zeste 同源物增强子 2(E2H2)抑制剂
辛二酰苯胺异羟肟酸	组蛋白去乙酰化酶(HDAC)抑制剂
槲皮素	DNMT 抑制剂
姜黄素	广谱表观遗传调节剂
表没食子儿茶素没食子酸酯	DNMT 抑制剂
白藜芦醇	沉默调节蛋白(SIRT1)激动剂

表观遗传通过调控炎症反应、影响脂质代谢和调节细胞增殖与迁移等过程参与动脉粥样硬化的病理过程。动脉粥样硬化相关基因,如 Toll 样受体 2(TLR-2)、细胞色素 C 氧化酶亚基 Ⅱ(Cox Ⅱ)、E-钙黏蛋白(E-cadherin)等的启动子区域 DNA 甲基化水平异常,可能导致这些基因的表达异常,进而促进动脉粥样硬化的发生和发展。DNA 甲基转移酶 DNMT1、DNMT3A 和 DNMT3B 等介导的 DNA 甲基化均在动脉粥样硬化的发病机制中发挥促进作用。而 DNA 去甲基化酶 TET2 可通过抑制促炎性细胞因子和趋化因子的表达上调以及炎症小体的激活来预防动脉粥样硬化。

组蛋白修饰的异常变化同样在动脉粥样硬化过程中起着重要作用。例如,组蛋白 H3K4me3 和 H3K27me3 在动脉粥样硬化相关基因的启动子区域的修饰水平异常,可能导致这些基因的表达异常。此外,组蛋白去乙酰化酶(HDAC)和组蛋白乙酰转移酶(HAT)等酶的活性异常也可能影响组蛋白的乙酰化水平,进而影响基因表达。例如,HDAC9 可影响内皮间质转化(endothelial-mesenchymal transition,EndMT)相关基因的表达,进而推动动脉粥样硬化进程。肿瘤坏死因子受体相关蛋白 1(tumour necrosis factor receptor-associated protein 1,TRAP1)能介导血管平滑肌细胞中组蛋白 H4K12 乳酸化,促进动脉粥样硬化相关基因的表达。

非编码 RNA 的异常表达同样在动脉粥样硬化过程中起着重要作用。例如,一些 lncRNA 和 miRNA 可以通过影响动脉粥样硬化相关基因的表达来参与动脉粥样硬化的过程。这些非编码 RNA 可以通过与 mRNA 结合、调控 mRNA 的稳定性或翻译等方式来影响基因的表达水平。例如,PSMB8-AS1 能激活 NONO(含非 POU 结构域的八聚体结合蛋白)/PSMB9(蛋白酶体亚基-9 型)/ZEB1(锌指同源框蛋白 1)轴,促进血管炎症和动脉粥样硬化的发生和发展。

综上所述,DNA 甲基化、组蛋白修饰、非编码 RNA 等表观遗传现象通过影响基因的表达水平来参与动脉粥样硬化的多个环节。未来,随着表观遗传学研究的深入和技术的不断发展,我们相信表观遗传学将在动脉粥样硬化的预防、诊断和治疗中发挥越来越重要的作用。同时,针对表观遗传机制的药物研发也将为动脉粥样硬化的治疗提供新的思路和方法。

11.3.3 表观遗传与高血压

高血压(hypertension),作为全球范围内普遍存在的慢性疾病,对人类的健康构成了严重威胁。其发病机制复杂,涉及遗传、环境、生活方式等多种因素。近年来,随着表观遗传学研究的深入,越来越多的研究表明,表观遗传修饰在高血压的发生、发展中起着重要作用。例如,DNA 甲基化是高血压相关基因表达调控的重要机制之一。长期高盐饮食、吸烟等因素可以引起 DNA 甲基化修饰水平的变化,进而影响高血压相关基因的表达。此外,组蛋白修饰、非编码 RNA 调控等表观遗传机制也在高血压的发生中发挥着重要作用。Yu 研究发现 β2 肾上腺素受体的激活能够抑制 HDAC8 活性,同时提高了组蛋白乙酰化水平,最终使钠再吸收调节因子 WNK4 表达水平降低,诱导盐依赖性高血压的发生。在肺动脉高压患者中,HDAC 的过度激活与患者外周血 Foxp3 阳性调节性 T 细胞比例下降相关;使用 HDAC 抑制剂辛二酰苯胺异羟肟酸能显著恢复肺动脉高压小鼠表型,同时恢复肺动脉高压小鼠外周血 Foxp3 阳性调节性 T 细胞的比例。

高血压具有明显的家族聚集性,遗传因素在其发病中起着重要作用。一些先天性遗传突变,如肾素-血管紧张素-醛固酮系统(RAAS)的基因突变和 α1-肾上腺素受体基因突变等,都与高血压的遗传相关。此外,人类基因组计划的开展使我们扩大了高血压遗传研究的范围,陆续发现了更多与高血压相关的基因。这些基因变异可能通过影响血压调节相关通路的表达,进而影响血压水平。表观遗传变化相关的高血压具有遗传性,可以经过几代积累。这种遗传性不仅来源于基因的遗传,还来源于表观遗传信息的传递。表观遗传信息的传递可以通过 DNA 甲基化、组蛋白修饰等机制实现,这些机制可以影响基因的表达,进而影响高血压的发生。此外,表观遗传变化还可以通过影响环境因素对高血压的敏感性,进一步影响高血压的遗传性。Cao 等人的研究中,怀孕大鼠产前注射脂多糖(LPS)会下调组蛋白 H3K9 位点二甲基化的遗传水平,导致 Ras 相关 C3 肉毒杆菌毒素底物 1(Rac1)基因的跨代上调,进而诱发产后三代高血压。

随着对表观遗传与高血压关系的深入了解,表观遗传学在高血压治疗中的应用前景逐渐显现。调节表观遗传修饰水平,可以影响高血压相关基因的表达,进而改善高血压症状。例如,针对 DNA 甲基化修饰的抑制剂和组蛋白去乙酰化酶抑制剂等药物,如 5-氮杂-2′-脱氧胞苷、白藜芦醇等已经在高血压治疗中显示出潜力。此外,通过改变生活方式、饮食习惯等环境因素,也可以影响表观遗传修饰水平,进而达到预防和改善高血压的目的。

综上所述,表观遗传与高血压之间存在密切联系,表观遗传修饰在高血压的发生、发展中起着重要作用。深入研究表观遗传与高血压的关系,可以为高血压的预防和治疗提供新的思路和方法。未来,随着表观遗传学研究的不断深入和技术的不断进步,相信我们能够更好地理解高血压的发病机制,为高血压的预防和治疗提供更有效的手段。

11.3.4 表观遗传与心肌梗死

心肌梗死(myocardial infarction,MI)是一种严重的心血管疾病,其发病机制主要涉及冠状动脉的病理变化和心肌的缺血缺氧过程。冠状动脉长期受高血压、高血脂等危险因素影响,会出现粥样硬化病变,即血管内壁沉积脂质斑块,使血管腔变窄。当这些斑块不稳定并破裂时,会释放促凝物质,吸引血小板聚集,形成血栓,直接堵塞冠状动脉,导致心肌供血急剧减少或中断。心肌细胞在缺氧状态下无法进行正常的代谢活动,进而发生坏死,形成心肌梗死。尽管近年来在心肌梗死的预防、诊断和治疗方面取得了显著进展,但其具体的发病机制和影响因素仍然复杂且不完全清楚。心肌梗死的传统治疗药物主要包括抗血小板药物、抗凝药物、β-受体阻滞剂、他汀类降脂药等。

近年来,表观遗传学为我们提供了新的视角来理解和研究心肌梗死的发病机制。DNA 甲基化在心肌梗死的发生中起着重要作用。例如,一些与心肌细胞功能相关的基因在心肌梗死患者的心肌组织中呈现异常甲基化状态,这可能导致这些基因的表达模式发生异常,进而影响心肌细胞的功能和存活。在心肌梗死中,组蛋白修饰的异常同样也被广泛报道。一些与心肌细胞存活和凋亡相关的基因在心肌梗死患者的心肌组织中呈现异常的组蛋白修饰模式,这可能导致这些基因的表达异常,进而促进心肌细胞的凋亡和坏死。Wang 等人的研究提出,组蛋白乳酸化修饰能增强心肌梗死发生后单核细胞和巨噬细胞的抗炎和促血管生成活性,进而改善心肌梗死后的心脏功能。近年来,越来越多的研究表明非编码 RNA 与心肌梗死的发生密切相关。例如,一些 lncRNA 和 miRNA 在心肌梗死患者的心肌组织中呈现异常表达,这些非编码 RNA 可能通过调控心肌细胞的功能、代谢和信号转导等途径来影响心肌梗死的发生和发展。

随着对表观遗传与心肌梗死关系的深入了解,表观遗传学在心肌梗死治疗中的潜在应用也逐渐显现。通过调节表观遗传修饰水平,可以影响心肌梗死相关基因的表达,进而改善心肌细胞的功能和存活。例如,针对 DNA 甲基化修饰的抑制剂(5-氮杂-2′-脱氧胞苷)和组蛋白去乙酰化酶抑制剂(毛壳素、曲古抑菌素 A 等)已经在实验研究中展现出改善心肌梗死症状的潜力。此外,通过调节非编码 RNA 的表达也可以影响心肌细胞的功能和存活,为心肌梗死的治疗提供新的思路和方法。Zhang 等人的研究指出,寡聚NPM1(核磷蛋白 1)能将组蛋白去甲基化酶 KDM5b 募集到 mTOR(雷帕霉素靶点)复合物抑制因子 Tsc1(TSC 复合物亚基 1)的启动子上,降低组蛋白 H3K4me3 的修饰水平,抑制 Tsc1 的表达,从而促进 mTOR相关的炎性糖酵解过程,拮抗心脏巨噬细胞的修复功能;靶向 NPM1 的反义寡核苷酸或寡聚化抑制剂NSC348884 显著改善了心肌梗死后小鼠的损伤组织情况并促进了心肌梗死后小鼠心脏功能的恢复。

综上所述,表观遗传与心肌梗死之间存在密切关系,表观遗传修饰在心肌梗死的发生和发展中起着重要作用。通过深入研究表观遗传与心肌梗死的关系,我们可以更好地理解心肌梗死的发病机制,为心肌梗死的预防和治疗提供新的思路和方法。未来,随着表观遗传学研究的不断深入和技术的持续进步,相信我们能够开发出更加有效的治疗方法来降低心肌梗死的发病率和死亡率。

11.3.5 表观遗传与其他心血管疾病

除上述心血管疾病外,表观遗传还可能与其他心血管疾病的发生和发展有关。例如,在心力衰竭、心律失常等心血管疾病中也广泛存在 DNA 甲基化、组蛋白修饰及非编码 RNA 调控异常等情况。这些异常可能通过影响心肌细胞的增殖、凋亡过程以及离子通道功能等方面来影响心脏的正常功能。Huo 等人的研究指出,肌成纤维细胞特异性组蛋白 LSD1(赖氨酸特异性脱甲基酶 1)缺失可延缓横主动脉收缩诱导的心脏重塑过程并改善心脏功能,这一发现提示 LSD1 是晚期心力衰竭的潜在治疗靶点。

综上所述,表观遗传与心血管疾病之间存在着密切的关系。通过深入研究表观遗传机制在心血管疾病中的作用和影响,我们可以更好地理解心血管疾病的发病机制,并为心血管疾病的预防和治疗提供新的思路和方法。未来,随着表观遗传学研究的不断深入和技术的持续进步,我们有望开发出更加有效、安全的心血管疾病治疗策略。此外,个体表观遗传学图谱的深入分析与精准的医学治疗策略,必将推动心血管疾病治疗迈向新的台阶(图 11.5)。

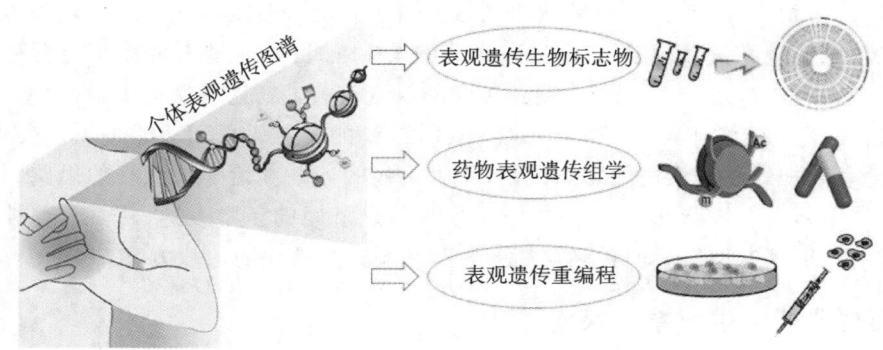

图 11.5 表观遗传与心血管精准医疗

11.4 表观遗传与其他疾病

11.4.1 表观遗传与代谢性疾病

代谢性疾病是指由于人体中某些物质(如脂肪、糖、蛋白质、嘌呤等)的代谢过程出现异常,导致营养物质在体内累积或缺乏,进而引发的一系列疾病。代谢性疾病患者人数众多且增长迅速,医疗负担沉重,患者并发症发生风险高。目前,针对代谢性疾病的治疗以控制饮食、运动和药物治疗为主。饮食控制是治疗代谢性疾病的重要方法之一,应限制糖分、盐分和脂肪的摄入,提倡高纤维、低盐、低脂饮食;运动治疗则可以提高人体代谢水平,增强胰岛素敏感性;药物治疗则用于调节血糖、血压和血脂水平等。代谢性疾病的发病和进展往往受到遗传、环境、生活方式等多种因素的共同作用,且不同患者对药物的反应和耐受性存在显著的差异。同时,代谢性疾病容易引发多种并发症,某些代谢性疾病的治疗药物可能会引起副作用,如低血糖、消化不良等;对于遗传代谢性疾病而言,其发病原因涉及基因的结构和功能异常,难以通过常规手段治愈。因此,代谢性疾病的治疗面临多方面困难。

表观遗传学的研究有助于揭示基因与环境相互作用导致代谢性疾病的发生和发展。在糖尿病中,高血糖状态可影响 DNA 甲基化水平,导致转录因子结合 DNA 的亲和性发生变化,从而影响了基因表达。Davegårdh 等人的研究发现,自噬相关基因 VPS39 可通过影响自噬过程和表观遗传修饰酶的表达水平参与肌肉干细胞分化与葡萄糖摄取过程,进而改善 2 型糖尿病。而在肥胖症中,可能存在与 DNA 甲基化有关的基因变异,这些变异会进一步影响脂肪产生并导致胰岛素抵抗。Pessoa 等人的研究指出组蛋白 H4K16 的去乙酰化能抑制葡萄糖代谢主调节因子 PPARγ 和整个下游转录网络的表达,进而引发代谢紊乱,促进饮食诱导的肥胖发生。

11.4.2　表观遗传与神经系统疾病

神经系统疾病指影响人体神经系统功能的疾病或病理状态,包括中枢神经系统(如大脑和脊髓)和周围神经系统(如末梢神经)的各种疾病。这些疾病可以导致神经系统功能受损,表现出不同的症状,如感觉丧失、运动障碍、失语、认知障碍和情绪问题等。由于特殊的生理结构,神经性系统疾病的治疗是一个复杂且长期的过程。其治疗手段通常包括药物治疗、物理治疗、手术治疗、神经调控治疗、生活方式调整等。神经性系统疾病的发病原因多种多样、患者病程进展迅速且难以预测、神经系统损伤难以恢复、治疗方案有限且效果不一,这些都限制了神经系统疾病的治疗。

在神经系统疾病的发病机制中,许多疾病都与表观遗传学的改变有关。例如,孤独症谱系障碍(ASD)和精神分裂症等疾病被发现与 DNA 甲基化水平的改变有关。这些改变可能导致特定基因的表达异常,从而影响神经元的发育、连接和信号传递,最终导致疾病的发生。此外,一些神经系统退行性疾病,如阿尔茨海默病(AD)和帕金森病(PD)也被发现与表观遗传学的改变有关。在这些疾病中,特定基因的表达水平可能由于 DNA 甲基化、组蛋白修饰异常而发生改变,从而导致神经元死亡和功能丧失。表观遗传学的研究有助于我们更好地理解神经系统疾病的发病机制,并为疾病的诊断和治疗提供新的思路。例如,通过调节 DNA 甲基化水平或组蛋白修饰状态,我们可以尝试恢复特定基因的正常表达,从而改善神经系统的功能。此外,表观遗传学的研究还有助于我们预测疾病的风险和制订个性化的治疗方案。

11.4.3　表观遗传与生殖系统疾病

生殖系统疾病是指影响生殖系统的各种疾病,这一系统由男性和女性的生殖器官及其附属组织构成,负责人类的生殖和繁衍。生殖系统疾病可能涉及多种病理机制,如感染性炎症、免疫反应异常、内分泌失调等,这些因素可能导致生殖器官结构改变、功能障碍,从而引发一系列与生殖有关的症状。生殖系统疾病的治疗方案因疾病类型而异,主要包括药物治疗、手术治疗、物理治疗、心理治疗及生活方式调整。

表观遗传学与生殖系统疾病之间关系密切。DNA 甲基化、组蛋白修饰和非编码 RNA 调控等在生殖系统的发育、功能发挥和疾病发生中起着重要作用。在生殖系统疾病中,表观遗传学的改变可能导致多种问题。例如,在男性不育症中,表观遗传修饰的异常可能影响精子的生成和发育,导致精子数量减少、活力下降或形态异常等问题。同时,这些异常的表观遗传修饰也可能通过辅助生殖技术传递给下一代,增加子代出现相关遗传性疾病的风险。在女性生殖系统方面,表观遗传学的研究也揭示了多种疾病的发生机制。例如,子宫和卵巢的异常是妇女不孕不育的重要原因之一,这些异常都会直接反映到表观遗传信息上。临床上发现,患有多囊卵巢综合征(PCOS)的妇女往往无法正常排卵,这可能与卵巢中特定基因的表观遗传修饰异常有关。此外,子宫内膜异位症和卵巢早衰等也与表观遗传学的改变有关。通过调节 DNA 甲基化、组蛋白修饰等表观遗传修饰方式,可能有助于改善生殖系统的功能状态,降低相关疾病的发生风险。

11.4.4　表观遗传与免疫系统疾病

免疫系统是人体内的重要系统,负责抵御外来病原体和清除异常细胞。免疫系统的复杂性和多样性在很大程度上受到表观遗传学的影响。在免疫细胞的发育、分化和功能调节中,表观遗传修饰起到了关键的调控作用。例如,T 细胞和 B 细胞等免疫细胞的发育和分化需要经历一系列复杂的表观遗传变化,这些变化决定了它们对不同病原体的反应能力和特异性。一些免疫系统疾病的发生也与表观遗传学的改变有关。例如,自身免疫性疾病如系统性红斑狼疮和类风湿性关节炎,可能与 IFN-γ、ITGAL、CD40LG、CD70 等特定基因的 DNA 甲基化水平异常有关。这些异常的甲基化模式可能导致免疫细胞的异常激活,进而攻击自身组织,从而引发疾病。此外,表观遗传学在调节免疫系统的记忆功能和耐受性方面也起着重要作用。免疫系统的记忆功能使得人体能够记住曾经感染过的病原体,并在再次遭遇时迅速做出反应。而耐受性的存在则使得免疫系统能够区分自身组织和外来病原体,避免对自身组织的攻击。这些功能的实现都依赖于表观遗传修饰的调控。因此,研究表观遗传学与免疫系统疾病的关系,不仅有助于我们更好地理解免疫系统的工作原理和疾病发生机制,还可能为疾病的预防、诊断和治疗提供新的思路和方法。例如,通过调节特定基因的表观遗传修饰,可能有望改善免疫细胞的功能,增强其对病原体的抵抗能力,或者降低对自身组织的攻击性,从而达到治疗免疫系统疾病的目的。

11.4.5 表观遗传与消化系统疾病

消化系统疾病是一类涉及食管、胃、肠、肝、胆、胰等脏器的器质性和功能性疾病。这类疾病在我国较为常见,且种类繁多,临床表现各异。消化系统疾病的发病机制复杂,其中遗传因素和表观遗传机制都扮演着重要角色。表观遗传机制可能通过影响基因的表达来参与疾病的发生和发展。例如,肠道菌群失调与许多消化系统疾病的发生有关。炎症性肠病(IBD)患者的肠道菌群数量和种类分布都明显不同于正常人。同时,微生物菌群代谢产生的毒素和代谢产物也可能导致肠黏膜上皮细胞的死亡,引发肠道黏膜代谢和免疫功能等方面的异常,从而促进炎症紊乱和炎症反应的发生。这种肠道菌群失调可能与表观遗传机制有关,因为表观遗传修饰可以影响肠道菌群的组成和功能。此外,肝脏疾病也与表观遗传机制有关。遗传代谢性肝病是一组由遗传基因突变导致的疾病,包括肝癌、肝硬化、脂肪肝和肝炎等。这些疾病的发生和发展同样可能受到表观遗传机制的调控,因为表观遗传修饰可以影响肝脏细胞的基因表达和代谢功能。

11.4.6 表观遗传与呼吸系统疾病

呼吸系统疾病是一类发生在呼吸系统不同部位、不同性质的各种疾病的总称。呼吸系统主要包括鼻、咽、喉、气管、支气管、肺和胸膜等部位,这些部位发生的疾病均属于呼吸系统疾病的范畴。表观遗传机制在呼吸系统疾病中也起到了重要的调控作用。表观遗传标记可以随着个体的生活环境、生理状态等发生变化,从而导致基因的表达发生改变,引起呼吸系统疾病的发生或发展。例如,表观遗传修饰可能影响肺部的炎症反应、气道重塑等过程,从而影响呼吸系统疾病的发生和发展。通过调节表观遗传修饰,可能能够影响呼吸系统疾病的发生和发展。例如,表观遗传类药物(白藜芦醇、5-氮杂-2′-脱氧胞苷等)可能通过改变表观遗传修饰来影响肺部炎症的程度和持续时间,从而缓解哮喘等呼吸系统疾病的症状。

11.4.7 表观遗传与骨骼系统疾病

骨骼系统疾病是指影响人体骨骼及其相关组织(如关节、软骨、肌肉等)的各种疾病。这类疾病可能由多种因素引起,包括遗传、感染、创伤、营养不良、代谢异常以及免疫反应等。骨骼系统的发育需要多种基因的共同参与,而表观遗传修饰可以影响这些基因的表达水平,从而影响骨骼的形态和功能。例如,某些基因启动子区域的甲基化状态可以影响骨骼细胞的分化和增殖,进而影响骨骼的形成和发育。此外,表观遗传机制也与骨骼疾病的发生和发展密切相关。一些骨骼疾病,如骨质疏松症、骨关节炎等,可能与表观遗传修饰的异常有关。例如,骨质疏松症患者的骨组织中可能存在某些基因的异常甲基化,导致这些基因的表达水平发生改变,从而影响骨骼的健康状态。表观遗传机制还可以为骨骼系统疾病的治疗提供新的思路。通过调控表观遗传修饰,可以影响骨骼细胞的功能和代谢活动,从而达到治疗骨骼系统疾病的目的。例如,一些药物可以通过改变表观遗传修饰来影响骨骼细胞的分化和增殖,进而促进骨骼的再生和修复。

11.5 总结与展望

近年来表观遗传学在疾病发生机制与治疗策略的探索中展现出了巨大的潜力。DNA 甲基化、组蛋白修饰及非编码 RNA 调控等机制在疾病的发生和发展中扮演着关键角色,为疾病治疗提供了新的视角和靶点。通过调节异常的表观遗传修饰,可以恢复基因的正常表达模式,从而达到干预或治疗肿瘤、心血管疾病等多种疾病的目的。如今,表观遗传药物如 DNA 甲基化抑制剂和组蛋白去乙酰化酶抑制剂已在多种疾病中显示出良好的应用前景,它们能够通过重编程细胞的表观遗传状态,参与细胞增殖、炎症、衰老等生物学过程。此外,表观遗传学也为遗传性疾病的治疗开辟了新途径。通过调控特定基因的表观遗传标记,有望在一定程度上逆转或补偿由基因突变引起的功能缺陷,为患者提供新的治疗选择。

在第12章的内容中,我们将了解表观遗传编辑器相关的知识,现代科技的进步使得编辑特定基因启动子区域的表观遗传修饰(DNA甲基化、组蛋白修饰)成为可能,通过合理设计,科研人员能够通过表观遗传编辑器实现基因表达的精准调控,从而预防和治疗相应的疾病。未来,随着表观遗传学的深入研究,复杂疾病背后的分子机制将进一步被揭示,这也必将推动精准医疗的发展。总之,表观遗传学为疾病治疗带来了革命性的变化,其未来发展将深刻影响医学研究和临床实践,推动人类健康事业的持续进步。随着技术的不断革新和研究的日益深入,我们有理由相信,表观遗传学将在疾病治疗中发挥越来越重要的作用,为更多患者带来希望和福音。

思 考 题

1. 举例说明表观遗传可能从哪些方面参与疾病进展。

2. 表观遗传类药物有哪些? 作用机制分别是什么?

3. 抑癌基因和原癌基因的定义是什么? 针对抑癌基因和原癌基因,应该如何选择表观遗传药物?

4. 靶向组蛋白甲基化的药物主要有几类? 请每类列举1~2种药物。

5. 致癌组蛋白是什么? 研究致癌组蛋白对于肿瘤治疗有什么意义?

6. RNA甲基化主要有哪几种? RNA甲基化是通过什么方式影响肿瘤的?

本章思维导图

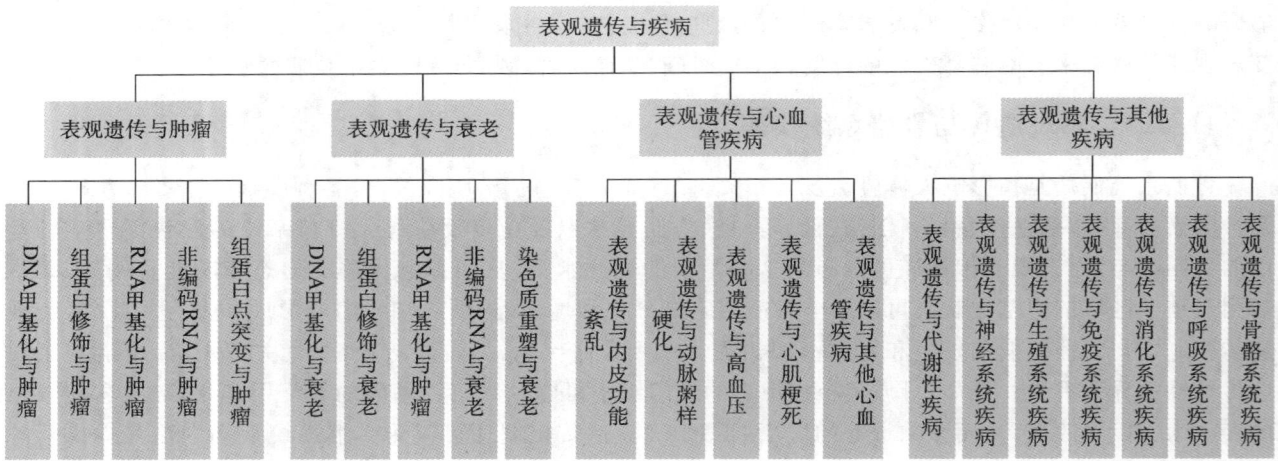

第 12 章
分子与表观遗传学研究技术

扫码看课件

在前面的章节中,我们已经全面了解了分子生物学和表观遗传学的重点知识。这两个领域的发展离不开相关技术的进步。近来,应用分子生物学方法进行细胞中全部 RNA 和蛋白质的大规模分析并测定完整的基因组核苷酸序列已经成为可能,这些基因组的研究方法,加上迅速增加的、已完成测序的基因组序列,使不同生物基因组的大规模比对,以及在一个特定的细胞类型中鉴定所有的蛋白质以及翻译后修饰成为可能。本章我们将简要介绍这些分子生物学方法、基因组学方法、表观遗传组学方法以及它们的基本原理。我们将会看到,这些分子生物学方法的建立依赖于对生物大分子自身特性的理解。对 DNA 聚合酶、限制性内切酶和 DNA 连接酶的深入研究,催生了 DNA 克隆技术和聚合酶链反应(PCR)。这些技术使科学家们可以分离大量的任意 DNA 片段,甚至能从已灭绝的生物体里分离出 DNA 片段。

本章共分为三个部分,第一部分主要讲述基础的分子生物学技术,从最常见的质粒和载体出发,了解基因的克隆和蛋白质的表达系统。接下来的两部分主要介绍基因组范围的基因操作及其相关基因编辑工具的产生和发展,了解表观遗传组学技术和表观遗传编辑器的原理和应用。

12.1　质粒与载体

12.1.1　质粒的起源

质粒(plasmid)一词由美国分子生物学家 Joshua Lederberg 于 1952 年引入,指的是"任何染色体外的遗传决定因素"。由于该描述包括细菌和病毒,所以该概念并不准确。质粒的概念随着时间的推移而不断完善,之后质粒是指真核细胞细胞核外或原核生物拟核区外能够进行自主复制的遗传单位。1968 年,决定采用"质粒"一词作为染色体外遗传元件的专指术语,为了将其与病毒区分开来,该定义被缩小到仅存在于或主要存在于染色体之外并且可以自主复制的遗传元件。

质粒是细胞内除染色体之外的双链环状 DNA 分子,它与染色体 DNA 分开,可以独立复制。最常见的是细菌中的小环状双链 DNA 分子,质粒有时也存在于古细菌和真核生物中。在自然界中,质粒通常携带有利于生物体生存并赋予抗生素耐药性等具有选择性优势的基因。染色体很大,并且包含生物体正常条件下生活所需的所有基本遗传信息;质粒通常非常小,仅包含在某些情况下或条件下可能有用的其他基因。人工质粒被广泛用作分子克隆的载体,用于驱动宿主生物体内重组 DNA 序列的复制。

12.1.2　质粒的特征

无论是天然存在的质粒还是人工构建的质粒,都包含一些基本的特征。

1）自主复制

为了使质粒在细胞内独立复制，它们必须具有一段可以作为复制起点的 DNA 序列，即自主复制区。在这种情况下，质粒又称被为复制子（iterons）。典型的细菌复制子可能由许多元件组成，如质粒特异性复制起始蛋白的编码序列、复制子的重复单元、DnaA 盒和相邻的富含腺嘌呤和胸腺嘧啶碱基对的区域。较小的质粒利用宿主复制酶来自我复制，而较大的质粒可能携带用于复制这些质粒的特异性基因，并且将这些基因整合到宿主基因组上从而实现自我复制（图 12.1）。

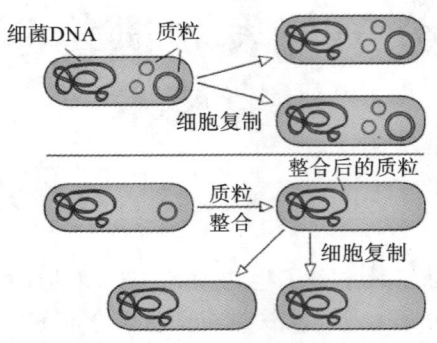

图 12.1　质粒的复制和整合

2）非必需性

天然存在于宿主细胞中的质粒，其功能和表型对于宿主的生存没有严重影响。分子生物学中常用的质粒总是携带至少一个基因，质粒携带的许多基因对宿主细胞有益，某些质粒携带的基因功能有利于宿主细胞在特定条件下生存。例如，细菌中许多天然的质粒带有抗药性基因，如一些质粒能编码合成具有分解破坏四环素、氯霉素、氨苄霉素等酶功能的基因，这种质粒称为抗药性质粒，又称 R（resistance）质粒。带有 R 质粒的细菌就能在相应抗生素存在的条件下生长繁殖。所以质粒对宿主而言不是寄生的，而是共生的。此外，某些质粒携带的基因具有特定的代谢功能，包括可降解顽固或有毒有机化合物，使细菌能够利用特定的营养物质等。质粒还可以为细菌提供固氮的能力。然而，也有一些质粒对宿主细胞的表型没有可观察到的影响，或者无法确定其对宿主细胞的益处，这些质粒被称为隐秘质粒（cryptic plasmid）。

3）差异性

天然存在的质粒的物理性质差异很大，从小于一千碱基对的微型质粒到几百万碱基对的巨型质粒均有。质粒通常是环状的，但也有线性质粒，线性质粒需要特定的机制来复制其末端。此外，质粒可能以不同的数量存在于单个细胞中，从一到几百个不等。在单个细胞中发现的质粒数量称为质粒拷贝数，较大的质粒往往具有较小的拷贝数。

12.1.3　质粒的分类

质粒可以通过多种标准进行分类。根据质粒 DNA 与宿主之间的关系或在宿主细胞中的拷贝数，可以将质粒分为两种不同的类型：严紧型质粒和松弛型质粒。严紧型质粒的复制受宿主染色体 DNA 复制的严格控制，其拷贝数较小，一般只有 1～3 个拷贝。松弛型质粒的复制不完全受宿主的控制，在宿主中的拷贝数比较大，一般有 10～200 个拷贝，有时可达到 700 个拷贝。根据质粒的功能进行分类则可以将质粒分为以下几类。①生育（fertility，F）质粒，含有 tra 基因，它们能够结合并导致性菌毛的表达；②耐药性（resistance，R）质粒，其中包含对抗生素提供耐药性的基因；③Col 质粒，含有编码细菌素的基因，细菌素是可以杀死其他细菌的蛋白质；④降解（degradative）质粒，能够消化不寻常的物质，如甲苯和水杨酸；⑤毒性（virulence）质粒，能将细菌转化为病原体，如根癌农杆菌中的 Ti 质粒。

12.1.4　载体的特征和种类

在分子克隆中，载体（vector）是用作人工携带外源 DNA 片段到另一个细胞中的分子实体，并且在宿主中可以复制和/或表达。载体本身通常携带一个 DNA 序列,该序列由插入片段和一个作为载体骨架的较大序列组成。载体的四种主要类型是质粒、病毒载体、黏粒(cosmid)和人工染色体。其中,最常用的载体类型是质粒。

1)克隆载体

克隆载体是一小段 DNA,可以稳定地保存在生物体中,并且可以插入外源 DNA 片段以实现克隆。克隆载体可以是从病毒、高等生物的细胞中提取的 DNA,也可以是细菌的质粒。载体允许 DNA 片段插入载体或将其从载体中移除的特征,称为多克隆位点(multiple cloning site,MCS),通常是限制性内切酶的切割位点。载体和外源 DNA 可以用切割 DNA 的限制性内切酶处理,这样产生的 DNA 片段包含黏性末端(sticky end)的突出端,然后载体 DNA 和具有同源末端的外源 DNA 可以通过 DNA 连接酶进行连接。将DNA 片段插入到克隆载体中后,可以将其进一步亚克隆到具有特定用途的其他载体中。最先使用的克隆载体是质粒 pBR322,它通常含有行使其功能所必需的以下几个关键特征。①多克隆位点(MCS),方便目标基因的插入;②可选择的标记物(selective marker),通常是一些抗生素基因,如氨苄霉素和四环素等抗性基因;③由于通常使用大肠杆菌进行克隆,因此,所使用的克隆载体通常具有促使它们在大肠杆菌中繁殖和维持所必需的元素即复制起始位点(ori),如图 12.2(彩图 33)所示。

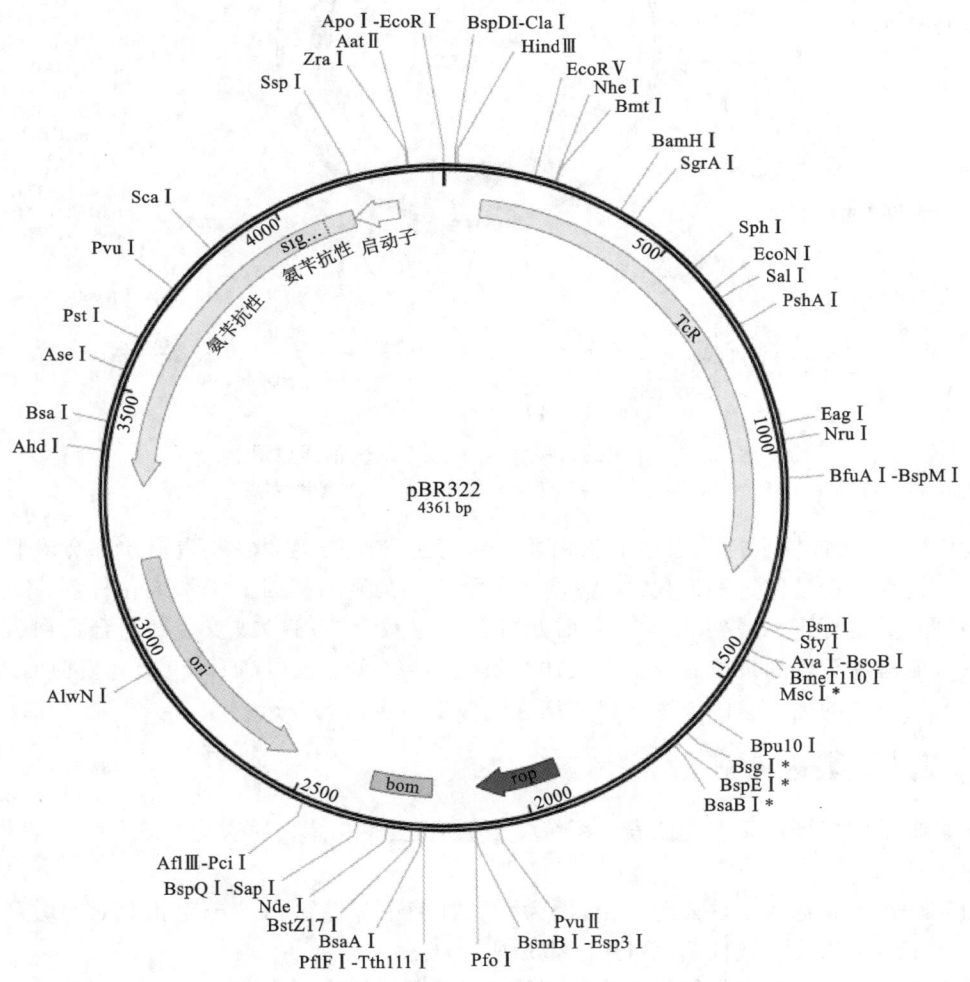

图 12.2 克隆载体 pBR322 的质粒图谱

2)表达载体

表达载体通常是用于在细胞中表达目标基因的质粒或病毒载体,是生物技术中用于生产蛋白质的基本工具。该载体用于将特定基因引入靶细胞,并可以控制细胞的蛋白质合成以产生由该基因编码的蛋白质。表达载体经过工程设计,一般会包含作为增强子和启动子的调节序列,目的是通过产生大量稳定的信使 RNA(mRNA)来高效表达蛋白质,而且可以通过使用诱导剂仅在必要时产生大量蛋白质,避免对宿主细胞的损伤。大肠杆菌通常用作蛋白质生产的宿主,但也可以使用其他类型的细胞(如 293T 细胞)。图 12.3(彩图 34)所示是常见的原核表达载体。

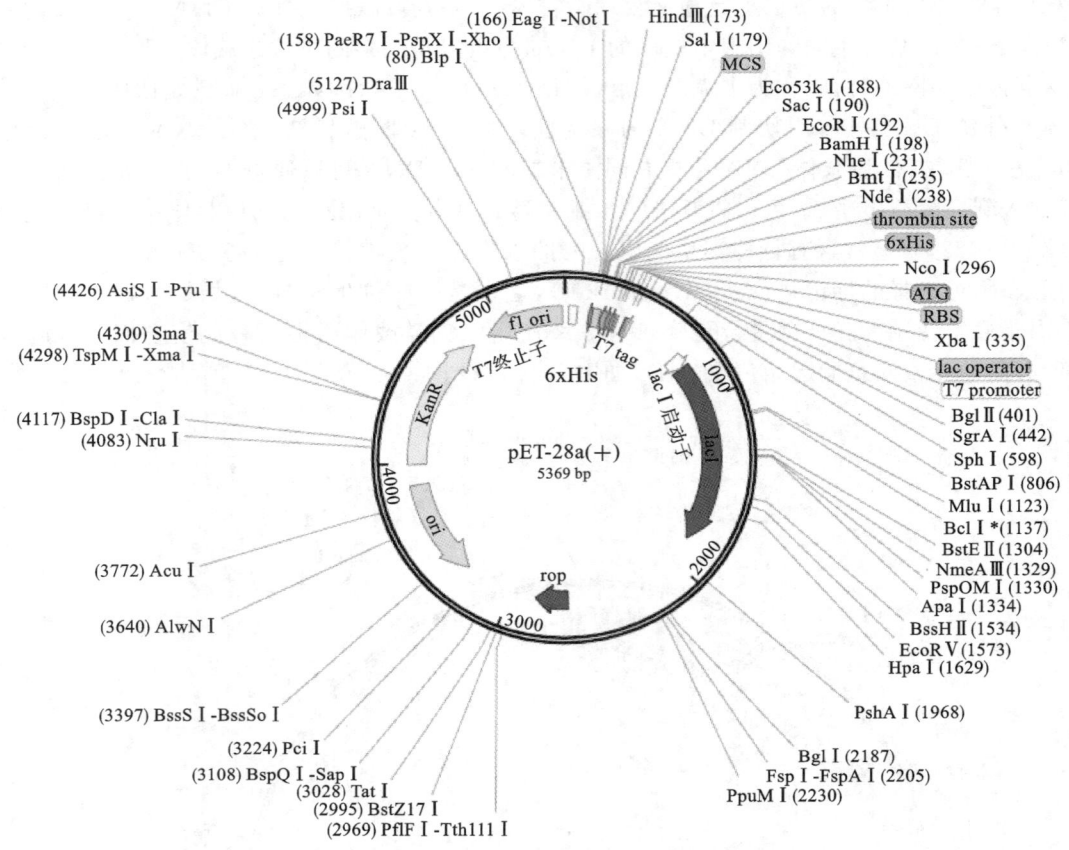

图 12.3 常见的原核表达载体 pET28a 的质粒图谱

注:thrombin site,凝血酶位点;lac operator,乳糖操纵基因

基因产物表达后,可能需要纯化表达的蛋白质。从宿主细胞的绝大多数蛋白质中分离目标蛋白质往往是一个复杂的过程。为了使这种纯化过程更简化,可以在克隆的基因上添加纯化标签。该标签可以是组氨酸(His)标签、其他标记肽或融合蛋白,如谷胱甘肽 S-转移酶(GST)或麦芽糖结合蛋白(MBP)。其中一些融合蛋白可能有助于增加某些表达蛋白质的溶解度,某些融合蛋白(如绿色荧光蛋白 GFP)还可以作为报告基因来鉴定成功的克隆基因或用于研究细胞成像中的蛋白质表达。

12.1.5 蛋白质表达系统

细菌表达系统是许多蛋白质首选的表达系统。根据表达宿主,蛋白质表达系统分为以下几类。

1)细菌表达系统

许多蛋白质首选的表达宿主是大肠杆菌,因为大肠杆菌中异源蛋白的产生相对简单方便,而且快速、便宜。其他的细菌包括枯草芽孢杆菌也可用于蛋白质生产。

大多数异源蛋白在大肠杆菌的细胞质中可以表达。然而,并非所有表达的蛋白质都可以溶于细胞质中,部分蛋白质可能因错误折叠而形成称为包涵体的不溶性聚集体。这可能是由于细胞质中的还原环境阻碍了二硫键的形成,具有二硫键的蛋白质通常无法正确折叠。一种可能的解决方案是通过使用 N 端信号肽序列将蛋白质靶向到周质空间,另一种可能的解决方案是操纵细胞质的氧化还原环境。

在大肠杆菌中表达异源蛋白时,常用的启动子包括基于乳糖操纵子(lactose operon)的启动子和 T7 启动子。这些启动子能够被相应的调节蛋白控制,以调节基因的表达。当需要在大肠杆菌中同时表达两种或多种不同的蛋白质时,可以利用不同的质粒来实现。但在使用两个或更多的质粒时,需要注意以下两点。

(1)每个质粒必须携带不同的抗生素抗性基因,以便通过不同的抗生素来选择和维持这些质粒。

(2)每个质粒应该具有不同的复制起点,以确保它们都能在宿主细胞中稳定复制和维持。如果不同质粒之间没有这些区分,可能会导致某些质粒在细胞中无法稳定存在,影响蛋白质的表达效率。

2)真菌表达系统

通常用于蛋白质生产的酵母是毕赤酵母。毕赤酵母表达系统通常采用 pPIC 系列载体,这些载体使用甲醇诱导的 AOX1 启动子来驱动外源基因的表达。质粒载体可能包含将外源 DNA 插入酵母基因组的元件和分泌表达蛋白的信号肽序列,以使得具有二硫键和糖基化的蛋白质可以在酵母中有效生产。乳酸克鲁维酵母也可用于蛋白质生产。该系统里由强乳糖酶 LAC4 启动子的变体驱动目标基因表达。酿酒酵母则被广泛用于基因表达研究,例如,在酵母双杂交系统中研究蛋白质-蛋白质相互作用。

3)杆状病毒表达系统

杆状病毒是一种具有囊膜的双链环状 DNA 病毒,主要感染无脊椎动物,如昆虫。这种病毒在自然界中以节肢动物作为专一性宿主进行感染和传播。杆状病毒表达系统由两部分组成:一是杆状病毒表达载体本身,它是一个昆虫病毒,能够将编码目标蛋白质的外源基因导入宿主细胞中;二是宿主,通常是鳞翅目昆虫细胞系。从卷心菜尺蠖衍生的细胞系已经被开发用作杆状病毒表达宿主。

4)植物表达系统

许多植物表达系统基于根癌农杆菌的 Ti 质粒。在这些表达载体中,需要整合植物的目的 DNA 克隆到 T-DNA 中。T-DNA 是一段两端是 25 bp 的直接重复序列,可以整合到植物基因组中,并且 T-DNA 还包含可选标记物。农杆菌的植物表达系统提供了一种转化机制,将外源基因整合到植物基因组中。然而,这种机制不适用于所有植物,但此时可以使用植物病毒作为载体。常见的植物病毒有烟草花叶病毒(TMV)、马铃薯病毒 X(PVX)和豇豆花叶病毒(CPMV)。

5)哺乳动物表达系统

哺乳动物表达系统在哺乳动物蛋白质的表达方面具有相当大的优势。因为该系统可以使蛋白质正确的折叠、翻译后修饰并保留相关的酶活性。哺乳动物特别适用于生产膜结合蛋白,这些蛋白质需要伴侣才能正确折叠和保持稳定,并包含许多翻译后修饰。哺乳动物表达系统的缺点是产量低,而且所涉及的技术成本高昂。其复杂的技术以及哺乳动物细胞表达的动物病毒的潜在污染性,也限制了其在工业生产中的大规模使用。

12.2 基因克隆

随着生物技术的飞速发展,基因克隆和基因编辑已成为现代生物科学领域的两大关键技术。基因克隆(gene cloning)又称 DNA 克隆,是指通过体外 DNA 重组技术将特定基因与载体结合,并在宿主细胞中扩增的过程。基因克隆的基本原理是利用 DNA 的复制特性,在体外构建含目标基因的重组 DNA 分子,并将其导入宿主细胞进行扩增。通过筛选和鉴定,获得含目标基因的克隆细胞,进而为后续的基因表达、分析和功能研究提供基础材料。基因编辑(gene editing)是指通过特定的技术手段对生物体的基因序列进行精确修改。其基本原理是利用特定的核酸酶或核酸酶系统,在 DNA 分子上产生双链断裂(DSB),然后通过细胞自身的 DNA 修复机制(如 NHEJ 或 HR)进行修复,从而实现基因的精确编辑。这两项技术为生命科学的研究和应用带来了革命性的变化。分子生物学中,基因克隆主要分为以下几个步骤。

(1)目标基因的确定与选择。在基因克隆的起始阶段,首先需要明确实验的目标,即需要克隆哪一段 DNA 序列。可以直接从数据库(如 Genebank)得到目标基因的序列信息。

(2)目标基因的扩增。根据目标基因的序列信息,设计并合成相应的引物(primers),随后使用聚合酶链式反应(polymerase chain reaction,PCR)技术从生物样本(如细胞、组织、器官等)中扩增目标基因。PCR 技术由穆利斯(Mullis)发明,穆利斯并因此获得了 1993 年的诺贝尔化学奖。对于较难获取的基因片段,也可以通过序列信息从生物公司直接合成。

(3)载体的选择与构建。根据实验要求选择合适的载体,如质粒、噬菌体、病毒等,用于携带目标基因。随后通过酶切、连接等分子生物学技术,将目标基因插入到载体的特定位置,构建重组载体。

(4)重组载体的转化与筛选。将重组载体导入到宿主细胞(如大肠杆菌、酵母、哺乳动物细胞等)中,实现基因的转化并通过选择标记(如抗生素抗性基因)或其他筛选方法,从转化后的细胞群体中筛选出含有目标基因的阳性克隆。

(5)阳性克隆的鉴定与扩增。对筛选出的阳性克隆进行进一步的鉴定,如 PCR 鉴定、酶切鉴定、测序鉴定等,确保目标基因的正确插入和表达,随后对正确的阳性克隆进行扩增和保存以备后续使用。

(6)目标基因的表达与检测。在宿主细胞中表达目标基因,产生相应的蛋白质或其他产物。通过生化分析、免疫学检测、细胞生物学实验等方法,检测目标基因的表达情况和产物的功能特性。

分子克隆的发展离不开两个发现。一个是聚合酶链式反应(PCR);另一个是限制性内切酶。PCR 体外扩增目标基因的关键是设计引物(primers)。引物是一段在上游和下游与目标基因具有同源序列的一段核苷酸,位于沃森链上的引物通常被称为前导引物(forward primer)或者正向引物,位于克里克链上的引物则被称为反向引物(reverse primer)(图 12.4,彩图 35)。引物是配对使用的,其中前导引物通常设计在位于基因起始密码子前,反向引物则位于基因终止密码子后面,两条引物配合使用,以基因组为模板,经过下述三个步骤即可扩增得到目标基因。第一步,92~95 ℃加热 30 秒使模板 DNA 变性成为单链;第二步,将变性的模板 DNA 和引物在 50~60 ℃退火 30 秒;第三步,DNA 聚合酶(通常用 Taq 聚合酶)在 70~72 ℃复制两个引物结合位点之间的 DNA 片段。复制的第一个循环的产物再经过变性、引物退火和 DNA 聚合酶延伸步骤,多次循环直至达到所需的扩增水平。由于 DNA 扩增是呈指数增长的,一个循环后一个 DNA 双链变成 2^1 个双链,30 个循环后理论上应该得到 2^{30} 个 DNA。但由于 Taq 聚合酶缺乏 $3'{\rightarrow}5'$ 的校对活性,因此 PCR 技术会在扩增过程中产生错配。对于复制精确度要求高的 PCR 扩增,可以考虑用具有 $3'{\rightarrow}5'$ 校对活性的 Pfu 或者 Tli DNA 聚合酶。如果需要扩增长片段的 DNA 时,也可以考虑用持续性更好的 Tfl 聚合酶来代替 Taq 聚合酶,该酶理论上可以扩增 35 kb 的 DNA 片段。

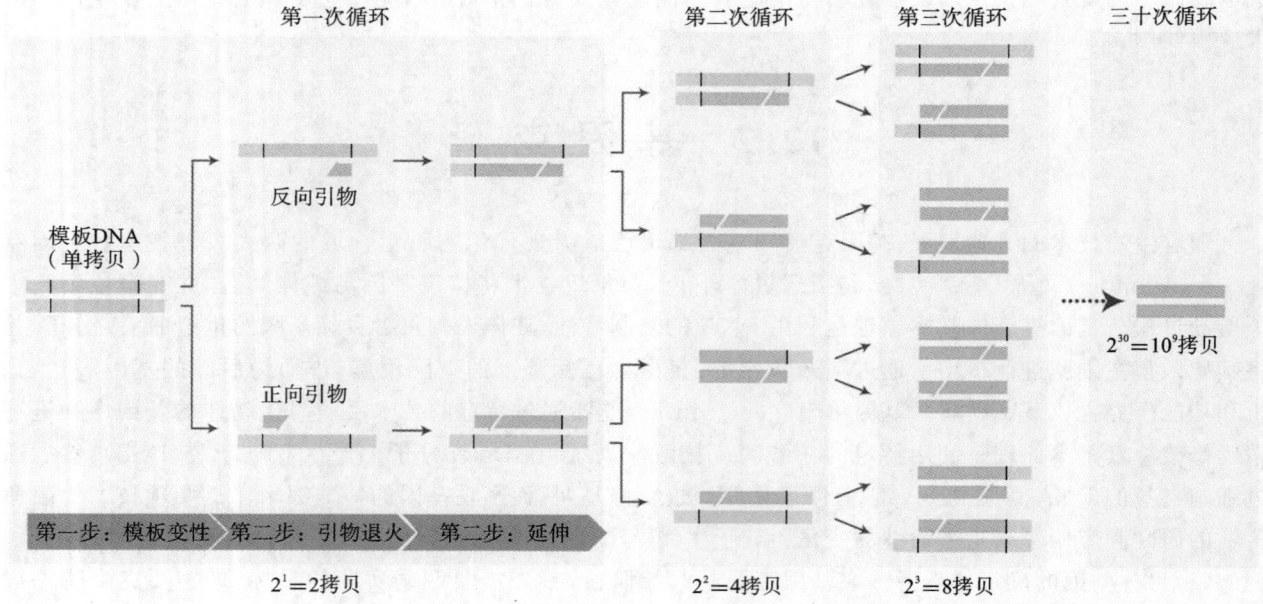

图 12.4 PCR 的工作原理

扩增的 DNA 片段往往需要使用限制性内切酶（restriction endonuclease）才能被装载到质粒上。限制性内切酶是由 Hamilton Smith 和 Daniel Nathans 于 1970 年发现的。他们也因此获得了 1978 年的诺贝尔生理学或医学奖。限制性内切酶就像是裁缝的剪刀，能够剪切特定的 DNA 序列，其生物学功能是保护组菌的遗传物质免受外源 DNA 的干扰，例如其他物种或病毒 DNA 的侵染，类似于原核生物的免疫系统。限制性内切酶可以在 DNA 分子的特定位点切开 DNA 分子，这个特定位点被称为限制性酶切位点（restriction site）。不同的限制性内切酶识别不同的核苷酸位点。大多数限制性酶切位点具有典型的回文结构（palindromes），即倒置重复序列，是指双链 DNA 从两个方向阅读两条单链时其序列都是相同的。引物在设计时通常可以添加一些酶切位点的序列，用于后续与载体的连接。图 12.5 展示了利用引物引入酶切位点，随后进行 PCR 扩增和酶切以获取带有酶切位点的目标基因的方法。

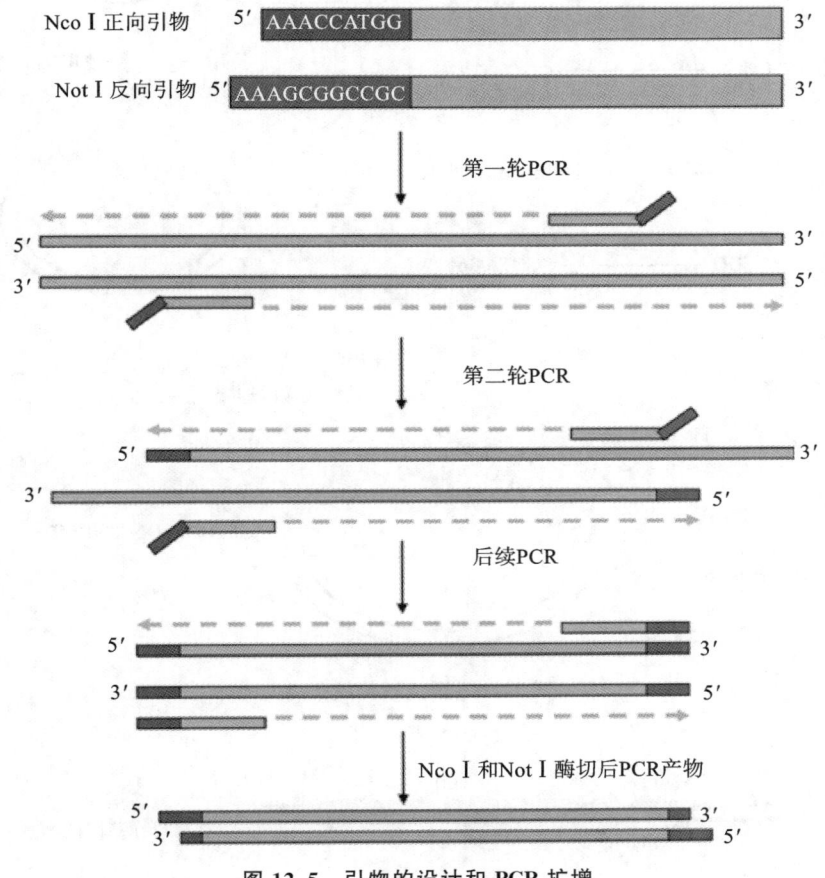

图 12.5　引物的设计和 PCR 扩增

获取目标基因后，使用同一种限制性内切酶可以将载体 DNA 与目标 DNA 消化出相同的尾部。这种酶切不依赖于 DNA 分子的来源物种，只要这些 DNA 序列含有限制性内切酶识别位点，它们就会被切出相同的切口，并且很容易与载体的酶切切口连接，结合成一个重组 DNA 分子（图 12.6）。随后将重组 DNA 分子转化到大肠杆菌中，它就能像原始质粒一样自主复制。世界上第一个重组 DNA 分子于 1972 年由 Paul Berg 构建。

重组质粒构建完成后，接下来进行阳性克隆的筛选工作。以提取转化后的大肠杆菌质粒作为模板（图 12.7），增强型绿色荧光蛋白（enhanced green fluorescent protein）基因为例，在目标基因的上下游设计引物用于 PCR 扩增，对于不同的质粒模板，只有当目标基因与载体成功连接并且连接的方向正确后，才能通过引物扩增出 DNA 片段。使用琼脂糖凝胶电泳可以判断阳性克隆质粒。对于筛选出的阳性克隆质粒，可进一步通过一代测序确定目标基因是否发生突变。

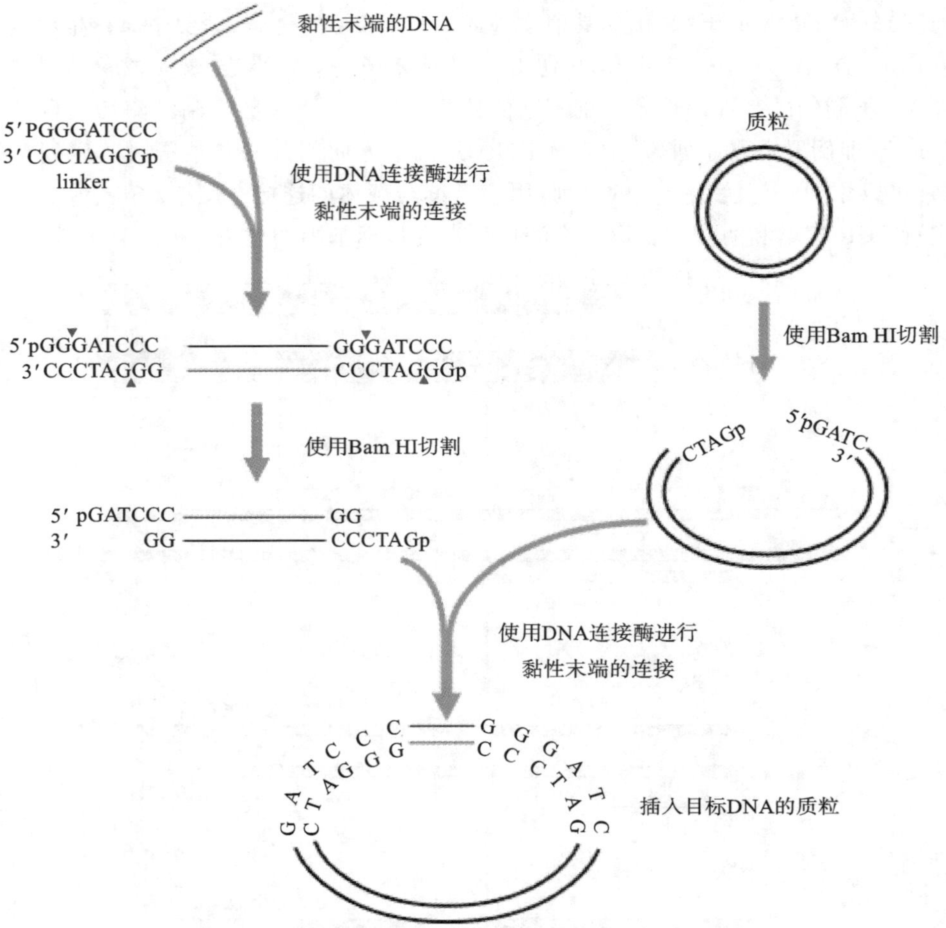

黏性末端的DNA

5′ PGGGATCCC
3′ CCCTAGGGp
linker

质粒

使用DNA连接酶进行
黏性末端的连接

5′pGGGATCCC ————— GGGATCCC
3′CCCTAGGG ————— CCCTAGGGp

使用Bam HI切割

使用Bam HI切割

5′ pGATCCC ————— GG
3′   GG ————— CCCTAGp

CTAGp   5′pGATC
              3′

使用DNA连接酶进行
黏性末端的连接

GATCCC C ——— G G GATC
CTAGGG ——— CCC TAG

插入目标DNA的质粒

图 12.6　重组质粒的构建

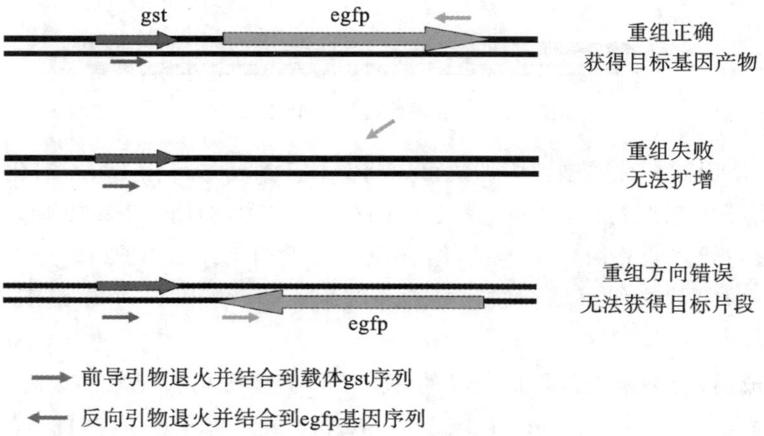

gst   egfp

重组正确
获得目标基因产物

重组失败
无法扩增

egfp

重组方向错误
无法获得目标片段

➡ 前导引物退火并结合到载体gst序列

⬅ 反向引物退火并结合到egfp基因序列

图 12.7　重组质粒的 PCR 筛选

12.3 基 因 编 辑

12.3.1 基因编辑概述

基因编辑(gene editing)是指因特异性手段改变基因序列,利用酶来对 DNA 序列进行剪切、移除已有的 DNA,或者插入代替的 DNA。基因编辑技术的发展经历了几个关键的阶段,诞生了多种基因编辑技术。

(1)1970 年,科学家发现了一种称为"限制性内切酶"的酶,它能够识别基因组中的特定序列,并在该序列附近切割 DNA 分子。这一发现为基因编辑技术的发展奠定了基础。

(2)1980 年,科学家发现了一种称为"质粒"的载体,为基因导入提供了更加简便和可靠的方法,这推动了基因编辑技术的进一步发展。在 1987 年,日本研究者在大肠杆菌的基因组碱性磷酸酶基因的附近发现了串联间隔重复序列。接下来,科学家又陆续在不同的古细菌菌株的基因组中也发现更多的重复序列。

(3)2000 年初至 2010 年初,锌指核酸酶(zinc-finger nucleases,ZFN)和转录激活样效应核酸酶(transcription activator-like effector nuclease,TALEN)等技术被广泛应用于基因编辑。然而,这些技术需要设计和合成特定蛋白质来实现对基因组的改变,操作相对复杂。2002 年,嗜热链球菌的全基因组信息获得解码,Jansen 等科学家提出了 CRISPR(clustered regularly interspaced short palindromic repeats)概念,即成簇规律间隔短回文重复序列,并提出该系统可能发挥细菌免疫作用的猜想。

(4)2005 年,科学家证实 CRISPR 中的大部分短序列来自外来质粒或噬菌体,而非细菌自身的基因组序列,并证明相关的 Cas 基因具有核酸酶的切割活性,进一步证明了最初认为该系统可发挥细菌免疫作用的猜想。

(5)2007 年,Horvath 和他的同事们第一次证明了 CRISPR 在细菌中发挥着抵御噬菌体入侵的获得性免疫作用:Cas 基因具有 DNA 解旋和切割作用,能够产生小的 DNA 片段从而整合进 CRISPR 基因座,当序列相似的核酸再次进入细菌时,整合的外源 DNA 就可以行使记忆功能。

(6)2008 年,科学家们发现了三种 CRISPR 系统的适应性免疫功能。通过研究大肠杆菌中的 I 型 CRISPR 系统,Vander Oost 和他的同事们发现 CRISPR 序列能被转录出来,并被切割为短间隔序列的 RNA,此类 RNA 具有招募 Cas 核酸酶的功能。

(7)2010 年,研究者发现在 II 型 CRISPR/Cas9 系统中,Cas9 被间隔序列引导,并在 DNA 上引入双链断裂以切割 DNA。

(8)2011 年,研究者发现 CRISPR 系统可以根据各元件的功能进行模块化设计,并可以在其他物种中实现外源表达。

(9)2012 年,CRISPR/Cas9 技术取得了突破性进展。这一技术利用细菌中的 CRISPR/Cas9 系统,可以精确地定位和切割 DNA 序列,为基因编辑提供了更为简便、高效的方法。

(10)2013 年,科学家通过 II 型 CRISPR/Cas9 系统成功地在高等哺乳动物细胞系中完成了单基因和多基因的编辑,同时证明了该系统具有高特异性和低脱靶率,从而完成了高效的基因敲除。自此以后,CRISPR/Cas9 技术得到了广泛的应用和改进。它被用于多种生物的基因编辑研究,包括植物、动物(含人类)细胞等。

随着基因编辑工程的快速发展,不同的基因编辑技术也在不断更新。从早期锌指核酸酶(ZFN)系统、转录激活样效应核酸酶(TALEN)到后来逐渐成熟的 CRISPR/Cas9 技术,这些技术都可以对基因进行编辑,并且已广泛应用于基因功能研究中,被称为基因编辑的三大利器。下文介绍这三种基因编辑技术的原理和操作方法。

12.3.2 锌指核酸酶系统

锌指核酸酶(ZFN)基因编辑系统是一种重要的基因组编辑技术,现已广泛应用于老鼠、烟草、玉米、猪以及人类诱导干细胞(iPS)的基因编辑工作。锌指核酸酶是第一代人工核酸内切酶,能够特异性识别并结合 DNA 序列,由锌指蛋白(zinc finger protein,ZF)与核酸内切酶 Fok Ⅰ 相结合而形成。锌指蛋白由 Aeron Klug 等人于二十世纪九十年代在非洲爪蟾的转录因子中发现,具有特异性识别并结合 DNA 序列的功能。锌指核酸酶由多个串联的锌指结构域组成,每个锌指结构域能够识别 DNA 序列上的 3 个连续碱基。通过组合不同的锌指结构域,可以精确地构建出能够识别特定 DNA 序列的锌指蛋白,如图 12.8 所示。非特异性核酸内切酶 Fok Ⅰ 与锌脂蛋白相连后使其具有 DNA 切割能力,多个锌指蛋白串联可形成锌指蛋白组,它们之间的相互作用产生酶切功能,形成双链断裂,从而刺激细胞启动自然的 DNA 修复过程,诱发位点特异性重组,达到基因编辑的目的。

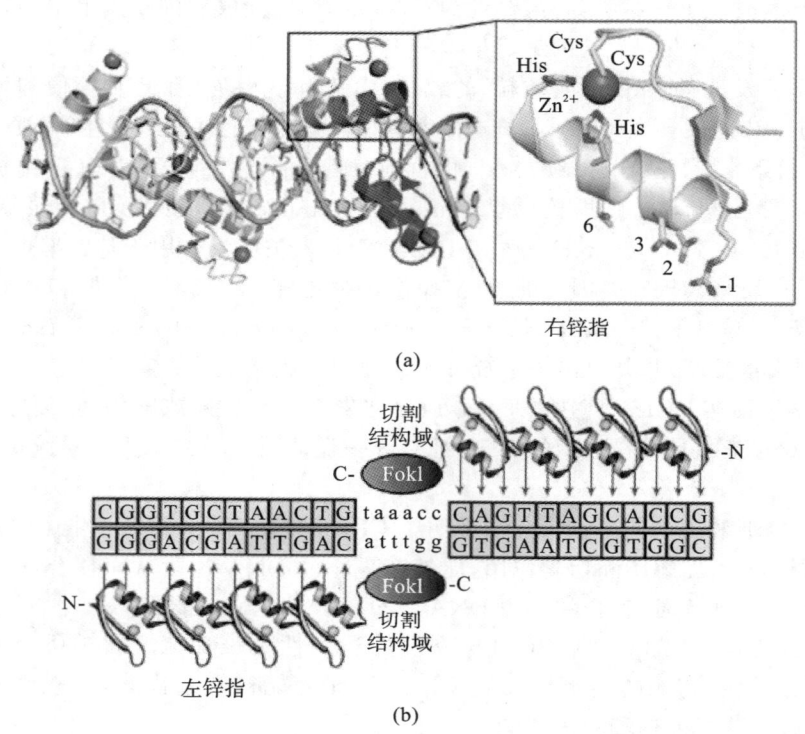

图 12.8 锌指核酸酶系统工作示意图
(a)锌指蛋白结合和识别特定 DNA 碱基的示意图。(b)根据切割位点和上下游 DNA 设计锌指核酸酶系统的原理示意图

锌指蛋白通常以螺旋状结构表示,每个螺旋代表一个锌指结构域。这些螺旋结构围绕 DNA 双链,通过氢键、范德华力等相互作用与 DNA 序列上的碱基结合。通过加工改造锌指核酸酶的锌指 DNA 结合域,靶向定位于不同的 DNA 序列,可以实现特异性切割。在锌指核酸酶中,一般包含 3~4 个独立的锌指重复单元,每个锌指能识别 3 bp 的 DNA,因此一个锌指 DNA 结合域可以识别 9~12 bp 长度的特异性序列。锌指核酸酶 ZFN 二聚体包含 6 个锌指,可以识别 18 bp 的特异性序列。目前最常用的锌指结构为 Cys2-His2 锌指,其结构由 30 个氨基酸配位一个锌原子构成。实际操作中,一般通过模块化组合单个锌指来获得能够特异性识别足够长 DNA 序列的锌指蛋白。构建锌指核酸酶系统时,应设计两个锌指核酸酶,使其 DNA 切割域能够位于双链的同一位置,以达到最佳的切割效果,如图 12.9 所示。

两个锌指核酸酶之间区域称为"间隔区(spacer)",长度以 5~6 bp 为宜,7 bp 也能正常工作,其作用是保证二聚体拥有最佳的工作空间。对 DNA 切割后,造成 DNA 双链断裂,细胞通过非同源末端连接可使目标基因失活,通过借助同源重组修复可完成 DNA 的修复连接。锌指核酸酶技术具有极高的特异性和效率,因此能将基因/基因组错误修改的风险降到最低。理论上该技术可在任何物种,对处于任意生长时期的细胞进行基因编辑操作,用于基因敲除、导入目标基因而不破坏细胞状态。基于锌指核酸酶的体内基因组编辑治疗的人体临床研究于 2017 年开始,该研究对 13 名受试者,包括黏多糖贮积症Ⅰ(MPSⅠ)、MPS

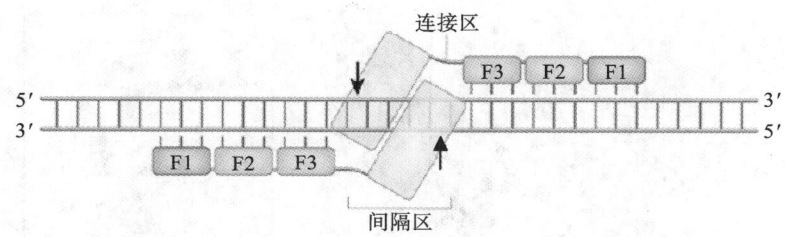

图 12.9　锌指核酸酶结合 DNA 序列

Ⅱ和血友病 B 患者进行给药治疗。检测到两名 MPS Ⅱ受试者肝脏中白蛋白-IDS 融合 mRNA 和一名 MPS Ⅰ受试者肝脏中白蛋白-IDUA 融合 mRNA 的表达,证明锌指核酸酶在体内基因编辑成功。

　　然而,锌指核酸酶技术存在一定的局限性,如锌指中各个锌指蛋白之间可以相互作用,影响识别和结合特定核苷酸序列的能力,导致在多个锌指蛋白串联成组时可能会错误地切割到两个目标片段之间的片段,这种依赖效应可能导致潜在的脱靶效应。锌指酶识别的目标序列长度是一定的,一些小基因和同源性高的基因可能无法被锌指核酸酶技术有效敲除;同时,大片段基因也面临技术挑战。此外,锌指蛋白合成时间长,在大肠杆菌中组装困难,成本高以及专利壁垒等一系列问题也限制了锌指核酸酶技术广泛应用。

12.3.3　转录激活样效应核酸酶系统

　　锌指核酸酶(ZFN)因制备工序复杂,成本极其昂贵,导致其不能被大多数人所用。第二代人工核酸酶——TALEN 在很大程度上代替了 ZFN。TALEN 对双链 DNA 的修饰作用与 ZFN 有着异曲同工之妙,都是由 DNA 结合蛋白与核酸内切酶结合形成复合物发挥作用,但是它凭借着构建简便的优势逐渐替代了 ZFN。转录激活因子样效应物(TAL effector,TALE)最初是在黄单胞菌中发现,介导该细菌侵袭感染植物细胞。2007 年,德国科学家 Ulla Bonas 在植物黄单胞菌中发现一套精密的微型注射系统,黄单胞菌通过注射一种名为 AvrBs3 的蛋白质进入植物细胞,伪装成植物的转录因子,为黄单胞菌合成一些黄单胞菌急需的蛋白质,满足其生存和繁衍的需求。随后科学家发现不同的细菌具有类似的蛋白质,该类蛋白质被统称为 TALE。由于 TALE 具有 DNA 序列特异性结合能力,通过将 Fok Ⅰ限制性内切酶与 TALE 连接,便形成了一类具有特异性基因组编辑功能的强大工具——TALEN。相比于 ZFN,TALEN 具有更高的特异性,能高效地实现基因组的编辑和修饰,并且 TALEN 的 DNA 结合是模块化的,可以方便地组合和修改以适应不同的目标 DNA 序列,可以灵活地应用于多种生物体。TALEN 已广泛应用于酵母、动物、植物细胞等的基因组改造,以及拟南芥、果蝇、斑马鱼及小鼠等各类模式生物的研究中。值得注意的是,TALEN 具有一定的细胞毒性,可能会对细胞的生长和分裂产生不利影响。

　　典型的 TALEN 含有一个核定位信号(nuclear localization signal,NLS)的 N 端结构域、一个可识别特定 DNA 序列串联重复的 TALE 中央结构域,以及 Fok Ⅰ限制性内切酶的 C 端结构域。天然的 TALEN 元件识别的特异性 DNA 序列长度一般为 17～18 bp,人工改造后的 TALEN 元件识别的特异性 DNA 序列长度范围可达到 14～20 bp,其结构如图 12.10 所示。每一个独立的 TALE 重复序列元件包含 33～35 个氨基酸,其中含有两个特异的氨基酸残基来识别一个碱基对。TALEN 形成二聚体结合 DNA。TALEN 靶标位点由两个 TALE 结合位点组成,两个位点间通过不同长度的间隔区序列(12～20 bp)分开。TALEN 技术的原理是通过 TALEN 元件(DNA 结合结构域)引导核酸内切酶 Fok Ⅰ切割特异性的 DNA 位点,再借助于细胞内的同源定向修复或非同源末端连接机制完成特定序列的修复、插入/倒置、删除及基因融合。TALEN 技术的核心原理就是在同一个蛋白(TALEN)上实现引导进入细胞核、靶位点 DNA 的特异性识别和靶位点 DNA 的切割这三个不同的功能。

　　一个 TAL 的 DNA 特异性识别单位是间隔 32 个恒定氨基酸残基的二联氨基酸。二联氨基酸与 AGCT 这 4 个碱基有一一对应的关系:NG 识别 T、NI 识别 A、HD 识别 C、NN 识别 G。实际操作中,通过

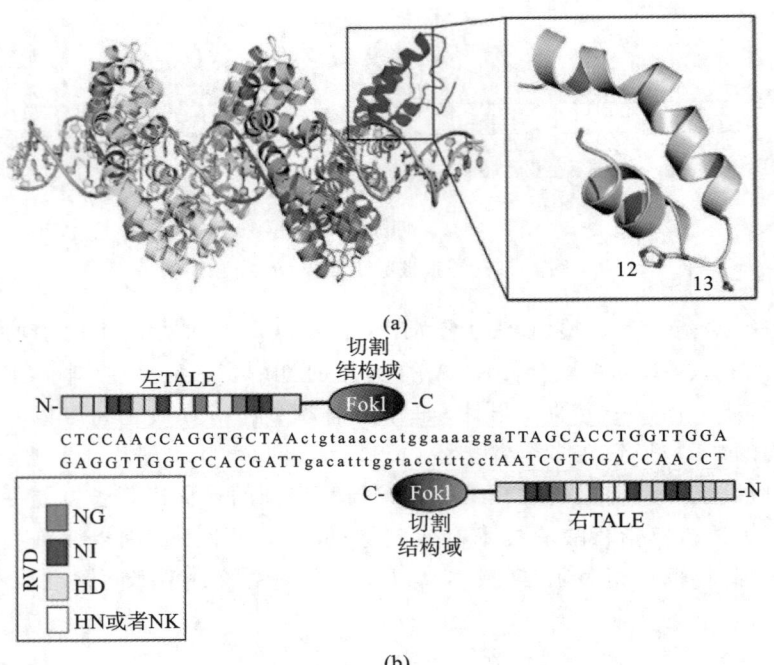

图 12.10 TALEN 系统的示意图

靶位点的 DNA 序列可以反推出能特异性识别这一序列的二联氨基酸的序列,从而构建 TALEN 靶点识别模块。如图 12.11(彩图 36)所示,其包含一个长度为 18.5 个组件的 TALE 重复元件的 TALEN 体系示意图。该 TALE 重复元件由 20 个核苷酸组装单位组装而成。

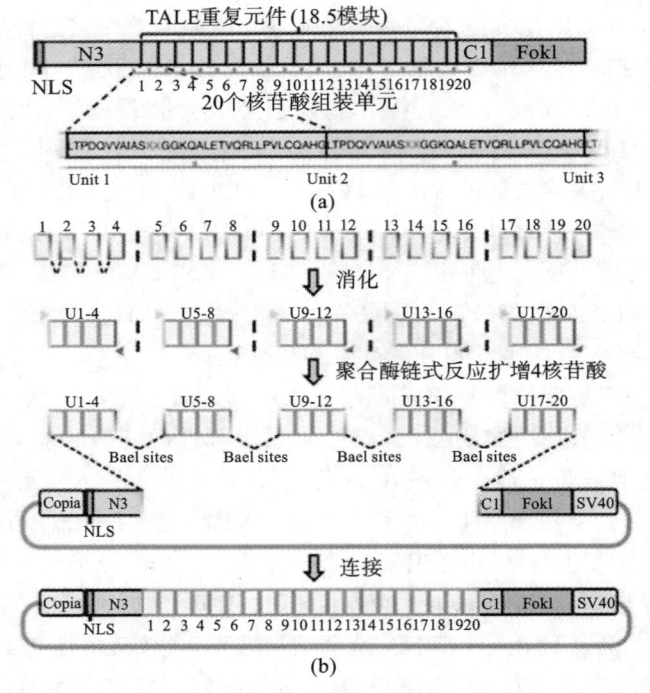

图 12.11 TALEN 元件构建操作示意图

首先,由 4 个单体通过连接反应组装成 4 聚体;其次,4 聚体(4-mers)进行 PCR 扩增、琼脂糖凝胶电泳和回收;最后,在第二次连接反应中,4 聚体被组装到 TALEN 骨架质粒(backbone plasmid)上;黄色和蓝色箭头分别表示 4 聚体扩增时的正向引物与反向引物

从 1989 年首次发现 TALE 起,研究者前后历时近 21 年才研究清楚 TALE 的工作原理。自 2010 年正式发明 TALEN 技术以来,全球范围内多个研究团队利用体外培养细胞、酵母、拟南芥、水稻、果蝇及斑马鱼等多个动植物体系验证了 TALEN 的特异性切割活性。2022 年 11 月,基因编辑公司 Cellectis 启动了基于 TALEN 基因编辑用于治疗复发性或难治性非霍奇金淋巴瘤的临床试验。该临床试验利用 TALEN 技术敲除了 TRAC 基因和 CD52 基因,降低了移植物抗宿主病风险,并允许在患者的预处理方案中使用 CD52 单抗,以提高 CAR-T 的移植效率,增强其扩展性和持久性。

12.3.4 CRISPR/Cas 系统

在 CRISPR/Cas 系统未提出之前,ZFN 与 TALEN 技术是对基因进行修饰的主要手段,但这两种技术都有极大的局限性,比如靶标效率较低、设计复杂、细胞毒性等。CRISPR/Cas 系统提出后,因其含有向导 RNA 序列,能够对目标基因进行更加精准的定位和切割,实现对基因的精准修饰,从而可以对基因功能进行深度研究。CRISPR/Cas 技术使用一段序列特异性向导 RNA 分子(sequence-specific guide RNA,sgRAN)引导内切酶到靶点处,完成基因组的编辑。CRISPR/Cas 系统最早是在细菌的天然免疫系统内发现的,功能是对抗噬菌体及外源 DNA 的入侵。该系统由 CRISPR 序列元件与 Cas 基因家族组成,其中,CRISPR 由一系列高度保守的重复序列与间隔序列相间排列组成,如图 12.12(彩图 37)所示。

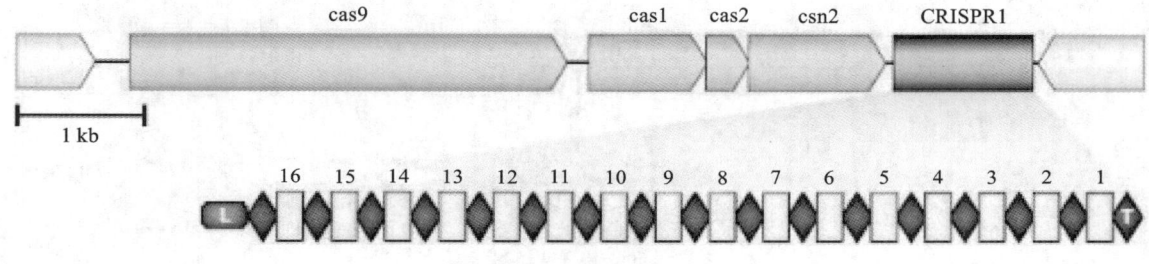

图 12.12　CRISPR 的结构

Cas 基因由蓝色表示,包括广泛存在的 cas1、cas2、cas9 和 csn2。重复序列(CRISPR)由黑色表示。CRISPR 的重复序列和间隔序列分别用黑色菱形、灰色长方形表示。缩写:L,前端;T,末端重复;数字代表间隔序列被获取的顺序

高度保守的 CRISPR 相关基因(CRISPR-associated gene,Cas gene)编码的蛋白具有核酸酶活性,能够对靶标 DNA 进行特异性切割。Cas 蛋白质的家族包括 Cas1、Cas2、Cas9 以及 Csn2 等多个成员。此外,CRISPR/Cas 系统的 5′端还有一个编码 tracrRNA(trans-activating crRNA)的序列,帮助加工由 CRISPR 基因座转录的前体 RNA。当有外源遗传物质侵入时,首先,细菌会识别一段外源 DNA 片段整合到自身的重复序列中,从而获得新的间隔序列(图 12.13,彩图 38);然后,CRISPR 基因座转录成为前体 RNA,在 Cas 蛋白及内切酶的共同作用下被剪切成为成熟的 crRNA;最后,成熟的 crRNA 和 Cas 蛋白结合形成核糖核蛋白复合物。crRNA 识别出外源的核酸序列,这时 Cas9 蛋白将外源遗传物质的双链解开,并使自身复合物中的 crRNA 与之配对,若是配对产生错误,Cas9 作为核酸酶将切割外源遗传物质的 DNA 片段。在此过程中,细胞会试着修复已切割的部分,但在修复的过程中容易发生错配,这时就会使基因的表达受到严重的影响,从而影响表现型。最初发现的 CRISPR/Cas 系统有三种,区别在于核酸酶不同:Type Ⅰ 主要由六种 Cas 蛋白所构成,其中 Cas3 蛋白发挥主要作用;Type Ⅱ 中主要的核酸酶为 Cas9;Type Ⅲ 中则以 Cas10 蛋白为主。

近年来,CRISPR/Cas9 系统已经被科学家改造成一种高效的基因编辑工具,能够在各种生物体中进行精确的基因修改。CRISPR/Cas9 系统主要由两部分组成:Cas9 蛋白和 sgRNA。Cas9 蛋白是一种 DNA 内切酶,具有两个核酸酶结构域,可以切割 DNA 双链。sgRNA 是一条人工合成的 RNA 分子,其的设计是实验的关键步骤,因为它可以与 Cas9 蛋白结合并引导 Cas9 蛋白到特定的基因组 DNA 位置,所以它决定了 Cas9 蛋白将切割哪个基因。CRISPR/Cas9 系统的工作原理可以概括为三个步骤(图 12.14,彩图 39)。

(1)适应性阶段:在这个阶段,细菌或古细菌通过其免疫系统捕获并整合外来 DNA(如病毒或质粒的

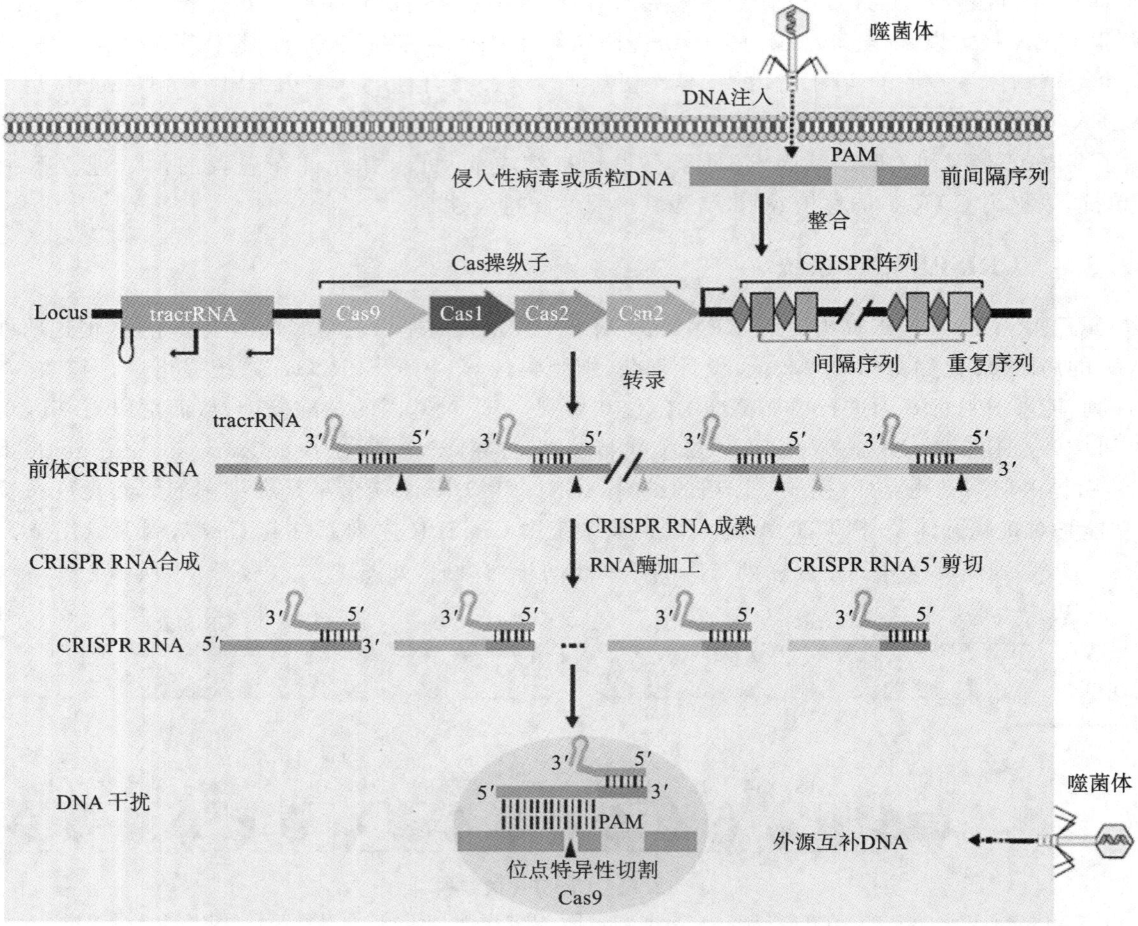

图 12.13　CRISPR/Cas9 系统的组成和工作原理

在细菌中，CRISPR 系统通过整合外来 DNA（如病毒 DNA）片段到 CRISPR 基因座中，形成间隔序列，这些序列在 5′→3′方向上记录了外源遗传物质的入侵顺序。CRISPR 序列转录产生 pre-crRNA，与 tracrRNA 结合形成双链 RNA，并与 Cas9 蛋白组装成复合物。在核酸酶 Type Ⅲ 的作用下，这段双链 RNA 被剪切形成成熟的 crRNA；crRNA、Cas9 蛋白和 tracrRNA 组成的复合物识别并结合到目标 DNA，Cas9 蛋白在 PAM 序列上游 3 个核苷酸处切割 DNA，形成双链断裂（DSB），进而引发细胞的免疫反应

DNA）中的一小段序列到 CRISPR 序列中。这些被整合的序列被称为间隔序列，它们与 CRISPR 序列中的重复序列交替出现。

（2）表达阶段：在需要时，CRISPR 序列会被转录成前体 CRISPR RNA（pre-crRNA）。然后，这个前体 RNA 会被加工成成熟的 crRNA，与 tracrRNA 结合形成复合物。这个复合物将作为 Cas9 蛋白的引导 RNA，指导 Cas9 蛋白找到并切割与 crRNA 互补的 DNA 序列。

（3）干扰阶段：当 Cas9 蛋白-sgRNA 复合物找到目标 DNA 序列时，它会切割 DNA 双链，产生双链断裂（DSB）。这种断裂会触发细胞内的 DNA 修复机制，如非同源末端连接或同源重组修复。通过这些修复机制，细胞可以修复 DNA 断裂，但也可能导致基因序列的插入、删除或替换，从而实现基因编辑。目前，CRISPR/Cas9 系统已经被张峰等科学家改造成可以定点修改基因的强力工具，其中的 Cas9 蛋白可以表达并纯化出来用于进行体外基因编辑实验。

那么如何利用 CRISPR/Cas9 系统来进行靶向基因组编辑呢？经过一系列优化，现在这个流程已经很简单了。首先，将 Cas9 编码序列、一段核定位信号 NLS 和 sgRNA 序列构建在一个质粒中，转染进目标细胞，Cas9 蛋白表达后会在靶标 DNA 位点上产生双链断裂（DSB）。DSB 可因宿主的 DNA 修复系统（如同源重组、非同源末端连接途径等）产生不同的遗传学效应，其中，HR 系统以宿主的等位基因为模板可复原

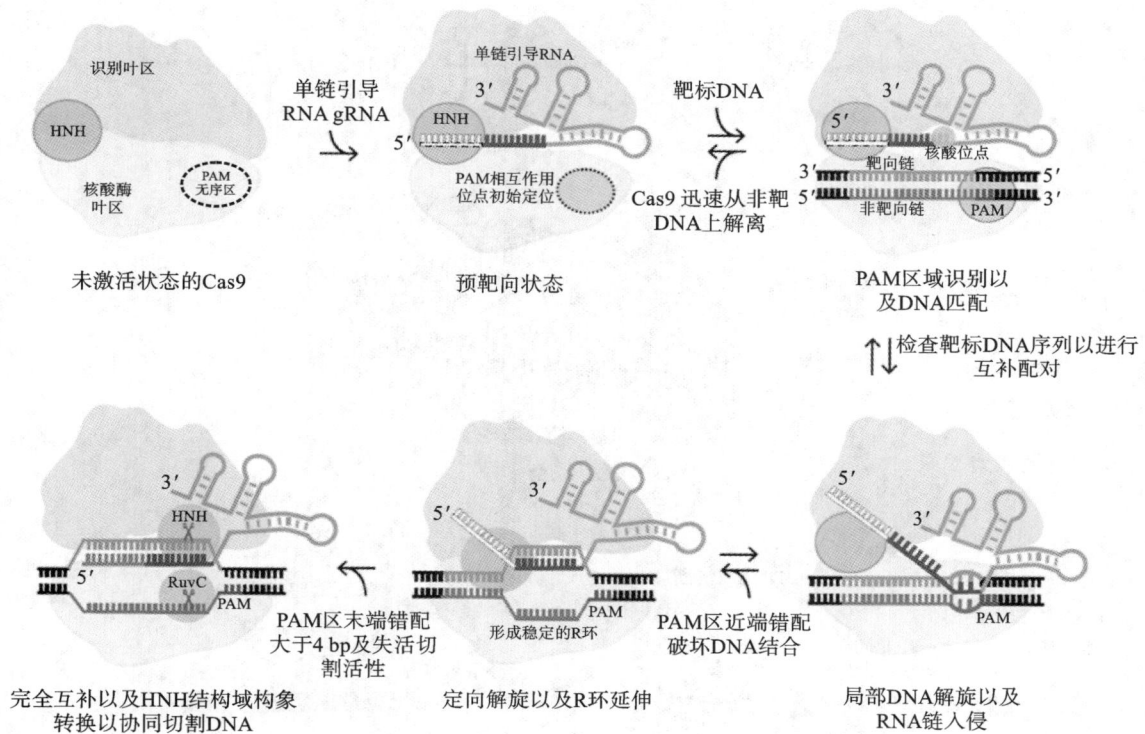

图 12.14 CRISPR/Cas9 介导的目标 DNA 识别和切割的提出机制的示意图

在 sgRNA 加载后,Cas9 经历一次大的构象重排以达到目标识别模式,其中在 apo-Cas9 中大部分无序的原间隔序列邻近基序相互作用裂口(虚线圈)变得预先结构化以进行 PAM 采样,并且引导 RNA 的种子序列预先组织成 A 型螺旋构象以检查相邻 DNA 与 gRNA 的互补性。Cas9 的进一步激活是通过互相协调的多个步骤开始的,首先进行 PAM 识别,随后是局部 DNA 解旋、RNA 链入侵和 R 环的逐步形成,以及通过 HNH 结构域的构象转换对 RuvC 结构域进行变构调节,以确保 DNA 切割

野生型序列;而 NHEJ 系统则会在目标位点引入碱基插入和碱基删除,可能导致 DNA 倒置、基因融合、基因缺失等。具体设计过程如图 12.15(彩图 40)所示。

2016 年,David Liu 实验室开发了基于 CRISPR/Cas9 系统的单碱基编辑器,提高了 CRISPR 系统的特异性和编辑效率。单碱基编辑器系统使用没有酶切活性的 dCas9 和胞嘧啶脱氨酶的融合蛋白,胞嘧啶脱氨酶可结合到基因组 DNA 形成的 R-loop 结构中的 ssDNA 处,将该 ssDNA 上一定范围内的胞嘧啶(C)脱氨变成尿嘧啶(U),进而通过 DNA 复制或修复将尿嘧啶(U)转变为胸腺嘧啶(T),最终实现 CG 碱基对直接替换为 TA 碱基对,这种将基因组上特定 C 碱基改变为 T 碱基的技术被称为胞嘧啶碱基编辑器(CBE)技术。

2024 年 5 月,美国麻省眼耳医院和俄勒冈健康与科学大学联合开展一项基于 CRSPR/Cas 系统的 EDIT-101 实验性基因编辑治疗。在这项临床试验中,参与者均患有 CEP290 基因突变引起的 Leber 先天性黑蒙病 10(LCA10)。在试验过程中,参与者的一只眼睛接受 EDIT-101 的单次注射治疗,且过程中未发生与治疗或程序相关的严重不良事件,也没有剂量限制性毒性作用。采用全视野刺激阈值检查(FST)技术评估,6 名参与者的视锥细胞功能有显著改善,其中 5 名在至少一项其他关键次要结果上有改善,9 名参与者(64%)在最佳矫正视力、FST 测量的红光敏感性或活动能力测试得分方面有显著改善,6 名参与者的视力相关生活质量评分有显著提高。

2024 年 1 月,广西医科大学第一附属医院开展的针对重型 β-地中海贫血症的碱基编辑药物 CS-101 的临床试验研究成功治愈首位患者,该患者持续摆脱输血依赖超过两个月,治疗后 8 周,患者的胎儿血红蛋白浓度上升至约 95 g/L,比例上升至约 81%,表达胎儿血红蛋白的 F 细胞比例上升至约 80%。CS-101 遂

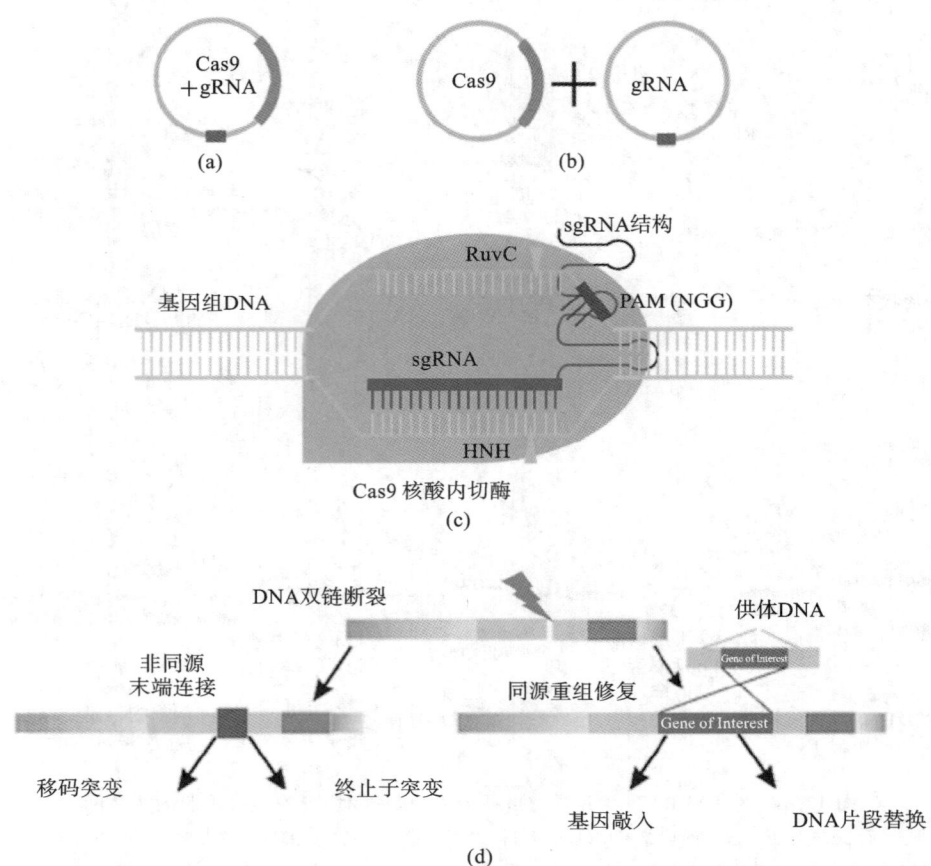

图 12.15 CRISPR Cas9 的构建和工作示意图

(a)(b)Cas9 蛋白酶基因和 sgRNA 可以在同一个质粒上,也可以分别在不同质粒上,红色代表 PAM 区域。(c)sgRNA 识别基因组特定区域后,Cas9 蛋白结合在基因组上,并在 PAM 区域前一个密码子处进行切割,形成 DSB。(d)DSB 启动宿主的 DNA 修复系统,利用 HR 或 NHEJ 途径进行双链的修复

过采集患者自体造血干细胞,利用高精准变形式碱基编辑器 tBE 对患者自体造血干细胞中的 HBG1/2 启动子区域进行精准碱基编辑,模拟健康人群中天然存在的有益碱基突变,重新激活 γ-珠蛋白的表达,重建血红蛋白的携氧功能,再将编辑后的造血干细胞回输至患者体内,使得患者自身血红蛋白浓度达到健康人水平,从而彻底摆脱输血依赖。

ZFN、TALEN 和 CRISPR/Cas 系统是合成生物学和肿瘤治疗中常用的三种基因编辑技术,它们各自具有不同的优势和劣势。其中,TALEN 能够实现精确的基因组定位和切割,具有较高的特异性和效率。它由非特异性的 DNA 结合域和 Fok I 核酸酶结构域组成,通过设计特定的 DNA 结合域来实现对特定 DNA 序列的识别和切割。相比于 CRISPR/Cas 系统,TALEN 的构建过程较为复杂和耗时,成本也相对较高,且在某些情况下可能存在免疫原性问题。ZFN 是最早被开发用于基因编辑的蛋白,通过设计特定的锌指结构来识别 DNA 序列,实现定点切割。ZFN 的特异性较高,可以减少脱靶效应,但其设计和合成过程复杂,需要针对每一个目标位点定制不同的锌指蛋白,这限制了其的应用范围和速度;而 CRISPR/Cas 系统,尤其是 CRISPR/Cas9,是目前最流行的基因编辑工具。它具有操作简单、成本低廉、易于设计和高通量应用的特点。CRISPR/Cas9 通过设计特定的 gRNA 来实现对目标 DNA 序列的识别和切割,具有很高的灵活性和效率。但 CRISPR/Cas 系统也存在一些问题,如 PAM 序列依赖性、潜在的脱靶效应和递送系统的安全性等。

在合成生物学领域,CRISPR/Cas 系统因其高效、低成本和易于操作的特点而被广泛应用于微生物合成生物学研究,促进了合成生物学、代谢工程和医学研究等领域的发展。然而,TALEN 和 ZFN 虽然

在某些方面存在局限性,但它们在需要极高特异性的基因编辑任务中仍然具有不可替代的优势。在肿瘤治疗领域,这些技术可以用来开发新的治疗策略,例如,通过基因编辑来敲除肿瘤细胞中的致癌基因或增强免疫细胞对肿瘤的攻击能力。不过,每种技术在实际应用中都需要仔细考虑其潜在的风险和伦理问题。

回顾基因编辑技术从 ZFN 到 CRISPR/Cas 的跨越式发展,我们见证了生物技术在精确操控生命遗传密码方面取得的巨大进步。这些技术不仅为我们提供了深入理解生命奥秘的窗口,也为疾病治疗、作物改良等领域带来了前所未有的机遇。尽管每种技术都有其自身的优势和局限性,但正是这些技术的不断完善和创新,推动着生命科学研究的深入发展。随着生物技术的不断进步和交叉学科的融合,基因编辑技术将在更多领域展现出其强大的应用潜力,我们期待这些技术能够更加成熟、更加高效、更加安全,为人类的健康和福祉做出更大的贡献。

12.3.5 表观遗传编辑器

传统的基因编辑技术以及最新的 CRISPR/Cas 基因编辑系统均有各自的优势,但不可避免地需要引入新的蛋白或者引导序列进入细胞或个体,因此就存在脱靶效应以及引起宿主免疫抵抗的风险。鉴于这些危险因素,研究人员开发了不依赖基因序列改变的基因表达调控工具——表观遗传编辑器。表观遗传编辑器是一种新兴的基因调控技术,它允许在不改变 DNA 序列的前提下调控特定基因的表达。这项技术的核心在于对 DNA 或其相关蛋白(如组蛋白)的化学修饰进行精确调控,从而影响基因的活性。

表观遗传编辑器的原理是通过 DNA 甲基化、组蛋白甲基化和乙酰化等机制,在转录层面调控目标基因表达,不涉及 DNA 序列的改变,或者利用失去酶活性的 Cas9(dCas9)与 DNA 甲基转移酶 DNMT3A、3L 以及锌指蛋白 10 的 KRAB 结构域融合,实现目标位点 DNA 的甲基化,降低目标基因表达水平,如图 12.16(彩图 41)所示。

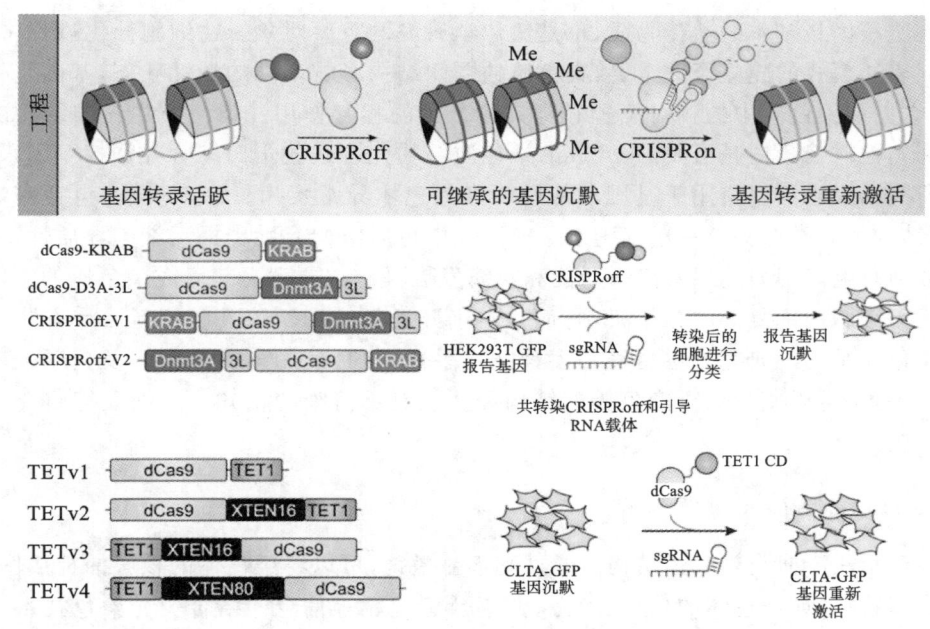

图 12.16 基于 CRISPR 的表观遗传编辑器的工作示意图

失活的 dCas9 偶联组蛋白修饰酶或者转录调控因子,利用引导 RNA 进行基因组特异位点的表观遗传编辑以实现不改变 DNA 序列的基因表达调控

基因沉默是表观遗传编辑中的一项关键应用,它通过修改 DNA 周围的表观遗传标记(包括 DNA 甲基化和组蛋白修饰等)来抑制特定基因的表达,影响基因转录的启动和进行。例如,DNA 甲基化通常发生在

基因启动子区域,表观遗传编辑器可通过 dCas9 和 gRNA 的联合使用将融合了 DNA 甲基转移酶或 DNA 去甲基化酶的 dCas9 定位到目标基因的启动子区域,实现特定基因启动子 DNA 甲基化的添加或移除,从而实现基因的沉默或激活。

表观遗传编辑技术通过精确地定位到目标基因的启动子区域,使用特定的编辑复合物(如融合了转录抑制因子的 dCas9 蛋白)介导甲基化或其他表观遗传修改,从而实现对基因表达的修饰。这种技术的优势在于其可逆性和高度的特异性,相比传统的基因敲除技术,表观遗传编辑能够在不改变基因组序列本身的情况下,实现对疾病相关基因的有效调控。

目前已知的表观遗传编辑器包括 CRISPRoff(CRISPR-based gene silencing through epigenetic off-switching)系统、EvoETR(evolved engineered transcriptional repressor)系统和基于朊病毒的 CHARM(coupled histone tail for autoinhibition release of methyltransferase)系统。EvoETR 作为一种表观遗传编辑工具,通过结合 DNA 结合域(DBD)和效应域(ED),能够实现对特定基因的高效、持久沉默,同时保持了高度的特异性和安全性。与 CRISPRoff 系统不同,CHARM 系统通过使用 ZFP 和 TALEs DNA 结合模式替代 CRISPR/dCas9,减小了转基因尺寸以适配 AAV 载体,CHARM 系统利用细胞现有机制,降低细胞毒性,且不需要依赖 DNA 编辑。

表观遗传编辑技术可用于研究表观遗传机制、治疗重大疾病,以及研发疫苗等,与依赖 DNA 双链断裂(DSB)的基因编辑方法相比,表观遗传编辑器不切割 DNA,减少了 DNA 缺失、染色体重排等潜在风险。尽管表观遗传编辑技术展现出巨大潜力,但在临床应用中仍面临编辑效率待提高、特异性待提升、递送系统待优化、长期安全性待证实和免疫反应等问题。

12.4　表观遗传学研究技术

染色体是细胞核内最基本的遗传物质,也是遗传学研究的重要对象。在细胞分化过程中,染色质结构的变化对于基因表达模式的建立至关重要,染色质的空间结构影响基因的活性状态,基因是否被激活或抑制,部分取决于它们在染色质中的相对位置和与其他分子的相互作用。染色质的三维结构决定了哪些区域对转录因子和其他调控蛋白是可及的,开放的染色质结构允许这些蛋白结合并调控基因表达。同时,对染色体结构的研究结果也可以应用于基因功能解析和染色体异常疾病。许多疾病,包括癌症和遗传性疾病,都与染色质结构的异常有关。在单细胞水平上研究染色质结构有助于揭示细胞异质性,这对于理解染色质结构异常如何影响基因表达以及组织功能和疾病发展具有重要意义。研究染色质的空间结构不仅有助于我们深入理解细胞内部复杂的分子机制,而且对于开发新的诊断工具和创新治疗方法具有重要的实际应用价值。染色体结构的研究方法涵盖了多种技术手段,包括使用显微镜技术及分子技术等。分子生物学的这些技术手段,可以使我们对染色体的结构和功能有更清晰的认知。下面我们将介绍染色体结构的研究方法及其应用。

12.4.1　显微镜技术

光学显微镜最早用于研究染色体结构。通过光学显微镜,可以将染色体的核心捕捉成图像,进而帮助观察染色体的一些特征,如染色体的数目、形态、大小及着丝粒等信息。结合荧光染色技术还可以观察染色体内部的结构,如染色质的组织形态、核小体的位置等。光学显微镜还可以通过核型分析来检测染色体中异常的细胞。

电子显微镜是一种基于电子束和荧光屏幕配合工作的高分辨率成像技术,对于染色体的超高分辨率成像特别适用。与光学显微镜不同,电子显微镜可以产生比光线更短而能量更高的电子束,从而使得所成像的图像更加清晰。电子显微镜的分辨率可以达到亚纳米级别,因此能够呈现染色体更精细的结构细节。

12.4.2 染色体研究分子技术

12.4.2.1 染色质免疫沉淀

基因表达是细胞功能和生物体发育的基础,许多疾病,包括癌症、神经退行性疾病和遗传性疾病,都与基因表达的异常调控有关。了解特定蛋白质在细胞内如何与 DNA 相互作用,定位整个基因组中的潜在结合位点,可以揭示基因表达的调控机制,有助于开发新的治疗药物。这些药物可以靶向特定的转录因子或其结合位点,从而实现基因编辑和基因治疗。早期研究转录因子与 DNA 结合的主要方法是电泳迁移率变动分析(EMSA)和核酸酶保护法。电泳迁移率变动分析也称作凝胶阻滞分析(gel ratardation assay),是一种用于检测蛋白质与 DNA 相互作用的方法。其基于小分子 DNA 在凝胶电泳中的迁移速率显著快于其与蛋白质结合后的迁移速率这一性质。因此,实验中可以将一个短的双链 DNA 片段进行同位素标记,然后与目标蛋白混合并进行凝胶电泳。核酸酶保护法,亦称为 DNA 足迹法,也是检测蛋白质与 DNA 相互作用的方法。其基于蛋白质与 DNA 结合后会覆盖结合位点使其免受 DNase 降解。核酸酶保护法将 DNA 进行末端标记,接着将蛋白质与 DNA 进行孵育,进而用 DNase 处理蛋白质-DNA 复合物。最后,将蛋白质从 DNA 上去除,分离出 DNA 链,在高分辨率凝胶上进行电泳分析。

电泳迁移率变动分析和核酸酶保护法都存在明显的缺陷,比如需要同位素标记、精度不够等。随着分子生物学的发展,人们开发出了靶向蛋白质的染色质免疫沉淀(chromatin immunoprecipitation,ChIP)技术,它是理解基因表达调控和疾病发生机制的强有力的工具。本节将具体介绍 ChIP 技术的原理和应用。

12.4.2.2 ChIP 技术的原理及操作

ChIP 是一种免疫沉淀实验技术,用于研究细胞中蛋白质和 DNA 之间的相互作用。该技术能够确定特定蛋白质是否与特定基因组区域相关,如启动子区域或其他 DNA 结合位点上的转录因子区域等。ChIP 还可以用于分析不同的组蛋白修饰在基因组中的特定位置,从而揭示组蛋白修饰的靶标。ChIP 技术的常规操作流程如图 12.17(彩图 42)所示。①交联(crosslinking):首先,细胞内的蛋白质和 DNA 通过化学交联剂(如甲醛)固定在一起,形成蛋白质-DNA 复合物。②细胞裂解(cell lysis):细胞被裂解,释放出染色质。③超声破碎(sonication):通过超声波破碎染色质,将其切割成较小的片段,以便于后续进行免疫沉淀操作步骤。④免疫沉淀(immunoprecipitation):使用针对特定蛋白质的抗体进行免疫沉淀反应,将目标蛋白质及其结合的 DNA 片段从混合的染色质中分离出来。⑤逆转交联(reverse crosslinking):将交联的蛋白质和 DNA 复合物进行逆转交联,使蛋白质和 DNA 分离。⑥DNA 纯化(DNA purification):纯化沉淀的 DNA 片段,去除蛋白质和其他杂质。⑦测序或分析(sequencing/analysis):对纯化的 DNA 片段进行测序或通过其他分子生物学方法分析,以确定目标蛋白质在基因组上的结合位点。

12.4.2.3 ChIP 技术的分类

根据起始染色质制备方法的不同,ChIP 主要有两种类型:一种为交联 ChIP(XChIP),是通过超声处理剪切的可逆交联染色质;另一种为天然 ChIP(NChIP),是通过微球菌核酸酶消化剪切天然染色质。

交联 ChIP:交联 ChIP 主要适用于鉴定转录因子或其他染色质相关蛋白的 DNA 结合位点,并使用可逆交联染色质作为起始材料。可逆交联剂通常选用甲醛或紫外线,交联后通过超声处理将染色质切割成为 300~1000 bp 的 DNA 片段。随后通过离心的方式沉降裂解物中的细胞碎片,并使用针对目标蛋白的特异性抗体选择性地免疫沉淀蛋白质-DNA 复合物(这些抗体通常与琼脂糖或磁珠偶联)。最后收集并洗涤免疫沉淀的复合物(即磁珠-抗体-蛋白质-靶 DNA 序列复合物)以去除非特异性结合的染色质,蛋白质-DNA 交联被逆转,并通过用蛋白酶 K 消化以去除蛋白质,使用 DNA 纯化试剂盒进行纯化,即可得到目标蛋白所结合的 DNA 片段。这些片段后续可以通过实时荧光定量 PCR、微阵列(ChIP-on-chip)测序或直接高通量测序(ChIP-Seq)技术进行进一步分析,以确定目标蛋白在基因组的结合位置和结合特征。

天然 ChIP:主要适用于鉴定组蛋白修饰的 DNA 靶标。该方法通常使用天然染色质作为起始材料。当组蛋白包裹在 DNA 上形成核小体时,它们会自然地连接在一起,通过微球菌核酸酶消化染色质,使得核小体被

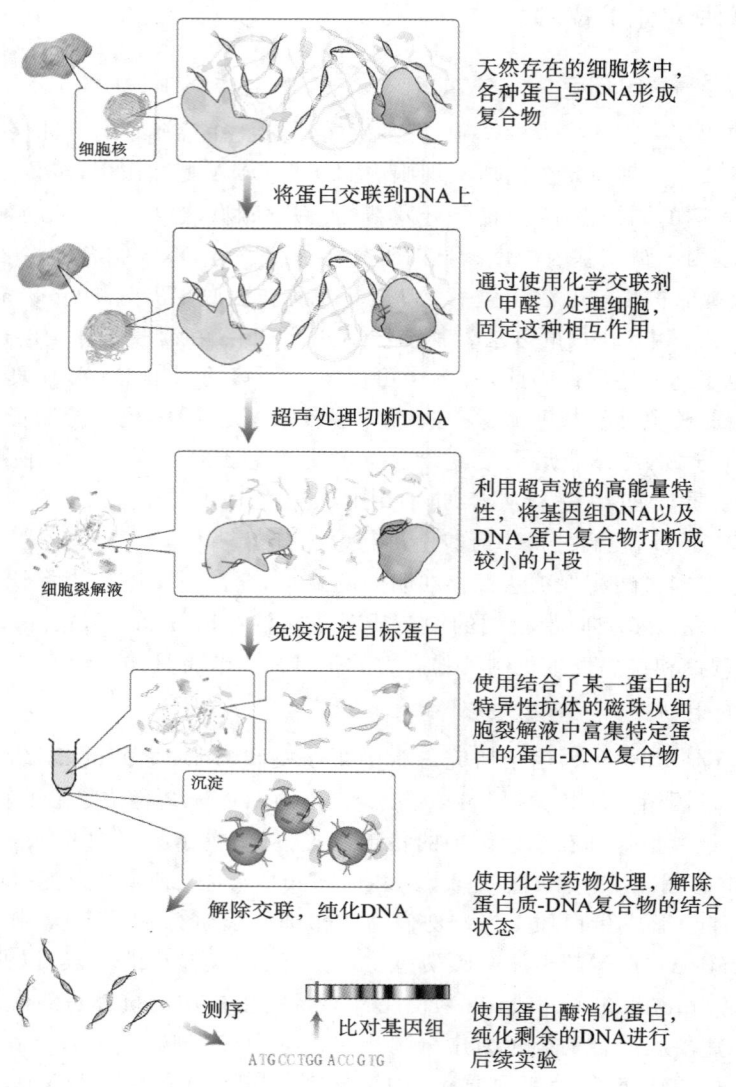

天然存在的细胞核中，各种蛋白与DNA形成复合物

↓ 将蛋白交联到DNA上

通过使用化学交联剂（甲醛）处理细胞，固定这种相互作用

↓ 超声处理切断DNA

利用超声波的高能量特性，将基因组DNA以及DNA-蛋白复合物打断成较小的片段

↓ 免疫沉淀目标蛋白

使用结合了某一蛋白的特异性抗体的磁珠从细胞裂解液中富集特定蛋白的蛋白-DNA复合物

使用化学药物处理，解除蛋白质-DNA复合物的结合状态

解除交联，纯化DNA

测序　↑ 比对基因组　ATGCCTGGACCGTG

使用蛋白酶消化蛋白，纯化剩余的DNA进行后续实验

图 12.17　ChIP 和 ChIP-Seq 技术的实验流程

切割形成 1 个核小体（200 bp）到 5 个核小体（1000 bp）长度的 DNA 片段。此后，采用类似于交联 ChIP 的方法清除细胞碎片、免疫沉淀目标蛋白、从免疫沉淀复合物中去除蛋白质以及纯化和分析复合物相关 DNA。

天然 ChIP 的主要优点是其抗体特异性较好。大多数针对修饰组蛋白的抗体都是针对未固定的合成肽抗原产生的，因而抗体在交联 ChIP 中识别的表位可能会被甲醛交联遮挡或被破坏（特别是交联可能涉及 N 端的赖氨酸残基时），这可能是交联 ChIP 对比天然 ChIP 方法而言，效率始终较低的原因。

12.4.2.4　ChIP 偶联高通量测序

ChIP 偶联高通量测序（ChIP-Seq）技术结合了 ChIP 和高通量测序技术，能够在全基因组范围内检测与组蛋白、转录因子等相互作用的 DNA 区段。其实验流程包括细胞交联、染色质碎裂、免疫沉淀、DNA 纯化和文库构建等步骤，最后通过高通量测序技术来鉴定所有捕获的 DNA 片段，并将其比对到参考基因组上进行全基因组范围的分析。常规的分析流程如图 12.18 所示。将测序所产生的读长（reads）比对到参考基因组后，即可进行全基因组范围的结合模式及结合位点分析，针对特定的转录因子或者组蛋白修饰，通过生物信息学软件可以获得其结合在染色体上的具体坐标，注释后即可获得转录因子或者组蛋白修饰所结合的具体基因。

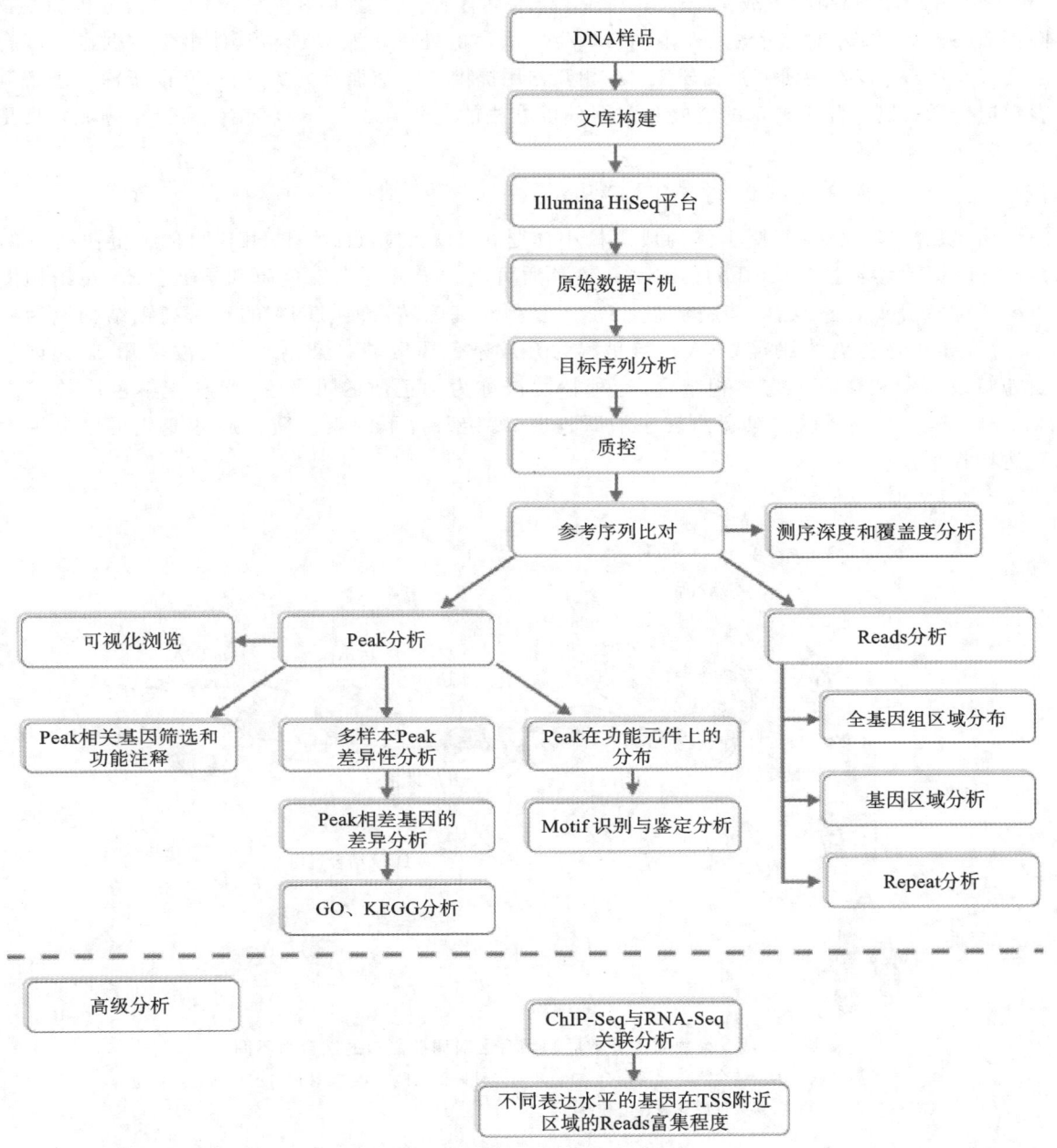

图 12.18 ChIP-Seq 技术的分析流程

目前,ChIP-Seq 已经发展成为一种常见的研究蛋白质和 DNA 结合的工具,可用于下述研究。

(1)转录因子结合位点分析:研究转录因子在基因组上的结合位点。

(2)组蛋白修饰研究:分析特定组蛋白修饰在基因组上的分布,如 H3K27me3、H3K4me3 等。

(3)基因表达调控:研究组蛋白修饰与基因表达之间的关系。

(4)细胞身份和发育:解析表观基因组如何促进细胞身份确定、细胞发育进程和细胞谱系分化。

(5)疾病发生机制探索:许多疾病,包括癌症、神经退行性疾病和遗传性疾病,都与基因表达的异常调控有关。ChIP 技术有助于揭示这些疾病背后的分子机制。

(6)单细胞 ChIP-Seq:在单细胞水平上研究蛋白质与 DNA 的相互作用,揭示细胞间的异质性。

(7)数据归集:利用机器学习方法对 ChIP-Seq 数据进行降噪处理或信号重建,以提高数据质量。

(8)Motif 分析:使用如 MEME 等工具,在 Peak 区域寻找转录因子结合基序(motif)。

ChIP-Seq 技术的限制与挑战：尽管 ChIP-Seq 技术具有显著优势，但在实验设计、数据分析和生物学解释方面仍面临挑战，如需要大量输入样本、技术/生物噪声的处理以及较难与其他组学数据进行联合分析等。总之，ChIP-Seq 技术为研究蛋白质-DNA 相互作用提供了一个强有力的支持，有助于深入理解基因调控和表观遗传学机制。随着技术的发展和数据分析方法的优化，ChIP-Seq 将在生命科学领域发挥更大的作用。

12.4.2.5 染色质可及性与 ATAC-Seq

染色质是由 DNA 缠绕着核小体构成。核小体是由 H3、H4、H2A 和 H2B 四种组蛋白构成的八聚体，每个核小体上大约含有 146 bp 的 DNA。染色质可进一步分为常染色质和异染色质，在结构上常染色质折叠压缩程度低，处于相对伸展状态。DNA 复制和基因转录时，DNA 的致密高级结构变为松散状态，这部分无核小体包裹的裸露 DNA 区域被称为开放染色质区域。染色质一旦被打开，就允许一些调控蛋白如转录因子和辅因子与之相结合，这种特性被称为染色质的可及性，又称作染色质的可进入性（图 12.19）。这一特性反映了染色质转录活跃程度，特定条件下的染色质开放性变化可以提供大量的基因表达调控信息。

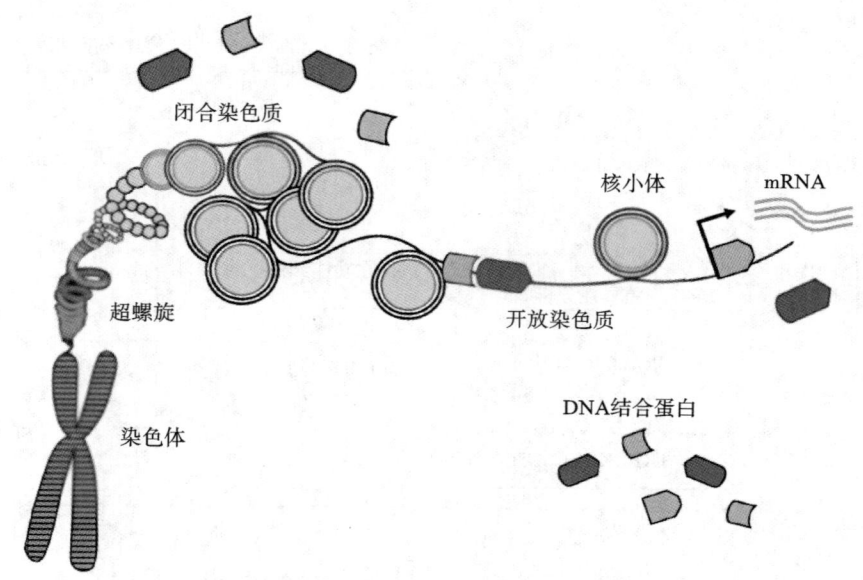

图 12.19 染色质的开放区和闭合区对调控蛋白的结合力不同
闭合染色质区域，DNA 结合蛋白无法结合，染色质可及性降低；开放染色质区域，DNA 结合蛋白更容易结合基因组 DNA，其染色质开放程度较高

染色质开放性是动态的不是静止的，其整体调控过程与染色质核小体的动态定位相关。因此，高效精确地定位基因组上的开放染色质位点、了解核小体位置的动态变化，可为成功发掘基因组调控元件，揭示基因表达调控机制提供重要线索和有效手段。在医学领域，染色质开放性研究技术已成为研究重大疾病发病机制、药物作用机制、新药研发和生物标志物功能等的新一代有力工具。

基因组中常见的分析染色质开放性的技术方包括 ChIP-Seq、DNase-Seq、MNase-Seq、FAIRE-Seq 和 ATAC-Seq。这些技术主要通过酶解或者化学方法来分离可接近的或者受保护的区域 DNA 序列，分离得到的 DNA 再用二代测序的方法进行量化，以用于研究基因组开放区域。

ChIP 与二代测序相结合的 ChIP-Seq 技术，能够在全基因组范围内高效检测与组蛋白修饰、转录因子等相互作用的 DNA 序列。但一次测序只能检测细胞中正处于活跃状态的数百个转录因子中的一个，检出效率相对较低。为了解决这些问题，2013 年，美国 Stanford 大学 William Greenleaf 教授研发了一种全新的方法，即利用 DNA 转座酶结合高通量测序技术来研究染色质的可进入性，即 ATAC-Seq（assay for transposase-accessible chromatin with high-throughput sequencing）。

ATAC-Seq 是一种用于研究染色质可及性的高通量测序技术。这项技术利用 Tn5 转座酶来切割那些未受结合蛋白保护的 DNA 区域,从而分析染色质的开放性和测定染色质结构的动态变化。ATAC-Seq 技术原理如图 12.20 所示,即真核生物的核 DNA 与组蛋白结合形成核小体,进而折叠成复杂的染色质结构。在基因转录过程中,部分 DNA 区域需要被解旋形成开放染色质,供转录因子等调控蛋白结合。ATAC-Seq 通过使用 Tn5 转座酶切割开放染色质区域,同时在切割位点插入测序接头序列,然后利用这些接头进行 PCR 扩增,形成测序文库。Tn5 转座酶优先插入开放染色质位点,使 DNA 片段化并添加测序引物,片段化的 DNA 经过高通量测序和生物信息学分析后,可用于研究基因表达调控的特征。

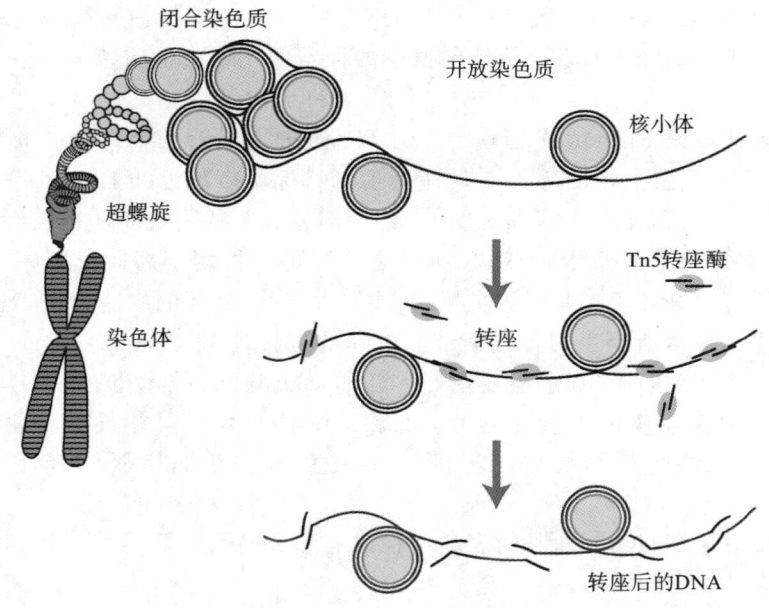

图 12.20 ATAC-Seq 的工作示意图

ATAC-Seq 技术流程主要包括以下几个方面。

(1)采用密度梯度离心或者裂解法从细胞或组织样本中分离细胞核。

(2)对分离得到的细胞核中的染色质进行转座酶切割处理,紧密包裹的染色质 DNA 不被转座酶切割,而开放染色质区域被随机切碎。

(3)消化蛋白质并纯化片段 DNA,构建测序文库。

(4)采用高通量测序技术对构建好的文库进行测序。

(5)将测序得到的片段比对到参考基因组后,通过生物信息学分析确定开放染色质区域。

(6)数据分析包括原始测序 Reads 的质量控制、数据与参考基因组比对、Peak 分析、Peak 注释、差异分析以及其他下游分析(如 motif 富集分析)。

ATAC-Seq 被广泛用于绘制染色质开放性图谱、构建表观基因组图谱、识别关键转录因子及其调控的靶基因、探索不同组织或不同条件下的染色质可及性区域及核小体定位和转录因子结合区域的特征。此外,在研究复杂疾病、胚胎发育、T 细胞激活和癌症中的基因调控中,ATAC-Seq 技术也发挥了重要作用。

ATAC-Seq 技术也有一定的局限性。ATAC-Seq 主要受到 Tn5 转座酶的活性、反应溶液的组成及反应条件等因素的影响,需要优化这些条件以提高剪切效率。由于 Tn5 转座酶的特性,同一片段两端的接头有 50% 的概率是相同的,导致有一半的片段在后续分析中无法被有效利用。此外,大量剪断的 DNA 由于片段过大,可能无法进行 PCR 扩增。在植物细胞中存在细胞壁、叶绿体、线粒体等细胞器的污染问题也可能对结果产生干扰。

综上所述,尽管存在一定的局限性,但 ATAC-Seq 技术因其简便高效、重复性好等优点,已成为研究开放染色质区域的有效技术方法,有助于科研人员探索基因调控机制。

12.4.2.6 Cut&Tag 技术

前面提到,由于 ChIP-Seq 技术中的交联步骤可导致抗体的结合位点被掩盖并产生假阳性结合位点,因此 ChIP-Seq 技术存在一定的局限性。此外,ChIP-Seq 还存在信噪比欠佳和分辨率较低的问题。针对这一现象,2019 年,福瑞德·哈金森癌症研究中心的 Henikoff 博士及其实验室的研究人员开发了 CUT&Tag(cleavage under targets and tagmentation),即靶向剪切及转座酶技术,这是一种利用酶锚定技术进行高效、高分辨率的 DNA 测序文库构建的方法,同时是一种新的 DNA-蛋白质相互作用研究方法,可用于检测组蛋白、RNA 聚合酶、转录因子等具有 DNA 结合功能的蛋白,揭示更多染色质空间结构在调控基因表达方面的重要作用,有助于分析细胞量少的样本的特定染色质特征,进一步了解基因调控的机制。

CUT&Tag 技术使用的是 Protein A 蛋白与 Tn5 转座酶的融合蛋白,Protein A 蛋白可在细胞内直接结合抗体(抗体结合在目标蛋白上),带动 Tn5 转座酶切割目标蛋白附近的 DNA 序列,将切割的 DNA 片段连上测序用的接头,并释放到细胞外(图 12.21)。绝大部分无关的染色质还留在细胞核内,使实验结果的信噪比大幅提高,同时简化了实验步骤,PCR 扩增之后即可直接用于高通量测序。与 ChIP-Seq 相比,CUT&Tag 技术无须甲醛交联和免疫共沉淀步骤,更加省时高效,所需的细胞量少,甚至可用于单细胞水平测序。此外,Cut&Tag 技术所产生的背景信号显著降低,抗体因只能进入暴露的基因组表面,从而排除了非特异性结合区域 DNA 的影响,可重复性好。然而,Cut&Tag 技术也有一定局限性。该技术依赖于镁离子(Mg^{2+})以及 Tn5 转座酶的转座过程,如果反应时间太长可能导致 DNA 过度消化。同时,Cut&Tag 技术也依赖于高特异性的抗体,其测序的灵敏度取决于测序深度、基因组大小以及靶蛋白分布。

染色质的空间结构对于细胞功能和基因表达调控具有重要意义。除了上述提到的方法之外,以下技术同样可以用于研究染色质空间结构。

(1)3C 技术(chromosome conformation capture):3C 技术是一种研究染色质空间结构的方法,该技术通过固定细胞并使用酶消化 DNA,然后使用特定的探针捕获相互作用的染色质区域。衍生技术包括 4C(circular chromosome conformation capture)、5C(chromosome conformation capture carbon copy)等,它们允许研究更大范围的染色质相互作用。

(2)Hi-C 技术(high-throughput chromosome conformation capture):Hi-C 技术是 3C 技术的高通量版本,可以在整个基因组范围内研究染色质相互作用。它通过高通量测序技术(如下一代测序 NGS)来鉴定染色质中相互靠近的区域。

(3)CRISPR/Cas 衍生技术:CRISPR/Cas 系统,特别是 Cas9 蛋白,可以用于研究染色质空间结构,通过设计特定的 gRNA 来靶向感兴趣的染色质区域,并研究其相互作用。CRISPR/Cas 还可以通过基因编辑技术改变染色质结构,从而研究其对基因表达和细胞功能的影响。

(4)荧光原位杂交(fluorescence in situ hybridization,FISH):FISH 技术通过使用荧光标记的探针来可视化细胞中特定 DNA 序列的空间位置。高分辨率的 FISH 变体,如 3D-FISH,可以提供关于染色质在三维空间中的组织信息。

(5)Micro-C(microscale chromosome conformation capture):Micro-C 是一种改进的 3C 技术,可以在较小的规模上研究染色质相互作用,适用于研究特定基因或基因簇的空间结构。

(6)SCPLTE(single-cell proximity ligation and target enrichment):SCPLTE 技术是 Hi-C 的单细胞版本,可以在单细胞水平上研究染色质相互作用,揭示细胞间的变异性。

(7)ChIA-PET(chromatin interaction analysis by paired-end tag):ChIA-PET 技术结合了 ChIP 和 3C 技术,通过识别蛋白质-DNA 相互作用并研究这些相互作用在染色质中的分布。

(8)DamID(DNA adenine methyltransferase identification):DamID 技术使用 DNA 腺嘌呤甲基转移酶来标记特定蛋白质结合的染色质区域,然后通过测序来分析这些区域的空间结构。

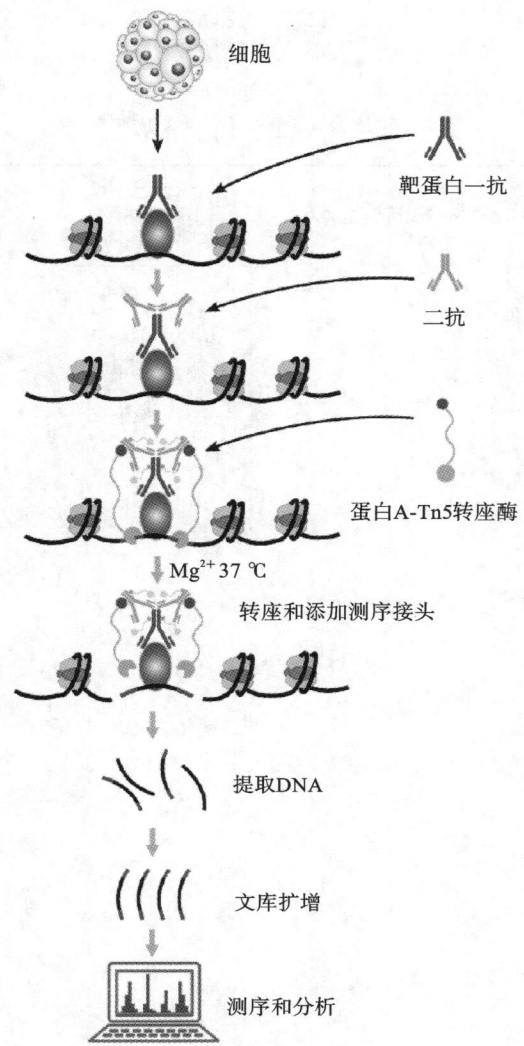

图 12.21 Cut&Tag 技术的原理和步骤

这些技术各有优势和局限性,研究者通常需要根据具体的研究目标和样本类型选择合适的方法。随着技术的不断发展,未来可能会有更多创新的方法出现,以更精确地揭示染色质的空间结构和功能。

思 考 题

1. 列举三种蛋白质表达纯化系统并比较各自的使用场景和优点。
2. 简述 CRISPR/Cas 基因编辑系统的工作原理。
3. 比较三种基因编辑技术和表观遗传编辑技术,简述它们在疾病治疗中的优势和劣势。
4. 你认为下一代基因编辑技术会有怎样的进步?
5. 简述 ChIP-Seq 的原理并举例说明其在表观遗传学中的应用。
6. 假设你是一名博士研究生,你将如何综合应用本章节的技术研究一个基因在细胞中的功能?
7. 解释染色质的可及性对基因表达的影响。

本章思维导图

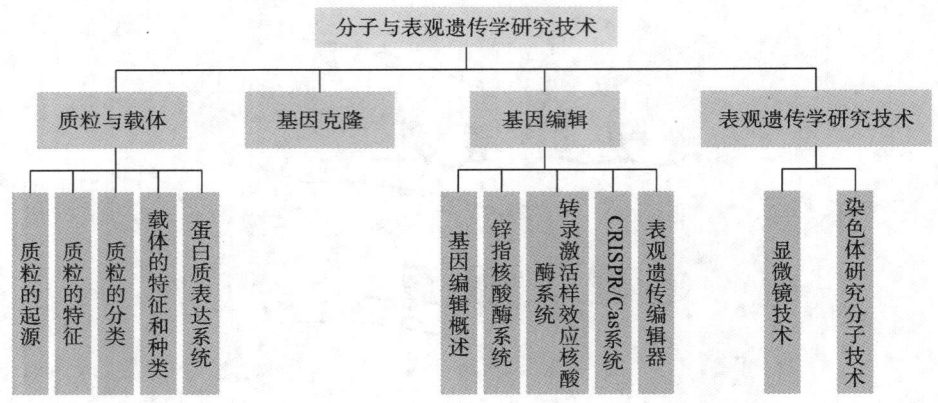

参考文献
Cankao Wenxian

[1] 特纳.分子生物学[M].3版.刘进元,刘文颖,译.北京:科学出版社,2015.

[2] 克雷布斯,戈尔茨坦,基尔帕特里克.基因X[M].江松敏,译.北京:科学出版社,2016.

[3] 韦弗.分子生物学[M].5版.郑用琏,译.北京:科学出版社,2013.

[4] 沃森,贝克,贝尔,等.基因的分子生物学[M].杨焕明,译.北京:科学出版社,2005.

[5] 亚历山大·麦克伦南.分子生物学(导读版)[M].4版.刘文颖,王冠世,刘进元,译.北京:科学出版社,2020.

[6] 乔中东.分子生物学[M].北京:军事医学科学出版社,2012.

[7] 杨建雄,杨章民.分子生物学[M].3版.北京:科学出版社,2022.

[8] 张红梅,郭员志,邓莹.护理信息学[M].郑州:郑州大学出版社,2022.

[9] 赵亚华.分子生物学教程[M].3版.北京:科学出版社,2011.

[10] 郑用琏.基础分子生物学[M].3版.北京:高等教育出版社,2018.

[11] 周春燕,药立波.生物化学与分子生物学[M].北京:人民卫生出版社,2018.

[12] 朱玉贤,李毅.现代分子生物学[M].北京:高等教育出版社,2007.

[13] 朱玉贤,李毅,郑晓峰.现代分子生物学[M].4版.北京:高等教育出版社,2013.

[14] 朱玉贤,李毅,郑晓峰,等.现代分子生物学[M].5版.北京:高等教育出版社,2019.

[15] The comprehensive knockout mouse project consortium. The knockout mouse project [J]. Nat Genet,2004,36(9):921-924.

[16] Bennett P M. Plasmid encoded antibiotic resistance:acquisition and transfer of antibiotic resistance genes in bacteria[J]. Br J Pharmacol,2008,153 Suppl 1(Suppl 1):S347-357.

[17] Berger S L. Histone modifications in transcriptional regulation[J]. Curr Opin Genet Dev,2002,12(2):142-148.

[18] Binda O. On your histone mark,SET,methylate! [J]. Epigenetics,2013,8(5):457-463.

[19] Boch J. TALEs of genome targeting[J]. Nat Biotechnol,2011,29(2):135-136.

[20] Bortesi L,Fischer R. The CRISPR/Cas9 system for plant genome editing and beyond [J]. Biotechnol Adv,2015,33(1):41-52.

[21] Cappelluti M A,Mollica P V,Valsoni S,et al. Durable and efficient gene silencing in vivo by hit-and-run epigenome editing[J]. Nature,2024,627(8003):416-423.

[22] Carroll D. Genome engineering with zinc-finger nucleases[J]. Genetics,2011,188(4):773-782.

[23] Chakravarthy S,Park Y J,Chodaparambil J,et al. Structure and dynamic properties of nucleosome core particles[J]. FEBS Lett,2005,579(4):895-898.

[24] Chen W,Yu X,Wu Y S,et al. The SESAME complex regulates cell senescence through the generation of acetyl-CoA[J]. Nat Metab,2021,3(7):983-1000.

[25] Cheung P,Lau P. Epigenetic regulation by histone methylation and histone variants[J]. Mol Endocrinol,2005,19(3):563-573.

[26] Christian M,Cermark T,Doyle E L,et al. Targeting DNA double-strand breaks with TAL effector nucleases[J]. Genetics,2010,186(2):757-761.

[27] Cole A J,Clifton-Bligh R,Marsh D J,et al. Histone H2B monoubiquitination:roles to play in human malignancy[J]. Endocr Relat Cancer,2015,22(1):T19-33.

[28] Cong L,Ran F A,Cox D,et al. Multiplex genome engineering using CRISPR/Cas systems[J]. Science,2013,339(6121):819-823.

[29] Dame R T. The role of nucleoid-associated proteins in the organization and compaction of bacterial chromatin[J]. Mol Microbiol,2005,56(4):858-870.

[30] Dominguez A A,Lim W A,Qi L S,et al. Beyond editing:repurposing CRISPR-Cas9 for precision genome regulation and interrogation[J]. Nat Rev Mol Cell Biol,2016,17(1):5-15.

[31] Dover J,Schneider J,Tawiah-Boateng M A,et al. Methylation of histone H3 by COMPASS requires ubiquitination of histone H2B by Rad6[J]. J Biol Chem,2002,277(32):28368-28371.

[32] Fu M F,Wang C G,Wang J,et al. Acetylation in hormone signaling and the cell cycle[J]. Cytokine Growth Factor Rev,2002,13(3):259-276.

[33] Fu Q,Cat A,Zheng Y G. New histone lysine acylation biomarkers and their roles in epigenetic regulation[J]. Curr Protoc,2023,3(4):e746.

[34] Gerdes K,Rasmussen P B,Molin S. Unique type of plasmid maintenance function:postsegregational killing of plasmid-free cells[J]. Proc Natl Acad Sci U S A,1986,83(10):3116-3120.

[35] González A,Hall M N,Lin S C,et al. AMPK and TOR:the yin and yang of cellular nutrient sensing and growth control[J]. Cell Metab,2020,31(3):472-492.

[36] Huang J H,Dai W J,Xiao D C,et al. Acetylation-dependent SAGA complex dimerization promotes nucleosome acetylation and gene transcription[J]. Nat. Struct,Mol. Biol. 2022,29(3):261-273.

[37] Hunter T. The age of crosstalk:phosphorylation,ubiquitination,and beyond[J]. Mol Cell,2007,28(5):730-738.

[38] Kim J,Kim J A,McGinty R K,et al. The n-SET domain of Set1 regulates H2B ubiquitylation-dependent H3K4 methylation[J]. Mol Cell,2013,49(6):1121-1133.

[39] Kim S,Kim J S. Targeted genome engineering via zinc finger nucleases[J]. Plant Biotechnol Rep,2011,5(1):9-17.

[40] Kirmizis A,Santos-Rosa H,Penkett C J,et al. Arginine methylation at histone H3R2 controls deposition of H3K4 trimethylation[J]. Nature,2007,449(7164):928-932.

[41] Kittleson J T,Wu G C,Anderson J C. Successes and failures in modular genetic engineering[J]. Curr Opin Chem Biol,2012,16(3-4):329-336.

[42] Kornberg R D. Chromatin structure:a repeating unit of histones and DNA[J]. Science,1974,184(4139):868-871.

[43] Lempiainen J K,Garcia B A. Characterizing crosstalk in epigenetic signaling to understand disease physiology[J]. Biochem J,2023,480(1):57-85.

[44] Li S,Swanson S K,Gogol M,et al. Serine and SAM responsive complex SESAME regulates histone modification crosstalk by sensing cellular metabolism[J]. Mol Cell,2015,60(3):408-421.

[45] Maeder M L,Thibodeau-Beganny S,Osiak,A,et al. Rapid "open-source" engineering of customized zinc-finger nucleases for highly efficient gene modification[J]. Mol Cell,2008,31(2):294-301.

[46] Mehta D,Stürchler A,Anjanappa R B,et al. Linking CRISPR-Cas9 interference in cassava to the evolution of editing-resistant geminiviruses[J]. Genome Biol,2019,20(1):80.

[47] Mei Q,Xu C,Gogol M,et al. Set1-catalyzed H3K4 trimethylation antagonizes the HIR/Asf1/Rtt106 repressor complex to promote histone gene expression and chronological life span[J]. Nucleic Acids Res,2019,47(7):3434-3449.

[48] Moscou M J,Bogdanove A J. A simple cipher governs DNA recognition by TAL effectors[J]. Science,2009,326(5959):1501.

[49] Murialdo H,Feiss M. Enteric chromosomal islands:DNA packaging specificity and role of lambda-like helper phage terminase[J]. Viruses,2022,14(4):818.

[50] Nicodemi M,Pombo A. Models of chromosome structure[J]. Curr Opin Cell Biol,2014,28:90-95.

[51] Nunez J K,Chen J,Pommier G C,et al. Genome-wide programmable transcriptional memory by CRISPR-based epigenome editing[J]. Cell,2021,184(9):2503-2519. e17.

[52] Oliveira P H,Mairhofer J. Marker-free plasmids for biotechnological applications - implications and perspectives[J]. Trends Biotechnol,2013,31(9):539-547.

[53] Oliveira P H, Prather K J, Prazeres D M, et al. Structural instability of plasmid biopharmaceuticals:challenges and implications[J]. Trends Biotechnol,2009,27(9):503-511.

[54] Owen D J,Ornaghi P,Yang J C,et al. The structural basis for the recognition of acetylated histone H4 by the bromodomain of histone acetyltransferase gcn5p[J]. EMBO J,2000,19(22):6141-6149.

[55] Ramirez C L,Foley J E,Wright D A,et al. Unexpected failure rates for modular assembly of engineered zinc fingers[J]. Nat Methods,2008,5(5):374-375.

[56] Ran F A,Hsu P D,Wright J,et al. Genome engineering using the CRISPR-Cas9 system[J]. Nat Protoc,2013,8(11):2281-2308.

[57] Saha A,Wittmeyer J,Cairns B R. Chromatin remodelling:the industrial revolution of DNA around histones[J]. Nat Rev Mol Cell Biol,2006,7(6):437-447.

[58] Seto E,Yoshida M. Erasers of histone acetylation:the histone deacetylase enzymes[J]. Cold Spring Harb Perspect Biol,2014,6(4):a018713.

[59] Sinden R R. Molecular biology:DNA twists and flips[J]. Nature,2005,437(7062):1097-1098.

[60] Sivanand S,Viney I,Wellen K E. Spatiotemporal control of acetyl-CoA metabolism in chromatin regulation[J]. Trends Biochem Sci,2018,43(1):61-74.

[61] Strahl B D,Allis C D. The language of covalent histone modifications[J]. Nature,2000,403(6765):41-45.

[62] Vaissiere T,Sawan C,Herceg Z. Epigenetic interplay between histone modifications and DNA methylation in gene silencing[J]. Mutat Res,2008,659(1-2):40-48.

[63] Vignali M,Hassan A H,Neely K E,et al. ATP-dependent chromatin-remodeling complexes[J]. Mol Cell Biol,2000,20(6):1899-1910.

[64] Wang T,Wei J J,Sabatini D M,et al. Genetic screens in human cells using the CRISPR-Cas9 system[J]. Science,2014,343(6166):80-84.

[65] Whitaker R J,Vanderpool C K. CRISPR-Cas gatekeeper:slow on the uptake but gets the job done [J]. Cell Host Microbe,2016,19(2):135-137.

[66] Yu Q,Gong X Y,Tong Y,et al. Phosphorylation of Jhd2 by the Ras-cAMP-PKA(Tpk2) pathway regulates histone modifications and autophagy[J]. Nat Commun,2022,13(1):5675.

[67] Zhang X Y,Bhattacharya A,Pu C X,et al. A programmable CRISPR/dCas9-based epigenetic editing system enabling loci-targeted histone citrullination and precise transcription regulation[J]. J Genet Genomics,2024,51(12):1485-1493.

[68] Adam S,Polo S E,Almouzni G. Transcription recovery after DNA damage requires chromatin priming by the H3.3 histone chaperone HIRA[J]. Cell,2013,155(1):94-106.

[69] Bao H N,Cao J N,Chen M T,et al. Biomarkers of aging[J]. Sci China Life Sci,2023,66(5):893-1066.

[70] Aguilera A,Garcia-Muse T. Causes of genome instability[J]. Annu Rev Genet,2013,47:1-32.

[71] Ahel I,Rass U,El-Khamisy S F,et al. The neurodegenerative disease protein aprataxin resolves abortive DNA ligation intermediates[J]. Nature,2006,443(7112):713-716.

[72] Alabert C,Groth,A. Chromatin replication and epigenome maintenance[J]. Nat Rev Mol Cell Biol,2012,13(3):153-167.

[73] Alabert C,Bukowski-Wills J C,Lee S B,et al. Nascent chromatin capture proteomics determines chromatin dynamics during DNA replication and identifies unknown fork components[J]. Nature cell biology,2014,16(3):281-293.

[74] Alabert C,Barth T K,Reverón-Gómez N,et al. Two distinct modes for propagation of histone PTMs across the cell cycle[J]. Genes Dev,2015,29(6):585-590.

[75] Allshire R C,Madhani H D. Ten principles of heterochromatin formation and function[J]. Nat Rev Mol Cell Biol,2018,19(4):229-244.

[76] Altmeyer M,Lukas J. To spread or not to spread-chromatin modifications in response to DNA damage[J]. Curr Opin Genet Dev,2013,23(2):156-165.

[77] Anand R,Ranjha L,Cannavo E,et al. Phosphorylated CtIP functions as a co-factor of the MRE11-RAD50-NBS1 endonuclease in DNA end resection[J]. Mol Cell,2016,64(5):940-950.

[78] Anastasiadou E,Jacob L S,Slack F J. Non-coding RNA networks in cancer[J]. Nat Rev Cancer,2018,18(1):5-18.

[79] Aniukwu J,Glickman M S,Shuman S. The pathways and outcomes of mycobacterial NHEJ depend on the structure of the broken DNA ends[J]. Genes Dev,2008,22(4):512-527.

[80] Annunziato A T. The fork in the road: histone partitioning during DNA replication[J]. Genes (Basel),2015,6(2):353-371.

[81] Arango D,Sturgill D,Alhusaini N,et al. Acetylation of cytidine in mRNA promotes translation efficiency[J]. Cell,2018,175(7):1872-1886. e24.

[82] Bannister A J,Schneider R,Myers F A,et al. Spatial distribution of di- and tri-methyl lysine 36 of histone H3 at active genes[J]. J Biol Chem,2005,280(18):17732-17736.

[83] Barreto G,Scha fer A,Marhold J,et al. Gadd45a promotes epigenetic gene activation by repair-mediated DNA demethylation[J]. Nature,2007,445(7128):671-675.

[84] Bauer N C,Corbett A H,Doetsch P W. The current state of eukaryotic DNA base damage and repair[J]. Nucleic Acids Res,2015,43(21):10083-10101.

[85] Becker J R,Clifford G,Bonnet C,et al. BARD1 reads H2A lysine 15 ubiquitination to direct homologous recombination[J]. Nature,2021,596(7872):433-437.

[86] Bellelli R,Belan O,Pye V E,et al. POLE3-POLE4 is a histone H3-H4 chaperone that maintains chromatin integrity during DNA replication[J]. Molecular cell,2018,72(1):112-126. e115.

[87]　Benayoun B A，Pollina E A，Ucar D，et al. H3K4me3 breadth is linked to cell identity and transcriptional consistency[J]. Cell，2015，163(5):1281-1286.

[88]　Ben-Yehoyada M，Wang L C，Kozekov I D，et al. Checkpoint signaling from a single DNA interstrand crosslink[J]. Mol Cell，2009，35(5):704-715.

[89]　Biehs R，Steinlage M，Barton O，et al. DNA double-strand break resection occurs during non-homologous end joining in G1 but is distinct from resection during homologous recombination[J]. Mol Cell，2017，65(4):671-684.

[90]　Botuyan M V，Lee J，Ward J M，et al. Structural basis for the methylation state-specific recognition of histone H4-K20 by 53BP1 and Crb2 in DNA repair[J]. Cell，2006，127(7):1361-1373.

[91]　Boyle A P，Davis S，Shulha H P，et al. High-resolution mapping and characterization of open chromatin across the genome[J]. Cell，2008，132(2):311-322.

[92]　Branch P，Aquilina G，Bignami M，et al. Defective mismatch binding and a mutator phenotype in cells tolerant to DNA damage[J]. Nature，1993，362(6421):652-654.

[93]　Bunting S F，Callen E，Wong N，et al. 53BP1 inhibits homologous recombination in brca1-deficient cells by blocking resection of DNA breaks[J]. Cell，2010，141(2):243-254.

[94]　Cadet J，Delatour T，Douki T，et al. Hydroxyl radicals and DNA base damage[J]. Mutat Res，1999，424(1-2):9-21.

[95]　Cadet J，Douki T，Ravanat J L. Oxidatively generated base damage to cellular DNA[J]. Free Radic Biol Med，2010，49(1):9-21.

[96]　Campisi J，Kapahi P，Lithgow G J，et al. From discoveries in ageing research to therapeutics for healthy ageing[J]. Nature，2019，571(7764):183-192.

[97]　Cao N，Lan C，Chen C，et al. Prenatal lipopolysaccharides exposure induces transgenerational inheritance of hypertension[J]. Circulation，2022，146(14):1082-1095.

[98]　Cavalli G，Heard E. Advances in epigenetics link genetics to the environment and disease[J]. Nature，2019，571(7766):489-499.

[99]　Ceccaldi R，Liu J C，Amunugama R，et al. Homologous-recombination-deficient tumours are dependent on Pol θ-mediated repair[J]. Nature，2015，518(7538):258-262.

[100]　Ceccaldi R，Rondinelli B，D'Andrea A D. Repair pathway choices and consequences at the double strand break[J]. Trends Cell Biol，2016，26(1):52-64.

[101]　Ceccaldi R，Sarangi P，D'Andrea A D. The Fanconi anaemia pathway: new players and new functions[J]. Nat Rev Mol Cell Biol，2016，17(6):337-349.

[102]　Chan K Y，Yan C S，Roan H Y，et al. Skin cells undergo a synthetic fission to expand body surfaces in zebrafish[J]. Nature，2022，605(7908):119-125.

[103]　Chan S H，Yu A M，McVey M. Dual roles for DNA polymerase theta in alternative end-joining repair of double-strand breaks in Drosophila[J]. PLoS Genet，2010，6(7):e1001005.

[104]　Chatterjee N，Lin Y，Santillan B A，et al. Environmental stress induces trinucleotide repeat mutagenesis in human cells[J]. Proc Natl Acad Sci U S A，2015，112(2):3764-3769.

[105]　Chaudhuri S，Wyrick J J，Smerdon M J. Histone H3 Lys79 methylation is required for efficient nucleotide excision repair in a silenced locus of Saccharomyces cerevisiae[J]. Nucleic Acids Res，2009，37(5):1690-1700.

[106]　Chen C N，Hajji N，Yeh F C，et al. Restoration of foxp3[+] regulatory T cells by HDAC-dependent epigenetic modulation plays a pivotal role in resolving pulmonary arterial hypertension pathology [J]. Am J Respir Crit Care Med，2023，208(8):879-895.

[107] Chen S J, Liu R X, Wang Q, et al. MiR-34s negatively regulate homologous recombination through targeting RAD51[J]. Arch Biochem Biophys, 2019, 666: 73-82.

[108] Cook R, Zoumpoulidou G, Luczynski M T, et al. Direct involvement of retinoblastoma family proteins in DNA repair by non-homologous end-joining[J]. Cell Rep, 2015, 10(12): 2006-2018.

[109] Creyghton M P, Cheng A W, Welstead G G, et al. Histone H3K27ac separates active from poised enhancers and predicts developmental state [J]. Proc Natl Acad Sci USA, 2010, 107 (50): 21931-21936.

[110] Dahl J A, Jung I, Aanes H, et al. Broad histone H3K4me3 domains in mouse oocytes modulate maternal-to-zygotic transition[J]. Nature, 2016, 537(7621): 548-552.

[111] Dai Z, Ramesh V, Locasale J W. The evolving metabolic landscape of chromatin biology and epigenetics[J]. Nat Rev Genet, 2020, 21(12): 737-753.

[112] Davegårdh C, Säll J, Benrick A, et al. VPS39-deficiency observed in type 2 diabetes impairs muscle stem cell differentiation via altered autophagy and epigenetics [J]. Nat Commun, 2021, 12 (1): 2431.

[113] Deng S K, Gibb B, de Almeida M J, et al. RPA antagonizes microhomology-mediated repair of DNA double-strand breaks[J]. Nat Struct Mol Biol, 2014, 21(4): 405-412.

[114] Dewson G, Eichhorn P J A, Komander D. Deubiquitinases in cancer[J]. Nat Rev Cancer, 2023, 23 (12): 842-862.

[115] Di Micco R, Krizhanovsky V, Baker D, et al. Cellular senescence in ageing: from mechanisms to therapeutic opportunities[J]. Nat Rev Mol Cell Biol, 2021, 22(2): 75-95.

[116] Ding C, Yu Z, Sefik E, et al. A Treg-specific long noncoding RNA maintains immune-metabolic homeostasis in aging liver[J]. Nat Aging, 2023, 3(7): 813-828.

[117] Dixon J R, Selvaraj S, Yue F, et al. Topological domains in mammalian genomes identified by analysis of chromatin interactions[J]. Nature, 2012, 485(7398): 376-380.

[118] Ebi H, Sato T, Sugito N, et al. Counterbalance between RB inactivation and miR-17-92 overexpression in reactive oxygen species and DNA damage induction in lung cancers [J]. Oncogene, 2009, 28(38): 3371-3379.

[119] Edmunds J W, Mahadevan L C, Clayton A L. Dynamic histone H3 methylation during gene induction: HYPB/Setd2 mediates all H3K36 trimethylation[J]. EMBO J, 2008, 27(2): 406-420.

[120] Ehara H, Kujirai T, Fujino Y, et al. Structural insight into nucleosome transcription byRNA polymerase Ⅱ with elongation factors[J]. Science, 2019, 363(6428): 744-747.

[121] Elmaci İ, Altinoz M A, Sari R, et al. Phosphorylated histone H3 (PHH3) as a novel cell proliferation marker and prognosticator for meningeal tumors: a short review [J]. Appl Immunohistochem Mol Morphol, 2018, 26(9): 627-631.

[122] Escobar T M, Oksuz O, Saldaña-Meyer R, et al. Active and repressed chromatin domains exhibit distinct nucleosome segregation during DNA replication[J]. Cell, 2019, 179(4): 953-963. e11.

[123] Falck J, Coates J, Jackson S P. Conserved modes of recruitment of ATM, ATR and DNA-PKcs to sites of DNA damage[J]. Nature, 2005, 434(7033): 605-611.

[124] Fekairi S, Scaglione S, Chahwan C, et al. Human SLX4 is a Holliday junction resolvase subunit that binds multiple DNA repair/recombination endonucleases[J]. Cell, 2009, 138(1): 78-89.

[125] Ferry G. The structure of DNA[J]. Nature, 2019, 575(7781): 35-36.

[126] Flynn R A, Pedram K, Malaker S A, et al. Small RNAs are modified with N-glycans and displayed on the surface of living cells[J]. Cell, 2021, 184(12): 3109-3124. e22.

[127] Fradet-Turcotte A,Canny M D,Escribano-Díaz C,et al. 53BP1 is a reader of the DNA-damage-induced H2A Lys 15 ubiquitin mark[J]. Nature,2013,499(7456):50-54.

[128] Fuster J J,MacLauchlan S,Zuriaga M A,et al. Clonal hematopoiesis associated with TET2 deficiency accelerates atherosclerosis development in mice[J]. Science,2017,355(6327):842-847.

[129] Gao X Y,Liang X J,Liu B J,et al. Downregulation of ALKBH5 rejuvenates aged human mesenchymal stem cells and enhances their therapeutic efficacy in myocardial infarction[J]. FASEB J,2023,37(12):e23294.

[130] Gasparini P,Lovat F,Fassan M,et al. Protective role of miR-155 in breast cancer through RAD51 targeting impairs homologous recombination after irradiation[J]. Proc Natl Acad Sci U S A,2014,111(12):4536-4541.

[131] Geijer M E,Zhou D,Selvam K,et al. Elongation factor ELOF1 drives transcription-coupled repair and prevents genome instability[J]. Nat Cell Biol,2021,23(6):608-619.

[132] Gong F,Clouaire T,Aguirrebengoa M,et al. Histone demethylase KDM5A regulates the ZMYND8-NuRD chromatin remodeler to promote DNA repair[J]. J Cell Biol,2017,216(7):1959-1974.

[133] Gorbunova V,Seluanov A,Mita P,et al. The role of retrotransposable elements in ageing and age-associated diseases[J]. Nature,2021,596(7870):43-53.

[134] Gottlieb T M,Jackson S P. The DNA-dependent protein kinase:requirement for DNA ends and association with Ku antigen[J]. Cell,1993,72(1):131-142.

[135] Gottschalk A J,Timinszky G,Kong S E,et al. Poly(ADP-ribosyl)ation directs recruitment and activation of an ATP-dependent chromatin remodeler[J]. Proc Natl Acad Sci U S A,2009,106(33):13770-13774.

[136] Goulielmaki E,Tsekrekou M,Batsiotos N,et al. The splicing factor XAB2 interacts with ERCC1-XPF and XPG for R-loop processing[J]. Nat Commun,2021,12(1):3153.

[137] Gowans G J,Bridgers J B,Zhang J,et al. Recognition of histone crotonylation by TAF14 links metabolic state to gene expression[J]. Mol Cell,2019,76(6):909-921.

[138] Guerrero-Santoro J,Kapetanaki M G,Hsieh C L,et al. The cullin 4B-based UV-damaged DNA-binding protein ligase binds to UV-damaged chromatin and ubiquitinates histone H2A[J]. Cancer Res,2008,68(13):5014-5022.

[139] Guo R,Chen J,Mitchell D L,et al. GCN5 and E2F1 stimulate nucleotide excision repair by promoting H3K9 acetylation at sites of damage[J]. Nucleic Acids Res,2011,39(4):1390-1397.

[140] Hanahan D,Weinberg R A. The hallmarks of cancer[J]. Cell,2000,100(1):57-70.

[141] Harper J W,Elledge S J. The DNA damage response:ten years after[J]. Mol Cell,2007,28(5):739-745.

[142] Hauer M H,Gasser S M. Chromatin and nucleosome dynamics in DNA damage and repair[J]. Genes Dev,2017,31(22):2204-2221.

[143] Hayashita Y,Osada H,Tatematsu Y,et al. A polycistronic microRNA cluster,miR-17-92,is overexpressed in human lung cancers and enhances cell proliferation[J]. Cancer Res,2005,65(21):9628-9632.

[144] Hegde M L,Hazra T K,Mitra S. Early steps in the DNA base excision/single-strand interruption repair pathway in mammalian cells[J]. Cell Res,2008,18(1):27-47.

[145] Heintzman N D,Hon G C,Hawkins R D,et al. Histone modifications at human enhancers reflect global cell-type-specific gene expression[J]. Nature,2009,459(74231):108-112.

[146] Hörmanseder E,Simeone A,Allen G E,et al. H3K4 methylation-dependent memory of somatic cell identity inhibits reprogramming and development of nuclear transfer embryos[J]. Cell stem cell,2017,21(1):135-143. e136.

[147] Huang D,Chen J N,Yang L B,et al. NKILA lncRNA promotes tumor immune evasion by sensitizing T cells to activation-induced cell death[J]. Nat Immunol,2018,19(10):1112-1125.

[148] Hung T,Wang Y,Lin M F,et al. Extensive and coordinated transcription of noncoding RNAs within cell-cycle promoters[J]. Nat Genet,2011,43(7):621-629.

[149] Huo J L,Jiao L,An Q,et al. Myofibroblast deficiency of LSD1 alleviates TAC-induced heart failure[J]. Circ Res,2021,129(3):400-413.

[150] Jackson S P,Bartek J. The DNA-damage response in human biology and disease[J]. Nature,2009, 461(7267):1071-1078.

[151] Jaiswal S,Natarajan P,Silver A J,et al. Clonal Hematopoiesis and risk of atherosclerotic cardiovascular disease[J]. N Engl J Med,2017,377(2):111-121.

[152] Jena N R. DNA damage by reactive species:mechanisms,mutation and repair[J]. J Biosci,2012, 37(3):503-517.

[153] Jiang X L,Liu B Y,Nie Z,et al. The role of m6A modification in the biological functions and diseases[J]. Signal Transduct Target Ther,2021,6(1):74.

[154] Jiang Y Z,Jiménez J M,Ou K,et al. Hemodynamic disturbed flow induces differential DNA methylation of endothelial kruppel-like factor 4 promoter in vitro and in vivo[J]. Circ Res,2014, 115(1):32-43.

[155] Jin S G,Pettinga D,Johnson J,et al. The major mechanism of melanoma mutations is based on deamination of cytosine in pyrimidine dimers as determined by circle damage sequencing[J]. Sci Adv,2021,7(31):eabi6508.

[156] Jiricny J. Postreplicative mismatch repair [J]. Cold Spring Harb Perspect Biol, 2013, 5 (4):a012633.

[157] Jiricny J. The multifaceted mismatch-repair system[J]. Nat Rev Mol Cell Biol,2006,7(5): 335-346.

[158] Kadyrov F A,Dzantiev L,Constantin N,et al. Endonucleolytic function of MutLalpha in human mismatch repair[J]. Cell,2006,126(2):297-308.

[159] Karijolich J,Yu Y T. Converting nonsense codons into sense codons by targeted pseudouridylation [J]. Nature,2011,474(7351):395-398.

[160] Kawai S,Amano A. BRCA1 regulates microRNA biogenesis via the DROSHA microprocessor complex[J]. J Cell Biol,2012,197(2):201-208.

[161] Kelso A A,Lopezcolorado F W,Bhargava R,et al. Distinct roles of RAD52 and POLQ in chromosomal break repair and replication stress response[J]. PLoS Genet,2019,15(8):e1008319.

[162] Kim J,Sturgill D,Sebastian R,et al. Replication stress shapes a protective chromatin environment across fragile genomic regions[J]. Mol Cell,2018,69(1):36-47.

[163] Kim J,Sun C,Tran A D,et al. The macroH2A1. 2 histone variant links ATRX loss to alternative telomere lengthening[J]. Nat Struct Mol Biol,2019,26(3):213-219.

[164] Kitabayashi I,Aikawa Y,Yokoyama A,et al. Fusion of MOZ and p300 histone acetyltransferases in acute monocytic leukemia with a t(8;22)(p11;q13) chromosome translocation[J]. Leukemia, 2001,15(1):89-94.

[165] Knipscheer P,Raschle M,Smogorzewska A,et al. The Fanconi anemia pathway promotes

replication-dependent DNA interstrand cross-link repair[J]. Science,2009,326(5960):1698-1701.

[166] Konishi A,Shimizu S,Hirota J,et al. Involvement of histone H1. 2 in apoptosis induced by DNA double strand breaks[J]. Cell,2003,114(6):673-688.

[167] Krall J B,Nichols P J,Henen M A,et al. Structure and formation of Z-DNA and Z-RNA[J]. Molecules,2023,28(2):843.

[168] Krokan H E, Bjoras M. Base excision repair[J]. Cold Spring Harb Perspect Biol, 2013, 5 (4):a012583.

[169] Kumar D,Abdulovic A L,Viberg J,et al. Mechanisms of mutagenesis in vivo due to imbalanced dNTP pools[J]. Nucleic Acids Res,2011,39(4):1360-1371.

[170] Kunkel T A. Balancing eukaryotic replication asymmetry with replication fidelity[J]. Curr Opin Chem Biol,2011,15(5):620-626.

[171] Lai W K,Pugh B F. Understanding nucleosome dynamics and their links to gene expression and DNA replication[J]. Nat Rev Mol Cell Biol,2017,18(9):548-562.

[172] Laisné M, Gupta N, Kirsh O, et al. Mechanisms of DNA methyltransferase recruitment in mammals[J]. Genes,2018,9(12):617.

[173] Lauberth S M,Nakayama T,Wu X,et al. H3K4me3 interactions with TAF3 regulate preinitiation complex assembly and selective gene activation[J]. Cell,2013,152(5):1021-1036.

[174] Law J A,Jacobsen S E. Establishing,maintaining and modifying DNA methylation patterns in plants and animals[J]. Nat Rev Genet,2010,11(3):204-220.

[175] Le M N,Fradin D,Iltis I,et al. XPG and XPF endonucleases trigger chromatin looping and DNA demethylation for accurate expression of activated genes[J]. Mol Cell,2012,47(4):622-632.

[176] Lecce L, Xu Y, V'Gangula B, et al. Histone deacetylase 9 promotes endothelial-mesenchymal transition and an unfavorable atherosclerotic plaque phenotype[J]. J Clin Invest, 2021, 131 (15):e131178.

[177] Li C L,Golebiowski F M,Onishi Y,et al. Tripartite DNA lesion recognition and verification by XPC,TFIIH,and XPA in nucleotide excision repair[J]. Mol Cell,2015,59(6):1025-1034.

[178] Li F,Mao G G,Tong D,et al. The histone mark H3K36me3 regulates human DNA mismatch repair through its interaction with MutS alpha[J]. Cell,2013,153(3):590-600.

[179] Li G C,Ma L,He S J,et al. Author correction:WTAP-mediated m6A modification of lncRNA NORAD promotes intervertebral disc degeneration[J]. Nat Commun,2022,13(1):3572.

[180] Li S,He R C,Wu S G,et al. LncRNA PSMB8-AS1 instigates vascular inflammation to aggravate atherosclerosis[J]. Circ Res,2024,134(1):60-80.

[181] Li Y Z,Fan Z Y,Meng Y F,et al. Blood-based DNA methylation signatures in cancer:a systematic review[J]. Biochim Biophys Acta Mol Basis Dis,2023,1869(1):166583.

[182] Li Y,Jin H E,Li Q L,et al. The role of RNA methylation in tumor immunity and its potential in immunotherapy[J]. Mol Cancer,2024,23(1):130.

[183] Li Z M, Li Y L, Tang M, et al. Destabilization of linker histone H1. 2 is essential for ATM activation and DNA damage repair[J]. Cell Res,2008,28(7):756-770.

[184] Liang T, Wang F L, Elhassan R M, et al. Targeting histone deacetylases for cancer therapy: Trends and challenges[J]. Acta Pharm Sin B,2023,13(6):2425-2463.

[185] Lieberman-Aiden E,van Berkum N L,Williams L,et al. Comprehensive mapping of long-range interactions reveals folding principles of the human genome[J]. Science, 2009, 326 (5950): 289-293.

[186] Lin S, Yu L F, Song X Y, et al. Intrinsic adriamycin resistance in p53-mutated breast cancer is related to the miR30c/FANCF/REV1-mediated DNA damage response[J]. Cell Death Dis, 2019, 10(9):666.

[187] Lipkin S M, Wang V, Jacoby R, et al. MLH3: A DNA mismatch repair gene associated with mammalian microsatellite instability[J]. Nat Genet, 2000, 24(1):27-35.

[188] Lismer A, Dumeaux V, Lafleur C, et al. Histone H3 lysine 4 trimethylation in sperm is transmitted to the embryo and associated with diet-induced phenotypes in the offspring[J]. Dev Cell, 2021, 56(5):671-686.

[189] Liu W W, Zheng S Q, Li T, et al. RNA modifications in cellular metabolism: implications for metabolism-targeted therapy and immunotherapy[J]. Signal Transduct Target Ther, 2024, 9 (1):70.

[190] Liu X Y, Wang C F, Liu W Q, et al. Distinct features of H3K4me3 and H3K27me3 chromatin domains in pre-implantation embryos[J]. Nature, 2016, 537(7621):558-562.

[191] Liu Y Q, Su Z Y, Tavana O, et al. Understanding the complexity of p53 in a new era of tumor suppression[J]. Cancer Cell, 2024, 42(6):946-967.

[192] Liu Y L, Yang Q. The roles of EZH2 in cancer and its inhibitors[J]. Med Oncol, 2023, 40(6):167.

[193] Liu Z P, Ji Q Z, Ren J, et al. Large-scale chromatin reorganization reactivates placenta-specific genes that drive cellular aging[J]. Dev Cell, 2022, 57(11):1347-1368. e12.

[194] Long D T, Raschle M, Joukov V, et al. Mechanism of RAD51-dependent DNA interstrand cross-link repair[J]. Science, 2011, 333(6038):84-87.

[195] López-Otín C, Blasco M A, Partridge L, et al. Hallmarks of aging: an expanding universe[J]. Cell, 2023, 186(2):243-278.

[196] López-Otín C, Pietrocola F, Roiz-Valle D, et al. Meta-hallmarks of aging and cancer[J]. Cell Metab, 2023, 35(1):12-35.

[197] Loyola A, Bonaldi T, Roche D, et al. PTMs on H3 variants before chromatin assembly potentiate their final epigenetic state[J]. Molecular cell, 2006, 24(2):309-316.

[198] Luger K, Dechassa M L, Tremethick D J. New insights into nucleosome and chromatin structure: an ordered state or a disordered affair[J]. Nat Rev Mol Cell Biol, 2012, 13(7):436-447.

[199] Luijsterburg M S, de Krijger I, Wiegant W W, et al. PARP1 links CHD2-mediated chromatin expansion and H3. 3 deposition to DNA repair by non-homologous end-joining[J]. Mol Cell, 2016, 61(4):547-562.

[200] Lukas J, Lukas C, Bartek J. More than just a focus: the chromatin response to DNA damage and its role in genome integrity maintenance[J]. Nat Cell Biol, 2011, 13(10):1161-1169.

[201] Luo A, Kong J, Chen J, et al. H2B ubiquitination recruits FACT to maintain a stable altered nucleosome state for transcriptional activation[J]. Nat Commun, 2023, 14(1):741.

[202] Macdonald N, Welburn J P, Noble M E, et al. Molecular basis for the recognition of phosphorylated and phosphoacetylated histone H3 by 14-3-3[J]. Mol Cell, 2005, 20(2):199-211.

[203] Mao P, Wyrick J J. Emerging roles for histone modifications in DNA excision repair[J]. FEMS Yeast Res, 2016, 16 (7):fow090.

[204] Marechal A, Zou L. DNA damage sensing by the ATM and ATR kinases[J]. Cold Spring Harb Perspect Biol, 2013, 5(9):a012716.

[205] Mari P O, Florea B I, Persengiev S P, et al. Dynamic assembly of end-joining complexes requires interaction between Ku70/80 and XRCC4[J]. Proc Natl Acad Sci U S A, 2006, 103 (49): 18597-18602.

[206] Marini F,Nardo T,Giannattasio M,et al. DNA nucleotide excision repair dependent signaling to checkpoint activation[J]. Proc Natl Acad Sci U S A,2006,103(46):17325-17330.

[207] Marti T M,Hefner E,Feeney L,et al. H2AX phosphorylation within the G1 phase after UV irradiation depends on nucleotide excision repair and not DNA double strand breaks[J]. Proc Natl Acad Sci U S A,2006,103(26):9891-9896.

[208] Martire S,Banaszynski L A. The roles of histone variants in fine-tuning chromatin organization and function[J]. Nat Rev Mol Cell Biol,2020,21(9):522-541.

[209] Matsumoto S,Cavadini S,Bunker R D,et al. DNA damage detection in nucleosomes involves DNA register shifting[J]. Nature,2019,571(7764):79-84.

[210] Mattiroli F,Vissers J H,van Oijk W J,et al. RNF168 ubiquitinates K13-15 on H2A/H2AX to drive DNA damage signaling[J]. Cell,2012,150(6):1182-1195.

[211] Michalak E M,Burr M L,Bannister A J,et al. The roles of DNA,RNA and histone methylation in ageing and cancer[J]. Nat Rev Mol Cell Biol,2019,20(10):573-589.

[212] Michl J,Zimmer J,Tarsounas M. Interplay between Fanconi anemia and homologous recombination pathways in genome integrity[J]. EMBO J,2016,35(9):909-923.

[213] Mikkelsen T S,Ku M,Jaffe D B,et al. Genome-wide maps of chromatin state in pluripotent and lineage-committed cells[J]. Nature,2007,448(7153):553-560.

[214] Millán-Zambrano G,Burton A,Bannister A J,et al. Histone post-translational modifications-cause and consequence of genome function[J]. Nat Rev Genet,2022,23(9):563-580.

[215] Mimitou E P,Symington L S. Ku prevents Exo1 and Sgs1 dependent resection of DNA ends in the absence of a functional MRX complex or Sae2[J]. EMBO J,2010,29(9):3358-3369.

[216] Mimitou E P,Yamada S,Keeney S. A global view of meiotic double-strand break end resection [J]. Science,2017,355(6320):40-45.

[217] Misteli T,Soutoglou E. The emerging role of nuclear architecture in DNA repair and genome maintenance[J]. Nat Rev Mol Cell Biol,2009,10(4):243-254.

[218] Miyata K,Imai Y,Hori S,et al. Pericentromeric noncoding RNA changes DNA binding of CTCF and inflammatory gene expression in senescence and cancer[J]. Proc Natl Acad Sci U S A,2021, 118(35):e2025647118.

[219] Mocquet V,Laine J P,Riedl T,et al. Sequential recruitment of the repair factors during NER:the role of XPG in initiating the resynthesis step[J]. EMBO J,2008,27(1):155-167.

[220] Moser J,Kool H,Giakzidis I,et al. Sealing of chromosomal DNA nicks during nucleotide excision repair requires XRCC1 and DNA ligase Ⅲ alpha in a cell-cycle-specific manner[J]. Mol Cell, 2007,27(2):311-323.

[221] Moskwa P,Buffa F M,Pan Y,et al. MiR-182-mediated downregulation of BRCA1 impacts DNA repair and sensitivity to PARP inhibitors[J]. Mol Cell,2011,41(2):210-220.

[222] Mu S,Shimosawa T,Ogura S,et al. Epigenetic modulation of the renal β-adrenergic-WNK4 pathway in salt-sensitive hypertension[J]. Nat Med,2011,17(8):1020.

[223] Nacev B A,Feng L,Bagert J D,et al. The expanding landscape of "oncohistone" mutations in human cancers[J]. Nature,2019,567(7749):473-478.

[224] Nakamura K,Saredi G,Becker J R,et al. H4K20me0 recognition by BRCA1-BARD1 directs homologous recombination to sister chromatids[J]. Nat Cell Biol,2019,21(3):311-318.

[225] Nakazawa Y,Hara Y,Oka Y,et al. Ubiquitination of DNA damage-stalled RNAP Ⅱ promotes transcription-coupled repair[J]. Cell,2020,180(6):1228-1244.

[226] Natarajan V. Regulation of DNA repair by non-coding miRNAs[J]. Non-coding RNA Res,2016,1(1):64-68.

[227] Neumann H,Hancock S M,Buning R,et al. A method for genetically installing site-specific acetylation in recombinant histones defines the effects of H3 K56 acetylation[J]. Mol Cell,2009,36(1):153-163.

[228] Niehrs C,Luke B. Regulatory R-loops as facilitators of gene expression and genome stability[J]. Nat Rev Mol Cell Biol,2020,21(3):167-178.

[229] Nimonkar A V,Genschel J,Kinoshita E,et al. BLM-DNA2RPA-MRN and EXO1-BLM-RPA-MRN constitute two DNA end resection machineries for human DNA break repair[J]. Genes Dev,2011,25(4):350-362.

[230] Nitsch S,Zorro Shahidian L,Schneider R. Histone acylations and chromatin dynamics:concepts, challenges,and links to metabolism[J]. EMBO Rep,2021,22:e52774.

[231] Ogi T,Limsirichaikul S,Overmeer R M,et al. Three DNA polymerases,recruited by different mechanisms,carry out NER repair synthesis in human cells[J]. Mol Cell,2010,37(5):714-727.

[232] Ohira T,Minowa K,Sugiyama K,et al. Reversible RNA phosphorylation stabilizes tRNA for cellular thermotolerance[J]. Nature,2022,605(7909):372-379.

[233] Olivieri M,Cho T,Álvarez-Quilón A,et al. A genetic map of the response to DNA damage inhuman cells[J]. Cell,2020,182(2):481-496.

[234] Ooi S K,Qiu C,Bernstein E,et al. DNMT3L connects unmethylated lysine 4 of histone H3 to de novo methylation of DNA[J]. Nature,2007,448(7154):714-717.

[235] Pace P,Mosedale G,Hodskinson M R,et al. Ku70 corrupts DNA repair in the absence of the Fanconi anemia pathway[J]. Science,2010,329(5988):219-223.

[236] Panier S,Boulton S J. Double-strand break repair:53BP1 comes into focus[J]. Nat Rev Mol Cell Biol,2014,15(1):7-18.

[237] Pengelly A R,Copur O,Jackle H,et al. A histone mutant reproduces the phenotype caused by loss of histone-modifying factor Polycomb[J]. Science,2013,339(6120):698-699.

[238] Pengelly A R,Kalb R,Finkl K,et al. Transcriptional repression by PRC1 in the absence of H2A monoubiquitylation[J]. Genes Dev,2015,29(14):1487-1492.

[239] Pessoa R C,Chatterjee A,Wiese M,et al. Histone H4 lysine 16 acetylation controls central carbon metabolism and diet-induced obesity in mice[J]. Nat Commun,2021,12(1):6212.

[240] Petryk N,Dalby M,Wenger A,et al. MCM2 promotes symmetric inheritance of modified histones during DNA replication[J]. Science,2018,361(6409):1389-1392.

[241] Pfister S X,Ahrabi S,Zalmas L P,et al. SETD2-dependent histone H3K36 trimethylation is required for homologous recombination repair and genome stability[J]. Cell Rep,2014,7(6):2006-2018.

[242] Pothof J,Verkaik N S,van Ijcken W,et al. MicroRNA-mediated gene silencing modulates the UV-induced DNA-damage response[J]. EMBO J,2009,28(14):2090-2099.

[243] Pouliot L M,Chen Y C,Bai J,et al. Cisplatin sensitivity mediated by WEE1 and CHK1 is mediated by miR-155 and the miR-15 family[J]. Cancer Res,2012,72(22):5945-5955.

[244] Price B D,D'Andrea A D. Chromatin remodeling at DNA double strand breaks[J]. Cell,2013,152(6):1344-1354.

[245] Probst A V,Dunleavy E,Almouzni G. Epigenetic inheritance during the cell cycle[J]. Nat Rev Mol Cell Biol,2009,10(3):192-206.

[246] Qiu R,Sakato M,Sacho E J,et al. MutL traps MutS at a DNA mismatch[J]. Proc Natl Acad Sci U S A,2015,112(35):10914-10919.

[244] Rao X, Zhong J, Zhang S, et al. Loss of methyl-CpG-binding domain protein 2 enhances endothelial angiogenesis and protects mice against hind-limb ischemic injury[J]. Circulation, 2011,123(25):2964-2974.

[248] Reverón-Gómez N, González-Aguilera C, Stewart-Morgan K R, et al. Accurate recycling of parental histones reproduces the histone modification landscape during DNA replication[J]. Molecular cell,2018,72(2):239-249. e5.

[249] Ribeiro-Silva C, Sabatella M, Helfricht A, et al. Ubiquitin and TFIIH-stimulated DDB2 dissociation drives DNA damage handover in nucleotide excision repair[J]. Nat Commun,2020,11 (1):4868.

[250] Roberts S A,Strande N,Burkhalter M D,et al. Ku is a 5'-dRP/AP lyase that excises nucleotide damage near broken ends[J]. Nature,2010,464(7292):1214-1217.

[251] Rochette P J, Lacoste S, Therrien J P, et al. Influence of cytosine methylation on ultraviolet-induced cyclobutane pyrimidine dimer formation in genomic DNA[J]. Mutat Res,2009,665(1-2): 7-13.

[252] Sansoni V,Casas-Delucchi C S,Rajan M,et al. The histone variant H2A. Bbd is enriched at sites of DNA synthesis[J]. Nucleic Acids Res,2014,42(10):6405-6420.

[253] Scharer O D. Nucleotide excision repair in eukaryotes[J]. Cold Spring Harb Perspect Biol,2013,5 (10):a012609.

[254] Schwartz S,Bernstein D A,Mumbach M R,et al. Transcriptome-wide mapping reveals widespread dynamic-regulated pseudouridylation of ncRNA and mRNA[J]. Cell,2014,159(1):148-162.

[255] Schwertman P,Lagarou A,Dekkers D H,et al. UV-sensitive syndrome protein UVSSA recruits USP7 to regulate transcription-coupled repair[J]. Nat Genet,2012,44(5):598-602.

[256] Scrima A,Konickova R,Czyzewski B K,et al. Structural basis of UV DNA-damage recognition by the DDB1-DDB2 complex[J]. Cell,2008,135(7):1213-1223.

[257] Scully R,Panday A,Elango R,et al. DNA double-strand break repair-pathway choice in somatic mammalian cells[J]. Nat Rev Mo Cell Biol,2019,20(11):698-714.

[258] Sen P,Lan Y, Li C Y, et al. Histone acetyltransferase p300 induces de novo super-enhancers to drive cellular senescence[J]. Mol Cell,2019,73(4):684-698. e8.

[259] Shibahara K, Stillman B. Replication-dependent marking of DNA by PCNA facilitates CAF-1-coupled inheritance of chromatin[J]. Cell,1999,96(4):575-585.

[260] Shimada M,Niida H,Zineldeen D H,et al. Chk1 is a histone H3 threonine 11 kinase that regulates DNA damage-induced transcriptional repression[J]. Cell,2008,132(2):221-232.

[261] Shirodkar A V,St Bernard R,Gavryushova A,et al. A mechanistic role for DNA methylation in endothelial cell (EC)-enriched gene expression:relationship with DNA replication timing[J]. Blood,2013,121(17):3531-3540.

[262] Simon M,van Meter M,Ablaeva J,et al. LINE1 derepression in aged wild-type and SIRT6-deficient mice drives inflammation[J]. Cell Metab,2019,29(4):871-885. e5.

[263] Sirbu B M,Cortez D. DNA damage response:three levels of DNA repair regulation[J]. Cold Spring Harb Perspect Biol,2013,5(8):a012724.

[264] Stillman B. Histone modifications:insights into their influence on gene expression[J]. Cell,2018, 175(1):6-9.

[265] Su X,Chakravarti D,Cho M S,et al. TAp63 suppresses metastasis through coordinate regulation of dicer and miRNAs[J]. Nature,2010,467(7318):986-990.

[266] Sun Y,Jiang X,Chen S,et al. A role for the Tip60 histone acetyltransferase in the acetylation and activation of ATM[J]. Proc Natl Acad Sci U S A,2005,102(37):13182-13187.

[267] Suryadevara V,Hudgins A D,Rajesh A,et al. SenNet recommendations for detecting senescent cells in different tissues[J]. Nat Rev Mol Cell Biol,2024,25(12):1001-1023.

[268] Suzuki H I,Yamagata K,Sugimoto K,et al. Modulation of microRNA processing by p53[J]. Nature,2009,460(7254):529-533.

[269] Tagami H,Ray-Gallet D,Almouzni G,et al. Histone H3. 1 and H3. 3 complexes mediate nucleosome assembly pathways dependent or independent of DNA synthesis[J]. Cell,2004,116 (1):51-61.

[270] Taglialatela A,Leuzzi G,Sannino V,et al. REV1-Polzeta maintains the viability of homologous recombination-deficient cancer cells through mutagenic repair of PRIMPOL-dependent ssDNA gaps[J]. Mol Cell,2021,81(19):4008-4025.

[271] Talbert P B,Meers M P,Henikoff S. Old cogs,new tricks:the evolution of gene expression in a chromatin context[J]. Nat Rev Genet,2019,20(5):283-297.

[272] Tamburri S,Conway E,Pasini D. Polycomb-dependent histone H2A ubiquitination links developmental disorders with cancer[J]. Trends Genet,2022,38(4):333-352.

[273] Tan M,Luo H,Lee S,et al. Identification of 67 histone marks and histone lysine crotonylation as a new type of histone modification[J]. Cell,2011,146(6):1016-1028.

[274] Teng Y,Liu H,Gill H W,et al. Saccharomyces cerevisiae Rad16 mediates ultraviolet-dependent histone H3 acetylation required for efficient global genome nucleotide-excision repair[J]. EMBO Rep,2008,9(1):97-102.

[275] Thorslund T,Ripplinger A,Hoffmann S,et al. Histone H1 couples initiation and amplification of ubiquitin signaling after DNA damage[J]. Nature,2015,527(7578):389-393.

[276] Tonelli R,McIntyre A,Camerin C,et al. Antitumor activity of sustained N-myc reduction in rhabdomyosarcomas and transcriptional block by antigene therapy[J]. Clin Cancer Res,2012,18 (3):796-807.

[277] Topper M J,Vaz M,Chiappinelli K B,et al. Epigenetic Therapy ties MYC depletion to reversing immune evasion and treating lung cancer[J]. Cell,2017,171(6):1284-1300. e21.

[278] Trabucchi M,Briata P,Garcia-Mayoral M,et al. The RNA-binding protein KSRP promotes the biogenesis of a subset of microRNAs[J]. Nature,2009,459(7249):1010-1014.

[279] Tubbs J L,Latypov V,Kanugula S,et al. Flipping of alkylated DNA damage bridges base and nucleotide excision repair[J]. Nature,2009,459(7248):808-813.

[280] Tufegdžić V A,Mitter R,Kelly G P,et al. Regulation of the RNAP Ⅱ pool is integral to the DNA damage response[J]. Cell,2020,180(6):1245-1261.

[281] Umar A,Buermeyer A B,Simon J A,et al. Requirement for PCNA in DNA mismatch repair at a step preceding DNA resynthesis[J]. Cell,1996,87(1):65-73.

[282] Valeri N,Gasparini P,Braconi C,et al. MicroRNA-21 induces resistance to 5-fluorouracil by down-regulating human DNA MutS homolog 2(hMSH2)[J]. Proc Natl Acad Sci U S A,2010,107 (49):21098-21103.

[283] Valeri N,Gasparini P,Fabbri M,et al. Modulation of mismatch repair and genomic stability by miR-155[J]. Proc Natl Acad Sci U S A,2010,107(15):6982-6987.

[284] Van Attikum H，Gasser S M. The histone code at DNA breaks：a guide to repair[J]？ Nat Rev Mol Cell Biol，2005，6(10)：757-765.

[285] Vrtis K B，Dewar J M，Chistol G，et al. Single-strand DNA breaks cause replisome disassembly [J]. Mol Cell，2021，81(6)：1309-1318.

[286] Wagner J U G，Tombor L S，Malacarne P F，et al. Aging impairs the neurovascular interface in the heart[J]. Science，2023，381(6660)：897-906.

[287] Wang C F，Yang Y，Zhang G，et al. Long noncoding RNA EMS connects c-Myc to cell cycle control and tumorigenesis[J]. Proc Natl Acad Sci U S A，2019，116(29)：14620-14629.

[288] Wang H，Fan Z，Shliaha P V，et al. H3K4me3 regulates RNA polymerase Ⅱ promoter-proximal pause-release[J]. Nature，2023，623(7987)：E8.

[289] Wang H L，Qiu Z Y，Liu B，et al. PLK1 targets CtIP to promote microhomology-mediated end joining[J]. Nucleic Acids Res，2018，46(20)：10724-10739.

[290] Wang N X，Wang W W，Wang X Q，et al. Histone lactylation boosts reparative gene activation post-myocardial infarction[J]. Circ Res，2022，131(11)：893-908.

[291] Wang S，Xie H R，Mao F，et al. N4-acetyldeoxycytosine DNA modification marks euchromatin regions in Arabidopsis thaliana[J]. Genome Biol，2022，23(1)：5.

[292] Wang X X，Liu H，Shi L M，et al. LINP1 facilitates DNA damage repair through non-homologous end joining (NHEJ) pathway and subsequently decreases the sensitivity of cervical cancer cells to ionizing radiation[J]. Cell Cycle，2018，17(4)：439-447.

[293] Weigelt C M，Sehgal R，Tain L S，et al. An insulin-sensitive circular RNA that regulates lifespan in drosophila[J]. Mol Cell，2020，79(2)：268-279. e5.

[294] Wu C Z，Chen W，Yu F Y，et al. Long noncoding RNA HITTERS protects oral squamous cell carcinoma cells from endoplasmic reticulum stress-induced apoptosis via promoting MRE11-RAD50-NBS1 complex formation[J]. Adv Sci，2020，7(22)：2002747.

[295] Wu Y S，Tang L X，Huang H，et al. Phosphoglycerate dehydrogenase activates PKM2 to phosphorylate histone H3T11 and attenuate cellular senescence [J]. Nat Commun，2023，14 (1)：1323.

[296] Wu Z M，Lu M M，Liu D，et al. m6A epitranscriptomic regulation of tissue homeostasis during primate aging[J]. Nat Aging，2023，3(6)：705-721.

[297] Wu Z M，Shi Y，Lu M M，et al. METTL3 counteracts premature aging via m6A-dependent stabilization of MIS12 mRNA[J]. Nucleic Acids Res，2020，48(19)：11083-11096.

[298] Wu Z M，Zhang W Q，Qu J，et al. Emerging epigenetic insights into aging mechanisms and interventions[J]. Trends Pharmacol Sci，2024，45(2)：157-172.

[299] Wyatt D W，Feng W，Conlin M P，et al. Essential Roles for Polymerase θ-Mediated End Joining in the Repair of Chromosome Breaks[J]. Mol Cell，2016，63(4)：662-673.

[300] Xie A，Hartlerode A，Stucki M，et al. Distinct roles of chromatin-associated proteins MDC1 and 53BP1 in mammalian double-strand break repair[J]. Mol Cell，2007，28(6)：1045-1057.

[301] Xie A，Kwok A，Scully R. Role of mammalian Mre11 in classical and alternative nonhomologous end joining[J]. Nat Struct Mol Biol，2009，16(8)：814-818.

[302] Xu S，Pelisek J，Jin Z G. Atherosclerosis is an epigenetic disease[J]. Trends Endocrinol Metab，2018，29(11)：739-742.

[303] Xu Y，Ayrapetov M K，Xu C，et al. Histone H2A. Z controls a critical chromatin remodeling step required for DNA double-strand break repair[J]. Mol Cell，2012，48(5)：723-733.

[304] Xu M, Long C Z, Chen X Z, et al. Partitioning of histone H3-H4 tetramers during DNA replication-dependent chromatin assembly[J]. Science,2010,328(5974):94-98.

[305] Yan K W, Ji Q Z, Zhao D X, et al. Publisher Correction:SGF29 nuclear condensates reinforce cellular aging[J]. Cell Discov,2024,10(1):61.

[306] Yang L, Ma Z J, Wang H, et al. Ubiquitylome study identifies increased histone 2A ubiquitylation as an evolutionarily conserved aging biomarker[J]. Nat Commun,2019,10(1):2191.

[307] Yao W Y, Hu X T, Wang X. Crossing epigenetic frontiers:the intersection of novel histone modifications and diseases[J]. Signal Transduct Target Ther,2024,9(1):232.

[308] Ye G W, Li J J, Yu W H, et al. ALKBH5 facilitates CYP1B1 mRNA degradation via m6A demethylation to alleviate MSC senescence and osteoarthritis progression[J]. Exp Mol Med, 2023,55(8):1743-1756.

[309] Yu Y, Zhang X, Liu F Z, et al. A stress-induced miR-31-CLOCK-ERK pathway is a key driver and therapeutic target for skin aging[J]. Nat Aging,2021,1(9):795-809.

[310] Yu C H, Gan H Y, Serra-Cardona A, et al. A mechanism for preventing asymmetric histone segregation onto replicating DNA strands[J]. Science,2018,361(6409):1386-1389.

[311] Zeitlin S G, Baker N M, Chapados B R, et al. Double-strand DNA breaks recruit the centromeric histone CENP-A[J]. Proc Natl Acad Sci U S A,2009,106(37):15762-15767.

[312] Zhang B, Long Q L, Wu S S, et al. KDM4 orchestrates epigenomic remodeling of senescent cells and potentiates the senescence-associated secretory phenotype[J]. Nat Aging,2021,1(5): 454-472.

[313] Zhang B J, Zheng H, Huang B, et al. Allelic reprogramming of the histone modification H3K4me3 in early mammalian development[J]. Nature,2016,537(7621):553-557.

[314] Zhang E B, Yin D D, Sun M, et al. P53-regulated long non-coding RNA TUG1 affects cell proliferation in human non-small cell lung cancer, partly through epigenetically regulating HOXB7 expression[J]. Cell Death Dis,2014,5(5):e1243.

[315] Zhang S, Zhang Y K, Duan X W, et al. Targeting NPM1 epigenetically promotes postinfarction cardiac repair by reprogramming reparative macrophage metabolism[J]. Circulation,2024,149 (25):1982-2001.

[316] Zhang W Q, Li J Y, Suzuki K, et al. Aging stem cells. A Werner syndrome stem cell model unveils heterochromatin alterations as a driver of human aging[J]. Science,2015,348(6239):1160-1163.

[317] Zhang X N, Wan G H, Berger F G, et al. The ATM kinase induces microRNA biogenesis in the DNA damage response[J]. Mol Cell,2011,41(4):371-383.

[318] Zhang X, Horibata K, Saijo M, et al. Mutations in UVSSA cause UV-sensitive syndrome and destabilize ERCC6 in transcription-coupled DNA Repair[J]. Nat Genet,2012,44(5):593-597.

[319] Zhu Y M, Jin L, Shi R H, et al. The long noncoding RNA glycoLINC assembles a lower glycolytic metabolon to promote glycolysis[J]. Mol Cell,2022,82(3):542-554. e6.

[320] Zhu Z, Chung W H, Shim E Y, et al. Sgs1 helicase and two nucleases Dna2 and Exo1 resect DNA double-strand break ends[J]. Cell,2008,134(6):981-994.

[321] Zocchi L, Mehta A, Wu S C, et al. Chromatin remodeling protein HELLS is critical for retinoblastoma tumor initiation and progression[J]. Oncogenesis,2020,9(2):25.

[322] Zou L, Elledge S J. Sensing DNA damage through ATRIP recognition of RPA-ssDNA complexes [J]. Science,2003,300(5625):1542-1548.

彩　　图

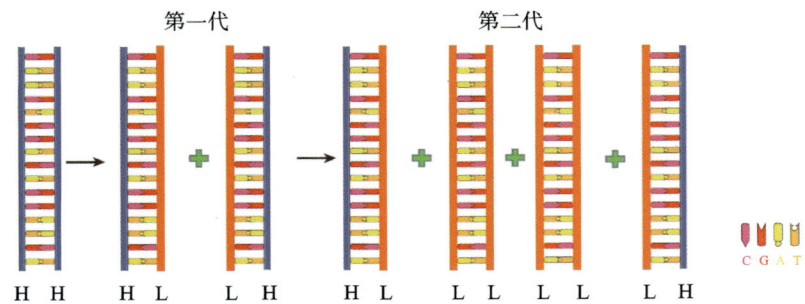

彩图 1　DNA 的半保留复制

彩图 2　DNA 的半不连续复制

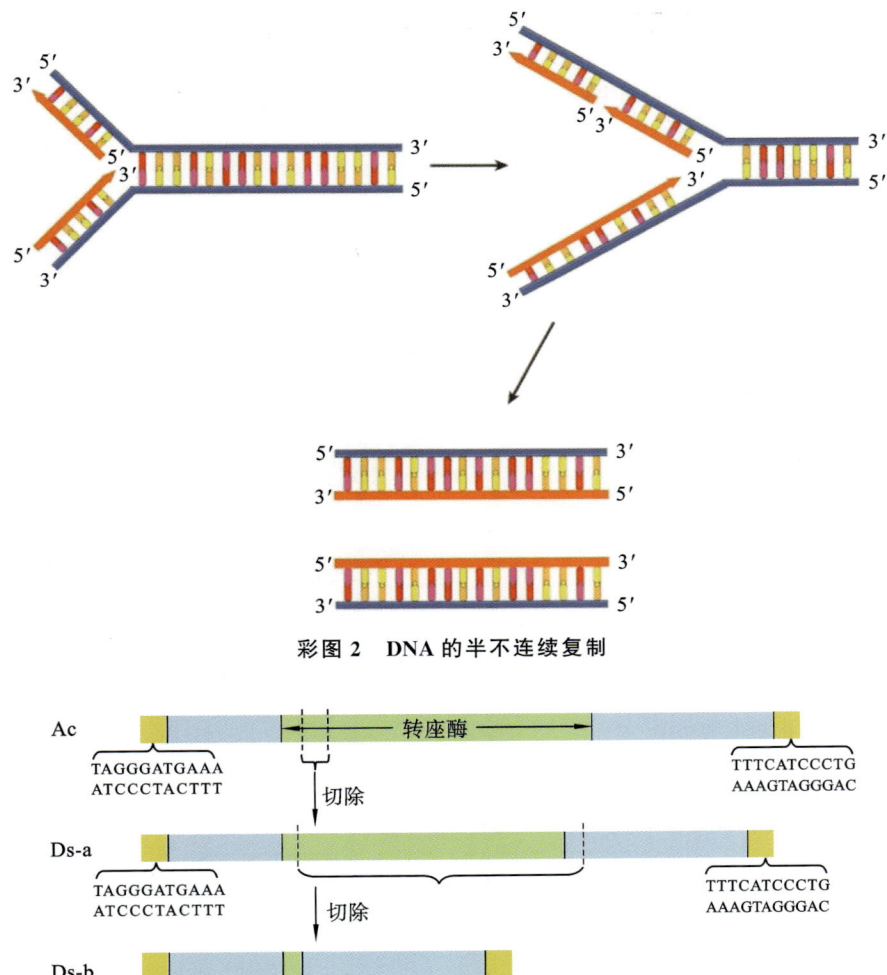

彩图 3　Ac 和 Ds 的结构

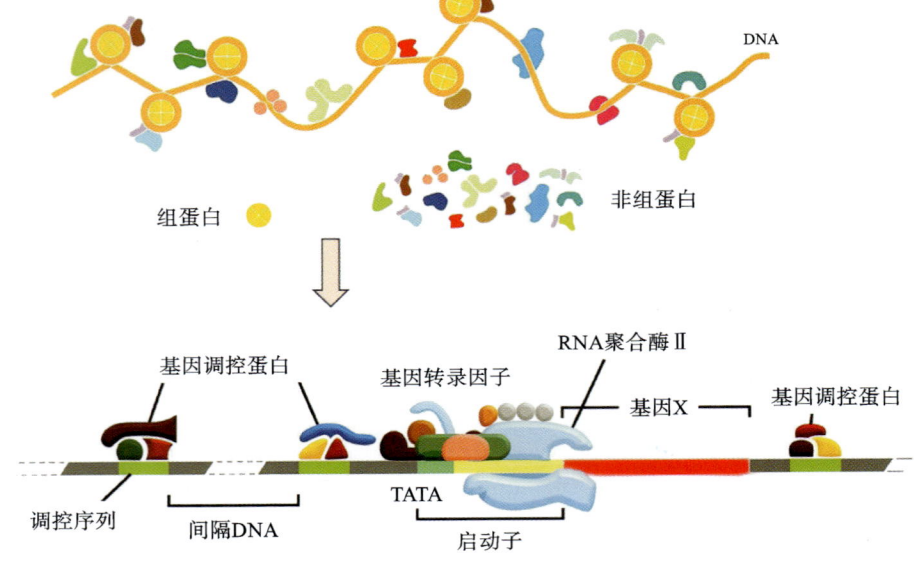

彩图 4　组蛋白和非组蛋白示意图

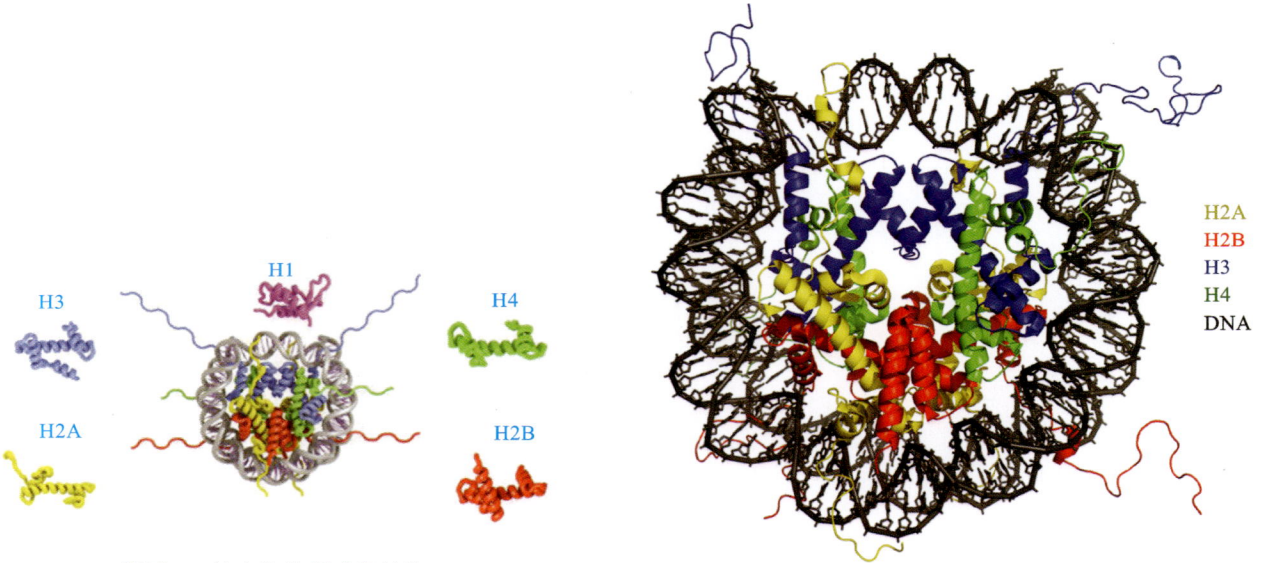

彩图 5　核小体的组成和结构

彩图 6　核小体晶体结构及核心组蛋白

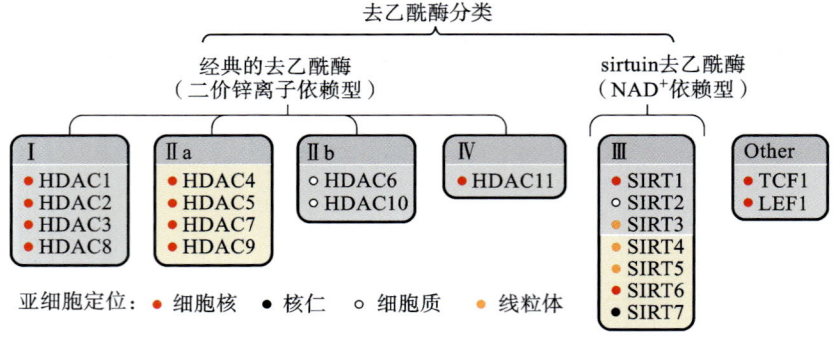

彩图 7　组蛋白去乙酰酶的分类

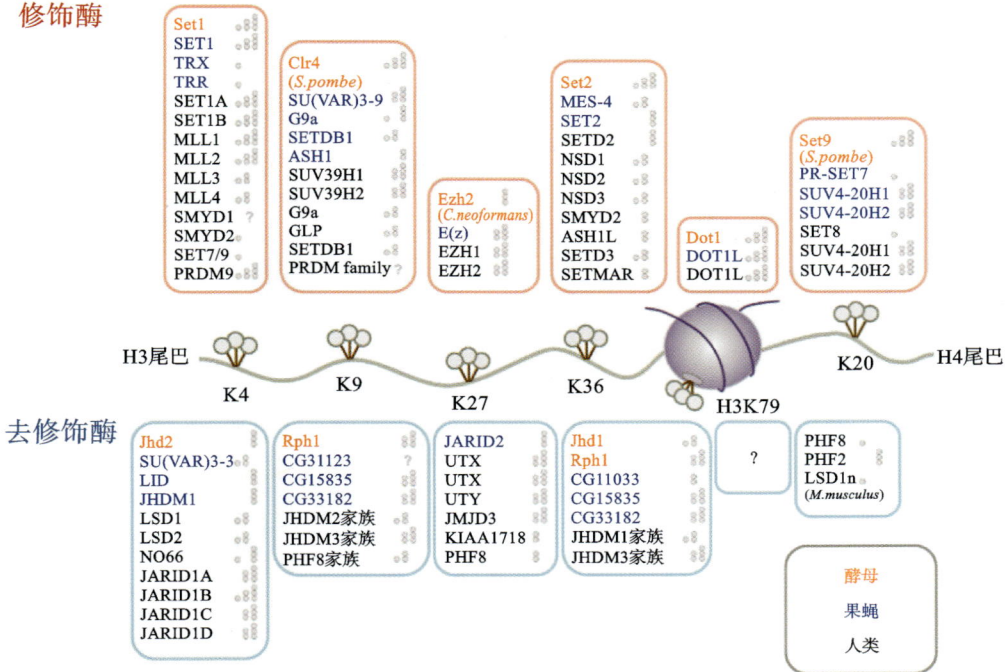

彩图 8　常见的组蛋白甲基化位点及其对应的甲基转移酶和去甲基化酶

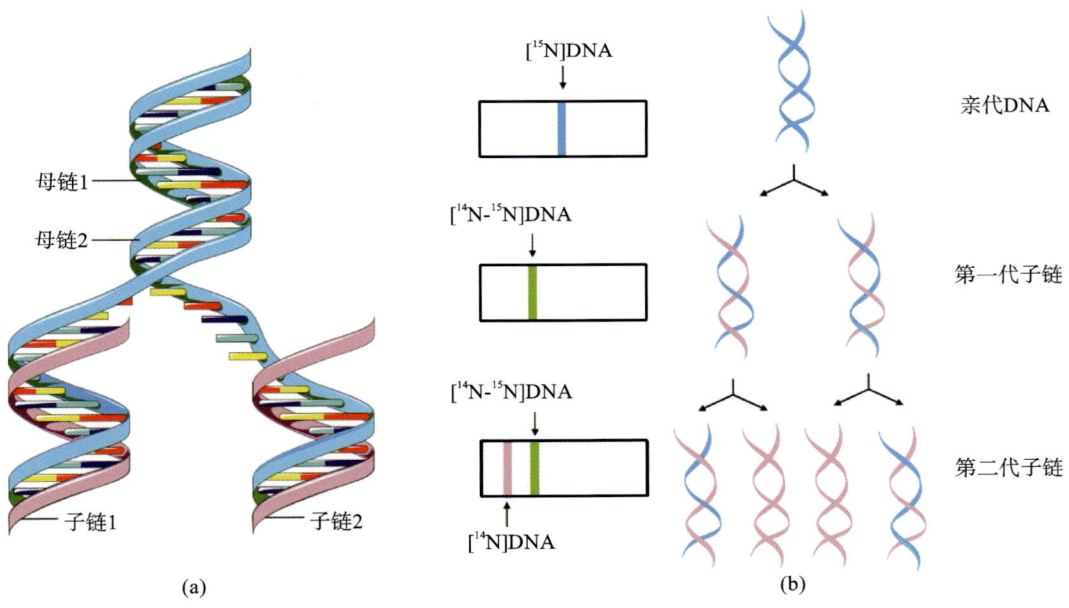

(a)　　　　　　　　　　　　　　(b)

彩图 9　DNA 半保留复制示意图

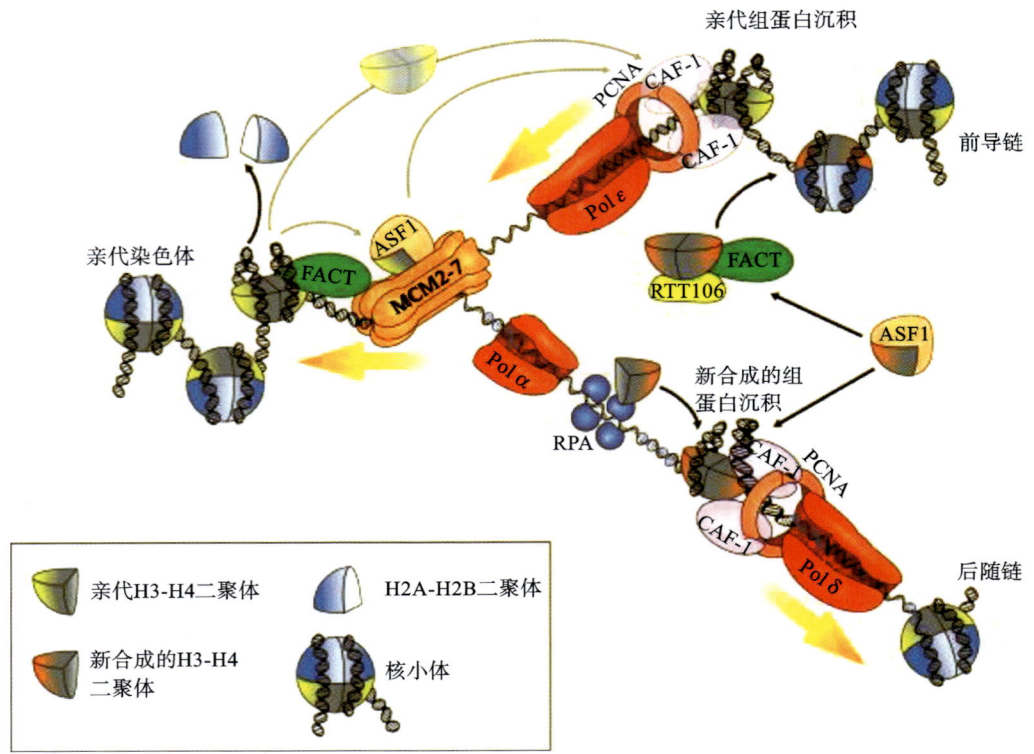

彩图 10　复制叉上核小体的组装示意图

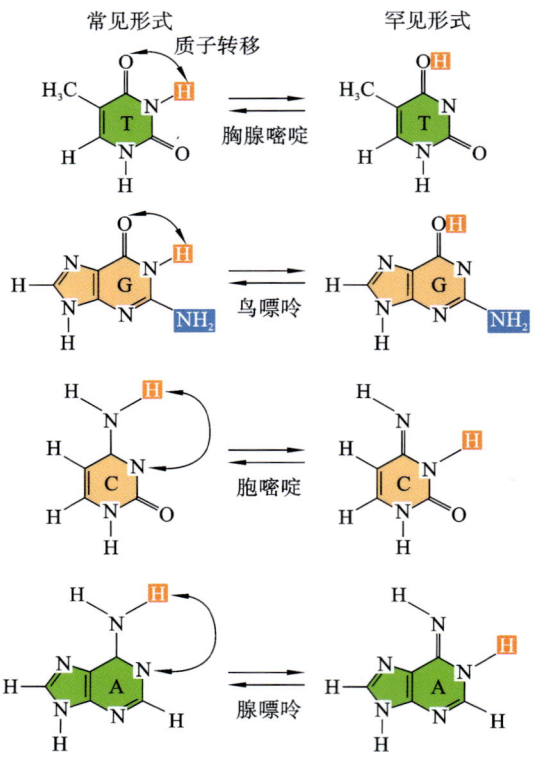

彩图 11　四种碱基的互变异构形式

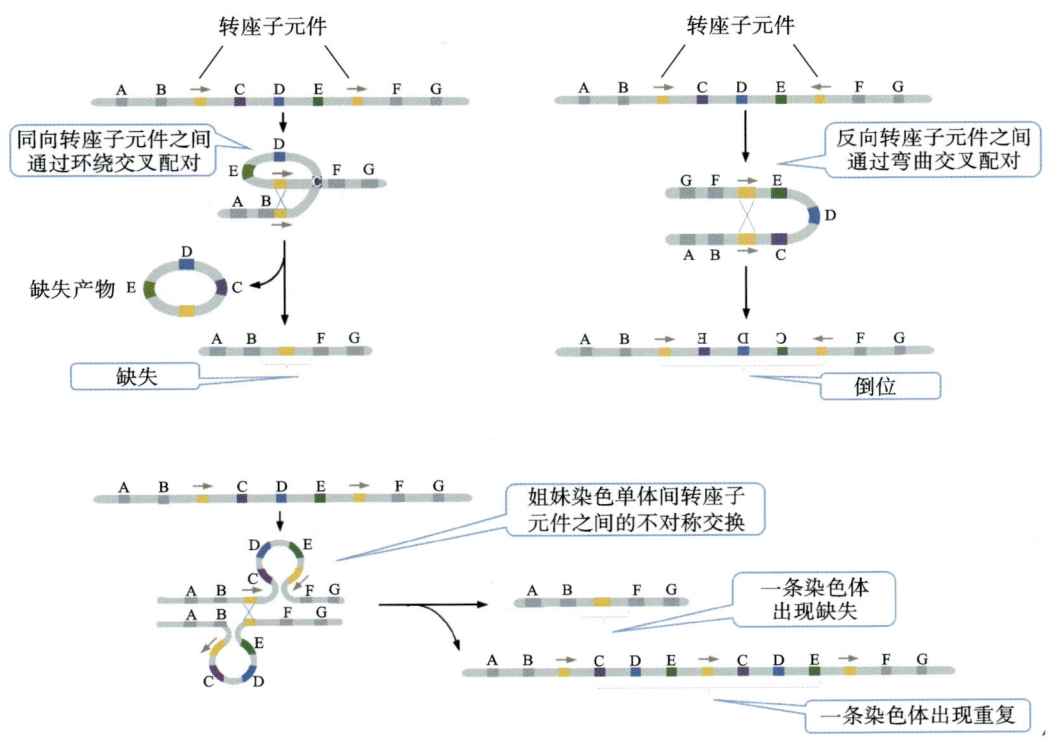

彩图 12　转座导致的染色体重排

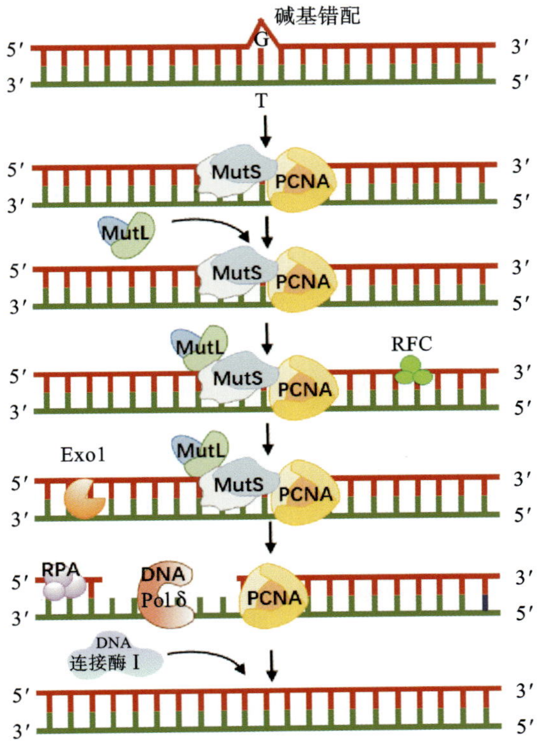

彩图 13　错配修复模式图

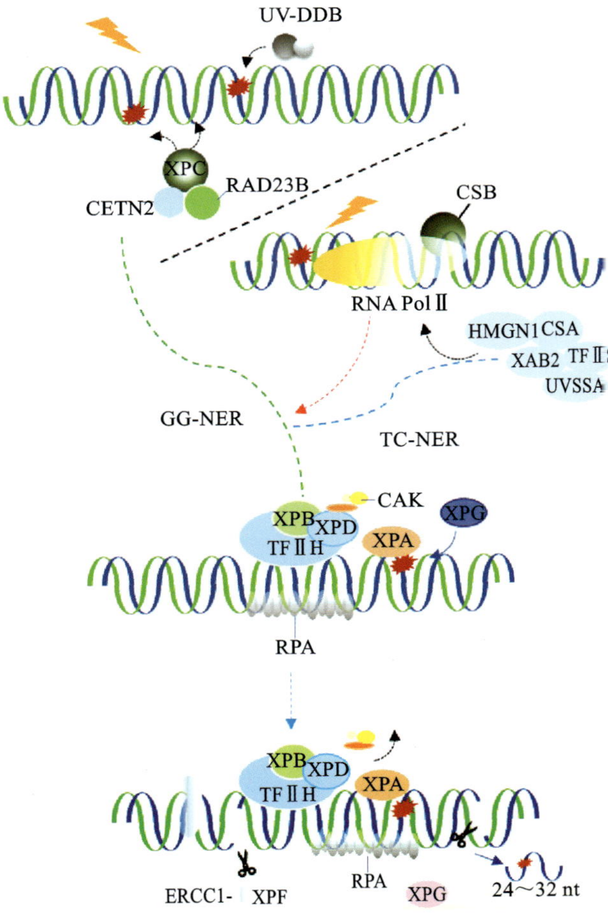

彩图 14　真核生物核苷酸切除修复模式图

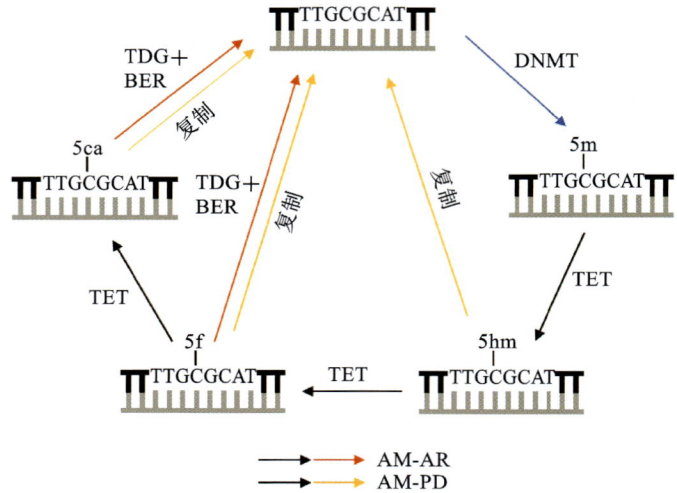

彩图 15　DNA 甲基化参与调控 DNA 损伤应答示意图

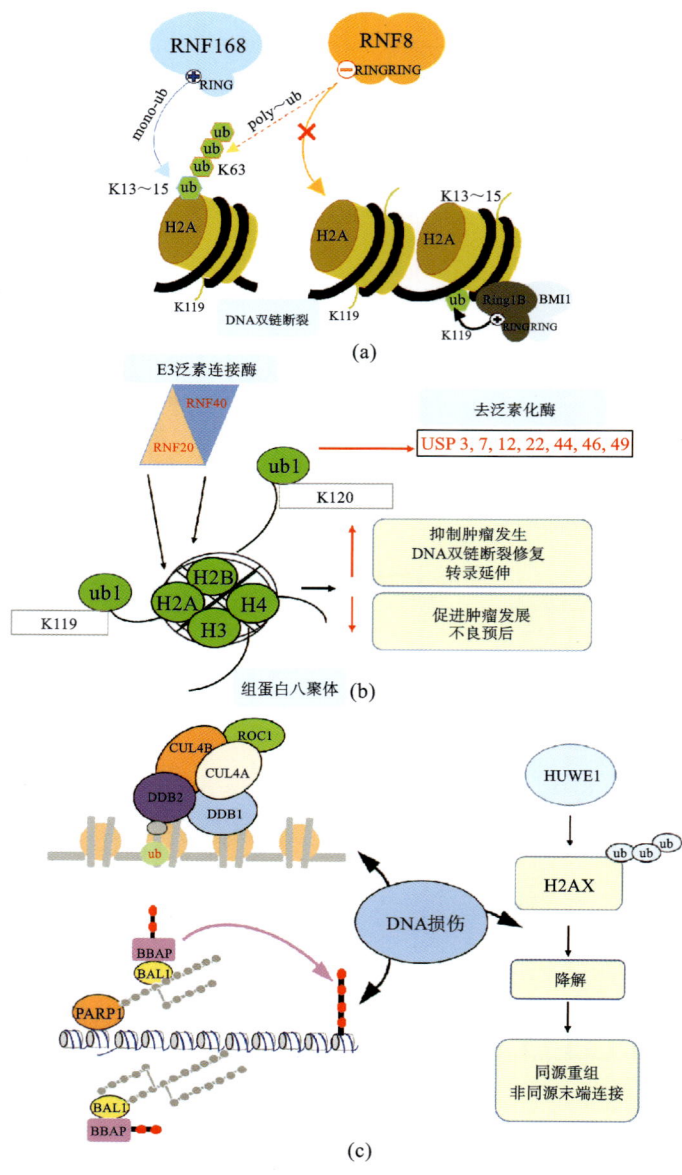

彩图 16　组蛋白泛素化参与调控 DNA 损伤应答

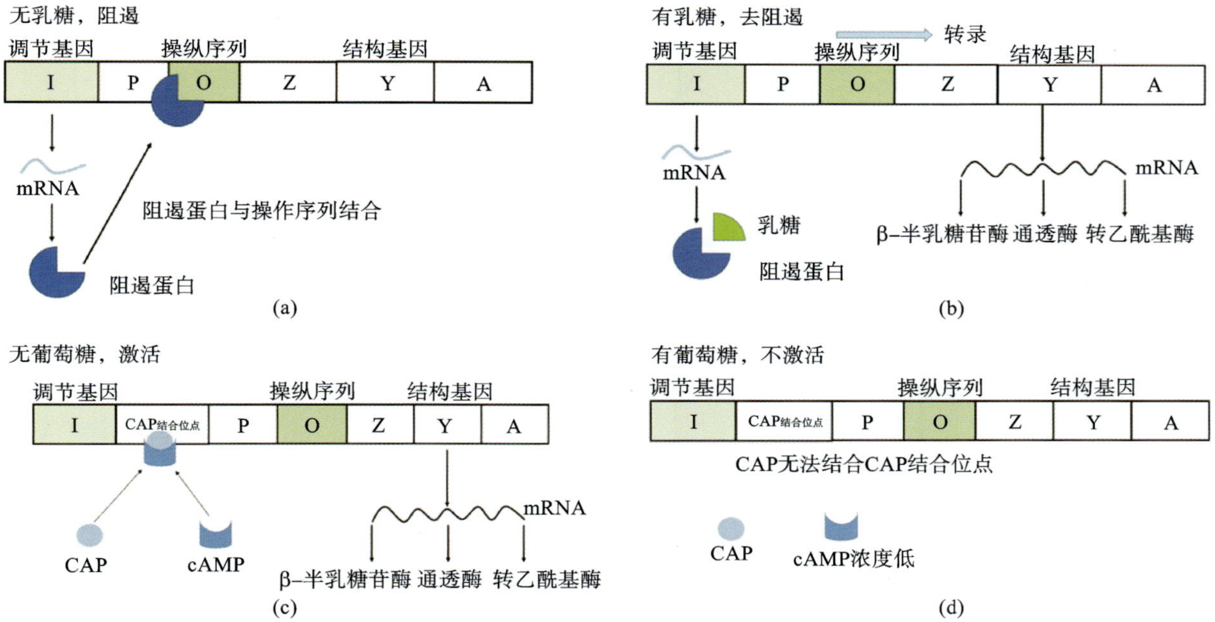

无乳糖，阻遏
调节基因
操纵序列
结构基因
I
P
O
Z
Y
A
mRNA
阻遏蛋白与操作序列结合
阻遏蛋白
(a)
有乳糖，去阻遏
转录
调节基因
操纵序列
结构基因
I
P
O
Z
Y
A
mRNA
mRNA
乳糖
阻遏蛋白
β–半乳糖苷酶 通透酶 转乙酰基酶
(b)
无葡萄糖，激活
调节基因
操纵序列
结构基因
I
CAP结合位点
P
O
Z
Y
A
mRNA
CAP
cAMP
β–半乳糖苷酶 通透酶 转乙酰基酶
(c)
有葡萄糖，不激活
调节基因
操纵序列
结构基因
I
CAP结合位点
P
O
Z
Y
A
CAP无法结合CAP结合位点
CAP
cAMP浓度低
(d)

彩图 17　乳糖操纵子的负调控和正调控示意图

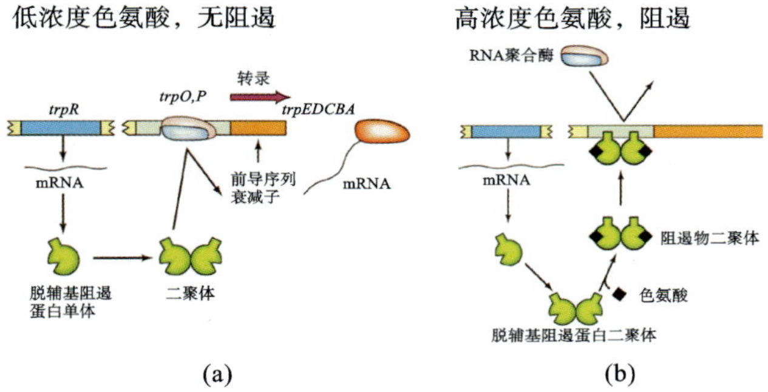

低浓度色氨酸，无阻遏
转录
trpR
trpO,P
trpEDCBA
mRNA
前导序列
衰减子
mRNA
脱辅基阻遏
蛋白单体
二聚体
(a)
高浓度色氨酸，阻遏
RNA聚合酶
mRNA
阻遏物二聚体
色氨酸
脱辅基阻遏蛋白二聚体
(b)

彩图 18　色氨酸操纵子的负调控示意图

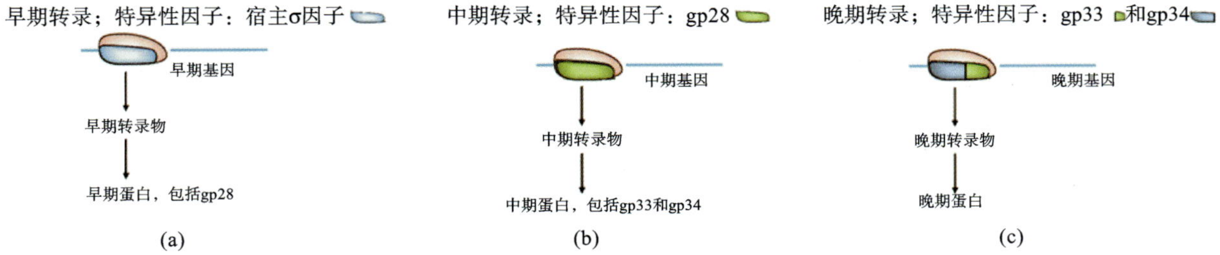

早期转录；特异性因子：宿主σ因子
早期基因
早期转录物
早期蛋白，包括gp28
(a)
中期转录；特异性因子：gp28
中期基因
中期转录物
中期蛋白，包括gp33和gp34
(b)
晚期转录；特异性因子：gp33 和gp34
晚期基因
晚期转录物
晚期蛋白
(c)

彩图 19　枯草芽孢杆菌的 SPO1 噬菌体转录的时序调控示意图

300
200
100
0
UMP掺入量/(pmol)
20
40
60
80
分馏数
Ⅰ
Ⅱ
Ⅲ
0.4
0.2
硫酸铵浓度
1.2
0.8
0.4
0.0
A280

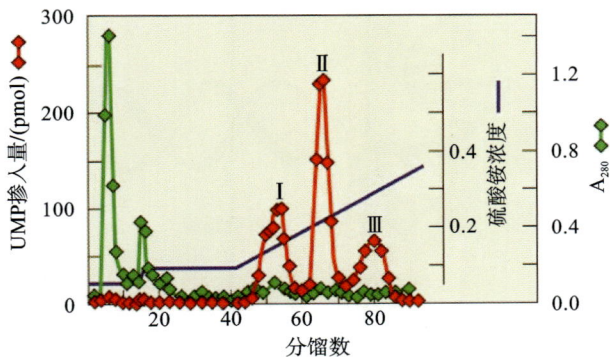

彩图 20　真核生物 RNA 聚合酶的分离

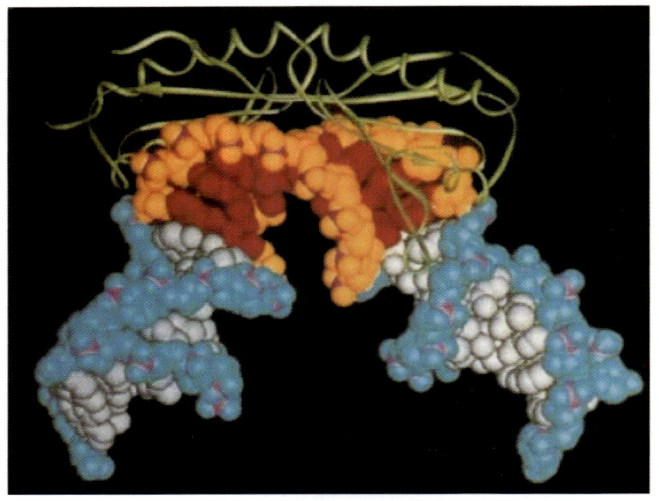

彩图 21　马鞍形的 TBP 与 DNA 呈直线排列

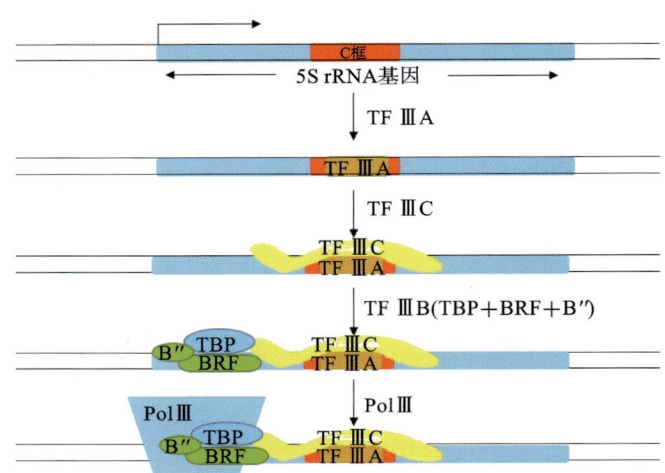

彩图 22　5S rRNA 基因的转录起始示意图

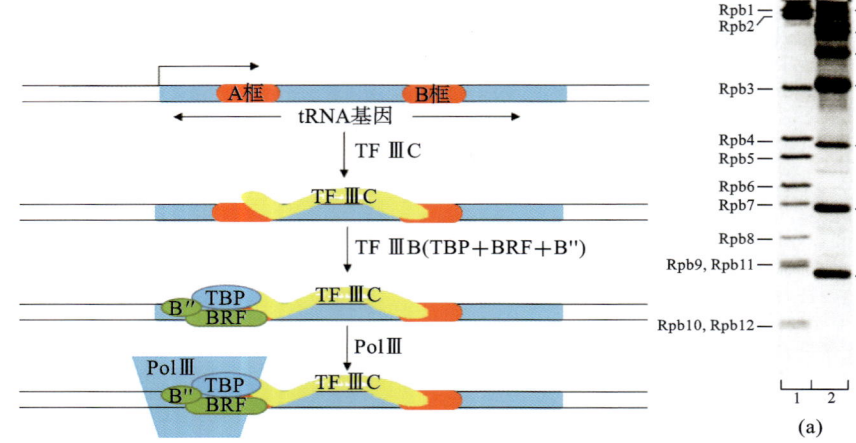

彩图 23　tRNA 基因的转录起始示意图

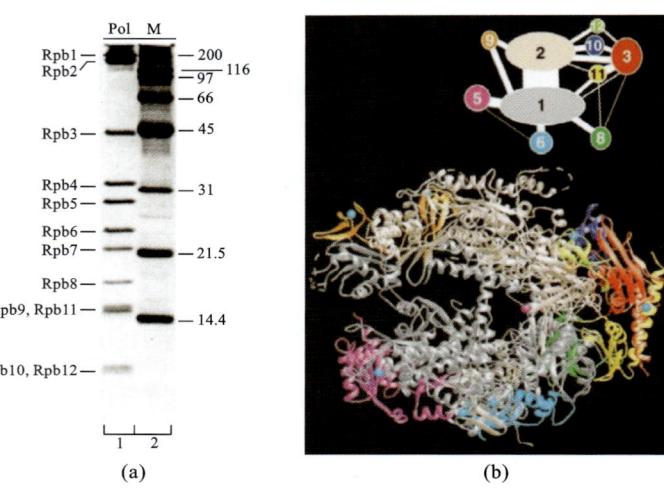

彩图 24　RNA 聚合酶Ⅱ亚基(a)与 RNA 聚合酶Ⅱ的三维结构(b)

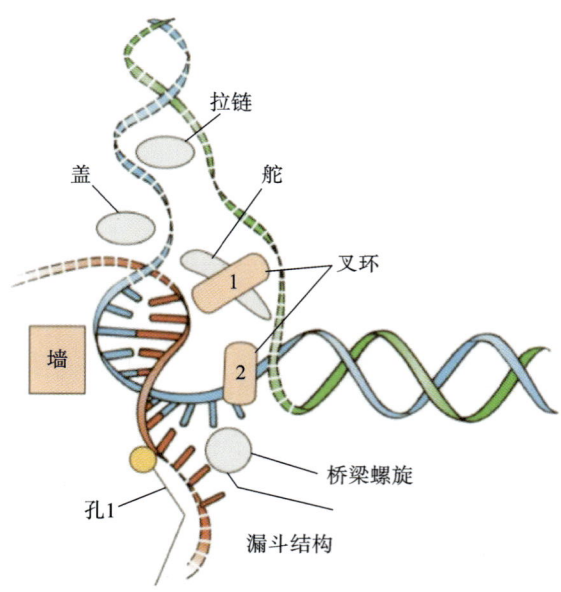

彩图 25　RNA 聚合酶Ⅱ的关键元件

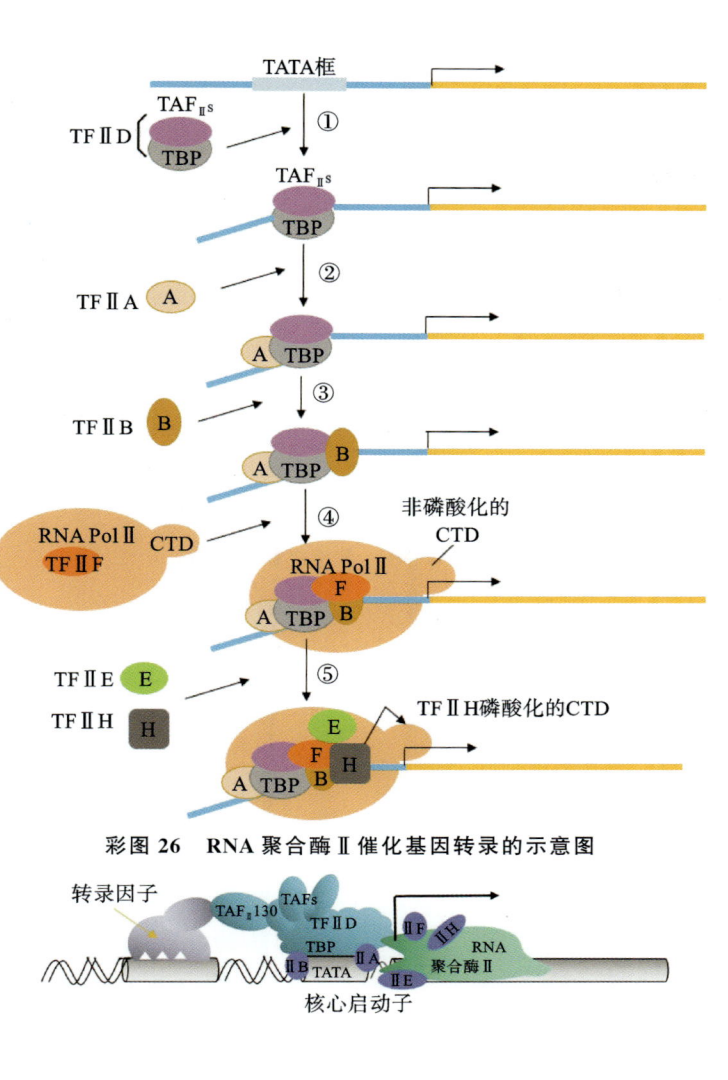

彩图 26　RNA 聚合酶 Ⅱ 催化基因转录的示意图

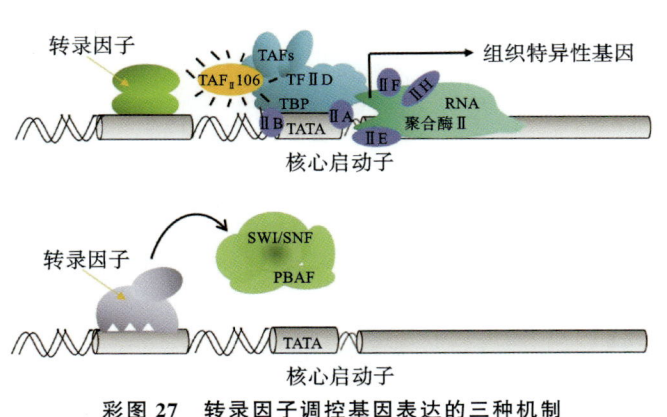

彩图 27　转录因子调控基因表达的三种机制

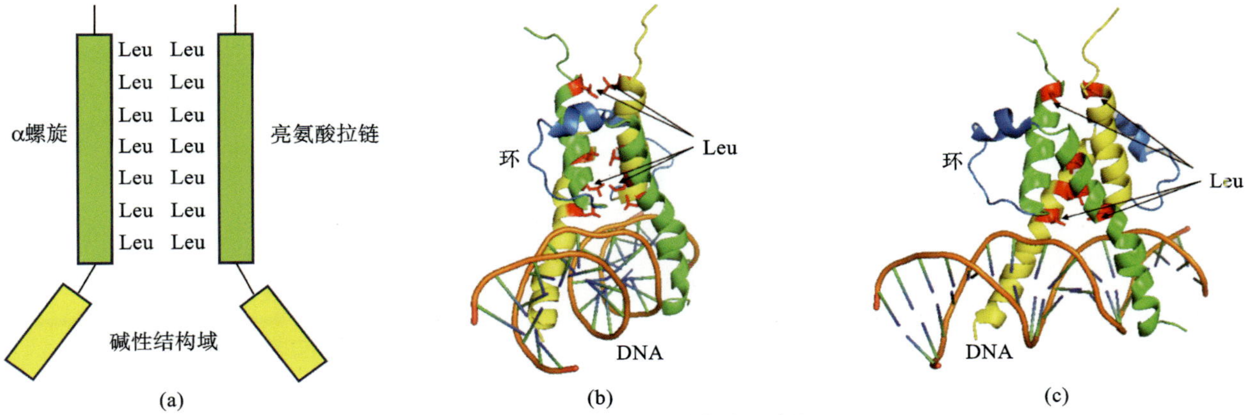

α螺旋　　亮氨酸拉链

碱性结构域

环　　Leu

DNA

(a)　　　　　　　(b)　　　　　　　(c)

彩图 28　亮氨酸拉链结构域示意图

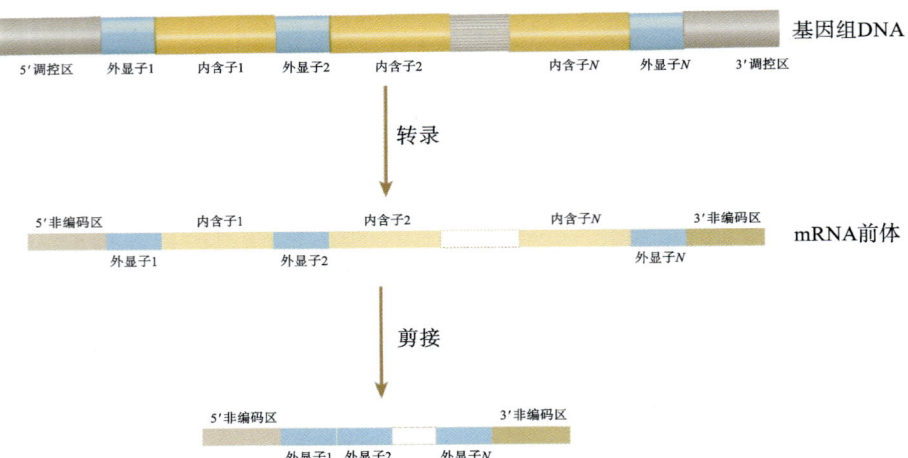

彩图 29　RNA 剪接过程示意图

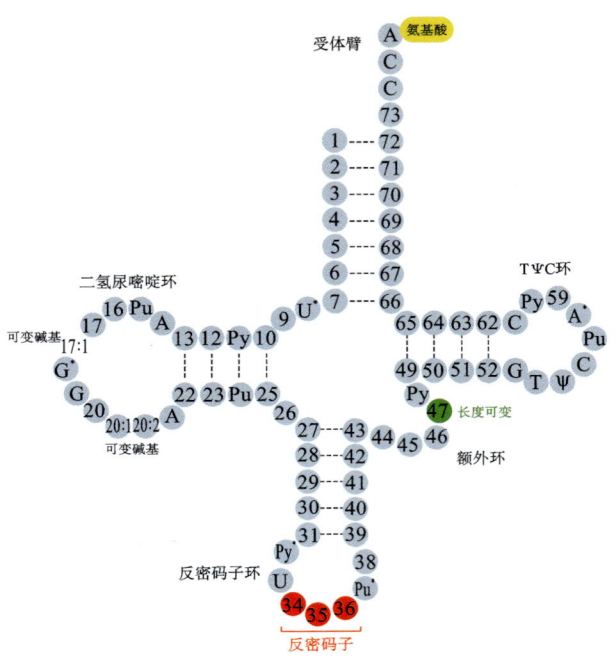

彩图 30　tRNA 的三叶草形二级结构

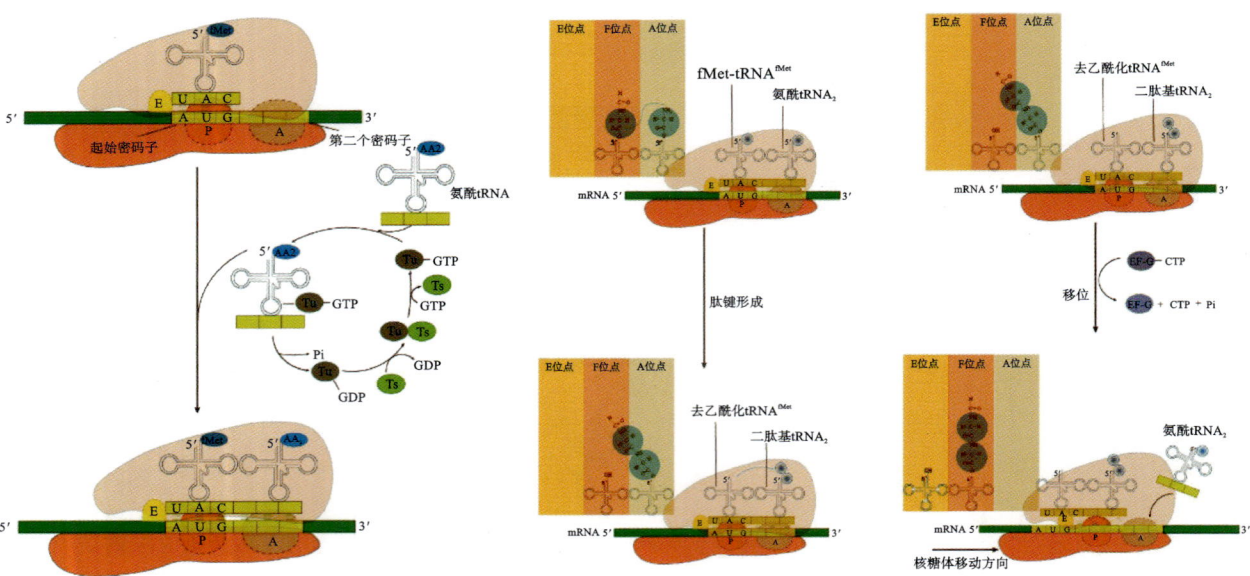

彩图 31　原核生物蛋白质翻译的多肽链延伸过程

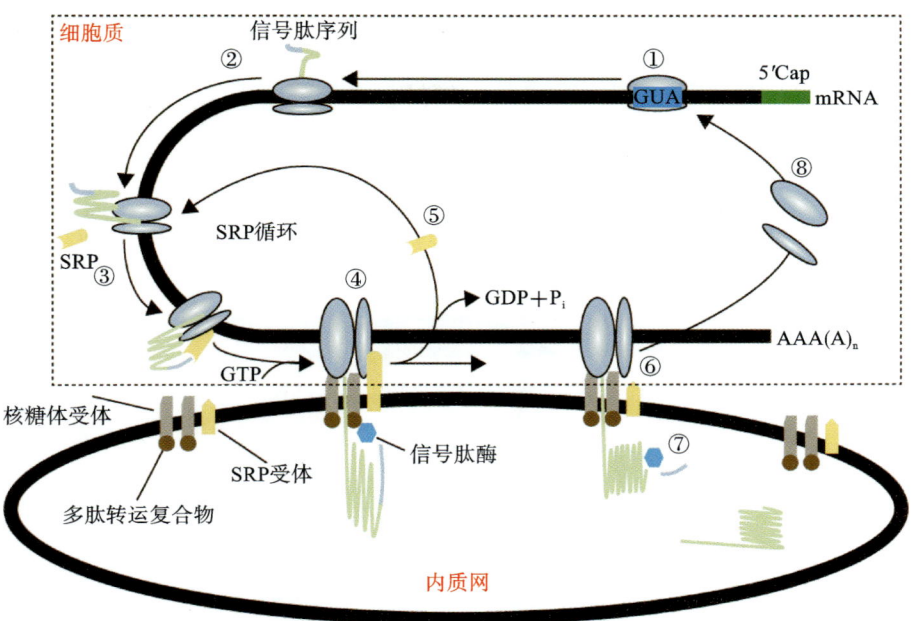

彩图 32　新生蛋白质通过翻译同步转运机制进入内质网腔的主要过程

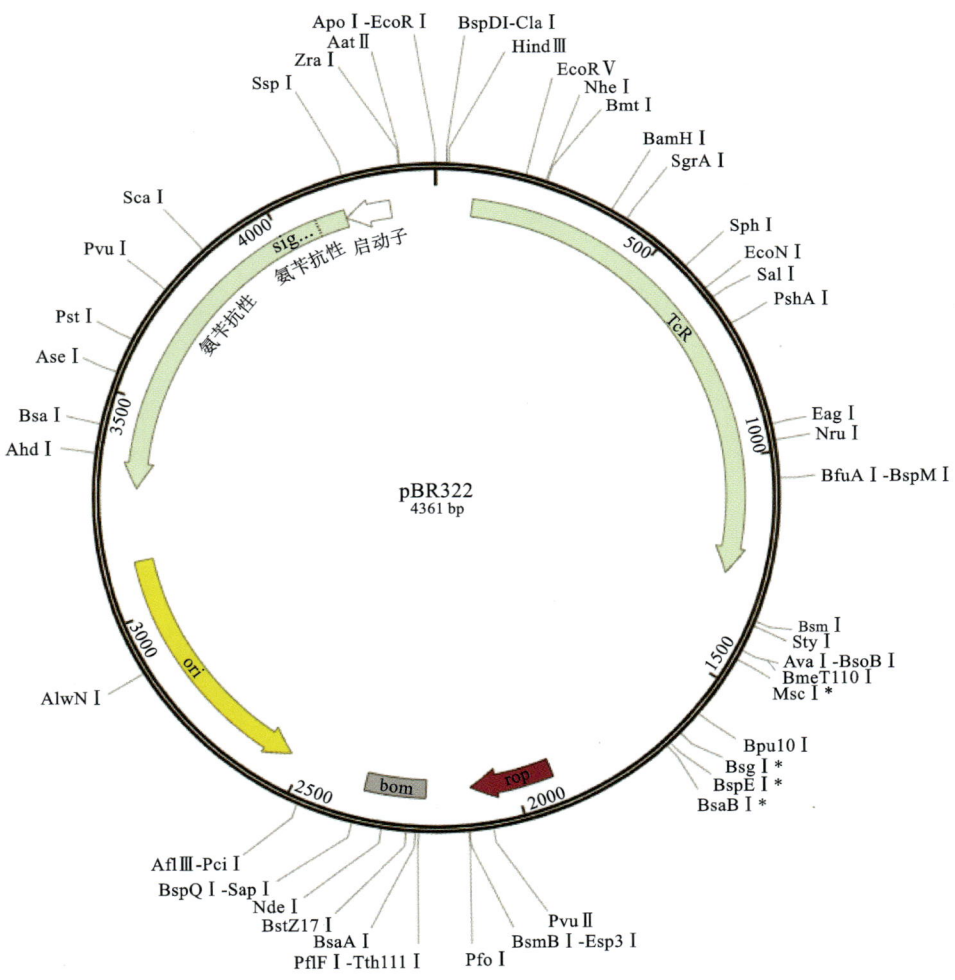

彩图 33　克隆载体 pBR322 的质粒图谱

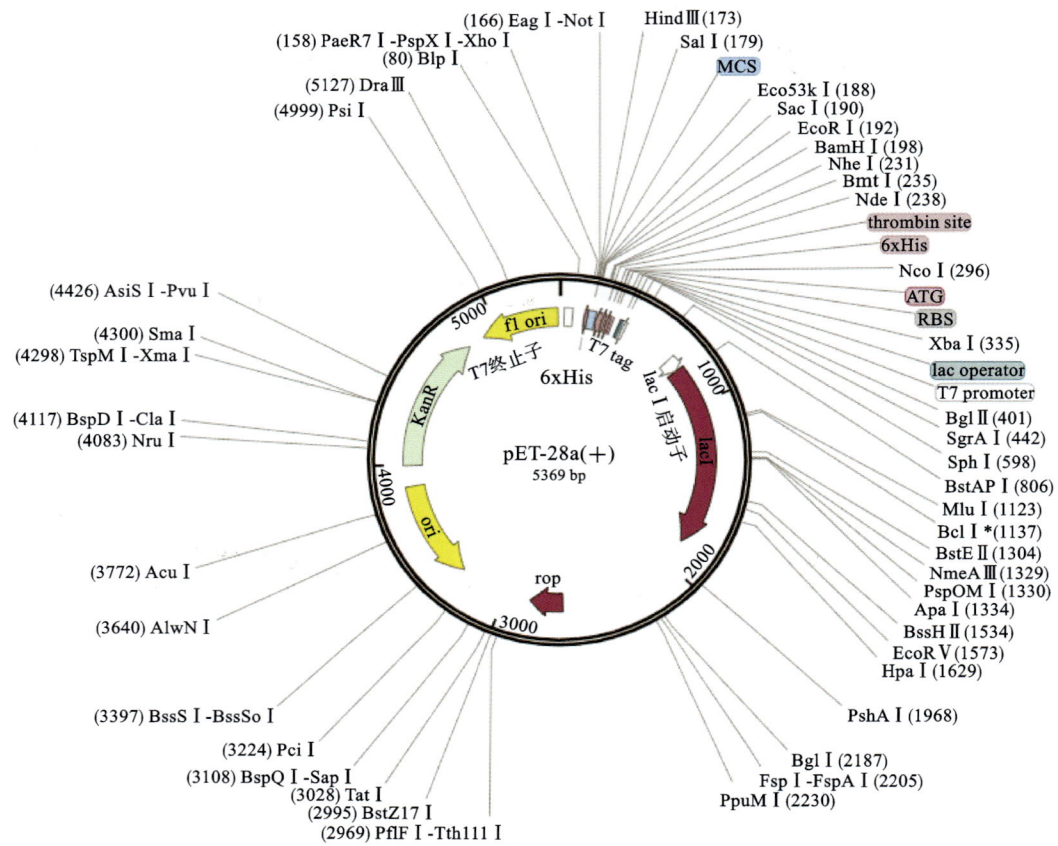

彩图 34　常见的原核表达载体 pET28a 的质粒图谱

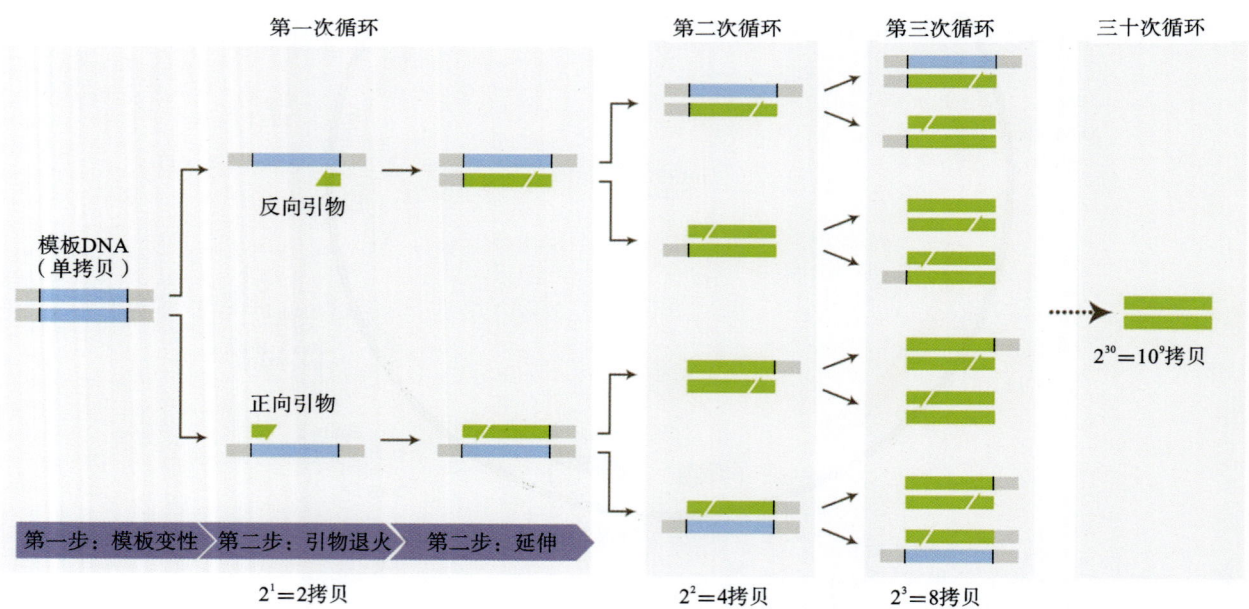

彩图 35　PCR 的工作原理

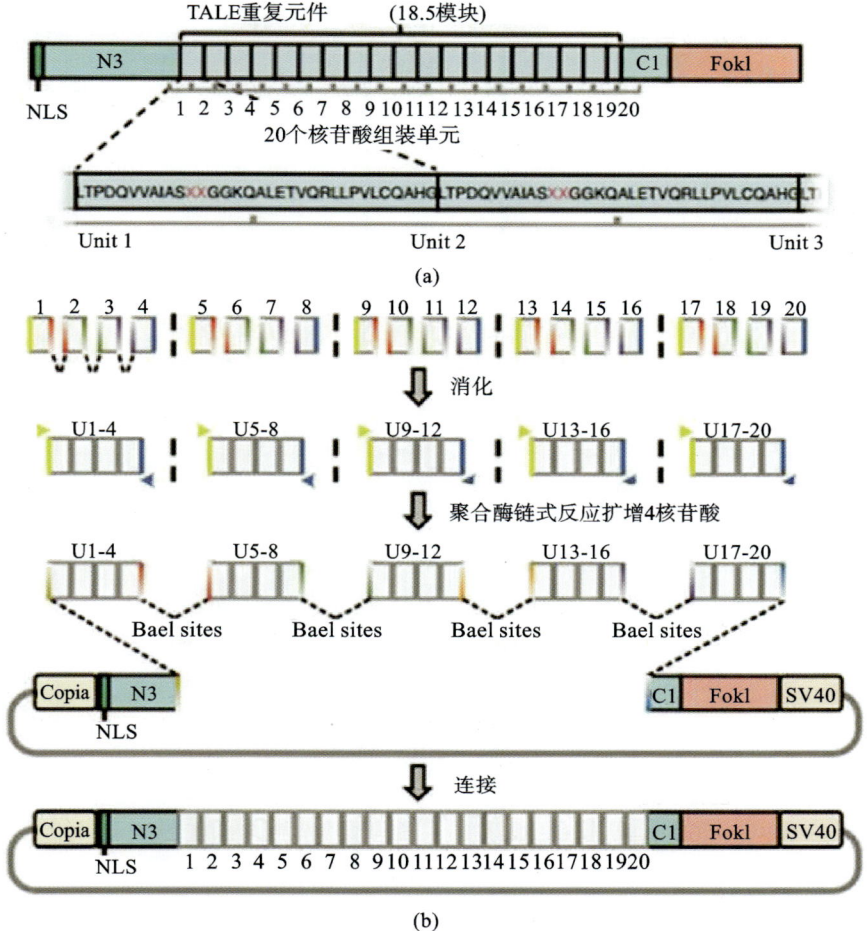

彩图 36　TALEN 元件构建操作示意图

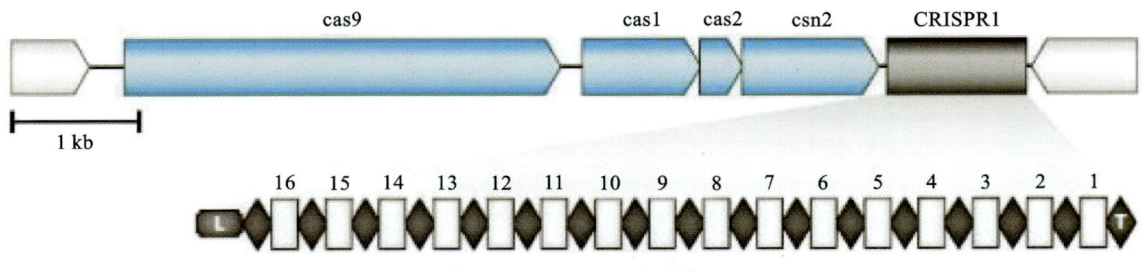

彩图 37　CRISPR 的结构

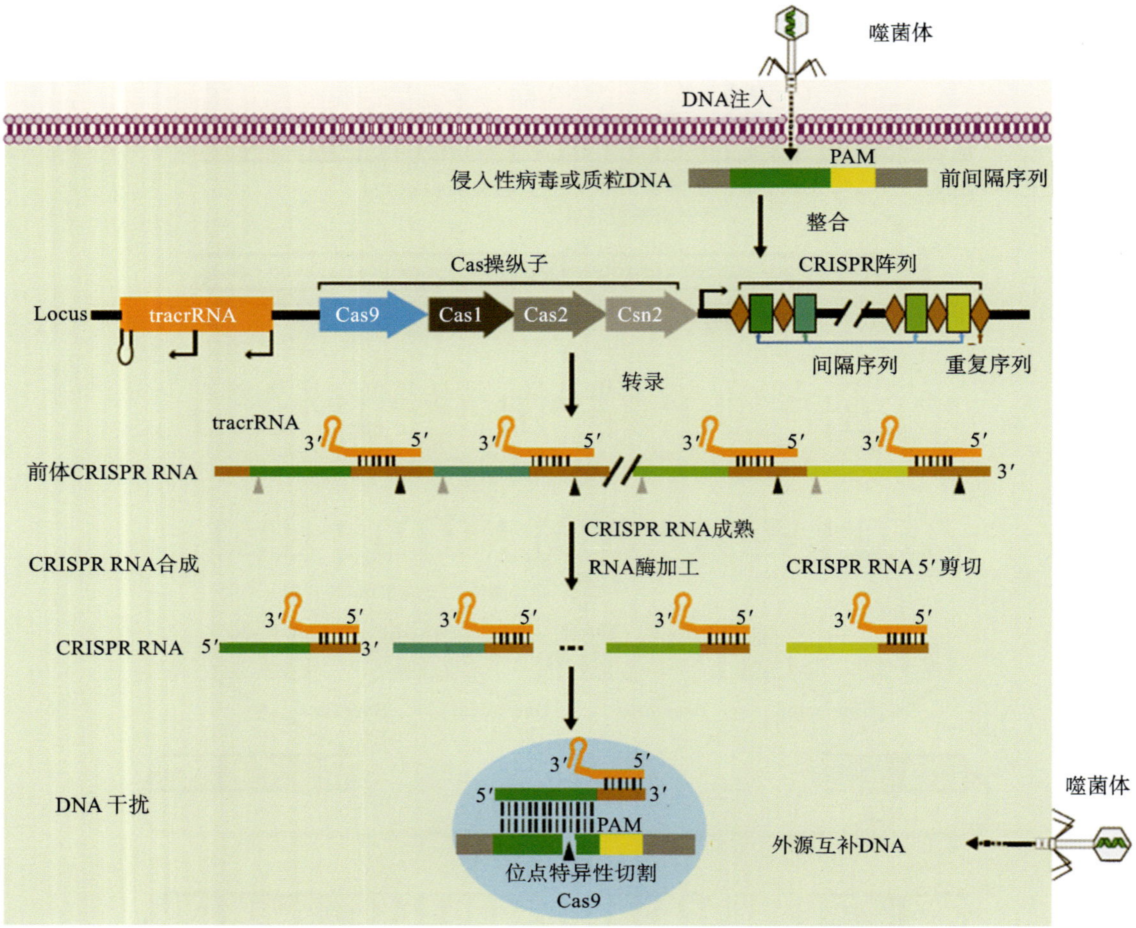

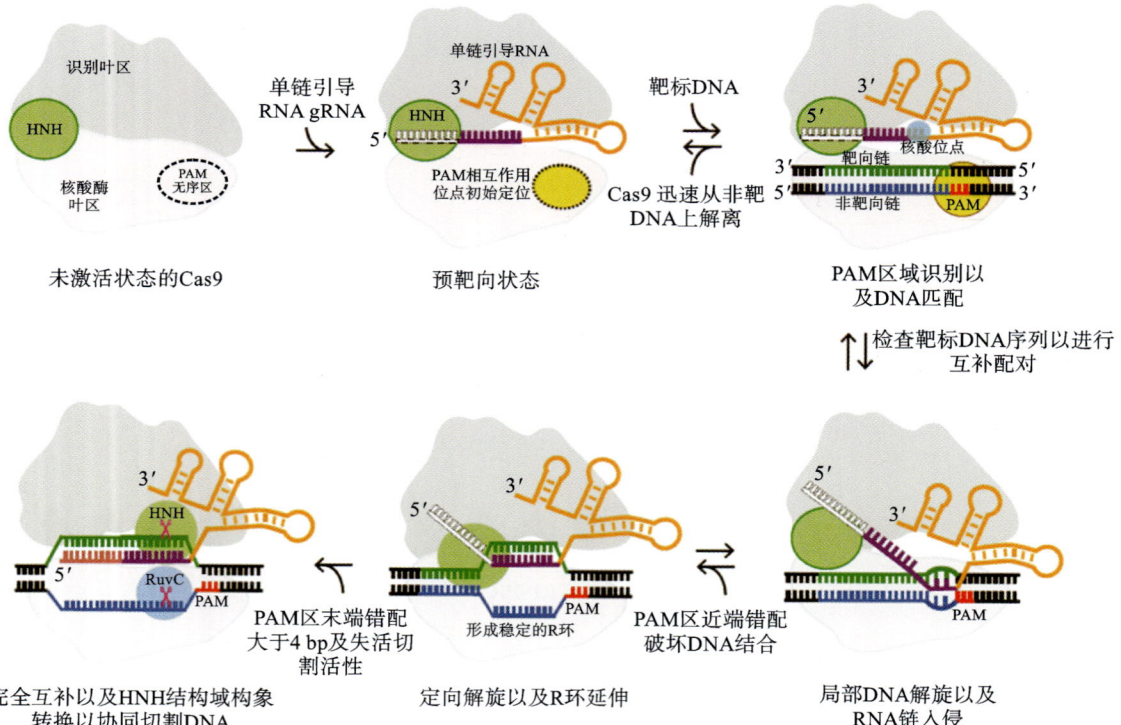

彩图 38　CRISPR/Cas9 系统的组成和工作原理

未激活状态的Cas9　　　　预靶向状态　　　　PAM区域识别以及DNA匹配

检查靶标DNA序列以进行互补配对

完全互补以及HNH结构域构象转换以协同切割DNA　　　定向解旋以及R环延伸　　　局部DNA解旋以及RNA链入侵

彩图 39　CRISPR/Cas9 介导的目标 DNA 识别和切割的提出机制的示意图

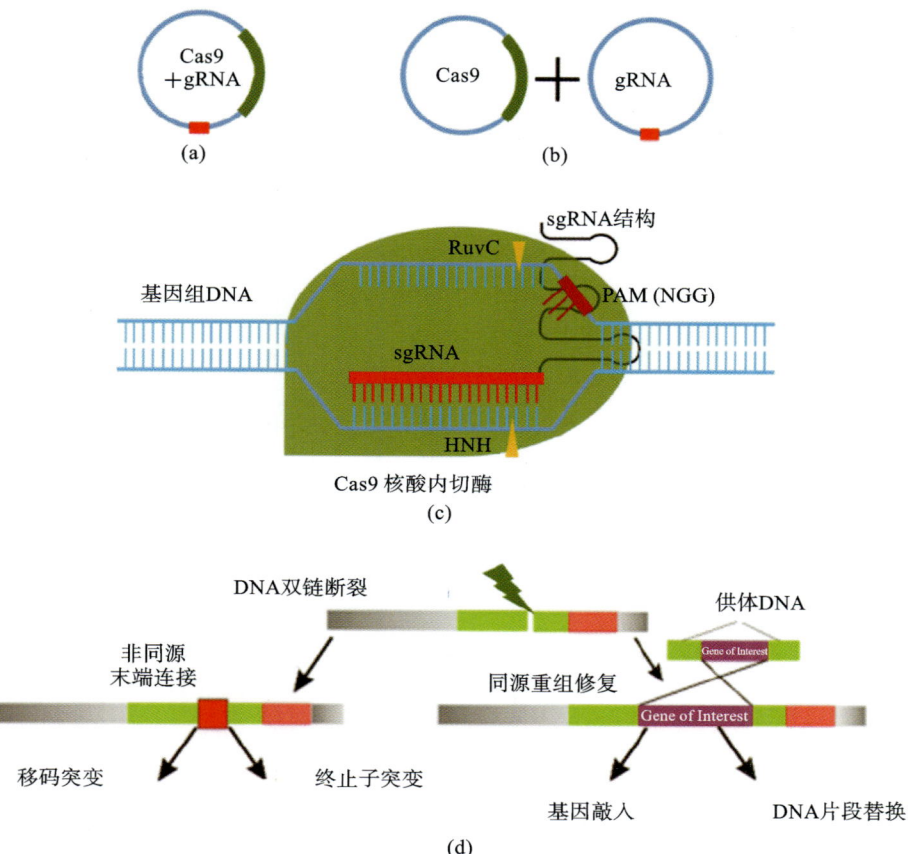

彩图 40　CRISPR Cas9 的构建和工作示意图

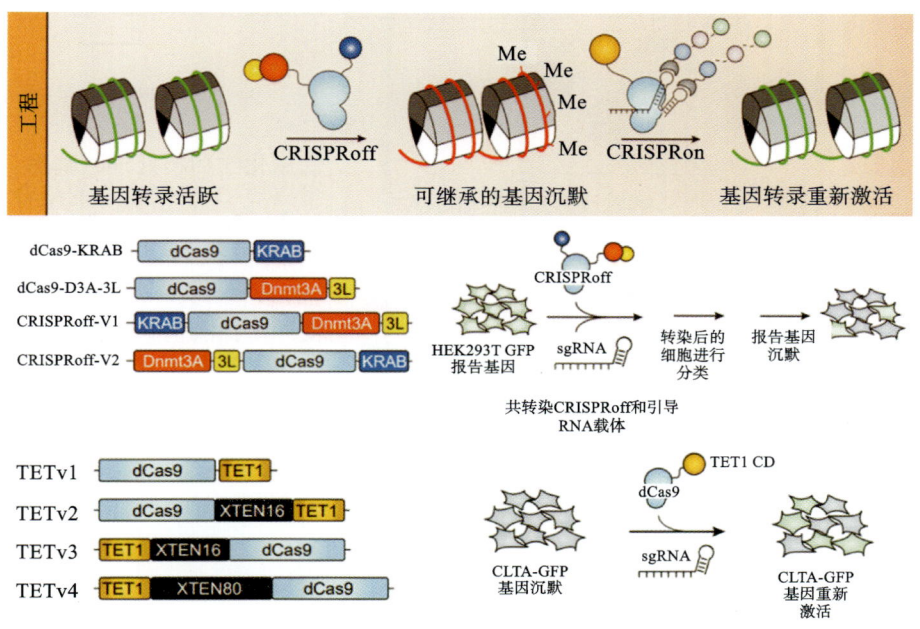

彩图 41　基于 CRISPR 的表观遗传编辑器的工作示意图

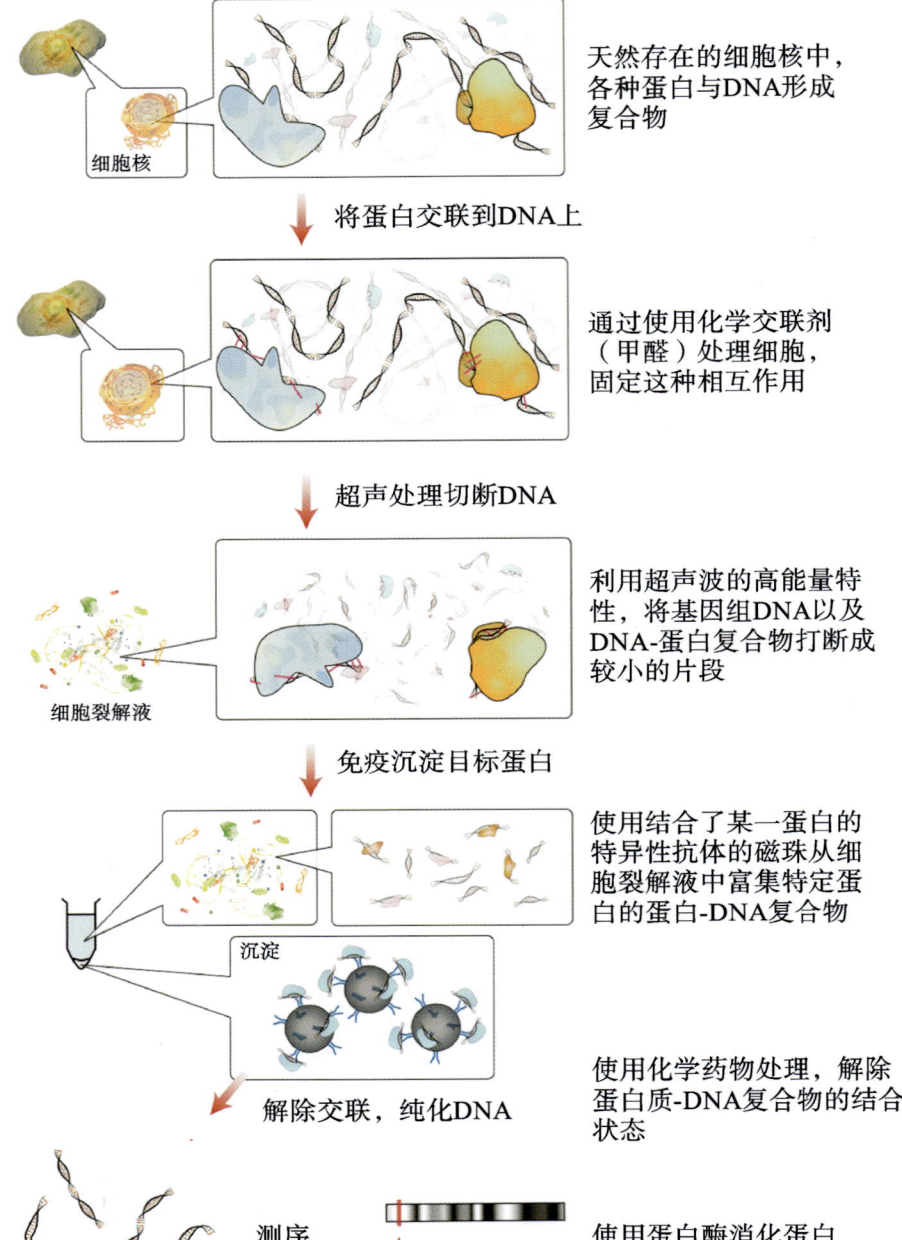

天然存在的细胞核中，各种蛋白与DNA形成复合物

将蛋白交联到DNA上

通过使用化学交联剂（甲醛）处理细胞，固定这种相互作用

细胞核

超声处理切断DNA

利用超声波的高能量特性，将基因组DNA以及DNA-蛋白复合物打断成较小的片段

细胞裂解液

免疫沉淀目标蛋白

使用结合了某一蛋白的特异性抗体的磁珠从细胞裂解液中富集特定蛋白的蛋白-DNA复合物

沉淀

解除交联，纯化DNA

使用化学药物处理，解除蛋白质-DNA复合物的结合状态

测序   比对基因组

ATG CC TGG ACC G TG

使用蛋白酶消化蛋白，纯化剩余的DNA进行后续实验

彩图 42 ChIP 和 ChIP-Seq 技术的实验流程